现代数学基础

90.1

基本分析讲义（第一卷）

单变量理论（上册）

李逸

中国教育出版传媒集团
高等教育出版社·北京
International Press

致谢

本讲义采用了 ElegantLaTeX 模板, 本人非常喜欢 ElegantLaTeX 的风格, 在此向开发者表示诚挚的谢意.

讲义中的勘误, 我会每个月集中更新一次. 作者感谢:

东南大学 19 级理科实验班 (按姓氏拼音排序)

崔雪红、刘碧璇、秦靖雯

和

东南大学 21 级物理化学强基班

陈文豪

整理上课笔记

以及

东南大学 20 级物理化学强基班 (按姓氏拼音排序)

陈科铭、邓南开、冷超、刘章赫、夏玮乔、杨瑾涛、王一青

和

东南大学 21 级物理化学强基班 (按姓氏拼音排序)

蔡澄毅、陈文豪、胡皓然、蒋海东、刘毅弘、刘子杨、罗宇航、田翌钦、徐逸凡、张梦源.

感谢下列同学指出讲义中的错误和不足, 及提出建设性的建议 (按姓氏拼音排序):

陈昕、郭嘉榕、胡蓉、李嘉淇、李文哲、刘春辰、孙茗欣、田国凯、王晓波、王泽川、魏佳蓓、吴雨桐、杨帆、杨欣、易英鹏、张凌枫、张明远、朱康华、朱子山.

特别感谢:

刘康、徐锴锐、杨瑾涛、董艾周、郭雨臣 (北京大学)、大连海事大学某学生、河海大学 addaqua、KaiserKatze、熊齐超、刘启萌 (首都师范大学燕都学院)、李明昊 (复旦大学)、尚景祥 (中原工学院)、王嘉睿 (长江大学)、李阅 (澳门大学)、犹他大学 Mo、苏诗晴 (北京航空航天大学)、姜超、尹修渠、庞文钊、吴若松、Dead-Bush-Sanpai、杨程予 (中国石油大学 (华东))、陈见柯 (中国传媒大学数据科学与智能媒体学院)、B 站博主钰子一、《今日头条》的“赊刀人的数学小家”、“老胡说科学”.

李逸

二〇二四年十一月二十七日

几位数学出身的物理学家和化学家

James Clerk Maxwell (詹姆斯・克拉克・麦克斯韦)

Maxwell, 自 Newton 之后, 英国第二位伟大的数学物理学家. 他最大的贡献是提出了电磁现象中的 Maxwell 方程组, 为狭义相对论和量子力学奠定了理论基础.

Maxwell 在 1831 年 6 月 13 日出生于英国苏格兰爱丁堡的印度街 14 号, 家境殷实. 他的母亲在 Maxwell 八岁时因胃癌离世, 之后他的教育由其父亲和姨妈接手, 他们在家聘请家教授课. 1841 年, Maxwell 进入著名的爱丁堡公学就读. 由于当时一年级的学生名额已满, 他不得不在入学时即进入二年级, 与比他年长一岁的学生一起学习. 他的举止和浓重的口音被他的同学认为非常土气. 由于入学第一天时衣着非常粗陋, 他被起了难听的绰号 "Dafty (傻大个)". 但他似乎并没有因此而怨恨任何人, 并默默忍受多年. 后来他与 Lewis Campbell (苏格兰学者, 以研究 Sophocles 和 Plato 著称) 以及 Peter Guthrie Tait (苏格兰数学物理学家, 早期研究过纽结理论, 著有《Treatise on natural philosophy》(关于自然哲学的专著)) 成为朋友. 这两位后来都成为知名学者, 并成为 Maxwell 一生的挚友.

Maxwell 少年时期即展现了对于几何学的研究热情. 在学习相关知识之前, 他即对正多面体进行了研究. 他在公学前几年的学习成绩并不突出, 这一情况一直维持到他 13 岁. 该年, 他获得了校内的数学奖和英语以及诗歌的一等奖. 14 岁时, 他写了第一篇科学论文《Oval Curves》(卵形线), 虽然论文内容并非完全原创, 但是他对 Descartes 早期的理论进行了简化. 由于 Maxwell 年龄太小而被认为没有提交个人科学成果的资格, 他的这篇论文由爱丁堡大学的自然哲学教授 James David Forbes 呈示给爱丁堡皇家学会.

Maxwell 在 1847 年进入爱丁堡大学学习, 第一年选修了 William Hamilton 的逻辑学和形而上学、Philip Kelland 的数学、James Forbes 的自然哲学等. 他在 18 岁时向爱丁堡皇家学会会报递交了两篇论文:《On the equilibrium of elastic solids》(论弹性固体的平衡态) 和《Rolling curves》(滚线). 他再次因为年纪太小而被认为没有提交科学成果的资格, 最后由他的导师 Kelland 代为提交.

1850 年 Maxwell 进入剑桥大学彼得学院, 第一学期末前转入三一学院. 1854 年, 他取得数学学士学位, 之后不久, 他向剑桥哲学学会宣读了他的论文《On the transformation of surfaces by bending》(论曲面的弯曲变换). 他在 1855 年发表了关于颜色组合原理的论文《Experiments on colour》(关于颜色的实验), 提出了如果透过红、绿、蓝三色滤光器分别拍摄同一景象, 而后将影像分别通过三种颜色的滤镜投射到屏上, 这样叠加可以完全还原原始的彩色影像. Maxwell 在同一年, 1855 年, 发表了《On Faraday's lines of force》(论 Faraday 力线). 在关于 Faraday 力线的文章中, 他提出了 Faraday 在电学与磁学方面实验研究成果的数学模型, 并阐述了电与磁两种现象之间的关系. Maxwell 在 1859 年发表了关于土星环性质的论文《On the stability of the motion of Saturn's rings》(论土星环运动的稳定性). 在关于土星环的文章中, Maxwell 花了两年时间得出了土星环是由各自环绕土星运动轨道的大量的小颗粒构成的结论, 而这一理论预测最终在二十世纪八十年代被验证.

1860 年至 1865 年, Maxwell 成为伦敦国王学院教授, 这段时间可能是他整个职业生涯最为高产的一个时期. 1860 年, 他因在色彩学方面的研究而获得皇家学会的 Rumdord 奖章, 后于 1861 年获选进入皇家学会. 在这一时期, 他展示了世界上第一张耐光的彩色照片, 进一步发展了他的气体黏性理论, 并发展了能用来分析物理量间关系的量纲分析. 在他 1861 年发表的分为两部分的论文《On physical lines of forces》(论物理力线) 中, 他考察了电场与磁场的性质, 并提出了能用来解释电磁感应现象的理论模型——分子涡流理论. 1862 年初论文再版时, Maxwell 又增补了两部分. 在增补的第一部分中, 他探讨了静电场的性质和位移电流. 在增补的第二部分中, 他探讨了偏振光的偏振方向会在外磁场作用下发生改变的现象, 即 Faraday 效应. Maxwell 在 1864 年发表了论文《A dynamical theory of the electromagnetic field》(电磁场的动力学理论), 而 Maxwell 方程组的较为完善的形式最早出现在 1873 年出版的《A treatise on electricity and magnetism》(电磁通论) 中. 在这部专著中, Maxwell 以四元数的代数运算去表述电磁场理论, 将最早的二十个方程简化为八个方程. 1881 年, Oliver Heaviside 利用向量分析简化了 Maxwell 方程组, 把八个方程进一步简化为如今的四个方程: 真空里的 Maxwell 方程组为

Gauss 定律: $\operatorname{div} \boldsymbol{E} = \dfrac{\rho}{\epsilon_0}$,

Gauss 磁定律: $\operatorname{div} \boldsymbol{B} = 0$,

Faraday 电磁感应定律: $\operatorname{curl} \boldsymbol{E} = -\dfrac{\partial \boldsymbol{B}}{\partial t}$,

Maxwell-Ampère 定律: $\operatorname{curl} \boldsymbol{B} = \mu_0 \boldsymbol{J} + \mu_0 \epsilon_0 \dfrac{\partial \boldsymbol{E}}{\partial t}$,

其中

- $\boldsymbol{E}$: 电场 (electric field), 单位是 V/m 或者 N/C,
- $\boldsymbol{B}$: 磁场 (magnetic field), 单位是 N/mA,
- ρ: 总电荷密度 (total charge density), 单位是 $\mathrm{C/m^3}$,
- $\boldsymbol{J}$: 总电流密度 (total current density), 单位是 $\mathrm{A/m^2}$,

- ϵ_0: 电常数 (electric constant) 或真空电容率 (vacuum permittivity),

$$\epsilon_0 = 8.8541878128 \times 10^{-12} \ \text{F/m},$$

- μ_0: 磁常数 (magnetic constant) 或真空磁导率 (vacuum permeability),

$$\mu_0 = 1.25663706212 \times 10^{-6} \ \text{H/m},$$

- $\epsilon_0\mu_0 = 1/c^2$, 这里 c 是光波在真空中的传播速度.

如果考虑无电流和电荷的真空情形, 简单计算得到电场和磁场均满足如下的波动方程:

$$\left(\frac{1}{c^2}\frac{\partial^2}{\partial t^2} - \Delta\right)\boldsymbol{E} = 0, \quad \left(\frac{1}{c^2}\frac{\partial^2}{\partial t^2} - \Delta\right)\boldsymbol{H} = 0.$$

作为一位苏格兰诗歌爱好者, Maxwell 对于许多诗歌能熟读成诵, 并且还会自己作诗. Maxwell 于 1879 年 11 月 5 日因胃癌在剑桥逝世, 他的母亲也是在相同的年龄因为同种癌症去世的. Maxwell 被葬于离他长大的地方非常近的帕顿. 由他终生挚友 Lewis Campbell 所著的翔实传记《The life of James Clerk Maxwell》(詹姆斯 · 克拉克 · 麦克斯韦的一生) 在 1882 年出版, 他的两卷本著作集于 1890 年由剑桥大学出版社出版发行.

Johann Friedrich Wilhelm Adolf von Baeyer (约翰 · 弗雷德里克 · 威廉 · 阿道夫 · 冯 · 拜尔)

Baeyer 在 1835 年 10 月 31 日出生于德国柏林, 德国化学家, 因成功合成了靛蓝 (indigo) 而获得 1905 年诺贝尔化学奖.

他在 1853 年进入柏林大学攻读数学和物理, 1856 年后前往海德堡大学在 Robert Bunsen 门下学习化学. 毕业后, Baeyer 回到柏林, 在 Friedrich August Kekulé 的实验室进行研究, 1858 年获博士学位.

1860 年, Baeyer 在柏林贸易大学任讲师, 1871 年, 前往斯特拉斯堡大学任教授. 1875 年, 他接替 Justus Freiherr von Liebig 的慕尼黑大学教授职位.

1869 年, Baeyer 首次提出了正确的吲哚 (indole, C_8H_7N) 化学式. 1871 年, 他发现酚酞 (phenolphthalein, $C_{20}H_{14}O_4$) 是由邻苯二甲酸酐 (phthalic anhydride, $C_6H_4(CO)_2O$) 及二当量的苯酚 (phenol 或 carbolic acid, C_6H_5OH) 在酸性条件下通过缩合反应得到, 酚酞也因此而得名. 同年, 他也是第一个成功合成荧光素 (fluorescein, $C_{20}H_{12}O_5$, 类似于由微生物自然合成的荧光嗜铁素) 的科学家.

Baeyer 在理论化学上的贡献包括三键的应变理论及小型碳环的环张力.

Josiah Willard Gibbs (乔赛亚・威拉德・吉布斯)

Gibbs 在 1839 年 2 月 11 日出生于美国康涅狄格州纽黑文, 美国科学家. 他在物理学、化学以及数学领域都做出了重大的理论贡献, 其中有关热力学的实际应用的研究奠定了物理化学的基础. Gibbs 还通过系综理论给出了热力学定律的一种微观解释, 由此成为统计力学的创建者之一. "统计力学" 这个术语也是由他引入的. 同时, Gibbs 还将 Maxwell 方程组引入物理光学的研究, 并与英国科学家 Oliver Heaviside 各自独立发展了现代向量分析理论.

Gibbs 于 1854 年进入耶鲁大学学习. 在校期间, 他曾因数学及拉丁语成绩优异而获奖. 1858 年, 他以班级顶尖成绩毕业. 1863 年, 耶鲁大学授予了 Gibbs 美国国内首个工程学哲学博士学位. 他的学位论文题为《On the form of the teeth of wheels in spur gearing》(论直齿轮轮齿的样式). 在这篇文章中, 他利用几何方法探讨了不同的齿轮设计样式.

1866 年末至 1867 年初, Gibbs 在巴黎旁听了由著名数学家 Joseph Liouville 和 Michel Chasles 在索邦学院以及法兰西公学院做的讲座. 随后 Gibbs 辗转来到柏林, 旁听了数学家 Karl Theodor Wilhelm Weierstrass 和 Leopold Kronecker 以及化学家 Heinrich Gustav Magnus 的讲课.

1873 年, 当时年已 34 岁的 Gibbs 才开始发表学术著作. 该年, 他在《康涅狄格学会学报》上发表了两篇论文, 论述了如何利用几何方法表示热力学量. Maxwell 在 1875 年出版的《Theory of heat》(热学) 的新修订本中用一章的篇幅叙述了 Gibbs 的这项工作.

Gibbs 的两卷本专著《On the equilibrium of heterogeneous substances》(关于多相物质平衡), 由康涅狄格学会先后于 1875 年和 1878 年出版. 这部 300 余页的专著包含了 700 个有标号的方程. Gibbs 在这部专著中利用热力学分析技巧严谨而巧妙地阐释了物理化学现象, 对大量原本孤立的实验事实和观测结果做出了解释并将它们联系起来. 这部专著被后人称作 "热力学的《自然哲学的数学原理》", 被认为是一部 "无所不包" 的专著, 为物理化学奠定了坚实的基础. 将这部专著译为德语的 Friedrich Wilhelm Ostwald 把 Gibbs 称作 "化学能量学的鼻祖". 有人这样评述这部专著: "这部专著的出版被公认为化学史上一等一的要事 …… 但是人们在许多年后才认识到它的价值. 这很大程度上是由于其中的数学表述和严谨的推导过程令人望而却步. 特别是对于最需要它的实验化学学生来说更是如此."

1880 年至 1884 年, Gibbs 致力于将 Hermann Günther Grassmann 的外代数

发展为符合物理学家需要的向量微积分. 为了实现这一目标, Gibbs 分别定义了两个向量的数量积和向量积, 并引入了并矢张量的概念. Gibbs 有关向量分析的讲义《Elements of vector analysis》(向量分析要素) 起初并没有公开发行, 仅在 1881 年和 1884 年为学生进行了小批量的印刷. 这本讲义可称是现代向量分析的开端. 由 Edwin Bidwell Wilson 依据这本讲义改编的教科书《Vector analysis》(向量分析) 于 1901 年出版. Gibbs 在数学领域的另一项成就是"重新"发现了 Fourier 级数的 Gibbs 现象.

Gibbs 于 1903 年 4 月 28 日因急性肠梗阻在纽黑文去世, 他终身未婚. 英国物理学家 Joseph John Thomson 出席了追悼会并做了一个简短演讲.

1923 年诺贝尔物理学奖得主 Robert Andrews Millikan 曾这样评价 Gibbs: "…… 他对于统计力学和热力学来说, 就如同 Laplace 之于天体力学, Maxwell 之于电动力学. 他为自己所研究的领域构造了几近完整的理论体系."

当然除了上述几位大科学家外, 还有很多数学出身的物理学家、化学家以及经济学家, 比如 Penrose. 通过这三位物理学家和化学家的故事, 让我们感受到要做大学问, 不能孤立于单门学科, 而要学习和掌握多门学科. 在这些学科中, 最重要的也是最基础的就是数学. 我们会在这门课中详细解释 Maxwell 方程组、Gibbs 现象等上述的科学成果. 现在让我们开始吧!

小故事

1. Heisenberg 的父亲拿给他看的珍本中, 有一份 Leopold Kronecker 在 1845 年的博士论文《De unitatibus complexis》(论复单位元) …… 在 1916 年, Heisenberg 把他的所有精力都用在音乐和数论上 …… 当 Heisenberg 在 1920 年夏天离开文法中学时, 他仍然打算学习纯数学 …… Heisenberg 继续随 Prandtl 研究流体力学并随 Hilbert 和 Courant 研究数学, 也随 Born "用吃奶的力气" 研究 Poincaré.

《维尔纳 · 海森伯传》(David C. Cassidy 著, 方在庆等译)

2. Klein 通常比学生们早到一小时 …… 在开始讲课之前, 他脑子里已经对所有公式、图表和引文做好周密的安排. 讲演过程中写上黑板的东西从来不必擦掉. 最后, 整个黑板就包含了对讲演内容的一个绝妙的概括, 每一个方块都写得恰当其位, 井然有序.

Klein 的理论是, 学生应该自己来完成数学定理的证明. 他只给他们讲解证明方法的大概轮廓. 结果, 一个学生若想掌握课堂上讲授的材料, 那他在课外至少得花费四倍的时间.

《希尔伯特 —— 数学界的亚历山大》(Constance Reid 著, 袁向东、李文林译)

3. Hilbert 喜欢在室外工作, 他利用邻居的院墙挂了一块长约 5.5 米的黑板, 同时修了一条带顶的廊道, 即使天气不好, 也可以在户外活动.

《希尔伯特 —— 数学界的亚历山大》(Constance Reid 著, 袁向东、李文林译)

目录

第一章 序

心即理也. 天下又有心外之事, 心外之理乎? …… 若只是温清之节、奉养之宜, 可一日二日讲之而尽, 用得甚学问思辨? 惟于温清时, 也只要此心纯乎天理之极: 奉养时, 也只要此心纯乎天理之极. 此则非有学问思辨之功, 将不免于毫厘千里之谬, 所以虽在圣人, 尤加 "精一" 之训. 若只是那些仪节求得是当, 便谓至善, 即如今扮戏子, 扮得许多温清奉养的仪节是当, 亦可谓之至善矣?

《传习录》理学编卷一

1.1 前言

数学分析是大学一年级的基础课程, 在不同的院系也常称为高等数学抑或冠以各种前缀的数学分析. 这门课程目前为止已有不少优秀的中外教材, 既有名家大师写的专著, 也有不少滥竽充数的所谓 "教材". 有些知识点编书者没有搞懂, 却东抄西抄不加消化理解地乱写一气, 对学生很不负责任. 编写教材, 鄙人认为有以下几点需要注意:

- 其一不忘初心, 参考优秀教材是不可避免的, 但是要有自己的特色和特点, 从而每本教材的选材其实体现了编书者的个人爱好和教学理念.
- 其二牢记使命, 要有自己的特点和特色不是乱写胡写, 而是要编书者不仅教书要教得好而且科研也要做得好, 这样不仅可以告诉学生数学分析中哪些部分需要学习后续课程才能得到深刻理解和自我升华, 而且可以把最新最好的前沿数学以数学分析这种大一学生可以接受的方式让学生开阔学术眼界和提高学问品味.
- 其三提升视野, 要适当增加大一学生可以听懂的而又很重要的数学知识点, 这样可以把后续课程甚至研究生课程有机地联系起来.
- 其四阅读名著, 标注所参考的文献, 而且最好写上原始出处, 便于学生阅读大师的原文和养成严谨的治学态度. 另外辅以数学家的简介, 树立起热爱数学的信心和爱国之心.

有鉴于此, 数学分析课程的所谓 “改革” 是不可避免的, 但是这改革却不是通常意义下的 “教改”. 这令我想起了李文忠公在清光绪二十四年七月二十日[1] 上的《裁并官职折》, 从中摘抄几句如下[2]:

> ……近日臣工条奏, 多以裁汰冗员为言, 虽未必尽可准行, 而参酌情形, 实亦有亟当改革者.……百度事务繁多, 度支岁入有常, 岂能徒供无用之冗费, 至碍当务之急需.……惟归并之后, 事既更张, 有同新创; 其中头绪繁多, 一切事宜, 非仓猝所能遽定.……庶名虽改而实犹存, 不致冒昧从事, 致滋贻误,……

要真正做到 “改革” 目前数学分析课程的教材和教法, 确实不是一件容易的事. 当然国内已经有同行前辈做了不少有益的尝试, 比如北京大学张筑生教授的《数学分析新讲》, 武汉大学邹应教授的《数学分析》, 中国科学技术大学徐森林教授的《数学分析》, 清华大学陈天权教授的《数学分析讲义》, 南京大学梅加强教授的《数学分析》, 以及清华大学于品教授的《数学分析讲义》, 当然还有国内不少优秀的教材和讲义在这里就不一一举例说明. 再次向他们表达最崇高的敬意!

本讲义部分内容是鄙人当初在上海交通大学时给数学系大二学生和安泰经管学院大一新生 (非常感谢两个班级的学生) 上数学分析课的讲稿, 现在将这些讲稿和本次讲义融合而成目前的分析讲义.

本书试图把上面提到的四点淋漓尽致地体现出来, 但是鉴于鄙人水平有限而不可能面面俱到, 笔误和纰漏在所难免, 烦请各位同仁与同学批评和斧正.

李逸
二〇一九年六月
提笔于南京鸡笼山成贤街东南大学逸夫建筑馆内

> 牢骚太盛防肠断, 风物长宜放眼量. 莫道昆明池水浅, 观鱼胜过富春江.
>
> 毛泽东,《七律・和柳亚子先生》, 一九四九年四月二十九日

> 且苟能发奋自立, 则家塾可读书, 即旷野之地, 热闹之场, 亦可读书, 负薪牧豕, 皆可读书. 苟不能发奋自立, 则家塾不宜读书, 即清净之乡, 神仙之境, 皆不能读书, 何必择地? 何必择时? 但自问立志之真不真耳.
>
> 曾国藩,《家书・与弟书》, 清道光二十二年十月二十六日

---

[1]1898 年 9 月 5 日, 这一年诞生了周恩来、彭德怀、刘少奇、叶企孙、朱自清等, 而俾斯麦、谭嗣同等去世.

[2]雷颐 著: 李鸿章与晚清四十年 (增订版), 山西人民出版社, 2019.

1.2 使用说明

这套《基本分析讲义》共分三卷: 第一卷 (单变量理论)、第二卷 (多变量理论)、第三卷 (单复变量理论). 第一卷分上下两册, 上册包括第一章到第四章, 分别是序、极限理论 I、极限理论 II、导数理论; 下册包括第五章和第六章, 分别是积分理论和级数理论.

例题和习题说明: 本讲义在每章末都附有习题. 市面上有很多关于数学分析的教材和习题参考书, 本讲义的所有例题和习题, 如没有特别说明 (如果习题是来源于论文, 则会在该习题做好脚注, 比如**注 4.15** (8)), 均来自每章的参考文献和下列习题参考书:

- 华东师范大学数学科学学院 编:《数学分析》, 第五版 (上、下册), 高等教育出版社, 2019.
- 陈纪修, 於崇华, 金鹿 编:《数学分析》, 第三版 (上、下册), 高等教育出版社, 2019.
- 陈天权 编著:《数学分析讲义》(第一、二、三册), 高等教育出版社, 2012.
- 常庚哲, 史济怀 编:《数学分析教程》(上、下册), 高等教育出版社, 2013.
- 崔国忠 主编; 石金娥, 郭从洲 副主编:《数学分析》(一、二、三), 科学出版社, 2018.
- 邓建平 编:《微积分》(I、II), 科学出版社, 2019.
- 杜其奎, 陈金如, 谢四清, 徐晓立 编著:《数学分析精读讲义》(上、下册), 科学出版社, 2013.
- 费定晖, 周学圣 编演; 郭大钧, 邵品琮 主审:《吉米多维奇数学分析习题集题解》, 第四版 (1、2、3、4、5、6), 山东科学技术出版社, 2018.
- 李傅山, 王培合 编著:《数学分析习题课讲义》(1、2、3), 北京大学出版社, 2018.
- 林元渠, 方企勤 编:《数学分析解题指南》, 北京大学出版社, 2018.
- 楼红卫 编著:《数学分析》(上、下册), 高等教育出版社, 2022.
- 梅加强 编著:《数学分析》, 第二版, 高等教育出版社, 2020.
- 上海交通大学数学系数学分析课程组 编:《大学数学 数学分析》(上、下册), 高等教育出版社, 2012.
- 孙兵, 毛京中 主编:《工科数学分析》(上、下册), 机械工业出版社, 2019.
- 孙清华, 孙昊 编:《数学分析疑难分析与解题方法》(上、下), 华中科技大学出版社, 2009.
- 徐森林, 薛春华 编著:《数学分析》(第一、二、三册), 清华大学出版社, 2015.

- 杨世藩 编著:《数学分析技巧》(上、下册), 科学出版社, 2016.
- 杨小远, 孙玉泉, 薛玉梅, 杨卓琴 编著:《工科数学分析教程》, 修订版 (上、下册), 科学出版社, 2015.
- 张福保, 薛星美, 潮小李 编:《数学分析讲义》(第一、二、三册), 科学出版社, 2019.
- 张筑生 编著:《数学分析新讲》(第一、二、三册), 北京大学出版社, 2014.
- 赵显曾 编著:《微积分教程》(上、下册), 东南大学出版社, 2003.
- 周民强 编著:《数学分析习题演练》, 第二版 (第一、二、三册), 科学出版社, 2018.
- 朱尧辰 编著:《数学分析例选: 通过范例学技巧》, 哈尔滨工业大学出版社, 2013.
- 朱尧辰 编著:《数学分析范例选解》, 第二版, 中国科学技术大学出版社, 2019.

也会将数学大师的一些原始论文结果, 按照现代数学术语转化后作为习题.

1.3 符号和常用记号说明

数域说明. 通常用 $\mathbb{N}$ 表示所有自然数之集合 (亦包含 0), 而用 $\mathbb{N}_*$ 表示所有非零自然数之集合. 整数域、有理数域、实数域、复数域分别表示为 $\mathbb{Z}$, $\mathbb{Q}$, $\mathbb{R}$ 和 $\mathbb{C}$. 对给定的数域 $\mathbb{F}\in\{\mathbb{Z},\mathbb{Q},\mathbb{R}\}$, 符号 $\mathbb{F}_+$ 或 $\mathbb{F}_{>0}$ 表示 $\mathbb{F}$ 中大于零的元素构成的集合, 同样地我们可以定义 $\mathbb{F}_{\geqslant 0}$, $\mathbb{F}_{<0}$ 和 $\mathbb{F}_{\leqslant 0}$.

所有素数的集合记为 $\mathbb{P}$. 复数域 $\mathbb{C}$ 中的元素表示为 $z=x+\mathbf{i}y$, 其中 $\mathbf{i}$ 是虚根 $\sqrt{-1}$, $x=\mathbf{Re}(z)$ 和 $y=\mathbf{Im}(z)$ 分别为复数 z 的实部和虚部. z 的共轭记为 $\overline{z}=x-\mathbf{i}y$. 复数 z 的模记为 $|z|=\sqrt{x^2+y^2}=\sqrt{z\cdot\overline{z}}$.

字体说明. 对流形或抽象的空间我们用拉丁大写字母的 “mathcal 型” 来表示, 比如 $\mathcal{M},\mathcal{N},\mathcal{X}$ 等. 抽象空间之间的映射用拉丁大写字母的 “mathbf 型” 来表示, 比如 $\mathbf{F},\mathbf{G},\mathbf{H}$ 等. 泛函映射用拉丁大写字母的 “mathscr 型” 来表示, 比如 $\mathscr{L},\mathscr{I},\mathscr{J}$ 等.

人名表示说明. 本讲义中出现的外国人名均采用相应的英文, 比如 Sobolev (索伯列夫), Euler (欧拉) 等. 华人人名均用中文来标识, 并在其后附上相应的英文. 比如, 著名数学大师丘成桐教授, 其英文为 Shing-Tung Yau (按照英文惯例, 名在前, 姓在后). 从而依照这个说明, 应该写成丘成桐 (Shing-Tung Yau). 又比如著名的几何学家李伟光 (Peter Li), 郑绍远 (Shiu Yuen Cheng) 等. 由于我国港澳台地区 (亦包括 1949 年之前的国人和侨居海外的华人) 人名的英文发音和汉语拼音发音不甚相似, 所以这些人名均采用上述之说明, 即中文加英文, 比如, 陈省身 (Shiing Shen Chern), 周炜良 (Wei-Liang Chow), 胡明复 (Minfu Tah Hu) 等. 而内地 (大陆) 的学者, 就直接写出对应的中文名字, 比如, 华罗庚、苏步青、冯康、吴文俊等.

其他符号说明. 定理、性质、推论、引理、注释、问题、例题用框框起来. 证明结束用符号 □ 来表示.

网站说明. 数学家和数学史部分内容取材于《**数学文化**》杂志以及百度百科和维基百科.

用 $*$ 标识的较难章节, 可在第二遍时仔细琢磨; 但是作者强烈鼓励读者按照顺序阅读, 这样读下来, 你会发现数学乐趣: 文心雕龙, 颖颖而上.

1.4 作者声明

本讲义是作者多年来教学与科研的心得和体会, 非常愿意与诸君分享. 讲义中不可避免有纰漏和笔误, 请读者批评斧正, 这样可以让我更加完善本讲义. 由于这是作者的第一本中文讲义, 如有语句不通顺的地方, 也请读者批评指正.

本人的常用邮箱如下:

yilicms@seu.edu.cn, yilicms@gmail.com, yilicms@163.com

最后以王阳明先生的名句, 也是本讲义的宗旨, 来结束这一节的内容:

知行合一.

1.5 预备知识 I: 集合与映射

本节将中学里的集合和映射做了些适当的加深. 首先回顾下常用的记号:

- $\emptyset$: “空集”
- $\forall$: “任意”
- $\exists$: “存在”
- $\nexists$: “不存在”
- $\exists!$: “存在且唯一”
- $A \Rightarrow B$: “A 推出 B”
- $A \Leftrightarrow B$: “A 和 B 等价”

- $A := B$: "A 由 B 定义"
- $n!$: "自然数 n 的阶乘, 即 $1 \times 2 \times 3 \times \cdots \times n$"
- $(2n)!!$: "偶数 $2n$ 的双阶乘, 即 $2 \times 4 \times 6 \times \cdots \times 2n = 2^n n!$"
- $(2n+1)!!$: "奇数 $2n+1$ 的双阶乘, 即 $1 \times 3 \times 5 \times \cdots \times (2n+1)$"
- $\binom{n}{k}$: "组合数 $n!/k!(n-k)!$, $0 \leqslant k \leqslant n$"
- $\lfloor x \rfloor$: "实数 x 的整数部分"
- $\langle x \rangle$: "实数 x 的小数部分, 即 $x - \lfloor x \rfloor$"

给定一个集合 A, 其**幂集 (power set)** 定义为

$$2^A := \{A \text{ 的所有子集}\}.$$

根据定义显然有 $A \in 2^A$, $\emptyset \in 2^A$, $\{x\} \in 2^A$ 对所有 $x \in A$ 都成立, 故 2^A 必不是空集. 又比如易证,

$$2^{\emptyset} = \{\emptyset\}, \quad 2^{\{\emptyset\}} = \{\emptyset, \{\emptyset\}\}$$

和

$$2^{\{\clubsuit, \diamondsuit\}} = \{\emptyset, \{\clubsuit\}, \{\diamondsuit\}, \{\clubsuit, \diamondsuit\}\}.$$

给定集合 A 和 B, 定义如下几个集合运算:

- A 和 B 的**并 (union)**:

$$A \cup B := \{x : x \in A \text{ 或 } x \in B\}.$$

- A 和 B 的**交 (intersection)**:

$$A \cap B := \{x : x \in A \text{ 且 } x \in B\}.$$

- B 在 A 中的**差 (difference of $\boldsymbol{B}$ in $\boldsymbol{A}$)**:

$$A \setminus B := \{x \in A : x \notin B\}.$$

- A 和 B 的**对称差 (symmetric difference)**:

$$A \triangle B := (A \setminus B) \cup (B \setminus A).$$

假设 A 是全集 I 的子集, 则 A 在 I 中的差称为 A **的余集 (complement of $\boldsymbol{A}$)** 并记为

$$\mathsf{C}_I(A) \equiv A^{\mathsf{C}} := I \setminus A.$$

在高中时期, 我们知道如何用**文氏图 (Venn diagrams)**[3] 来表示集合间的关系. 请诸位用文氏图来表示集合 A 和 B 在全集 I 中的对称差.

假设 A, B, C 是全集 I 中的集合, 根据定义立即得到

(i) **交换律 (commutativity):** $A \cup B = B \cup A$, $A \cap B = B \cap A$.

(ii) **结合律 (associativity):** $A \cup (B \cup C) = (A \cup B) \cup C$, $A \cap (B \cap C) = (A \cap B) \cap C$.

(iii) **分配律 (distributivity):** $A \cup (B \cap C) = (A \cup B) \cap (A \cup C)$, $A \cap (B \cup C) = (A \cap B) \cup (A \cap C)$.

(iv) $A \subseteq B \iff A \cup B = B \iff A \cap B = A$.

(v) **De Morgan 法则 (De Morgan's law):** $A \setminus (B \cup C) = (A \setminus B) \cap (A \setminus C)$, $A \setminus (B \cap C) = (A \setminus B) \cup (A \setminus C)$.

(vi) $A \cap (B \setminus C) = (A \cap B) \setminus (A \cap C)$, $A \cup (B \setminus C) \supseteq (A \cup B) \setminus (A \cup C)$.

(vii) $A = (A \cap B) \cup (A \setminus B)$.

到此为止我们回顾了中学时期关于集合的基本性质. 接下来我们介绍集合的公理化定义. 初学者可直接跳过接下来关于 **ZFC** 集合公理化部分, 从**第 1.5.1 小节**开始.

什么是集合? 集合是如何定义的? 这两个最基本、最朴素的问题回答起来是非常困难的. 本节开头我们试图粗略给出集合的 "公理化定义"[4]. 著名的 **Russell 悖谬 (Russell's paradox)** 是指考虑所有集合构成的集合 $\mathbf{U}$, 并构造子集 $S := \{x \in \mathbf{U} | x \notin x\}$. 此时要问:

$$S \text{ 是否属于 } S?$$

假如 $S \notin S$, 则根据 S 的定义必有 $S \in S$, 产生矛盾; 假如 $S \in S$, 则根据 S 的定义必有 $S \notin S$, 产生矛盾. 因此 S 不是集合, 从而 $\mathbf{U}$, 集合的集合, 不是集合. 换句话说, 如下的概括公理不成立:

(10) **概括模式公理 (axiom schema of comprehension) (不成立):** 如果 P 是关于集合的性质, 并以 $P(x)$ 表示 x 满足性质 P, 则存在集合 $Y = \{x | P(x)\}$.

常用的集合公理化是 **ZF 公理化集合论 (Zermelo-Fraenkel axiomatic set the-**

---

[3]这是英国数学家、逻辑学家和哲学家 John Venn 在 1880 年的论文《On the diagrammatic and mechanical representation of propositions and reasonings》(The London, Edinburgh, and Dublin Philosophical Magazine and Journal of Science 5, **10**(1880), no. 59, 1–18) 中引入的, 但是类似的想法可追溯到 Christian Weise 在 1712 年的书《Nucleus Logicoe Wiesinoe》和 Leonhard Euler 在 1768 年的信《Letters to a German Princess》中. Venn 当时称之为 "Euler 圈", 而 "文氏图" 的叫法是之后出现在 Clarence Irving Lewis 的著作《A Survey of Symbolic Logic》中.

[4]主要参考文献:

R. 戈德门特 著 (王耀东 译, 张小萍 校): 代数学教程, 法兰西数学精品译丛, 高等教育出版社, 2013 年.

Jech, Thomas. *Set theory*, The Third Millennium Edition, Revised and Expanded, Springer, 2006.

Bourbaki, N. *Theory of sets*, Springer, 2004.

李文威 著: 代数学方法 (第一卷), 现代数学基础, **67.1**, 高等教育出版社, 2019.

ory), 而通常所谓的 **ZFC** 是表示**带选择公理的 ZF 理论 (the theory of ZF with the axiom of choice)**.

ZFC 共有 9 个公理. 在详细解释上述公理之前, 我们首先引入集合论中的形式语言.

- **二元谓语 (binary predicate): 等号 (equality)** $=$, **从属关系 (membership relation)** $\in$.
- **连词 (connectives):** $\wedge, \vee, \neg, \to, \leftrightarrow$.

连词符号	连词名称	连词简称	连词表示	连词读法
$\wedge$	合取	与	$A \wedge B$	A 与 B
$\vee$	析取	或	$A \vee B$	A 或 B
$\neg$	否定	非	$\neg A$	非 A
$\to$	蕴含	含	$A \to B$	A 含 B
$\leftrightarrow$	互含	同	$A \leftrightarrow B$	A 同 B

- **量词 (quantifiers):** $\forall, \exists$.

这样集合论中的**表达式 (formulas)** 是由**原子公式 (atomic formulas)**

$$x \in y, \quad x = y$$

通过连词和量词所构筑而成的. 如果 $\varphi(x, p_1, \cdots, p_n)$ 是表达式, 则称

$$C := \{x | \varphi(x, p_1, \cdots, p_n)\}$$

为**类 (class)**, 即 $x \in C$ 当且仅当 $\varphi(x, p_1, \cdots, p_n)$. 两个类

$$C = \{x | \varphi(x, p_1, \cdots, p_n)\}, \quad D = \{x | \psi(x, q_1, \cdots, q_m)\}$$

是相等的, $C = D$, 如果

$$\forall x(\varphi(x, p_1, \cdots, p_n) \leftrightarrow \psi(x, q_1, \cdots, q_m)).$$

万有类 (universal class) 或**宇宙 (universe)** 是所有集合的类,

$$\mathbf{U} := \{x | x = x\}.$$

定义类的**包含关系 (inclusion)** (此时称 C 是 D 的**子类 (subclass)**):

$$C \subseteq D \text{ 当且仅当 } \forall x(x \in C \to x \in D)$$

和如下类运算:

$$C \cap D := \{x|(x \in C) \wedge (x \in D)\},$$

$$C \cup D := \{x|(x \in C) \vee (x \in D)\},$$

$$C \setminus D := \{x|(x \in C) \wedge (x \notin D)\},$$

$$\cup C := \{x|\exists S \in C(x \in S)\}.$$

每个 (满足 **ZFC** 公理的) 集合 S 都可以看成类 $\{x|x \in S\}$. 当然也存在不是集合的类 (比如在 Russell 佯谬中定义的 S), 称为**真类 (proper class)**.

(ZFC1) **外延公理 (axiom of extensionality):** 如果 X 和 Y 有相同的元素, 则 $X = Y$.

$$\forall u(u \in X \leftrightarrow u \in Y) \to X = Y.$$

这意味着集合是被它的元素所决定的.

(ZFC2) **配对公理 (axiom of pairing):** 对任意 a 和 b, 存在 $\{a, b\}$ 只包含 a 和 b.

$$\forall a \forall b \exists c \forall x(x \in c \leftrightarrow (x = a) \vee (x = b)).$$

根据**外延公理**得到上述 c 是唯一的, 从而我们可定义**对 (pair)**

$$\{a, b\} := \text{唯一的 } c \text{ 满足 } \forall x(x \in c \leftrightarrow (x = a) \vee (x = b)).$$

单点集 (singleton) $\{a\}$ 定义为 $\{a\} = \{a, a\}$.

(ZFC3) **分离模式公理 (axiom schema of separation):** 令 $\varphi(u, p_1, \cdots, p_n)$ 是表达式. 对任意 X 和任意 $p_1, \cdots, p_n$ 存在 $Y = \{u \in X|\varphi(u, p_1, \cdots, p_n)\}$.

$$\forall X \forall p_1 \cdots \forall p_n \exists Y \forall u(u \in Y \leftrightarrow u \in X \wedge \psi(u, p_1, \cdots, p_n)).$$

对类 $C = \{u|\varphi(u, p_1, \cdots, p_n)\}$, 我们得到

$$\forall X \exists Y(C \cap X = Y).$$

这就意味着类 C 和集合的交是集合. 作为推论我们可以定义

$$X \cap Y := \{u \in X|u \in Y\}, \quad X \setminus Y := \{u \in X|u \notin Y\}.$$

同样**空类 (empty class)**

$$\emptyset := \{u \in X|u \neq u\}$$

是集合, 称为**空集 (empty set)**. 其中 X 是任意集合. 注意到这个定义的前提是这样的 X 至少存在一个, 这可由**无穷公理**保证. 空集 $\emptyset$ 的定义和

X 的选取无关, 这一点可由**外延公理**得到. 两个集合 X, Y 称为**互不相交的 (disjoint)**, 如果 $X \cap Y = \emptyset$.

(ZFC4) **并集公理 (axiom of union):** 对任何 X, 存在 X 的集合 $Y = \cup X$.

$$\forall X \exists Y \forall u (u \in Y \leftrightarrow \exists z((z \in X) \wedge (u \in z))).$$

这样我们可以定义

$$X \cup Y := \cup\{X, Y\}, \quad X \cup Y \cup Z := (X \cup Y) \cup Z, \quad \text{等等}.$$

同样可定义

$$\{a, b, c\} := \{a, b\} \cup \{c\}, \quad \{a_1, \cdots, a_n\} := \{a_1\} \cup \cdots \cup \{a_n\}.$$

最后得到 X 和 Y 的对称差: $X \triangle Y := (X \setminus Y) \cup (Y \setminus X)$.

(ZFC5) **幂集公理 (axiom of power set):** 对任何 X, 存在 X 的集合 2^X.

$$\forall X \exists Y \forall u (u \in Y \leftrightarrow u \subseteq X).$$

这里集合 U 称为 ***X* 的子集 (subset of *X*)**, 记作 $U \subset X$, 如果

$$\forall z (z \in U \to z \in X).$$

若 $U \subseteq X$ 且 $U \neq X$, 称 U 是 ***X* 的真子集 (proper subset of *X*)**. X 的所有子集构成

$$2^X := \{u | u \subseteq X\},$$

称为 ***X* 的幂集 (power set of *X*)**.

对任何 X 和 Y 定义它们的**乘积 (product)** 为

$$X \times Y := \{(x, y) | (x \in X) \wedge (y \in Y)\},$$

其中 $(x, y) := \{\{x\}, \{x, y\}\}$. 因为

$$X \times Y \subseteq 2^{2^{X \cup Y}},$$

因此 $X \times Y$ 是集合.

(ZFC6) **无穷公理 (axiom of infinity):** 存在无穷集.

$$\exists S \left((\emptyset \in S) \wedge ((\forall x \in S) x \cup \{x\} \in S) \right).$$

上述用形式语言描述的无穷公理告诉我们

$$\emptyset \in S \Longrightarrow \emptyset \cup \{\emptyset\} \in S \Longrightarrow \{\emptyset\} \in S \Longrightarrow \{\emptyset\} \cup \{\{\emptyset\}\} \in S$$
$$\Longrightarrow \{\{\emptyset\}\} \in S \Longrightarrow \{\{\emptyset\}\} \cup \{\{\{\emptyset\}\}\} \in S \Longrightarrow \{\{\{\emptyset\}\}\} \in S.$$

特别地,

$$\emptyset \in S, \quad \{\emptyset\} \in S, \quad \{\emptyset, \{\emptyset\}\} \in S,$$

从而得到无穷集合

$$\{\emptyset, \{\emptyset\}, \{\emptyset, \{\emptyset\}\}, \{\emptyset, \{\emptyset\}, \{\emptyset, \{\emptyset\}\}\}, \cdots\}.$$

(ZFC7) **替换模式公理 (axiom schema of replacement):** 如果类 F 是函数, 则对任意集合 X 存在集合 $Y = F(X) = \{F(x)|x \in X\}$.

类 F 称为**函数 (function)** (**注意:** 这里的函数定义和通常函数的定义是不一样的!), 如果 F 是某个乘积 $C \times D$ 的子集, 且 $(c, d) \in F$ 和 $(c, d') \in F$ 推出 $d = d'$. 此时定义**定义域 (domain)** 和**值域 (range)** 分别为

$$\mathbf{Dom}(F) :=\{c|\text{存在 } d \text{ 使得 } (c, d) \in F\},$$
$$\mathbf{Ran}(F) :=\{d|\text{存在 } c \text{ 使得 } (c, d) \in F\}.$$

注意到 $\mathbf{Dom}(F)$ 和 $\mathbf{Ran}(F)$ 都是集合, 这是因为

$$\mathbf{Dom}(F) \subseteq \cup \cup F, \quad \mathbf{Ran}(F) \subseteq \cup \cup F.$$

替换模式公理告诉我们如果类 F 是函数且定义域 $\mathbf{Dom}(F)$ 是集合, 则值域 $\mathbf{Ran}(F)$ 也是集合.

(ZFC8) **正则公理 (axiom of regularity):** 每个非空集合都有一个 $\in$-极小元素.

$$\forall S\,(S \neq \emptyset \to (\exists x \in S) S \cap X = \emptyset)\,.$$

作为直接推论得到, 不存在无穷链 $x_0 \ni x_1 \ni x_2 \ni \cdots$, 否则的话考察集合 $S = \{x_0, x_1, x_2, \cdots\}$. 因此不存在集合 x 满足 $x \in x$.

(ZFC9) **选择公理 (axiom of choice):** 每个非空集合构成的集族都存在选择函数. 如果 S 是集族且 $\emptyset \notin S$, S 的**选择函数 (choice function)** 是指映射 $f : S \to \cup S$ 满足条件

$$f(x) \in x, \quad x \in S.$$

即从每个集合 $x \in S$ 中都可以选择出一个元素 $f(x) \in x$.

到此为止, 我们简略介绍了 ZFC 集合公理化. 详细阐述可参考

- Jech, Thomas. *Set theory*, The Third Millennium Edition, Revised and Expanded, Springer, 2006.

- Bourbaki, N. *Theory of sets*, Springer, 2004.

这两本专著. 从李文威著作

- 李文威 著: 代数学方法 (第一卷), 现代数学基础, **67.1**, 高等教育出版社, 2019.

的第一章中也可获得不少有趣的收获, 比如 Grothendieck 宇宙.

从现在开始, 我们采用朴素的、通常意义下的集合理论, 即中学时期所讲的集合理论.

1.5.1 集合的任意并和交

假设 A 是非空集合, 对每个 $\alpha \in \mathsf{A}$ 令 A_α 是一集合. 称 $\mathscr{A} := \{A_\alpha | \alpha \in \mathsf{A}\}$ 为**集族** (**family of sets**) 并称 A 是这个集族的**指标集** (**index set**).

令 X 是一集合且 $\mathscr{A} = \{A_\alpha | \alpha \in \mathsf{A}\}$ 是由 X 的一些子集所构成的集族. 我们定义集族 $\mathscr{A}$ 中元素的并和交:

(1) **并** (**union**):

$$\bigcup_{\alpha \in \mathsf{A}} A_\alpha \equiv \bigcup_{A \in \mathscr{A}} A := \{x | x \in A, \text{ 存在某个 } A \in \mathscr{A}\}.$$

(2) **交** (**intersection**):

$$\bigcap_{\alpha \in \mathsf{A}} A_\alpha \equiv \bigcap_{A \in \mathscr{A}} A := \{x | x \in A, \text{ 对任意 } A \in \mathscr{A}\}.$$

当 $\mathscr{A} = \emptyset$ 是空集时, 定义 $\bigcup\limits_{A \in \mathscr{A}} A := \emptyset$. 当 $\mathsf{A} = \{1, \cdots, n\}$ 时, 我们此时把上述并和交记为 $\bigcup\limits_{1 \leqslant i \leqslant n} A_i$ 和 $\bigcap\limits_{1 \leqslant i \leqslant n} A_i$. 易证对任何集合 X 都有

$$\bigcup_{A \in 2^X} A = X, \quad \bigcap_{A \in 2^X} A = \emptyset.$$

若 $\mathscr{A} = \{A_\alpha | \alpha \in \mathsf{A}\}$ 和 $\mathscr{B} = \{B_\beta | \beta \in \mathsf{B}\}$ 是由集合 X 的一些子集所构成的集族, 则

(i) **结合律** (**associativity**)

$$\bigcap_{\alpha \in \mathsf{A}} A_\alpha \cap \bigcap_{\beta \in \mathsf{B}} B_\beta = \bigcap_{(\alpha,\beta) \in \mathsf{A} \times \mathsf{B}} A_\alpha \cap B_\beta, \quad \bigcup_{\alpha \in \mathsf{A}} A_\alpha \cup \bigcup_{\beta \in \mathsf{B}} B_\beta = \bigcup_{(\alpha,\beta) \in \mathsf{A} \times \mathsf{B}} A_\alpha \cup B_\beta.$$

(ii) **分配律** (**distributivity**)

$$\bigcap_{\alpha \in \mathsf{A}} A_\alpha \cup \bigcap_{\beta \in \mathsf{B}} B_\beta = \bigcap_{(\alpha,\beta) \in \mathsf{A} \times \mathsf{B}} A_\alpha \cup B_\beta, \quad \bigcup_{\alpha \in \mathsf{A}} A_\alpha \cap \bigcup_{\beta \in \mathsf{B}} B_\beta = \bigcup_{(\alpha,\beta) \in \mathsf{A} \times \mathsf{B}} A_\alpha \cap B_\beta.$$

(iii) **De Morgan 法则 (De Morgan's laws)**

$$\left(\bigcap_{\alpha\in\mathsf{A}} A_\alpha\right)^{\mathsf{C}} = \bigcup_{\alpha\in\mathsf{A}} A_\alpha^{\mathsf{C}}, \quad \left(\bigcup_{\alpha\in\mathsf{A}} A_\alpha\right)^{\mathsf{C}} = \bigcap_{\alpha\in\mathsf{A}} A_\alpha^{\mathsf{C}}.$$

这里乘积 $\mathsf{A}\times\mathsf{B}$ 的定义见**第 1.5.2 小节**.

1.5.2 集合的 Cartesian 乘积: I

假设 A, B 是两个给定的集合. 我们定义它们的 Cartesian 乘积.

(1) **Cartesian 乘积 (Cartesian product)**:

$$A\times B := \{(a,b)|a\in A \text{ 且 } b\in B\}.$$

这里的符号 (a,b) 表示 a 和 b 的有序对, 其定义如下.

(2) a 和 b 的**有序对 (ordered pair)** 定义为

$$(a,b) := \{\{a\},\{a,b\}\}.$$

这里 a 称为有序对的**第一坐标 (first coordinate)** 而 b 称为有序对的**第二坐标 (second coordinate)**. 当 $a=b$ 时, $(a,b)=\{\{a\}\}$.

对 $x=(a,b)\in A\times B$, 定义**投影映射 (projection)**

$$\mathrm{pr}_1(x)=a, \quad \mathrm{pr}_2(x)=b.$$

(3) 怎么去理解有序对呢? 我们考虑简单的情形, 即 A 是平面坐标系 xy 中 x 轴的子集, 而 B 是 y 轴的子集. 现在我们把 $A\times B=\{(a,b)|a\in A \text{ 且 } b\in B\}$ 一一对应到平面上的一些点. 具体操作如下: 任取 $(a,b)\in A\times B$, 按照有序对的定义得到 $(a,b)=\{\{a\},\{a,b\}\}$. 先考虑 $a=b$ 情形, 此时 $(a,b)=(a,a)=\{\{a\}\}$, 我们在 xy 平面上画点 P 使得 P 的横坐标为 a 而纵坐标也是 a; 如果利用坐标记号的话, $P=(a,a)$, 和这里有序对的记号相同. 再考虑 $a\neq b$ 情形, 此时 $\{a,b\}\neq\{a\}$, 从而集合 $\{\{a\},\{a,b\}\}$ 包含两个元素; 我们在 xy 平面上画点 P 使得 P 的横坐标为 a 而纵坐标为 b; 如果利用坐标记号的话, $P=(a,b)$, 和这里有序对的记号相同. 这样我们在数集的情形下, 可以把有序对和坐标对应起来.

坐标有个重要的性质是 $(x_1,y_1)=(x_2,y_2)$ 当且仅当 $x_1=y_1$ 和 $x_2=y_2$. 下面我们要证明, 这个性质对有序对也是成立的.

(4) 给定两个有序对 (a_1,b_1) 和 (a_2,b_2), 那么

$$(a_1,b_1)=(a_2,b_2) \quad \text{当且仅当} \quad a_1=a_2 \text{ 和 } b_1=b_2.$$

证: 先假设 $(a_1,b_1)=(a_2,b_2)$ 成立. 如果 $a_1=b_1$, 则得到

$$\{\{a_2\},\{a_2,b_2\}\}=(a_2,b_2)=(a_1,b_1)=\{\{a_1\}\},$$

此时必有 $\{a_2\}=\{a_2,b_2\}=\{a_1\}$ 从而得到 $a_2=b_2=a_1=b_1$. 如果 $a_1\neq b_1$, 则得到

$$\{\{a_2\},\{a_2,b_2\}\}=(a_2,b_2)=(a_1,b_1)=\{\{a_1\},\{a_1,b_1\}\}.$$

因为等号右边集合包含两个元素, 所以等号左边集合也必须包含两个元素, 从而导致 $a_2\neq b_2$. 因此, $\{a_2\}=\{a_1\}$, $\{a_2,b_2\}=\{a_1,b_1\}$. 即得到 $a_2=a_1$ 和 $b_1=b_2$. □

(5) 易证 $A\times B\neq B\times A$ 和

$$A\times B=\emptyset \quad\Longleftrightarrow\quad A=\emptyset \text{ 或 } B=\emptyset.$$

(6) 如果 $A=\{a,b\}$ 和 $B=\{i,j,k\}$, 则得到

$$A\times B=\{(a,i),(b,i),(a,j),(b,j),(a,k),(b,k)\}.$$

(7) 如果 $A=B=(0,1)\subset\mathbb{R}$, 则 $A\times B$ 就是经过原点 $(0,0)$ 且位于第一象限的边长为 1 的正方形的内部.

两个集合的 Cartesian 乘积可推广到 n 个集合的 Cartesian 乘积:

$$\prod_{1\leqslant i\leqslant n}X_i\equiv X_1\times\cdots\times X_n:=(X_1\times\cdots\times X_{n-1})\times X_n.$$

比如考虑三个集合 X_1,X_2 和 X_3, 此时我们首先定义 X_1 和 X_2 的 Cartesian 乘积 $X_1\times X_2$, 然后把这个新的集合和 X_3 再做一次 Cartesian 乘积就得到

$$X_1\times X_2\times X_3:=(X_1\times X_2)\times X_3.$$

如果 $x\in X_1\times\cdots\times X_n$, 我们用 $(x^1,\cdots,x^n)$ 来记 $(\cdots((x^1,x^2),x^3),\cdots,x^n)$ 并称 $x^i:=\mathrm{pr}_i(x)$ 是 x 的**第 i 个分量 (i-th component)**. 当所有 X_i 都等于 X 时, 上述乘积记为 X^n.

1.5.3 映射

首先我们来回忆下高中时候函数的定义. 设 A,B 是两个非空数集, 若按照某种确定的对应关系 f, 使对集合 A 中的任意一个数 x, 在集合 B 中都有唯一确定的数 $f(x)$ 和它对应, 那么称 $f:A\to B$ 为从集合 A 到集合 B 的一个函数, 并记作

$$y=f(x),\quad x\in A.$$

我们把 x 叫做自变量, x 的取值范围 A 叫做函数的定义域, 和 x 值对应的 y 值叫做函数值, 函数值的集合 $\{f(x)|x \in A\} \subseteq B$ 叫做函数的值域.

(1) 根据上述关于函数的定义, 我们发现 "按照某种确定的对应关系" 的表述似乎很模糊, 那准确的定义是什么呢?

(2) 上述函数的定义, 事先要求 A, B 都是数集, 那对一般的两个集合可否类似定义 "函数" 呢?

带着这些问题我们来讲一般 "函数" 的定义.

Leibniz 在 1673 年首次使用了术语 "函数". 他将函数应用于用非常笼统的术语指定几何量的相关性, 例如曲线形状上的次切线和次法线. 他还引入了术语 "常数"、"变量" 和 "参数". 随着用代数方法研究曲线的发展, 用一个术语来表示 "利用解析表达式来表示依赖于一个变量的数量" 变得越来越有必要了. 在 Leibniz 和 Jean Bernoulli 的 1695 年和 1698 年的通信中, "函数" 最终被采纳. 函数一词并没有出现在 1716 年出版的数学词典中. 两年后, Jean Bernoulli 发表了一篇广泛传播的文章, 其中包含他将变量的函数定义为以某种方式由变量和常量组成的量.

假设 C 和 D 是两个给定的集合.

(1) 一个**赋值法则 (rule of assignment)** R 是指满足条件

$$(c, d) \in R \text{ 和 } (c, d') \in R \quad \Longrightarrow \quad d = d'$$

的 $C \times D$ 的子集.

(2) 假设 R 是一个赋值法则. 令其**定义域 (domain)** 和**像域 (image set)** 如下:

$$\mathbf{Dom}(R) \equiv \boldsymbol{R}\ \textbf{的定义域} := \{c \in C | \text{存在 } d \in D \text{ 使得 } (c, d) \in R\},$$

$$\mathbf{Im}(R) \equiv \boldsymbol{R}\ \textbf{的像域} := \{d \in D | \text{存在 } c \in C \text{ 使得 } (c, d) \in R\}.$$

一个**映射 (mapping)** $\boldsymbol{f}$ 是指一个二元对 (R, B), 其中 R 是一个赋值法则, B 是一个集合 (称为 f 的**值域 (range)**), 满足 $\mathbf{Im}(R) \subseteq B$.

(1) $\boldsymbol{f}$ **的定义域** $\equiv \mathbf{Dom}(f) := \mathbf{Dom}(R)$.

(2) $\boldsymbol{f}$ **的像域** $\equiv \mathbf{Im}(f) := \mathbf{Im}(R)$.

(3) 我们引入记号 (事实上, 这个记号是 Euler 在 1734 年引入的):

$$f : A \longrightarrow B, \quad a \longmapsto f(a),$$

这里 A 是 f 的定义域, B 是 f 的值域 (从而 $\mathbf{Im}(f) \subseteq B$), $f(a)$ 是 B 中满足条件 $(a, f(a)) \in R$ 的唯一元素.

(4) f 的**图 (graph)** 定义为

$$\mathbf{graph}(f) := \{(a,b) \in A \times B | b = f(a)\} = \{(a, f(a)) | a \in A\} \subseteq A \times B.$$

按照上面的定义, 映射 f 的像域就是高中数学中函数的 "值域", 而这里的值域就是本小节一开头提到的 "集合 B". 那为什么要引入值域和像域呢?

(1) 高中时候的函数基本上都是可以显式地写出来的, 即可以写成 $y = f(x)$ 这样的形式.

(2) 但不是每个函数都可以显式地写出来, 比如 $ye^y = x$, 这里 x 是自变量而 y 是函数值. 如果 x 的范围是 $(-1/4, +\infty)$, 则这个函数关系所确立的函数值 y 肯定落在 $\mathbb{R}$ (从而我们可以把值域取成 $\mathbb{R}$), 这是因为 $e^y > 0$ 对任意实数 y 都成立. 因此值域可以理解为函数值 y 的一个 "粗糙" 范围, 而像域则是函数值 y 的 "精准" 范围. 事实上可以证明函数关系 $ye^y = x$, $x > -1/4$ 所确立的函数值范围是 $(-\infty, a_1) \cup (a_2, +\infty)$, 这里 $-\infty < a_1 < -1 < a_2 < 0$. 比如当 $y = -1$ 时, $x = -1/e < -1/4$, 所以 -1 肯定不在函数值 y 的范围内, 即不在像域内. 实际上, 利用导数性质可以证明对任何 $y \in \mathbb{R}$ 都有 $ye^y \geqslant -1/e$, 且等号取到当且仅当 $y = -1$.

(3) 上面这个例子表明, 虽然有时候函数的显式表达式比较难求, 从而导致像域也很难求, 但是值域有些时候还是比较容易看出来的.

例 1.1

(1) 假设 $C=D=\mathbb{R}$, $f(x)=x^2$, $R=\mathbb{R}\times\mathbb{R}_{\geqslant 0}$, $B=\mathbb{R}$. 此时 $A=\mathbb{R}$, $\mathbf{Im}(f)=\mathbb{R}_{\geqslant 0}$.

(2) 假设 $C=D=\mathbb{R}$, $f(x)=x^3$, $R=\mathbb{R}\times\mathbb{R}$, $B=\mathbb{R}$. 此时 $A=\mathbb{R}$, $\mathbf{Im}(f)=\mathbb{R}$.

(3) **恒等映射 (identity mapping)** $\mathbf{1}_A : A \to A$, $a \mapsto a$.

(4) **常值映射 (constant mapping)** $f : A \to B$, $a \mapsto b$, 这里 b 是事先给定的. ♠

考虑两个映射 $f : A \to B$ 和 $g : B \to C$.

(1) 对任意给定的 A 的子集 A_0, 定义 **f 在 A_0 上的限制 (restriction)** 为映射

$$f|_{A_0} = f : A_0 \longrightarrow B.$$

(2) f 和 g 的**复合 (composition)**:

$$g \circ f : A \longrightarrow C, \quad a \longmapsto c,$$

这里 $f(a) = b$ 和 $g(b) = c$ 对某个 $b \in B$ 成立.

显然 $g \circ f$ 仅当 $\mathbf{Im}(f) \subseteq \mathbf{Dom}(g)$ 时有定义. 注意到 $f \circ g$ 和 $g \circ f$ 一般不相等, 比如,

$$f, g: \mathbb{R} \longrightarrow \mathbb{R}, \quad f(x) := 3x^2 + 2, \quad g(x) := 5x.$$

则 $(f \circ g)(x) = 75x^2 + 2$ 和 $(g \circ f)(x) = 15x^2 + 10$.

给定映射 $f : A \to B$.

(1) f 是**单射 (injective)**, 如果

$$f(a) = f(a') \quad \Longrightarrow \quad a = a'.$$

(2) f 是**满射 (surjective)**, 如果

$$\text{对任意 } b \in B \text{ 存在 } a \in A \text{ 满足 } f(a) = b.$$

根据定义, 我们马上可知此时 f 的像域就等于值域 B. 注意到, 上面的 a 可能不唯一; 比如, 考察满射 $f : \mathbb{R} \to [0, +\infty)$, $x \mapsto f(x) = x^2$, 此时存在两个数 1 和 -1 同时满足 $f(1) = f(-1) = 1$.

(3) f 是**双射 (bijective)**, 如果 f 既是单的又是满的. 双射的一个典型例子是 $f : \mathbb{N} \to \mathbb{N}_*$, $x \to f(x) := x + 1$, 这里 $\mathbb{N} = \{0, 1, 2, \cdots\}$ 是全体自然数, 而 $\mathbb{N}_* = \mathbb{N} \setminus \{0\} = \{1, 2, 3 \cdots, \}$ 是全体正整数. 乍一看, 我们把自然数集放到了它的真子集中, 感觉有点不可思议! 这就是有限和无限的区别, 因为我们不可能找到一个双射从 $\{0, 1, 2, 3\}$ 到 $\{1, 2, 3\}$!

(4) 若 f 是双射, 我们定义其**逆映射 (inverse)** $f^{-1} : B \to A$ 如下:

$$f^{-1}(b) = a \quad \Longleftrightarrow \quad f(a) = b.$$

我们来详细说明一下. 首先因为 f 是满射, 所以对任何 $b \in B$ 存在 $a \in A$ 满足 $f(a) = b$. 其次因为 f 是单射, 我们来证明这样的 a 必是唯一的: 否则存在另一个 $a' \in A$ 满足 $f(a') = b$; 单射条件告诉我们 $f(a) = b = f(a')$ 必推出 $a = a'$. 既然 a 是唯一的, 那么我们定义 $f^{-1}(b) := a$. 作为简单练习, 可以验证 $f \circ f^{-1} = \mathbf{1}_B$ 和 $f^{-1} \circ f = \mathbf{1}_A$, 对任何双射 $f : A \to B$ 都成立.

(5) 给定映射 $f : A \to B$. 如果存在映射 $g : B \to A$ 使得 $g \circ f = \mathbf{1}_A$, 即 $g(f(a)) = a$ 对任何 $a \in A$ 成立, 则 f 必是单射. 事实上, 假如 $f(a) = f(a')$, 则根据假设条件得到

$$a = g(f(a)) = g(f(a')) = a'.$$

(6) 给定映射 $f : A \to B$. 如果存在映射 $h : B \to A$ 使得 $f \circ h = \mathbf{1}_B$, 即 $f(h(b)) = b$ 对任何 $b \in B$ 成立, 则 f 必是满射. 事实上, 在满射定义中, 我们可以取 $a = h(b)$.

(7) 讲单射、满射或双射, 一定要明确定义域和值域, 即, 一定要明确给出映射 $f: A \to B$ 中的三要素: f, A 以及 B. 就算 f 给定, 不同的 A 和 B 会给出不同的结果, 比如

$f(x)=x^2$	单射	满射
$\mathbb{R} \to \mathbb{R}$	×	×
$\mathbb{R} \to [0,\infty)$	×	√
$[0,+\infty) \to \mathbb{R}$	√	×
$[0,+\infty) \to [0,+\infty)$	√	√

引理 1.1

给定映射 $f: A \to B$. 如果存在 f 的**左逆 (left inverse)** $g: B \to A$ (即 $g(f(a)) = a$ 对所有 $a \in A$ 都成立) 和 f 的**右逆 (right inverse)** $h: B \to A$ (即 $f(h(b)) = b$ 对所有 $b \in B$ 都成立), 则 $g = h = f^{-1}$. ♡

证: f 是双射已经证明了, 请大家证明 $g = h = f^{-1}$. □

给定映射 $f: A \to B$ 和子集 $A_0 \subseteq A$, $B_0 \subseteq B$.

(1) $\boldsymbol{A_0}$ **在** $\boldsymbol{f}$ **下的像集 (image)** $\equiv f(A_0) := \{f(a)|a \in A_0\}$. 显然 $f(A_0) \subseteq B$.

(2) $\boldsymbol{B_0}$ **在** $\boldsymbol{f}$ **下的原像集 (preimage)** $\equiv f^{-1}(B_0) := \{a|f(a) \in B_0\}$. 显然 $f^{-1}(B_0) \subseteq A$. 特别地, 如果 $B = \{b\}$, 则符号 $f^{-1}(b) := f^{-1}(\{b\})$ 一般情形下不再是一个单元素集; 如果 f 本身是双射, 此时符号 $f^{-1}(b)$ 与之前的定义一样. 比如考虑映射

$$f: \mathbb{R} \longrightarrow \mathbb{R}, \quad x \longmapsto f(x) = \sin x,$$

则 $f^{-1}(1) = \{x \in \mathbb{R}| \sin x = 1\} = \{x = 2k\pi + \pi/2 | k \in \mathbb{Z}\}$.

(3) 下列包含关系显然成立:

$$A_0 \subseteq f^{-1}(f(A_0)), \quad B_0 \supseteq f(f^{-1}(B_0)).$$

我们可以找到例子来说明上述包含关系可以严格取到, 即等号不一定成立:

$$f: \mathbb{R} \longrightarrow \mathbb{R}, \quad x \longmapsto 3x^2 + 2$$

和 $A_0 = [0,1]$, $B_0 = [0,5]$; 则得到

$$f^{-1}(f(A_0)) = [-1,1] \supsetneq A_0, \quad f(f^{-1}(B_0)) = [2,5] \subsetneq B_0.$$

如果在映射定义中 B 是一个数域, 那么我们把映射称为**函数 (function)**.

练习 1.1

(1) 假设 $\{A_\alpha\}_{\alpha\in\Lambda}$ 是全集 I 中的一族子集. 证明

$$\left(\bigcap_{\alpha\in\Lambda} A_\alpha\right)^{\mathsf{C}} = \bigcup_{\alpha\in\Lambda} A_\alpha^{\mathsf{C}}, \quad \left(\bigcup_{\alpha\in\Lambda} A_\alpha\right)^{\mathsf{C}} = \bigcap_{\alpha\in\Lambda} A_\alpha^{\mathsf{C}}.$$

(2) 对任意集合 A,B,C,D, 下面等式哪些是一定成立的? (成立的请给出证明, 不一定成立的请给出反例.)

$$\begin{aligned}(A\times B)\cup(C\times D)&=(A\cup C)\times(B\cup D),\\(A\times B)\cap(C\times D)&=(A\cap C)\times(B\cap D),\\A\times(B\setminus C)&=(A\times B)\setminus(A\times C),\\(A\setminus B)\times(C\setminus D)&=((A\times C)\setminus(B\times C))\setminus(A\times D),\\(A\times B)\setminus(C\times D)&=(A\setminus C)\times(B\setminus D).\end{aligned}$$

(3) 证明若 f 有左逆, 则 f 是单射; 若 f 有右逆, 则 f 是双射.

(4) 给出存在左逆但不存在右逆的映射的例子.

(5) 给定的映射可以有多个左逆或右逆吗?

(6) 证明**引理 1.1**.

(7) 下列 $\mathbb{R}^2 := \mathbb{R}\times\mathbb{R}$ 中的子集是否可以写成 $A\times B$, 其中 $A,B\subseteq\mathbb{R}$:

- $\{(x,y)\in\mathbb{R}^2 | x\in\mathbb{Z},\ y\in\mathbb{R}\}$,
- $\{(x,y)\in\mathbb{R}^2 | x\in\mathbb{R},\ 0<y\leqslant 1\}$,
- $\{(x,y)\in\mathbb{R}^2 | x^2+y^2<1\}$.

(8) 假设 $f: A\to B$ 是映射, 且 $A_0, A_1\subseteq A$ 和 $B_0, B_1\subseteq B$. 证明:

- 如果 $B_0\subseteq B_1$, 那么 $f^{-1}(B_0)\subseteq f^{-1}(B_1)$,
- $f^{-1}(B_0\cup B_1)=f^{-1}(B_0)\cup f^{-1}(B_1)$,
- $f^{-1}(B_0\cap B_1)=f^{-1}(B_0)\cap f^{-1}(B_1)$,
- $f^{-1}(B_0\setminus B_1)=f^{-1}(B_0)\setminus f^{-1}(B_1)$,
- 如果 $A_0\subseteq A_1$, 那么 $f(A_0)\subseteq f(A_1)$,
- $f(A_0\cup A_1)=f(A_0)\cup f(A_1)$,
- $f(A_0\cap A_1)\subseteq f(A_0)\cap f(A_1)$,
- $f(A_0\setminus A_1)\supseteq f(A_0)\setminus f(A_1)$.

(9) 假设 $f: A\to B$ 是映射, 且 $A_\alpha\subseteq X$ 和 $B_\beta\subseteq Y$. 证明:

- $f\left(\bigcup_{\alpha\in A} A_\alpha\right)=\bigcup_{\alpha\in A} f(A_\alpha)$,

- $f\left(\bigcap_{\alpha\in\mathsf{A}} A_\alpha\right) \subseteq \bigcap_{\alpha\in\mathsf{A}} f(A_\alpha)$,
- $f^{-1}\left(\bigcup_{\beta\in\mathsf{B}} B_\beta\right) = \bigcup_{\beta\in\mathsf{B}} f^{-1}(B_\beta)$,
- $f^{-1}\left(\bigcap_{\beta\in\mathsf{B}} B_\beta\right) = \bigcap_{\beta\in\mathsf{B}} f^{-1}(B_\beta)$.

♠

1.5.4 * 范畴

范畴是由 Samuel Eilenberg 和 Saunders Mac Lane 在 1945 年引进的[5]. 这些概念最初出现在拓扑学, 尤其是代数拓扑学里, 在同态转化成同调论的过程中起了重要作用. Stanislaw Ulam 说, 在 1930 年代的后期, 波兰学派中曾出现类似的想法. Samuel Eilenberg 本身就是波兰人, 曾在 1930 年代在波兰学习数学.

范畴 (category) $\mathfrak{C}$ 由如下要素所构成:

1) $\mathfrak{C}$ 中的**对象 (object)** 构成的类 (大多数情况下构成的是集合) $\mathbf{Ob}(\mathfrak{C})$,
2) 对 $\mathbf{Ob}(\mathfrak{C})$ 中的任意对象 X 和 Y, 存在集合 $\mathbf{Hom}_{\mathfrak{C}}(X,Y)$ (称为 X 到 Y 的**态射 (morphism)**),
3) 对 $\mathbf{Ob}(\mathfrak{C})$ 中的任意对象 X, Y 和 Z, 存在**复合映射 (composition)** $\circ$:

$$\mathbf{Hom}_{\mathfrak{C}}(X,Y)\times\mathbf{Hom}_{\mathfrak{C}}(Y,Z)\longrightarrow\mathbf{Hom}_{\mathfrak{C}}(X,Z),\quad (f,g)\longmapsto g\circ f.$$

这些要素满足条件:

(a) $(f\circ g)\circ h = f\circ(g\circ h)$,

(b) 对任意 $X\in\mathbf{Ob}(\mathfrak{C})$ 存在 $\mathbf{1}_X\in\mathbf{Hom}_{\mathfrak{C}}(X,X)$ 使得

$$f\circ\mathbf{1}_X = f,\quad \mathbf{1}_X\circ g = g$$

对任意 $f\in\mathbf{Hom}_{\mathfrak{C}}(X,Y)$ 和 $g\in\mathbf{Hom}_{\mathfrak{C}}(Y,X)$ 都成立.

例 1.2

下面是一些经典的范畴.

(1) **Set**: 集合和映射. 此时 **Ob(Set)** 不是集合, 而是类!

(2) $\mathbf{Vect}_{\mathbb{R}}$: 实向量空间和实线性映射 (高等代数中).

[5] Eilenberg, Samuel; Mac Lane, Saunders. *General theory of natural equivalences*, Trans, AMS., **58**(1945), 231–294. 实际投稿时间是 1942 年 9 月 8 日.

(3) **Group**: 群和群同态 (抽象代数中).

(4) **Top**: 拓扑空间和连续映射 (拓扑学中).

(5) **Calabi-Yau 范畴**: 微分几何/代数几何 $\rightsquigarrow$ 同调镜像对称 (homological mirror symmetry)[a]/SYZ 猜想 (Strominger-Yau-Zaslow 猜想)[b].

[a]Kontsevich, Maxim. *Homological algebra of mirror symmetry*, ICM 94 talk, https://arxiv.org/abs/alg-geom/9411018.

[b]Bejleri, Dori. *The SYZ conjecture via homological mirror symmetry*, expository notes (University of Alberta in July of 2016), https://arxiv.org/abs/1710.05894.

♠

如下定义的函子、自然变换最早也是由 Eilenberg 和 Mac Lane 引入的[6].

假设 $\mathfrak{C}$ 是范畴.

(1) 通常把态射 $f \in \mathbf{Hom}_{\mathfrak{C}}(X, Y)$ 记作 $f: X \to Y$. **注意:** 此时 f 不一定是表示 X 到 Y 的映射, 仅表示集合 $\mathbf{Hom}_{\mathfrak{C}}(X, Y)$ 中的元素而已! 比如考察如下范畴[7]: 给定偏序集 I (偏序定义见**第 1.5.5 小节**), 定义范畴 $\mathfrak{C}(I)$ 如下:

$$\mathbf{Ob}(\mathfrak{C}(I)) := I, \quad \mathbf{Hom}_{\mathfrak{C}(I)}(i, j) := \begin{cases} \text{单元素}, & i \leqslant j, \\ \emptyset, & \text{其他情况}. \end{cases}$$

(2) $f \in \mathbf{Hom}_{\mathfrak{C}}(X, Y)$ 称为**同构 (isomorphism)** 或**双边逆 (two-sided inverse)**, 若存在 $g \in \mathbf{Hom}_{\mathfrak{C}}(Y, X)$ 满足 $f \circ g = \mathbf{1}_Y$ 和 $g \circ f = \mathbf{1}_X$.

(3) $\mathfrak{C}'$ 称为 $\mathfrak{C}$ 的**子范畴 (subcategory)** 如果 $\mathfrak{C}'$ 本身是范畴并满足下列条件:

- $\mathbf{Ob}(\mathfrak{C}') \subseteq \mathbf{Ob}(\mathfrak{C})$,
- $\mathbf{Hom}_{\mathfrak{C}'}(X, Y) \subseteq \mathbf{Hom}_{\mathfrak{C}}(X, Y)$ 对任意 $X, Y \in \mathbf{Ob}(\mathfrak{C}')$ 都成立,
- $\mathbf{1}_X \in \mathbf{Hom}_{\mathfrak{C}'}(X, X)$ 对每个 $X \in \mathbf{Ob}(\mathfrak{C}')$ 都成立.

称 $\mathfrak{C}'$ 是 $\mathfrak{C}$ 的**全子范畴 (full subcategory)**, 如果它本身是子范畴并且对任意 $X, Y \in \mathbf{Ob}(\mathfrak{C}')$ 都有 $\mathbf{Hom}_{\mathfrak{C}'}(X, Y) = \mathbf{Hom}_{\mathfrak{C}}(X, Y)$ 成立.

(4) **Top** 是 **Set** 的子范畴, 但不是全子范畴.

(5) $\mathfrak{C}$ 的**相反范畴 (opposite category)** $\mathfrak{C}^{\circ}$ 定义如下:

$$\mathbf{Ob}(\mathfrak{C}^{\circ}) := \mathbf{Ob}(\mathfrak{C}), \quad \mathbf{Hom}_{\mathfrak{C}^{\circ}}(X, Y) := \mathbf{Hom}_{\mathfrak{C}}(Y, X).$$

(6) 令 $f \in \mathbf{Hom}_{\mathfrak{C}}(X, Y)$.

[6]Eilenberg, Samuel; Mac Lane, Saunders. *General theory of natural equivalences*, Trans, AMS., **58**(1945), 231–294.

[7]Gelfand, Sergei I.; Manin, Yuri I. *Methods of homological algebra*, Second Edition, **同调代数方法** (第二版), 国外数学名著系列 (续一), (影印版) **37**, 科学出版社, 2019.

- f 是**单态射 (monomorphism)**, 如果对任意对象 $W \in \mathbf{Ob}(\mathfrak{C})$ 和任意态射 $g, g' \in \mathbf{Hom}_{\mathfrak{C}}(W, X)$ 满足 $f \circ g = f \circ g'$, 都有 $g = g'$.

$$W \xrightarrow[g']{g} X \xrightarrow{f} Y.$$

- f 是**满态射 (epimorphism)** 如果对任意对象 $Z \in \mathbf{Ob}(\mathfrak{C})$ 和任意态射 $h, h' \in \mathbf{Hom}_{\mathfrak{C}}(Y, Z)$ 满足 $h \circ f = h' \circ f$, 都有 $h = h'$.

$$X \xrightarrow{f} Y \xrightarrow[h']{h} Z.$$

- f 是**双态射 (bimorphism)** 如果它既是单的又是满的.

(7) $P \in \mathbf{Ob}(\mathfrak{C})$ 是**始的 (initial)**, 如果对任何 $Y \in \mathbf{Ob}(\mathfrak{C})$, 集合 $\mathbf{Hom}_{\mathfrak{C}}(P, Y)$ 只包含一个元素. $Q \in \mathbf{Ob}(\mathfrak{C})$ 是**终的 (final)**, 如果对任何 $X \in \mathbf{Ob}(\mathfrak{C})$, 集合 $\mathbf{Hom}_{\mathfrak{C}}(X, Q)$ 只包含一个元素.

练习 1.2

(1) 证明两个始 (或终) 对象必同构.

(2) 证明同构必是双的, 但反之则不一定成立. ♠

范畴之间的 **(共变) 函子 ((covariant) functor)** $\mathbf{F} : \mathfrak{C} \to \mathfrak{C}'$ 由如下要素构成:

1) 映射 $\mathbf{F} : \mathbf{Ob}(\mathfrak{C}) \to \mathbf{Ob}(\mathfrak{C}')$,

2) 对 $\mathbf{Ob}(\mathfrak{C})$ 中任意 X, Y 存在映射 $\mathbf{F} : \mathbf{Hom}_{\mathfrak{C}}(X, Y) \to \mathbf{Hom}_{\mathfrak{C}'}(F(X), F(Y))$.

这些要素满足条件:

a) $\mathbf{F}(\mathbf{1}_X) = \mathbf{1}_{F(X)}$,

b) $\mathbf{F}(f \circ g) = \mathbf{F}(f) \circ \mathbf{F}(g)$.

类似地, 定义**反变函子 (contravariant functor)** $\mathbf{G} : \mathfrak{C} \to \mathfrak{C}'$ 为函子 $\mathbf{G} : \mathfrak{C}^{\circ} \to \mathfrak{C}'$.

例 1.3

(1) **遗忘函子** $\mathbf{F} : \mathbf{Top} \to \mathbf{Set}$. 即把拓扑空间 X 映成集合 X.

(2) **基本群函子** $\pi_1 : \mathbf{Top}_* \to \mathbf{Group}$, $(X, x) \mapsto \pi_1(X, x)$. 这里 $\mathbf{Top}_*$ 表示由带基点的拓扑空间 (X, x) 所构成, 其中两个对象 (X, x) 和 (Y, y) 间的态射定义为保基点的连续映射. 即, $f \in \mathbf{Hom}_{\mathbf{Top}_*}((X, x), (Y, y))$ 当且仅当

$$f \in \mathbf{Hom}_{\mathbf{Top}}(X, Y) \quad \text{和} \quad f(x) = y.$$

(3) **高阶同伦群函子** $\pi_k : \mathbf{Top}_* \to \mathbf{AG}$, $k \geqslant 2$.

(4) 任给 $X \in \mathbf{Ob}(\mathfrak{C})$, 定义

$$\mathbf{Hom}_{\mathfrak{C}}(X,\cdot):\mathfrak{C}\longrightarrow\mathbf{Set},\quad Z\longmapsto\mathbf{Hom}_{\mathfrak{C}}(X,Z),$$
$$\mathbf{Hom}_{\mathfrak{C}}(\cdot,X):\mathfrak{C}\longrightarrow\mathbf{Set},\quad Z\longmapsto\mathbf{Hom}_{\mathfrak{C}}(Z,X).$$

则 $\mathbf{Hom}_{\mathfrak{C}}(X,\cdot)$ 是共变的而 $\mathbf{Hom}_{\mathfrak{C}}(\cdot,X)$ 是反变的. ♠

考察两个函子 $\mathbf{F}_1,\mathbf{F}_2:\mathfrak{C}\to\mathfrak{C}'$. 函子之间的**态射 (morphism)** 或**自然变换 (natural transformation)** $\boldsymbol{\theta}:\mathbf{F}_1\to\mathbf{F}_2$ 构成如下:

$$X\in\mathbf{Ob}(\mathfrak{C})\Longrightarrow\boldsymbol{\theta}(X)\in\mathbf{Hom}_{\mathfrak{C}'}(\mathbf{F}_1(X),\mathbf{F}_2(X)).$$

这些要素使得下面的图

$$\begin{array}{ccc}\mathbf{F}_1(X) & \xrightarrow{\boldsymbol{\theta}(X)} & \mathbf{F}_2(X)\\ {\scriptstyle\mathbf{F}_1(f)}\downarrow & & \downarrow{\scriptstyle\mathbf{F}_2(f)}\\ \mathbf{F}_1(Y) & \xrightarrow[\boldsymbol{\theta}(Y)]{} & \mathbf{F}_2(Y)\end{array}$$

可交换, 即

$$\mathbf{F}_2(f)\circ\boldsymbol{\theta}(X)=\boldsymbol{\theta}(Y)\circ\mathbf{F}_1(f),$$

对任何 $X,Y\in\mathbf{Ob}(\mathfrak{C})$, $f\in\mathbf{Hom}_{\mathfrak{C}}(X,Y)$ 成立.

定义 1.1

给定范畴 $\mathfrak{C}$, $\mathfrak{C}'$, 定义新的范畴 $\mathbf{Func}(\mathfrak{C},\mathfrak{C}')$ 如下:

$$\mathbf{Ob}\left(\mathbf{Func}(\mathfrak{C},\mathfrak{C}')\right):=\{\text{函子 }\mathbf{F}:\mathfrak{C}\to\mathfrak{C}'\},$$
$$\mathbf{Hom}_{\mathbf{Func}(\mathfrak{C},\mathfrak{C}')}(\mathbf{F}_1,\mathbf{F}_2):=\{\text{态射 }\boldsymbol{\theta}:\mathbf{F}_1\to\mathbf{F}_2\}.$$
♣

定义 1.2 (可表函子)

假设 $\mathfrak{C}$ 是范畴. 称函子 $\mathbf{F}:\mathfrak{C}\to\mathbf{Set}$ 是**可表的 (representable)**, 若存在对象 $X\in\mathbf{Ob}(\mathfrak{C})$ 使得 $\mathbf{F}$ 在 $\mathbf{Func}(\mathfrak{C},\mathbf{Set})$ 中和 $\mathbf{Hom}_{\mathfrak{C}}(X,\cdot)$ 同构. ♣

注 1.1

如果 $\mathbf{F}:\mathfrak{C}\to\mathbf{Set}$ 是可表的, 则 X 在同构意义下是唯一的并把它称为 $\mathbf{F}$ **的表示 (representative)**. ♣

定义 1.3 (完全忠实函子)

称函子 $\mathbf{F}:\mathfrak{C}\to\mathfrak{C}'$ 是**完全忠实的 (fully faithful)**, 如果对任意 $X,Y\in\mathbf{Ob}(\mathfrak{C})$, 映射 $\mathbf{Hom}_{\mathfrak{C}}(X,Y)\to\mathbf{Hom}_{\mathfrak{C}'}(\mathbf{F}(X),\mathbf{F}(Y))$ 都是双的. ♣

定理 1.1 (Yoneda 引理)

(1) 对任意 $X\in\mathbf{Ob}(\mathfrak{C})$ 和 $\mathbf{F}\in\mathbf{Ob}(\mathfrak{C}^\vee)$, 这里 $\mathfrak{C}^\vee:=\mathbf{Func}(\mathfrak{C}^\circ,\mathbf{Set})$, 下面同构

$$\mathbf{Hom}_{\mathfrak{C}^\vee}(\mathbf{Hom}_{\mathfrak{C}}(X),\mathbf{F})\simeq\mathbf{F}(X)$$

在 $\mathbf{Set}$ 中成立, 这里 $\mathbf{Hom}_{\mathfrak{C}}:\mathfrak{C}\to\mathfrak{C}^\vee$ 是函子, 定义为 $\mathbf{Hom}_{\mathfrak{C}}(X):=\mathbf{Hom}_{\mathfrak{C}}(\cdot,X)$.

(2) $\mathbf{Hom}_{\mathfrak{C}}$ 是完全忠实函子. ♡

证: (1) 对每个 $f\in\mathbf{Hom}_{\mathfrak{C}^\vee}(\mathbf{Hom}_{\mathfrak{C}}(X),\mathbf{F})$, 赋予 $\phi(f)\in\mathbf{F}(X)$ 如下:

$$f(X):\mathbf{Hom}_{\mathfrak{C}}(X,X)\longrightarrow\mathbf{F}(X),\quad \mathbf{1}_X\longmapsto\phi(f):=f(X)(\mathbf{1}_X).$$

反之, 对每个 $s\in\mathbf{F}(X)$, 赋予 $\psi(s)\in\mathbf{Hom}_{\mathfrak{C}^\vee}(\mathbf{Hom}_{\mathfrak{C}}(X),\mathbf{F})$ 如下:

$$\mathbf{Hom}_{\mathfrak{C}}(Y,X)\xrightarrow{\ \mathbf{F}\ }\mathbf{Hom}_{\mathbf{Set}}(\mathbf{F}(X),\mathbf{F}(Y))\xrightarrow{\ s\ }\mathbf{F}(Y),$$

这里 $\psi(s)(Y):=s\circ\mathbf{F}$. 故 ϕ 和 ψ 互为逆同态.

(2) 对任意 $X,Y\in\mathbf{Ob}(\mathfrak{C})$, 下列同构

$$\mathbf{Hom}_{\mathfrak{C}^\vee}(\mathbf{Hom}_{\mathfrak{C}}(X),\mathbf{Hom}_{\mathfrak{C}}(Y))\simeq\mathbf{Hom}_{\mathfrak{C}}(\cdot,Y)(X)=\mathbf{Hom}_{\mathfrak{C}}(X,Y)$$

推出 $\mathbf{Hom}_{\mathfrak{C}}$ 是完全忠实的. □

1.5.5 关系

在本小节, 我们把小学时候学过的 "=" 和 "<" 从定义在数集上推广到定义在一般集合上.

首先来看一个简单的例子. 令 $A:=\mathbb{Z}$, 并回顾被 2 整除的定义, 即 $2|z$, 其中 $z\in A$, 如果 z 是 2 的倍数. 对任何 $(x,y)\in A\times A$, 我们定义 $x\equiv y\ (\mathrm{mod}\ 2)$, 如果 $2|(y-x)$. 为了方便, 我们使用另一个记号, 即用 $x\sim y$ 来表示 $x\equiv y\ (\mathrm{mod}\ 2)$.

如果引入 $A\times A$ 的子集 $C:=\{(x,y)\in A\times A:2|(y-x)\}$, 那么我们得到 $x\sim y$ 当且仅当 $(x,y)\in C$. 我们现在来验证如下三条性质:

- 任意 $x\in A\Longrightarrow x\sim x$: 这是因为 $2|(x-x)$;
- $x\sim y\Longrightarrow y\sim x$: 如果 $x\sim y$, 则 $y-x=2k$, 这里 k 是某个整数, 这就就得到

$x-y=2(-k)$, 即 $2|(x-y)$ 从而得到 $y\sim x$;

- $x\sim y$ 和 $y\sim z\Longrightarrow x\sim z$: 如果 $x\sim y$ 和 $y\sim z$, 则得到 $y-x=2k_1$ 和 $z-y=2k_2$, 这里 $k_1,k_2\in\mathbb{Z}$, 因此 $z-x=2(k_1+k_2)$, 即得到 $x\sim z$.

根据上述性质得到

$$0\sim 2\sim 4\sim 6\sim\cdots,\quad 0\sim -2\sim -4\sim -6\sim\cdots$$

和

$$1\sim 3\sim 5\sim 7\sim\cdots,\quad 1\sim -1\sim -3\sim -5\sim\cdots.$$

定义集合 $[x]\subseteq A$ 为

$$[x]:=\{y\in A|y\sim x\},$$

并注意到 $x\in[x]$. 因此得到

$$[0]=\{0,\pm 2,\pm 4,\pm 6,\cdots\},\quad [1]=\{\pm 1,\pm 3,\pm 5,\cdots\}.$$

这样的话, 我们发现全体整数 $A=\mathbb{Z}$ 可分为两大类 $[0]$ 和 $[1]$, 且满足

$$A=[0]\cup[1],\quad [0]\cap[1]=\emptyset.$$

这恰好和我们熟知的整数可分成偶数和奇数, 不谋而合!

在上述过程把 "数字 2" 换成 "任何整数 n", 我们可以得到类似的结果. 我们把上述定义中的 $[x]$ 改写成 $[x]_n$, 主要是为了强调这个集合是由 mod n 所诱导出来的.

(0) $n=0$: 此时 $C=\{(x,y)\in A\times A|y-x=0\}$, 从而 $[x]_0=\{x\}$ 且

$$A=[0]_0\cup[1]_0\cup[-1]_0\cup[2]_0\cup[-2]_0\cup\cdots.$$

(1) $n=1$: 此时 $[x]_1=A=\mathbb{Z}$ 对任何 $x\in A$ 都成立且

$$A=[0]_1.$$

(2) $n=2$: 我们已经证明了

$$A=[0]_2\cup[1]_2.$$

(3) $n=3$: 此时

$$A=[0]_3\cup[1]_3\cup[2]_3.$$

(4) $n=4$: 此时

$$A=[0]_4\cup[1]_4\cup[2]_4\cup[3]_4=\left([0]_4\cup[2]_4\right)\cup\left([1]_4\cup[3]_4\right).$$

注意到 $[0]_4 \cup [2]_4 = [0]_2$ 和 $[1]_4 \cup [3]_4 = [1]_2$, 这和 $4 = 1 \times 4 = 2 \times 2$ 有联系.

(5) $n = 6$: 此时

$$
\begin{aligned}
A &= [0]_6 \cup [1]_6 \cup [2]_6 \cup [3]_6 \cup [4]_6 \cup [5]_6 \\
&= ([0]_6 \cup [3]_6) \cup ([1]_6 \cup [4]_6) \cup ([2]_6 \cup [5]_6) \\
&= ([0]_6 \cup [2]_6 \cup [4]_6) \cup ([1]_6 \cup [3]_6 \cup [5]_6).
\end{aligned}
$$

注意到这和 $6 = 1 \times 6 = 2 \times 3 = 3 \times 2$ 有联系.

接下来, 我们把上述例子中的集合 C 以及符号 $\sim$ 作一般化的推广.

集合 A 上的**关系 (relation)** 是指乘积 $A \times A$ 中的子集 C, 即 $C \subseteq A \times A$. 如果 C 是 A 上的关系, 我们把 C 中的元素 (x, y) 记作 xCy, 这是为了强调这个元素是来自 C 的.

若取 $A = \mathbb{R}$, 则 A 上的关系就是平面坐标内任何的一个子集. 平面坐标中三条线是非常重要的, 即 x 轴、y 轴以及直线 $y = x$. 而两条坐标轴已经体现在乘积 $A \times A$ 中了, 所以考虑第三条线 $y = x$. 这条直线有个特点就是 (x, y) 关于该直线的对称点为 (y, x). 因此我们很自然地考虑关于直线 $y = x$ 对称的集合. 特别地, 我们来引入所谓的等价关系.

♣ **等价关系.** 集合 A 上的**等价关系 (equivalence relation)** 是指 A 上的关系 C 并满足如下性质:

a) **自反性 (Reflexivity)**: 对任意 $x \in A$, 都有 xCx,

b) **对称性 (Symmetry)**: 如果 xCy, 那么 yCx,

c) **传递性 (Transitivity)**: 如果 xCy 和 yCz, 那么 xCz.

记号: 用 $\sim$ 来表示等价关系.

(1) $x \in A$ 的**等价类 (equivalence class)**:

$$[x] := \{y \in A : y \sim x\}.$$

根据定义立即得到对任何 $x \in A$ 必有 $x \in [x]$.

(2) 两个等价类要么不相交要么完全相等. 因此

$$A = \cup\{[x] : x \in A\}.$$

A 的所有等价类记为 $X/\sim := \{[x] : x \in A\}$.

(3) 集合 A 的**剖分 (partition)** 是指 A 的一些互不相交的非空子集构成的集族且这些子集的并是 A. 如果 $\sim$ 是等价关系, 则 $X/\sim$ 是一个剖分.

(4) 给定 A 的一个剖分 $\mathscr{D}$, 则存在 A 上的由该剖分诱导出来的等价关系 $\sim$.

实际上, 定义 A 上的关系 $\sim$ 为 $x \sim y$ 当且仅当 x, y 都属于 $\mathscr{D}$ 中的某个元素. 易证 $\sim$ 是 A 上的等价关系.

(5) 例子: 取 $X = \mathbb{R}$ 并对任何两个实数 $x, y \in X$ 定义关系

$$x \sim y \Longleftrightarrow 2|(y-x) \Longleftrightarrow (x, y) \in \{(x, y) \in \mathbb{R} \times \mathbb{R} = \mathbb{R}^2 | y - x \text{ 是偶数}\}.$$

易证 $\sim$ 是 $\mathbb{R}$ 上的等价关系. 对每个 $x \in \mathbb{R}$, 其等价类为

$$[x] = \{y \in \mathbb{R} | y \sim x\} = \{x + 2n | n \in \mathbb{Z}\}.$$

(6) 例子: 若取 $X = \mathbb{Z}$ 且也同样定义等价关系 $\sim$ 如 (5) 中一样, 则此时等价类只有两种可能:

$$[0] = \{2n | n \in \mathbb{Z}\}, \quad [1] = \{2n+1 | n \in \mathbb{Z}\}.$$

因此得到

$$\mathbb{Z}/\sim = \{[0], [1]\} =: \mathbb{F}_2.$$

这是最简单的有限域 (关于域的定义可参见**第 1.5.9 小节**) 例子.

◇ **序关系.** 取集合 $A = \mathbb{R}$, 并考虑 $A \times A$ 中的子集 $C := \{(x, y) \in A \times A : x < y\}$, 换句话说, xCy (即 $(x, y) \in C$) 当且仅当 $x < y$. 这样我们就有如下三条性质:

- 对任意 $x, y \in A$ 且 $x \neq y$, 我们得到要么 xCy 要么 yCx,
- 不存在 $x \in A$ 使得 xCx 成立,
- 如果 xCy 和 yCz, 那么 xCz.

我们再来看一个不怎么平凡的例子. 取三位伟大的物理学家或化学家的名字, Maxwell、Curie 和 Penrose, 做成卡片. 为了方便, 卡片上的名字分别简记为 m, c 和 p. 把这三种卡片放在一起就得到集合 $A = \{m, c, p\}$. 在 A 中取形如 (x, y) 的卡片对, 有 $3^2 = 9$ 种可能性. 我们只取三种卡片对 $(m, c), (m, p)$ 和 (p, c), 并考虑集合

$$C := \{(m, c), (m, p), (p, c)\} \subseteq A \times A.$$

它显然也满足如下的性质:

- 对任意 $x, y \in A$ 且 $x \neq y$, 我们得到要么 xCy 要么 yCx: 显然;
- 不存在 $x \in A$ 使得 xCx 成立: 显然;
- 如果 xCy 和 yCz, 那么 xCz: 这是因为同时满足条件 xCy 和 yCz 只能是 (m, p) 和 (p, c), 从而得到 $(m, c) \in C$.

上面的例子中的三条性质可以推广到一般的集合上去. A 上的关系 C 称为**序关系 (order relation)** 或**简单序 (simple order)** 或**线性序 (linear order)**, 如

果它满足如下性质:

a) **相容性 (Comparability)**: 对任意 $x, y \in A$ 且 $x \neq y$, 我们得到要么 xCy 要么 yCx,

b) **非自反性 (Nonreflexivity)**: 不存在 $x \in A$ 使得 xCx 成立,

c) **传递性 (Transitivity)**: 如果 xCy 和 yCz, 那么 xCz.

记号: 用 $<$ 表示序关系.

(1) 等价地说:

  a) 如果 $x \neq y$, 要么 $x < y$ 要么 $y < x$,

  b) 如果 $x < y$, 那么 $x \neq y$,

  c) 如果 $x < y$ 和 $y < z$, 那么 $x < z$.

(2) 记号 $x \leqslant y$ 是指 $x < y$ 或 $x = y$.

(3) 假设 $(X, <)$ 是**有序集 (ordered set)**, 即 X 上存在一个序关系 $<$. 对 $a < b$, 定义 X 中的**开区间 (open interval)** 为

$$(a, b) := \{x \in X : a < x < b\}.$$

如果 $(a, b) = \emptyset$, 称 a 是 b 的**直接前位点 (immediate predecessor)** 而把 b 称为 a 的**直接后位点 (immediate successor)**.

(4) 考察两个有序集 $(A, <_A)$ 和 $(B, <_B)$. 称 A 和 B 有相同的**序型 (order type)**, 如果集合之间存在保序的双射. 也就是说, 存在双射 $f : A \to B$ 满足

$$a_1 <_A a_2 \Longrightarrow f(a_1) <_B f(a_2).$$

比如, $((-1, 1), <)$ 和 $(\mathbb{R}, <)$ 有相同的序型 $\left(x \mapsto \dfrac{x}{1 - x^2}\right)$; $(\{0\} \cup (1, 2), <)$ 和 $([0, 1), <)$ 有相同的序型 (考虑映射: $0 \mapsto 0$ 和 $x \mapsto x - 1$, 若 $1 < x < 2$).

(5) 假设 $(A, <_A)$ 和 $(B, <_B)$ 是两个有序集. 定义 $A \times B$ 上的序关系 $<$ 如下:

$$(a_1, b_1) < (a_2, b_2),$$

若 $a_1 <_A a_2$ 或者若 $a_1 = a_2$ 但 $b_1 <_B b_2$. 这种序关系称为**字典序关系 (dictionary order relation)**.

(6) 比较实数大小关系的记号 $<$ 就是一个序关系. 特别地, 我们知道如果 $x > 0$ 且 $y > 0$, 这里 $x, y \in \mathbb{R}$, 则必有 $xy > 0$; 如果 $0 > x$ 且 $0 > y$, 这里 $x, y \in \mathbb{R}$, 则必有 $xy > 0$.

(7) 如果 $z_1 = x_1 + \mathbf{i}y_1$ 和 $z_2 = x_2 + \mathbf{i}y_2$ 是两个复数, 这里 $\mathbf{i} = \sqrt{-1}$, 如何比较它们之间的关系? 一个很自然的做法是直接把 (6) 中关于实数的序关系 $<$ 搬到

复数上来. 可惜的是, 这样盲目的做法会推出矛盾! 下面来详细阐述. 首先如果 $\mathbf{i}=0$, 则得到

$$0=0\times 0=\mathbf{i}\times\mathbf{i}=\sqrt{-1}\times\sqrt{-1}=-1,$$

不可能. 因此 $\mathbf{i}\neq 0$. 根据序关系中的相容性, 要么 $\mathbf{i}>0$ 要么 $0>\mathbf{i}$. 如果 $\mathbf{i}>0$, 则利用 (6) 中的不等式得到

$$-1=\mathbf{i}\times\mathbf{i}>0,$$

不可能. 如果 $0>\mathbf{i}$, 再次利用 (6) 中的不等式得到

$$-1=\mathbf{i}\times\mathbf{i}>0,$$

不可能. 所以复数之间的大小关系不能简单地用实数间的大小关系 (即一维关系) 来衡量. 既然一维关系行不通, 我们就人为地 "升维". 所以就利用 (5) 中的字典序关系来衡量复数之间的大小关系. 具体做法如下, 把复数 $z_1=x_1+\mathbf{i}y_1$ 和 $z_2=x_2+\mathbf{i}y_2$ 看成平面上的两个点, 从而得到 (几何) 表示

$$z_1\circeq(x_1,y_1),\quad z_2\circeq(x_2,y_2).$$

这里使用记号 $\circeq$ 而非等号 $=$, 主要是为了强调 z_1,z_2 是两个复数而 (x_1,y_1), (x_2,y_2) 是平面上的两点. 在上述记号约定下, 定义

$$z_1\lhd z_2\quad\Longleftrightarrow\quad x_1<x_2\ \text{或}\ (x_1=x_2\ \text{但}\ y_1<y_2).$$

注意到, 这里 $<$ 是 (6) 中实数之间的大小关系符号. 作为练习, 请大家验证$(\mathbb{C},\lhd)$ 是有序集.

假设 $(A,<)$ 是有序集, A_0 是 A 的子集.

(1) b 是 A_0 的**最大元 (largest element)**, 如果 $b\in A_0$ 且 $x\leqslant b$ 对任何 $x\in A_0$ 都成立. a 是 A_0 的**最小元 (smallest element)**, 如果 $a\in A_0$ 且 $a\leqslant x$ 对任何 $x\in A_0$ 都成立.

(1.1) 如果最大元或最小元存在, 则必唯一. 假设 $b,b'\in A_0$ 是 A_0 的两个最大元. 如果 $b\neq b'$, 则根据相容性要么 $b<b'$ 要么 $b'<b$. 前者与 b 是最大元相矛盾, 后者与 b' 是最大元相矛盾. 因此 $b=b'$, 即最大元若存在必唯一. 类似地可证明最小元存在也必唯一.

(1.2) 根据 (1.1) 我们可唯一定义

$$\max A_0:=b,\ \text{如果}\ A_0\ \text{的最大元存在且为}\ b,$$

同时称 $\max A_0$ 不存在, 如果 A_0 的最大元不存在. 同样可唯一定义

$$\min A_0 := a,\ \text{如果}\ A_0\ \text{的最小元存在且为}\ a,$$

同时称 $\min A_0$ 不存在, 如果 A_0 的最小元不存在.

(1.3) 注意到, 最大元或最小元若存在必属于 A_0, 但也存在 A_0 没有最大元或最小元. 考察下面例子: 取 $A = \mathbb{R}$ 并赋予通常意义下的大小序关系 $<$, 并令

$$A_0 := [0,1], \quad A_1 := [0,1), \quad A_2 := (0,1], \quad A_3 := (0,1).$$

显然

$$\max A_0 = \max A_2 = 1, \quad \min A_0 = \min A_1 = 0,$$

但是 $\max A_1, \min A_2, \max A_3, \min A_3$ 都不存在.

(2) A_0 是**有上界的 (bounded above)**, 如果存在 $b \in A$ 使得 $x \leqslant b$ 对任意 $x \in A_0$ 都成立, 并称 b 是 A_0 的一个**上界 (upper bound)**. 如果 A_0 是有上界的, 称

$$\sup A_0 := \min\{b \in A | b\ \text{是}\ A_0\ \text{的上界}\}$$

为 A_0 的**最小上界 (least upper bound)** 或者**上确界 (supremum)**.

A_0 是**有下界的 (bounded below)**, 如果存在 $a \in A$ 使得 $a \leqslant x$ 对任意 $x \in A_0$ 都成立, 并称 a 是 A_0 的一个**下界 (lower bound)**. 如果 A_0 是有下界的, 称

$$\inf A_0 := \max\{b \in A | b\ \text{是}\ A_0\ \text{的下界}\}$$

为 A_0 的**最大下界 (greatest lower bound)** 或者**下确界 (infimum)**.

(2.1) 相容性告诉我们如果 $\sup A_0$ 或 $\inf A_0$ 存在, 则必唯一.

(2.2) 注意到, $\sup A_0$ 或 $\inf A_0$ 不一定存在. 比如取 $A_0 = A = (0,1)$ 并赋予通常意义下的大小序关系 $<$, 则 $\sup A_0$ 和 $\inf A_0$ 都不存在.

(2.3) 即便 $\sup A_0$ 或 $\inf A_0$ 存在也不一定属于 A_0. 比如取 $A = \mathbb{R}$ 并赋予通常意义下的大小序关系 $<$, 则对 $A_0 = (0,1)$ 得到

$$\sup A_0 = 1, \quad \inf A_0 = 0.$$

(2.4) 如果 $\sup A_0$ 存在且 $\sup A_0 \in A_0$, 则必有 $\sup A_0 = \max A_0$. 类似地, 如果 $\inf A_0$ 存在且 $\inf A_0 \in A_0$, 则必有 $\inf A_0 = \min A_0$.

(2.5) 如果 $\max A_0$ 存在, 根据 (2.1) 必有 $\max A_0 = \sup A_0$. 类似地, 如果

$\min A_0$ 存在, 根据 (2.1) 必有 $\min A_0 = \inf A_0$.

(3) 称有序集 $(A, <)$ 满足**最小上界性质 (least upper bound property)** (或简记 **LUBP**), 如果 A 的任何非空有上界子集 A_0 有最小上界. 类似地, $(A, <)$ 满足**最大下界性质 (greatest lower bound property)** (或简记 **GLBP**), 如果 A 的任何非空有下界子集 A_0 有最大下界.

注意到:

$$\textbf{LUBP} \quad \Longleftrightarrow \quad \textbf{GLBP}.$$

集合 $B := (-1, 0) \cup (0, 1)$ 不可能满足最小上界性质 (请验证!), 而集合 $\{n\cos(n\pi) : n \in \mathbb{N}\}$ 既没有上界也没有下界.

我们知道 $\mathbb{R}$ 上有一个自然的序关系, 即实数之间的大小关系 $<$. 考察非空集合 $S \subseteq \mathbb{R}$. 这样就可以把上面的记号 $\max S, \min S, \sup S, \inf S$ 重新改写成如下直观的定义:

- b 是 S 的最大元, 如果 $b \in S$ 且 $x \leqslant b$ 对任何 $x \in S$ 都成立. a 是 S 的最小元, 如果 $a \in S$ 且 $a \leqslant x$ 对任何 $x \in S$ 都成立.
- S 是有上界的, 如果存在 $\beta \in \mathbb{R}$ 使得 $x \leqslant \beta$ 对任意 $x \in S$ 都成立, 并称 β 是 S 的一个上界. S 是有下界的, 如果存在 $\alpha \in \mathbb{R}$ 使得 $\alpha \leqslant x$ 对任意 $x \in S$ 都成立, 并称 α 是 S 的一个下界. S 称为**有界的 (bounded)**, 如果它既是有上界的又是有下界的.
- 假设 S 有上界. $\beta \in \mathbb{R}$ 是 S 的上确界当且仅当
  - $x \leqslant \beta$ 对任何 $x \in S$ 都成立, 且
  - 对任意 $\epsilon > 0$ 存在 $x \in S$ 满足 $x > \beta - \epsilon$.
- 假设 S 有下界. $\alpha \in \mathbb{R}$ 是 S 的下确界当且仅当
  - $\alpha \leqslant x$ 对任何 $x \in S$ 都成立, 且
  - 对任意 $\epsilon > 0$ 存在 $x \in S$ 满足 $x < \alpha + \epsilon$.
- **确界原理**:

  $\mathbb{R}$ 中任何非空有上界子集必有上确界, $\mathbb{R}$ 中任何非空有下界子集必有下确界.

证: 定理 1.15 告诉我们 $\mathbb{R}$ 是序完备的, 从而利用**命题 1.7** 得证. □

♡ **严格偏序关系.** 给定集合 X, 考察其幂集 2^X. 在 2^X 上定义关系 C 为集合的真包含关系 $\subsetneq$, 从而易证 $\subsetneq$ 满足非自反性和传递性, 但是不满足相容性. 比如对集合 $X = \{1, 2\}$ 来说, 其幂集为

$$2^X = \{\emptyset, \{1\}, \{2\}, \{1, 2\}\}.$$

虽然 $\{1\} \neq \{2\}$, 但是不能由此推出 $\{1\} \subsetneq \{2\}$ 和 $\{2\} \subsetneq \{1\}$.

而我们在定义 $\max A_0, \min A_0, \sup A_0, \inf A_0$ 时, 相容性是为了保证上述四个元素 (若存在) 的唯一性. 如果没有相容性这条, 我们也可以一模一样定义 $\max A_0$, $\min A_0$, $\sup A_0$, $\inf A_0$. 比如, 若 $A_0 \subseteq A$, A_0 的**上界 (upper bound)** 是 A 中的元素 b 使得对任何 $x \in A_0$, 要么 $x = b$ 要么 $x \prec b$.

有鉴于此我们来引入如下概念. 集合 A 上的关系 $\prec$ 称为**严格偏序 (strict partial order)**, 如果它满足下面性质:

a) **非自反性 (Nonreflexivity)**: $a \prec a$ 不可能成立,

b) **传递性 (Transitivity)**: $a \prec b$ 和 $b \prec c \Rightarrow a \prec c$.

从定义马上得出序关系必是严格偏序关系.

(1) 存在严格偏序关系的例子, 它本身不是序关系, 比如 $(2^X, \subsetneq)$.

(2) 平面 $\mathbb{R}^2$ 上存在自然的严格偏序 $\prec$:

$$(x_0, y_0) \prec (x_1, y_1) \quad \Longleftrightarrow \quad y_0 = y_1 \text{ 且 } x_0 < x_1.$$

(3) 称 $(A, \prec)$ 为**严格偏序集 (strictly partially ordered set)**, 如果 $\prec$ 是 A 上的严格偏序关系.

(4) 假设 $(A, \prec)$ 是严格偏序集, A_0 是 A 的子集. 称 b 是 A_0 的**极大元 (maximal element)**, 如果不存在 $x \in A_0$ 满足 $b \prec x$; 称 a 是 A_0 的**极小元 (minimal element)**, 如果不存在 $x \in A_0$ 满足 $x \prec a$.

显然, 当严格偏序关系是序关系时, 极大元和最大元是一样的, 极小元和最小元是一样的. 一般情形下, 最大元若存在必是极大元, 最小元若存在必是极小元; 但是极大元未必是最大元, 极小元未必是最小元. 原因是因为在严格偏序集中, 两个元素之间未必有严格偏序关系. 比如考察如下例子

$$A = \{\emptyset, \{1\}, \{2\}, \{1,2\}\}, \quad \prec := \subsetneq, \quad S := \{\{1\}, \{2\}\}.$$

此时 S 中的每个元素既是极大元又是极小元, 但 S 没有最大元和最小元.

(5) 我们已经知道就算没有相容性, 也可以定义 $\max A_0, \min A_0, \sup A_0, \inf A_0$. 这样的话, 假设 $(A, \prec)$ 是严格偏序集. 此时 $(A, \prec)$ 不一定是有序集, 但有可能出现这样一种情形, 即存在子集 A_0 使得 $(A_0, \prec)$ 是有序集. 比如考察 $A = 2^{\{1,2,3\}}$ 和它的子集 $A_0 = \{\{1\}, \{1,2\}, \{1,2,3\}\}$, 则易证 $(A_0, \subsetneq)$ 是有序集.

子集 $A_0 \subseteq A$ 称为**有序子集 (order subset)**, 如果 $(A_0, \prec)$ 是有序集.

(6) **Zorn 引理 (Zorn's lemma)**[8] (1935):

> 假设集合 A 上有一个严格偏序关系 $\prec$. 如果 A 的任何有序子集在 A 中都有上界, 则 A 必有极大元.

(7) **Zorn 引理其他形式**:

> 假设集合 A 上有一个序关系. 如果 A 的任何子集在 A 中都有上界, 则 A 必有极大元.

♠ **偏序关系.** 我们已经验证了 $(2^X, \subsetneq)$ 是严格偏序集. 但是我们在 2^X 上定义包含关系 $\subseteq$, 则此时 $(2^X, \subseteq)$ 不满足非自反性, 因为 $A \subseteq A$ 总是成立的. 进一步, 若 $A \subseteq B$ 和 $B \subseteq A$, 则得到 $A = B$.

上述这个例子引出了如下定义. 集合 A 上的关系 $\preceq$ 称为**偏序 (partial order)**, 如果它满足下面性质:

a) **自反性 (Reflexivity)**: $a \preceq a$ 对任意 $a \in A$ 都成立,

b) **反对称性 (Antisymmetry)**: $a \preceq b$ 和 $b \preceq a \Longrightarrow a = b$,

c) **传递性 (Transitivity)**: $a \preceq b$ 和 $b \preceq c \Longrightarrow a \preceq c$.

称 $(A, \preceq)$ 为**偏序集 (partially ordered set)**, 如果 $\preceq$ 是 A 上的偏序关系.

(1) 如果 $(A, \prec)$ 是严格偏序集, 定义 $a \preceq b$ 如果 $a \prec b$ 或者 $a = b$. 则 $\preceq$ 是 A 上的偏序.

(2) 偏序关系和严格偏序关系一样, 也没有相容性. 但是同样可以定义 $\max A_0$, $\min A_0$, $\sup A_0$, $\inf A_0$. 利用反对称性也可以得到上述四个元素的唯一性.

(3) 假设 $\preceq$ 是 A 上的偏序. 如果进一步有

$$\text{任何 } a, b \in A \quad \Longrightarrow \quad a \preceq b \text{ 或 } b \preceq a,$$

则称 $\preceq$ 是 A 上的**全序 (total order)**, 并称 $(A, \preceq)$ 为**全序集 (totally order set)**. 类似地可以定义**全序子集 (totally order subset)** 概念, 即子集 $A_0 \subseteq A$ 称为全序子集, 如果对任何 $a, b \in A_0$ 都有 $a \preceq b$ 或 $b \preceq a$ 成立.

(4) **Zorn 引理**:

> 假设集合 A 上有一个偏序关系 $\prec$. 如果 A 的任何全序子集在 A 中都有上界, 则 A 必有极大元.

Zorn 引理的应用会陆续在后面章节中给出 (比如**定理 1.10**、**性质 1.3** 的证明

[8] Zorn 引理也被称为 Kuratowski-Zorn 引理, 这是 Kazimierz Kuratowski (*Une méthode d'élimination des nombres transfinis des raisonnements mathématiques*, Fundamenta Mathematicae, **3**(1922), 76–108) 在 1922 年和 Max Zorn (*A remark on method in transfinite algebra*, Bulletin of AMS., **41**(1935), no. 10, 667–670) 在 1935 年分别独立发现的. "Zorn 引理" 首次出现在 John Tukey 的著作《Convergence and uniformity in topology》(1940) 中, 而 "Kuratowski-Zorn 引理" 的叫法通常出现在波兰和俄罗斯. 可以证明在 ZF 理论中, Zorn 引理和 Hausdorff 最大值原理、选择公理以及良序定理都是等价的.

等), 作为本小节的结束我们来看确界原理的一个简单应用. 考察集合 $A=\{a_n\}_{n\geqslant 1}$, 这里 $a_i\in\mathbb{R}$ 且 $|a_i|\leqslant M$ 对某个正数 M 成立. 从而根据确界原理, A 有上确界和下确界.

一般地, 考察函数列 $\{f(x,t)\}_{(x,t)\in[0,1]\times\mathbb{R}}$, 这里 $|f(x,t)|\leqslant M$ 对任意 $x\in[0,1]$ 和 $t\in\mathbb{R}$ 都成立. 对每个 $x\in[0,1]$, 定义集合 $A_x:=\{f(x,t)\}_{t\in\mathbb{R}}$. 则 A_x 有上确界 $f(x)$. 故得到映射

$$f:[0,1]\longrightarrow\mathbb{R},\quad x\longmapsto f(x).$$

一个很自然的问题是研究函数 $f(x)$ 的性质. 在之后的章节我们会对此进行详细的研究.

1.5.6 * 集合的 Cartesian 乘积: II

假设 $\mathscr{A}$ 是非空集族. $\mathscr{A}$ 的**指标映射 (indexing function)** 是指从某个集合 J 到 $\mathscr{A}$ 的满射 f. 这个集合 J 称为**指标集 (index set)**.

(1) $(\mathscr{A},f)$ 称为**集合的指标类 (indexed family of sets)**.

(2) 给定 $\alpha\in J$, 把集合 $f(\alpha)\in\mathscr{A}$ 记作 A_α, 并把集合的指标类记作 $\{A_\alpha\}_{\alpha\in J}$.

(3) 定义

$$\bigcup_{\alpha\in J}A_\alpha:=\{x:\text{存在 }\alpha\in J\text{ 使得 }x\in A_\alpha\},$$

$$\bigcap_{\alpha\in J}A_\alpha:=\{x:\text{对于任意 }\alpha\in J,\ x\in A_\alpha\}.$$

(4) 若 $J=\{1,\cdots,n\}$, 把 (3) 写成

$$\bigcup_{\alpha\in J}A_\alpha=\bigcup_{1\leqslant i\leqslant n}A_i,\quad \bigcap_{\alpha\in J}A_\alpha=\bigcap_{1\leqslant i\leqslant n}A_i.$$

(5) 若 $J=\mathbb{N}_*$, 把 (3) 写成

$$\bigcup_{\alpha\in J}A_\alpha=\bigcup_{i\geqslant 1}A_i,\quad \bigcap_{\alpha\in J}A_\alpha=\bigcap_{i\geqslant 1}A_i.$$

假设 $m\in\mathbb{N}_*$. 给定集合 X, 定义 X 的 **m-数组 (m-tuple)** 为函数

$$\boldsymbol{x}:\{1,\cdots,m\}\longrightarrow X,$$

对每个 $i\in\{1,\cdots,m\}$, 记 $x_i=\boldsymbol{x}(i)$, 并称为 $\boldsymbol{x}$ **的 i-坐标 (i-th coordinate of $\boldsymbol{x}$)**. 这样我们可以用这些坐标把 $\boldsymbol{x}$ 表示为 $\boldsymbol{x}=(x_1,\cdots,x_m)$.

假设 $\{A_1,\cdots,A_m\}$ 是由集合 $\{1,\cdots,m\}$ 作为指标集的集合类. 令

$$X:=A_1\cup\cdots\cup A_m.$$

这个指标类的 **Cartesian 乘积 (Cartesian product)**, 写作

$$\prod_{1\leqslant i\leqslant m} A_i,$$

定义为由 X 的满足 $x_i \in A_i$ $(1 \leqslant i \leqslant m)$, 的所有 m-数组 $(x_1, \cdots, x_m)$ 构成的集合.

注 1.2

(1) $A \times B$ 现在有两种不同的定义:

$$A \times_1 B := \{(a,b)|a \in A \text{ 和 } b \in B\},$$
$$A \times_2 B := \{\boldsymbol{x}|\{1,2\} \to A \cup B \text{ 满足 } \boldsymbol{x}(1) \in A \text{ 和 } \boldsymbol{x}(2) \in B\}.$$

可以证明这两种定义实际上是等价的. 定义双射

$$f : A \times_1 B \longrightarrow A \times_2 B, \quad (a,b) \longmapsto f((a,b)),$$

这里 $f((a,b))(1) = a$ 和 $f((a,b))(2) = b$. 由于 f 是双射, $A \times_1 B \cong A \times_2 B$.
(2) 对集合 A, B, C, 有三种互相等价的 Cartesian 乘积

$$A \times (B \times C), \quad (A \times B) \times C, \quad A \times B \times C.$$

特别地, 对每个 $m \geqslant 1$ 可定义 Cartesian 乘积 A^m. ♣

给定集合 X, 定义 X 的 **ω-数组 (ω-tuple)** 为映射

$$\boldsymbol{x} : \mathbb{N}_* \longrightarrow X, \quad n \longmapsto x_n := \boldsymbol{x}(n),$$

并记作 $\boldsymbol{x} = \{x_n\}_{n\geqslant 1}$. 假设 $\{A_i\}_{i\geqslant 1}$ 是指标集为正整数的集合类. 令

$$X := \bigcup_{i\geqslant 1} A_i.$$

$\{A_i\}_{i\geqslant 1}$ 的 **Cartesian 乘积**, 记作

$$\prod_{i\geqslant 1} A_i,$$

定义为由 X 的满足 $x_i \in A_i$ 的所有 ω-数组 $\{x_i\}_{i\geqslant 1}$ 构成的集合.

一般地, 令 J 是指标集, X 是集合.

(1) X 的 **J-数组 (J-tuple)** 是指映射

$$\boldsymbol{x} : J \longrightarrow X, \quad \alpha \longmapsto x_\alpha := \boldsymbol{x}(\alpha),$$

这里 x_α 称为 $\boldsymbol{x}$ **的 $\boldsymbol{\alpha}$-坐标 ($\boldsymbol{\alpha}$-coordinate of $\boldsymbol{x}$)**. 记 $\boldsymbol{x} = (x_\alpha)_{\alpha\in J}$.

(2) 引入

$$X^J := \{X \text{ 的 } J\text{-数组}\}.$$

(3) 假设 $\{A_\alpha\}_{\alpha\in J}$ 是集合的指标类, $X := \bigcup_{\alpha\in J} A_\alpha$. $\{A_\alpha\}_{\alpha\in J}$ 的 **Cartesian 乘积**, 记作

$$\prod_{\alpha\in J} A_\alpha,$$

定义为由 X 的满足 $x_\alpha \in A_\alpha$ 的所有 J-数组 $(x_\alpha)_{\alpha\in J}$ 构成的集合.

当 X_n 都是 $\mathbb{R}$ 时, 我们得到

$$\mathbb{R}^\omega := \prod_{n\geqslant 1} X_n.$$

1.5.7 有限集、可数集和不可数集

在这小节我们研究集合

$$\{0,1\}^\omega := \prod_{n\geqslant 1} X_n, \quad X_n := \{0,1\}.$$

定义 1.4 (有限集和基数)

集合 A 是**有限的 (finite)**, 如果它要么是空集, 要么存在 A 和某个集合 $\{1,\cdots,n\}$ 之间的一个双射. 当 $A=\emptyset$ 时, 称 A 是**基数 0 (cardinality 0)**, 否则称 A 是**基数 $\boldsymbol{n}$ (cardinality $\boldsymbol{n}$)**. ♣

引理 1.2

假设 $n\in\mathbb{N}_*$, A 是非空集合, 且 $a_0\in A$. 则存在 A 和 $\{1,\cdots,n+1\}$ 之间的双射 f, 当且仅当存在 $A\setminus\{a_0\}$ 和 $\{1,\cdots,n\}$ 之间的双射 g. ♡

证: 假设存在双射 g, 定义映射 $f: A\to\{1,\cdots,n+1\}$ 为

$$f(a_0) := n+1, \quad f(x) := g(x)\ (x\neq a_0).$$

反之, 假设存在双射 f. 若 $f(a_0)=n+1$, 则定义 $g := f|_{A\setminus\{a_0\}}$. 现在假设 $f(a_0) = m\in\{1,\cdots,n\}$, 令 $a_1\in A$ 为满足 $f(a_1)=n+1$ 的元素. 则必有 $a_1\neq a_0$. 定义映射 $h: A\setminus\{a_0\}\to\{1,\cdots,n\}$ 为 $h(a_1)=m$ 和 $h(x):=f(x)(x\neq a_1)$. □

定理 1.2

令 A 是集合, 并假设存在双射 $f: A \to \{1, \cdots, n\}$ (对某个 $n \in \mathbb{N}_*$). 若 B 是 A 的真子集, 则不存在双射 $g: B \to \{1, \cdots, n\}$, 但是 (只要 $B \neq \emptyset$) 存在双射 $h: B \to \{1, \cdots, m\}$ (对某个 $m < n$). ♡

证: 不失一般性, 不妨假设 $B \neq \emptyset$. 我们利用数学归纳法证明这个定理. 当 $n = 1$, $A = \{a\}$, $B = \emptyset$.

假设该定理对 n 成立. 令 $f: A \to \{1, \cdots, n+1\}$ 为双射, B 是 A 的非空真子集. 取 $a_0 \in B$ 和 $a_1 \in A \backslash B$. 根据**引理 1.2**, 存在双射 $g: A \backslash \{a_0\} \to \{1, \cdots, n\}$. 由于 $B \backslash \{a_0\}$ 是 $A \backslash \{a_0\}$ 的真子集, 归纳假设推出不存在双射 $h: B \backslash \{a_0\} \to \{1, \cdots, n\}$, 且要么 $B \setminus \{a_0\} = \emptyset$ 要么存在双射 $k: B \setminus \{a_0\} \to \{1, \cdots, m\}$ (对某个 $m < n$). 再次应用**引理 1.2** 得到定理对 $n+1$ 也成立. □

推论 1.1

(1) 若 A 有限, 则不存在 A 与它真子集之间的双射.

(2) $\mathbb{N}_*$ 不是有限集.

(3) 有限集 A 的基数由 A 唯一确定.

(4) 有限集的任何子集都是有限的. 如果 B 是有限集 A 的真子集, 则 B 的基数严格小于 A 的基数.

(5) 如果 $B \neq \emptyset$, 则下面断言等价:

(i) B 是有限的;

(ii) 存在满射从某个 $\{1, \cdots, n\}$ 到 B;

(iii) 存在单射从 B 到某个 $\{1, \cdots, n\}$.

(6) 有限集的有限并和有限 Cartesian 乘积都是有限的. ♡

证: (1) 假设 B 是 A 的真子集且存在双射 $f: A \to B$. 因为 A 是有限的, 存在双射 $g: A \to \{1, \cdots, n\}$. 从而 $g \circ f^{-1}: B \to \{1, \cdots, n\}$ 是双射, 但这是不可能的!

(2) 定义映射 $f: \mathbb{N}_* \to \mathbb{N}_* \setminus \{1\}$ 为 $f(n) := n+1$. 因为 $\mathbb{N}_* \setminus \{1\}$ 是真子集且 f 是双的, 从 (1) 得到 $\mathbb{N}_*$ 不可能是有限的.

(3) 假设 $f: A \to \{1, \cdots, n\}$ 和 $g: A \to \{1, \cdots, m\}$ 都是双的, 这里 $m, n \in \mathbb{N}_*$. 故 $g \circ f^{-1}: \{1, \cdots, n\} \to \{1, \cdots, m\}$ 是双的, 从而 $m = n$.

(4) 显然.

(5) (i) $\Rightarrow$ (ii) : 显然. (ii) $\Rightarrow$ (iii) : 假设 $f: \{1, \cdots, n\} \to B$ 是满的. 定义 $g: B \to \{1, \cdots, n\}$ 为

$$g(b) := f^{-1}(\{b\}) \text{ 中的最小元.}$$

若 $b \neq b'$, $f^{-1}(\{b\}) \cap f^{-1}(\{b'\}) = \emptyset$, 所以 g 是单的. (iii) $\Rightarrow$ (i) : 假设 $g : B \to \{1, \cdots, n\}$ 是单的. 则存在某个 $m \leqslant n$ 使得 $g : B \to \{1, \cdots, m\}$ 是双的. 从而 B 是有限的.

(6) 假设 A 和 B 都是有限的而且都是非空的. 存在双射 $f : \{1, \cdots, m\} \to A$ 和 $g : \{1, \cdots, n\} \to B$, 对某些 m 和 n. 定义

$$h : \{1, \cdots, m+n\} \longrightarrow A \cup B, \quad i \longmapsto \begin{cases} f(i), & 1 \leqslant i \leqslant m, \\ g(i-m), & m+1 \leqslant i \leqslant m+n. \end{cases}$$

由于 h 是满的, 根据 (5) 得到 $A \cup B$ 是有限的.

归纳假设可证明有限集的有限并也是有限的. 从下列关系

$$A \times B := \bigcup_{a \in A} \{a\} \times B$$

得到 $A \times B$ 从而有限集的有限 Cartesian 乘积都是有限的. □

不巧的是, 有限集的无限 Cartesian 乘积是很复杂的. 我们需要以下定义.

定义 1.5 (可数集和不可数集)

(1) 集合 A 称为**无限的 (infinite)**, 如果它不是有限的. A 称为**无限可数的 (countably infinite)**, 如果存在双射[a] $f : A \to \mathbb{N}_*$.

(2) 集合 A 称为**可数的 (countable)**, 如果它要么是有限的要么是无限可数的. A 称为**不可数的 (uncountable)**, 如果它不是可数的.

[a]因为映射 $\mathbb{N}_* \to \mathbb{N}$, $n \mapsto n-1$ 是双射, 我们可以把定义中 "存在双射 $f : A \to \mathbb{N}_*$" 改成 "存在双射 $f : A \to \mathbb{N}$".

♣

有些书把**定义 1.5** 中的无限可数的称为可数的, 而把可数的称为**至多可数的 (at most countable)**. 下面定理则给出了可数集的等价刻画.

定理 1.3 (非空可数集的刻画)

如果 $B \neq \emptyset$, 则下列断言等价:

(a) B 是可数的,

(b) 存在满射 $f : \mathbb{N}_* \to B$,

(c) 存在单射 $g : B \to \mathbb{N}_*$.

♡

证: (a) $\Rightarrow$ (b) : 显然.

(b) $\Rightarrow$ (c) : 令 $f : \mathbb{N}_* \to B$ 是满的. 定义 $g : B \to \mathbb{N}_*$ 为 $g(b) := f^{-1}(\{b\})$ 中的最小元.

(c) $\Rightarrow$ (a) : 令 $g : B \to \mathbb{N}_*$ 为单的. 则存在 B 与 $\mathbb{N}_*$ 的某个子集之间的双射. 因此只要证明 $\mathbb{N}_*$ 的每个子集都是可数的 (见**引理 1.3**). □

引理 1.3

如果 C 是 $\mathbb{N}_*$ 的无限子集, 则 C 是无限可数的. 

证: 定义双射 $h : \mathbb{N}_* \to C$ 如下. 记 $h(1)$ 为 C 中的最小元. 假设 $h(1), \cdots, h(n-1)$ 已经定义, 令

$$h(n) := C \setminus \bigcup_{1 \leqslant i \leqslant n-1} h(i) \text{ 中的最小元.}$$

断言 1: h 是单的. 若 $m < n$, 则 $h(m) \in h(\{1, \cdots, n-1\})$ 从而 $h(m) \neq h(n)$.

断言 2: h 是满的. 取 $c \in C$. h 是单射推出 $h(\mathbb{N}_*)$ 是无限的而且 $h(n) > c$ 对某个 $n \in \mathbb{N}_*$ 成立. 令

$$m := \mathbb{N}_* \text{ 中满足 } h(m) \geqslant c \text{ 的最小元.}$$

对每个 $i = 1, \cdots, m-1$, 有 $h(i) < c$ 从而 $c \in C \setminus \bigcup_{1 \leqslant i \leqslant m-1} h(i)$. 根据 $h(m)$ 的定义, 必有 $h(m) \leqslant c$. 因此 $h(m) = c$. □

推论 1.2

(1) 可数集的子集也是可数的.

(2) $\mathbb{N}_* \times \mathbb{N}_*$ 是无限可数的. 

证: (1) 假设 $A \subseteq B$ 且 B 是可数的. 根据**定理 1.3**, 存在单射 $f : B \to \mathbb{N}_*$. 故 $f|_A : A \to \mathbb{N}_*$ 也是单的, 从而 A 是可数的.

(2) 因为 $\mathbb{N}_* \times \mathbb{N}_*$ 是无限集, 只要构造单射 $f : \mathbb{N}_* \times \mathbb{N}_* \to \mathbb{N}_*$. 定义

$$f(n, m) := 2^n 3^m.$$

若 $f(n,m)=f(p,q)$, 则 $2^n 3^m = 2^p 3^q$. 若 $n \neq p$, 则 $3^m = 2^{p-n} 3^q$, 矛盾! 所以 $n=p$. □

定理 1.4 (可数集和不可数集的例子)

(1) 可数集的可数并是可数的.

(2) 可数集的有限 Cartesian 乘积是可数的.

(3) $\{0,1\}^\omega$ 是不可数的.
(4) 给定集合 A, 则不存在单射 $f: 2^A \to A$ 和满射 $g: A \to 2^A$.
(5) $2^{\mathbb{Z}_{\geqslant 1}}$ 和 $2^{\mathbb{N}}$ 都是不可数的. ♡

证: 观察到 (5) 可由 (4) 和**定理 1.3** 得到.

(1) 假设 $\{A_n\}_{n\in J}$ 是可数集的指标类, 这里指标集 J 要么是 $\{1,\cdots,N\}$ 要么是 $\mathbb{N}_*$. 假设每个集合 $A_n \neq \emptyset$. 根据**定理 1.3**, 存在满射 $f_n: \mathbb{N}_* \to A_n$ 和 $g: \mathbb{N}_* \to J$. 定义

$$h: \mathbb{N}_* \times \mathbb{N}_* \longrightarrow \bigcup_{n\in J} A_n, \quad (k,m) \longmapsto f_{g(k)}(m).$$

则 h 是满射.

(2) 不失一般性, 只要证明两个可数集 A 和 B 的 Cartesian 乘积是可数的. 就像在 (1) 中一样, 存在满射 $f: \mathbb{N}_* \to A$ 和 $g: \mathbb{N}_* \to B$. 定义 $h: \mathbb{N}_* \times \mathbb{N}_* \to A \times B$ 为 $h(m,n) := (f(m), g(n))$.

(3) 令 $X = \{0,1\}$. 对任意给定的映射 $g: \mathbb{N}_* \to X^\omega$, 断言 g 不可能是满的. 记

$$g(n) := (x_{n1}, x_{n2}, x_{n3}, \cdots, x_{nn}, \cdots), \quad x_{ij} \in \{0,1\}.$$

定义 $\boldsymbol{y} := (y_i)_{i\in\mathbb{N}_*}$ 为

$$y_n := \begin{cases} 0, & x_{nn} = 1, \\ 1, & x_{nn} = 0. \end{cases}$$

则 $\boldsymbol{y} \in X^\omega$ 但是 $\boldsymbol{y} \notin g(\mathbb{N}_*)$.

(4) 只要证明给定映射 $g: A \to 2^A$ 不可能是满的 (因为单射的存在性可以推出满射的存在性). 定义 $B := \{a \in A : a \in A \setminus g(a)\} \in 2^A$. 假设 $g(a_0) = B$. 故

$$a_0 \in B \quad \Longleftrightarrow \quad a_0 \in A \setminus g(a_0) \quad \Longleftrightarrow \quad a_0 \in A \setminus B.$$

所以 g 不是满的. □

练习 1.3

(1) 实数 x 称为**代数的 (algebraic)**, 如果它满足多项式方程 (该多项式次数为正)

$$0 = x^n + a_{n-1}x^{n-1} + \cdots + a_1 x + a_0, \quad a_i \in \mathbb{Q}.$$

假设每个多项式方程只有有限多个根 (之后会给出证明), 证明代数数集是可数的.

(2) 一个实数称为**超越的 (transcendental)**, 如果它不是代数的. 假设 $\mathbb{R}$ 是不可数的 (之后会给出证明), 证明超越数集合是不可数的 (比如 e, π 都是超越数). ♠

练习 1.4

称两个集合 A 和 B 有**相同基数 (have the same cardinality)**, 若它们间存在双射.

(1) 假设 $B \subseteq A$ 并假设存在双射 $f: A \to B$, 证明 A 和 B 有相同基数. [提示: 定义 $A_1 := A$, $B_1 := B$, 且对任意 $n \geqslant 2$, $A_n := f(A_{n-1})$, $B_n := f(B_{n-1})$. 则 $A_1 \supseteq B_1 \supseteq A_2 \supseteq B_2 \supseteq A_3 \supseteq \cdots$. 令

$$h: A \longrightarrow B, \quad x \longmapsto \begin{cases} f(x), & \text{如果 } x \in A_n \setminus B_n \text{ 对某个 } n, \\ x, & \text{其他情形}, \end{cases}$$

则可完成证明.]

(2) **(Schröder-Berstein 定理)** 如果存在单射 $A \to B$ 和 $B \to A$, 则 A 和 B 有相同基数. ♠

Schröder-Berstein 定理又叫做 Cantor-Berstein 定理或者 Cantor-Schröder-Berstein 定理. 这个定理最早由 Georg Cantor 在 1887 年发表但并没有给出证明[9]. 根据 Berstein 的说法, Cantor 建议把这个定理称为 “等价定理 (Äquivalenzsatz)”.

- 1887 年 7 月 11 日, Richard Dedekind 证明了这个定理, 但是他既没有发表也没有告诉 Cantor. 后来, Ernst Zermelo 发现了 Dedekind 的证明并在 1908 年发表了自己的一个证明[10].
- 1895 年, Cantor 在他关于集合论的第一篇论文[11]里陈述了这个定理并且根据基数的线性序证明了它, 但是他却不能证明基数的线性序性质 (这个性质在 1915 年被 Friedrich Moritz Hartogs 证明了是和选择公理等价的).
- 1896 年, Schröder 宣布了一个证明[12].
- 1897 年, Cantor 讨论班上 19 岁的 Berstein 发表了一个证明. 几乎同时,

[9] Cantor, Georg. *Mitteilungen zur Lehre vom Transfiniten*, Zeitschrift für Philosophie und philosophische Kritik, **91**(1887), 81–125.

[10] Zermelo, Ernst. *Untersuchungen über die Grundlagen der Mengenlehre I*, Math. Ann., **65**(1908), no. 2, 261–281.

[11] Cantor, Georg. *Beiträge zur Begründung der transfiniten Mengenlehre, I*, Math. Ann., **46**(1895), no. 4, 481–512.

[12] Schröder, Ernst. *Über G. Cantorsche Sätze*, Jahresbericht der Deutschen Mathematiker-Vereinigung, **5**(1896), 81–82.

Schröder 给出了独立的证明. 这一年, Berstein 访问了 Dedekind, Dedekind 独立地再次给出了这个定理的证明.

Dedekind 的两个证明都是基于他 1888 年的名作[13], 并且是作为和 Cantor 论文中命题 C 等价的性质的直接推论. 这个等价性质是说

$$\text{如果 } A \subseteq B \subseteq C \text{ 且 } |A| = |C|, \text{ 那么 } |A| = |B| = |C|.$$

Cantor 在他 1882—1883 年研究集合论时观察到这个性质.

- 1898 年, Berstein 的证明 (不依赖于选择公理) 发表在 Émile Borel 的书[14]中, 这是 1897 年 Cantor 在苏黎世召开的第一届国际数学家大会上告诉 Borel 的. 同年, Berstein 把他的这个证明收录在他的博士论文[15]里和 1905 年发表的文章[16]里.

  这一年, Schröder 也发表了他的证明[17], 但是四年后, Alwin Reinhold Korselt 发现了证明错误.
- 1906 年, Julius König 发表了一个证明[18].
- 1911 年, Korselt 发表了一个证明[19].

1.5.8 数学归纳法和 * 递推定义

最早使用数学归纳法可能是 Euclid 在证明他的著名定理中, 即素数个数是无限多的. 数学归纳法的显式表达最早是 Pascal 在其著作《Traité du triangle arithmétique》(1665) 中给出的. 经过 George Boole, Augustus De Morgan, Charles Sanders Peirce, Giuseppe Peano, Richard Dedekind 等数学家的贡献, 数学归纳法的现代形式出现在了 19 世纪.

第一数学归纳法或数学归纳法 (mathematical induction principle) 是说, 假设命题 $\yen(n)$ 对 $n = n_0$ 成立, 并且对每个 $n \geqslant n_0$ 命题 $\yen(n+1)$ 可由 $\yen(n)$ 证明, 则命题 $\yen(n)$ 对所有 $n \geqslant n_0$ 都成立.

第二数学归纳法是说, 假设命题 $\yen(n)$ 对 $n = n_0$ 成立, 并且对每个 $n \geqslant n_0$ 命题 $\yen(n+1)$ 可由 $\yen(n_0), \cdots, \yen(n)$ 证明, 则命题 $\yen(n)$ 对所有 $n \geqslant n_0$ 都成立.

---

[13] Dedekind, Richard. *Was sind und was sollen die Zahlen?*, Braunschweig: Friedr. Vieweg & Sohn, 1888.

[14] Borel, Émile. *Leçons sur la théorie des fonctions*, Paris: Gauthier-Villars et fils, 1898.

[15] Berstein, Felix. *Untersuchungen aus der Mengelehre*, Ph.D thesis, Halle a. S.: Buchdruckerei des Waisenhauses, 1901.

[16] Berstein, Felix. *Untersuchungen aus der Mengelehre*, Math. Ann., **61**(1905), no. 1, 117–155.

[17] Schröder, Ernst. *Ueber zwei Definitionen der Endlichkeit und G. Cantor'sche Sätze*, Nova Acta, **71**(1898), no. 6, 303–376.

[18] König, J. *Sur la théorie des ensembles*, Comptes Rendus Hebdomadaires des Séances de l'Académie des Sciences, **143**(1906), 110–112.

[19] Korselt, Alwin, R. *Über einen Beweis des Äquivalenzsatzes*, Math. Ann., **70**(1911), no. 2, 294–296.

例 1.4

用数学归纳法证明:

- $|\sin(nx)| \leqslant n|\sin x|$, 对任意 $n \in \mathbb{N}$ 和任意 $x \in \mathbb{R}$.
- **Jacob Bernoulli 不等式:**

$$(1+x)^n \geqslant 1+nx,$$

对任意 $n \in \mathbb{N}_*$ 和任意 $x \geqslant -1$.

Bernoulli 不等式出现在 Jacob Bernoulli 发表于 1689 年的著作《Positiones Arithmericae de Seriebus Infinitis》中. 但是后来也有人考证, 这个不等式实际上已经出现在 Sluse 的《Mesolabum》(1668 年版本) 的第四章. 作为应用证明

$$\sqrt[n]{2}-1<\frac{1}{n},$$

其中 n 是自然数且满足 $n \geqslant 2$.

- 对任意 $n \in \mathbb{N}_*$ 有

$$n! \leqslant \left[\frac{n+1}{2}\right]^n.$$

- 对任意 $n \in \mathbb{N}_*$ 有

$$\left(\frac{n}{3}\right)^n < n! < \left(\frac{n+2}{\sqrt{6}}\right)^n, \quad n < \left(1+\frac{2}{\sqrt{n}}\right)^n.$$

- 对任意 $n \in \mathbb{N}_*$ 有

$$\frac{1}{2\sqrt{n}} \leqslant \frac{(2n-1)!!}{(2n)!!} < \frac{1}{\sqrt{2n+1}}.$$

- 证明对任何 $n \in \mathbb{N}$, 7 可整除 $1+2^{2^n}+2^{2^{n+1}}$.
- 证明

$$1^3+2^3+\cdots+n^3=\left[\frac{n(n+1)}{2}\right]^2.$$

- 著名的美国数学家 M. I. Stake “利用数学归纳法给出” 了 Thomas Jefferson 的名言 “人人生来皆平等” (all men are created equal) 的证明. 类似的版本比如 Joel E. Cohen 给出的著名悖论 “所有马都是同色的” (all horses are the same color). 证明上述名言等价于证明下面这个断言:

假设 M 是全世界所有人构成的有限集且 $a, b \in M$, 则 a 和 b 必平等.

证: 如果 M 只包含一个人, 则断言显然成立. 假设断言对所有由 n 个人

构成的集合都成立, 令 M 是由 $n+1$ 个人构成的集合并任取 $a,b\in M$. 定义 $M_a := M\setminus\{a\}$ 和 $M_b := M\setminus\{b\}$. 取 $c\in M_a\cap M_b$. 因为 $a,c\in M_b$, 根据归纳假设 a 和 c 平等; 同理得到 b 和 c 也平等. 因此得到 a 和 b 平等. □

你能发现错在什么地方吗? ♠

定义 1.6 (结合运算和交换运算)

映射 $\diamond : X\times X\to X$ 通常也称为集合 X 上的**运算 (operation)**. 此时我们把 $\diamond(x,y)$ 记作 $x\diamond y$. 对 X 中的非空子集 A 和 B, 定义

$$A\diamond B := \diamond(A\times B) = \{a\diamond b : a\in A,\ b\in B\}.$$

X 中的非空子集 A 称为**在运算 $\diamond$ 下是封闭的 (closed under the operation $\diamond$)**, 如果 $A\diamond A\subseteq A$.

X 上的运算 $\diamond$ 是**结合的 (associative)**, 如果

$$x\diamond(y\diamond z) = (x\diamond y)\diamond z, \quad x,y,z\in X.$$

此时我们就简记为 $x\diamond y\diamond z$.

X 上的运算 $\diamond$ 是**交换的 (commutative)**, 如果

$$x\diamond y = y\diamond x, \quad x,y\in X.$$

令 $\diamond$ 是集合 X 上的运算. 元素 $e\in X$ 称为 X 上的**单位元 (identity element)**, 如果

$$e\diamond x = x\diamond e = x, \quad x\in X.$$

♣

例 1.5

(1) 如果 X 是集合, 则复合映射 $\circ$ 是 $\mathbf{Hom}_{\mathbf{Set}}(X,X)$ 上的运算.

(2) 集合并 $\cup$ 和交 $\cap$ 运算是集合 X 的幂集 2^X 上的结合和交换运算.

(3) $\mathbf{1}_X$ 是 $(\mathbf{Hom}_{\mathbf{Set}}(X,X),\circ)$ 上的单位元, $\emptyset$ 是 $(2^X,\cup)$ 上的单位元, 而 X 是 $(2^X,\cap)$ 上的单位元.

(4) 当集合 X 的元素至少有两个时, $(2^X\setminus\{\emptyset\},\cup)$ 没有单位元.

(5) $(X,\diamond)$ 最多只有一个单位元. ♠

假设 $\diamond$ 是集合 Y 上的运算, X 是非空集合. 此时在 $\mathbf{Hom}_{\mathbf{Set}}(X,Y)$ 定义**诱导运算 (induced operation)** 如下:

$$(f \diamond g)(x) := f(x) \diamond g(x), \quad x \in X.$$

显然 $(\mathbf{Hom_{Set}}(X,Y),\diamond)$ 的结合性和交换性完全取决于 $(Y,\diamond)$ 的结合性和交换性. 如果 $(Y,\diamond)$ 有单位元 e, 则常值映射 $X \mapsto Y$, $x \mapsto e$ 是 $(\mathbf{Hom_{Set}}(X,Y),\diamond)$ 的单位元.

例 1.6

假设 $\diamond$ 是集合 X 上的结合运算. 则 X 中的元素、括号和运算 $\diamond$ 所组成的任何表达式都和括号的位置无关. 比如

$$(a_1 \diamond a_2) \diamond (a_3 \diamond a_4) = ((a_1 \diamond a_2) \diamond a_3) \diamond a_4 = a_1 \diamond (a_2 \diamond (a_3 \diamond a_4)).$$

证: 证明的想法是把所有可能的表达式都写成某个标准形式. 受到 a_1, a_2, a_3, a_4 的启发, 这个标准表达式可选为 $((a_1 \diamond a_2) \diamond a_3) \diamond a_4$. 对任意 $n \geqslant 3$, 记 K_n 为某个长度为 n 的表达式, 即, 包含 n 个元素 $a_1, \cdots, a_n \in X$, $n-1$ 个运算符号 $\diamond$ 以及若干个括号. 利用第二数学归纳法我们将证明

$$K_n = ((\cdots((a_1 \diamond a_2) \diamond a_3) \diamond \cdots) \diamond a_{n-1}) \diamond a_n, \quad n \geqslant 3.$$

首先假设

$$K_k = ((\cdots((a_1 \diamond a_2) \diamond a_3) \diamond \cdots) \diamond a_{k-1}) \diamond a_k$$

对所有长度为 $k \in \{3, \cdots, n\}$ 的表达式 K_k 都成立. 令 K_{n+1} 为一个长度为 $n+1$ 的表达式, 则存在 $\ell, m \in \mathbb{N}$ 满足 $\ell + m = n+1$ 和表达式 K_ℓ, K_m 满足 $K_{n+1} = K_\ell \diamond K_m$.

如果 $m = 1$, 则此时 $\ell = n$ 和 $K_m = a_{n+1}$. 根据归纳假设得到

$$K_\ell = (\cdots((a_1 \diamond a_2) \diamond a_3) \cdots) \diamond a_n.$$

从而有 $K_{n+1} = ((\cdots((a_1 \diamond a_2) \diamond a_3) \cdots) \diamond a_n) \diamond a_{n+1}$.

如果 $m > 1$, 则根据归纳假设 K_m 可表示成 $K_m = K_{m-1} \diamond a_{n+1}$, 故得到

$$K_{n+1} = K_\ell \diamond (K_{m-1} \diamond a_{n+1}) = (K_\ell \diamond K_{m-1}) \diamond a_{n+1}.$$

但是 $K_\ell \diamond K_{m-1}$ 是长度为 n 的表达式, 再次根据归纳假设得到

$$K_\ell \diamond K_{m-1} = (\cdots((a_1 \diamond a_2) \diamond a_3) \cdots) \diamond a_n.$$

最后得到

$$K_{n+1} = ((\cdots((a_1 \diamond a_2) \diamond a_3) \cdots) \diamond a_n) \diamond a_{n+1}. \quad \square$$

♠

利用数学归纳法, 我们给出**递推定义 (recursive definition)** 的证明.

定理 1.5

假设 X 是非空集合, $a \in X$. 对每个 $n \in \mathbb{N}_*$ 令 $V_n : X^n \to X$ 是一映射. 则存在唯一的映射 $f : \mathbb{N} \to X$ 满足如下性质:

(i) $f(0) = a$,

(ii) $f(n+1) = V_{n+1}(f(0), f(1), \cdots, f(n))$, $n \in \mathbb{N}$. ♡

证: 首先来证明唯一性. 假设 $f, g : \mathbb{N} \to X$ 满足 $f(0) = g(0) = a$ 以及

$$f(n+1) = V_{n+1}(f(0), \cdots, f(n)), \quad g(n+1) = V_{n+1}(g(0), \cdots, g(n)), \quad n \in \mathbb{N}.$$

接下来证明 $f(n) = g(n)$ 对任何 $n \in \mathbb{N}$ 都成立. $n = 0$ 时显然; 归纳假设 $f(k) = g(k)$ 对所有 $k \leqslant n$ 都成立. 那么立即得到 $f(n+1) = g(n+1)$. 所以根据第二数学归纳法 $f(n) = g(n)$ 对任意 $n \in \mathbb{N}$ 都成立. 下面来证明映射 $f : \mathbb{N} \to X$ 的存在性. 首先断言对每个 $n \in \mathbb{N}$ 存在映射 $f_n : \{0, 1, \cdots, n\} \to X$ 满足

$$f_n(0) = a, \quad f_n(k) = f_k(k), \quad f_n(k+1) = V_{k+1}(f_n(0), \cdots, f_n(k)), \quad 0 \leqslant k < n.$$

显然对 $n = 0$ 成立, 这是因为不存在满足 $0 \leqslant k < 0$ 的 $k \in \mathbb{N}$. 假设满足条件的映射 $f_n : \{0, 1, \cdots, n\} \to X$ 存在. 定义

$$f_{n+1}(k) := \begin{cases} f_n(k), & 0 \leqslant k \leqslant n, \\ V_{n+1}(f_n(0), \cdots, f_n(n)), & k = n+1. \end{cases}$$

此时

$$f_{n+1}(k) = f_n(k) = f_k(k), \quad k \in \mathbb{N},\ 0 \leqslant k \leqslant n,$$

以及 $0 \leqslant k+1 \leqslant n$,

$$f_{n+1}(k+1) = f_n(k+1) = V_{k+1}(f_n(0), \cdots, f_n(k)) = V_{k+1}(f_{n+1}(0), \cdots, f_{n+1}(k)).$$

同时也有

$$f_{n+1}(n+1) = V_{n+1}(f_n(0), \cdots, f_n(n)) = V_{n+1}(f_{n+1}(0), \cdots, f_{n+1}(n)).$$

这样就完成了映射 $f_n : \{0, 1, \cdots, n\} \to X$ 的存在性. 最后定义映射 $f : \mathbb{N} \to X$ 为

$$f : \mathbb{N} \longrightarrow X, \quad f(n) := \begin{cases} a, & n = 0, \\ f_n(n), & n \in \mathbb{N}_*. \end{cases}$$

根据 f_n 的构造得到

$$\begin{aligned} f(n+1) &= f_{n+1}(n+1) = V_{n+1}(f_{n+1}(0), \cdots, f_{n+1}(n)) \\ &= V_{n+1}(f_0(0), \cdots, f_n(n)) = V_{n+1}(f(0), \cdots, f(n)). \quad \square \end{aligned}$$

例 1.7

令 $\odot$ 是集合 X 上的结合运算, 且对每个 $k \in \mathbb{N}$ 取定 $x_k \in X$. 对任意 $n \in \mathbb{N}$ 定义

$$\bigodot_{0 \leqslant k \leqslant n} x_k := x_0 \odot x_1 \odot \cdots \odot x_n$$

如下. 对 $n \in \mathbb{N}_*$, 令

$$V_n : X^n \longrightarrow X, \quad (y_0, \cdots, y_{n-1}) \longmapsto y_{n-1} \odot x_n.$$

根据**定理 1.5** 存在唯一映射 $f : \mathbb{N} \to X$ 满足 $f(0) = x_0$ 以及

$$f(n) = V_n(f(0), \cdots, f(n-1)) = f(n-1) \odot x_n, \quad n \in \mathbb{N}_*.$$

从而定义

$$\bigodot_{0 \leqslant k \leqslant n} x_k := f(n), \quad n \in \mathbb{N}.$$

即

$$\bigodot_{0 \leqslant k \leqslant 0} x_k = x_0, \quad \bigodot_{0 \leqslant k \leqslant n} x_k = \bigodot_{0 \leqslant k \leqslant n-1} x_k \odot x_n, \quad n \in \mathbb{N}_*.$$

♠

如果用常用符号 “+” 或 “·” 来表示集合 X 上的结合运算, 我们就把 $+$ 和 $\cdot$ 分别称为 X 上的**加法运算 (addition)** 和**乘法运算 (multiplication)**. 此时相应的 “**和 (sum)**” 与 “**积 (product)**” 就用通常的记号来表示:

$$\sum_{0 \leqslant k \leqslant n} x_k := x_0 + x_1 + \cdots + x_n, \quad \prod_{0 \leqslant k \leqslant n} x_k := x_0 \cdot x_1 \cdot \cdots \cdot x_n.$$

不过要注意的是, 每项的次序是很重要的, 这是因为运算一般来说不一定是交换的.

1.5.9 群、* 环、* 域、* 模、* 向量空间、* 代数初涉

本节主要参考 Amann-Escher 的教材, Rotman, Sagan, Artin, Lang, Serre 以及 Atiyah 的书 (见**第 1.8 节**).

♠ **群.** 群论始于 Abel 关于五次多项式方程没有一般代数解, 以及 Galois 关于五次以上多项式方程没有一般代数解的 **Galois 理论 (Galois theory)**, 即这样的

方程不能通过方程的系数经有限次四则运算和开平方运算来求根.

偶对 $(G,\odot)$ 称为**群 (group)**, 如果 G 是非空集合, $\odot$ 是运算, 且满足如下三个条件:

(G1) $\odot$ 是结合的;

(G2) $(G,\odot)$ 中有单位元 e;

(G3) 每个 $g\in G$ 都存在**逆元 (inverse)** $h\in G$ 使得 $g\odot h=h\odot g=e$ 成立.

群 $(G,\odot)$ 称为**可交换的 (commutative)** 或者 **Abelian**, 如果 $\odot$ 是 G 上的交换运算. 如果 G 中的元素个数有限, 则称 G 是**有限的 (finite)** 并把元素个数称为群 G 的**阶 (order)**, 并记作 $|G|$.

首先来考察两个简单群, $(\mathbb{R},+)$ 和 $(\mathbb{R}^*,\cdot)$, 其中 $+$ 和 $\cdot$ 是通常的加法和乘法. 有鉴于此, 有时候把群也记作 $(G,+)$ 并称为**加法群 (additive group)** 或者 $(G,\cdot)$ 并称为乘法群 **(multiplicative group)**.

根据**例 1.5** (5), 群 $(G,\odot)$ 的单位元是唯一的. 进一步可以证明每个 $g\in G$ 有唯一的逆元 $g^\flat$. 从而得到

$$(g^\flat)^\flat=g,\quad (g\odot h)^\flat=h^\flat\odot g^\flat,\quad g,h\in G. \tag{1.5.1}$$

如果 $\odot=+$, 把逆元记作 $g^\flat=-g$; 如果 $\odot=\cdot$, 把逆元记作 $g^\flat=g^{-1}$.

例 1.8

(1) 当 $G=\{e\}$ 是单点集时, $(G,\odot)$ 是 Abelian 群, 称为**平凡群 (trivial group)**, 此时唯一的运算满足 $e\odot e=e$.

(2) 假设 $G=\{a,b\}$ 是双点集, 如果 $(G,\odot)$ 是 Abelian 群则必有

$$a\odot a=a,\quad a\odot b=b,\quad b\odot a=b,\quad b\odot b=a.$$

(有两种情况, a 为单位元或 b 为单位元, 而这里只给出 a 为单位元的情况.)

(3) 令 X 是非空集合且 $(G,\odot)$ 是群. 记 G^X 为 $\mathrm{Hom}_{\mathbf{Set}}(X,G)$, 则 $(G^X,\odot)$ 是群, 其中

$$(f\odot g)(x):=f(x)\odot g(x),\quad f,g\in G^X,\ x\in X.$$

(4) 给定 m 个群 $(G_1,\odot_1),\cdots,(G_m,\odot_m)$, 定义它们的**乘积 (direct product)** 为

$$(G_1\times\cdots\times G_m,\odot),$$

其中

$$(g_1,\cdots,g_m)\odot(h_1,\cdots,h_m):=(g_1\odot_1 h_1,\cdots,g_m\odot_m h_m).$$

(5) 令 X 是非空集合. X 的**置换 (permutation)** 是双射 $\alpha: X\to X$, 把 X 上所有置换构成的集合记为 $\mathfrak{S}_X$. 则易证 $\mathfrak{S}_X:=(\mathfrak{S}_X,\circ)$ 是单位元为恒等映射的群, 且一般来说不是 Abelian 的.

如果 $X=\{1,\cdots,n\}$, 把 $\mathfrak{S}_X$ 记为 $\mathfrak{S}_n$ 并称为**置换群 (permutation group)**. 此时 $\mathfrak{S}_n$ 中的元素个数为 $|\mathfrak{S}_n|=n!$. 为了方便起见, 我们利用如下记号来表示置换群中的元素:

$$\alpha=\begin{pmatrix}1 & 2 & \cdots & n\\ \alpha(1) & \alpha(2) & \cdots & \alpha(n)\end{pmatrix}. \tag{1.5.2}$$

使用这个记号我们来验证一下 $\mathfrak{S}_n$ 一般不是 Abelian 的:

$$\alpha=\begin{pmatrix}1 & 2 & 3\\ 3 & 2 & 1\end{pmatrix},\quad \beta=\begin{pmatrix}1 & 2 & 3\\ 2 & 3 & 1\end{pmatrix},$$

$$\alpha\circ\beta=\begin{pmatrix}1 & 2 & 3\\ 2 & 1 & 3\end{pmatrix}\neq\beta\circ\alpha=\begin{pmatrix}1 & 2 & 3\\ 1 & 3 & 2\end{pmatrix}.$$

另外一种来表示置换群中元素的常用记号是**循环 (cycles)**. 我们称 $\alpha\in\mathfrak{S}_n$ **固定 (fixes)** $i\in\{1,\cdots,n\}$, 若 $\alpha(i)=i$; 否则的话, 称 α **移动 (moves)** i.

- 假设 $i_1,\cdots,i_r$ 是 $\{1,\cdots,n\}$ 中的不同整数. 如果 $\alpha\in\mathfrak{S}_n$ 固定剩余的 $n-r$ 个整数且

$$\alpha(i_1)=i_2,\quad \alpha(i_2)=i_3,\quad \cdots,\quad \alpha(i_{r-1})=i_r,\quad \alpha(i_r)=i_1,$$

  则称 α 是 ***r*-循环 (*r*-cycle)** 并记作

$$\alpha=(i_1\cdots i_r).$$

- 显然每个 1-循环都等于恒等映射, 而 2-循环仅仅是交换元素偶对的位置, 也称为**对换 (transposition)**.
- 1815 年, Cauchy 建立了置换群的计算[a]. 比如在 $\mathfrak{S}_5$ 中如果

$$\alpha=(12)=\begin{pmatrix}1 & 2 & 3 & 4 & 5\\ 2 & 1 & 3 & 4 & 5\end{pmatrix},$$

$$\beta=(13425)=\begin{pmatrix}1 & 2 & 3 & 4 & 5\\ 3 & 5 & 4 & 2 & 1\end{pmatrix},$$

则

$$\alpha\circ\beta=\begin{pmatrix}1&2&3&4&5\\3&5&4&1&2\end{pmatrix}=(134)(25).$$

- 置换 $\alpha,\beta\in\mathfrak{S}_n$ 称为**不相交的 (disjoint)**, 如果满足

$$\alpha(i)\neq i\ \Rightarrow\ \beta(i)=i\quad 和\quad \beta(j)\neq j\ \Rightarrow\ \alpha(j)=j.$$

当然不排除如下这种情形: $\alpha(k)=k=\beta(k)$ 对某个 k 成立. 一组置换 $\alpha_1,\cdots,\alpha_m$ 称为不相交的, 若这组内每对置换都是不相交的.

- 置换 $\alpha\in\mathfrak{S}_n$ 称为**偶/奇的 (even/odd)**, 如果其是偶数/奇数个对换的乘积. 比如 $\alpha=(123)=(13)(12)$ 是偶置换. 更进一步, 如果 $\alpha=\tau_1\cdots\tau_r$ 是 r 个对换的乘积, 定义

$$\operatorname{sgn}(\alpha):=(-1)^r. \tag{1.5.3}$$

易证对任何 $\alpha,\beta\in\mathfrak{S}_n$ 得到

$$\operatorname{sgn}(\alpha\circ\beta)=\operatorname{sgn}(\alpha)\cdot\operatorname{sgn}(\beta). \tag{1.5.4}$$

[a] Cauchy, A. L. *Memoire Sur le Nombre des Valeurs*, Ex Libris, January 1815.

♠

把 $\mathfrak{S}_n$ 中所有偶置换的集合记为 $\mathfrak{A}_n$, 称为 ***n* 阶交错群 (alternating group of order *n*)**. 当 $n\geqslant 2$ 时, $\mathfrak{A}_n$ 的阶为

$$|\mathfrak{A}_n|=\frac{n!}{2}.$$

实际上, $\mathfrak{A}_n$ 是群同态 (定义见下面) $\operatorname{sgn}:\mathfrak{S}_n\to\{1,-1\}$ 的核, 从而 $\mathfrak{A}_n$ 是 $\mathfrak{S}_n$ 的子群 (子群定义见下面).

- $\mathfrak{A}_n$ 是 Abelian 当且仅当 $n\geqslant 3$, 以及是单的 (单群定义见下面) 当且仅当 $n=3$ 或 $n\geqslant 5$.
- $\mathfrak{A}_5$ 是最小的非 Abelian 单群.
- 在 $\mathfrak{A}_4$ 中, 存在正规子群 (定义见下面) V, 它是满射 $\mathfrak{A}_4\to\mathfrak{A}_3$ 的核.
- $\mathfrak{A}_3$ 同构于循环群 $\mathbb{Z}_3$.

定理 1.6

每个置换 $\alpha\in\mathfrak{S}_n$ 要么是循环要么是若干个不相交循环的乘积. ♡

证明: 假设 α 移动了 k 个元素, 下面的证明是对 k 利用数学归纳法. $k=0$ 时显然成立, 这是因为此时 α 是恒等映射即为 1-循环. 如果 $k\geqslant 1$, 令 α 移动 i_1. 定义

$$i_2=\alpha(i_1),\quad i_3=\alpha(i_2),\quad \cdots,\quad i_{r+1}=\alpha(i_r),$$

这里 r 是最小的整数使得 $i_{r+1}\in\{i_1,i_2,\cdots,i_r\}$ (r 的存在性由 n 的有限性保证). 我们断言 $\alpha(i_r)=i_1$. 否则的话, $\alpha(i_r)=i_j$, $j\geqslant 2$; 此时 $\alpha(i_{j-1})=i_j$, 这和 α 是双射矛盾. 因此得到 r-循环 $\sigma=(i_1i_2\cdots i_r)$. 如果 $r=n$ 则 α 就是循环 σ. 如果 $r<n$, 令 Y 是包含剩余 $n-r$ 个点的集合. 则 $\alpha(Y)=Y$ 且 σ 固定 Y 中的点. 故得到 $\alpha=\sigma\circ\alpha'$, 这里 α' 是满足 $\alpha'|_Y=\alpha|_Y$ 和固定 $\{i_1,\cdots,i_r\}$ 的置换. 因为 α' 比 α 移动更少的点, 所以根据归纳假设 α', 从而 α, 是不相交循环的乘积. □

定理 1.7

每个置换 $\alpha\in\mathfrak{S}_n$ 是若干个对换的乘积. 

证: 根据**定理 1.6**, 我们只要说明每个循环都是若干个对换的乘积. 但这是显然的,

$$(1\cdots r)=(1r)\cdots(13)(12).\quad □$$

假设 $(G,\odot)$ 是群, G 的非空子集 H 称为 G 的**子群 (subgroup)**, 记为 $H\leqslant G$, 如果

(SG_1) H 在运算 $\odot$ 下是封闭的, 即, $H\odot H\subseteq H$,

(SG_2) $h^\flat\in H$ 对所有 $h\in H$ 都成立.

此时也把群 H 记作 $(H,\odot)$. 由于 H 是非空的, 所以存在 $h\in H$ 使得 G 的单位元 e 满足 $e=h^\flat\odot h\in H$.

例 1.9

假设 $(G,\odot)$ 是群.

(1) 平凡子群 $\{e\}$ 和 G 都是 G 的子群, 并且相对于包含运算, 它们分别是最小的和最大的子群.

(2) 如果 $\{H_\alpha\}_{\alpha\in\mathsf{A}}$ 是 G 的一族子群, 则 $\bigcap_{\alpha\in\mathsf{A}}H_\alpha$ 也是 G 的子群. ♠

令 N 是群 G 的子群且 $g\in G$. 分别称

$$g\odot N:=\{g\odot n:n\in N\},\quad N\odot g:=\{n\odot g:n\in N\}$$

为 $g\in G$ 相对于 N 的**左陪集 (left coset)** 和**右陪集 (right coset)**. 若定义关系

$$g\sim h\quad\Longleftrightarrow\quad g\in h\odot N,\tag{1.5.5}$$

则易证 $\sim$ 是 G 上的等价关系 (请诸位自证). $\sim$ 对应的等价类 $[\cdot]$ 满足

$$[g] = g \odot N, \quad g \in G. \tag{1.5.6}$$

所有等价类构成的集合 $G/\sim$ 称为 **G 模 N 左陪集的集合 (set of left cosets of G modulo N)** 并记为 G/N. 如果 N 是**正规子群 (normal subgroup)**, 记为 $N \triangleleft G$, 即, 左右陪集相等

$$g \odot N = N \odot g, \quad g \in G, \tag{1.5.7}$$

此时称 $g \odot N$ 是 **g 模 N 的陪集 (coset of g modulo N)**. 因为 $N \odot N = N$, 所以

$$(g \odot N) \odot (h \odot N) = g \odot (N \odot h) \odot N = (g \odot h) \odot N, \quad g, h \in G,$$

从而得到 G/N 上的运算, 也记为 $\odot$,

$$(G/N) \times (G/N) \longrightarrow G/N, \quad ([g], [h]) \longmapsto [g \odot h]. \tag{1.5.8}$$

定理 1.8 (商群)

假设 N 是群 G 的正规子群. 则 $(G/N, \odot)$ 是群, 称为 **G 模 N 的商群 (quotient group of G modulo N)**. ♡

证: 根据 (1.5.7), $\odot$ 是 G/N 上的结合运算. 因为

$$[e] \odot [g] = [e \odot g] = [g],$$

所以 G/N 的恒等元是 $[e] = e \odot N = N$. 对任意 $g \in G$, 存在唯一的逆元 $g^\flat$; 从而得到

$$[g^\flat] \odot [g] = [g^\flat \odot g] = [e] = [g \odot g^\flat] = [g] \odot [g^\flat].$$

故根据定义 $(G/N, \odot)$ 是群. □

Abelian 群 G 的任意子群 N 都是正规的, 从而 G/N 不仅是群而且是 Abelian 群.

显然任何群 G 的单位元 e 和 G 本身都是正规子群. 群 G 称为**单的 (simple)**, 如果除了 e 和 G 外没有其他的正规子群. 群 G 称为**有限单群 (finite simple group)** 如果 $|G|$ 是有限阶的且 G 是单的. Thompson 因在 1963 年证明了所有非 Abelian 有限单群都是偶数阶的这个重要的结论 (即 William Burnside 猜想), 于 1970 年获得 Fields 奖. 有限单群分类定理[20]从 1955 年到 2004 年经过超过 100 名

[20]每个有限单群同构于下列群之一: 素数阶循环群、至少 5 阶的交错群、Lie 型群、26 种散在群 (sporadic groups)、Tits 群.

数学家的努力, 超过 500 篇的论文, 最终完成了分类.

高中我们学过指数函数 $f(x)=e^x$, 其定义域为 $\mathbb{R}$ 而值域为 $\mathbb{R}^*$. 我们已经知道 $\mathbb{R}$ 在通常加法运算 $+$ 下构成群, 同时 $\mathbb{R}^*$ 在通常乘法运算 $\cdot$ 下也构成群. 这样指数函数可看成两个群之间的映射, 且保持了群结构:

$$f(x+y)=e^{x+y}=e^x\cdot e^y=f(x)\cdot f(y),\quad x,y\in\mathbb{R}.$$

下面我们把上述例子推广到一般群之间的映射. 令 $(G,\odot)$ 和 $(G',\odot')$ 是两个群. 映射 $\varphi:G\to G'$ 称为**群同态 (group homomorphism)**, 如果

$$\varphi(g\odot h)=\varphi(g)\odot'\varphi(h),\quad g,h\in G. \tag{1.5.9}$$

群 G 到其自身的群同态称为**群自同态 (group endomorphism)**.

(1) 如果 $e\in G$ 和 $e'\in G'$ 是单位元且 $\varphi:G\to G'$ 是群同态, 则

$$\varphi(e)=e'\quad 和\quad (\varphi(g))^\flat=\varphi(g^\flat),\quad g\in G. \tag{1.5.10}$$

事实上,

$$e'\odot'\varphi(e)=\varphi(e)=\varphi(e\odot e)=\varphi(e)\odot'\varphi(e),$$

故 $e'=\varphi(e)$. 对任意 $g\in G$,

$$e'=\varphi(e)=\varphi(g^\flat\odot g)=\varphi(g^\flat)\odot\varphi(g),$$

即 $(\varphi(g))^\flat=\varphi(g^\flat)$.

(2) 群同态 $\varphi:G\to G'$ 的**核 (kernel)** 定义为

$$\mathbf{Ker}(\varphi):=\varphi^{-1}(e')=\{g\in G:\varphi(g)=e'\}. \tag{1.5.11}$$

显然 $\mathbf{Ker}(\varphi)$ 是 G 的正规子群. 首先来证明 $\mathbf{Ker}(\varphi)$ 是群. 对任意 $g,h\in\mathbf{Ker}(\varphi)$ 有

$$\varphi(g\odot h)=\varphi(g)\odot'\varphi(h)=e'\odot'e'=e'.$$

故 (SG_1) 成立. 因为 $\varphi(g^\flat)=(\varphi(g))^\flat=(e')^\flat=e'$, (SG_2) 也满足, 故 $\mathbf{Ker}(\varphi)$ 是群. 假设 $h\in g\odot\mathbf{Ker}(\varphi)$ 则 $h=g\odot n$, 其中 $n\in G$ 满足 $\varphi(n)=e'$. 因为

$$h=g\odot n=(g\odot n\odot g^\flat)\odot g$$

和

$$\varphi(g\odot n\odot g^\flat)=\varphi(g)\odot'\varphi(n)\odot'\varphi(g^\flat)=\varphi(g)\odot'e'\odot'(\varphi(g))^\flat=e',$$

所以 $h \in \mathbf{Ker}(\varphi)\odot g$. 同理可证 $\mathbf{Ker}(\varphi)\odot g \subseteq g\odot \mathbf{Ker}(\varphi)$.

(3) 令 $\varphi: G\to G'$ 是群同态并令 $N:=\mathbf{Ker}(\varphi)$. 则

$$g\odot N=\varphi^{-1}(\varphi(g)),\quad g\in G,$$

且

$$g\sim h \quad\Longleftrightarrow\quad \varphi(g)=\varphi(h),\quad g,h\in G,$$

这里 $\sim$ 是 (1.5.5) 中的等价关系. 若 $h\in g\odot N$ 则得到

$$\varphi(h)\in\varphi(g\odot N)=\varphi(g)\odot'\varphi(N)=\varphi(g)\odot'\{e'\}=\{\varphi(g)\}$$

和 $h\in\varphi^{-1}(\varphi(g))$. 反之若 $h\in\varphi^{-1}(\varphi(g))$ 则得到

$$\varphi(g^\flat\odot h)=\varphi(g^\flat)\odot'\varphi(h)=(\varphi(g))^\flat\odot'\varphi(g)=e'$$

和 $g^\flat\odot h\in N$ 和 $h\in g\odot N$.

(4) 群同态 $\varphi: G\to G'$ 是单的当且仅当它的核是平凡的, 即, $\mathbf{Ker}(\varphi)=\{e\}$.

(5) 群同态 $\varphi: G\to G'$ 的像集 $\mathbf{Im}(\varphi)$ 是 G' 的子群.

(6) 群同态 $\varphi: G\to G'$ 称为**群同构 (group isomorphism)**, 如果它是双射的. 此时称 G 和 G' 是**同构的 (isomorphic)** 并记作 $G\cong G'$. G 到其自身的同构, 即双射自同态, 称为 G 的**群自同构 (group automorphism)**.

例 1.10

(1) 平凡映射 $G\to G'$, $g\mapsto e'$ 是群同态.
(2) 恒等映射 $\mathrm{Id}_G: G\to G$ 是群自同构.
(3) 群同态 (群自同态) 的复合是群同态 (群自同态).
(4) 令 N 是群 G 的正规子群. 则商映射

$$p: G\longrightarrow G/N,\quad g\longmapsto g\odot N$$

是满的群同态, 称为**商同态 (quotient homomorphism)**, 且 $\mathbf{Ker}(p)=N$.
(5) 如果 $\varphi: G\to G'$ 是群同构, 则 $\varphi^{-1}: G'\to G$ 也是群同构.
(6) G 的所有群自同构构成了集合 $\mathbf{Aut}(G)$. 根据 (2) 和 (5), $\mathbf{Aut}(G)$ 在映射复合下是群, 且是群 $\mathfrak{S}_G$ 的子群.
(7) 对每个 $a\in G$, 映射 $g\mapsto a\odot g\odot a^\flat$ 属于 $\mathbf{Aut}(G)$.
(8) 令 $\varphi: G\to G'$ 为群同态. 则存在唯一群同态 $\widetilde{\varphi}: G/\mathbf{Ker}(\varphi)\to G'$ 满足 $\widetilde{\varphi}$ 是单的且下面的图是可交换的:

$$\begin{array}{ccc} G & \xrightarrow{\varphi} & G' \\ {\scriptstyle p}\downarrow & & \uparrow{\scriptstyle \widetilde{\varphi}} \\ G/\mathbf{Ker}(\varphi) & =\!=\!= & G/\mathbf{Ker}(\varphi) \end{array}$$

(9) 假设 $(G,\odot)$ 是群, G' 是非空集合, 且 $\varphi: G \to G'$ 是双射. 定义 G' 上的运算为

$$g' \odot' h' := \varphi^{-1}(g') \odot \varphi^{-1}(h'), \quad g', h' \in G'.$$

则 $(G',\odot')$ 是群且此时 $\varphi: G \to G'$ 是群同构. 运算 $\odot'$ 称为 **G' 上通过 φ 由 $\odot$ 诱导的运算 (operation on G' induced from $\odot$ vias φ)**.

(10) 假设 $(G,\odot)$ 是群且 X 是非空集合. X 上的**群作用 (group action)** 是映射

$$G \times X \longrightarrow X, \quad (g,x) \longmapsto g \cdot x, \tag{1.5.12}$$

满足如下条件:

(GA_1) $e \cdot x = x$ 对任何 $x \in X$ 都成立, 且

(GA_2) $g \cdot (h \cdot x) = (g \odot h) \cdot x$ 对任何 $g, h \in G$ 和 $x \in X$ 都成立.

对每个 $g \in G$, 映射 $x \mapsto g \cdot x$ 是 X 上的双射. 对每个 $x \in X$, $G \cdot x$ 称为 **x 的轨道 (orbit of x)**. 定义 $y \sim x$, 如果 $y \in G \cdot x$. 易证 $\sim$ 是 X 上的等价关系. ♠

令 $(G,\odot)$ 是群且 $a \in G$. **由 a 生成的循环子群 (cyclic subgroup generated by a)**, 记为 $\langle a \rangle$, 是所有 a 的幂构成的集合, 即

$$\langle a \rangle := \{a^n | n \in \mathbb{Z}\}, \quad a^0 := e. \tag{1.5.13}$$

我们把 $|\langle a \rangle|$ 称为 a 的**阶 (order)**. G 称为**循环的 (cyclic)**, 如果存在 $a \in G$ 满足 $G = \langle a \rangle$.

定理 1.9

如果 G 是群且 $a \in G$ 的阶为 m, 则 m 是满足 $a^m = 1$ 的最小正整数. ♡

证: 如果 $a = 1$ 则 $m = 1$. 如果 $a \neq 1$, 由于 a 的阶是有限的, 则存在正整数 $k > 1$ 使得 $1, a, \cdots, a^{k-1}$ 是 G 中不同的元素且 $a^k = a^i$, 这里 $i \in \{0, \cdots, k-1\}$. 我们断言 $a^k = 1 = a^0$. 如果 $a^k = a^i$, $i \in \{1, \cdots, k-1\}$, 则 $k - i \leqslant k - 1$ 和 $a^{k-i} = 1$, 矛盾! 故 $a^k = 1$.

最后证明 $k=m$, 即证明 $\langle a\rangle=\{1,a,\cdots,a^{k-1}\}$. 显然

$$\{1,a,\cdots,a^{k-1}\}\subset\langle a\rangle.$$

对任意 a 的幂 a^ℓ, 利用 $\ell=qk+r$, $0\leqslant r<k$, 得到

$$a^\ell=a^{qk}a^r=a^r$$

从而得到 $a^\ell\in\{1,a,\cdots,a^{k-1}\}$. □

♠ **环.** Dedekind 在 1871 年定义了数域整数环的概念, 但是却没有给出一般环的定义. Hilbert 在 1892 年给出了环的定义, 在 1897 年正式发表, 当时德文叫 "Zahlring", 翻译成中文叫 "数环". Fraenkel 在 1914 年第一个给出了环的公理化定义, 但是他的公理化定义比现在的定义略微狭义 (要求环含有乘法单位元). 在 1921 年, Noether 给出了如今环的公理化定义并发展了交换环理论的基础.

非空集合 R, 加法运算 $+$ 和乘法运算 $\cdot$ 构成的三元组 $(R,+,\cdot)$ 称为**环 (ring)**, 也记成 R, 如果

(R_1) $(R,+)$ 是 Abelian 群,

(R_2) 乘法运算是结合的, 且

(R_3) 满足分配律

$$(a+b)\cdot c=a\cdot c+b\cdot c,\quad c\cdot(a+b)=c\cdot a+c\cdot b,\quad a,b,c\in R.$$

环 $(R,+,\cdot)$ 称为**交换环 (commutative ring)**, 如果乘法运算是交换的. 此时分配律 (R_3) 就归结到

$$(a+b)\cdot c=a\cdot c+b\cdot c,\quad a,b,c\in R. \tag{1.5.14}$$

如果存在相对于乘法的单位元 1_R, 我们称环 $(R,+,\cdot)$ 为**带单位元环 (ring with unity)** 并把 1_R 称为 R 的**单位元 (unity)** 或者乘法单位元.

(1) 假设 $(R,+,\cdot)$ 是环. 把加法群 $(R,+)$ 的单位元记为 0_R 或者 0, 并称为环 R 的**零元 (zero)** 或者加法单位元.

(2) 易证 0_R 和 1_R 若存在必唯一. 如果 1_R 和 0_R 都存在则不一定相等, 比如有整数环 $\mathbb{Z}$ 和有理数环 $\mathbb{Q}$.

(3) 我们把加法群 $(R,+)$ 中 a 的逆元记为 $-a$, 从而定义 a 和 b 的**差 (difference)** 为

$$b-a:=b+(-a).$$

(4) 对所有 $a\in R$, 有

$$0\cdot a=a\cdot 0=0,\quad -0=0.$$

如果 $a \neq 0$ 且存在某个 $b \neq 0$ 使得 $ab = 0$ 或 $ba = 0$, 则称 a 是 R 的**零除子 (zero divisor)**. 环 R 称为**整环 (integral domain)**, 如果它是交换的, 有乘法单位元, 且不存在零除子.

(5) 对任何 $a, b \in R$ 有

$$a \cdot (-b) = (-a) \cdot b = -(ab) =: -ab, \quad (-a) \cdot (-b) = ab.$$

如果进一步 R 是带单位元环, 则

$$(-1) \cdot a = -a, \quad a \in R.$$

(6) **平凡环 (trivial ring)** 是只有一个元素 0 的环; 显然平凡环是交换的且带有单位元 $1 = 0$.

(7) 环 $R = (R, +, \cdot)$ 的**理想 (ideal)** 是指子集 $\mathfrak{a}$ 满足条件:

- $(\mathfrak{a}, +)$ 是 $(R, +)$ 的加法子群, 从而也是 Abelian 的, 以及
- $R \cdot \mathfrak{a} \subseteq \mathfrak{a}$, 即, $x \in R$ 和 $y \in \mathfrak{a}$ 推出 $x \cdot y \in \mathfrak{a}$.

此时根据**定理 1.8** 得到商群 $R/\mathfrak{a}$. 根据定义

$$(x + \mathfrak{a}) + (y + \mathfrak{a}) := (x + y) + \mathfrak{a},$$

得到 $R/\mathfrak{a}$ 上的乘法结构使得 $R/\mathfrak{a}$ 构成一个环, 称为**商环 (quotient ring)**. 映射

$$\phi : R \longrightarrow R/\mathfrak{a}, \quad x \longmapsto x + \mathfrak{a}$$

给出了满的环同态 (环同态定义见 (1.5.15)).

- 如果 $\overline{\mathfrak{a}}$ 是 $R/\mathfrak{a}$ 的理想, 则 $\phi^{-1}(\overline{\mathfrak{a}})$ 是 R 上的理想.
- 令 $\mathscr{I}(R/\mathfrak{a})$ 表示 $R/\mathfrak{a}$ 上所有的理想, 而 $\mathscr{I}(R, \mathfrak{a})$ 表示 R 中包含 $\mathfrak{a}$ 的理想. 则得到如下一一保序对应关系: $\mathscr{I}(R, \mathfrak{a}) \longleftrightarrow \mathscr{I}(R/\mathfrak{a})$.

例 1.11

(1) 令 $R = (R, +, \cdot)$ 是环且 X 是非空集合. 在集合 R^X 上定义 $+$ 和 $\cdot$ 运算如下:

$$(f + g)(x) := f(x) + g(x), \quad (f \cdot g)(x) := f(x) \cdot g(x), \quad x \in X, \quad f, g \in R^X.$$

则 $(R^X, +, \cdot)$ 是环. 如果进一步 R 是交换的, 则 R^X 也是交换的. 如果 R 是非平凡带单位元环且 X 至少有两个元素, 则 R^X 有零除子. 事实上, 假设 $x, y \in X$ 满足 $x \neq y$, 并取映射 $f, g \in R^X$ 满足

$$f(x') = \begin{cases} 1, & x' = x, \\ 0, & x' \neq x, \end{cases} \quad g(y') = \begin{cases} 1, & y' = y, \\ 0, & y' \neq y. \end{cases}$$

则得到 $f, g \neq 0$ 和 $fg = 0$.

特别地, 对 $m \geqslant 2$, 直积 R^m 在运算

$$(a_1, \cdots, a_m) + (b_1, \cdots, b_m) := (a_1 + b_1, \cdots, a_m + b_m)$$

和

$$(a_1, \cdots, a_m) \cdot (b_1, \cdots, b_m) := (a_1 \cdot b_1, \cdots, a_m \cdot b_m)$$

下是环, 称为**乘积环 (product ring)**.

(2) 假设 R 是环且 S 是 R 的非空子集. 称 S 是 R 的**子环 (subring)**, 如果

(SR_1) S 是 $(R, +)$ 的子群, 且

(SR_2) $S \cdot S \subseteq S$.

注意到 $(S, +, \cdot)$ 本身就是一个环.

平凡环 $0 = \{0\}$ 和 R 本身都是 R 的子环. 任何交换环的子环也是交换的.

(3) 如果 R 是带单位元环而 S 是 R 的子环, 则 S 不一定是带单位元环 (这是因为 1_R 不一定属于 S). 比如, 令 R 是非平凡带单位元环并定义集合

$$S := \{g \in R^{\mathbb{N}} | g(n) = 0 \text{ 对除了有限个 } n \text{ 外都成立}\}.$$

则 S 是 $R^{\mathbb{N}}$ 的子环但是却没有单位元.

(4) 对任何集合 X, $(2^X, \triangle, \cap)$ 是带单位元的交换环, 其中 $\triangle$ 是两个集合的对称差. ♠

假设 $R = (R, +, \cdot)$ 和 $R' = (R', +', \cdot')$ 是两个环. 映射 $\varphi: R \to R'$ 称为**环同态 (ring homomorphism)**, 如果

$$\varphi(a + b) = \varphi(a) +' \varphi(b), \quad \varphi(a \cdot b) = \varphi(a) \cdot' \varphi(b), \quad a, b \in R. \tag{1.5.15}$$

如果进一步假设 φ 是双射, 则称 φ 是**环同构 (ring isomorphism)**, 同时称 R 和 R' 是**环同构的 (ring isomorphic)**. R 到其自身的环同态称为**环自同态 (ring endomorphism)**; 如果进一步 φ 是环同构, 则称为**环自同构 (ring automorphism)**.

(1) 显然环同态 $\varphi: R \to R'$ 是群同态.

(2) 环同态 $\varphi: R \to R'$ 的**核 (kernel)**, 记为 $\mathbf{Ker}(\varphi)$, 定义为

$$\mathbf{Ker}(\varphi) := \{a \in R | \varphi(a) = 0\} = \varphi^{-1}(0).$$

易证 $\mathbf{Ker}(\varphi)$ 是 R 的理想, 像集 $\mathbf{Im}(\varphi)=\varphi(R)$ 是 R' 的子环, 因此 φ 诱导出环同构 $R/\mathbf{Ker}(\varphi)\cong\mathbf{Im}(\varphi)$. R 的所有单位构成了乘法 Abelian 群.

(3) 对 $a\in R$ 定义其**主理想 (principal ideal)** 为 $(a):=R\cdot a$. 则得到 $R=(1)$ 以及

$$a \text{ 是单位} \quad \Longleftrightarrow \quad (a)=R=(1).$$

零理想 (zero ideal) (0) 通常记为 0.

假设 $R=(R,+,\cdot)$ 是带单位元的交换环.

(1) $a\in R$ 是**幂零的 (nilpotent)**, 若 $a^n=0$ 对某个 $n\geqslant 1$ 成立. 显然非零幂零元必是零除子, 反之一般来说是不对的.

(2) $a\in R$ 称为 R 的**单位 (unit)**, 若 $a\cdot b=1$ 对某个 $b\in R$ 成立.

♠ **域.** Dedekind 在 1871 年引入域的概念, 域的德文叫 “Körper”, 翻译成中文叫 “体”. 英文 “field” 是 Moore 在 1893 年引入的. 抽象域的第一个清晰定义是 Weber 在 1893 年给出的.

K 称为**域 (field)**, 如果下面条件满足:

(F_1) K 是带单位元的交换环,

(F_2) $0\neq 1$,

(F_3) $K^\times:=K\setminus\{0\}$ 相对于乘法是 Abelian 群, 即, 所有非零元素都是单位.

称 Abelian 群 $K^\times$ 为 K 的**乘法群 (multiplicative group)**.

(1) 假设 K 是域. 对任意 $a\in K^\times$ 有 $(a^{-1})^{-1}=a$ 从而得到域没有零除子. 对任给 $a\in K^\times$ 和 $b\in K$, 存在唯一的 $x\in K$ 满足 $ax=b$, 即**商 (quotient)**

$$x=b\cdot a^{-1}=:\frac{b}{a}\equiv b/a.$$

商具有如下运算法则: 对 $a,c\in K$ 和 $b,d\in K^\times$ 得到

- $\dfrac{a}{b}=\dfrac{c}{d}\Longleftrightarrow ad=bc$.
- $\dfrac{a}{b}\pm\dfrac{c}{d}=\dfrac{ad\pm bc}{bd}$.
- $\dfrac{a}{b}\cdot\dfrac{c}{d}=\dfrac{ac}{bd}$.
- $\dfrac{a}{b}\Big/\dfrac{c}{d}=\dfrac{ad}{bc}$, $c\neq 0$.

(2) 令 K' 是域而 $\varphi:K\to K'$ 是环同态且 $\varphi\neq 0$. 则

$$\varphi(1_K)=1_{K'},\quad \varphi(a^{-1})=\varphi(a)^{-1},\quad a\in K^\times.$$

例 1.12

在集合 $\{0,1\}$ 上定义加法和乘法运算如下:

$+$	0	1
0	0	1
1	1	0

$\cdot$	0	1
0	0	0
1	0	1

则 $\mathbb{F}_2 := (\{0,1\},+,\cdot)$ 是域. ♠

命题 1.1 (域的等价刻画)

假设 $R \neq 0$ 是带单位元的交换环. 则下列命题等价:

(i) R 是域;

(ii) R 中唯一的理想是 0 和 R;

(iii) R 到另一个非零带单位元的交换环 R' 的每个环同态都是单的. ♡

证: (i) $\Rightarrow$ (ii): 假设 $\mathfrak{a} \neq 0$ 是 R 的理想. 则存在非零元 $a \in R$ 使得 a 是主理想, 从而有

$$\mathfrak{a} \supset (a) = (1) = R.$$

(ii) $\Rightarrow$ (iii): 令 R' 是非零带单位元的交换环且 $\varphi : R \to R'$ 是环同态. 故 $\mathbf{Ker}(\varphi)$ 是 R 中的理想, 所以 (ii) 表明 $\mathbf{Ker}(\varphi) = 0$ 或者 $\mathbf{Ker}(\varphi) = R$. 前者给出 φ 是单的; 后者给出 φ 是满的, 和 $R' \neq 0$ 矛盾.

(iii) $\Rightarrow$ (i): 假设 $x \in R$ 不是单位. 则 $(x) \neq R$ 故 $R' := R/(x)$ 不是零环. 自然环同态 $\varphi : R \to R'$ 的核是 $\mathbf{Ker}(\varphi) = (x)$. 根据假设 (iii), 必有 $0 = (x)$ 从而 $x = 0$. □

♠ **带单位元环.** 假设 R 是带单位元的交换环. 理想 $\mathfrak{p} \in \mathscr{I}(R)$ 称为**素理想 (prime ideal)**, 如果 $\mathfrak{p} \neq R$ 且

$$x \cdot y \in \mathfrak{p} \quad \Longrightarrow \quad x \in \mathfrak{p} \text{ 或 } y \in \mathfrak{p}.$$

理想 $\mathfrak{m} \in \mathscr{I}(R)$ 称为**极大理想 (maximal ideal)**, 如果 $\mathfrak{m} \neq (1)$ 且不存在理想 $\mathfrak{a}$ 满足严格包含关系 $\mathfrak{m} \subset \mathfrak{a} \subset (1)$. 则

$$\mathfrak{p} \text{ 是素理想} \quad \Longleftrightarrow \quad R/\mathfrak{p} \text{ 是整环},$$
$$\mathfrak{m} \text{ 是极大理想} \quad \Longleftrightarrow \quad R/\mathfrak{m} \text{ 是域}.$$

极大理想必是素理想, 但反之不一定对. 零理想是素的当且仅当 R 是整环. 分别令 $\mathscr{P}(R)$ 和 $\mathscr{M}(R)$ 为素理想集合和极大理想集合.

如果 $\varphi: R \to R'$ 是环同态且 $\mathfrak{p}' \in \mathscr{P}(R')$, 则 $\mathfrak{p} := \varphi^{-1}(\mathfrak{p}') \in \mathscr{P}(R)$. 但是如果 $\mathfrak{m}' \in \mathscr{M}(R')$, 则 $\mathfrak{m} := \varphi^{-1}(\mathfrak{m})$ 不一定是 R 中的极大理想, 比如 $R = \mathbb{Z}$, $R' = \mathbb{Q}$ 和 $\mathfrak{m} = 0$.

定理 1.10

令 R 是带单位元的交换环. 如果 $R \neq 0$, 则 R 至少有一个极大理想.

(1) 如果 $\mathfrak{a} \neq (1)$ 是 R 的理想, 则存在 R 的极大理想包含 $\mathfrak{a}$.

(2) R 的每个非单位都包含在某个极大理想中. ♡

证: 令 $\Sigma := \mathscr{I}(R) \setminus R$. 包含关系 $\subset$ 是 Σ 上的关系, 并且显然是严格偏序的, 故 $(\Sigma, \subset)$ 是严格偏序集. 为了应用 Zorn 引理, 下证 Σ 的每个有序子集在 R 中都有上界. 令 $A = \{\mathfrak{a}_\alpha : \alpha \in \mathsf{A}\}$ 是有序子集, 则根据定义对任意指标对 $(\alpha, \beta) \in \mathsf{A} \times \mathsf{A}$ 有 $\mathfrak{a}_\alpha \subset \mathfrak{a}_\beta$ 或者 $\mathfrak{a}_\beta \subset \mathfrak{a}_\alpha$. 定义

$$\mathfrak{a} := \bigcup_{\alpha \in \mathsf{A}} \mathfrak{a}_\alpha.$$

则 $\mathfrak{a} \in \mathscr{I}(R)$ 且 $\mathfrak{a} \neq (1)$ (这是因为 $1 \notin \mathfrak{a}_\alpha$ 对任何 $\alpha \in \mathsf{A}$ 都成立), 所以 $\mathfrak{a} \in \Sigma$ 且 $\mathfrak{a}$ 是 A 的一个上界. 这样 Zorn 引理就推出 Σ 有最大元, 即 R 至少有一个极大理想.

(1) 如果 $\mathfrak{a} \neq (1)$, 则 $R' := R/\mathfrak{a} \neq 0$. 根据 (1) 得到 R' 至少有一个极大理想, 从而 R 至少有一个极大理想包含 $\mathfrak{a}$.

(2) 立即由 (1) 得到. □

有些带单位元的交换环, 比如域, 有且只有一个极大理想. 仅有一个极大理想 $\mathfrak{m}$ 的带单位元的交换环 R 称为**局部环 (local ring)**; 此时域 $k := R/\mathfrak{m}$ 称为 R 的**剩余域 (residue field)**. 有有限个极大理想的带单位元的交换环 R 称为**半局部环 (semi-local ring)**.

命题 1.2

(1) 令 R 是带单位元的交换环且 $\mathfrak{m} \neq (1)$ 是 R 的理想. 如果每个 $x \in R \setminus \mathfrak{m}$ 都是 R 的单位, 则 R 是局部环且 $\mathfrak{m}$ 是其唯一的极大理想.

(2) 令 R 是带单位元的交换环且 $\mathfrak{m}$ 是 R 的极大理想. 如果 $1 + \mathfrak{m}$ 中的每个元素都是 R 的单位, 则 R 是局部环. ♡

证: (1) 假设 $\mathfrak{a} \neq (1)$ 是 R 的理想. 则 $\mathfrak{a}$ 仅包含非单位, 所以根据假设得到 $\mathfrak{a} \subset \mathfrak{m}$. 因此 $\mathfrak{m}$ 是唯一的极大理想.

(2) 根据 (1) 只要证明每个 $x \in R \setminus \mathfrak{m}$ 都是 R 的单位. 由于 $\mathfrak{m}$ 是极大理想, 则

由 x 和 $\mathfrak{m}$ 所生成的理想必是 (1). 故存在 $y \in R$ 和 $t \in \mathfrak{m}$ 满足 $1 = xy + t$. 从而 $xy = 1 - t \in 1 + \mathfrak{m}$ 和 xy 是单位, 所以 x 也是单位. □

$\mathbb{Z}$ 中的每个理想形如 (m), $m \in \mathbb{N}$. 理想 (m) 是素理想当且仅当 $m = 0$ 或 m 是素数. 所有理想 (p) (p 是素数) 都是极大理想, 这是因为 $\mathbb{Z}/(p) =: \mathbb{Z}_p$ 是包含 p 个元素的域.

令 R 是带单位元的交换环. 称 R 是**主理想环 (principal ideal domain)**, 如果 R 是整环且每个理想都是主理想. 此时, 每个非零素理想都是极大理想. 假设 $(x) \neq 0$ 是素理想且 $(y) \supseteq (x)$ 是主理想, 则得到 $x = yz$ 从而 $yz \in (x)$. 但 $y \notin (x)$, 我们得到 $z \in (x)$, 即 $z = tx$. 故 $x = yz = ytx$ 和 $yt = 1$, 因为 $x \neq 0$. 因此 $(y) = (1)$, 即 $(x) \neq 0$ 是极大理想.

给定带单位元的交换环 R, 定义

$$\mathfrak{N} := \{R \text{ 的所有幂零元}\} = \bigcap_{\mathfrak{p} \in \mathscr{P}(R)} \mathfrak{p}, \tag{1.5.16}$$

$$\mathfrak{R} := \bigcap_{\mathfrak{m} \in \mathscr{M}(R)} \mathfrak{m}. \tag{1.5.17}$$

下面定理给出 $\mathfrak{N}$ 和 $\mathfrak{R}$ 的等价刻画.

命题 1.3

假设 R 是带单位元的交换环.

(1) *$\mathfrak{N}$ 是 R 的理想, 而 $R/\mathfrak{N}$ 没有非零的幂零元.*

(2) *$\mathfrak{N}$ 是 R 的所有素理想的交集, 从而 $\mathfrak{R}$ 也是 R 的理想.*

(3) *$x \in \mathfrak{R}$ 当且仅当对任何 $y \in R$ 都有 $1 - xy$ 是 R 中的单位.* ♡

证: (1) 因为 R 是交换的, 所以 $\mathfrak{N} \supset a\mathfrak{N}$ 对任何 $a \in R$ 都成立. 下证 $(\mathfrak{N}, +)$ 是加法群. 任取 $x, y \in \mathfrak{N}$, 则 $x^m = 0 = y^n$. 根据二项式公式

$$(x + y)^{m+n-1} = \sum_{r+s=m+n-1} \frac{(m+n-1)!}{r!s!} x^r y^s = 0.$$

故 $x + y \in \mathfrak{N}$.

令 $x' = x + \mathfrak{N} \in R/\mathfrak{N}$. 则 $(x')^n = x^n + \mathfrak{N}$. 如果 $(x')^n = 0$, 得到 $x^n \in \mathfrak{N}$ 和 $(x^n)^k = 0$. 故 $x \in \mathfrak{N}$ 和 $x' = 0' \in R/\mathfrak{N}$.

(2) 暂时记 $\mathfrak{N}'$ 是 R 的所有素理想的交集. 如果 $f \in R$ 是幂零的, 则对任何素理想 $\mathfrak{p}$ 都有 $f^n = 0 \in \mathfrak{p}$ 对某个 $n \in \mathbb{N}_*$ 成立. 故 $f \in \mathfrak{p}$ 从而 $f \in \mathfrak{N}'$.

反之, 假设 f 不是幂零的. 令

$$\Sigma := \{\mathfrak{a} \in \mathscr{I}(R) | n \in \mathbb{N}_* \implies f^n \notin \mathfrak{a}\}.$$

则 $0 \in \Sigma$, 所以 Σ 是非空的. 在包含关系下, $(\Sigma, \subset)$ 是严格偏序集; 从而根据 Zorn 引理得到 Σ 中的最大元 $\mathfrak{p}$. 下面断言 $\mathfrak{p}$ 是素理想. 假设 $x, y \notin \mathfrak{p}$. 因为理想 $\mathfrak{p} + (x)$ 和 $\mathfrak{p} + (y)$ 严格包含 $\mathfrak{p}$, 所以这两个理想都不属于 Σ. 故得到

$$f^m \in \mathfrak{p} + (x), \quad f^n \in \mathfrak{p} + (y)$$

对某些 $m, n \in \mathbb{N}_*$ 都成立. 所以得到

$$f^{m+n} \in \mathfrak{p} + (xy)$$

以及理想 $\mathfrak{p} + (xy) \notin \Sigma$. 这就表明 $xy \notin \mathfrak{p}$ 从而说明 $\mathfrak{p}$ 是素理想且 $f \notin \mathfrak{p}$. 即 $f \notin \mathfrak{N}'$.

(3) 假设 $x \in \mathfrak{R}$ 但是 $1 - xy$ 对某个 $y \in R$ 不是单位. 根据**定理 1.10 (2)**, 可知 $1 - xy$ 包含在某个极大理想 $\mathfrak{m}$ 内. 但是 $x \in \mathfrak{R} \subseteq \mathfrak{m}$, 所以必有 $1 \in \mathfrak{m}$, 矛盾! 因此对任何 $y \in R$, $1 - xy$ 都是 R 中的单位.

反之, 假设 $1 - xy$ 对任何 $y \in R$ 都是单位. 如果 $x \notin \mathfrak{R}$, 则存在某个极大理想 $\mathfrak{m}$ 使得 $x \notin \mathfrak{m}$. 此时 $\mathfrak{m}$ 和 x 生成理想 $(1) = R$ 从而导致 $1 = u + xy$, 这里 $u \in \mathfrak{m}$ 和 $y \in R$. 即得到 $1 - xy \in \mathfrak{m}$ 且不是单位. □

我们把 $\mathfrak{N}$ 称为**幂零根 (nilradical)** 而把 $\mathfrak{R}$ 称为 **Jacobson 根 (Jacobson radical)**.

♠ **模.** 假设 $R = (R, +, \cdot)$ 是带单位元的交换环. ***R*-模 (*R*-module)** 是指偶对 (M, μ), 这里 $M = (M, \oplus)$ 是 Abelian 加法群且

$$\mu : R \times M \longrightarrow M, \quad (a, x) \longmapsto \mu(a, x) = a \odot x$$

是满足如下条件的映射:

$$a \odot (x \oplus y) = (a \odot x) \oplus (b \odot y), \quad (a + b) \odot x = (a \odot x) \oplus (b \odot x),$$

$$(a \cdot b) \odot x = a \odot (b \odot x), \quad 1 \odot x = x,$$

对任何 $a, b \in R$ 和 $x, y \in M$. 为了方便我们把 R-模记为

$$M = (M, \oplus, \odot) = (M, \oplus, \odot, R, +, \cdot).$$

R 的任何理想都是 R-模, 特别地 R 本身就是 R-模.

假设 $M = (M, \oplus, \odot), M' = (M', \oplus', \odot')$ 是 R-模. 映射 $\varphi : M \to M'$ 称为 ***R*-模**

同态 (R-module homomorphism), 如果

$$\varphi(x \oplus y) = \varphi(x) \oplus' \varphi(y), \quad \varphi(a \odot x) = a \odot' \varphi(x) \tag{1.5.18}$$

对所有 $a \in R$ 和 $x, y \in M$ 都成立.

(1) R-模同态的复合也是 R-模同态.

(2) M 到 N 的所有 R-模同态记为 $\mathrm{Hom}_R(M, N)$, 下证它是 R-模. 定义 $\widehat{\odot}$ 和 $\widehat{\oplus}$ 为

$$(a \widehat{\odot} \varphi)(x) := a \odot' \varphi(x), \quad (\varphi \widehat{\oplus} \psi)(x) := \varphi(x) \oplus' \psi(x).$$

则易证 $\mathrm{Hom}_R(M, N) = (\mathrm{Hom}_R(M, N), \widehat{\oplus}, \widehat{\odot})$ 是 R-模.

(3) 从 (2) 得到 R-模同态

$$\mathrm{Hom}_R(M', M) \longrightarrow \mathrm{Hom}_R\left(\mathrm{Hom}_R(M, N), \mathrm{Hom}_R(M', N)\right),$$

$$u \longmapsto \overline{u} : f \longmapsto f \circ u$$

和

$$\mathrm{Hom}_R(N, N') \longrightarrow \mathrm{Hom}_R\left(\mathrm{Hom}_R(M, N), \mathrm{Hom}_R(M, N')\right),$$

$$v \longmapsto \overline{v} : f \longmapsto v \circ f.$$

(4) 对任何 R-模 M 存在 R-模同构 $\mathrm{Hom}_R(R, M) \cong M$:

$$\mathrm{Hom}_R(R, M) \longrightarrow M, \quad f \longmapsto f(1)$$

和

$$M \longrightarrow \mathrm{Hom}_R(R, M), \quad x \longmapsto f_x : a \longmapsto a \odot x.$$

易证上述映射给出了 R-模同构.

(5) $M = (M, \oplus, \odot, R, +, \cdot)$ 的**子模 (submodule)** M' 是 M 的加法子群且在 $\odot$ 下是封闭的. 因为 $(M, \oplus)$ 是 Abelian 的, 则商群 M/M' 是 Abelian 加法群且存在如下的 R-模结构,

$$R \times M/M' \longrightarrow M/M', \quad (a, x + M') \longmapsto a \odot x + M'. \tag{1.5.19}$$

则得到的商 M/M' 称为 **M 关于 M' 的商模 (quotient module of M by M')**. 自然映射 $M \to M/M'$ 是 R-模同态.

假设 $\varphi : M \to N$ 是 R-模同态, 则

$$\mathbf{Ker}(\varphi) := \{x \in M | \varphi(x) = 0\}$$

是 M 的子模,

$$\mathbf{Im}(\varphi) := \varphi(M)$$

是 N 的子模, 而

$$\mathbf{Coker}(\varphi) := N/\mathbf{Im}(\varphi)$$

是 N 的商模. 特别地, 得到

$$M/\mathbf{Ker}(\varphi) \cong \mathbf{Im}(\varphi). \tag{1.5.20}$$

R-模和 R-模同态序列

$$\cdots \longrightarrow M_{i-1} \xrightarrow{\varphi_i} M_i \xrightarrow{\varphi_{i+1}} M_{i+1} \longrightarrow \cdots \tag{1.5.21}$$

称为**在 $\boldsymbol{M_i}$ 处是正合的 (exact at $\boldsymbol{M_i}$)**, 如果 $\mathbf{Im}(\varphi_i) = \mathbf{Ker}(\varphi_{i+1})$; 序列是**正合的 (exact)**, 如果在每个 M_i 处是正合的.

$$0 \longrightarrow M' \xrightarrow{\varphi} M \text{ 是正合的 } \iff \varphi \text{ 是单的}, \tag{1.5.22}$$

$$M \xrightarrow{\psi} M'' \longrightarrow 0 \text{ 是正合的 } \iff \psi \text{ 是满的}, \tag{1.5.23}$$

$$0 \longrightarrow M' \xrightarrow{\varphi} M \xrightarrow{\psi} M'' \longrightarrow 0 \text{ 是正合的}$$
$$\iff \tag{1.5.24}$$
$$\varphi \text{ 是单的}, \ \psi \text{ 是满的, 且 } M/\varphi(M') \cong M''.$$

形如 (1.5.24) 的序列称为**短正合列 (short exact sequence)**, 相应地, 我们把正合序列 (1.5.21) 称为**长正合列 (long exact sequence)**.

任何长正合列 (1.5.21) 都可以分解成一些短正合列: 如果令

$$N_i := \mathbf{Im}(\varphi_i) = \mathbf{Ker}(\varphi_{i+1}),$$

则得到短正合列

$$0 \longrightarrow N_i \longrightarrow M_i \longrightarrow N_{i+1} \longrightarrow 0.$$

定理 1.11 (正合列的刻画)

(1) 令

$$M' \xrightarrow{u} M \xrightarrow{v} M'' \longrightarrow 0 \tag{1.5.25}$$

为 R-模和 R-模同态序列. 则序列 (1.5.25) 是正合的当且仅当对任何 R-模 N, 序列

$$0 \longrightarrow \mathrm{Hom}_R(M'', N) \xrightarrow{\overline{v}} \mathrm{Hom}_R(M, N) \xrightarrow{\overline{u}} \mathrm{Hom}_R(M', N) \tag{1.5.26}$$

是正合的.

(2) 令

$$0 \longrightarrow N' \xrightarrow{u} N \xrightarrow{v} N'' \tag{1.5.27}$$

为 R-模和 R-模同态序列. 则序列 (1.5.27) 是正合的当且仅当对任何 R-模 M, 序列

$$0 \longrightarrow \mathrm{Hom}(M, N') \xrightarrow{\overline{u}} \mathrm{Hom}_R(M, N) \xrightarrow{\overline{v}} \mathrm{Hom}_R(M, N'') \tag{1.5.28}$$

是正合的.

(3) 令

$$\begin{array}{ccccccccc} 0 & \longrightarrow & M' & \xrightarrow{u} & M & \xrightarrow{v} & M'' & \longrightarrow & 0 \\ & & {\scriptstyle f'}\downarrow & & {\scriptstyle f}\downarrow & & {\scriptstyle f''}\downarrow & & \\ 0 & \longrightarrow & N' & \xrightarrow[u']{} & N & \xrightarrow[v']{} & N'' & \longrightarrow & 0 \end{array} \tag{1.5.29}$$

是关于 R-模和 R-模同态的交换图, 即 $f \circ u = u' \circ f'$ 和 $f'' \circ v = v' \circ f$ 成立, 且行序列是正合的. 则存在如下正合列

$$0 \longrightarrow \mathbf{Ker}(f') \xrightarrow{\overline{u}} \mathbf{Ker}(f) \xrightarrow{\overline{v}} \mathbf{Ker}(f'') \tag{1.5.30}$$

$$\xrightarrow{d} \mathbf{Coker}(f') \xrightarrow{\overline{u}'} \mathbf{Coker}(f) \xrightarrow{\overline{v}'} \mathbf{Coker}(f'') \longrightarrow 0,$$

其中 $\overline{u}, \overline{v}$ 是 u, v 的限制, 而 $\overline{u}', \overline{v}'$ 是由 u', v' 所诱导的. 称映射 d 为**边界同态 (boundary homomorphism)**. ♡

证: 下面只证 (1), (2) 的证明类似. 先假设 (1.5.25) 成立. 如果 $\overline{v}(f) = 0$, 这里 $f \in \mathrm{Hom}_R(M'', N)$, 则 $f \circ v = 0$. 由于 v 是满射, 对任意 $x'' \in M''$ 都存在 $x \in M$ 使得 $x'' = v(x)$ 成立. 因此得到

$$0 = (f \circ v)(x) = f(x'') \quad \Longrightarrow \quad f = 0;$$

即 $\overline{v}$ 是单射. 根据 $v \circ u = 0$ 得到 $\overline{u} \circ \overline{v} = 0$, 即 $\mathbf{Im}(\overline{v}) \subset \mathbf{Ker}(\overline{u})$. 下证 $\mathbf{Ker}(\overline{u}) \subset \mathbf{Im}(\overline{v})$. 对任意 $g \in \mathbf{Ker}(\overline{u})$ 有 $g \circ u = 0$. 为了证明 $g \in \mathbf{Im}(\overline{v})$, 我们来定义映射 $f \in \mathrm{Hom}_R(M'', N)$ 使得 $g = f \circ v$. 对 $x'' \in M''$ 存在 $x \in M$ 满足 $v(x) = x''$, 从而定义

$$f(x'') := g(x).$$

我们断言上述定义和 $x \in M$ 的选取无关: 若存在另一个 $\widetilde{x} \in M$ 满足 $v(\widetilde{x}) = x''$, 则 $\widetilde{x} - x \in \mathbf{Ker}(v) = \mathbf{Im}(u)$. 故 $\widetilde{x} - x = u(x')$, $x' \in M'$. 但是 $g \circ u = 0$ 得到 $g(\widetilde{x}) - g(x) = (g \circ u)(x') = 0$. 因此 $g(x) = (f \circ v)(x)$; 最后来说明这个等式对所有 $x \in M$ 都成立. 对任意 $x \in M$ 令 $x'' := v(x)$; 根据 f 的定义得到 $f(x'') = g(x)$ 即 $f \circ v = g$.

反之假设 (1.5.26) 对任何 R-模 N 成立. 先证 v 是满射. 否则的话, 存在 $x''_0 \in M''$ 满足 $x''_0 \in M'' \setminus v(M)$. 定义映射

$$f : M'' \longrightarrow M''/v(M), \quad x'' \longmapsto x'' + v(M).$$

则显然有 $f(x''_0) \neq 0$, 但是 $(f \circ v)(x) = v(x) + v(M) = 0$ 对任何 $x \in M$ 都成立. 这就和 $\overline{v}$ 是单射相矛盾, 故 v 是满射. 再证 $\mathbf{Im}(u) \subseteq \mathbf{Ker}(v)$. 从 $\overline{u} \circ \overline{v} = 0$ 推出

$$f \circ v \circ u = 0, \quad \text{对任意 } f \in \mathrm{Hom}_R(M'', N).$$

特别地取 $N = M''$ 和 $f = \mathbf{Id}_{M''}$ 就得到 $v \circ u = 0$. 最后证明 $\mathbf{Ker}(v) \subseteq \mathbf{Im}(u)$. 取 $N := M/\mathbf{Im}(u)$ 并令 $g \in \mathrm{Hom}_R(M, N)$ 为自然投射. 则 $g \in \mathbf{Ker}(\overline{u}) = \mathbf{Im}(\overline{v})$, 故存在 $f \in \mathrm{Hom}_R(M'', N)$ 满足 $g = \overline{v}(f) = f \circ v$. 因此 $\mathbf{Ker}(v) \subseteq \mathbf{Ker}(g) = \mathbf{Im}(u)$.

(3) 定义

$$\overline{u}(x') := u(x'), \quad x' \in \mathbf{Ker}(f') \quad \text{和} \quad \overline{v}(x) := v(x), \quad x \in \mathbf{Ker}(f).$$

根据 $f \circ u = u' \circ f'$ 和 $f'' \circ v = v' \circ f$, 上述映射的定义都是合理的. 同样可定义

$$\overline{u}'(y' + \mathbf{Im}(f')) := u'(y') + \mathbf{Im}(f), \quad \overline{v}'(y + \mathbf{Im}(f)) := v'(y) + \mathbf{Im}(f'').$$

如果 $\widetilde{y}' = y' + f'(x')$, 即 $\widetilde{y}' + \mathbf{Im}(f') = \widetilde{y}' + \mathbf{Im}(f')$, 得到

$$\begin{aligned}\overline{u}'(\widetilde{y}' + \mathbf{Im}(f')) &= u'(\widetilde{y}') + \mathbf{Im}(f) = u'(y' + f'(x')) + \mathbf{Im}(f) \\ &= u'(y') + f(u(x')) + \mathbf{Im}(f) = u'(y') + \mathbf{Im}(f).\end{aligned}$$

现在来定义映射 $d : \mathbf{Ker}(f'') \to \mathbf{Coker}(f')$ 如下. 对任意 $x'' \in \mathbf{Ker}(f'')$ 我们有 $x'' = v(x)$, $x \in M$. 而又因为

$$0 = f''(x'') = f''(v(x)) = v'(f(x)),$$

所以得出 $f(x) \in \mathbf{Ker}(v') = \mathbf{Im}(u')$ 从而 $f(x) = u'(y')$ 对某个 $y' \in N'$ 成立. 定义

$$d(x'') := y' + \mathbf{Im}(f').$$

下面验证 d 的定义和 $x \in M, y' \in N'$ 选取无关. 若存在另一组 $(\widetilde{x}, \widetilde{y}') \in M \times N'$ 满足

$$x'' = v(\widetilde{x}), \quad f(\widetilde{x}) = u'(\widetilde{y}'),$$

则 $\widetilde{x} - x \in \mathbf{Ker}(v) = \mathbf{Im}(u)$ 和 $\widetilde{x} - x = u(x')$ 对某个 $x' \in M'$ 成立. 因此

$$f(\widetilde{x}) - f(x) = f(u(x')) = u'(f'(x')) \quad \Longrightarrow \quad u'(\widetilde{y}' - y' - f'(x')) = 0.$$

因为 u' 是单的, 所以 $\widetilde{y}' = y' + f'(x')$, 即 $\widetilde{y}' + \mathbf{Im}(f') = y' + \mathbf{Im}(f')$. 故 d 的定义是合理的.

最后来证明 (1.5.30) 是正合的. 显然 $\overline{u}$ 是单的, $\overline{v}'$ 是满的.

$\mathbf{Ker}(\overline{v}) = \mathbf{Im}(\overline{u})$. 假设 $x \in \mathbf{Ker}(\overline{v})$, 则 $x \in \mathbf{Ker}(f)$ 和 $0 = \overline{v}(x) = v(x)$. 根据 $x \in \mathbf{Ker}(v) = \mathbf{Im}(u)$, 得到 $x = u(x')$ 对某个 $x' \in M'$ 成立. 因为 u' 是单的且

$$u'(f'(x')) = f(u(x')) = f(x) = 0,$$

所以 $f'(x') = 0$ 和 $x' \in \mathbf{Ker}(f')$, 故 $x \in \mathbf{Im}(\overline{u})$. 反之假设 $x' \in \mathbf{Ker}(f')$, 则 $x' \in M'$ 和 $f'(x') = 0$. 因为 $\overline{u}(x') = u(x')$ 和 $f(\overline{u}(x')) = f(u(x')) = u'(f'(x')) = 0$, 所以 $\overline{v}(\overline{u}(x')) = v(\overline{u}(x')) = v(u(x')) = 0$. 剩下三个关系的证明作为练习见**练习 1.5**. □

练习 1.5

证明**定理 1.11** 中剩余的三个关系 $\mathbf{Ker}(d) = \mathbf{Im}(\overline{v})$, $\mathbf{Ker}(\overline{u}') = \mathbf{Im}(d)$, $\mathbf{Ker}(\overline{v}') = \mathbf{Im}(\overline{u}')$. ♠

♠ **向量空间.** 假设 K 是给定的域. 则此时把 K-模称为 ***K*-向量空间 (*K*-vector space)**. 为了记号简便, 我们不加区别地把所有加法运算写成 "+" 而把所有的乘法运算写成 "·". 这样一来, K-向量空间就是指三元组 $V = (V, +, \cdot)$, 这里 V 是非空集合, $+$ 是 V 上的加法 "内" 运算, 而 $\cdot$ 是 "外" 运算

$$K \times V \longrightarrow V, \quad (\lambda, v) \longmapsto \lambda \cdot v,$$

且满足如下公理:

(VS_1) $(V, +)$ 是 Abelian 群;

(VS_2) 分配律成立

$$\lambda \cdot (v + w) = \lambda \cdot v + \lambda \cdot w, \quad (\lambda + \mu) \cdot v = \lambda \cdot v + \mu \cdot v, \quad \lambda, \mu \in K, \quad v, w \in V;$$

(VS_3) 结合律成立

$$\lambda \cdot (\mu \cdot v) = (\lambda\mu) \cdot v, \quad \lambda, \mu \in K, \ v \in V.$$

V 是**实向量空间 (real vector space)**, 如果 $K=\mathbb{R}$; 是**复向量空间 (complex vector space)**, 如果 $K=\mathbb{C}$.

(1) V 中的元素称为**向量 (vector)** 而 K 中的元素称为**标量 (scalar)**. 简记 $\lambda v := \lambda \cdot v$.

(2) $(V,+)$ 的单位元称为**零向量 (zero vector)** 并记为 $0_V = 0$. $v \in V$ 的加法逆元记为 $-v$ 并定义

$$v - w := v + (-w), \quad v, w \in V.$$

另外易证

$$0v = 0, \quad (-\lambda)v = \lambda(-v) = -(\lambda v) =: -\lambda v, \quad \lambda \in K, \quad v \in V.$$

令 V, W 是 K-向量空间. 映射 $\mathbf{T}: V \to W$ 称为 ***K*-线性的 (*K*-linear)**, 如果

$$\mathbf{T}(\lambda v + \mu w) = \lambda \mathbf{T}(v) + \mu \mathbf{T}(w), \quad \lambda, \mu \in K, \quad v, w \in V. \tag{1.5.31}$$

V 到 W 的所有 K-线性映射, 或**向量空间同态 (vector space homomorphism)**, 记为

$$\mathrm{Hom}_K(V, W),$$

而记 $\mathrm{Hom}_K(V,V) =: \mathrm{End}_K(V)$ 并称其元素为**向量空间自同态 (vector space endomorphism)**. 双射的向量空间同态 $T \in \mathrm{Hom}_K(V,W)$ 称为**向量空间同构 (vector space isomorphism)**. 双射的向量空间自同态 $T \in \mathrm{End}_K(V)$ 称为**向量空间自同构 (vector space automorphism)**, 此时把 $\mathrm{End}_K(V)$ 记为 $\mathrm{Aut}_K(V)$ 并称为 ***V* 的自同构群 (automorphism group of *V*)**. 如果存在向量空间同构 $V \to W$, 则称 V 和 W 是**向量空间同构的 (vector space isomorphic)**, 并记为 $V \cong W$.

(1) 向量空间同态 $\mathbf{T}: V \to W$ 是群同态 $\mathbf{T}: (V,+) \to (W,+)$. 即我们有

$$\mathbf{T}(0) = 0, \quad \mathbf{T}(-v) = -\mathbf{T}(v), \quad v \in V.$$

定义 $\mathbf{T}$ 的核为

$$\mathbf{Ker}(\mathbf{T}) := \{v \in V | \mathbf{T}(v) = 0\} = \mathbf{T}^{-1}(0). \tag{1.5.32}$$

因此 $\mathbf{T}$ 是单的当且仅当 $\mathbf{Ker}(\mathbf{T}) = \{0\}$.

(2) 假设 U, V, W 是 K-向量空间. 则得到

$$\mathbf{T} \circ \mathbf{S} \in \mathrm{Hom}_K(U, W), \quad \text{对任意 } \mathbf{S} \in \mathrm{Hom}_K(U, V), \quad \mathbf{T} \in \mathrm{Hom}_K(V, W).$$

(3) 仅包含单个向量 0 的**平凡向量空间 (trivial vector space)** 记为 0.

(4) K-向量空间 V 的非空子集 U 称为**子空间 (subspace)**, 如果下面成立:

(SS$_1$) U 是 $(V,+)$ 的子群;

(SS$_2$) U 在乘法下是封闭的: $K\cdot U\subset U$.

即, U 是 V 的子空间当且仅当 U 在 V 的两个运算下都是封闭的,

$$U+U\subset U,\quad K\cdot U\subseteq U.$$

(5) 假设 V,W 是 K-向量空间, $\mathbf{T}:V\to W$ 是 K-线性映射. 则 $\mathbf{Ker}(\mathbf{T})$ 和 $\mathbf{Im}(\mathbf{T})$ 分别是 V 和 W 的子空间.

例 1.13

(1) 令 X 是非空集合, V 是 K-向量空间. 则 V^X 在下面运算

$$(f+g)(x):=f(x)+g(x),\quad (\lambda f)(x):=\lambda f(x),\quad x\in X,\quad \lambda\in K,\quad f,g\in V^X$$

下是 K-向量空间. 特别地, 对每个 $m\in\mathbb{N}_*$, K^m 在下面运算

$$\boldsymbol{x}+\boldsymbol{y}:=(x^1+y^1,\cdots,x^m+y^m),\quad \lambda x:=(\lambda x^1,\cdots,\lambda x^m)$$

下是 K-向量空间, 这里 $\lambda\in K$, $x=(x^1,\cdots,x^m), y=(y^1,\cdots,y^m)\in K^m$.

(2) 令 $V_1,\cdots,V_m$ 都是 K-向量空间. 则 $V_1\times\cdots\times V_m$ 在下面运算

$$\boldsymbol{v}+\boldsymbol{w}:=(v^1+w^1,\cdots,v^m+w^m),\quad \lambda\boldsymbol{v}:=(\lambda v^1,\cdots,\lambda v^m)$$

下是 K-向量空间, 称为**乘积空间 (product space)**, 这里 $\boldsymbol{v}=(v^1,\cdots,v^m)\in V$, $\boldsymbol{w}=(w^1,\cdots,w^m)\in V$ 和 $\lambda\in K$.

(3) 假设 V,W 是 K-向量空间. 则 $\mathrm{Hom}_K(V,W)$ 是 W^V 的子空间.

(4) 若 U 是 K-向量空间 $V=(V,+,\cdot)$ 的子空间, 则 $(V,+)/U$ 是 Abelian 群且

$$K\times(V,+)/U\longrightarrow(V,+)/U,\quad (\lambda,x+U)\longmapsto\lambda x+U \tag{1.5.33}$$

是有定义的且满足 (VS$_1$) 和 (VS$_2$). 从而 $(V,+)/U$ 是 K-向量空间, 称为 **V 模 U 的商空间 (quotient space of V modulo U)** 并简记为 V/U. 商同态

$$\pi:V\longrightarrow V/U,\quad x\longmapsto[x]:=x+U \tag{1.5.34}$$

是 K-线性映射.

(5) 如果 $\mathbf{T}\in\mathrm{Hom}_K(V,W)$ 是 K-向量空间 V 和 W 间的 K-线性映射, 则存在唯一的 K-线性映射

$$\widehat{\mathbf{T}}:V/\mathrm{Ker}(\mathbf{T})\longrightarrow W$$

使得下面的图

$$\begin{array}{ccc} V & \xrightarrow{\mathbf{T}} & W \\ & \searrow^{\pi} \quad \nearrow_{\widehat{\mathbf{T}}} & \\ & V/\mathbf{Ker}(\mathbf{T}) & \end{array}$$

可交换. 进一步, $\widehat{\mathbf{T}}$ 是单的且 $\mathbf{Im}(\widehat{\mathbf{T}}) = \mathbf{Im}(\mathbf{T})$.

证: 定义 $\widehat{\mathbf{T}}(x + \mathbf{Ker}(\mathbf{T})) := \mathbf{T}(x)$, 则得到

$$\widehat{\mathbf{T}} \circ \pi = \mathbf{T}.$$

显然 $\widehat{\mathbf{T}}$ 是 K-线性的且 $\mathbf{Im}(\widehat{\mathbf{T}}) = \mathbf{Im}(\mathbf{T})$. 如果 $\widehat{\mathbf{T}}(x) = \widehat{\mathbf{T}}(y)$, 则

$$\mathbf{T}(x) = \mathbf{T}(y) \quad \Longrightarrow \quad y - x \in \mathbf{Ker}(\mathbf{T})$$

和 $x + \mathbf{Ker}(\mathbf{T}) = y + \mathbf{Ker}(\mathbf{T})$, 故 $\widehat{\mathbf{T}}$ 是单的. □

(6) 令 $\{U_\alpha\}_{\alpha \in \mathsf{A}}$ 是 K-向量空间 V 的一族子空间. 则 $\bigcap_{\alpha \in \mathsf{A}} U_\alpha$ 是 V 的子空间.

(7) 如果 M 是 K-向量空间 V 的子集, 则

$$\mathrm{span}(M) := \cap\{U : U \text{ 是 } V \text{ 的子空间}, U \supseteq M\}$$

是 V 中包含 M 的最小子空间, 称为**由 M 所张成的子空间 (subspace spanned by M)**.

(8) 如果 U_1, U_2 是 K-向量空间 V 的子空间, 则 $U_1 \times U_2$ 在加法运算下的像集是 V 的子空间, 称为 U_1 和 U_2 的**和 (sum)** 并记为 $U_1 + U_2$. 称和是**直和 (direct sum)**, 如果 $U_1 \cap U_2 = \{0\}$, 此时记为 $U_1 \oplus U_2$.

(9) 如果 U 是 K-向量空间 V 的子空间而 $\mathbf{T} \in \mathrm{Hom}_K(V, W)$, 则

$$\mathbf{T}|_U \in \mathrm{Hom}_K(U, W).$$

特别地, 当 $V = W$ 时, U 称为 **T-不变的 (invariant under T)**, 如果 $\mathbf{T}(U) \subset U$.

♠

假设 V 是 K-向量空间而 E 是非空集合. 则称 E 是 **V 上的仿射空间 (affine space over V)**, 如果存在映射

$$+ : V \times E \longrightarrow E, \quad (v, P) \longmapsto P + v \tag{1.5.35}$$

满足如下条件:

(AS_1) $P + 0 = P$, $P \in E$;

(AS_2) $P+(v+w)=(P+v)+w$, $P\in E$, $v,w\in V$;
(AS_3) 对每对 $(P,Q)\in E\times E$ 存在唯一的向量 $v\in V$ 使得 $Q=P+v$ 成立.
由 (AS_3) 确定的唯一向量 v 记为 $\overline{PQ}$, 它满足

$$Q=P+\overline{PQ}.$$

根据 (AS_1) 得到 $\overline{PP}=0$, 而根据 (AS_2) 映射

$$E\times E\longrightarrow V,\quad (P,Q)\longmapsto\overline{PQ} \tag{1.5.36}$$

满足

$$\overline{PQ}+\overline{QR}=\overline{PR},\quad P,Q,R\in E.$$

从而得到

$$\overline{PQ}=-\overline{QP},\quad P,Q\in E.$$

对每个 $v\in V$, 映射

$$\tau_v:E\longrightarrow E,\quad P\longmapsto P+v \tag{1.5.37}$$

称为 **v 的平移 (translation by v)**. 则所有平移在复合运算下构成了群.

假设 V,W 是 K-向量空间. 映射 $\alpha:V\to W$ 称为**仿射的 (affine)**, 如果存在 K-线性映射 $\mathbf{A}:V\to W$ 满足

$$\alpha(v_1)-\alpha(v_2)=\mathbf{A}(v_1-v_2),\quad v_1,v_2\in V. \tag{1.5.38}$$

命题 1.4

$\alpha:V\to W$ 是仿射的当且仅当存在 $w\in W$ 和 K-线性映射 $\mathbf{A}\in\mathrm{Hom}_K(V,W)$ 满足

$$\alpha(v)=w+\mathbf{A}(v),\quad v\in V. \tag{1.5.39}$$

进一步得到 $\mathbf{A}$ 由 α 所唯一确定, 反之 α 由 $\mathbf{A}$ 和 $\alpha(0)$ 所唯一确定. ♡

证: 假设 $\alpha:V\to W$ 是仿射的. 则 $\alpha(v)=\mathbf{A}(v)+\alpha(0)$. 反之, 假设 (1.5.39) 成立则 $\alpha(v_1)-\alpha(v_2)=\mathbf{A}(v_1)-\mathbf{A}(v_2)=\mathbf{A}(v_1-v_2)$. □

♠ **代数.** 假设 X 为非空集合, K 是域. 则 K^X 存在环结构

$$(f+g)(x)=f(x)+g(x),\quad (fg)(x)=f(x)g(x),\quad f,g\in K^X,\quad x\in X,$$

以及 K-向量空间结构

$$(f+g)(x)=f(x)+g(x),\quad (\lambda f)(x)=\lambda f(x),\quad f,g\in K^X,\quad x\in X,\quad \lambda\in K.$$

而且, 环乘和数乘在如下意义

$$(\lambda f)(\mu g)=(\lambda\mu)fg,\quad f,g\in K^X,\quad \lambda,\mu\in K$$

下是相容的.

K-向量空间 $\mathcal{A}$ 和运算

$$\odot:\mathcal{A}\times\mathcal{A}\longrightarrow\mathcal{A},\quad (a,b)\longmapsto a\odot b \tag{1.5.40}$$

称为 **K-代数 (K-algebra)**, 如果满足下面条件:

(A_1) $(\mathcal{A},+,\odot)$ 是环;

(A_2) 分配律成立:

$$(\lambda a+\mu b)\odot c=\lambda(a\odot c)+\mu(b\odot c),\quad a\odot(\lambda b+\mu c)=\lambda(a\odot b)+\mu(a\odot c)$$

对任意 $a,b,c\in\mathcal{A}$ 和 $\lambda,\mu\in K$ 成立.

一般来说, K-代数既不是交换的也不包含单位元.

例 1.14 (K-自同态代数)

(1) 令 X 是非空集合. 则 K^X 是交换 K-代数且包含单位元.

(2) 令 V 是 K-向量空间. 则 $\mathrm{End}_K(V)$ 在环乘下是 K-代数:

$$(\mathbf{A}\circ\mathbf{B})(x):=\mathbf{A}(\mathbf{B}(x)),\quad \mathbf{A},\mathbf{B}\in\mathrm{End}_K(V),\quad x\in V.$$

而且 $\mathbf{I}:=\mathrm{Id}_V$ 是 $\mathrm{End}_K(V)$ 的单位元. 称 $\mathrm{End}_K(V)$ 为 **V 的 K-自同态代数 (K-endomorphism algebra of V)**, 但是其不一定是交换的. ♠

1.5.10 * 自然数、有理数和实数的公理系统

本节主要参考 Amann-Escher 的教材, 以及 Hardy 的书 (见第 **1.8** 节).

♣ **自然数.** 在 1888 年, Dedekind 在其著作《Was sind und was sollen die Zahlen?》给出了自然数系统的集合论基础. 在本小节我们在 Peano 的自然数公理系统基础上, 构造出有理数、实数和复数.

自然数 (natural numbers) 是三元组 $(\mathbb{N},0,\nu)$, 其中 $\mathbb{N}$ 是集合, $0\in\mathbb{N}$ 是固定点, 而 $\nu:\mathbb{N}\to\mathbb{N}_*:=\mathbb{N}\setminus\{0\}$ 是映射, 且满足如下性质:

(N_0) ν 是单射;

(N_1) 如果 $N\subset\mathbb{N}$ 是包含 0 的子集且 $\nu(n)\in N$ 对所有 $n\in N$ 都成立, 则 $N=\mathbb{N}$.

上述自然数的构造称为 **Peano 公理化 (Peano axioms)**.

注 1.3

(1) 对任意 $n \in \mathbb{N}$, $\nu(n)$ 称为 $\boldsymbol{n}$ **的后继 (successor of $\boldsymbol{n}$)** 而 ν 称为**后继函数 (successor function)**. 易证$\nu : \mathbb{N} \to \mathbb{N}_*$ 是满的, 从而利用 (N_0), 是双的. 事实上, 令

$$N := \{n \in \mathbb{N} | \text{存在 } n' \in \mathbb{N} \text{ 满足 } \nu(n') = n\} \cup \{0\} = \mathbf{Im}(\nu) \cup \{0\}.$$

对任意 $n \in N$ 有 $\nu(n) \in \mathbf{Im}(\nu) \subseteq N$. 根据 (N_1) 得到 $N = \mathbb{N}$ 和 $\mathbf{Im}(\nu) = \mathbb{N}_*$.

(2) 我们把 $0, \nu(0), \nu(\nu(0)), \cdots$ 写成 $0, 1, 2, \cdots$.

(3) 是否存在三元组 $(\mathbb{N}, 0, \nu)$ 使得 Peano 公理化成立, 即是否存在自然数的**模型 (model)**? 这样的三元组有多少个? 为了回答这两个基本问题, 我们引入如下概念. 集合 M 称为**无限系统 (infinite system)**, 如果存在单射 $f : M \to M$ 满足 $f(M) \neq M$. 显然如果 $\mathbb{N}$ 存在, 必是一个无限系统. Dedekind 证明了任何无限系统包含自然数 $(\mathbb{N}, 0, \nu)$, 因此自然数的存在性可归结于无限系统的存在性. 一个特殊的无限系统是所谓的**归纳集 (inductive set)**, 即包含 $\emptyset$ 的集合 N 且对任意 $z \in N$ 满足 $z \cup \{z\} \in N$. 考虑集合

$$\mathbb{N} := \cap\{m | m \text{ 是归纳集}\}$$

和映射 $\nu : \mathbb{N} \to \mathbb{N}$, $z \mapsto z \cup \{z\}$. 最后定义 $0 := \emptyset$. 可以证明 $\mathbb{N}$ 本身是归纳集且 $(\mathbb{N}, 0, \nu)$ 满足 Peano 公理化. 从而得到自然数的一个模型 $(\mathbb{N}, 0, \nu)$.

如果 $(\mathbb{N}', 0', \nu')$ 是自然数的另一个模型, 则可以证明存在双射 $\varphi : \mathbb{N} \to \mathbb{N}'$ 满足

$$\varphi(0) = 0', \quad \varphi \circ \nu = \nu' \circ \varphi.$$

称 φ 是 $(\mathbb{N}, 0, \nu)$ 到 $(\mathbb{N}', 0', \nu')$ 的同构. 因此, 自然数在同构意义下是唯一的. ♣

从 Peano 公理化我们可以推出关于自然数 $(\mathbb{N}, 0, \nu)$ 的算术性质.

定理 1.12

$(\mathbb{N}, 0, \nu)$ 上存在加法运算 $+$、乘法运算 $\cdot$ 和偏序 $\leqslant$ 满足下面性质:

(1) 加法运算是结合的和交换的, 且有单位元 0;

(2) 乘法运算是结合的和交换的, 且有单位元 $1 := \nu(0)$;

(3) 分配律成立:

$$(\ell + m) \cdot n = \ell \cdot n + m \cdot n, \quad \ell, m, n \in \mathbb{N};$$

(4) $0 \cdot n = 0$ 且对任意 $n \in \mathbb{N}$ 都有 $\nu(n) = n + 1$;

(5) $(\mathbb{N}, \leqslant)$ 是全序集且 $0 = \min \mathbb{N}$;

(6) 对任何 $n \in \mathbb{N}$ 不存在 $k \in \mathbb{N}$ 满足 $n < k < n+1$;

(7) 对所有 $m, n \in \mathbb{N}$ 有

$$m \leqslant n \iff \text{存在 } d \in \mathbb{N} \text{ 满足 } m+d=n,$$
$$m < n \iff \text{存在 } d \in \mathbb{N}_* \text{ 满足 } m+d=n,$$

元素 d 是唯一的, 称为 n 与 m 的差, 并记为 $d := n - m$;

(8) 对所有 $m, n \in \mathbb{N}$ 有

$$m \leqslant n \iff m+\ell \leqslant n+\ell, \quad \forall\, \ell \in \mathbb{N},$$
$$m < n \iff m+\ell < n+\ell, \quad \forall\, \ell \in \mathbb{N};$$

(9) 对所有 $m, n \in \mathbb{N}_*$ 有 $m \cdot n \in \mathbb{N}_*$;

(10) 对所有 $m, n \in \mathbb{N}$ 有

$$m \leqslant n \iff m \cdot \ell \leqslant n \cdot \ell, \quad \forall\, \ell \in \mathbb{N}_*,$$
$$m < n \iff m \cdot \ell < n \cdot \ell, \quad \forall\, \ell \in \mathbb{N}_*.$$

进一步, 满足上述性质的加法、数乘和偏序都是唯一的. ♡

为了方便, 把 $m \cdot n$ 记为 mn. 上述定理表明 $\mathbb{N} = (\mathbb{N}, +, \cdot)$, 除了不存在加法逆元外, 是带单位元的交换环.

假设 Z 是包含 $\mathbb{N}$ 的环并假设 Z 上的环运算限制到 $\mathbb{N}$ 上给出了 $\mathbb{N}$ 上的运算. 则对所有 $(m, n) \in \mathbb{N}^2 := \mathbb{N} \times \mathbb{N}$, 差 $m - n$ 属于 Z, 且

$$m - n = m' - n' \quad \iff \quad m + n' = m' + n, \quad \text{对任意 } (m', n') \in \mathbb{N}^2. \tag{1.5.41}$$

对 $m - n$ 和 $m' - n'$ 定义和与积如下:

$$(m-n) + (m'-n') := (m+m') - (n+n'), \tag{1.5.42}$$
$$(m-n) \cdot (m'-n') := (mm'+nn') - (mn'+m'n). \tag{1.5.43}$$

定理 1.13 (整数环)

存在满足性质

(1) $\mathbb{N} \subset \mathbb{Z}$, 以及

(2) $\mathbb{Z}$ 上的环运算限制到 $\mathbb{N}$ 上给出了 $\mathbb{N}$ 上的运算,

且带单位元的最小整环 $\mathbb{Z}$. 在同构意义下满足上述性质的环 $\mathbb{Z}$ 是唯一的, 称为**整数环 (ring of integers)**. ♡

证: 受 (1.5.41) 启发, 在 $\mathbb{N}^2$ 上定义等价关系如下

$$(m,n)\sim(m',n') \iff m+n'=m'+n$$

并令

$$\mathbb{Z}:=\mathbb{N}^2/\sim.$$

根据**定理 1.12**, $\sim$ 是等价关系. 在 $\mathbb{Z}$ 上定义加法和乘法如下:

$$[(m,n)]+[(m',n')]:=[(m+m',n+n')], \quad [(m,n)]\cdot[(m',n')]:=[(mm',nn')].$$

根据**定理 1.12** 可知 $\mathbb{Z}:=(\mathbb{Z},+,\cdot)$ 是交换环且没有零除子. 显然 $\mathbb{Z}$ 中的零元和单位元分别是 $[(0,0)]$ 和 $[(1,0)]$. 映射

$$\mathbb{N}\longrightarrow\mathbb{Z}, \quad m\longmapsto[(m,0)] \tag{1.5.44}$$

是单的且和 $\mathbb{N}$ 与 $\mathbb{Z}$ 上的加法、乘法运算是相容的,

$$[(m,0)]+[(n,0)]=[(m+n,0)], \quad [(m,0)]\cdot[(n,0)]=[(m\cdot n,0)].$$

因此 $\mathbb{N}\subset\mathbb{Z}$, 且 $\mathbb{Z}$ 上的运算限制在 $\mathbb{N}$ 上给出了 $\mathbb{N}$ 上的运算.

最后证明唯一性. 令 $R\supseteq\mathbb{N}$ 是任意带单位元的交换环且没有零除子, 使得 R 上的运算限制到 $\mathbb{N}$ 上给出了 $\mathbb{N}$ 上的运算. 根据构造得到单射 $\mathbb{Z}\to R$, 故 $\mathbb{Z}$ 是最小的. 如果还有一个这样的最小整环 $\mathbb{Z}'$, 则最小性推出 $\mathbb{Z}\cong\mathbb{Z}'$. □

$\mathbb{Z}$ 中的元素称为**整数 (integers)**, 并令

$$-\mathbb{N}_*:=\{-n|n\in\mathbb{N}_*\}$$

为负整数所构成的集合. 显然有 $\mathbb{Z}=\mathbb{N}_*\cup\{0\}\cup-\mathbb{N}_*=\mathbb{N}\cup-\mathbb{N}_*$, 这是因为存在映射

$$\mathbb{N}_*\longrightarrow\mathbb{Z}, \quad -n\longmapsto[(0,n)].$$

如果 $[(m,0)]=[(0,n)]$, 则 $m+n=0$ 从而得到 $m=n=0$, 但这是不可能的! 因此 $\mathbb{N}\cup-\mathbb{N}_*\subset\mathbb{Z}$. 反之, 由于 $[(m,n)]=[(m,0)]+[(0,n)]$ 得到

$$\mathbb{Z}\subset\mathbb{N}\cup-\mathbb{N}_*.$$

♣ **有理数.** 我们来构造 “最小的” 域 $\mathbb{Q}\supseteq\mathbb{Z}$ 使得 $\mathbb{Z}$ 是其子环. 定义 $\mathbb{Z}_*:=\mathbb{Z}\backslash\{0\}$.

定理 1.14

在同构意义下, 存在唯一的最小域 $\mathbb{Q}$ 使得 $\mathbb{Z}$ 是其子环. ♡

证: 思路和证明**定理 1.13** 一样, 定义 $\mathbb{Z}\times\mathbb{Z}_*$ 上的等价关系

$$(a,b)\sim(a',b') \iff ab'=a'b$$

并令 $\mathbb{Q}:=(\mathbb{Z}\times\mathbb{Z}_*)/\sim$. 定义 $\mathbb{Q}$ 上的加法和乘法运算如下:

$$[(a,b)]+[(a',b')]:=[(ab'+a'b,bb')],\quad [(a,b)]\cdot[(a',b')]:=[aa',bb'].$$

则易证 $\mathbb{Q}:=(\mathbb{Q},+,\cdot)$ 是域. 映射

$$\mathbb{Z}\longrightarrow\mathbb{Q},\quad z\longmapsto[(z,1)] \tag{1.5.45}$$

是单的环同态, 从而可以把 $\mathbb{Z}$ 作为 $\mathbb{Q}$ 的子环. 最小性和唯一性的证明和上面定理类似. □

$\mathbb{Q}$ 中的元素称为**有理数 (rational numbers)**, 并按照通常写法记为 a/b. 易证

$$r\in\mathbb{Q} \iff \text{存在 } (p,q)\in\mathbb{Z}\times\mathbb{N}_* \text{ 满足 } r=\frac{p}{q}.$$

命题 1.5

(1) 自然数集 $\mathbb{N}$ 是良序的, 即 $\mathbb{N}$ 的每个非空子集都有最小元.

(2) 任意 $r\in\mathbb{Q}$ 都有唯一的表示 $r=\dfrac{p_0}{q_0}$.

♡

证: (1) 假设 $A\subseteq\mathbb{N}$ 是非空子集但没有最小元. 令 $B:=\{n\in\mathbb{N}|n\text{ 是 }A\text{ 的下界}\}$. 则 $0\in B$. 假设 $n\in B$. 因为 A 没有最小元, 所以 $n\notin A$; 故对所有 $a\in A$ 都有 $a>n$. 这表明 $a\geqslant n+1$ 对所有 $a\in A$ 都成立, 即 $n+1\in B$. 根据 (N_1), $B=\mathbb{N}$. 但此时必有 $A=\emptyset$, 因为若 $m\in A$ 则 $m\in\mathbb{N}=B$ 从而 m 是 A 的下界; 而 $m\in A$, 故 m 是 A 的最小元. 矛盾!

(2) 考虑 $\mathbb{N}$ 中的子集

$$\left\{q\in\mathbb{N}_*:\text{存在 } p\in\mathbb{Z} \text{ 满足 } \frac{p}{q}=r\right\}.$$

因为 $\mathbb{N}$ 是良序的, 故上述子集存在唯一的最小元 $q_0:=q_0(r)$. 最后令 $p_0:=rq_0$. □

域 K 和其上的序 $\leqslant$ 称为**有序域 (ordered field)**, 如果满足下面性质:

(OF_0) $(K,\leqslant)$ 是全序的;

(OF_1) $x<y\Longrightarrow x+z<y+z,\ z\in K$;

(OF_2) $x,y>0\Longrightarrow xy>0$.

这里的符号说明如下:

$$x \geqslant y \Longleftrightarrow y \leqslant x,$$
$$x < y \Longleftrightarrow x \leqslant y \text{ 且 } x \neq y,$$
$$x > y \Longleftrightarrow y < x.$$

假设 $(K, \leqslant)$ 是有序域. 这样的话, 对 K 中的任意 x, y 要么 $x < y$, 要么 $x = y$, 要么 $x > y$, 三者择其一. 称 $x \in K$ 为**正的 (positive)**, 如果 $x > 0$; 为**负的 (negative)**, 如果 $x < 0$. 定义**绝对值函数 (absolute value function)** $|\cdot|: K \to K$ 和**符号函数 (sign function)** $\mathrm{sgn}: K \to K$ 为

$$|x| := \begin{cases} x, & x > 0, \\ 0, & x = 0, \\ -x, & x < 0, \end{cases} \quad \mathrm{sgn}(x) := \begin{cases} 1, & x > 0, \\ 0, & x = 0, \\ -1, & x < 0. \end{cases}$$

命题 1.6

假设 $(K, \leqslant)$ 是有序域且 $x, y, a, b, \epsilon \in K$.

(1) $x > y$ 当且仅当 $x - y > 0$;

(2) 如果 $x > y$ 和 $a > b$, 那么 $x + a > y + b$;

(3) 如果 $a > 0$ 和 $x > y$, 那么 $ax > ay$;

(4) 如果 $x > 0$, 那么 $-x < 0$; 如果 $x < 0$, 那么 $-x > 0$;

(5) 若 $x > 0$, 则 $xy > 0$, 如果 $y > 0$, 以及 $xy < 0$, 如果 $y < 0$;

(6) 如果 $a < 0$ 和 $x > y$, 那么 $ax < ay$;

(7) 对任何 $x \in K_*$ 有 $x^2 > 0$; 特别地 $1 > 0$;

(8) 如果 $x > 0$, 那么 $x^{-1} > 0$;

(9) 如果 $x > y > 0$, 那么 $0 < x^{-1} < y^{-1}$ 和 $xy^{-1} > 1$;

(10) $x = |x|\mathrm{sgn}(x)$ 和 $|x| = x\mathrm{sgn}(x)$;

(11) $|x| = |-x|$ 和 $x \leqslant |x|$;

(12) $|xy| = |x||y|$;

(13) $|x| \geqslant 0$ 和 $|x| = 0$ 当且仅当 $x = 0$;

(14) $|x - a| < \epsilon$ 当且仅当 $a - \epsilon < x < a + \epsilon$;

(15) $|x + y| \leqslant |x| + |y|$;

(16) $|x - y| \geqslant ||x| - |y||$.

♡

证: (1)–(7) 和 (10)–(14) 显然成立. 对 (8), 如果 $x^{-1} \leqslant 0$ 则根据 (5) 得到 $1 = xx^{-1} \leqslant 0$, 这和 (7) 相矛盾! 因此 $x^{-1} > 0$.

(9) 假设 $x > y > 0$. 则 $x-y, x^{-1}, y^{-1} > 0$. 故

$$0 < (x-y)x^{-1}y^{-1} = y^{-1} - x^{-1} \quad \Longrightarrow \quad x^{-1} < y^{-1},$$

$$0 < (x-y)y^{-1} = xy^{-1} - 1 \quad \Longrightarrow \quad xy^{-1} > 1.$$

(15) 如果 $x+y \geqslant 0$, 则根据 (11) 得到

$$|x+y| = x+y \leqslant |x| + |y|.$$

如果 $x+y<0$, 则 $-(x+y)>0$ 和

$$|x+y| = |-(x+y)| = |(-x)+(-y)| \leqslant |-x| + |-y| = |x| + |y|.$$

(16) 应用 (15) 到 $x = (x-y)+y$ 得到

$$|x| \leqslant |x-y| + |y| \quad \Longrightarrow \quad |x| - |y| \leqslant |x-y|.$$

把 x 和 y 位置换下得到 $|y| - |x| \leqslant |y-x| = |x-y|$. □

根据**性质 1.5**, 在 $\mathbb{Q}$ 上定义序 $\leqslant$ 为

$$\frac{m}{n} \leqslant \frac{m'}{n'} \quad \Longleftrightarrow \quad m'n - mn' \in \mathbb{N}, \quad m, m' \in \mathbb{Z}, \quad n, n' \in \mathbb{N}_*.$$

则易证 $(\mathbb{Q}, \leqslant)$ 是有序域且 $\mathbb{Q}$ 的序关系限制到 $\mathbb{N}$ 上就是 $\mathbb{N}$ 上的序关系.

♣ **实数.** 全序集 $(X, \leqslant)$ 称为**序完备的 (order complete)**, 如果 X 的每个非空有上界子集都有上确界.

命题 1.7

假设 $(X, \leqslant)$ 是全序集. 则下列命题等价:

(1) $(X, \leqslant)$ 是序完备的;

(2) X 的每个非空有下界子集都有下确界;

(3) 对满足条件 $a \leqslant b, (a,b) \in A \times B$ 的 X 所有非空子集 A, B, 存在 $c \in X$ 使得 $a \leqslant c \leqslant b$ 对任何 $(a,b) \in A \times B$ 都成立.

因此, 全序集是序完备的当且仅当每个非空有界子集都有上确界和下确界. ♡

证: (1) ⇒ (2): 假设 A 是 X 的非空有下界子集, 令

$$B := \{x \in X | x \leqslant a, \ \forall\, a \in A\}.$$

则 B 是非空的且任何 $a \in A$ 都是 B 的上界. 根据假设 $m := \sup B$ 存在, 从而有 $m \leqslant a$ 对任何 $a \in A$ 都成立. 故根据 B 的定义得到 $m \in B$ 和 $m = \max B = \inf A$.

(2) $\Rightarrow$ (3): 假设 A 和 B 是 X 的非空子集使得 $a \leqslant b$ 对任何 $(a,b) \in A \times B$ 都成立. 每个 $a \in A$ 都是 B 的下界, 从而根据假设可知 $c = \inf B$ 存在. 因此 $a \leqslant c \leqslant b$ 对任何 $a \in A$ 和 $b \in B$ 都成立.

(3) $\Rightarrow$ (1): 假设 A 是 X 的非空有上界子集, 令

$$B := \{b \in X | b \geqslant a, \text{ 对任意 } a \in A\}.$$

则存在 $c \in X$ 使得 $a \leqslant c \leqslant b$ 对所有 $a \in A$ 和 $b \in B$ 都成立. 故 $c = \min B = \sup A$. □

称上面 (3) 为 **Dedekind 分割性质 (Dedekind cut property)**. 我们接下来给出 Dedekind 关于实数的构造.

定理 1.15 (实数域)

在同构意义下, 存在唯一的序完备扩域 $\mathbb{R} \supset \mathbb{Q}$. 这个扩域称为**实数域**. ♡

证: 这里我们给出 Dedekind 的原始证明. 令 $\mathbb{R} \subset 2^{\mathbb{Q}}$ 为满足如下性质

(D_1) $R \neq \emptyset$, $R^{\mathsf{C}} := \mathbb{Q} \setminus R \neq \emptyset$,

(D_2) $R^{\mathsf{C}} = \{x \in Q | x < r, \text{ 任意 } r \in R\}$,

(D_3) R 没有最小元

的所有 $R \subseteq \mathbb{Q}$ 构成的集合. 定义映射

$$\mathbb{Q} \longrightarrow \mathbb{R}, \quad r \longmapsto \{x \in \mathbb{Q} | x > r\}. \tag{1.5.46}$$

则 (1.5.46) 是单的且可以把 $\mathbb{Q}$ 看成 $\mathbb{R}$ 的子集.

(1) $\mathbb{R}$ 是全序集. 定义 $\mathbb{R}$ 上的序关系如下:

$$R \leqslant R' \quad \Longleftrightarrow \quad R \supseteq R'. \tag{1.5.47}$$

易证 $\leqslant$ 是 $\mathbb{R}$ 上的偏序. 为证 $\leqslant$ 是全序的, 任取不同的元素 $R, R' \in \mathbb{R}$. 则存在 $r \in R$ 满足 $r \in (R')^{\mathsf{C}}$, 或者存在 $r' \in R'$ 满足 $r' \in R^{\mathsf{C}}$. 对 $r \in R$ 有 $r < r'$ 对任何 $r' \in R'$ 都成立, 从而 $r' \in R$ (否则的话 $r' \in R^{\mathsf{C}}$ 推出 $r' < r$ 对任何 $r \in R$ 都成立, 矛盾), 只要 $r' \in R'$; 即 $R' \subseteq R$. 对 $r' \in R^{\mathsf{C}}$ 有 $r' < r$ 对所有 $r \in R$ 都成立, 从而 $r \in R'$, 只要 $r \in R$; 即 $R \subseteq R'$.

(2) $\mathbb{R}$ 是序完备的. 根据**性质 1.7** 只要说明 $\mathbb{R}$ 的每个非空有下界子集 $\mathcal{R}$ 都有下确界. 则存在 $A \in \mathbb{R}$ 使得对任意 $R \in \mathcal{R}$ 都有 $R \subseteq A$. 令

$$S := \bigcup_{R \in \mathcal{R}} R.$$

则 $S \neq \emptyset$, $S \subseteq A$, 且 $\emptyset \neq A^{\mathsf{C}} \subseteq S^{\mathsf{C}}$; 所以 S 满足 (D_1). 因为

$$x \in S^{\mathsf{C}} \Longleftrightarrow x \notin R, \quad \text{对任意 } R \in \mathcal{R} \Longleftrightarrow x \in R^{\mathsf{C}} \Longleftrightarrow x < r, \text{ 对任意 } r \in R,$$

所以 S 满足 (D_2). 显然 S 满足 (D_3), 从而 $S \in \mathbb{R}$ 且 $S = \inf \mathcal{R}$.

(3) $\mathbb{R}$ 是 Abelian 群. 定义 $\mathbb{R}$ 上的加法如下

$$\mathbb{R} \times \mathbb{R} \longrightarrow \mathbb{R}, \quad (R, S) \longmapsto R + S := \{r + s | r \in R, \ s \in S\}.$$

因为 $R, S \neq \emptyset$, 所以 $R + S \neq \emptyset$. 我们断言

$$R^{\mathsf{C}} + S^{\mathsf{C}} \subseteq (R + S)^{\mathsf{C}}.$$

取 $r' \in R^{\mathsf{C}}$ 和 $s' \in S^{\mathsf{C}}$, 但 $r' + s' \in R + S$. 则得到 $r' + s' = \widetilde{r} + \widetilde{s}$, 这里 $\widetilde{r} \in R$ 和 $\widetilde{s} \in S$. 根据定义得到 $r' < \widetilde{r}$ 和 $s' < \widetilde{s}$, 从而有

$$\widetilde{r} - r' > 0, \quad \widetilde{s} - s' > 0, \quad (\widetilde{r} - r') + (\widetilde{s} - s') = 0.$$

上述矛盾表明 $r' + s' \in (R + S)^{\mathsf{C}}$. 因此 $(R + S)^{\mathsf{C}} \neq \emptyset$, 故 $R + S$ 满足 (D_1). 而显然 $R + S$ 满足 (D_2) 和 (D_3). 因此 $R + S \in \mathbb{R}$ 从而上述加法是有定义的. 根据 $\mathbb{Q}$ 的性质得到 $+$ 是结合的和交换的.

$(\mathbb{R}, +)$ 的单位元为 $O := \{x \in \mathbb{Q} | x \geqslant 0\}$ 且 $R \in \mathbb{R}$ 的加法逆元为 $-R := \{x \in \mathbb{Q} | x + r \geqslant 0, \text{ 对任意 } r \in R\}$. 首先有 $R + O \subseteq R$, 这是因为如果 $r + x \in R + O$ 但 $r + x \in R^{\mathsf{C}}$, 则得到 $r + x < \widetilde{r}$ 对所有 $\widetilde{r} \in R$ 都成立. 特别地取 $\widetilde{r} = r$ 得到 $x < 0$, 矛盾. 再证 $R \subseteq R + O$; 从 $r \in R$ 推出存在 $\widetilde{r} \in R$ 满足 $r \geqslant \widetilde{r}$, 故 $r = \widetilde{r} + (r - \widetilde{r}) \in R + O$. 显然 $O \in \mathbb{R}$ 和 $-R \in \mathbb{R}$. 为了证明 $R + (-R) \subseteq O$, 任取 $r \in R$ 和 $x \in -R$, 并假设 $r + x \in O^{\mathsf{C}}$. 因此 $r + x < \widetilde{r}$ 对任何 $\widetilde{r} \in O$ 都成立, 即 $r + x < \widetilde{r}$ 对任何 $\widetilde{r} \geqslant 0$ 都成立. 另一方面, 从 $r \in R$ 推出 $r \geqslant r_0$ 对某个 $r_0 \in R$ 成立; 若取 $\widetilde{r} := r - r_0 \in O$, 我们得到 $r + x < r - r_0$ 即 $x + r_0 < 0$, 这和 $x \in -R$ 矛盾! 为了证明 $O \subset R + (-R)$, 任取 $r \in O$ 但 $r \in (R + (-R))^{\mathsf{C}}$. 则 $r < \widetilde{r} + x$ 对任意 $\widetilde{r} \in R$ 和 $x \in -R$ 都成立. 从而 $\widetilde{r} > r - x$, 和 R 有最小元矛盾!

最后来证明 $R > O$ 当且仅当 $-R < O$. 首先假设 $R > O$ 即 $R \subset O$, 且 $r \in O$. 为了证明 $-R < O$ 只要说明 $r \in -R$. 对任意 $\widetilde{r} \in R$ 得到 $\widetilde{r} \in O$, 因此 $\widetilde{r} \geqslant 0$ 和 $0 \in -R$. 若 $r \in (-R)^{\mathsf{C}}$, 则有 $r < x$ 对任意 $x \in -R$ 都成立, 特别地得到 $r < 0$, 矛盾! 所以 $r \in -R$. 反之, 假设 $-R \supseteq O$ 并取 $r \in R$. 由于 $0 \in O$ 得到 $0 \in -R$, 因此 $0 \leqslant 0 + \widetilde{r} = \widetilde{r}$ 对任意 $\widetilde{r} \in R$ 都成立. 所以 $\widetilde{R} \subseteq O$, 即 $R > O$.

(4) R 是包含 $\mathbb{Q}$ 的有序域使得 $\mathbb{Q}$ 是其子域且 $\mathbb{R}$ 上的序关系限制到 $\mathbb{Q}$ 上得到了 $\mathbb{Q}$ 上的序关系. 定义 $\mathbb{R}$ 上的乘法为

$$R \cdot R' := \{rr' \in \mathbb{Q} | r \in R, \ r' \in R'\}, \quad \text{若 } R, R' \geqslant O$$

和

$$R\cdot R':=\begin{cases}-((-R)\cdot R'), & R<O,\ R'\geqslant O,\\ -(R\cdot(-R')), & R\geqslant O,\ R'<O,\\ (-R)\cdot(-R'), & R<O,\ R'<O.\end{cases}$$

作为练习易证 $\mathbb{R}:=(\mathbb{R},+,\cdot,\leqslant)$ 是有序域.

(5) 唯一性. 令 $\mathbb{S}$ 是另一个序完备的 $\mathbb{Q}$ 扩域. 定义映射为

$$\mathbb{S}\longrightarrow\mathbb{R},\quad r\longmapsto\{x\in\mathbb{Q}|x>r\}.$$

可以证明这是递增的同构映射. 所以 $\mathbb{R}$ 在同构意义下是唯一的. □

$\mathbb{R}$ 中的元素称为**实数 (real numbers)**, 而 $\mathbb{R}$ 上的序关系称为实数上的**自然关系 (natural order)**. 这样就得到如下的序关系:

$$\mathbb{N}\subseteq\mathbb{Z}\subseteq\mathbb{Q}\subseteq\mathbb{R}. \tag{1.5.48}$$

实数 x 称为**正的 (positive)** 或**负的 (negative)**, 如果 $x>0$ 或 $x<0$. 集合

$$\mathbb{R}_+:=\{x\in\mathbb{R}|x>0\}\quad \text{和}\quad \mathbb{R}_{\geqslant 0}:=\{x\in\mathbb{R}|x\geqslant 0\}$$

分别称为正数集和非负数集. $\mathbb{R}\setminus\mathbb{Q}$ 中的元素称为**无理数 (irrational numbers)**.

♣ **实数的扩充.** 因为 $\mathbb{R}$ 是全序的, 我们可以把实数看成**数轴线 (number line)** 上的点, "x 在 y 的左边" 表示 $x<y$. 令

$$\overline{\mathbb{R}}:=\mathbb{R}\cup\{\pm\infty\}, \tag{1.5.49}$$

其中 $\pm\infty\notin\mathbb{R}$ 是给定的符号. 若定义

$$-\infty<x<+\infty,\quad x\in\mathbb{R},$$

则 $(\overline{\mathbb{R}},\leqslant)$ 是全序集. 接下来我们把 $\mathbb{R}$ 上的 $+$ 和 $\cdot$ 运算推广到 $\overline{\mathbb{R}}$ 上来:

$$x+\infty\equiv x+(+\infty):=+\infty\quad \text{若 } x>-\infty,$$
$$x-\infty\equiv x+(-\infty):=-\infty\quad \text{若 } x<+\infty,$$

$$x\cdot+\infty:=\begin{cases}+\infty, & x>0,\\ -\infty, & x<0,\end{cases}\qquad x\cdot(-\infty):=\begin{cases}-\infty, & x>0,\\ +\infty, & x<0,\end{cases}$$

且对任何 $x\in\mathbb{R}$ 定义

$$\frac{x}{+\infty}=\frac{x}{-\infty}:=0,\quad \frac{x}{0}:=\begin{cases}+\infty, & x>0,\\ -\infty, & x<0.\end{cases}$$

除此之外, 我们还假设这些运算是交换的. 从而得到

$$+\infty+\infty=+\infty,\quad -\infty-\infty=-\infty,\quad +\infty\cdot+\infty=+\infty,$$
$$(-\infty)\cdot(+\infty)=+\infty\cdot(-\infty)=-\infty,\quad (-\infty)\cdot(-\infty)=+\infty.$$

但是

$$+\infty-\infty,\quad 0\cdot(\pm\infty),\quad \frac{\pm\infty}{+\infty},\quad \frac{\pm\infty}{-\infty},\quad \frac{0}{0},\quad \frac{\pm\infty}{0}$$

都是没有定义的, 故 $\overline{\mathbb{R}}$ 不是域.

命题 1.8 (稠密性)

(1) **(Archimedes)** 对每个 $x\in\mathbb{R}$ 存在 $n\in\mathbb{N}$ 使得 $n>x$.

(2) **(有理数在 $\mathbb{R}$ 中稠密)** 对所有满足 $a<b$ 的 $a,b\in\mathbb{R}$ 存在 $r\in\mathbb{Q}$ 满足 $a<r<b$.

(3) **(无理数在 $\mathbb{R}$ 中稠密)** 对所有满足 $a<b$ 的 $a,b\in\mathbb{R}$ 存在 $\xi\in\mathbb{R}\setminus\mathbb{Q}$ 满足 $a<\xi<b$. ♡

证: (1) 如果 $x<0$ 则结论显然成立. 假设 $x\geqslant 0$ 并令

$$A:=\{n\in\mathbb{N}|n\leqslant x\}.$$

则 A 是非空的且有上界 x. 根据确界原理, $s:=\sup A\in\mathbb{R}$ 存在. 故存在 $a\in A$ 满足 $s-\frac{1}{2}<a$. 从而得到 $s<n:=a+1$. 但此时根据 s 的定义得到 $n\notin A$ 和 $n>x$.

(2) 因为 $b-a>0$, 所以利用 (1) 得到 $n\in\mathbb{N}$ 满足 $n>\frac{1}{b-a}>0$, 即

$$nb>na+1.$$

再次利用 (1) 可知存在 $m_1,m_2\in\mathbb{N}$ 使得

$$m_1>na,\quad m_2>-na$$

成立, 即 $-m_2<na<m_1$. 所以存在 $m\in\mathbb{Z}$ 满足 $m-1\leqslant na<m$. 故

$$na<m\leqslant 1+na<nb \quad\Longrightarrow\quad r:=\frac{m}{n}\in\mathbb{Q}.$$

(3) 根据 (2) 存在 $r_1,r_2\in\mathbb{Q}$ 满足 $a<r_1<b$ 和 $r_1<r_2<b$. 令

$$\xi:=r_1+\frac{r_2-r_1}{\sqrt{2}}.$$

则得到

$$r_1 < \xi, \quad r_2 - \xi = (r_2 - r_1)\left(1 - \frac{1}{\sqrt{2}}\right) > 0.$$

即 $a < r_1 < \xi < r_2 < b$. 如果 $\xi \in \mathbb{Q}$, 必有 $\sqrt{2} = \dfrac{r_2 - r_1}{\xi - r_1} \in \mathbb{Q}$, 矛盾! □

1.5.11 复数和代数学基本定理

本节主要参考 Amann-Escher 的教材和 Hardy 的书 (见**第 1.8 节**).

在 $\mathbb{R}^2$ 定义加法和乘法运算如下:

$$+ : \mathbb{R}^2 \times \mathbb{R}^2 \longrightarrow \mathbb{R}^2, \quad ((x, y), (a, b)) \longmapsto (x + a, y + b) \tag{1.5.50}$$

和

$$\times : \mathbb{R}^2 \times \mathbb{R}^2 \longrightarrow \mathbb{R}^2, \quad ((x, y), (a, b)) \longmapsto (xa - yb, xb + ya)). \tag{1.5.51}$$

令

$$\mathbb{C} := (\mathbb{R}^2, +, \cdot). \tag{1.5.52}$$

则 $\mathbb{C}$ 是域, 加法单位元是 $(0, 0)$, 乘法单位元是 $(1, 0)$, (x, y) 的加法逆元为

$$-(x, y) = (-x, -y),$$

(x, y) 的乘法逆元为

$$(x, y)^{-1} = \left(\frac{x}{x^2 + y^2}, \frac{-y}{x^2 + y^2}\right).$$

进一步易证

$$\mathbb{R} \longrightarrow \mathbb{C}, \quad x \longmapsto (x, 0) \tag{1.5.53}$$

是单的同态, 从而可以把 $\mathbb{R}$ 看成 $\mathbb{C}$ 的子域. 因为

$$(0, 1)^2 = (0, 1) \cdot (0, 1) = (-1, 0) = -(1, 0),$$

所以 $\mathbf{i} := (0, 1) \in \mathbb{C}$ 是方程 $z^2 = -1_{\mathbb{C}}$ 的解. 这样就证明了在同构意义下, $\mathbb{C}$ 是使得方程 $z^2 = -1$ 可解的 $\mathbb{R}$ 的最小扩域.

$\mathbb{C}$ 中的元素称为**复数 (complex numbers)**, 且对任何 $z = (x, y) \in \mathbb{C}$ 有

$$z = (x, 0) + (0, 1) \cdot (y, 0) = (x, 0) + \mathbf{i}(y, 0) = x + \mathbf{i}y, \quad x, y \in \mathbb{R}. \tag{1.5.54}$$

这样我们就把复数 $z = x + \mathbf{i}y \in \mathbb{C}$ 和平面上的点 $(x, y) \in \mathbb{R}^2$ 对等起来了.

称 $\mathbf{Re}(z) := x$ 为 z 的**实部 (real part)** 而称 $\mathbf{Im}(z) := y$ 为 z 的**虚部 (imaginary part)**. 这样复数 z 的**复共轭 (complex conjugate)** 定义为

$$\overline{z} := x - \mathbf{i}y = \mathbf{Re}(z) - \mathbf{i}\mathbf{Im}(z). \tag{1.5.55}$$

$z \in \mathbb{C}_* := \mathbb{C} \setminus 0$ 称为**纯虚 (pure imaginary)**, 如果 $\mathbf{Re}(z) = 0$. 易证

$$\mathbf{Re}(z) = \frac{z + \overline{z}}{2}, \ \mathbf{Im}(z) = \frac{z - \overline{z}}{2\mathbf{i}}, \ \overline{\overline{z}} = z, \ z \cdot \overline{z} = x^2 + y^2 \geqslant 0, \text{ 对任意 } z \in \mathbb{C}. \quad (1.5.56)$$

进一步, 复数满足

- 交换律: $z_1 + z_2 = z_2 + z_1$ 和 $z_1 z_2 = z_2 z_1$,
- 结合律: $(z_1 + z_2) + z_3 = z_1 + (z_2 + z_3)$ 和 $(z_1 z_2) z_3 = z_1 (z_2 z_3)$,
- 分配律: $z_1(z_2 + z_3) = z_1 z_2 + z_1 z_3$.

究其原因是 $\mathbb{C}$ 是一个域, 或者直接根据定义可验证. 我们通常记 $\mathbb{K}$ 为域 $\mathbb{R}$ 或 $\mathbb{C}$.

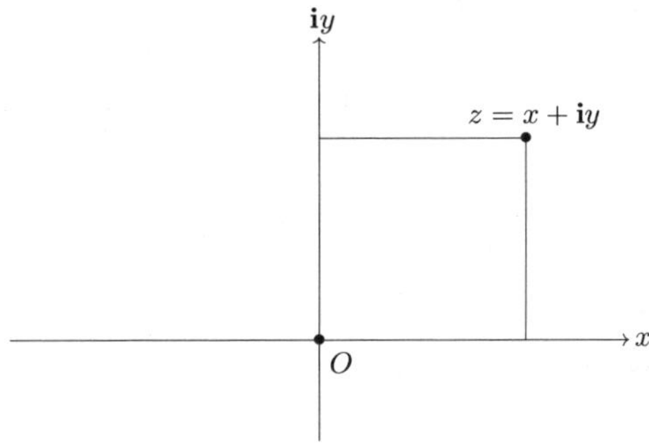

复数的产生来源于早期三次和四次多项式的求根公式, 这方面意大利数学家 Niccolò Fontana Tartaglia 和 Gerolamo Cardano 做了很多工作. Rafael Bombelli 首次注意到复数的重要性, 并发展了一些法则来完善. 1637 年, 法国数学家 René Descartes 在《La Géométrie》中第一次给出了 "虚数" 的名称, 但是他同时强调它们是虚无缥缈不存在的. Euler 在其 1765 年的著作《Vollständige Anleitung zur Algebra》中, 已经非常自然地引入复数概念. 1730 年, Abraham de Moivre 证明了 de Moivre 公式 (1.5.64). Euler 在 1748 年得到了著名的 Euler 公式[21] (1.5.62). 挪威测量学家 Caspar Wessel 在 1799 年的文章[22]首次描述了把复数用平面上的点来表示的想法; Jean-Robert Argand 在 1806 年也独立地提出了类似的想法. 十九世纪期间, 众多数学大师不仅进一步发展复数和复变函数, 而且利用这个工具产生了一系列深刻的工作, 比如 Gauss、Abel、Jacobi、Cauchy、Weierstrass、Riemann、Dedekind、Hölder、Klein、Poincaré 和 Schwarz 等.

[21] 这里要注意, Euler 公式最早是利用级数展开而得到的. 为了和高中数学衔接, 我们在这里 "倒过来", 把 Euler 公式作为复指数的定义.

[22] Wessel, C. *Om Directionens analytiske Betegning, et Forsog, anvendt fornemmelig til plane og spheriske Polygoners Oplosning*, 1799. Nye Samling af det Kongelige Danske Videnskabernes Selskabs Skrifter (in Danish). Copenhagen: Royal Danish Academy of Sciences and Letters, **5**(1897), 469–518.

注 1.4

(1) 如果 $z=x+\mathbf{i}y, w=u+\mathbf{i}v\in\mathbb{C}$, 则

$$z+w=(x+u)+\mathbf{i}(y+v),\quad z\cdot w=(xu-yv)+\mathbf{i}(xv+yu),\quad \frac{1}{z}=\frac{x-\mathbf{i}y}{x^2+y^2}.$$

进一步

$$\overline{z+w}=\overline{z}+\overline{w},\quad \overline{z\cdot w}=\overline{z}\cdot\overline{w}.$$

(2) 令 X 是非空集合且 $f:X\to\mathbb{C}$ 是复值函数. 则

$$\mathbf{Re}(f),\ \mathbf{Im}(f):X\longrightarrow\mathbb{R},\quad x\longmapsto\mathbf{Re}(f(x)),\ \mathbf{Im}(f(x))\tag{1.5.57}$$

定义了实值函数, 称为 f 的**实部 (real part)** 和**虚部 (imaginary part)**. 从而得到

$$f=\mathbf{Re}(f)+\mathbf{i}\mathbf{Im}(f).\tag{1.5.58}$$

(3) 由于 $\mathbf{i}^2=-1<0$, 域 $\mathbb{C}$ 不是有序的.

(4) 定义**绝对值 (absolute value)** 函数

$$|\cdot|:\mathbb{C}\longrightarrow\mathbb{R}_{\geqslant 0},\quad z\longmapsto|z|:=\sqrt{z\cdot\overline{z}}.\tag{1.5.59}$$

则对任意 $z,w\in\mathbb{C}$ 得到

$$|z\cdot w|=|z|\cdot|w|,\quad |\mathbf{Re}(z)|,|\mathbf{Im}(z)|\leqslant|z|,\quad |\overline{z}|=|z|,\quad |z|=0\iff z=0,$$

$$|z\pm w|\leqslant|z|+|w|,\quad |z-w|\geqslant||z|-|w||,\quad z^{-1}=\frac{\overline{z}}{|z|^2}.$$

♣

复数 $z=x+\mathbf{i}y\in\mathbb{C}$ 的**极坐标形式 (polar form)** 为[23]

$$z=r(\cos\theta+\mathbf{i}\sin\theta),\tag{1.5.60}$$

其中 (r,θ) 是 (x,y) 的极坐标. 因为 (r,θ) 和 $(r,\theta+2\pi)$ 表示同一个复数, 我们把所有这样的 θ 的集合称为 z 的**辐角 (argument)** 并记为 $\mathbf{arg}(z)$,

$$\mathbf{arg}(z)=\mathbf{Arg}(z)+2\pi\mathbb{Z},\tag{1.5.61}$$

其中 $\mathbf{Arg}(z)$ 称为 $\mathbf{arg}(z)$ 的**主值 (principal value)**. 如果定义

$$e^{\mathbf{i}\theta}:=\cos\theta+\mathbf{i}\sin\theta,\tag{1.5.62}$$

[23] Argand 把 $\cos\theta+\mathbf{i}\sin\theta$ 称为“方向因子”而把 r 称为“模”. Cauchy 则把 $\cos\theta+\mathbf{i}\sin\theta$ 称为“约化形式”并引入了“辐角”概念. Gauss 用 $\mathbf{i}$ 来表示 $\sqrt{-1}$, 引入复数 $a+\mathbf{i}b$ 并称 a^2+b^2 为“范数”. Weierstrass 则使用“绝对值”来称呼“模”.

则得到复数 z 的**指数形式 (exponential form)**

$$z = re^{\mathbf{i}\theta}. \tag{1.5.63}$$

因为

$$\begin{aligned} e^{\mathbf{i}\theta_1}e^{\mathbf{i}\theta_2} &= (\cos\theta_1 + \mathbf{i}\sin\theta_1)(\cos\theta_2 + \mathbf{i}\sin\theta_2) \\ &= (\cos\theta_1\cos\theta_2 - \sin\theta_1\sin\theta_2) + \mathbf{i}(\sin\theta_1\cos\theta_2 + \cos\theta_1\sin\theta_2) \\ &= \cos(\theta_1+\theta_2) + \mathbf{i}\sin(\theta_1+\theta_2) = e^{\mathbf{i}(\theta_1+\theta_2)}, \end{aligned}$$

所以得到 **de Moivre 公式 (de Moivre's formula, 1730)**

$$(\cos\theta + \mathbf{i}\sin\theta)^n = \cos(n\theta) + \mathbf{i}\sin(n\theta), \quad n \in \mathbb{Z}. \tag{1.5.64}$$

如果 $z_1 = r_1e^{\mathbf{i}\theta_1}$ 和 $z_2 = r_2e^{\mathbf{i}\theta_2}$, 则

$$\mathbf{arg}(z_1z_2) = \mathbf{arg}(z_1) + \mathbf{arg}(z_2), \quad \mathbf{arg}\left(\frac{z_1}{z_2}\right) = \mathbf{arg}(z_1) - \mathbf{arg}(z_2).$$

中学里我们知道一元二次方程

$$ax^2 + bx + c = 0, \quad a \neq 0 \tag{1.5.65}$$

的解: 这里令

$$D := b^2 - 4ac$$

为方程的**判别式 (discriminant)**,

- 如果 $D > 0$, 则 (1.5.65) 有两个不同的实根

$$x = \frac{-b \pm \sqrt{D}}{2a};$$

- 如果 $D = 0$, 则 (1.5.65) 有了相同实根

$$x = -\frac{b}{2a};$$

- 如果 $D < 0$, 则 (1.5.65) 没有实根.

如果引入复数, 则一元二次方程的求根公式可写为

$$z_1, z_2 = \begin{cases} \dfrac{-b \pm \sqrt{D}}{2a} \in \mathbb{R}, & D \geqslant 0, \\ \dfrac{-b \pm \mathbf{i}\sqrt{-D}}{2a} \in \mathbb{C}\setminus\mathbb{R}, & D < 0, \end{cases} \tag{1.5.66}$$

如果 $D<0$, 则 $z_2=\overline{z_1}$.

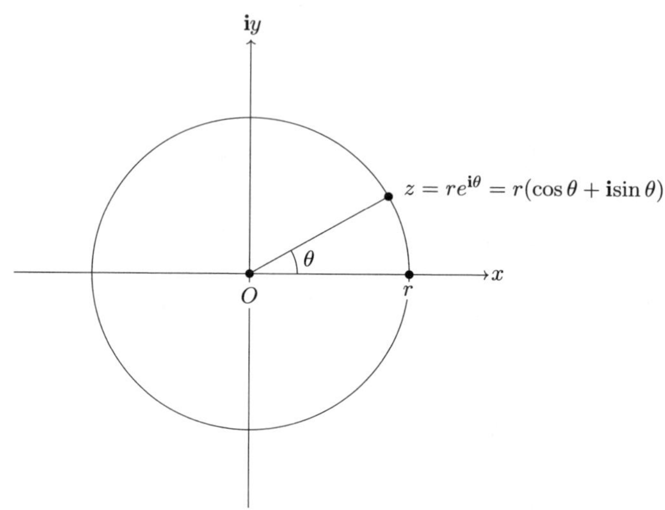

在公元前 2000 年左右, 根据残存的古巴比伦陶片, 古巴比伦的数学家就能解一元二次方程了. 在大约公元前 480 年, 我国数学家已经使用配方法求得了二次方程的正根, 比如《九章算术》. 公元前 300 年左右,Euclid 提出了一种更抽象的几何方法求解二次方程. 628 年, 印度数学家 Brahmagupta 首次提出了求解一元二次方程根的公式, 虽然当时不是很全面. 11 世纪阿拉伯数学家 Muhammad ibn Musa al-Khwarizmi 受到 Brahmagupta 的启发, 在其著作《al-Kitab al-mukhtasar fi ḥisab al-gabr wal-muqabala》中独立地发展了求一元二次方程正根的公式, 他把方程的未知数叫做 "根" (其拉丁文叫 radix) 而 "algebra" 一词正来自阿拉伯语 "al-jabr". 犹太数学家 Abraham bar Hiyya Ha-Nasi 依据 al-Khwarizmi 的工作, 授权出版了欧洲第一本包含一般一元二次方程解的数学书《Ḥibbur ha-Meshihah ve-ha-Tishboret》(拉丁语版《Liber embadorum》, 1145). 1572 年, 意大利数学家 Rafael Bombelli 在《L'Algebra》中讨论了负数开平方根的问题. 1594 年, Simon Stevin 在《Arithmetic》中首次给出了一元二次方程的全部解. René Descartes 在 1637 年出版的《La Géométrie》中给出了如今形式的一元二次方程的求根公式.

考虑三次方程

$$x^3+ax^2+bx+c=0. \tag{1.5.67}$$

做变换 $y:=x+\dfrac{a}{3}$ 得到

$$y^3+py+q=0, \quad p:=b-\frac{a^2}{3}, \quad q:=\frac{2}{27}a^3-\frac{b}{3}a+c. \tag{1.5.68}$$

选择 $d, u, v \in \mathbb{C}$ 满足

$$d^2 = \left(\frac{q}{2}\right)^2 + \left(\frac{p}{3}\right)^3, \quad u^3 = -\frac{q}{2} + d, \quad v^3 = -\frac{q}{2} - d. \tag{1.5.69}$$

因为 $(-3uv/p)^3 = 1$, 选择 u 和 v 使得 $3uv = -p$. 令 $\xi \neq 1$ 满足 $\xi^3 = 1$. 从而

$$y_1 := u + v, \quad y_2 := \xi u + \xi^2 v, \quad y_3 := \xi^2 u + \xi v$$

是方程 (1.5.68) 的三个根.

- 请读者利用上述方法解方程 $x^3 + 3x^2 + 6x + 5 = 0$.
- 请读者利用上述方法解 Bombelli 方程 $x^3 - 15x - 4 = 0$.
- 请读者利用上述方法解 Bhāskara II 方程 $x^3 + 12x = 6x^2 + 35$.

我国唐朝天文数学家王孝通在 626 年左右所著的《缉古算经》中建立了 25 个三次多项式方程并提出三次方程实根的数值解法. 11 世纪, 波斯诗人数学家 Omar Khayyam 发现了三次方程可以有多个解, 在《Treatise on Demonstration of Problems of Algebra》一书中通过圆锥截面与圆相交的方法构建了三次方程的解法.

12 世纪时, 印度数学家 Bhāskara II 求解了三次方程 $x^3 + 12x = 6x^2 + 35$. 同时代的另一位波斯数学家 Sharf al-Din al-Tusi 在其著作《Al-Muadalat》(Treatise on Equations) 中处理了 8 类具有正根的三次方程和 5 类不一定具有正根的三次方程, 使用了极大和极小曲线的概念来求解不一定具有正根的三次方程.

我国南宋的数学家秦九韶在他 1247 年编写的《数书九章》一书中提出了高次方程的数值解法秦九韶算法, 提出 "商常为正, 实常为负, 从常为正, 益常为负" 的原则。

在 16 世纪早期, 意大利数学家 Scipione del Ferro 找到了能求解形如 $x^3+mx = n$ 的三次方程的方法. 如果 m, n 容许是复数的话, 所有的三次方程都能变成这种形式, 但在那个时候人们并不知道复数.

Niccolò Tartaglia 被认为是最早得出三次方程一般解的人. 1553 年他在一场数学竞赛中解出所有三次方程的问题。随后 Gerolamo Cardano 拜访了 Tartaglia 请教三次方程解法并得到了启发. Cardano 注意到 Tartaglia 的方法有时需要他给复数开平方, 他甚至在《Ars Magna》里包括了这些复数的计算, 但他并没有真正理解. Rafael Bombelli 详细地研究了这个问题, 并因此被人们认为是复数的发现者.

François Viète 发现了三次方程的三角函数解, 即 (1.5.68) 的解可表示为

$$y_k = 2\sqrt{-\frac{p}{3}} \cos\left[\frac{1}{3}\arccos\left(\frac{3q}{2p}\sqrt{-\frac{3}{p}}\right) - \frac{2\pi k}{3}\right], \quad k = 0, 1, 2.$$

基本想法是令 $y = u\cos\theta$ 得到

$$4\cos^3\theta + \frac{4p}{u^2}\cos\theta + \frac{4q}{u^3} = 0.$$

取 $u = 2\sqrt{-p/3}$ 得到

$$4\cos^3\theta - 3\cos\theta - \frac{3q}{2p}\sqrt{-\frac{3}{p}} = 0.$$

利用三角函数恒等式 $4\cos^3\theta - 3\cos\theta - \cos(3\theta) = 0$, 我们得到

$$\cos(3\theta) = \frac{3q}{2p}\sqrt{-\frac{3}{p}}.$$

求解之就得到三角函数求根公式.

考虑四次方程

$$ax^4 + bx^3 + cx^2 + dx + e = 0, \quad a \neq 0. \tag{1.5.70}$$

Lodovico Ferrari 在 1540 年就发现了 (1.5.70) 的求解方法, 而正式公布该方法是在 Gerolamo Cardano 的著作《Ars Magna》(1545) 中. 下面我们来介绍求解方法. 首先对 (1.5.70) 两边同除以 a 并令 $x = u - b/4a$, 我们得到

$$u^4 + \alpha u^2 + \beta u + \gamma = 0,$$

这里

$$\alpha := \frac{-3b^2}{8a^2} + \frac{c}{a}, \quad \beta := \frac{b^3}{8a^3} - \frac{bc}{2a^2} + \frac{d}{a}, \quad \gamma := \frac{-3b^4}{256a^4} + \frac{cb^2}{16a^3} - \frac{bd}{4a^2} + \frac{e}{a}.$$

再次我们把 $u^4 + \alpha u^2 + \beta u + \gamma = 0$ 变形得到

$$(u^2 + \alpha)^2 + \beta u + \gamma = \alpha u^2 + \alpha^2;$$

最后添加另外一个变量 y 得到恒等式

$$(u^2 + \alpha + y)^2 = (\alpha + 2y)u^2 - \beta u + (y^2 + 2y\alpha + \alpha^2 - \gamma).$$

我们选取合适的 y 可使上述方程的等号右边配成一个平方, 事实上,

$$(u^2 + \alpha + y)^2 = (\alpha + 2y)\left[u - \frac{\beta}{2(\alpha + 2y)}\right]^2 + \frac{4(y^2 + 2y\alpha + \alpha^2 - \gamma)(\alpha + 2y) - \beta^2}{4(\alpha + 2y)}.$$

故选取 y 满足三次方程

$$4(y^2 + 2y\alpha + \alpha^2 - \gamma)(\alpha + 2y) - \beta^2 = 0$$

即可. 利用三次方程的求根公式, 求出 y 从而可求出相应的 u 及 x.

- 请读者利用上述方法解 Ferrari 方程 $x^4+6x^2-60x+36=0$.
- 请读者利用上述方法解方程 $x^4-10x^3+35x^2-50x+24=0$.

一般五次及五次以上的多项式方程不存在求根公式, 即不存在代数解 (就是说, 这个解不能用加减乘除、幂次以及 n 次根来表达), 这是著名的 Abel–Galois 理论. 1799 年意大利数学家 Paolo Ruffini 在《Teoria Generale delle Equazioni, in cui si dimostra impossibile la soluzione algebraica delle equazioni generali di grado superiore al quarto》(General theory of equations, in which the algebraic solution of general equations of degree higher than four is proven impossible) 中给出了一般五次多项式方程不存在求根公式的证明, 可惜是不完备的. 第一个给出一般五次多项式方程不存在求根公式证明的是挪威数学家 Niels Henrik Abel, 他最初的文章[24]发表在 1824 年, 而后正式论文[25]发表在 1826 年. 高于五次的多项式方程不存在求根公式, 这是 Évariste Galois 最重要的工作, Galois 理论. Galois 的朋友 Chevalier 遵照 Galois 的遗愿, 将他的数学论文寄给 Gauss 与 Jacobi, 但都石沉大海, 一直到 1843 年, 才由 Liouville 肯定 Galois 结果之正确、独创与深邃, 并在 1846 年将它发表[26].

Galois 最初使用置换群来描述给定的多项式的根与系数间的关系. 之后, Dedekind、Kronecker、Emil Artin 等人发展起来的现代 Galois 理论引入了关于域扩张及其自同构的研究. 我们以简单的一元二次方程

$$x^2-4x+1=0$$

为例来说明根和群的关系. 根据求根公式易得两个根为

$$A=2+\sqrt{3},\quad B=2-\sqrt{3}.$$

注意到 A 和 B 满足多项式方程

$$A+B=4,\quad AB=1.$$

如果交换 A 和 B 的位置, 上述多项式方程则不变, 用记号可表示为

$$\begin{pmatrix}A & B\\ A & B\end{pmatrix}\quad \begin{pmatrix}A & B\\ B & A\end{pmatrix},$$

[24] Abel, N. H. *Mémoire sur les équations algébriques où on démontre l'impossibilité de la résolution de l'équation générale du cinquième degré*, Christiania, 1824.

[25] Abel, N. H. *Beweis der Unmöglichkeit, algebraische Gleichungen von höheren Graden als dem vierten allgemein aufzulösen*, J. Reine Angew. Math., **1**(1826), 65–84.

[26] Galois, É. *OEuvres mathématiques d'Évariste Galois*, J. Math. Pure and Appl., **XI**(1846), 381–444.

上述两个变换使得多项式方程都保持不变, 这样多项式 x^2-4x+1 的 Galois 群同构于 $\mathbb{Z}/2\mathbb{Z}$.

但是下面定理告诉我们至少有一个复根.

定理 1.16 (代数学基本定理)

任意复系数非常值多项式在 $\mathbb{C}$ 内至少有一个复根. 作为推论得到任何一个非零的一元 n 次复系数多项式都正好有 n 个复根. ♡

Peter Roth 在他的著作《Arithmetica Philosophica》(1608) 中写道 "n 次多项式方程可能有 n 个解"; 之后 Albert Girard 在他的书《L'invention nouvelkle en l'Algèbre》(1629) 中断言 "n 次多项式方程必有 n 个解", 但是他并没有给出证明. 1746 年, d'Alembert 首次给出了代数学基本定理的证明, 可惜的是他的证明是不完善的.

Gauss 称他自己给出了七个不同的证明, 其中一个证明是在他 22 岁时的博士论文《Demonstratio nova theorematis omnem functionem algebraicam rationalem integram unius variabilis in factores reales primi vel secundi gradus resolvi posse》(New proof of the theorem that every integral algebraic function of one variable can be resolved into real factors of the first or second degree) 中给出的; 这个证明偏向于几何化, 但是有一个拓扑上的漏洞, 这个漏洞直到 1920 年才被 Alexander Ostrowski 补上[27]. 后来 Gauss 本人在 1816 年又给出了两个证明.

第一个严格的证明是 Argand 在 1806 年给出的, 他在 1813 年给出了修正版; 此时数学界才第一次给出代数学基本定理的现代表述, **定理 1.16**. 包含代数学基本定理证明的第一本教材是 Cauchy 的《Cours d'analyse de l'École Royale Polytechnique》(1821). 目前有复分析证明、拓扑学证明、代数学证明等. 第一个构造性证明[28]是 Weierstrass 在 1891 年给出的.

练习 1.6

证明**定理 1.16** 中的推论. ♠

但是对特殊的高次方程, 我们可以找到它们的显式解. 下面给出方程

$$z^n = a, \quad a, z \in \mathbb{C} \tag{1.5.71}$$

[27]Ostrowski, A. *Über den ersten und vierten Gaussschen Beweis des Fundamental-Sarzes der Algebra*, Carl Friedrich Gauss Werke Band X Abt. 2(tr. On the first and fourth Gaussian proofs of the Fundamental Theorem of Algebra), 1920.

[28]Weierstrass, K. *Neuer Beweis des Satzes, dass jede ganze rationale Function einer Veränderlichen dargestellt werden kann als ein Product aus linearen Functionen derselben Veränderlichen*, Sitzungsberichte der königlich preussischen Akademie der Wissenschaften zu Berlin, 1085–1101, 1891.

的复根表达式, 其中 a 是给定的复数. 假设

$$a=\rho(\cos\phi+\mathbf{i}\sin\phi),\quad \rho\geqslant 0,\ \phi\in[0,2\pi).$$

令 $z=r(\cos\theta+\mathbf{i}\sin\theta)$, 其中 $r\geqslant 0$ 且 $\theta\in[0,2\pi)$, 则得到

$$r^n=\rho,\quad \cos(n\theta)=\cos\phi,\quad \sin(n\theta)=\sin\phi.$$

从而得到

$$r=\sqrt[n]{\rho},\quad \theta=\frac{\phi+2k\pi}{n},\quad 0\leqslant k\leqslant n-1. \tag{1.5.72}$$

即 (1.5.71) 有且仅有 n 个复根.

特别地, 方程 $z^n=1$ 的 n 个复根为

$$\omega_n^k,\quad 0\leqslant k\leqslant n-1,\quad \omega_n:=\cos\frac{2\pi}{n}+\mathbf{i}\sin\frac{2\pi}{n}, \tag{1.5.73}$$

称为 ***n* 次单位根 (*n*-th root of unity)**. 易证

$$\sum_{0\leqslant k\leqslant n-1}\omega_n^k=0 \tag{1.5.74}$$

以及

$$\omega_n^k=\cos\frac{2k\pi}{n}+\mathbf{i}\sin\frac{2k\pi}{n},\quad 0\leqslant k\leqslant n-1.$$

1.5.12 常用初等不等式

本节主要参考了 Hardy-Littlewood-Pólya 的专著和匡继昌的书 (见第 **1.8** 节). 高中时候最重要的不等式之一是

$$(a\pm b)^2\geqslant 0,\quad 对任意\ a,b\in\mathbb{R}.$$

特别地对正数 $x,y>0$ 有

$$0\leqslant(\sqrt{x}-\sqrt{y})^2\quad\Longleftrightarrow\quad\sqrt{xy}\leqslant\frac{x+y}{2}.$$

定理 1.17 (算术几何平均不等式 (Inequality of arithmetic and geometric means))

如果 $x_1,\cdots,x_n>0$, 则

$$\frac{n}{\dfrac{1}{x_1}+\cdots+\dfrac{1}{x_n}}\leqslant\sqrt[n]{x_1\cdots x_n}\leqslant\frac{x_1+\cdots+x_n}{n}. \tag{1.5.75}$$

♡

证: (1) 对 (1.5.75) 中的第二个不等式

$$x_1\cdots x_n\leqslant\left(\frac{x_1+\cdots+x_n}{n}\right)^n,$$

我们给出本质上归属于 Cauchy 的证明[29]. 当 $n=1,2$ 时不等式显然成立. 当 $n=2^k$ 时, 递推得到

$$\begin{aligned}x_1x_2x_3x_4\cdots x_{2^k-1}x_{2^k}&\leqslant\left(\frac{x_1+x_2}{2}\right)^2\left(\frac{x_3+x_4}{2}\right)^2\cdots\left(\frac{x_{2^k-1}+x_{2^k}}{2}\right)^2\\&\leqslant\cdots\leqslant\left[\left(\frac{\frac{x_1+x_2}{2}+\frac{x_3+x_4}{2}+\cdots+\frac{x_{2^k-1}+x_{2^k}}{2}}{2^{k-1}}\right)^{2^{k-1}}\right]^2\\&=\left(\frac{x_1+x_2+\cdots+x_{2^k}}{2^k}\right)^{2^k}.\end{aligned}$$

当 $n\neq 2^k$ 时, 存在 $\ell\in\mathbb{N}$ 满足 $2^{\ell-1}<n<2^\ell$. 若取

$$x:=\sqrt[n]{x_1\cdots x_n},\quad x_i:=x,\quad n<i\leqslant 2^\ell,$$

则得到

$$x=\left(x^n\cdot x^{2^\ell-n}\right)^{\frac{1}{2^\ell}}=\left(\prod_{1\leqslant i\leqslant 2^\ell}x_i\right)^{\frac{1}{2^\ell}}\leqslant\frac{1}{2^\ell}\sum_{1\leqslant i\leqslant 2^\ell}x_i=\frac{1}{2^\ell}\left[\sum_{1\leqslant i\leqslant n}x_i+(2^\ell-n)x\right],$$

移项得到 $nx\leqslant\sum\limits_{1\leqslant i\leqslant n}x_i$.

(2) 根据 (1) 得到

$$\frac{1}{x_1}\cdots\frac{1}{x_n}\leqslant\left(\frac{\frac{1}{x_1}+\cdots+\frac{1}{x_n}}{n}\right)^n.$$

移项得到 (1.5.75) 中的第一个不等式. □

定理 1.17 可推广到加权形式:

$$x_1^{p_1}\cdots x_n^{p_n}\leqslant\left(\frac{p_1x_1+\cdots+p_nx_n}{p_1+\cdots+p_n}\right)^{p_1+\cdots+p_n},\tag{1.5.76}$$

[29] Cauchy, Augustin-Louis. *Cours d'analyse de l'École Royale Polytechnique*, première partie, Analyse algébrique, Paris, 1821. 证明在第 457 页.

其中 $x_1,\cdots,x_n,p_1,\cdots,p_n>0$. 特别地, 我们得到 **Young 不等式 (Young's inequality)**[30]

$$ab\leqslant\frac{a^p}{p}+\frac{b^q}{q},\quad a,b\geqslant 0,\ p,q>1\ \text{且}\ \frac{1}{p}+\frac{1}{q}=1. \tag{1.5.77}$$

这个不等式的定积分证明之后会给出.

定理 1.18 (Hölder 不等式)

如果 $x_1,\cdots,x_n,y_1,\cdots,y_n\geqslant 0$, $p,q>1$, 且满足 $\frac{1}{p}+\frac{1}{q}=1$, 则

$$\sum_{1\leqslant i\leqslant n}x_iy_i\leqslant\left(\sum_{1\leqslant i\leqslant n}x_i^p\right)^{1/p}\left(\sum_{1\leqslant i\leqslant n}y_i^q\right)^{1/q}. \tag{1.5.78}$$

♡

证: 令

$$a_i:=\frac{x_i}{\left(\sum\limits_{1\leqslant j\leqslant n}x_j^p\right)^{1/p}},\quad b_i:=\frac{y_i}{\left(\sum\limits_{1\leqslant j\leqslant n}y_j^q\right)^{1/q}}.$$

则根据 Young 不等式 (1.5.77) 得到

$$\sum_{1\leqslant i\leqslant n}a_ib_i\leqslant\sum_{1\leqslant i\leqslant n}\left(\frac{a_i^p}{p}+\frac{b_i^q}{q}\right)\leqslant\frac{1}{p}+\frac{1}{q}=1.\quad\square$$

不等式 (1.5.78) 是 Hölder 在 1889 年得到的[31], 其实 Rogers 在 1888 年就已经得到[32]. 因此有人提议把 (1.5.78) 叫做 Rogers-Hölder 不等式[33], 但我们还是沿用惯例称 Hölder 不等式.

- 当 $p=2$ 时, (1.5.78) 就是著名的 **Cauchy-Bunyakovski-Schwarz 不等式 (Cauchy-Bunyakovski-Schwarz inequality)**. 这个不等式是如下 **Lagrange 恒等式 (Lagrange's identity)** 的直接推论:

$$\left(\sum_{1\leqslant i\leqslant n}x_i^2\right)\left(\sum_{1\leqslant i\leqslant n}y_i^2\right)-\left(\sum_{1\leqslant i\leqslant n}x_iy_i\right)^2=\frac{1}{2}\sum_{1\leqslant i,j\leqslant n}(x_iy_j-x_jy_i)^2.$$

[30] Young, W. H. *On classes of summable functions and their Fourier series*, Proceedings of the Royal Society A, **87**(1912), no. 594, 225–229.

[31] Hölder, O. *Ueber einen Mittelwertsatz*, Nachrichten von der Königl. Gesellschaft der Wissenschaften und der Georg-Augusts-Universität zu Göttingen, **2**(1889), 38–47.

[32] Rogers, L. J. *An extension of a certain theorem in inequalities*, Messenger of Mathematics, New Series, **XVII**(1888), no. 10, 145–150.

[33] Maligranda, Lech. *Why Hölder's inequality should be called Rogers' inequality*, Mathematical Inequalities & Applications, **1**(1998), no. 1, 69–83.

1773 年, Lagrange 证明了[34] $n=3$ 时的 Lagrange 恒等式; 1821 年, Cauchy 证明了[35]一般情形的 Lagrange 恒等式; 1859 年, Bunyakovski 对 Riemann 积分证明了[36]这个不等式; 1885 年, Schwarz 重新发现了[37]这个不等式, 他观察到二次函数

$$\sum_{1\leqslant i\leqslant n}(tx_i+y_i)^2=t^2\sum_{1\leqslant i\leqslant n}x_i^2+2t\sum_{1\leqslant i\leqslant n}x_iy_i+\sum_{1\leqslant i\leqslant n}y_i^2$$

对任意实数 t 都是正的 (因此判别式必是非正的).

- 1888 年, Rogers 利用不等式 (1.5.75) 首先证明了不等式 (1.5.76). 实际上, 可以证明, (1.5.75)、(1.5.76) 和 Bernoulli 不等式 (见**例 1.4**) 是互相等价的[33].
- 1910 年[38], Riesz 称不等式 (1.5.78) 为 Cauchy-Hölder 不等式, 而在 1913 年更加明确地指出 $p=2$ 归功于 Cauchy 而 $p>1$ 归功于 Hölder.

最后一个重要的不等式就是 Minkowski 不等式[39].

定理 1.19 (Minkowski 不等式)

如果 $x_1,\cdots,x_n,y_1,\cdots,y_n\in\mathbb{R}$, 且 $p\geqslant 1$, 则

$$\left(\sum_{1\leqslant i\leqslant n}|x_i+y_i|^p\right)^{1/p}\leqslant\left(\sum_{1\leqslant i\leqslant n}|x_i|^p\right)^{1/p}+\left(\sum_{1\leqslant i\leqslant n}|y_i|^p\right)^{1/p}. \tag{1.5.79}$$

♡

证: 下面这个证明归功于 Riesz[40]. 利用 (1.5.78) 得到

$$\begin{aligned}\sum_{1\leqslant i\leqslant n}|x_i+y_i|^p&=\sum_{1\leqslant i\leqslant n}|x_i+y_i||x_i+y_i|^{p-1}\\&\leqslant\sum_{1\leqslant i\leqslant n}(|x_i|+|y_i|)\,|x_i+y_i|^{p-1}\\&\leqslant\left(\sum_{1\leqslant i\leqslant n}|x_i|^p\right)^{\frac{1}{p}}\left(\sum_{1\leqslant i\leqslant n}|x_i+y_i|^p\right)^{\frac{p-1}{p}}\end{aligned}$$

---

[34] Lagrange, J. L. *Nouv. Mém. Acad. Berlin*, 1773.

[35] Cauchy, A. L. *Cours d'Analyse de l'École Royale Polytechnique*, Ire partie: Analyse Algébrique, Paris, Debure frères, 1821.

[36] Bunyakovski, V. Y. *Sur quelques inequálités concernant les intégrales ordinaires et les intégrales aux différences finites*, Mémoires de l'Acad. de St. Pétersbourg, (**VII**) **1**(1859), no. 9, 1–18.

[37] Schwarz, H. A. *Über ein die Flächen kleisten Flächeninhalts betreffendes Problem der Variationsrechnung*, Acta Soc. Scient. Fenn., **15**(1885), 315–362.

[38] Riesz, F. *Unterschungen über Systeme integrierbarer Funktionen*, Math. Ann., bf 69(1910), 449–497.

[39] Minkowski, H. *Geometrie der Zahlen I*, Leipzig, 1896.

[40] Riesz, F. *Les Systèmes D'Équations Linéaires a Une Infinite D'Inconnues*, Gauthier-Villars, Paris, 1913.

$$+\left(\sum_{1\leqslant i\leqslant n}|y_i|^p\right)^{\frac{1}{p}}\left(\sum_{1\leqslant i\leqslant n}|x_i+y_i|^p\right)^{\frac{p-1}{p}},$$

从而移项后得到 (1.5.79). □

当 $0<p<1$ 时, 不等式 (1.5.78) 和 (1.5.79) 中的不等号要反过来.

1.6 预备知识 II: 函数

在还没有充分认识函数概念之前, 十七世纪引入的大多数函数首先被当作曲线来看待, 比如 $\log x$, $\sin x$, a^x 等初等超越函数. 在 Newton 自 1665 年开始以来的关于微积分的早期工作中, 他使用 "fluent (流量)" 来表示变量间的关系. 函数概念最明显的定义是 James Gregory 在其《Vera circuli et hyperbolae quadratura》(1667) 中所给出的. 在 1673 年的一篇手稿中, Leibniz 用 "函数" 来表示随着曲线上点变动而变动的量, 比如切线和法线的长度. Leibniz 同时也引入了 "常量"、"变量" 和 "参数". John Bernoulli 用 X 或 ξ 来表示 x 的一般函数, 但是到了 1718 年他改用 ϕx. 目前我们使用的函数记号 $f(x)$ 则是 Euler 在 1734 年引入的.

函数概念的公式化是 John Bernoulli 给出的. Euler 在其《Introductio in analysin infinitorum》(1748) 中, 把函数定义成由一个变量和一些常量通过任意方式形成的解析表达式; 这个定义就包含了多项式、幂级数、对数表达式和三角表达式等. Euler 也定义了多元函数, 引入了代数函数 (自变量上的运算只有代数运算, 即只包含四则运算的有理运算和包含开根号的无理运算) 的概念和超越函数 (即, 三角函数、对数函数、指数函数、变量的无理数次幂函数及某些用积分定义的函数) 的概念. Euler 区分了显函数与隐函数、单值函数与多值函数.

十八世纪占统治地位的函数概念, 认为函数由单个解析表达式所给出, 无论是有限的还是无限的. Euler 和 Lagrange 容许函数在不同区域内有不同的表达式, 但是很可惜的是 Euler、D'Alembert 和 Lagrange 却从来没有给出过一个这样的例子.

Gauss 在其早期工作中把函数定义为一个闭的 (有限解析的) 表达式, 而在谈到超几何级数 (参见**第 5.2.8 小节**) $F(\alpha,\beta,\gamma,x)$ 作为 α,β,γ 和 x 的函数时, 他指出 "在这个情况下, 我们可以认为它是一个函数". Lagrange 在其《Mécanique analytique》(1811—1815) 的第二版中, 用函数来表示关于一个或多个变量的几乎任何类型的依赖关系. Lacroix 早在《Traité》(1797) 中就已经引入了一个更加广泛的概念: 如果一个量其值依赖于一个或多个其他量, 我们就把它称为后者的函数, 而不管人们是否知道可以用何种必要的运算从后者来得到前者. Fourier 在《Théorie analytique de la chaleur》(1822) 中指出 "通常函数 $f(x)$ 表示相接一组值或纵坐标, 它们每个都是任意的". 实际上 Fourier 只讨论了在有限区间上有有限个间断点的函数. Cauchy 在《Cours d'analyse algébrique》(1821) 中给出了变量的概念和函数的定义. Dirichlet 在《Über die darstellung ganz willkürlicher functionen duch sinus-und cosinusreihen》(1837) 中给出了 (单值) 函数的现在定义.

英文 "function" 的中文译名 "函数", 是我国数学家李善兰和 Wylie 一起在翻译 Elias Loomis 的著作《Geometry, differential and integral calculus》时所创译的.

中学时期我们学过如下六类函数:

(1) **常值函数 (constant functions)**: $y = c$,
(2) **幂函数 (power functions)**: $y = x^a$, $a \neq 0$,
(3) **指数函数 (exponential functions)**: $y = a^x$, $a > 0$, $a \neq 1$, $x \in \mathbb{R}$,
(4) **对数函数 (logarithmic functions)**: $y = \log_a x$, $a > 0$, $a \neq 1$, $x > 0$,
(5) **三角函数 (trigonometric functions)**: $\sin x$, $\cos x$, $\tan x$, $\cot x$, $\sec x$, $\csc x$,
(6) **反三角函数 (inverse trigonometric functions)**: $\arcsin x$, $\arccos x$, $\arctan x$, $\operatorname{arccot} x$, $\operatorname{arcsec} x$, $\operatorname{arccsc} x$.

如果指数函数 $y = e^x$ 是以数 e 为底, 我们也采用记号 $y = \exp(x)$. 如果对数函数 $y = \log_e x$ 是以数 e 为底, 我们也采用记号 $y = \ln x$.

初等函数 (elementary functions) 是由上述六类函数经过有限次的有理运算 (即, 加、减、乘、除、有限次幂以及有限次开方) 和有限次函数复合所产生的函数. 这个概念是法国数学家 Joseph Liouville 在 1833 年的一系列文章[41]中引入的. 初等函数的代数定义是 Joseph Fels Ritt 在 1930 年代给出的[42]. 注意到, 上述六大类函数中除了常值函数以及有理数幂函数外, 都不是**代数函数 (algebraic function)** (函数 $f(x)$ 称为代数函数, 如果存在二元有理系数多项式 $P(x,y)$ 满足 $P(x, f(x)) = 0$, 这里 $P(x,y)$ 是形如 $a_{ij}x^i y^j$ 的线性组合, 其中 $a_{ij} \in \mathbb{Q}$), 即都是**超越函数 (transcendental function)** (不可能满足任何的二元有理系数多项式方程). 比如函数 $f(x) = x^n$ 满足二元多项式方程 $P(x, f(x)) = 0$, 其中 $P(x,y) := x^n - y$.

和代数函数、超越函数相关的是代数数、超越数. 一个实数称为**代数数**, 如果它是某个一元有理系数多项式的根, 否则称为**超越数**. 比如 $\sqrt[4]{7}$ 是代数数, 这是因

[41] Liouville, J. *Premier mémoire sur la détermination des intégrales dont la valeur est algébrique*, Journal de l'École Polytechnique, tome **XIV**(1833), 124–148; *Second mémoire sur la détermination des intégrales dont la valeur est algébrique*, Journal de l'École Polytechnique, tome **XIV**(1833), 149–193; *Note sur la détermination des intégrales dont la valeur est algébrique*, Journal für die reine und angewandte Mathematik, **10**(1833), 347–359.

[42] Ritt, J. *Differential Algebra*, American Mathematical Society, 1950.

为它是多项式 $P(x) = x^4 - 7$ 的根. 又比如, 圆周率 π 不仅是无理数, 而且也是超越数; 这件事我们在之后会给出证明. 再比如, 常数 e 不仅是无理数, 而且也是超越数. 根据**练习 1.3** 可知代数数是可数的, 换句话说, 绝大部分实数都是超越数.

这些初等函数中的幂函数、指数函数和对数函数满足下面的函数关系:

$$x^a \cdot x^b = x^{a+b}, \quad a^x \cdot b^x = (ab)^x, \quad \log_a x + \log_a y = \log_a(xy).$$

1583 年, "正切" 和 "余切" 首次出现在丹麦数学家 Thomas Fincke 的著作《Geometria rotundi》中. 函数符号 sin、cos 以及 tan 首次正式出现在十七世纪法国数学家 Albert Girard 的著作《Trigonométrie》中. 1682 年, Leibniz 证明了 $\sin x$ 不是代数函数.

我们把三角函数恒等式罗列如下:

(0) 周期关系:

$$\sin(x + 2k\pi) = \sin x, \quad \cos(x + 2k\pi) = \cos x,$$
$$\tan(x + k\pi) = \tan x, \quad \cot(x + k\pi) = \cot x$$

以及

$$\sin(-x) = -\sin x, \quad \cos(-x) = \cos x,$$
$$\tan(-x) = -\tan x, \quad \cot(-x) = -\cot x.$$

(1) 倒数关系:

$$\tan x \cdot \cot x = \sin x \cdot \csc x = \cos x \cdot \sec x = 1.$$

(2) 商关系:

$$\tan x = \frac{\sin x}{\cos x}, \quad \cot x = \frac{\cos x}{\sin x}.$$

(3) 平方关系:

$$\sin^2 x + \cos^2 x = \sec^2 x - \tan^2 x = \csc^2 x - \cot^2 x = 1.$$

(4) 和差公式:

$$\sin(x \pm y) = \sin x \cos y \pm \cos x \sin y,$$
$$\cos(x \pm y) = \cos x \cos y \mp \sin x \sin y,$$
$$\tan(x \pm y) = \frac{\tan x \pm \tan y}{1 \mp \tan x \tan y},$$
$$\cot(x \pm y) = \frac{\cot x \cot y \mp 1}{\cot y \pm \cot x}.$$

(5) 和差化积公式:

$$\sin x \pm \sin y = 2\sin\frac{x\pm y}{2}\cos\frac{x\mp y}{2},$$

$$\cos x + \cos y = 2\cos\frac{x+y}{2}\cos\frac{x-y}{2},$$

$$\cos x - \cos y = -2\sin\frac{x+y}{2}\sin\frac{x-y}{2},$$

$$\tan x + \tan y = \frac{\sin(x+y)}{\cos x\cos y}.$$

(6) 积化和差公式:

$$\cos x\sin y = \frac{\sin(x+y)-\sin(x-y)}{2},$$

$$\sin x\cos y = \frac{\sin(x+y)+\sin(x-y)}{2},$$

$$\cos x\cos y = \frac{\cos(x-y)+\cos(x+y)}{2},$$

$$\sin x\sin y = \frac{\cos(x-y)-\cos(x+y)}{2}.$$

(7) 二倍角公式:

$$\sin 2x = 2\sin x\cos x = \frac{2\tan x}{1+\tan^2 x},$$

$$\cos 2x = \cos^2 x - \sin^2 x = 2\cos^2 x - 1$$

$$= 1 - 2\sin^2 x = \frac{1-\tan^2 x}{1+\tan^2 x},$$

$$\tan 2x = \frac{2\tan x}{1-\tan^2 x}.$$

(8) 三倍角公式:

$$\sin 3x = 3\sin x - 4\sin^3 x = 4\sin x\sin\left(\frac{\pi}{3}-x\right)\sin\left(\frac{\pi}{3}+x\right),$$

$$\cos 3x = 4\cos^3 x - 3\cos x = 4\cos x\cos\left(\frac{\pi}{3}-x\right)\cos\left(\frac{\pi}{3}+x\right),$$

$$\tan 3x = \frac{3\tan x - \tan^3 x}{1-3\tan^2 x} = \tan x\tan\left(\frac{\pi}{3}-x\right)\tan\left(\frac{\pi}{3}+x\right).$$

(9) 半角公式:

$$\sin^2\frac{x}{2} = \frac{1-\cos x}{2},$$

$$\cos^2\frac{x}{2}=\frac{1+\cos x}{2},$$
$$\tan\frac{x}{2}=\frac{\sin x}{1+\cos x}=\frac{1-\cos x}{\sin x}=\frac{\tan x}{1+\sec x},$$
$$\cot\frac{x}{2}=\frac{\sin x}{1-\cos x}=\frac{1+\cos x}{\sin x}=\csc x+\cot x.$$

(10) 辅助角公式:

$$a\sin x+b\cos x=\sqrt{a^2+b^2}\sin(x+\theta),\quad \tan\theta=\frac{b}{a}.$$

(11) 具体数值, 比如:

$$\sin\frac{\pi}{6}=\frac{1}{2},\quad \cos\frac{\pi}{6}=\frac{\sqrt{3}}{2},\quad \sin\frac{\pi}{4}=\frac{\sqrt{2}}{2},$$
$$\cos\frac{\pi}{4}=\frac{\sqrt{2}}{2},\quad \sin\frac{\pi}{3}=\frac{\sqrt{3}}{2},\quad \cos\frac{\pi}{3}=\frac{1}{2}.$$

利用上述公式, 作为练习, 推导出三倍角、四倍角公式; 进一步利用 de Moivre 公式 (1.5.64) 推导出 n 倍角公式.

1.6.1 几类特殊的函数

我们也知道以下几类常见的特殊函数.

- **周期函数 (periodic function)**, $f(x+T)=f(x)$, 这里 T 称为函数 f 的**周期 (period)**; 而把最小的正周期称为**基本周期 (fundamental period)** 或**主周期 (primitive period)**.
- **有界函数 (bounded function)**, 即存在常数 K 使得不等式 $|f(x)|\leqslant K$ 对任何有定义的 x 都成立; 单边的不等式就可以定义有上/下界函数, 即, **有下界函数**如果满足 $f(x)\geqslant m$, 以及**有上界函数**如果满足 $f(x)\leqslant M$.
- **奇/偶函数 (odd/even function)**, $f(-x)=\mp f(x)$.
- **单调函数 (monotonic function)**, $f(x)\lesseqgtr f(y)$, $x<y$, 即分别是递增 (若取 $\leqslant$) 和递减 (若取 $\geqslant$) 以及**严格单调函数 (strictly monotonic function)** (即, 相应的函数值比较取严格的不等号).
- **反函数 (inverse function)**.

例 1.15

(1) **Dirichlet 函数** (Dirichlet[a], 1829)

$$D(x):=\begin{cases}1, & x\in\mathbb{Q},\\ 0, & x\in\mathbb{R}\setminus\mathbb{Q}.\end{cases}$$

(2) **符号函数 (sign function)**

$$\operatorname{sgn}(x) := \begin{cases} -1, & x < 0, \\ 0, & x = 0, \\ 1, & x > 0. \end{cases}$$

(3) **取整函数**

$$\lfloor x \rfloor := n \quad \text{如果 } n \leqslant x < n+1,$$

以及**小数函数**

$$\langle x \rangle := x - \lfloor x \rfloor.$$

(4) **Euler 函数** (Euler, 1763)

$$\varphi(n) := \sum_{1 \leqslant h \leqslant n,\ (h,n)=1} 1 = n \prod_{p|n,\ p \in \mathbb{P}} \left(1 - \frac{1}{p}\right).$$

在 1784 年, Euler 开始使用记号 π 来表示 Euler 函数. 如今的记号是 Gauss 在 1801 年引入的. 一般地, 对任给正数 x 定义

$$\pi(x) := \#\,(\text{素数} \leqslant x).$$

我们将在**第 1.6.2 小节** 给出该函数的估计.

(5) **"因子数" 函数和 "因子 k 次幂和" 函数**

$$\tau(n) := \sum_{d|n} 1, \quad \sigma_k(n) := \sum_{d|n} d^k \quad (k \in \mathbb{C}).$$

显然 $\sigma_0(n) = \tau(n)$, 同时记 $\sigma(n) := \sigma_1(n)$.

Ramanujan 在 1915 年证明了, 在假设 Riemann 猜想成立的前提下,

$$\sigma(n) < e^{\gamma} n \ln\ln n, \quad n \gg 1,$$

其中 γ 是 Euler 常数. 如果不假设 Riemann 猜想成立, Guy Robin 证明了

$$\sigma(n) < e^{\gamma} n \ln\ln n + \frac{0.6483n}{\ln\ln n}, \quad n \geqslant 3,$$

同时也证明了 Riemann 猜想成立当且仅当不等式 $\sigma(n) < e^{\gamma} n \ln\ln n$ 对所有 $n > 5040$ 成立. Jeffrey Lagarias 在 2002 年证明了 Riemann 猜想成立当且仅当 $\sigma(n) < H_n + e^{H_n} \ln H_n$ 对任何 $n \geqslant 2$ 成立, 这里 $H_n = \sum_{1 \leqslant k \leqslant n} \frac{1}{k}$ 是第 n 个调和数.

(6) **Möbius 函数** (Möbius[b], 1832; 其实这个函数早就出现在 Euler 1748 年的工作中)

$$\mu(n) := \begin{cases} (-1)^r, & n = p_1 \cdots p_r \text{ 且 } p_1, \cdots, p_r \text{ 为各异的素数}, \\ 0, & \text{其他情形}. \end{cases}$$

(7) **von Mangoldt 函数** (von Mangoldt)

$$\Lambda(n) := \begin{cases} \ln p, & n = p^\alpha,\ \alpha \geqslant 1, \\ 0, & \text{其他情形}. \end{cases}$$

可以证明 $\ln n = \sum_{d|n} \Lambda(d)$.

(8) **Chebyshev 函数** (Chebyshev, 1848)

$$\psi(x) := \sum_{n<x} \Lambda(n).$$

(9) **双曲函数 (hyperbolic functions)**:

$$\sinh x := \frac{e^x - e^{-x}}{2}, \quad \cosh x := \frac{e^x + e^{-x}}{2}, \quad \tanh x := \frac{e^x - e^{-x}}{e^x + e^{-x}}.$$

双曲函数是 Vincenzo Riccati 和 Johann Heinrich Lambert 在 1760 年左右独立引入的.

- 奇偶关系:

$$\sinh(-x) = -\sinh x, \quad \cosh(-x) = \cosh x, \quad \tanh(-x) = -\tanh x.$$

- 恒等关系:

$$\cosh x + \sinh x = e^x, \quad \cosh x - \sinh x = e^{-x}, \quad \cosh^2 x - \sinh^2 x = 1.$$

- 和差关系:

$$\sinh(x \pm y) = \sinh x \cosh y \pm \cosh x \sinh y,$$

$$\cosh(x \pm y) = \cosh x \cosh y \pm \sinh x \sinh y,$$

$$\tanh(x \pm y) = \frac{\tanh x \pm \tanh y}{1 \pm \tanh x \tanh y},$$

$$\sinh x + \sinh y = 2 \sinh\left(\frac{x+y}{2}\right) \cosh\left(\frac{x-y}{2}\right),$$

$$\cosh x + \cosh y = 2\cosh\left(\frac{x+y}{2}\right)\cosh\left(\frac{x-y}{2}\right),$$
$$\sinh x - \sinh y = 2\cosh\left(\frac{x+y}{2}\right)\sinh\left(\frac{x-y}{2}\right),$$
$$\cosh x - \cosh y = 2\sinh\left(\frac{x+y}{2}\right)\sinh\left(\frac{x-y}{2}\right).$$

- 二倍角关系:

$$\sinh(2x) = 2\sinh x\cosh x,$$
$$\cosh(2x) = \sinh^2 x + \cosh^2 x = 2\sinh^2 x + 1 = 2\cosh^2 x - 1,$$
$$\tanh(2x) = \frac{2\tanh x}{1+\tanh^2 x}.$$

- 半角关系:

$$\sinh\left(\frac{x}{2}\right) = \frac{\sinh x}{\sqrt{2(\cosh x+1)}},$$
$$\cosh\left(\frac{x}{2}\right) = \sqrt{\frac{\cosh x+1}{2}},$$
$$\tanh\left(\frac{x}{2}\right) = \frac{\sinh x}{\cosh x+1}.$$

- 不等式关系:

$$1 \leqslant \cosh x \leqslant e^{x^2/2}, \quad x \in \mathbb{R}.$$

- 注意到 $y = \sin x$ (或 $y = \sinh x$) 是常微分方程 $y'' + y = 0$ (或 $y'' - y = 0$) 的解.

(10) 证明下列定义在 $\mathbb{R}$ 上的函数不是周期函数:

$$f(x) = \sin x + \sin(\sqrt{2}x).$$

[**提示:** 反证法, 从 $f(x+T) = f(x)$ 得到 $\sin\dfrac{T}{2} = 0 = \sin\dfrac{T}{\sqrt{2}}$ 从而有 $2n\pi = \sqrt{2}m\pi$, 矛盾.]

(11) 假设 z 是单位圆上的点, 从而可记作 $z = \cos\theta + \mathbf{i}\sin\theta$. 利用二项式公式得到

$$z^n = (\cos\theta + \mathbf{i}\sin\theta)^n = \sum_{0\leqslant k\leqslant n}\binom{n}{k}\mathbf{i}^k\cos^{n-k}\theta\sin^k\theta.$$

由此证明恒等式

$$\cos(n\theta) = \sum_{0 \leqslant k \leqslant \lfloor n/2 \rfloor} (-1)^k \binom{n}{2k} \cos^{n-2k}\theta \sin^{2k}\theta$$

和

$$\sin(n\theta) = \sum_{0 \leqslant k \leqslant \lfloor (n-1)/2 \rfloor} (-1)^k \binom{n}{2k+1} \cos^{n-2k-1}\theta \sin^{2k+1}\theta.$$

(12) 假设 $f: X \to X$ 是集合 X 上的映射, 定义

$$f^1 := f, \quad f^2 := f \circ f, \quad \cdots, \quad f^n := f \circ f^{n-1} \ (n \geqslant 2).$$

称序列 $\{f^n\}_{n\geqslant 1}$ 为由 f 生成的**迭代序列 (iterated sequence)**. 给定 $x_0 \in X$, 称数列 $\{f^n(x_0)\}_{n\geqslant 1}$ 为 x_0 的**轨道 (orbit)**. 点 $x \in X$ 称为 f 的**不动点 (fixed point)**, 如果 $f(x) = x$. 如果存在 $k \in \mathbb{N}_*$ 使得 $f^k(x) = x$ 成立, 则称 x 是 f 的**周期点 (periodic point)** 而把满足性质的最小正整数 k 称为 x 的**周期 (period)**.

- $f(x) := x^k$, $x \in \mathbb{R}$, $k \in \mathbb{N}^*$, 求 f^n.
- $f(x) = \dfrac{1}{1+x}$, $x > 0$, 计算 f^2, f^3, f^4.
- $f(x) = \dfrac{x}{2} + \dfrac{1}{x}$, $x > 0$, 求 2 的轨道的前 10 项. 是否轨道越来越靠近 $\sqrt{2}$?
- $f(x) = 1 - |2x - 1|$, $x \in [0, 1]$, 证明 0 和 $\dfrac{2}{3}$ 是不动点, 而 $\dfrac{2}{5}$ 和 $\dfrac{4}{5}$ 是周期为 2 的周期点.
- $f(x)$ 定义为

$$f(x) := \begin{cases} 2x, & 0 \leqslant x \leqslant \dfrac{1}{2}, \\ 2(1-x), & \dfrac{1}{2} \leqslant x \leqslant 1. \end{cases}$$

  求一个周期为 3 的周期点并计算函数 $f^2(x)$ 的表达式.

[a] Dirichlet, Peter Gustav Lejeune. *Sur la convergence des séries trigonométriques qui servent à représenter une fonction arbitraire entre des limites données*, J. Reine Angew. Math., **4**(1829), 157–169.

[b] Möbius, A. F. *Über eine besondere Art von Umkehrung der Reihen*, J. Reine Angew. Math., **9**(1832), 105–123.

♠

1.6.2 * 素数和素数基本定理

Euclid 早在几千年前就已经证明了素数有无穷多个. 令

$$p_1 < p_2 < \cdots < p_n < \cdots$$

为全体素数. 假设素数只有有限多个, 比如 $p_1 < p_2 < \cdots < p_N$. 那么我们考虑新的正整数

$$a := p_1 \cdots p_N + 1.$$

如果这个数 a 是素数, 则我们得到一个比 $p_1, \cdots, p_N$ 都要大的新的素数, 产生矛盾. 因此这个数 a 一定是合数. 根据素数分解定理, 至少有一个素数, 不妨假设为 p_1, 整除 a 从而整除 1, 矛盾! 从而素数一定有无穷多个.

接下来有两个很自然的问题.

1. 是否存在一个公式可以表示每个素数? 即, 是否存在素数的一般表达式? 答案是有且有许多个! 但是没有一个公式是有意思的. 比如, 考察如下给出第 n 个素数的公式

$$p_n = 1 + \sum_{1 \leqslant m \leqslant 2^n} \left\lfloor \left\lfloor \frac{n}{1+\pi(m)} \right\rfloor^{1/n} \right\rfloor.$$

这里 $\pi(x)$ 表示所有不超过 x 的素数的个数. $n = 2$ 时, 根据上面这个公式我们得到

$$p_2 = 1 + \left\lfloor \left\lfloor \frac{2}{1+\pi(1)} \right\rfloor^{1/2} \right\rfloor + \left\lfloor \left\lfloor \frac{2}{1+\pi(2)} \right\rfloor^{1/2} \right\rfloor + 0 + 0 = 1 + 1 + 1 = 3.$$

但是这种公式没有任何意义, 原因是为了得到第 n 个素数的值, 我们必须预先知道 $\pi(1), \cdots, \pi(2^n)$ 的值.

2. 素数分布的形态. 从上面 Euclid 的证明中我们可以发现

$$p_{k+1} \leqslant p_1 \cdots p_k + 1, \quad k \in \mathbb{N}.$$

根据 $p_1 = 2$, 我们可以证明

$$p_k \leqslant 2^{2^{k-1}}, \quad k \in \mathbb{N}. \tag{1.6.1}$$

事实上, 由数学归纳法得到

$$p_{k+1} \leqslant \prod_{1 \leqslant i \leqslant k} p_i + 1 \leqslant \prod_{1 \leqslant i \leqslant k} 2^{2^{i-1}} + 1 = 2^{2^k - 1} + 1 \leqslant 2^{2^k}.$$

推论 1.3

$$\pi(x) > \ln \ln x, \quad 对任意\ x \geqslant 2. \tag{1.6.2}$$

♡

证明: 选择一个自然数 ℓ 使得不等式 $2^{2^{\ell-1}} \leqslant x < 2^{2^\ell}$ 成立. 根据 (1.6.1) 我们

得到 $p_\ell \leqslant 2^{2^{\ell-1}}$ 从而 $\pi(x) \geqslant \ell$ 成立. 因为 $2^\ell > \dfrac{\ln x}{\ln 2}$ 和 $0 < \ln 2 < 1$, 我们得到

$$\pi(x) \geqslant \ell > \frac{\ln \dfrac{\ln x}{\ln 2}}{\ln 2} > \frac{\ln\ln x}{\ln 2} > \ln\ln x. \quad \square$$

第二种证明是利用微积分. 根据级数展开 (级数理论在**第六章**)

$$2 \geqslant \frac{p}{p-1} = \left(1 - \frac{1}{p}\right)^{-1}, \quad \frac{1}{1-z} = \sum_{n\geqslant 0} z^n,$$

我们得到如下不等式 (积分理论在**第五章**)

$$\begin{aligned} 2^{\pi(x)} &\geqslant \prod_{p\leqslant x}\left(1 - \frac{1}{p}\right)^{-1} = \prod_{p\leqslant x}\left(1 + \frac{1}{p} + \frac{1}{p^2} + \cdots\right) \\ &\geqslant \sum_{n\leqslant x}\frac{1}{n} \geqslant \int_1^{\lfloor x\rfloor+1}\frac{dt}{t} \\ &= \ln(\lfloor x\rfloor + 1) > \ln x, \end{aligned}$$

从而不等式 $\pi(x) > \ln\ln x/\ln 2 > \ln\ln x$ 对任意 $x \geqslant 2$ 都成立.

Euler 和 Legendre 提出并证明了

$$\lim_{x\to\infty}\frac{\pi(x)}{x} = 0,$$

即素数在全体自然数中仅占很少的一部分. 1896 年 Poussion[43]和 Hadamard[44]分别独立证明了**素数定理**

$$\pi(x) \sim \frac{x}{\ln x}. \tag{1.6.3}$$

早在 1762 年, Euler 认为 $\pi(x)$ 逼近到 $x/\ln x$. 而在之后的 1792 年, 15 岁的 Gauss 也做出了同样的断言 (1849 年, Gauss 在写给 Encke 的一封信中说到, 在 1792 年至 1793 年间, 他发现对大的 x, 在 x 附近素数的平均分布密度是 $1/\ln x$). 1798 年 Legendre 猜测[45]出关于 $\pi(x)$ 的一个好的逼近: 存在两个常数 A 和 B 使得

$$\pi(x) \sim \frac{x}{A\ln x + B} \tag{1.6.4}$$

---

[43]de la Vallée Poussion, C. *Recherches analytiques de la théorie des nombres premiers*, Annales de la Societe Scientifiques de Bruxelles, **20 B**(1896), 183–256, 281–352, 363–397; **21 B**(1896), 351–368.

[44]Hadamard, J. *Sur la distribution des zéros de la fonction* $\zeta(s)$ *et ses conséquences arithmétiques*, Bulletin de la Société Mathématique de France, **24**(1896), 199–220.

[45]Legendre, A. *Essai sur la théorie des nombres, 1*, Pairs, 1798.

成立, 并且在之后的 1808 年预测[46] $A=1$ 和 $B=-1.08366$. Gauss 第一个写出如下**对数积分**的定义

$$\mathbf{li}(x):=\mathbf{P.V.}\int_0^x\frac{dt}{\ln t}=\lim_{\epsilon\to0+}\left(\int_0^{1-\epsilon}+\int_{1+\epsilon}^x\right)\frac{dt}{\ln t},\quad x\geqslant2,\tag{1.6.5}$$

这是 $\pi(x)$ 的一个很好的逼近. 上面定义的对数积分也可重新写成

$$\mathbf{li}(x)=\lim_{\epsilon\to0+}\left(\int_0^{1-\epsilon}+\int_{1+\epsilon}^2\right)\frac{dt}{\ln t}+\mathbf{Li}(x),\tag{1.6.6}$$

这里

$$\mathbf{Li}(x):=\int_2^x\frac{dt}{\ln t}\tag{1.6.7}$$

是一个定积分 (定积分理论在**第五章**). 令 $s:=2-t$ 得到

$$\begin{aligned}\lim_{\epsilon\to0+}\left(\int_0^{1-\epsilon}+\int_{1+\epsilon}^2\right)\frac{dt}{\ln t}&=\lim_{\epsilon\to0+}\left(\int_0^{1-\epsilon}\frac{dt}{\ln t}+\int_0^{1-\epsilon}\frac{ds}{\ln(2-s)}\right)\\&=\lim_{\epsilon\to0+}\left(\int_\epsilon^1\frac{du}{\ln(1-u)}+\int_\epsilon^1\frac{du}{\ln(1+u)}\right)\\&=\int_0^1\left[\frac{1}{\ln(1-u)}+\frac{1}{\ln(1+u)}\right]du.\end{aligned}$$

根据

$$\lim_{u\to0+}u^{1/2}\left[\frac{1}{\ln(1-u)}+\frac{1}{\ln(1+u)}\right]=\lim_{u\to0+}u^{1/2}=0,$$

我们发现上述积分 (反常积分理论在**第五章**) 是有定义的而且 $\mathbf{li}(x)$ 对每个 $x\geqslant2$ 都是有限的. 由分部积分得到

$$\mathbf{Li}(x)=\frac{x}{\ln x}-\frac{2}{\ln 2}+\int_2^x\frac{dt}{\ln^2 t}=\frac{x}{\ln x}+O\left(\frac{x}{\ln^2 x}\right).\tag{1.6.8}$$

特别地, 素数定理可以重新陈述为

$$\mathbf{li}(x)\sim\mathbf{Li}(x)\sim\frac{x}{\ln x}\sim\pi(x),\tag{1.6.9}$$

当 $x\to+\infty$ 时. 由于

$$\begin{aligned}\mathbf{Li}(x)&=\frac{x}{\ln x}+\frac{x}{\ln^2 x}-\frac{2}{\ln 2}-\frac{2}{\ln^2 2}-2\int_2^x\frac{dt}{\ln^3 t}\\&=\frac{x}{\ln x}\left[1+\frac{1}{\ln x}+O\left(\frac{1}{\ln^2 x}\right)\right],\end{aligned}$$

[46]Legendre, A. *Essai sur la théorie des nombres, 2*, Pairs, 1808.

我们得到

$$\pi(x) \sim \frac{x}{\ln x}\frac{1}{1-\frac{1}{\ln x}} = \frac{x}{\ln x - 1}, \quad x \to +\infty. \tag{1.6.10}$$

Chebyshev 在 1848 年证明[47]了如果函数 $\pi(x)/(x/\ln x)$ 当 $x \to +\infty$ 时存在极限 (极限理论在**第三章**), 则极限一定等于 1. 1850 年, Chebyshev 证明了不等式[48]

$$c_1\frac{x}{\ln x} < \pi(x) < c_2\frac{x}{\ln x} \tag{1.6.11}$$

对任何 $x \geqslant 10$ 都成立, 这里

$$c_1 := \ln\frac{2^{1/2}3^{1/3}5^{1/5}}{30^{1/30}} \approx 0.921292, \quad c_2 := \frac{6}{5}c_1 \approx 1.1055.$$

我们把不等式 (1.6.11) 称为 **Chebyshev 不等式**. 但是很遗憾, Chebyshev 当时没有能够证明素数定理. 1892 年, Sylvester 改进[49]了 (1.6.11):

$$0.956\frac{x}{\ln x} < \pi(x) < 1.045\frac{x}{\ln x}.$$

Riemann 在 1859 年的著名文章《Ueber die Anzahl der Primzahlen unter einer gegebenen Grösse》中给出了

$$\frac{\ln\zeta(s)}{s} = \int_1^\infty\left(\sum_{k\geqslant 1}\frac{1}{k}\pi(x^{1/k})\right)x^{-s-1}dx,$$

这里 $\zeta(s) := \sum_{n\geqslant 1}\frac{1}{n^s}$ 是著名的 Riemann ζ 函数. 若假定 Riemann 猜想成立, von Koch 在 1901 年证明了

$$\pi(x) = \mathbf{Li}(x) + O\left(x^{1/2}\ln x\right).$$

定理 1.20 (Erdös 不等式)

$$\frac{3\ln 2}{8}\frac{x}{\ln x} \leqslant \pi(x) \leqslant 6\ln 2\frac{x}{\ln x}, \quad 对任意\ x \geqslant 2. \tag{1.6.12}$$

注意到 $3\ln 2/8 \approx 0.2599$ 和 $6\ln 2 \approx 4.1588$. ♡

证明: 首先我们来证明如下一个引理.

[47] Tchebichef, P. *Sur la fonction qui détermine la totalité des nombres premiers inférieurs à une limite donnée*, Mémoires présentés à l'Académie Impériale des Sciences de St.-Pétersbourg par divers Savants et lus dans ses Assemblées, Bd. **6**, S.(1851), 141–157.

[48] Tchebichef, P. *Mémoire sur les nombres premiers*, J. de Math. Pures Appl., **17**(1852), no. 1, 366–390.

[49] Sylvester, J. *On arithmetical series*, Messenger of Math., **21**(1892), no. 2, 1–19, 87–120.

引理 1.4

令 p 是一个素数且 $e_p(n!)$ 是 $n!$ 的素数分解中 p 出现的次数. 则

$$e_p(n!) = \sum_{k\geqslant 1}\left\lfloor \frac{n}{p^k}\right\rfloor. \tag{1.6.13}$$

♡

注意到 (1.6.13) 是对有限项进行求和. 举例来说明这个公式. 取 $p=2$ 和 $n=4$ 得到

$$e_2(4!) = e_2(24) = e_2(2^3\times 3) = 3 = 2+1 = \left\lfloor \frac{4}{2^1}\right\rfloor + \left\lfloor \frac{4}{2^2}\right\rfloor.$$

证明: 假设公式 (1.6.13) 对 n 成立. 对 $n+1$ 根据素数分解定理我们可以写成 $n+1=p^u m$ 的形式, 其中 $p\nmid m$. 从而得到

$$e_p((n+1)!) = e_p(n!) + u = \sum_{1\leqslant k\leqslant u}\left(\left\lfloor \frac{n}{p^k}\right\rfloor + 1\right) + \sum_{k>u}\left\lfloor \frac{n}{p^k}\right\rfloor.$$

但是因为

$$\left\lfloor \frac{n+1}{p^k}\right\rfloor = \left\lfloor \frac{n}{p^k}\right\rfloor + 1 \quad 若 \quad 1\leqslant k\leqslant u, \qquad \left\lfloor \frac{n+1}{p^k}\right\rfloor = \left\lfloor \frac{n}{p^k}\right\rfloor \quad 若 \quad k>u,$$

我们证明了 (1.6.13) 对 $n+1$ 也成立. □

继续完成**定理 1.20** 的证明. 如果 $n>1$, 则

$$\prod_{n<p\leqslant 2n} p \,\Big|\, \binom{2n}{n}, \quad \binom{2n}{n} \,\Big|\, \prod_{p<2n} p^{r_p}, \tag{1.6.14}$$

这个 r_p 是满足不等式 $p^{r_p}\leqslant 2n < p^{r_p+1}$ 的唯一整数. 对任意 $p<2n$, p 出现在 $\binom{2n}{n}$ 中的指数等于

$$e_p\left(\binom{2n}{n}\right) = e_p((2n)!) - 2e_p(n!) = \sum_{k\geqslant 1}\left(\left\lfloor \frac{2n}{p^k}\right\rfloor - 2\left\lfloor \frac{n}{p^k}\right\rfloor\right).$$

对任何 $y>0$ 观察到

$$\lfloor 2y\rfloor - 2\lfloor y\rfloor = 1, \quad 若 \quad \frac{k}{2}\leqslant y < \frac{k+1}{2},$$

其中 $k\geqslant 0$ 是某个整数. 更进一步, 当 $k>r_p$ 时, $p^k>2n$, 所以 $\lfloor 2n/p^k\rfloor = 0$ 和 $\lfloor n/p^k\rfloor = 0$ 对这样的 k 都成立. 所以

$$e_p\left(\binom{2n}{n}\right) \leqslant \sum_{1\leqslant k\leqslant r_p} 1 = r_p$$

成立从而推出 (1.6.14). 而 (1.6.14) 中第二个整除关系意味着

$$\binom{2n}{n} \leqslant (2n)^{\pi(2n)}.$$

利用二项式展开 $(1+1)^{2n} = \sum_{0\leqslant k\leqslant 2n}\binom{2n}{k}$ 和不等式 $\binom{2n}{n} \geqslant \binom{2n}{k}$ 对任何 $0 \leqslant k \leqslant 2n$ 都成立, 我们得到

$$\binom{2n}{n} > \frac{2^{2n}}{2n+1} > 2^n, \quad n \geqslant 3.$$

(作为数学归纳法的练习, 请验证第二个不等式.) 结合上面两个不等式得到

$$2^n < \frac{2^{2n}}{2n+1} < \binom{2n}{n} < (2n)^{\pi(2n)} \Longrightarrow \pi(2n) > \frac{\ln 2}{2}\frac{2n}{\ln(2n)}, \quad n \geqslant 3.$$

假设 $x \geqslant 8$, 令 n 是满足不等式 $2n \leqslant x < 2n+2$ 的唯一正整数. 显然 $n \geqslant 3$. 进一步我们有 $2n > x-2 \geqslant \frac{3x}{4}$. 由于函数 $y \mapsto \frac{y}{\ln y}$ 对任意 $y \geqslant e$ 递增, 我们得到对 $x \geqslant 8$,

$$\pi(x) \geqslant \pi(2n) \geqslant \frac{\ln 2}{2}\frac{2n}{\ln(2n)} \geqslant \frac{\ln 2}{2}\frac{3x/4}{\ln(3x/4)} = \frac{3\ln 2}{8}\frac{x}{\ln x + \ln\frac{3}{4}} > \frac{3\ln 2}{8}\frac{x}{\ln x}.$$

这个不等式显然对 $x \in [2,8)$ 也成立. □

练习 1.7

证明不等式 (1.6.14). ♠

接下来证明: 对任意 $x \geqslant 2$ 有

$$\pi(x) \leqslant 6\ln 2\frac{x}{\ln x}.$$

根据 (1.6.14) 得到 $\prod_{n<p\leqslant 2n} p < (1+1)^{2n} = 2^{2n}$ 且

$$2n\ln 2 > \sum_{n<p\leqslant 2n}\ln p \geqslant \ln n[\pi(2n)-\pi(n)] = \pi(2n)\ln n - \pi(n)\left(\ln\frac{n}{2}+\ln 2\right).$$

利用 $\pi(n)\leqslant n$ 推出

$$\pi(2n)\ln n-\pi(n)\ln\frac{n}{2}<2n\ln 2+\pi(n)\ln 2<(3\ln 2)n.$$

引入函数

$$f(n):=\pi(2n)\ln n,$$

得到不等式

$$f(n)-f\left(\frac{n}{2}\right)<(3\ln 2)n.$$

取 $n=2^i$ $(2\leqslant i\leqslant k)$ 得到

$$f(2^i)-f(2^{i-1})<(3\ln 2)2^i.$$

故

$$\pi(2^{k+1})\ln(2^k)<3\ln 2\sum_{2\leqslant i\leqslant k}2^i+\pi(4)\ln 2<3\ln 2\sum_{1\leqslant i\leqslant k}2^i<(3\ln 2)2^{k+1},$$

从而

$$\pi(2^{k+1})<(6\ln 2)\frac{2^k}{\ln(2^k)}.$$

给定 $x\geqslant 2$, 选择正整数 $k\geqslant 1$ 使得 $2^k\leqslant x<2^{k+1}$ 成立. 若 $x\geqslant 4$, 则 $k\geqslant 2$ 和 $2^k\geqslant 4>e$. 即 $\frac{2^k}{\ln(2^k)}\leqslant\frac{x}{\ln x}$, 只要 $x\geqslant 4$. 综上所述

$$\pi(x)\leqslant\pi(2^{k+1})<6\ln 2\frac{2^k}{\ln(2^k)}\leqslant(6\ln 2)\frac{x}{\ln x}.\quad\square$$

所谓的 Bertrand 假设是指:

(1) 1845 年 Joseph Bertrand 证明[50]了只要 $n\leqslant 6\cdot 10^6$, 区间 $[n,2n]$ 内至少有一个素数.

(2) Bertrand 猜测 (1) 对任意 $n\in\mathbb{Z}_{\geqslant 1}$ 也成立.

(3) 1850 年 Chebyshev 证明[48] 了 (2).

定理 1.21 (Bertrand-Chebyshev 定理)

对每个 $n\in\mathbb{N}$, 存在素数 p 满足 $n<p\leqslant 2n$. ♡

[50]Bertrand, J. *Mémoire sur le nombre de valeurs que peut prendre une fonction quand on y permute les lettres qu'elle renferme*, Journal de l'École Royale Polytechnique, **18**(1845), 123–140.

证: 下面证明是 Erdös 在 1932 年给出的[51].

步骤 1: 对每个 $n \in \mathbb{N}$,

$$\prod_{p \leqslant n} p < 4^n.$$

不失一般性, 不妨假设 $n \geqslant 3$ 且结论对每个 $k-1, \cdots, n-1$ 都成立. 若 n 是偶数, 则

$$\prod_{p \leqslant n} p = \prod_{p \leqslant n-1} p.$$

因此只要假设 n 是奇数. 记 $n = 2m+1$ 并观察到

$$\prod_{m+1<p\leqslant 2m+1} p \,\Bigg|\, \binom{2m+1}{m+1}, \quad \binom{2m+1}{m+1} \leqslant \frac{2^{2m+1}}{2} = 4^m.$$

所以

$$\prod_{p \leqslant 2m+1} p = \left(\prod_{p \leqslant m+1} p\right)\left(\prod_{m+1<p\leqslant 2m+1} p\right) \leqslant 4^{m+1} \cdot 4^m = 4^{2m+1}.$$

步骤 2: 若 $n \geqslant 3$, p 是素数且 $\frac{2}{3}n < p \leqslant n$, 则

$$p \nmid \binom{2n}{n}.$$

实际上, $p > \frac{2}{3}n \geqslant 2$. 因为 $3p > 2n$, p 和 $2p$ 是 p 的 $\leqslant 2n$ 的唯一两个倍数. 从而 $p^2 \parallel (2n)!$. 由于

$$\binom{2n}{n} = \frac{(2n)!}{(n!)^2},$$

推出 $\binom{2n}{n}$ 不可能是 p 的倍数.

步骤 3: 假设 $n \geqslant 4$ 且结论对某个 n 不成立 (从而在区间 $[n, 2n]$ 内不存在任何素数). 在这一步, 将证明 $n < 512$. 根据**步骤 2**, 整除 $\binom{2n}{n}$ 的每个素数 p 必须 $\leqslant \frac{2}{3}n$. 令 $p^\alpha \parallel \binom{2n}{n}$. 则

$$\alpha \leqslant r_p \quad 和 \quad p^{r_p} \leqslant 2n < p^{r_p+1}.$$

如果 $\alpha \geqslant 2$, 则 $p^2 \leqslant p^\alpha \leqslant 2n$ 和 $p \leqslant \sqrt{2n}$, 从而

---

[51] Erdös, P. *Beweis eines Satzes von Tschebyschef*, Acta Litt. Sci., **5**(1930–1932), 194–198.

$$\binom{2n}{n} = \prod_{p|\binom{2n}{n}} p = \left(\prod_{p\|\binom{2n}{n},\ \alpha=1} p^{\alpha} \right) \left(\prod_{p\|\binom{2n}{n},\ \alpha\geqslant 2} p^{\alpha} \right)$$
$$\leqslant \prod_{p\leqslant\frac{2n}{3}} p \cdot \prod_{p\leqslant\sqrt{2n}} p^{r_p} \leqslant 4^{2n/3} \cdot (2n)^{\sqrt{2n}}.$$

利用 $\binom{2n}{n} \geqslant \frac{2^{2n}}{2n+1}$ 得到

$$4^{\frac{2n}{3}}(2n)^{\sqrt{2n}} \geqslant \frac{4^n}{2n+1} \Rightarrow 4^{\frac{n}{3}} \leqslant (2n)^{\sqrt{2n}+2} \Rightarrow \frac{\ln 2}{3}(2n) < (\sqrt{2n}+2)\ln(2n).$$

引入 $y := \sqrt{2n}$, 推出不等式

$$\frac{\ln 2}{3}y^2 - 2(y+2)\ln y < 0.$$

考察函数 $f(y) := \frac{\ln 2}{3}y^2 - 2(y+2)\ln y$, 这里 $y \geqslant 0$. 从

$$f'(y) = \frac{2\ln 2}{3}y - 2\ln y - 2\frac{y+2}{y}, \quad f''(y) = \frac{2}{3}\ln 2 - \frac{2}{y} + \frac{4}{y^2} > \frac{2}{3}\ln 2 - \frac{2}{y},$$

我们看到当 $y>32$ 时, $f''(y)>0$. 但是 $f'(32) = \frac{64}{3}\ln 2 - 2\ln(32) - 2.125 > 0$, 得到 $f'(y)>0$ 对任何 $y\geqslant 32$ 都成立. 特别地, $f(y)\geqslant f(32)$ 对任何 $y\geqslant 32$ 都成立. 由于

$$f(32) = 2^{10}\frac{\ln 2}{3} - 340\times\ln 2 = \frac{1024-1020}{3}\ln 2 = \frac{4}{3}\ln 2 > 0,$$

不等式 $f(y) > 0$ 对任意 $y \geqslant 32$ 都成立. 这个矛盾推出 $y < 32$ 或 $n < 512$.

对每个 $1 \leqslant n \leqslant 511$, 区间 $[n, 2n]$ 总是包含一个素数. 从而**步骤 3** 中的假设不成立. □

根据素数定理可以证明, 对每个 $\epsilon > 0$, 都存在自然数 n_ϵ 使得对所有 $n > n_\epsilon$ 存在素数 p 满足 $n < p < (1+\epsilon)n$.

- Jitsuro Nagura 在 1952 年证明[52]了对任何 $n \geqslant 25$ 存在素数 p 满足

$$n < p < \left(1 + \frac{1}{5}\right)n.$$

- Lowell Schoenfeld 在 1976 年证明[53]了对任何 $n \geqslant 2010760$ 存在素数 p 满足

[52]Nagura, J. *On the interval containing at least one prime number*, Proc. Japan Acad., Series A, **28**(1952), no. 4, 177–181.

[53]Schoenfeld, L. *Sharper bounds for the Chebyshev fucntions $\theta(x)$ and $\psi(x)$, II*, Mathematics of Computation, **30**(1976), no. 134, 337–360.

$$n < p < \left(1 + \frac{1}{16597}\right) n.$$

- Pierre Dusart 在 1998 年证明[54]了对任何 $n \geqslant 3275$ 存在素数 p 满足

$$n < p < \left(1 + \frac{1}{2\ln^2 n}\right) n,$$

在 2010 年证明[55]了对任何 $n \geqslant 396738$ 存在素数 p 满足

$$n < p < \left(1 + \frac{1}{25\ln^2 n}\right) n,$$

在 2016 年证明[56]了对任何 $n \geqslant 89693$ 存在素数 p 满足

$$n < p < \left(1 + \frac{1}{\ln^3 n}\right) n.$$

下面我们来简单介绍一下孪生素数猜想.

(1) 从**定理 1.21** 得到

$$p_{n+1} - p_n \leqslant p_n. \tag{1.6.15}$$

猜想 1.1 (Gramer, 1936)

证明

$$\limsup_{n\to\infty} \frac{p_{n+1} - p_n}{(\ln p_n)^2} \leqslant 1. \tag{1.6.16}$$

♠

lim sup / lim inf 之后会定义.

(2) Baker-Haman-Pintz (2001) 证明了

$$p_{n+1} - p_n < p_n^{0.525}, \quad 当\ n\ 充分大. \tag{1.6.17}$$

(3) 若 p 和 $p+2$ 都是素数, 称 $(p, p+2)$ 是**孪生素数对 (twin primes)**.

猜想 1.2 (孪生素数猜想 (twin prime conjecture))

存在无穷多个正整数 n 使得 $p_{n+1} - p_n = 2$. 等价地

$$\liminf_{n\to\infty} (p_{n+1} - p_n) = 2. \tag{1.6.18}$$

♠

---

[54]Dusart, P. *Autour de la fonction qui compte le nombre de nombres premiers*, Ph.D Thesis, 1998.

[55]Dusart, P. *Estimates of some functions over primes without R.H.*, arXiv:1002.0442v1, 2010.

[56]Dusart, P. *Explicit estimates of some functions over primes*, The Ramanujan Journal, **45**(2016), 227–251.

(4) Goldston-Pintz-Yildrim (2009–2010) 证明了

$$\liminf_{n\to\infty}\frac{p_{n+1}-p_n}{\ln p_n}=0,\quad \liminf_{n\to\infty}\frac{p_{n+1}-p_n}{\sqrt{\ln p_n}(\ln\ln p_n)^2}<\infty. \tag{1.6.19}$$

定理 1.22 (张益唐 (Yitang Zhang), 2013)

$$\liminf_{n\to\infty}(p_{n+1}-p_n)\leqslant 7\times 10^7. \tag{1.6.20}$$

♡

从 2013 年 6 月开始, 陶哲轩 (Terence Tao) 创建了 Polymath Project 来优化张益唐结果[57]中的上界. 在 2014 年, 这个计划成功地把 7000 万降到了 246.

2013 年 11 月, 英国青年数学家 James Maynard 给出了**定理 1.22** 的另一个不同证明[58]并把上界 7000 万降到了 600. Maynard 因此获得了 2022 年的 Fields 奖.

假设 $b_1<\cdots<b_k$ 为一列正整数. 对每个素数 p, 引入

$$\nu_{b_1,\cdots,b_k}(p):=\#\left\{b_i\ (\mathrm{mod}\ p):1\leqslant i\leqslant k\right\}. \tag{1.6.21}$$

当 $k=2$, $(b_1,b_2)=(0,2)$, 得到

$$\nu_{0,2}(p)=\#\{0\ (\mathrm{mod}\ p),\ 2\ (\mathrm{mod}\ p)\}=\begin{cases}1, & p=2,\\ 2, & p\geqslant 3.\end{cases}\Longrightarrow \nu_{0,2}(p)<p.$$

猜想 1.3 (Dickson, 1904)

若 $\nu_{b_1,\cdots,b_k}(p)<p$ 对所有素数 p 都成立, 则存在无穷多个正整数 n 使得 $n+b_1,\cdots,n+b_k$ 都是素数.

♠

显然**猜想 1.3** 可推出**猜想 1.2**.

猜想 1.4 (Hardy-Littlewood, 1923)

对任意 $x,y\geqslant 1$, 证明

$$\pi(x+y)\leqslant\pi(x)+\pi(y). \tag{1.6.22}$$

♠

Hensley-Richards (1972) 证明了**猜想 1.3** 和**猜想 1.4** 是不相容的. 人们倾向于相信**猜想 1.3** 是对的, 而**猜想 1.4** 是错误的.

[57] Zhang, Y. *Bounded gaps between primes*, Annals of Mathematics, **179**(2014), no. 3, 1121–1174.

[58] Maynard, J. *Small gaps between primes*, Annals of Mathematics, **181**(2015), no. 1, 383–413.

1.6.3 两个重要的超越数

本小节关于 π 和 e 的历史主要参考陈仁政的两本著作[59]. 圆周率 π 在大多数情况下取 $\pi = 3.14$ 或 $\pi = 3.1416$.

为了记忆圆周率前几位数, 人们写了一首 "圆周诗" (理论上有很多首, 只要语句通顺且符合圆周率中出现的数字):

> *How I have a dream, Southeast of course, after the heavy lectures involving Leibniz criterion.* 3.14159265358979

中文的圆周诗是谐音顺口溜:

> 山巅一寺一壶酒, 二刘悟三舞, 把酒吃酒.

Google 公司是在二十世纪九十年代中期由 Stanford 大学两位数学专业的研究生创办的[60]. 刚开始他们的朋友建议用 googol 来给公司取名, 这里 googol 是数单位, 等于 10^{100}. 但是这位朋友把单词拼错成 google, 后来就将错就错在 1998 年 9 月 4 日注册成立了 Google 公司. Google 公司的总部被命名为 Googleplex (Googolplex $=$ 10^{googol}). 2004 年 Google 公司上市, 开始出售股票; 首笔报价是 2718281828 美元, 即 $e \times 10$ 亿美元.

2020 年 Nobel 物理学奖颁给了包括 Penrose 在内的三位物理学家. Penrose 最重要的工作之一是证明了如下的 **Penrose 奇点定理**:

> *Space-time* (M, g) *cannot be null geodesically complete if*
>
> (1) $R_{ab}K^aK^b \geqslant 0$ *for all null vectors* K^a*;*
>
> (2) *there is a noncompact Cauchy surface* H *in* M*;*
>
> (3) *there is a closed trapped surface* T *in* M*.*

上述定理原封不动地摘抄自 Hawking 和 Ellis 的专著《The large scale structure of space-time》第 8.2 节中的定理 1, 而定理 2 和 3 是更一般的 **Hawking-Penrose 奇点定理**.

常数 e 出现在哪里呢? 出现在奇点定理中 "测地完备的 (geodesically complete)". 这个概念需要引入 "指数映射 (exponential map)", 即我们中学时期学过的指数函数 e^x 的推广.

接下来我们会证明

[59]陈仁政 著: π 的密码, 科学出版社, 2020; e 的密码, 科学出版社, 2020.

[60]本段内容参考了, Tom Jackson 著 (张诚, 梁超 译): 奇妙数学史 (数字与生活), 人民邮电出版社, 2018.

$$
\begin{aligned}
&e=\lim_{n\to\infty}\left(1+\frac{1}{n}\right)^n=1+\sum_{n\geqslant 1}\frac{1}{n!}=2.7182818284590\cdots,\\
&\frac{\pi^2}{6}=\sum_{n\geqslant 1}\frac{1}{n^2},\\
&n!\sim n^ne^{-n}\sqrt{2\pi n},\quad n\to\infty.\quad(\text{Stirling})
\end{aligned}
\tag{1.6.23}
$$

第一个参见 (2.3.3), 第二个参见 (2.3.2), 最后一个参见 (5.4.32). 实际上, 我们将会给出 $n!$ 更加精细的渐近展开 (参见 (5.4.34)、(15.4.165) 和 (15.4.167)).

实际上, 常数 e 是 Euler 最早利用 $\left(1+\dfrac{1}{n}\right)^n$ 的极限而定义出来的. 在中学时期, 我们事先承认 e 的存在但没有给出任何数学上的定义. 常数 π 的历史可参阅**第 2.1 节**.

其次, 我们会在后面的章节中陆续给出极限 $\lim\limits_{n\to\infty}$, 无穷求和 $\sum\limits_{n\geqslant 0}$ 以及渐近符号 $\sim$ 的定义并研究它们的性质.

利用中学时期学过的反正切函数, 我们来证明 Euler 在 1755 年发现的公式

$$\frac{\pi}{4}=2\arctan\frac{1}{3}+\arctan\frac{1}{7}.$$

我们利用正切函数的加法公式

$$\tan(x+y)=\frac{\tan x+\tan y}{1-\tan x\tan y}$$

得到反正切函数的加法公式

$$\arctan a+\arctan b=\arctan\frac{a+b}{1-ab}.$$

若令

$$\frac{1}{p}=\frac{a+b}{1-ab},$$

则得到

$$b=\frac{1-ap}{a+p}$$

和

$$\arctan\frac{1}{p}=\arctan\frac{1}{p+q}+\arctan\frac{q}{1+p^2+pq}.$$

特别地, 先取 $(p,q)=(1,1)$ 推出

$$\frac{\pi}{4}=\arctan\frac{1}{2}+\arctan\frac{1}{3},$$

再取 $(p,q)=(2,1)$ 推出

$$\arctan\frac{1}{2}=\arctan\frac{1}{3}+\arctan\frac{1}{7}.$$

上述两式合并就得到 Euler 公式. 一般有

$$\frac{\pi}{4}=\arctan\frac{1}{1+q}+\arctan\frac{q}{2+q},\quad q>0.$$

取其他值可得到 π 另外的表达式.

作为本小节的结束, 我们来举例说明 e 在实际生活中的应用. 假设你有本金 a 元 (比如 $a=10000$, $a=100000$) 存入某银行, 而该银行的年利率为 $r\%$ (比如 $r=2$, $r=4$). 到第 n 年末; 连本带利得到

$$a_n=a\left(1+\frac{r}{100}\right)^n.$$

现在很多银行推出了诸多理财产品, 而这些理财产品的利息既有按照年利率计算, 也有按照月利率计算, 甚至有按照日利率计算. 因为

$$1\text{ 年}=12\text{ 月}=365\text{ 天}=8760\text{ 小时}=525600\text{ 分}=31536000\text{ 秒(不考虑闰年)},$$

我们得到

$$\text{月利率}=\frac{r}{100\times12}\quad\Longrightarrow\quad\text{第 }n\text{ 月末 }b_n=a\left(1+\frac{r}{100\times12}\right)^n,$$
$$\text{日利率}=\frac{r}{100\times365}\quad\Longrightarrow\quad\text{第 }n\text{ 日末 }c_n=a\left(1+\frac{r}{100\times365}\right)^n.$$

比如取 $a=10000$, $r=4$, 一年后按照年、月、日利率计算得到连本带息分别为

利率	一年后连本带息
年利率 $\frac{4}{100}$	$10000\left(1+\frac{4}{100}\right)=104000$
月利率 $\frac{4}{100\times12}$	$10000\left(1+\frac{4}{100\times12}\right)^{12}=104073.33$
日利率 $\frac{4}{100\times365}$	$10000\left(1+\frac{4}{100\times365}\right)^{365}=104077.59$

实际生活中, 采用日利率是最小可能了, 因为银行或理财产品不会也不可能提供时利率、分利率和秒利率. 但是上述表格表明, 采用日利率最后得到的本息是最

多的. 这样就启发我们如果允许采用秒利率, 则得到的本息会最多.

一般地, 我们把一年等分成 L 份, 并考虑 $\frac{1}{L}$ 利率. 比如 $L=12$ 时, $\frac{1}{12}$ 利率就是月利率. 这样一年后本息就等于

$$P := a\left(1+\frac{r}{100L}\right)^{L}.$$

如果令 $\frac{r}{100L}=\frac{1}{m}$ 则得到

$$P = a\left[\left(1+\frac{1}{m}\right)^{m}\right]^{r/100}.$$

当 L 越来越大时, P 的值越来越靠近 $ae^{r/100}$.

***e* 出现在物理中.**[61] 1827 年 6 月英国植物学家 Brown 在显微镜下观察悬浮在液面上的花粉微粒运动时, 发现它们是无规则的上下运动并具有如下特点:

(1) 微粒的运动是无规则的, 由平移和旋转组成, 其运动轨迹呈锯齿状且没有切线;

(2) 两个微粒呈独立运动;

(3) 液体黏性越小微粒运动越活跃;

(4) 微粒半径越小微粒运动越活跃;

(5) 液体温度越高微粒运动越活跃;

(6) 微粒的组成成分或密度不影响微粒的运动;

(7) 微粒运动是永远不停止的.

直到 1877 年, Delsaulx 指出花粉微粒这种无规则运动是微粒受到周围液体分子碰撞的结果. 现在把这种运动称为 **Brown 运动 (Brown motion)**.

1905 年 Einstein 通过热力学和统计力学证明了, 在一定假设条件下 (独立增量、质量守恒和连续性假设), 花粉微粒在位置 x (假设外力沿着三维空间中的 x 坐标) 和时刻 t 的分部密度 $\rho(x,t)$ 满足**扩散方程 (diffusion equation)**

$$\frac{\partial\rho}{\partial t} = D\frac{\partial^2\rho}{\partial x^2},$$

这里 D 是**扩散系数 (coefficient of diffusion)** 且满足

$$D = \frac{RT}{N}\cdot\frac{1}{6\pi\nu r},$$

其中 R 为气体常数, T 为温度, N 为 Avogadro 常数 ($N = 6.022\times10^{23}\ \mathrm{mol}^{-1}$), ν

[61] 本段部分内容也参考了李向东教授在中国科学院数学所 2016 年的讲座《随机分析与几何》中的第二节 (张晓, 付保华, 王友德, 席南华 主编: 数学所讲座 2016, 科学出版社, 2020).

为黏性系数, 而 r 为微粒半径. 如果 $t=0$ 时花粉微粒在 $x=0$ 处, 则上面扩散方程的解为

$$\rho(x,t)=\frac{1}{\sqrt{4\pi Dt}}e^{-|x|^2/4Dt}.$$

波兰物理学家 Smoluchowski 在 1906 年独立于 Einstein 得到了同样的结果. 而两位物理学家 Einstein 和 Smoluchowski 关于 Brown 运动的理论被法国物理学家 Perrin 在 1908 年的实验所证实, 由此 Perrin 获得了 1926 年 Nobel 物理学奖.

***e* 出现在化学中.** 瑞典化学家 Arrhenius 在总结大量实验结果的基础上, 于 1889 年对化学反应过程中的化学反应速度常数提出了如下的经验公式:

$$k=Ae^{-E/RT},$$

这里 k 是化学反应速度常数, A 是频率因子, E 是活化能, R 是气体常数 ($R=8.314\ \mathrm{J/(mol\cdot K)}$), T 是反应温度.

由此得出随着反应温度 T 的增大, 反应速度常数也增大. 这可以用来解释在有些化学实验中我们需要加热来加快化学反应的速度.

1.6.4 * 度量空间

度量空间的一般定义是 Maurice Fréchet 在其 1906 年的博士论文《Sur quelques points du calcul fonctionnel》[62]中引入的. 当时他称之为 $\mathscr{E}$ 类. 而 "度量空间" 一词是 Hausdorff 率先使用的.

考察 n 维 Euclid 空间 $\mathbb{R}^n$, 通常的距离函数 $d_{\mathbb{R}^n}$ 定义为

$$d_{\mathbb{R}^n}(\boldsymbol{x},\boldsymbol{y}):=\left(\sum_{1\leqslant i\leqslant n}(x^i-y^i)^2\right)^{1/2},\quad \boldsymbol{x}=(x^1,\cdots,x^n),\quad \boldsymbol{y}=(y^1,\cdots,y^n).$$

在中学时期我们早已知道:

- $d_{\mathbb{R}^n}(\boldsymbol{x},\boldsymbol{y})\geqslant 0$ 且 $d_{\mathbb{R}^n}(\boldsymbol{x},\boldsymbol{y})=0$ 当且仅当 $\boldsymbol{x}=\boldsymbol{y}$,
- $d_{\mathbb{R}^n}(\boldsymbol{x},\boldsymbol{y})=d_{\mathbb{R}^n}(\boldsymbol{y},\boldsymbol{x})$,
- $d_{\mathbb{R}^n}(\boldsymbol{x},\boldsymbol{z})\leqslant d_{\mathbb{R}^n}(\boldsymbol{x},\boldsymbol{y})+d_{\mathbb{R}^n}(\boldsymbol{y},\boldsymbol{z})$.

定义 1.7 (度量空间)

度量空间 (metric space) 是指二元组 (X,d), 其中 X 是非空集合, d 是 X 上的**度量 (metric)**. 换句话说, 映射 $d:X\times X\to\overline{\mathbb{R}}:=\overline{\mathbb{R}}\cup\{\infty\}$ 满足

[62] Fréchet, M. *Sur quelques points du calcul fonctionnel*, Rend. Circ. Mat. Palermo, **22**(1906), 1–74.

(1) **非负性 (Nonnegativity)**: $d(x,y) \geqslant 0$,

(2) **对称性 (Symmetry)**: $d(x,y) = d(y,x)$,

(3) **三角不等式 (Triangle inequality)**: $d(x,z) \leqslant d(x,y) + d(y,z)$. ♣

称 d 是**有限的 (finite)**, 如果 d 的像集包含在 $\mathbb{R}$ 内.

任意度量空间诱导出某个集合上的有限度量. 实际上, 假设 (X,d) 是度量空间, 取一点 $x \in X$. 定义

$$[x]_d := \{y \in X : d(x,y) \neq \infty\}.$$

则

$$y \in [x]_d \Longleftrightarrow y \sim_d x$$

是等价关系. 从而 d 是 $[x]_d$ 上的有限度量.

定义 1.8 (等距映射)

度量空间之间的映射 $f : (X, d_X) \to (Y, d_Y)$ 称为**等距的 (isometric)**, 若

$$d_Y(f(x_1), f(x_2)) = d_X(x_1, x_2), \quad x_1, x_2 \in X. \tag{1.6.24}$$

距离保持的双射称为**等距映射 (isometry)**, 两个度量空间是**等距的**, 如果它们之间存在一个等距映射. ♣

例 1.16

(1) 在任意非空集合 X 上, 可以定义**平凡度量 (trivial metric)**

$$d_{\mathbb{R}}(x,y) := \begin{cases} 0, & x = y, \\ 1, & x \neq y. \end{cases} \tag{1.6.25}$$

(2) 令 $X = \mathbb{R}$. 存在两个有用的距离:

$$d(x,y) := |x-y|, \quad d_{\ln}(x,y) := \ln(1 + |x-y|). \tag{1.6.26}$$

第一个距离是中学时学过的数轴上两点之间的距离, 而第二个距离会出现在微分几何和复代数几何中, 特别是在射影空间上的 Fubini-Study 度量.

(3) 任给两个距离空间 (X, d_X) 和 (Y, d_Y), 定义 Cartesian 乘积 $X \times Y$ 上的**乘积度量 (product metric)** 为

$$d_{X\times Y}((x_1,y_1),(x_2,y_2)) := \sqrt{d_X(x_1,x_2) + d_Y(y_1,y_2)}. \tag{1.6.27}$$

这样 $(X\times Y, d_{X\times Y})$ 就构成一个距离空间.

(4)

$$d_{\mathbb{R}^n}(\boldsymbol{x},\boldsymbol{y}) := \left(\sum_{1\leqslant i\leqslant n}(x^i-y^i)^2\right)^{1/2}.$$

(5) 给定距离空间 (X,d) 和常数 $\lambda>0$, 定义

$$d_\lambda(x,y) := \lambda d(x,y). \tag{1.6.28}$$

(6) 若 (X,d) 是度量空间且 $Y\subseteq X$ 是子集, 则 $(Y, d_Y := d|_Y)$ 本身也是度量空间. ♠

假设 (X,d) 是度量空间.

(1) $\{x_n\}_{n\in\mathbb{N}}$ 称为 **Cauchy 数列 (Cauchy sequence)**, 如果当 $n,m\to\infty$ 时 $d(x_n,x_m)\to 0$. 即, 任给 $\epsilon>0$, 存在 $n_0\in\mathbb{N}$ 使得 $d(x_n,x_m)<\epsilon$ 对任意 $n,m\geqslant n_0$ 都成立.

(2) 度量空间 (X,d) 是**完备的 (complete)**, 如果任意 Cauchy 数列都有位于 X 内的极限. 显然极限存在必唯一. $(\mathbb{R}\setminus\{0\}, d_{\mathbb{R}}|_{\mathbb{R}\setminus\{0\}})$ 是不完备的.

(3) 对 $\delta>0$, 定义 $A\subseteq X$ 的 **δ-邻域 (δ-neighborhood)** 为

$$A_\delta := \{x\in X : d(x,A)<\delta\},$$

其中 $d(x,A) := \inf\{d(x,a) : a\in A\}$.

(4) 两个集合 $A,B\subseteq X$ 间的 **Hausdorff 距离 (Hausdorff distance)** 定义为

$$d^X_{\mathbf{H}}(A,B) := \inf\{\delta>0 : A\subseteq B_\delta \text{ 且 } B\subseteq A_\delta\}. \tag{1.6.29}$$

给定两个度量空间 (X,d_X) 和 (Y,d_Y), 它们之间的 **Gromov-Hausdorff 距离 (Gromov-Hausdorff distance)** 定义为

$$d_{\mathbf{GH}}((X,d_X),(Y,d_Y)) := \inf\left\{ d^Z_{\mathbf{H}}(f(X),g(Y)) : \begin{array}{r} (Z,d_Z) \text{ 是度量空间且} \\ f: X\hookrightarrow Z,\ g: Y\hookrightarrow Z \\ \text{等距嵌入} \end{array}\right\}, \tag{1.6.30}$$

这里**等距嵌入 (isometric embedding)** 是指映射 $(X,d_X)\to(f(X), d_Z|_{f(X)})$ 和 $(Y,d_Y)\to(g(Y), d_Z|_{g(Y)})$ 都是等距的.

接下来定义度量空间列的收敛. 度量空间列 $\{(X_n,d_n)\}_{n\geqslant 1}$ 在 **Gromov-Hausdorff 意义下收敛 (convergence in the sense of Gromov-Hausdorff)**

到度量空间 (X,d), 记作

$$(X_n,d_n)\longmapsto_{\mathbf{GH}}(X,d),$$

如果

$$\lim_{n\to\infty}d_{\mathbf{GH}}((x_n,d_n),(X,d))=0. \tag{1.6.31}$$

比如, 一列半径趋于 0 的 $\mathbb{R}^3$ 中的圆柱体在 Gromov-Hausdorff 意义下收敛到 $\mathbb{R}^3$ 中的一条直线.

这个概念主要用来研究和处理 "奇异空间", 特别是在研究 Ricci 流中 (Hamilton 最早引入该流来研究 **Poincaré 猜想**, 即任何简单闭三维流形同胚于 $\mathbb{S}^3$). Poincaré 猜想最后被 Perelman 解决, 当然很多数学家补全了详细的证明.

1.6.5 * 泛函

泛函的抽象理论开始于 Vito Volterra 在 1887 年关于变分法的工作[63]. 而 "泛函" 的名称是 1910 年 Hadamard 在他的书《Leçons sur le calcul des variations》中引入的. 在建立函数空间和泛函抽象理论中, 第一个最重要的工作是 Maurice Fréchet 所给出的. 之后, 涌现出了一大批名家, 比如 Lévy、Riesz、Polish 和 Banach 等.

考察二次多项式函数

$$f(x):=x^2,\quad x\in\mathbb{R}.$$

易证 f 连续, $\inf\limits_{x\in\mathbb{R}}f(x)=\min\limits_{x\in\mathbb{R}}f(x)=f(0)=0$, 且 $f'(0)=0$.

令 $\mathcal{X}$ 表示 $\mathbb{R}$ 上所有函数构成的集合并考虑映射

$$\mathscr{F}:\mathcal{X}\longrightarrow\mathbb{R},\quad f\longmapsto f(0)^2.$$

显然 $\inf\limits_{f\in\mathcal{X}}\mathscr{F}(f)=\min\limits_{f\in\mathcal{X}}\mathscr{F}(f)=\mathscr{F}(0)=0$. 接下来一个很自然的

问题: 如何定义 $\mathscr{F}$ 的 "导数"?

在回答这个问题之前, 我们先把上述集合 $\mathcal{X}$ 推广到一般情形.

定义 1.9 (向量空间)

实数域 $\mathbb{R}$ 上的**向量空间 (vector space)** 是集合 $\mathcal{X}$, 里面的元素用 $x,y,z,\cdots$ (称为**向量 (vector)**) 来表示, 其上附带加法 "+" 和数乘 "·" 两种运算, 并满足如下性质:

[63] Volterra, V. *Sui fondamenti della teoria delle equazioni differenziali lineari*, Memorie di matematica e di fisica della Società italiana delle scienze, T. **6**, Ser **3**(1887), 1–105.

(1) $x+y\in\mathcal{X}$, 任意 $x,y\in\mathcal{X}$,

(2) 如果 $a\in\mathbb{R}$ 和 $x\in\mathcal{X}$, 那么 $a\cdot x\in\mathcal{X}$,

(3) 如果 $x,y\in\mathcal{X}$, 那么 $x+y=y+x$,

(4) 如果 $x,y,z\in\mathcal{X}$, 那么 $(x+y)+z=x+(y+z)$,

(5) 存在 $0\in\mathcal{X}$(**零向量 (zero vector)**) 使得 $x+0=x$, 任意 $x\in\mathcal{X}$,

(6) 对任意 $x\in\mathcal{X}$, 存在 $-x\in\mathcal{X}$ 使得 $x+(-x)=0$,

(7) 对任意 $a,b\in\mathbb{R}$ 和任意 $x\in\mathcal{X}$, 我们有 $a\cdot(b\cdot x)=(ab)\cdot x$,

(8) 对任意 $a\in\mathbb{R}$ 和任意 $x,y\in\mathcal{X}$, 我们有 $a\cdot(x+y)=a\cdot x+a\cdot y$,

(9) 对任意 $a,b\in\mathbb{R}$ 和任意 $x\in\mathcal{X}$, 我们有 $(a+b)\cdot x=a\cdot x+b\cdot x$,

(10) 对任意 $x\in\mathcal{X}$, $1\cdot x=x$.

换句话说, $(X,+,\cdot)$ 是向量空间, 如果 $(X,+)$ 是 Abelian 群且 $(X,+,\cdot)$ 是左 $\mathbb{R}$-模. ♣

例 1.17

(1) $\mathbb{R}^n$ 是向量空间.

(2) 任给区间 $I\subset\mathbb{R}$, 定义

$$\mathcal{X}:=\{I\text{ 上的实值函数}\}.$$

令

$$(\phi+\psi)(x):=\phi(x)+\psi(x),\quad (a\cdot\phi)(x):=a\cdot\phi(x).$$

则 $(\mathcal{X},+,\cdot)$ 是向量空间.

(3) 令

$$\mathcal{X}':=\{f\in\mathcal{X}|f(0)-f(1)=1\},$$

这里 $\mathcal{X}$ 是 (2) 中的向量空间 (取 $I=[0,1]$). 则 $(\mathcal{X}',+,\cdot)$ 不是向量空间 (**提示:** 考虑函数 $f(x)=1-x$ 和 $g(x)=1-x^2$).

(4) 所有 $m\times n$ 实矩阵构成的集合 $\mathbf{Max}(m,n)$ 在矩阵加法和数乘下是向量空间. ♠

定义 1.10 (泛函)

$\mathcal{X}$ 上的**泛函 (functional)** $\mathscr{F}$ 是向量空间 $\mathcal{X}$ 到 $\mathbb{R}$ 的映射. ♣

例 1.18 (泛函的例子)

(1) $\mathscr{F}(\boldsymbol{x}) := (x^2)^2 - (x^1)^2$, 这里 $\boldsymbol{x} = (x^1, x^2) \in \mathbb{R}^2$.

(2) $\mathcal{X} = C([0, \pi/2])$ 定义为 $[0, \pi/2]$ 上连续函数构成的向量空间, 令

$$\mathscr{F}(\phi) := \int_0^{\pi/2} \left[2\phi(x)^3 + 9(\sin x)\phi(x)^2 + 12(\sin^2 x)\phi(x) - \cos x\right] dx.$$

(3) $\mathcal{X} = \mathbb{R}^2$, 且

$$\mathscr{F}(\boldsymbol{x}) := \begin{cases} \dfrac{xy^2}{x^2 + y^4}, & x \neq 0, \\ 0, & x = 0. \end{cases} \quad \boldsymbol{x} = (x, y).$$

♠

定义 1.11 (Gâteaux 变分, 1913)

给定泛函 $\mathscr{F} : \mathcal{X} \to \mathbb{R}$. $\mathscr{F}$ 在 $x \in \mathcal{D} \subseteq \mathcal{X}$ 的 **Gâteaux 变分 (Gâteaux variation)** 定义为

$$\eth\mathscr{F}(x; h) := \lim_{\epsilon \to 0} \frac{\mathscr{F}(x + \epsilon h) - \mathscr{F}(x)}{\epsilon}. \tag{1.6.32}$$

♣

Gâteaux 变分或 Gâteaux 导数是英年早逝[64]的法国数学家 René Gâteaux 在 1913 年的论文[65]中引入的, 它是微积分中方向导数的推广[66]. 在论文[67]中, Gâteaux 观察到他定义的导数比 Fréchet 导数要弱. 在 1920 年代, Hadamard 引入了介于 Gâteaux 导数和 Fréchet 导数的新概念, 即 Hadamard 导数. 两个赋范空间 $\mathfrak{E}$ 和 $\mathfrak{F}$ 间的映射 $\phi : \mathfrak{E} \to \mathfrak{F}$ 在 $\theta \in \mathfrak{E}$ 处是 **Hadamard 可导的**, 如果存在连续线性映射 $\phi'_\theta : \mathfrak{E} \to \mathfrak{F}$ 使得对任意 $h \in E$ 和任意一族 $\{h_t\}_{t>0} \subset \mathfrak{E}$, 这里 $||h_t - h||_{\mathfrak{E}} \to 0$, 都有

$$\lim_{t \to 0} \left|\left| \frac{\phi(\theta + th_t) - \phi(\theta)}{t} - \phi'_\theta(h) \right|\right|_{\mathfrak{F}} = 0.$$

Hadamard 导数在统计中的某些渐近估计中很有用.

---

[64]1914 年 10 月 3 日早上, 作为第 269 步兵团中尉的 Gâteaux 在 Rouvroy 村 (距离 Lens 东南方向 10 公里) 入口处被机枪射杀. 他的尸体没有被辨认, 在 Rouvroy 村的 St. Anne 教堂火化, 很快就被埋葬了. 10 月 4 日, Gâteaux 的母亲被告知他儿子战死了, 而他正式的官方牺牲报告是 1915 年 12 月 28 日出具的. 1921 年 12 月 8 日, 他的遗体被挖出并移至 Neuville-Saint-Vaast 国家公墓, 安葬于 76 号墓. 1923 年 6 月 23 日, 一份由战争部签发的报告送达 Gâteaux 所在城市的市长, 阐明了他是为了法兰西而牺牲的. 一份日期标记为 1914 年 8 月 25 日的信 (这也是 Volterra 收到的最后一封信) 表明, 在战场上 Gâteaux 还和 Volterra 通信讨论数学问题.

[65]Gâteaux, R. *Sur les fonctionnelles continues et les fonctionnelles analytiques*, C. R. Acad. Sci. Pairs Sér. I Math., **157**(1913), 325–327.

[66]更详细的介绍, 可参考: Laurent, M. *The ghosts of the École Normale. Life, death and mathematical destiny of René Gâteaux*, Statistical Science, **30**(2015), 391–412.

[67]Gâteaux, R. *Sur la représentation des fonctionnelles continues*, Atti della Reale Accademia dei Lincei, **23**(1914), 310–315.

1915 年 8 月, Hadamard 在 Gâteaux 死后开始筹划授予他法国科学院 Francoeur 奖. 在给 Émile Picard 的一封信中, 他写道: "这个年轻人已经离开了他在泛函微积分方面的高度先进的研究 (他的论文大部分已经完成, 部分已经发表在提交给科学院的笔记中), Vito Volterra 和我本人都非常重视这项研究."

1916 年,Gâteaux 获得了法国科学院 Francoeur 奖. 1918 年, Hadamard 与在法兰西学院负责泛函分析课程的 Paul Lévy 谈论了 Gâteaux 在去往前线之前留下的手稿. 他提议 Lévy 编辑它们, 分两部分[68]发表在《Bulletin de la Société Mathématique de France》. Lévy 在 Gâteaux 的论文中最重要的发现是无限维上可积函数的理论草案. 这项工作对 Lévy 撰写其重要著作《Leçons d'Analyse Functionnel》(1922) 非常重要, Lévy 在其中首次称为 Gâteaux 导数. 1922 年暑假, Lévy 与美国数学家 Norbert Wiener 交谈时, Wiener 立即意识到可以使用 Gâteaux 的定义来定义他的 "微分空间", 并构建 Brown 运动的测度 (后来称为 "Wiener 测度"). 在其 1923 年发表的奠基性文章[69]中, Wiener 向 Gâteaux 和 Lévy 致敬, 因为他们创作了 "无限维积分的最深入研究".

例 1.19

(1) $\mathscr{F}(\boldsymbol{x}) := (x^2)^2 - (x^1)^2$, 这里 $\boldsymbol{x} = (x^1, x^2)$,

$$\eth\mathscr{F}(\boldsymbol{x};\boldsymbol{h}) = \lim_{\epsilon\to 0}\frac{[(x^2+\epsilon h^2)^2 - (x^1+\epsilon h^1)^2] - [(x^2)^2 - (x^1)^2]}{\epsilon} = 2(x^2h^2 - x^1h^1).$$

(2) 取例 **1.18** (2) 中的 $\mathscr{F}$, 则

$$\eth\mathscr{F}(\phi;\psi) = \int_0^{\pi/2}\left[6\phi(x)^2\psi(x) + 18\sin x\phi(x)\psi(x) + 12\sin^2 x\psi(x)\right]dx.$$

(3) 取例 **1.18** (3) 中的 $\mathscr{F}$, 则

$$\eth\mathscr{F}(\boldsymbol{0};\boldsymbol{h}) = \begin{cases}(h^2)^2/h^1, & h^1 \neq 0,\\ 0, & h^1 = 0.\end{cases}$$

(4) 一般来说, Gâteaux 变分不是线性的. 比如考虑

$$\mathscr{F}(x,y) := \begin{cases}\dfrac{x^3}{x^2+y^2}, & (x,y)\neq(0,0),\\ 0, & (x,y) = (0,0).\end{cases}$$

[68] Gâteaux, R. *Sur la notion d'intégrale dans le domaine fonctionnel et sur la théorie du potentiel*, Bulletin de la Société Mathématique de France, **47**(1919), 47–70; *Fonctions d'une infinité de variables indépendantes*, Bulletin de la Société Mathématique de France, **47**(1919), 70–96.

[69] Wiener, N. *Differential-space*, J. Math. Phys., **2**(1923), 131–174.

则得到

$$\eth\mathscr{F}((0,0);(a,b)) = \begin{cases} \dfrac{a^3}{a^2+b^2}, & (a,b)\neq(0,0), \\ 0, & (a,b)=(0,0). \end{cases}$$

♠

在泛函分析中, 还有一种很重要的变分是 **Fréchet 变分 (Fréchet variation)**——由法国数学家 René Maurice Fréchet 引入. 两个赋范空间 $\mathfrak{E}$ 和 $\mathfrak{F}$ 间的映射 $\phi:\mathfrak{E}\to\mathfrak{F}$ 在 $\theta\in\mathfrak{E}$ 处是 **Fréchet 可导的**, 如果存在连续线性映射 $A:\mathfrak{E}\to\mathfrak{F}$ 满足

$$\lim_{||h||_{\mathfrak{E}}\to 0}\frac{||\phi(\theta+h)-\phi(\theta)-Ah||_{\mathfrak{F}}}{||h||_{\mathfrak{E}}}=0.$$

可以证明, Fréchet 可导一定也是 Gâteaux 可导, 但反之不成立, 比如**例 1.19** (4).

1.6.6 * 测度

我们在小学就知道长方形面积为长乘以宽, 正方形面积是边长的平方. 而三角形的面积是底乘高的一半. 那么一个很自然的问题是如何定义和求出一般图形或区域的面积, 使得当该图形是长方形、正方形或三角形时就是通常意义下的面积公式? 在本小节我们简单介绍下 "长度"、"面积" 和 "体积" 的自然推广, 即测度.

假设 X 是非空集合而 $\mathcal{A}$ 是由 X 的一些子集所构成的集合. 称 $\mathcal{A}$ 是 **$\boldsymbol{X}$ 上的 $\boldsymbol{\sigma}$-代数 ($\boldsymbol{\sigma}$-algebra over $\boldsymbol{X}$)**, 如果满足如下性质:

(1) $X\in\mathcal{A}$,

(2) 如果 $A\in\mathcal{A}$, 那么 $A^{\mathsf{C}}=X\setminus A\in\mathcal{A}$,

(3) 如果 $A_i\in\mathcal{A}$, $i\in\mathbb{N}$, 那么 $\bigcup\limits_{i\in\mathbb{N}}A_i\in\mathcal{A}$.

根据定义立即得到, 如果 $\mathcal{A}$ 是 σ-代数, $A_i\in\mathcal{A}$, $i\in\mathbb{N}$, 则下列集合都属于 $\mathcal{A}$:

$$\emptyset,\quad A_0\setminus A_1,\quad \bigcup_{0\leqslant i\leqslant m}A_i,\quad \bigcap_{0\leqslant i\leqslant m}A_i,\quad \bigcap_{i\in\mathbb{N}}A_i.$$

练习 1.8

如果在 X 上的 σ-代数 $\mathcal{A}$ 上定义运算

$$A+B:=A\triangle B,\quad A\cdot B:=A\cap B,\quad A,B\in\mathcal{A},$$

证明 $(\mathcal{A},+,\cdot)$ 构成一个交换环, 并求零元和单位元.

♠

例 1.20

假设 X 是非空集合.

(1) $\{\emptyset, X\}$ 和 2^X 都是 X 上的 σ-代数.

(2) $\{A \subseteq X | A$ 或 A^{C} 是可数的$\}$ 是 X 上的 σ-代数.

(3) 当 X 是有限时, $\{A \subseteq X | A$ 或 A^{C} 是有限的$\}$ 是 X 上的 σ-代数.

(4) 如果 A 是非空指标集且对每个 $\alpha \in \mathsf{A}$, $\mathcal{A}_\alpha$ 是 X 上的 σ-代数, 则 $\bigcap_{\alpha \in \mathsf{A}} \mathcal{A}_\alpha$ 是 X 上的 σ-代数.

(5) 令 Y 是另一个非空集合且 $f : X \to Y$ 是映射. 如果 $\mathcal{A}$ 是 X 上的 σ-代数, 则

$$f_*(\mathcal{A}) := \{B \subseteq Y | f^{-1}(B) \in \mathcal{A}\}$$

是 Y 上的 σ-代数, 称为 **$\mathcal{A}$ 在 f 下的像 (image of $\mathcal{A}$ under f)**. 如果 $\mathcal{B}$ 是 Y 上的 σ-代数, 则

$$f^{-1}(\mathcal{B}) := \{f^{-1}(B) | B \in \mathcal{B}\}$$

是 X 上的 σ-代数, 称为 **$\mathcal{B}$ 在 f 下的逆像 (inverse image of $\mathcal{B}$ under f)**.

(6) 令 $\mathcal{A}$ 是 X 上的 σ-代数. 称子集 $\mathcal{S} \subseteq \mathcal{A}$ 是 **$\mathcal{A}$ 的 σ-子代数 (σ-subalgebra of $\mathcal{A}$)**, 如果 $\mathcal{S}$ 本身也是 X 上的 σ-代数. ♠

对任何非空子集 $\mathcal{S} \subseteq 2^X$ 都存在唯一一个包含 $\mathcal{S}$ 的最小 σ-代数:

$$\mathcal{A}(\mathcal{S}) := \cap\{\mathcal{A} \subseteq 2^X | \mathcal{A} \supset \mathcal{S} \text{ 且 } \mathcal{A} \text{ 是 } X \text{ 上的 } \sigma\text{-代数}\}. \tag{1.6.33}$$

根据**例 1.20** 上述定义是有意义的.

练习 1.9

证明 $\mathcal{A}(\mathcal{S})$ 是唯一一个包含 $\mathcal{S}$ 的最小 σ-代数. ♠

假设 X 是非空集合且 $\mathcal{S} \subset 2^X$ 满足条件 $\emptyset \in \mathcal{S}$. 映射 $\mu : \mathcal{S} \to [0, +\infty]$ 称为 **σ-次可加的 (σ-subadditive)**, 如果对满足 $\bigcup_{i \in \mathbb{N}} A_i \in \mathcal{S}$ 的每个不交集合序列 $\{A_i\}_{i \in \mathbb{N}} \subset \mathcal{S}$ 都有

$$\mu\left(\bigcup_{i \in \mathbb{N}} A_i\right) \leqslant \sum_{i \in \mathbb{N}} \mu(A_i). \tag{1.6.34}$$

如果 (1.6.34) 取等号, 则称 μ 是 **σ-可加的 (σ-additive)**.

练习 1.10

证明映射

$$\mu: 2^X \longrightarrow [0,+\infty], \quad A \longmapsto \mu(A) := \begin{cases} 1, & A \neq \emptyset, \\ 0, & A = \emptyset \end{cases}$$

是 σ-次可加的, 且是 σ-可加的当且仅当 X 只包含一个元素. ♠

称三元组 $(X, \mathcal{A}, \mu)$ 为**测度空间 (measure space)**, μ 为**测度 (measure)**, 如果 $\mathcal{A}$ 是 X 上的 σ-代数, $\mu: \mathcal{A} \to [0,+\infty]$ 是 σ-次可加的. 当 $\mu(X) = 1$ 时称 μ 为**概率测度 (probability measure)**, 而把 $(X, \mathcal{A}, \mu)$ 称为**概率空间 (probability space)**. 在概率论中, 概率空间往往也表示为 $(\Omega, \mathcal{F}, \mathbb{P})$.

例 1.21

假设 X 是非空集合.

(1) 对固定的 $a \in X$ 定义

$$\delta_a(A) := \begin{cases} 1, & a \in A, \\ 0, & a \notin A. \end{cases}$$

则 δ_a 是 2^X 上的概率测度, 称为 ***a* 处的 Dirac 测度 (Dirac measure at *a*)**.

(2) $(X, 2^X, \mu)$ 是测度空间, 其中

$$\mu(A) := \begin{cases} 0, & A = \emptyset, \\ +\infty, & A \neq \emptyset. \end{cases}$$

(3) 如果 $(X, \mathcal{A}, \mu)$ 是测度空间, 则对任何 $A \in \mathcal{A}$, $(A, \mathcal{A}|_A, \mu \llcorner A)$ 也是测度空间. 其中 $\mathcal{A}|_A := \{A \cap B | B \in \mathcal{A}\}$, 且 $\mu \llcorner A$ 定义为

$$(\mu \llcorner A)(B) := \mu(A \cap B), \quad B \in \mathcal{A}. \tag{1.6.35}$$ ♠

给定概率空间 $(\Omega, \mathcal{F}, \mathbb{P})$ 和一组 $\mathcal{F}$ 的 σ-子代数 $\{\mathcal{F}_i\}_{i \in \mathsf{A}}$. 称 $\mathcal{F}_i$ 是**互相 $\mathbb{P}$-独立的 (mutually $\mathbb{P}$-independent)**, 如果对 A 中每个有限集 $\{i_1, \cdots, i_n\}$ 和每个元素 $A_{i_\alpha} \in \mathcal{F}_{i_\alpha}$, $1 \leqslant \alpha \leqslant n$, 有

$$\mathbb{P}\left(\bigcap_{1 \leqslant \alpha \leqslant n} A_{i_\alpha}\right) = \prod_{1 \leqslant \alpha \leqslant n} \mathbb{P}(A_{i_\alpha}). \tag{1.6.36}$$

特别地, 称 $A_i \in \mathcal{F}$ $(i \in \mathsf{A})$ 是 $\mathbb{P}$-**独立的** (**$\mathbb{P}$-independent**), 如果 σ-子代数

$$\mathcal{F}_i := \{\emptyset, A_i, A_i^{\mathsf{C}}, \Omega\}, \quad i \in \mathsf{A}$$

是互相 $\mathbb{P}$-独立的.

练习 1.11

证明 A_1 和 A_2 是 $\mathbb{P}$-独立的当且仅当 $\mathbb{P}(A_1 \cap A_2) = \mathbb{P}(A_1)\mathbb{P}(A_2)$. 请问 A_1, A_2, A_3 是 $\mathbb{P}$-独立的是否等价于 $\mathbb{P}(A_1 \cap A_2 \cap A_3) = \mathbb{P}(A_1)\mathbb{P}(A_2)\mathbb{P}(A_3)$? ♠

常见的测度有 Borel 测度、Gauss 测度、Haar 测度、Hausdorff 测度、Lebesgue 测度、Liouville 测度、Radon 测度等.

1.7 习题

1. 完成**练习 1.1**.
2. 完成**练习 1.2**.
3. 完成**例 1.3 (3)**.
4. 证明**注 1.1** 中 X 在同构意义下是唯一的.
5. 证明集合 $B = (-1, 0) \cup (0, 1)$ 不可能满足最小上界性质.
6. 完成**练习 1.3**.
7. 完成**练习 1.4**.
8. 完成**例 1.4**.
9. 完成**例 1.5**.
10. 完成**例 1.8**.
11. 完成**例 1.9**.
12. 完成**例 1.10**.
13. 完成**例 1.11**.
14. 完成**例 1.12**.
15. 完成**定理 1.11**.
16. 完成**练习 1.5**.
17. 完成**例 1.13**.
18. 完成**例 1.14**.
19. 完成**性质 1.6**.
20. 完成**练习 1.6**.

21. 完成**例 1.15** (10) 和 (12).

22. 完成**练习 1.7**.

23. 完成**例 1.16**.

24. 完成**例 1.17**.

25. 完成**例 1.18**.

26. 完成**例 1.19**.

27. 完成**练习 1.8**.

28. 完成**例 1.20**.

29. 完成**练习 1.9**.

30. 完成**练习 1.10**.

31. 完成**例 1.21**.

32. 完成**练习 1.11**.

33. 求下列集合的上、下确界:

(1) $S=\{x=1-2^{-n}|n\in\mathbb{N}_*\}$.

(2) $S=\{y=\sin x|x\in(0,1)\cap\mathbb{Q}\}$.

(3) $S=\{y=x-\lfloor x\rfloor|x\in\mathbb{R}\}$.

(4) $S=\left\{\dfrac{1}{n}\middle|n\in\mathbb{N}_*\right\}$.

(5) $S=\{x\in\mathbb{R}|x^2-3x+1<0\}$.

(6) $S=\{(-1)^n|n\in\mathbb{N}_*\}$.

34. 假设 f,g 是 D 上的有界函数, 证明

$$\inf_D f+\inf_D g\leqslant\inf(f+g)\leqslant\inf_D f+\sup_D g,$$

以及

$$\sup_D f+\inf_D g\leqslant\sup_D(f+g)\leqslant\sup_D f+\sup_D g.$$

举例说明严格不等式可以成立.

35. 假设 f,g 是 D 上的非负有界函数, 证明

$$\inf_D f\cdot\inf_D g\leqslant\inf_D(fg),\quad \sup_D(fg)\leqslant\sup_D f\cdot\sup_D g.$$

举例说明严格不等式可以成立.

36. 证明 $\sqrt{2}$, $\sqrt{3}$, $\sqrt{2}+\sqrt{3}$ 都是无理数. 进一步对任意 $n\in\mathbb{N}_*$ 证明 $\sqrt{n}+\sqrt{n+1}$ 和 $\sqrt{n+1}+\sqrt{n-1}$ 都是无理数.

37. 如果 $a,b,c,d>0$ 且满足 $\dfrac{a}{b}<\dfrac{c}{d}$, 证明

$$\frac{a}{b} < \frac{a+c}{b+d} < \frac{c}{d}.$$

38. 证明函数 $f(x) := \dfrac{x}{1+x}$ 在 $(-1, +\infty)$ 上是严格递增函数.

1.8 参考文献

1. Amann, Herbert; Escher, Joachim. *Analysis I*, Translated from the 1988 German original by Gary Brookfield, Birkhäuser Verlag, Basel, 2005. xiv+426 pp. ISBN: 3-7643-7153-6
2. Amann, Herbert; Escher, Joachim. *Analysis II*, Translated from the 1999 German original by Silvio Levy and Matthew Cargo, Birkhäuser Verlag, Basel, 2008. xii+400 pp. ISBN: 978-3-7643-7472-3; 3-7643-7472-3
3. Amann, Herbert; Escher, Joachim. *Analysis III*, Translated from the 2001 German original by Silvio Levy and Matthew Cargo, Birkhäuser Verlag, Basel, 2009. xii+468 pp. ISBN: 978-3-7643-7479-2; 3-7643-7479-2
4. Evans, Lawrence C.; Gariepy, Ronald F. *Measure theory and fine properties of functions*, Revised edition, Textbooks in Mathematics, CRC Press, Boca Raton, FL, 2015. xiv+299 pp. ISBN: 978-1-4822-4238-6
5. Iwaniec, Henryk; Kowalski, Emmanuel. *Analytic number theory*, American Mathematical Society Colloquium Publications, 53, American Mathematical Society, Providence, RI, 2004. xii+615 pp. ISBN: 0-8218-3633-1
6. Kashiwara, Masaki; Schapira, Pierre. *Categories and sheaves*, Grundlehren der Mathematischen Wissenschaften, 332, Springer-Verlag, Berlin, 2006. x+497 pp. ISBN: 978-3-504-27949-5; 3-540-27949-0
7. Kashiwara, Masaki; Schapira, Pierre. *Sheaves on manifolds*, Grundlehren der Mathematischen Wissenschaften, 292, Springer-Verlag, Berlin, 1990. x+512 pp. ISBN: 3-540-51861-4
8. Munkres, James R. *Topology*, Second edition, Prentice Hall, Inc., Upper Saddle River, NJ, 2000. xvi+537 pp. ISBN: 0-13-181629-2
9. Robinson, R. Clark. *An introduction to dynamical systems — continuous and discrete*, Second Edition, Pure and Applied Undergraduate Texts, **19**, American Mathematical Society, Providence, RI, 2012. xx+733 pp. ISBN: 978-0-8218-9135-3

10. Stroock, Daniel W. *Probability theory. An analytic view*, Second edition, Cambridge University Press, Cambridge, 2011. xxii+527 pp. ISBN: 978-0-521-13250-3
11. Zorich, Vladimir A. *Mathematical Analysis I*, Translated from the 2002 fourth Russian edition by Roger Cooke, Universitext, Springer-Verlag, Berlin, 2004. xviii+574 pp. ISBN: 3-540-40386-8 (中译本: B. A. 卓里奇 著 (李植 译): **数学分析** (第一卷)(第 7 版), 高等教育出版社, 2019.)
12. Zorich, Vladimir A. *Mathematical Analysis II*, Translated from the 2002 fourth Russian edition by Roger Cooke, Universitext, Springer-Verlag, Berlin, 2004. xvi+681 pp. ISBN: 3-540-40633-6 (中译本: B. A. 卓里奇 著 (李植 译): **数学分析** (第二卷)(第 7 版), 高等教育出版社, 2019.)
13. 常庚哲, 史济怀 编: **数学分析教程** (上、下册), 高等教育出版社, 2003.
14. 陈天权 编著: **数学分析讲义** (第一、二、三册), 北京大学出版社, 2009.
15. 邓建平 编: **微积分 I, II**, 科学出版社, 2019.
16. Hardy 著 (张明尧 译): **纯数学教程** (第 9 版), 人民邮电出版社, 2020.
17. Hardy, Littlewood, Pólya 著 (越民义 译): **不等式** (第 2 版), 人民邮电出版社, 2020.
18. 吉米多维奇 著 (李荣涑, 李植 译): **数学分析习题集** (根据 2010 年俄文版翻译), 俄罗斯数学教材选译, 高等教育出版社, 2012.
19. Kline, Morris 著 (张理京, 张炎热, 江泽涵等 译): **古今数学思想** (第一、二、三册), 上海科学技术出版社, 2014.
20. 匡继昌 著: **常用不等式** (第四版), 山东科学技术出版社, 2012.
21. 黎景辉, 赵春来 著: **模曲线导引** (第二版), 北京大学出版社, 2014.
22. 李傅山, 王培合 编著: **数学分析习题课讲义** (1、2、3), 北京大学出版社, 2018.
23. 李忠 著: **迭代、混沌、分形**, 科学出版社, 2007.
24. 林源渠, 方企勤 编: **数学分析解题指南**, 北京大学出版社, 2003.
25. 梅加强 编著: **数学分析**, 高等教育出版社, 2015.
26. 裴礼文 编著: **数学分析中的典型问题与方法** (第二版), 高等教育出版社, 2015.
27. 汪林 著: **数学分析中的问题和反例**, 现代数学基础 **56**, 高等教育出版社, 2015.
28. Weir, D. Maurice; Hass, R. Joel; Giordano, R. Frank. *Thomas' calculus*, Eleventh Edition, (影印版, 上、下册), 高等教育出版社, 2016.
29. 徐森林, 薛春华 编著: **数学分析**, 清华大学出版社, 2005.
30. 杨小远, 孙玉泉, 薛玉梅, 杨卓琴 编著: **工科数学分析教程** (上、下册), 科学出版社, 2011.

31. 张福保, 薛金美, 潮小李 主编: **数学分析讲义**, 科学出版社, 2019.
32. 张筑生 编著: **数学分析新讲** (第一、二、三册), 北京大学出版社, 1990.
33. 周民强 编著: **数学分析习题演练** (第一、二、三册), 科学出版社, 2018.
34. 朱尧辰 编著: **数学分析例选: 通过范例学技巧**, 哈尔滨工业大学出版社, 2013.

第一部分

单变量理论

第二章　极限理论 I: 数列极限

圣人亦是学知, 众人亦是生知.

《传习录》理学编卷二

2.1　数列

假设 $f:\mathbb{N}\to\mathbb{R}$ 是函数. 它的像集是由一些离散的点所构成的:

$$f(0),\quad f(1),\quad f(2),\quad f(3),\quad \cdots.$$

为了方便, 我们把上述离散点构成的集合记作 $\{a_n\}_{n\in\mathbb{N}}$, 其中 $a_n:=f(n)$, 并称之为**数列 (sequence)**. 一般地, 一个数列就是某个函数 $f:\mathbb{N}\to\mathbb{R}$ 的像集.

在**例 1.15** 第 **10** 题中, 函数在每一点的轨道就是一个数列.

易证半径为 r 的圆的内接正 n 边形的周长为

$$a_n := n\cdot 2r\sin\frac{2\pi}{2n} = 2nr\sin\frac{\pi}{n} = 2\pi r\cdot\frac{\sin\frac{\pi}{n}}{\frac{\pi}{n}}.$$

随着 n 的增大, a_n 趋于圆的周长 $2\pi r$, 从而得到 $\dfrac{\sin(\pi/n)}{\pi/n}$ 趋于 1; 反之如果可以证明 $\dfrac{\sin(\pi/n)}{\pi/n}$ 趋于 1, 则内接正 n 边形的周长 a_n 趋于 $2\pi r$.

上述把圆分割成正多边形的方法称为**割圆术 (circular field shu)**[1], 是我国三国时期数学家刘徽首创的. 在这之前[2], 圆周率采用 $\pi=3$, 埃及《林德手卷》(Rhind Papyrus) 间接得到了 $\pi=\dfrac{256}{81}\approx 3.160$, 古埃及人建造金字塔时采用 $\pi=\dfrac{22}{7}\approx 3.142$, 在巴比伦时期的一块石碑上刻着 $\pi=\dfrac{25}{8}\approx 3.125$, 在印度的《百道梵书》(Shatapatha Brahmana) 中记载 $\pi=\dfrac{339}{108}\approx 3.1388$, Ptolemy 取 $\pi=\dfrac{377}{120}=3+\dfrac{17}{120}\approx 3.141666$. 东汉科学家张衡采用 $\pi=\dfrac{736}{232}\approx 3.1724$ 和 $\pi=\sqrt{10}\approx 3.162277$,

[1] 相关历史可参考, 吴文俊 著 (李文林 编订): 吴文俊全集. 数学史卷, pp 199–200, 科学出版社/龙门书局, 2019.

[2] 下面关于 π 的历史取材于, 华金 · 纳瓦罗 著, 李海亭 译: π 的秘密, 中信出版社, 2021.

三国时期天文学家王蕃采用 $\pi=\dfrac{142}{45}\approx 3.156$.

刘徽分割圆为正 192 边形得到圆周率 $\pi=\dfrac{157}{50}\approx 3.14$ 并得到**刘徽圆周率不等式**

$$3.141024<\pi<3.142704.$$

刘徽认为 3.14 数值偏小, 后来继续分割圆到正 1536 边形得到圆周率 $\pi=\dfrac{3927}{1250}\approx 3.1416$ (**徽率**).

南北朝时期数学家祖冲之继续用刘徽的割圆术分割圆为正 12288 边形得到圆周率 $\pi=3.1415926$. 除此之外, 还得到了**祖冲之圆周率不等式**

$$3.1415926<\pi<3.1415927.$$

祖冲之把 $\dfrac{22}{7}\approx 3.142857$ 和 $\dfrac{355}{113}\approx 3.1415929$ 分别称为圆周率的**约率**和**密率**.

希腊数学家 Archimedes 利用内接正多边形和外切正多边形得到了著名的 **Archimedes 圆周率不等式**

$$3.140845\approx\frac{223}{71}<3\frac{284\frac{1}{4}}{2018\frac{7}{40}}<3\frac{284\frac{1}{4}}{2017\frac{1}{4}}<\pi<3\frac{667\frac{1}{2}}{4673\frac{1}{2}}<3\frac{667\frac{1}{2}}{4672\frac{1}{2}}=\frac{22}{7}\approx 3.142857.$$

注意到割圆术只用到内接正多边形. 有趣的是, 密率 $\dfrac{355}{113}$、Ptolemy 的值 $\dfrac{377}{120}$ 及 Archimedes 的值 $\dfrac{22}{7}$ 有如下的关系:

$$\frac{355}{113}=\frac{377-22}{120-7}.$$

第三个关于数列的例子是考虑余弦函数

$$f(x):=\cos x.$$

取定 $a_0:=1$ 并定义数列

$$a_1:=f(a_0),\quad a_2:=f(a_1),\quad \cdots,\quad a_n:=f(a_{n-1}).$$

前几个数值如下:

$$a_1=0.5403023\cdots,\quad a_2=0.8575532\cdots,\quad a_3=0.6542898\cdots,$$

$$a_4=0.7934804\cdots,\quad a_5=0.7013688\cdots,\quad a_6=0.7639597\cdots,$$

$$a_7 = 0.7221024\cdots, \quad a_8 = 0.7504178\cdots, \quad a_9 = 0.7314040\cdots.$$

从这 9 个数字我们发现当 n 很大时 a_n 应该在 0.73 附近; 实际上在下章我们将证明这个数列最后趋于 a_∞, 而这个数 a_∞ 满足方程

$$\cos a_\infty = a_\infty,$$

即这个数是函数 $f(x)$ 的一个不动点.

最后一个关于数列的例子是高中时候学过的等差数列和等比数列

$$a_n = a + (n-1)d, \quad b_n := bq^{n-1}, \quad n \geqslant 1,$$

这里 a, b 分别是等差数列和等比数列的首项, d 是公差, q 是公比. 比如取

$$a = d = 1, \quad b = q = 2,$$

得到

$$a_n = n, \quad b_n = 2^n, \quad n \geqslant 1.$$

显然随着 n 的增大, a_n, b_n 变得越来越大最后趋于无穷大.

2.1.1 数列极限的定义

在本小节我们首先给出 "随着 n 的增大 a_n 趋于某值或变得越来越大" 的精确含义.

定义 2.1 (数列极限; D'Alembert (1765), Cauchy (1821))

给定数列 $\{a_n\}_{n\in\mathbb{N}} \subseteq \mathbb{R}$.

(1) $a \in \mathbb{R}$ 称为 $\{a_n\}_{n\in\mathbb{N}}$ 的**极限 (limit)**, 如果对任给 $\epsilon > 0$, 存在 $N \in \mathbb{N}$ 使得不等式 (一般来说, $N = N(\epsilon)$ 是 ϵ 的函数, 但是和下面提到的 n 无关)

$$|a_n - a| < \epsilon$$

对任意 $n > N$ 都成立. 此时我们记作

$$\lim_{n\to\infty} a_n = a$$

或 $a_n \to a$. 把上述定义简记为

$$a_n \to a \quad \Longleftrightarrow \quad (\forall\, \epsilon > 0\, \exists\, N \in \mathbb{N}\, \forall\, n > N \;\Rightarrow\; |a_n - a| < \epsilon). \tag{2.1.1}$$

之后我们将会证明数列 $\{a_n\}_{n\in\mathbb{N}}$ 的极限若存在必唯一.

(2) 称数列 $\{a_n\}_{n\in\mathbb{N}}$ 是**收敛的 (convergent)**, 如果存在 $a\in\mathbb{R}$ 使得 $a_n\to a$ 成立. 否则, 我们称数列 $\{a_n\}_{n\in\mathbb{N}}$ 是**发散的 (divergent)**; 即对任意 $a\in\mathbb{R}$ 都有 a_n 不收敛到 a, 或简记为 $a_n\nrightarrow a$. 根据 (2.1.1) 得到

$$a_n\nrightarrow a \iff (\exists\,\epsilon_0>0\,\forall\,N\in\mathbb{N}\,\exists\,n_0>N \;\Rightarrow \|a_{n_0}-a|\geqslant\epsilon_0)\,. \tag{2.1.2}$$

之后我们将会证明收敛数列必有界.

(3) 称数列 $\{a_n\}_{n\in\mathbb{N}}$ 是**有界的 (bounded)**, 如果存在 $M\geqslant 0$ 使得 $|a_n|\leqslant M$ 对任何 $n\in\mathbb{N}$ 都成立. 否则, 我们称数列 $\{a_n\}_{n\in\mathbb{N}}$ 是**无界的 (unbounded)**. 等价地, 称数列 $\{a_n\}_{n\in\mathbb{N}}$ 是无界的, 如果对任意 $M>0$, 存在 $n\in\mathbb{N}$ 满足 $|a_n|\geqslant M$. ♣

在上述定义中, 我们要注意 "2" 个 $\forall$ 和 "1" 个 $\exists$: ϵ 是任意的正数, 但是一旦找到便是固定的数了. 在证明极限时, 目标是去寻找 "N" 使得不等式对任意的 $n>N$ 都成立.

在几乎所有求极限中, N 是 ϵ 和 a 的函数, 并随着 ϵ 的变小而变大. 因为在极限定义中, 我们考虑的是当 n 很大时数列的变化, 所以有时候我们可以预先让 n 取得较大, 这样就比较容易求出所需要的 N. 具体步骤可参考下面的例子. 在上述定义中, "1" 个 $>$ 其实可以改为 $\geqslant$, 这个修改不影响定义本身. 另外, $<\epsilon$ 可以改为 $<10\epsilon$, $\leqslant 13\epsilon$ 等, 原因在于 ϵ 本身是任意的.

上述关于数列的定义有时候也称为 "ϵ-N" 定义. 注意到有时候数列的首项下标是 1, 但这不影响数列极限的定义和其他将证的性质.

我们把上述四个概念 "收敛"、"发散"、"有界" 和 "无界" 做一个小结:

- 收敛 $\Rightarrow$ 有界 $\nRightarrow$ 收敛, 第一个关系在**定理 2.1** 中给出, 而第二个关系的反例就是 $a_n=(-1)^{n-1}$.
- 无界 $\Rightarrow$ 发散 $\nRightarrow$ 无界, 第一个关系是 "收敛 $\Rightarrow$ 有界" 的逆否命题, 而第二个关系的反例还是 $a_n=(-1)^{n-1}$.

定义 (2.1.1) 和 (2.1.2) 可平行推广到复数列 $\{z_n\}_{n\in\mathbb{N}}\subseteq\mathbb{C}$, 只要把绝对值换成复数的模即可. 换言之

$$z_n\to z \iff (\forall\,\epsilon>0\,\exists\,N\in\mathbb{N}\,\forall\,n>N \;\Rightarrow\; |z_n-z|<\epsilon)\,, \tag{2.1.3}$$

$$z_n\nrightarrow z \iff (\exists\,\epsilon_0>0\,\forall\,N\in\mathbb{N}\,\exists\,n_0>N \;\Rightarrow\; |z_{n_0}-z|\geqslant\epsilon_0)\,. \tag{2.1.4}$$

根据复数 z_n 的表达式 $z_n = x_n + \mathbf{i}y_n$ 和复数 z 的表达式 $z = x + \mathbf{i}y$, 则得到

$$|z_n - z| = |(x_n - x) + \mathbf{i}(y_n - y)| = \sqrt{(x_n - x)^2 + (y_n - y)^2},$$

从而推出不等式

$$|x_n - x|, |y_n - y| \leqslant |z_n - z| \leqslant |x_n - x| + |y_n - y|.$$

这就表明复数列 $\{z_n\}_{n\in\mathbb{N}}$ 收敛到 z 当且仅当实部构成的数列 $\{\mathbf{Re}(z_n)\}_{n\in\mathbb{N}}$ 和虚部构成的数列 $\{\mathbf{Im}(z_n)\}_{n\in\mathbb{N}}$ 分别收敛到 $\mathbf{Re}(z)$ 和 $\mathbf{Im}(z)$.

该结论说明研究复数列的极限可归结为研究实数列的极限. 因此下面我们仅局限于对实数列展开讨论, 但有时候会用到一些复数列的结果 (这个会随用随提). 至于复数列以及复数级数将会在复变函数中详细展开.

2.1.2 几个典型例题

这一小节我们练习用 "ϵ-N" 语言来求证数列的极限. 到目前为止, 只能用定义来证明数列的极限; 此时我们默认数列是收敛的, 然后来证明该数列的极限就是所给的数. 在**第 2.3** 节中我们将考察数列收敛的一些判别法则, 特别是**定理 2.17**.

例 2.1

用 ϵ-N 语言来证明如下极限:

(1) $\lim\limits_{n\to\infty} \dfrac{1}{n} = 0$.

(2) 如果 $|q| < 1$ 且 $q \in \mathbb{C}$, 则 $\lim\limits_{n\to\infty} q^n = 0$.

(3) $\lim\limits_{n\to\infty} (\sqrt{n+1} - \sqrt{n}) = 0$.

(4) 如果 $a \geqslant 1$, 则 $\lim\limits_{n\to\infty} \sqrt[n]{a} = 1$.

(5) $\lim\limits_{n\to\infty} \sqrt[n]{n} = 1$.

证: (1) 根据定义, 对任意 $\epsilon > 0$ 我们需要找到 $N \in \mathbb{N}$ 使得 $|n^{-1} - 0| < \epsilon$ 对任意 $n > N$ 都成立. 此时显然取 $n > \dfrac{1}{\epsilon}$, 即可取 $N := 1 + \lfloor 1/\epsilon \rfloor$.

(2) 如果 $q = 0$, 每个 q^n 均为零故结论成立. 从而我们可以假设 $0 < |q| < 1$. 此时

$$|q^n - 0| < \epsilon \quad \Longleftrightarrow \quad |q|^n < \epsilon \quad \Longleftrightarrow \quad n > \frac{\ln \epsilon}{\ln |q|}.$$

那么对任意 $\epsilon > 0$ 存在 $N = \lfloor \ln \epsilon / \ln |q| \rfloor + 1$ 使得

$$|q^n - 0| < \epsilon$$

对任意 $n > N$ 都成立.

(3) 观察到

$$\sqrt{n+1}-\sqrt{n}=\frac{(n+1)-n}{\sqrt{n+1}+\sqrt{n}}=\frac{1}{\sqrt{n+1}+\sqrt{n}}<\frac{1}{2\sqrt{n}}.$$

我们可以取 $N=\lfloor 1/(4\epsilon^2)\rfloor+1$.

(4) 不失一般性, 假设 $a>1$. 因此 $\sqrt[n]{a}>1$ 且可写成 $\sqrt[n]{a}=1+y_n$. 由于 $y_n>0$, 得到

$$a=(1+y_n)^n=1+ny_n+\frac{n(n-1)}{2}y_n^2+\cdots+y_n^n>1+ny_n.$$

上述不等式可重新写成

$$|\sqrt[n]{a}-1|=|y_n|<\frac{a-1}{n}\longrightarrow 0.$$

这样我们找到 N, 只要 $N>(a-1)/\epsilon$.

(5) 类似 (3), 令 $\sqrt[n]{n}=1+y_n$, 其中 $y_n>0$. 同理得到

$$n=(1+y_n)^n=1+ny_n+\frac{n(n-1)}{2}y_n^2+\cdots+y_n^n>1+\frac{n(n-1)}{2}y_n^2.$$

和 (3) 唯一的区别是, 在这里二项式展开中我们取第一项和第三项. 原因是右边已经出现了 n, 如果在二项式展开中我们只取前面两项, 那么很明显 y_n 的绝对值被 $(n-1)/n$ 所控制. 但 $(n-1)/n$ 不可能趋于零. 最后得到, 只取第三项,

$$\left|\sqrt[n]{n}-1\right|=|y_n|<\sqrt{\frac{2}{n-1}}\longrightarrow 0.$$

这里只要 $N>1+2/\epsilon^2$. □

♠

在**例 2.1** 第 (2) 个例题中, $|q|<1$ 得到实数列 $\{q^n\}_{n\in\mathbb{N}}$ 收敛. 但是使得该实数列收敛的 q 值还有 $q=1$, 此时恒有 $q^n\equiv 1$. 但当 $q=-1$ 时, 有 $q^n=(-1)^n$ 是发散的 (见下面例题); 而当 $|q|>1$ 时实数列 $\{q^n\}_{n\in\mathbb{N}}$ 是发散的 (可直接利用定义证明, 或运用**定理 2.1**). 所以实数列 $\{q^n\}_{n\in\mathbb{N}}$ 收敛当且仅当 $q\in(-1,1]$.

现在考虑复数列 $\{q^n\}_{n\in\mathbb{N}}$, 其中 $q\in\mathbb{C}$. 和实数列情形一样, 当 $|q|>1$ 时发散而当 $|q|<1$ 时收敛. 和实数列唯一区别的地方是 $|q|=1$ 情形, 此时 q 不仅可以取 ±1 而且可以取单位圆上的任意值. 不妨令 $q=\cos\theta+\mathbf{i}\sin\theta$, 从而得到 $q^n=\cos(n\theta)+\mathbf{i}\sin(n\theta)$, 其中 $\theta\in[0,2\pi)$. 如果 $\theta=0$, 则 $q=1$, 从而数列 $\{q^n\}_{n\in\mathbb{N}}$ 收敛; 如果 $\theta\in(0,2\pi)$, 我们断言数列 $\{q^n\}_{n\in\mathbb{N}}$ 发散, 即断言此时数列

$\{\cos(n\theta)\}_{n\in\mathbb{N}}$ 和 $\{\sin(n\theta)\}_{n\in\mathbb{N}}$ 均发散 (根据三角函数性质不妨假设 $\theta\in(0,\pi)$). 假设 $\sin(n\theta)\to a\in\mathbb{R}$, 则得到 $\cos^2(n\theta)\to 1-a^2$. 另一方面, 根据倍角公式

$$\sin(2n\theta)=2\sin(n\theta)\cos(n\theta)$$

和**定理 2.14**, 得到

$$a^2=4a^2(1-a^2)\quad\Longrightarrow\quad a=0\text{ 或 }a^2=\frac{3}{4}.$$

下面我们来导出矛盾.

- 如果 $\sin(n\theta)\to 0$, 那么 $\cos^2(n\theta)\to 1$ 和 $\cos(2n\theta)=2\cos^2(n\theta)-1\to 1$. 因此根据

  $$\sin[(2n+1)\theta]=\sin(2n\theta)\cos\theta+\cos(2n\theta)\sin\theta$$

  得到矛盾: $0=0\cdot\cos\theta+1\cdot\sin\theta=\sin\theta$.
- 如果 $a^2=\dfrac{3}{4}$, 那么 $\cos^2(n\theta)\to\dfrac{1}{4}$ 和 $\cos(2n\theta)=2\cos^2(n\theta)-1\to-\dfrac{1}{2}$. 因此根据

  $$\sin[(2n\pm 1)\theta]=\sin(2n\theta)\cos\theta\pm\cos(2n\theta)\sin\theta$$

  得到矛盾:

  $$\frac{3}{4}=\frac{3}{4}\cos^2\theta+\frac{1}{4}\sin^2\theta\pm a\cos\theta\sin\theta\quad\text{或}\quad\pm 2a=\tan\theta.$$

上述冗长的论断证明了当 $\theta\in(0,2\pi)$ 时数列 $\{\cos(n\theta)\}_{n\in\mathbb{N}}$ 和 $\{\sin(n\theta)\}_{n\in\mathbb{N}}$ 均发散.

例 2.2 (发散数列的例子)

(1) 证明数列 $\{(-1)^{n-1}\}_{n\geqslant 1}$ 发散.
(2) 证明数列 $\{\sin n\}_{n\geqslant 1}$ 发散.

证: (1) 首先证明 $(-1)^{n-1}\nrightarrow 1$. 取 $\epsilon_0=1$, 对任意 $N\in\mathbb{N}$, 存在 $n_0=2N>N$ 满足

$$|a_{n_0}-a|=|(-1)^{n-1}-1|=|-2|=2>1=\epsilon_0.$$

接下来对任意 $a\neq 1$, 证明 $(-1)^{n-1}\nrightarrow a$. 取 $\epsilon_0=\dfrac{|a-1|}{2}$, 对任意 $N\in\mathbb{N}$, 存在 $n_0=2N+1$ 满足 $|a_{n_0}-a|=|1-a|>\epsilon_0$.
(2) 由于 $|\sin n|\leqslant 1$, 我们只要证明对任意 $A\in[-1,1]$ 都有 $\sin n\nrightarrow A$. 不失一般性, 假设 $0\leqslant A\leqslant 1$. 存在 $\epsilon_0=\dfrac{\sqrt{2}}{2}$, 对任意 $N\in\mathbb{N}$, 存在 $n_0=$

$\left\lfloor\left(2N\pi-\frac{\pi}{2}\right)+\frac{\pi}{4}\right\rfloor$ 满足 $\sin n_0<-\frac{\sqrt{2}}{2}$ 且 $|\sin n_0-A|\geqslant\frac{\sqrt{2}}{2}=\epsilon_0$.
另一种证明方法如下. 假设 $\lim\limits_{n\to\infty}\sin n=a$ 存在, 则根据三角函数恒等式

$$2\sin 1\cos n=\sin(n+1)-\sin(n-1)$$

得到 $\lim\limits_{n\to\infty}\cos n=0$. 从而

$$\sin(2n)=2\sin n\cos n\to 0,\quad n\to\infty.$$

即 $a=0$. 但根据 $1=\sin^2 n+\cos^2 n$, 导出矛盾 $0=1$. 因此数列 $\{\sin n\}_{n\geqslant 1}$ 发散. □

♠

注 2.1

(1) **例 2.1** 告诉我们

$$\lim_{n\to\infty}(a_{n+1}-a_n)=0\quad\nRightarrow\quad\lim_{n\to\infty}a_n\text{ 存在}.$$

(2) **例 2.2** 告诉我们

$$\{a_n\}_{n\in\mathbb{N}}\text{ 有界}\quad\nRightarrow\quad\lim_{n\to\infty}a_n\text{ 存在}.$$

♣

在**定理 2.1** 中我们将证明数列收敛必有界, 从而

有界性是数列收敛的必要条件.

同样, 利用**定理 2.3** 得到**注 2.1** (1) 的逆命题是对的, 即

$$\lim_{n\to\infty}a_n\text{ 存在}\quad\Longrightarrow\quad\lim_{n\to\infty}(a_{n+1}-a_n)=0.$$

例 2.3

(1) 如果 $\lim\limits_{n\to\infty}a_n=a$ 存在且有限, 则

$$\lim_{n\to\infty}\frac{a_1+\cdots+a_n}{n}=a.$$

证: 对任意 $\epsilon>0$, 存在 $N_0\in\mathbb{N}$ 使得 $|a_n-a|<\frac{\epsilon}{2}$ 对任意 $n>N_0$ 都成立. 注意到

$$\left|\frac{a_1+\cdots+a_n}{n}-a\right|=\left|\frac{a_1+\cdots+a_n-na}{n}\right|$$

$$= \left| \frac{a_1 + \cdots + a_{N_0} - N_0 a}{n} + \frac{(a_{N_0+1} - a) + \cdots + (a_n - a)}{n} \right|$$
$$\leqslant \frac{|a_1 + \cdots + a_{N_0} - N_0 a|}{n} + \frac{|a_{N_0+1} - a| + \cdots + |a_n - a|}{n}$$
$$\leqslant \frac{n - N_0}{n}\frac{\epsilon}{2} + \frac{|a_1 + \cdots + a_{N_0} - N_0 a|}{n}.$$

只要取

$$N > \max\left\{ N_0, \frac{|a_1 + \cdots + a_{N_0} - N_0 a|}{\frac{\epsilon}{2}} \right\},$$

我们得到

$$\left| \frac{a_1 + \cdots + a_n}{n} - a \right| < \frac{\epsilon}{2} + \frac{\epsilon}{2} = \epsilon. \quad \square$$

(2) 注意, (1) 的逆命题不成立, 即若数列 $\{a_n\}_{n\geqslant 1}$ 满足

$$\lim_{n\to\infty} \frac{a_1 + \cdots + a_n}{n} = a \in \mathbb{R},$$

那么数列 $\{a_n\}_{n\geqslant 1}$ 未必存在极限. 比如对数列 $a_n = (-1)^{n-1}$, $n \geqslant 1$, 简单计算得到

$$\frac{a_1 + \cdots + a_n}{n} = \begin{cases} 0, & n \text{ 为偶数}, \\ \frac{1}{n}, & n \text{ 为奇数}, \end{cases} \to 0,$$

但是 $\lim\limits_{n\to\infty} a_n$ 不存在. ♠

例 2.3 中假设 "a 存在且有限" 可推广到假设 "a 存在且有限或等于 $+\infty$ 或 $-\infty$", 参见**例 2.12** (1).

例 2.4

任意实数都是某个有理数列的极限.

证: 任给一个实数 $a \in \mathbb{R}$. 定义 $a_n := \frac{\lfloor na \rfloor}{n}$. 因为 $na - 1 < \lfloor na \rfloor \leqslant na$, 我们得到

$$a - \frac{1}{n} < \frac{\lfloor na \rfloor}{n} < a$$

或者

$$|a_n - a| = \left| \frac{\lfloor na \rfloor}{n} - a \right| < \frac{1}{n} \longrightarrow 0. \quad \square$$

♠

根据无理数的稠密性和**例 2.4** 得到任意实数都是某个无理数列的极限.

例 2.5

对任给实数 a 都有 $\lim\limits_{n\to\infty}\dfrac{a^n}{n!}=0$.

证: 由于 $a\in\mathbb{R}$ 是一个给定的实数, 所以可以找到 $N_0\in\mathbb{N}$ 使得 $|a|\leqslant N_0$ 成立. 观察到下面的不等式

$$\left|\frac{a^n}{n!}-0\right|=\frac{|a|^n}{n!}=\frac{|a|^{N_0}}{N_0!}\times\frac{|a|}{N_0+1}\times\cdots\times\frac{|a|}{n}\leqslant\frac{|a|^{N_0}}{N_0!}\times\frac{|a|}{n},\quad n\geqslant N_0.$$

对任意 $\epsilon>0$, 存在 $N>\max\left\{N_0,\dfrac{|a|^{N_0+1}}{N_0!\epsilon}\right\}$, $\left|\dfrac{a^n}{n!}\right|<\epsilon$ 对任意 $n>N$ 成立. □

♠

例 2.6

证明 $\lim\limits_{n\to\infty}\dfrac{3n^2}{n^2-3}=3$.

证: 根据极限定义考虑差

$$\left|\frac{3n^2}{n^2-3}-3\right|=\left|\frac{9}{n^2-3}\right|=\frac{9}{|n^2-3|}=\frac{9}{(n+\sqrt{3})(n-\sqrt{3})}<\frac{9}{n},$$

只要 $n\geqslant3$. 因此当 $n>\max\left\{3,\dfrac{9}{\epsilon}\right\}$ 时, 得到 $\left|\dfrac{3n^2}{n^2-3}-3\right|<\epsilon$. □

♠

上面例子表明在用 ϵ-N 证明数列极限时, 可事先要求 n 超过某数.

例 2.7

证明 $\lim\limits_{n\to\infty}\dfrac{3\sqrt{n}+1}{2\sqrt{n}-1}=\dfrac{3}{2}$.

证: 简单计算得到

$$\left|\frac{3\sqrt{n}+1}{2\sqrt{n}-1}-\frac{3}{2}\right|=\frac{5}{4\sqrt{n}-2}.$$

如果事先假定 $n\geqslant4$ 则得到

$$\left|\frac{3\sqrt{n}+1}{2\sqrt{n}-1}-\frac{3}{2}\right|\leqslant\frac{6}{3\sqrt{n}}=\frac{2}{\sqrt{n}}.$$

所以只要 $n>\max\left\{4,\dfrac{4}{\epsilon^2}\right\}$ 就有

$$\left|\frac{3\sqrt{n}+1}{2\sqrt{n}-1}-\frac{3}{2}\right|<\epsilon$$

成立. 当然我们也可以直接使用不等式放缩技巧得到

$$\left|\frac{3\sqrt{n}+1}{2\sqrt{n}-1}-\frac{3}{2}\right|=\frac{5}{4\sqrt{n}-2}\leqslant\frac{5}{4\sqrt{n}-2\sqrt{n}}=\frac{5}{2\sqrt{n}}<\frac{3}{\sqrt{n}}.$$

此时只要 $n>\dfrac{9}{\epsilon^2}$ 即可. □

♠

例 2.8

如果 $a_n := 0.3\cdots3$ (n 个 3), 证明 $\lim\limits_{n\to\infty} a_n = 0.\dot{3} = \dfrac{1}{3}$.

证: 只要注意到

$$|a_n - 0.\dot{3}| = \left|0.\underbrace{33\cdots33}_{n}-0.\underbrace{33\cdots33}_{n}33\cdots\right| = \left|0.\underbrace{00\cdots00}_{n}33\cdots\right|$$

$$<0.\underbrace{00\cdots0}_{n-1}1=\frac{1}{10^n}. \quad \square$$

♠

2.2 收敛数列的性质

首先考察收敛数列 $\{a_n = n^{-1}\}_{n\geqslant1}$. 在**例 2.1** 中我们已经证明了 $\lim\limits_{n\to\infty} a_n = 0$. 显然这个数列满足

$$0 < a_n \leqslant 1, \quad a_n > a_{n+1}, \quad n \geqslant 1.$$

所以极限只能有一个, 而且 $\{n^{-1}\}_{n\geqslant1}$ 是个有界数列.

一个自然的问题是其他收敛数列是否也具有极限唯一性和数列本身有界性. 本节主要来回答这两个问题, 并得到了收敛数列的其他重要性质.

2.2.1 基本性质

在**定义 2.1** 中我们留下了两个未给出证明的断言, 即数列极限存在必唯一和收敛数列必有界. 在这小节我们给出这两个断言的证明.

定理 2.1 (收敛数列的基本性质)

(1) **(唯一性)** 如果 $a_n \to a$, $a_n \to b$ 都存在, 则 $a = b$.

(2) **(有界性)** 如果 $\{a_n\}_{n\geqslant1}$ 收敛, 则 $\{a_n\}_{n\geqslant1}$ 有界.

(3) **(保序性)** 如果 $a_n \to a$, $b_n \to b$, 且 $a < b$, 则存在 $N \in \mathbb{N}$ 使得 $a_n < b_n$ 对任意 $n \geqslant N$ 都成立.

(4) 如果 $a_n \to a$ 且 $b < a < c$, 则存在 $N \in \mathbb{N}$ 使得 $b < a_n < c$ 对任意 $n > N$ 都成立.

(5) **(保号性)** 如果 $a_n \to a$, $b_n \to b$, 且 $a_n \leqslant b_n$ (对任意 $n > N$), 则 $a \leqslant b$.

(6) 如果 $a_n \to a$, 则 $|a_n| \to |a|$. ♡

证: (1) 任给 $\epsilon > 0$, 存在 $N_1, N_2 \in \mathbb{N}$ 使得

$$|a_n - a| < \epsilon, \quad n > N_1 \quad 和 \quad |b_n - b| < \epsilon, \quad n > N_2$$

都成立. 从而

$$|a - b| \leqslant |a_n - b| + |a_n - a| < 2\epsilon, \quad n > \max\{N_1, N_2\}.$$

根据 ϵ 的任意性, 我们必须有 $a = b$ 成立.

(2) 取 $\epsilon = 1$, 存在 $N_1 \in \mathbb{N}$ 使得 $a - 1 < a_n < a + 1$ 对任意 $n > N_1$ 都成立. 因此

$$\min\{a_1, \cdots, a_N, a - 1\} \leqslant a_n \leqslant \max\{a_1, \cdots, a_N, a + 1\}, \quad 任意\ n \geqslant 1.$$

(3) 取 $\epsilon = \frac{b-a}{2} > 0$, 存在 $N_1, N_2 \in \mathbb{N}$ 使得

$$|a_n - a| < \frac{b-a}{2}, \quad n > N_1 \quad 和 \quad |b_n - b| < \frac{b-a}{2}, \quad n > N_2$$

都成立. 从而

$$a_n < \frac{b-a}{2} + a = \frac{b+a}{2} < b_n, \quad n > \max\{N_1, N_2\}.$$

(4) 在 (3) 中令 $b_n \equiv b$, 我们可以找到 $N \in \mathbb{N}$ 使得 $b = b_n < a_n$ $(n > N)$ 成立.

(5) $b < a$, 则根据 (3) 我们得到 $b_n < a_n$ 对所有 $n > N$ 都成立.

(6) $a_n \to a$ 意味着对任意 $\epsilon > 0$, 存在 $N \in \mathbb{N}$ 使得 $|a_n - a| < \epsilon$ 对任意 $n > N$ 都成立. 从而 $||a_n| - |a|| \leqslant |a_n - a| < \epsilon$. □

注 2.2

(1) $\{a_n\}_{n\geqslant 1}$ 有界 $\nRightarrow$ $\{a_n\}_{n\geqslant 1}$ 收敛. 比如, $a_n = (-1)^n$.

(2) $a_n \to a$, $b_n \to b$, $a_n < b_n \nRightarrow a < b$. 比如, $a_n = \frac{1}{n}$, $b_n = \frac{2}{n}$, 但是 $a = b = 0$.

(3) $\{|a_n|\}_{n\geqslant 1}$ 收敛 $\nRightarrow$ $\{a_n\}_{n\geqslant 1}$ 收敛. 比如 $a_n = (-1)^{n-1}$. ♣

定理 2.2 (夹逼定理 (Sandwich's theorem))

如果不等式 $x_n \leqslant y_n \leqslant z_n$ 对所有 $n \geqslant N_0$ 都成立, 这里 N_0 是某个自然数, 且 $\lim\limits_{n\to\infty} x_n = \lim\limits_{n\to\infty} z_n = a$, 则 $\lim\limits_{n\to\infty} y_n = a$. ♡

证: 对任意 $\epsilon > 0$, 存在 $N_1, N_2 \in \mathbb{N}$ 使得 $|x_n - a| < \epsilon$ 和 $|z_n - a| < \epsilon$ 都成立. 从而

$$a - \epsilon < x_n \leqslant y_n \leqslant z_n < a + \epsilon$$

对任意 $n > N := \max\{N_0, N_1, N_2\}$ 都成立. 故 $y_n \to a$. □

在这里, 我们对上面的**定理 2.2** 做一个注释. 因为该定理的目标是证明数列 $\{y_n\}_{n\geqslant 1}$ 存在极限; 根据收敛数列必有界这个性质, 可知道数列 $\{y_n\}_{n\geqslant 1}$ 必须要求事先是有界的. 正因为这个事先有界性, 满足不等式 $x_n \leqslant y_n \leqslant z_n$ 的数列 $\{x_n\}_{n\geqslant N_0}$ 和 $\{z_n\}_{n\geqslant N_0}$ 肯定存在. 因此应用**定理 2.2** 的困难之处是如何去寻找好的 “下界数列” $\{x_n\}_{n\geqslant N_0}$ 以及好的 “上界数列”$\{z_n\}_{n\geqslant N_0}$ 使得 $\lim\limits_{n\to\infty} x_n = \lim\limits_{n\to\infty} z_n = a$ 成立.

比如, 考虑满足 $a_n \geqslant 0$ (对所有 n 都成立) 的数列 $\{a_n\}_{n\geqslant 1}$. 若要证明 $\lim\limits_{n\to\infty} a_n = 0$, 我们可以把 0 作为好的 “下界数列”, 而根据其他假设条件来挑选合适的好的 “上界数列” 且其极限为 0. 但是, 往往好的 “上界数列” 不好求得, 究其原因是一旦好的 “上界数列” 得到了, 那么数列极限也就唾手可得了. 这也就是为什么我们要引入新的方法来求数列极限的原因之一了.

例 2.9

(1) 如果 $a_1, \cdots, a_k > 0$, 那么有

$$\lim_{n\to\infty} \sqrt[n]{a_1^n + \cdots + a_k^n} = \max\{a_1, \cdots, a_k\}. \tag{2.2.1}$$

(2) 证明

$$\lim_{n\to\infty} \frac{1 + \sqrt[n]{2} + \cdots + \sqrt[n]{n}}{n} = 1. \tag{2.2.2}$$

(3) 求极限

$$\lim_{n\to+\infty} \frac{(2n-1)!!}{(2n)!!}.$$

证: (1) 不失一般性, 假设 $\max\{a_1, \cdots, a_k\} = a_1$, 则得到

$$a_1 < \sqrt[n]{a_1^n + \cdots + a_k^n} \leqslant \sqrt[n]{k a_1^n} = \sqrt[n]{k} \cdot a_1 \to a_1.$$

最后一步利用了**例 2.1** (3).

(2) 实际上有下列不等式

$$\frac{1+1+\cdots+1}{n} \leqslant \frac{1+\sqrt[n]{2}+\cdots+\sqrt[n]{n}}{n} \leqslant \frac{\sqrt[n]{n}+\cdots+\sqrt[n]{n}}{n},$$

从而推出 $1 \leqslant \dfrac{1+\sqrt[n]{2}+\cdots+\sqrt[n]{n}}{n} \leqslant \sqrt[n]{n} \to 1$. 最后一步利用**例 2.1** (4).

(3) 回忆双阶乘:

$$(2n)!! = 2\times 4\times 6\times\cdots\times 2n,$$
$$(2n-1)!! = 1\times 3\times 5\times\cdots\times(2n-1).$$

对每个 $k\in\mathbb{N}$ 有

$$\frac{2k-1}{2k} < \frac{2k}{2k+1}$$

成立. 因此得到

$$\frac{(2n-1)!!}{(2n)!!} = \prod_{1\leqslant k\leqslant n}\frac{2k-1}{2k} < \prod_{1\leqslant k\leqslant n}\frac{2k}{2k+1} = \frac{2\times 4\times 6\times\cdots\times 2n}{3\times 5\times\cdots\times(2n+1)}$$
$$= \frac{1}{\dfrac{1\times 3\times 5\times\cdots\times(2n-1)}{2\times 4\times 6\times\cdots\times 2n}}\times\frac{1}{2n+1} = \frac{1}{\dfrac{(2n-1)!!}{(2n)!!}}\times\frac{1}{2n+1},$$

推出

$$\frac{(2n-1)!!}{(2n)!!} < \frac{1}{\sqrt{2n+1}}.$$

从而极限为 0. □

♠

定理 2.2 可追溯到古希腊时代的 Archimedes 和 Eudoxus 关于圆周率 π 的计算, 而现代形式是由 Gauss 给出的.

2.2.2 收敛数列的代数运算/四则运算

假设给定两个数列 $\{a_n\}_{n\in\mathbb{N}}$ 和 $\{b_n\}_{n\in\mathbb{N}}$, 我们可以很自然地问数列

$$\{a_n\pm b_n\}_{n\in\mathbb{N}},\quad \{a_nb_n\}_{n\in\mathbb{N}},\quad \left\{\frac{a_n}{b_n}\right\}_{n\in\mathbb{N}}\ (\text{对充分大的 } n \text{ 有 } b_n\neq 0)$$

的收敛性.

定理 2.3 (收敛数列的四则运算)

假设 $a_n\to a$ 和 $b_n\to b$ 都收敛且 $\alpha,\beta\in\mathbb{R}$, 那么有

$$\alpha a_n\pm\beta b_n\to\alpha a\pm\beta b,\quad a_nb_n\to ab,\quad \frac{a_n}{b_n}\to\frac{a}{b}\ (b\neq 0). \tag{2.2.3}$$

♡

证: (1) $b_n \to b$ 推出 $-b_n \to -b$. 故只要证明 $\alpha a_n + \beta b_n \to \alpha a + \beta b$ 即可. 但这个极限可由下列不等式给出

$$0 \leqslant |(\alpha a_n + \beta b_n) - (\alpha a + \beta b)| \leqslant |\alpha||a_n - a| + |\beta||b_n - b| \to 0.$$

(2) $\{a_n\}, \{b_n\}$ 都收敛推出存在两个正数 M_1, M_2 使得 $|a_n| \leqslant M_1$ 和 $|b_n| \leqslant M_2$ 成立. 下列计算

$$0 \leqslant |a_n b_n - ab| = |a_n(b_n - b) + (a_n - a)b| \leqslant M_1|b_n - b| + M_2|a_n - a| \to 0$$

得到 $a_n b_n \to ab$.

(3) $b_n \to b$ 推出 $|b_n| \to |b|$. 根据假设条件 $|b| > 0$, 由**定理 2.1** (3) 得到不等式 $|b_n| > \dfrac{|b|}{2} > 0$ 对充分大的 n 成立. 下列计算

$$\begin{aligned} 0 \leqslant \left|\frac{a_n}{b_n} - \frac{a}{b}\right| &= \left|\frac{b(a_n - a) - a(b_n - b)}{b_n b}\right| \\ &\leqslant \frac{|b||a_n - a| + |a||b_n - b|}{|b_n||b|} \leqslant \frac{2}{|b|^2}(|b||a_n - a| + |a||b_n - b|) \to 0 \end{aligned}$$

得到 $\dfrac{a_n}{b_n} \to \dfrac{a}{b}$. □

注 2.3

(1) $\lim\limits_{n\to\infty}(a_n+b_n)$ 存在 $\nRightarrow$ $\lim\limits_{n\to\infty} a_n$ 存在或 $\lim\limits_{n\to\infty} b_n$ 存在. 比如, $a_n = (-1)^{n-1} = -b_n$.

(2) $\lim\limits_{n\to\infty} a_n b_n$ 存在 $\nRightarrow$ $\lim\limits_{n\to\infty} a_n$ 存在或 $\lim\limits_{n\to\infty} b_n$ 存在. 比如, $a_n = b_n = (-1)^{n-1}$.

(3) $\lim\limits_{n\to\infty} \dfrac{a_n}{b_n}$ 存在 $\nRightarrow$ $\lim\limits_{n\to\infty} a_n$ 存在或 $\lim\limits_{n\to\infty} b_n$ 存在. 比如, $a_n = (-1)^n$, $b_n = n$.

(4) $\lim\limits_{n\to\infty} a_n$ 存在 $\nRightarrow$ $\lim\limits_{n\to\infty} \dfrac{1}{a_n}$ 存在. 比如 $a_n = \dfrac{1}{n}$.

(5) $\lim\limits_{n\to\infty} a_n^2$ 存在 $\nRightarrow$ $\lim\limits_{n\to\infty} a_n$ 存在. 比如 $a_n = (-1)^n$.

(6) 如果数列 $\{a_n\}_{n\geqslant 1}$ 和 $\{b_n\}_{n\geqslant 1}$ 都发散, 那么四则运算就不一定成立, 事实上是无规律可循. 比如考虑发散数列 $a_n = b_n = (-1)^{n-1}$, 我们得到 $1\cdot a_n - 1\cdot b_n \equiv 0$ 和 $1\cdot a_n + 1\cdot b_n = 2(-1)^{n-1}$, 其中一个是收敛的而另一个则是发散的. 又比如, 取 $a_n = b_n = (-1)^{n-1}$, 则 $a_n b_n \equiv 1$; 取 $a_n = b_n = n$, 则 $a_n b_n = n^2$ 是发散的. 再比如, 取 $a_n = n$ 和 $b_n = \sqrt{n}$, 则 $\dfrac{a_n}{b_n} = \sqrt{n}$ 是发散的; 取 $a_n = b_n = n$, 则 $\dfrac{a_n}{b_n} \equiv 1$. ♣

例 2.10

(1) 对所有 $a>0$ 证明

$$\lim_{n\to\infty}\sqrt[n]{a}=1. \tag{2.2.4}$$

(2) 对所有 $q>1$ 证明

$$\lim_{n\to\infty}\frac{\log_q n}{n}=0. \tag{2.2.5}$$

(3) 证明

$$\lim_{n\to\infty}\frac{1}{\sqrt[n]{n!}}=0.$$

证: (1) **例 2.1** 推出 (2.2.4) 对所有 $a\geqslant 1$ 都成立. 当 $0<a<1$ 时, 有

$$\lim_{n\to\infty}\sqrt[n]{a}=\lim_{n\to\infty}\frac{1}{\sqrt[n]{\frac{1}{a}}}=\frac{1}{1}=1.$$

(2) 实际上根据 $q>1$ 得到

$$\lim_{n\to\infty}\sqrt[n]{n}=1<q^{\epsilon}\quad\Longrightarrow\quad\sqrt[n]{n}<q^{\epsilon},\quad n>N.$$

故只要

$$\frac{\log_q n}{n}<\epsilon,\quad 任意\ n>N\quad\Longrightarrow\quad\frac{\log_q n}{n}\to 0.$$

(3) 令 $a_n=\dfrac{1}{\sqrt[n]{n!}}$. 因为 $n!=1\times 2\times\cdots\times n$ 得到

$$\begin{aligned}(n!)^2&=(1\times 2\times\cdots\times n)\times[n\times(n-1)\times\cdots\times 2\times 1]\\&=[1\times n][2\times(n-1)]\times\cdots\times[k\times(n-k+1)]\times\cdots\times[n\times 1].\end{aligned}$$

对任意 $1\leqslant k\leqslant n$ 有不等式 $(k-1)(n-k)\geqslant 0$ 成立, 从而 $k(n-k+1)\geqslant n$ 成立. 带入上述恒等式得到

$$(n!)^2\geqslant n^n\quad\Longrightarrow\quad n!\geqslant n^{n/2}\quad\Longrightarrow\quad\sqrt[n]{n!}\geqslant\sqrt{n}.$$

这表明 $a_n\leqslant\dfrac{1}{\sqrt{n}}$, 从而推出 $\lim\limits_{n\to\infty}a_n=0$. □

♠

最后我们把一些重要的数列极限罗列如下:

$$\lim_{n\to\infty}\sqrt[n]{n}=1,\quad\lim_{n\to\infty}q^n=0\quad(|q|<1),\quad\lim_{n\to\infty}\frac{a^n}{n!}=0\quad(a\in\mathbb{R}),$$

$$\lim_{n\to\infty}\sqrt[n]{a}=1\quad(a>0),\quad\lim_{n\to\infty}\frac{\ln n}{n}=0,$$

具体证明分别参见**例 2.1**, **例 2.5**, (2.2.4) 和 (2.2.5).

2.2.3 无穷小和无穷大数列

根据之前内容知道, 若极限 $\lim_{n\to\infty} a_n = a$ 存在, 则数列 $b_n := a_n - a$ 的极限也存在且满足 $\lim_{n\to\infty} b_n = 0$. 由此可以引入如下概念.

$\{a_n\}_{n\in\mathbb{N}}$ 称为**无穷小数列 (infinitely small sequence)**, 若 $\lim_{n\to\infty} a_n = 0$. 即无穷小数列就是极限为 0 的数列. 无穷小数列具有如下基本性质:

(1) $a_n \to a \Longleftrightarrow a_n - a \to 0 \Longleftrightarrow a_n = a + \alpha_n$ 且 $\alpha_n \to 0$.

(2) $a_n \to 0 \Longleftrightarrow |a_n| \to 0$.

(3) $a_n \to 0,\ b_n \to 0 \Longrightarrow a_n + b_n,\ a_n - b_n,\ a_n b_n \to 0$.

(4) $a_n \to 0,\ b_n \to 0 \not\Rightarrow \dfrac{a_n}{b_n} \to 0$. 比如下面的反例,

$$\begin{cases} a_n = \dfrac{1}{n}, \\ b_n = \dfrac{1}{n}, \end{cases} \quad \frac{a_n}{b_n} \equiv 1, \quad \begin{cases} a_n = \dfrac{1}{n}, \\ b_n = \dfrac{1}{n^2}, \end{cases} \quad \frac{a_n}{b_n} = n, \quad \begin{cases} a_n = \dfrac{1}{n^2}, \\ b_n = \dfrac{1}{n}, \end{cases} \quad \frac{a_n}{b_n} = \frac{1}{n}.$$

(5) $a_n \to 0,\ |b_n| \leqslant M \Longrightarrow a_n b_n \to 0$.

由此可见, 两个无穷小数列的比值是很复杂的, 在**定理 2.5** 中我们会给出一个充分条件来计算这个比值.

我们知道在函数 $f(x) = \dfrac{1}{x}$ 的图像中, 当 x 靠近原点时, $f(x)$ 会变得越来越大, 直观上就应该最后变成 “无穷大”. 下面我们提供理解 “无穷大” 的一种方法. 在平面上考察以 $(0,1)$ 为圆心 1 为半径的圆 C. 显然 C 和 x 轴交于原点 $(0,0)$. 取点 $P = (0,2)$, 这是 C 和 y 轴的交点. 任取 x 轴上的点 Q, 作直线 PQ 交 C 于点 R. 随着点 Q 跑遍整个 x 轴, 我们发现点 R 跑遍整个圆 C 除了点 P. 因此可以想象

$$\mathbb{R} \cup \{\infty\} \quad \Longleftrightarrow \quad C \quad \Longleftrightarrow \quad \mathbb{S}^1 := \{(x,y) \in \mathbb{R}^2 | x^2 + y^2 = 1\}.$$

这种观点很自然地把 ∞ 点等同于 $(0,2)$ 点.

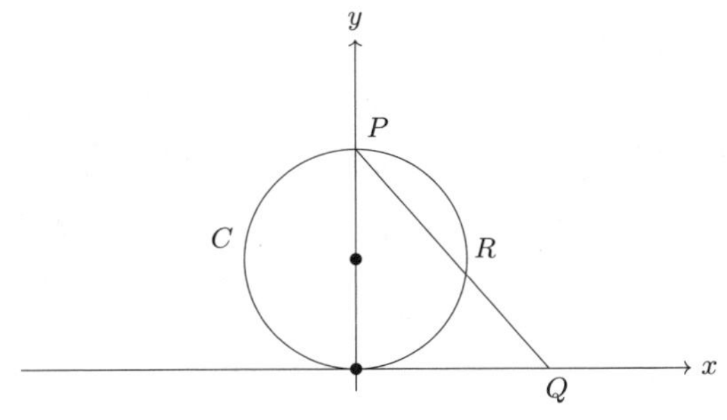

数列 $\{a_n\}_{n\geqslant 1}$ 称为**无穷大数列 (infinitely large sequence)**, 若对任意 $C>0$, 存在 $N\in\mathbb{N}$ 使得

$$|a_n|\geqslant C \quad \text{对任意 } n>N \text{ 都成立}.$$

无穷大数列的记号: $\lim\limits_{n\to\infty} a_n=\infty$ 或 $a_n\to\infty$.

与无穷小数列不同的是, $a_n\to\infty$ 最典型的方式是 a_n 趋于正无穷大和趋于负无穷大. 但是要注意的是, $a_n\to\infty$ 除了上述两种典型的方式外, 趋于方式还可以不断地跳跃, 比如数列 $(-1)^n n$. 这样我们可以进一步地细分无穷大数列为如下两类:

(1) 定义

$$\begin{array}{c}\lim\limits_{n\to\infty} a_n=+\infty\\ \text{或 } a_n\to+\infty\end{array} \iff \begin{array}{c}\{a_n\}_{n\geqslant 1} \text{ 是无穷大数列}\\ \text{且 } a_n>0,\ n\geqslant N_0.\end{array}$$

(2) 定义

$$\begin{array}{c}\lim\limits_{n\to\infty} a_n=-\infty\\ \text{或 } a_n\to-\infty\end{array} \iff \begin{array}{c}\{a_n\}_{n\geqslant 1} \text{ 是无穷大数列}\\ \text{且 } a_n<0,\ n\geqslant N_0.\end{array}$$

相关的性质有:

(3) $a_n\to+\infty$ 或者 $a_n\to-\infty$, 则 $a_n\to\infty$. 但是反之不一定对, 比如 $a_n=(-1)^n n$.

(4) $a_n, b_n\to\pm\infty$, 则 $a_n+b_n\to\pm\infty$.

(5) $a_n\to\pm\infty$, $b_n\to\mp\infty$, 则 $a_n-b_n\to\pm\infty$.

(6) $a_n\to\infty$, $|b_n|\geqslant M>0$, 则 $a_nb_n\to\infty$.

(7) $a_n, b_n\to\pm\infty$, 则 $a_nb_n\to+\infty$.

(8) $a_n\to\pm\infty$, $b_n\to\mp\infty$, 则 $a_nb_n\to-\infty$.

(9) $a_n\to 0$, $a_n\neq 0$, 则 $\dfrac{1}{a_n}\to\infty$.

这里要提醒大家的是, 无穷大数列和无界数列既有区别又有联系. 根据定义, 如果数列 $\{a_n\}_{n\in\mathbb{N}}$ 是无界的, 则对任意 $M>0$, 存在 $n\in\mathbb{N}$ 使得 $|a_n|\geqslant M$. 特别地, 我们得到子集 $\{a_{n_k}\}_{k\in\mathbb{N}}\subseteq\{a_n\}_{n\in\mathbb{N}}$ 满足 $|a_{n_k}|\geqslant k$. 换句话说, 数列 $\{a_n\}_{n\in\mathbb{N}}$ 是无界的, 如果可以找到一个无限数列, 包含在原来数列中但未必是原数列本身, 使得它自己是无穷大的. 而无穷大数列是指某项之后的所有项的绝对值都要大于预先设定的正数, 故无穷大数列一定是无界数列, 但反之则不一定成立.

例 2.11

(1) 如果 $|q|>1$, 那么 $q^n\to\infty$. 实际上,

$$|q^n|=|q|^n\geqslant|q|^{\frac{\ln C}{\ln|q|}}=C$$

只要 $n\geqslant N>\dfrac{\ln C}{\ln|q|}$.

(2) $a_n:=\sum\limits_{1\leqslant k\leqslant n}\dfrac{1}{\sqrt{n}+\sqrt{k}}\to+\infty$. 实际上,

$$a_n>\frac{n}{2\sqrt{n}}=\frac{\sqrt{n}}{2}\to+\infty.$$

(3) 令

$$a_n:=\frac{x_0n^k+x_1n^{k-1}+\cdots+x_{k-1}n+x_k}{y_0n^\ell+y_1n^{\ell-1}+\cdots+y_{\ell-1}n+y_\ell}\quad(k,\ell\in\mathbb{N},\ x_0y_0\neq0).$$

由于

$$a_n=n^{k-\ell}\frac{x_0+\dfrac{x_1}{n}+\cdots+\dfrac{x_{k-1}}{n^{k-1}}+\dfrac{x_k}{n^k}}{y_0+\dfrac{y_1}{n}+\cdots+\dfrac{y_{\ell-1}}{n^{\ell-1}}+\dfrac{y_\ell}{n^\ell}},$$

得到

$$\lim_{n\to+\infty}a_n=\begin{cases}0, & k<\ell,\\ \dfrac{x_0}{y_0}, & k=\ell,\\ \infty, & k>\ell.\end{cases}$$

(4) $a_n=\sqrt[n]{n!}\to+\infty$. 观察到

$$(n!)^2=(1\cdot n)[2\cdot(n-1)]\cdots[k(n-k)]\cdot(n\cdot1)=\prod_{1\leqslant k\leqslant n}[k(n-k+1)]\geqslant n^n,$$

这是因为不等式

$$(k-1)(n-k)\geqslant0,\quad 1\leqslant k\leqslant n$$

可推出 $k(n-k+1)\geqslant n$ 成立.

(5) $\{n\cos(n\pi)\}_{n\in\mathbb{N}}$ 是无穷大数列, 但 $\left\{n\cos\left(\dfrac{n\pi}{2}\right)\right\}_{n\in\mathbb{N}}$ 是无界数列而不是无穷大数列.

(6) $2^n+\ln n\to+\infty$.

(7) $\dfrac{n}{\cos n}\to\infty$. ♠

2.2.4 Stolz 定理或 Stolz-Cesàro 定理

这个定理主要处理 "∞/∞" 型或 "0/0" 型极限. 假设数列 $a_n \to 0, b_n \to 0$ 都是无穷小, 那么**定理 2.3** 中最后一个结论 (即数列的商) 就不一定成立. 如果数列 $a_n \to \infty, b_n \to \infty$ 都是无穷大, 我们可以把商 $\frac{a_n}{b_n}$ 转化成两个无穷小数列的商:

$$\frac{a_n}{b_n} = \frac{\frac{1}{b_n}}{\frac{1}{a_n}},$$

这里 $\frac{1}{b_n} \to 0$ 和 $\frac{1}{a_n} \to 0$ 是无穷小数列.

因此 "∞/∞" 型或 "0/0" 型极限本质上是一回事情. 但是针对这两种情形, Stolz 定理的内容还是有一些细微的差异.

Stolz 定理或 Stolz-Cesàro 定理来源于 Stolz 的书[3]的第 173—175 页, 或 Cesàro 在 1888 年的论文[4]的第 54 页.

定理 2.4 (Stolz 定理 I: "∞/∞" 型)

给定两个数列 $\{x_n\}_{n\geqslant 1}$ 和 $\{y_n\}_{n\geqslant 1}$. 如果

$$y_n < y_{n+1}, \quad y_n \to +\infty \quad 和 \quad \lim_{n\to\infty}\frac{x_n - x_{n-1}}{y_n - y_{n-1}} = a\ (是实数或\ \pm\infty),$$

那么有

$$\lim_{n\to\infty}\frac{x_n}{y_n} = \lim_{n\to\infty}\frac{x_n - x_{n-1}}{y_n - y_{n-1}} = a. \tag{2.2.6}$$

♡

证: 情形 1: $a = 0$. 对任意 $\epsilon > 0$, 存在 $N_1 \in \mathbb{N}$ 使得

$$|x_n - x_{n-1}| < \epsilon(y_n - y_{n-1}), \quad 任意\ n > N_1.$$

特别地, 得到

$$\left|\frac{x_n}{y_n} - \frac{x_{n-1}}{y_n}\right| < \epsilon\left(1 - \frac{y_{n-1}}{y_n}\right).$$

上述不等式中, $\frac{x_n}{y_n}$ 是我们希望的, 但是其余项都不是我们希望的. 为了舍去这些额外项, 当 $n > N_1$ 时利用三角不等式得到

[3]Stolz, Otto. *Vorlesungen über allgemeine Arithmetik: nach den Neueren Ansichten*, Leipzig: Teubners, 1885.

[4]Cesàro, Ernesto. *Sur la convergence des séries*, Nouvelles annales de mathématique, Series 3, **7**, 49–59.

$$|x_n - x_{N_1}| \leqslant \sum_{N_1+1\leqslant i\leqslant n} |x_i - x_{i-1}| \leqslant \sum_{N_1+1\leqslant i\leqslant n} \epsilon(y_i - y_{i-1}) = \epsilon(y_n - y_{N_1});$$

即

$$\left|\frac{x_n}{y_n} - \frac{x_{N_1}}{y_n}\right| \leqslant \epsilon\left(1 - \frac{y_{N_1}}{y_n}\right) < \epsilon.$$

但是当 $y_n \to +\infty$ 时存在 $N_2 \in \mathbb{N}$ 使得 $\left|\frac{x_{N_1}}{y_n}\right| < \epsilon$ 对任意 $n > N_2$ 都成立. 最后把这些带入得到

$$\left|\frac{x_n}{y_n}\right| \leqslant \epsilon + \epsilon = 2\epsilon$$

只要 $n > N = \max\{N_1, N_2\}$.

情形 2: $a \neq 0$. 基本想法是构造新的数列把**情形 2** 归结到**情形 1**, 从而可应用**情形 1** 的结果. 令

$$\widetilde{x}_n := x_n - ay_n,$$

简单计算得到

$$\frac{\widetilde{x}_n - \widetilde{x}_{n-1}}{y_n - y_{n-1}} = \frac{(x_n - ay_n) - (x_{n-1} - ay_{n-1})}{y_n - y_{n-1}} = \frac{x_n - x_{n-1}}{y_n - y_{n-1}} - a \to 0.$$

根据**情形 1** 的结论得到 $\frac{\widetilde{x}_n}{y_n} \to 0$ 或 $\frac{x_n}{y_n} \to a$.

情形 3: $a = +\infty$. 存在 $N_1 \in \mathbb{N}$ 使得 $x_n - x_{n-1} > y_n - y_{n-1} > 0$ 对任意 $n > N_1$ 都成立. 更进一步

$$x_n - x_{N_1} = \sum_{N_1+1\leqslant i\leqslant n} (x_i - x_{i-1}) > \sum_{N_1+1\leqslant i\leqslant n} (y_i - y_{i-1}) = y_n - y_{N_1}.$$

令 $n \to +\infty$ 得到 $x_n \to +\infty$. 根据**情形 1**,

$$\lim_{n\to\infty} \frac{y_n}{x_n} = \lim_{n\to\infty} \frac{y_n - y_{n-1}}{x_n - x_{n-1}} = \frac{1}{+\infty} = 0.$$

情形 4: $a = -\infty$. 观察到

$$\frac{x_n - x_{n-1}}{y_n - y_{n-1}} \to -\infty \Longleftrightarrow \frac{(-x_n) - (-x_{n-1})}{y_n - y_{n-1}} \to +\infty.$$

此时可应用**情形 3** 的结论得到. □

实际应用中, 如果商 $a_n = \frac{x_n}{y_n}$ 中分母 y_n 单调递增且趋于 $+\infty$, 那么我们马上想到是不是可以应用**定理 2.4**. 如果真的要应用这个定理, 还需要保证另一个条件

$$\lim_{n\to\infty}\frac{x_n-x_{n-1}}{y_n-y_{n-1}}=a$$

存在.

定理 2.5 (Stolz 定理 II: "0/0" 型)

给定两个数列 $\{x_n\}_{n\geqslant 1}$ 和 $\{y_n\}_{n\geqslant 1}$. 如果

$$x_n\to 0,\quad y_n>y_{n+1},\quad y_n\to 0\quad 和\quad \lim_{n\to\infty}\frac{x_n-x_{n+1}}{y_n-y_{n+1}}=a\,(是实数或\ \pm\infty),$$

那么有

$$\lim_{n\to\infty}\frac{x_n}{y_n}=\lim_{n\to\infty}\frac{x_n-x_{n+1}}{y_n-y_{n+1}}=a. \tag{2.2.7}$$

♡

证: 情形 1: $a\in\mathbb{R}$. 对任意 $\epsilon>0$, 存在 $N\in\mathbb{N}$ 使得

$$a-\epsilon<\frac{x_n-x_{n+1}}{y_n-y_{n+1}}<a+\epsilon,\quad 任意\ n>N$$

成立, 或

$$(a-\epsilon)(y_n-y_{n+1})<x_n-x_{n+1}<(a+\epsilon)(y_n-y_{n+1}),\quad 任意\ n>N.$$

特别地,

$$(a-\epsilon)(y_n-y_{n+p})<x_n-x_{n+p}<(a+\epsilon)(y_n-y_{n+p}),\quad 任意\ n>N\ 和\ p\geqslant 1.$$

令 $p\to+\infty$ 得到

$$(a-\epsilon)y_n\leqslant x_n\leqslant(a+\epsilon)y_n\quad\Longrightarrow\quad\left|\frac{x_n}{y_n}-a\right|\leqslant\epsilon.$$

情形 2: $a=+\infty$. 给定 $C>0$, 存在 $N\in\mathbb{N}$ 使得 $x_n-x_{n+1}>C(y_n-y_{n+1})$ 成立, 从而 $x_n-x_{n+p}>C(y_n-y_{n+p})$ 对任意 $n>N$ 和 $p\geqslant 1$ 也成立. 令 $p\to+\infty$ 得到 $\dfrac{x_n}{y_n}\geqslant C$.

情形 3: $a=-\infty$. 此时证明和**定理 2.4** 中**情形 4** 的证明类同. □

请注意**定理 2.5** 和**定理 2.4** 中假设条件的细微差别.

例 2.12

(1) 如果 $\lim\limits_{n\to\infty}a_n=a$ 存在, 证明

$$\lim_{n\to\infty}\frac{a_1+2a_2+\cdots+na_n}{n^2}=\frac{a}{2}.$$

(2) 如果 $\lim\limits_{n\to\infty} a_n = a$ 或 $\pm\infty$, 证明 $\lim\limits_{n\to\infty} \dfrac{a_1+\cdots+a_n}{n} = a$.

(3) 如果 $\lim\limits_{n\to\infty}(a_{n+1}-a_n) = \ell$, 求 $\lim\limits_{n\to\infty}\dfrac{a_n}{n}$ 和 $\lim\limits_{n\to\infty}\dfrac{1}{n^2}\sum\limits_{1\leqslant i\leqslant n} a_i$.

(4) 如果 $a_n \leqslant a_{n+1}$, $\lim\limits_{n\to\infty}\dfrac{a_1+\cdots+a_n}{n} = a$, 证明 $\lim\limits_{n\to\infty} a_n = a$.

(5) 若 $a_n = s_n - s_{n-1}$, $\sigma_n = \dfrac{1}{n+1}(s_0+\cdots+s_n)$, $na_n\to 0$, σ_n 收敛. 则 s_n 收敛且

$$\lim_{n\to\infty} s_n = \lim_{n\to\infty}\sigma_n.$$

这就是 Ernesto Cesàro 在 1890 年引入的 **Cesàro 求和 (Cesàro summation)**.

证: (1) 令 $x_n := a_1+2a_2+\cdots+na_n$ 和 $y_n := n^2$. 根据**定理 2.4**,

$$\lim_{n\to\infty}\frac{x_n}{y_n} = \lim_{n\to\infty}\frac{x_n-x_{n-1}}{y_n-y_{n-1}} = \lim_{n\to\infty}\frac{na_n}{n^2-(n-1)^2} = \lim_{n\to\infty}\frac{na_n}{2n-1} = \frac{a}{2}.$$

(2) 令 $x_n := a_1+\cdots+a_n$ 和 $y_n := n$. 则

$$\lim_{n\to\infty}\frac{a_1+\cdots+a_n}{n} = \lim_{n\to\infty}\frac{x_n}{y_n} = \lim_{n\to\infty}\frac{x_n-x_{n-1}}{y_n-y_{n-1}} = \lim_{n\to\infty} a_n = a.$$

(3) 令 $x_n := a_n$ 和 $y_n := n$. 则

$$\lim_{n\to\infty}\frac{x_n}{y_n} = \lim_{n\to\infty}\frac{x_n-x_{n-1}}{y_n-y_{n-1}} = \lim_{n\to\infty}\frac{a_n-a_{n-1}}{n-(n-1)} = \lim_{n\to\infty}(a_n-a_{n-1}) = \ell.$$

对第二个极限, 令 $x'_n := a_1+\cdots+a_n$ 和 $y'_n := n^2$. 从而

$$\lim_{n\to\infty}\frac{x'_n}{y'_n} = \lim_{n\to\infty}\frac{x'_n-x'_{n-1}}{y'_n-y'_{n-1}} = \lim_{n\to\infty}\frac{a_n}{n^2-(n-1)^2} = \lim_{n\to\infty}\frac{a_n}{2n-1} = \frac{\ell}{2}.$$

(4) 由 $a_n \leqslant a_{n+1}$ 得到 $\sigma_n := \dfrac{1}{n}(a_1+\cdots+a_n) \leqslant \dfrac{na_n}{n} = a_n$. 对所有 $m > n$,

$$\sigma_m = \frac{1}{m}\left(\sum_{1\leqslant i\leqslant n} a_i + \sum_{n+1\leqslant i\leqslant m} a_i\right) \geqslant \frac{1}{m}\sum_{1\leqslant i\leqslant n} a_i + \frac{m-n}{m}a_n.$$

根据夹逼定理得到 $a_n \to a$.

对固定的 n, 令 $m\to\infty$ 得到 $a \geqslant a_n$.

(5) 观察到

$$s_n - \sigma_n = \frac{1}{n+1}\sum_{1\leqslant i\leqslant n} ia_i.$$

故

$$\lim_{n\to\infty}\frac{1}{n+1}\sum_{1\leqslant i\leqslant n} ia_i=\lim_{n\to\infty}\frac{\displaystyle\sum_{1\leqslant i\leqslant n} ia_i-\sum_{1\leqslant i\leqslant n-1} ia_i}{(n+1)-n}=\lim_{n\to\infty} na_n=0. \quad \square$$

(6) 根据 (3), 知道 $a_n\to a$ 可推出 $\dfrac{a_1+\cdots+a_n}{n}\to a$. 但是, 反之不一定成立. 比如数列 $\{(-1)^n\}_{n\geqslant 1}$. ♠

例 2.13

(1) 如果 $k\in\mathbb{Z}_+$, 则

$$\lim_{n\to\infty} n\left(\frac{1^k+2^k+\cdots+n^k}{n^{k+1}}-\frac{1}{k+1}\right)=\frac{1}{2}.$$

(2) 如果 $\lim\limits_{n\to\infty} n(a_n-a)=b$, $k\in\mathbb{Z}_+$, 则

$$\lim_{n\to\infty} n\left(\frac{a_1+2^ka_2+\cdots+n^ka_n}{n^{k+1}}-\frac{a}{k+1}\right)=\frac{b}{k}+\frac{a}{2}.$$

证: (1) 利用**定理 2.4** 得到

$$\lim_{n\to\infty} n\left(\frac{1^k+\cdots+n^k}{n^{k+1}}-\frac{1}{k+1}\right)=\lim_{n\to\infty}\frac{(k+1)(1^k+\cdots+n^k)-n^{k+1}}{(k+1)n^k}$$

$$=\lim_{n\to\infty}\frac{\left[(k+1)\displaystyle\sum_{1\leqslant i\leqslant n} i^k-n^{k+1}\right]-\left[(k+1)\displaystyle\sum_{1\leqslant i\leqslant n-1} i^k-(n-1)^{k+1}\right]}{(k+1)n^k-(k+1)(n-1)^k}$$

$$=\lim_{n\to\infty}\frac{(k+1)n^k-[n^{k+1}-(n-1)^{k+1}]}{(k+1)[n^k-(n-1)^k]}$$

$$=\lim_{n\to\infty}\frac{\frac{1}{2}k(k+1)n^{k-1}+\cdots}{k(k+1)n^{k-1}+\cdots}=\frac{1}{2}.$$

(2) 观察到

$$\lim_{n\to\infty} n\left(\frac{a_1+2^ka_2+\cdots+n^ka_n}{n^{k+1}}-\frac{a}{k+1}\right)$$

$$=\lim_{n\to\infty}\frac{(k+1)\displaystyle\sum_{1\leqslant i\leqslant n} i^ka_i-an^{k+1}}{(k+1)n^k}=\lim_{n\to\infty}\frac{(k+1)n^ka_n-a(n^{k+1}-(n-1)^{k+1})}{(k+1)[n^k-(n-1)^k]}$$

和

$$n^{k+1}-(n-1)^{k+1}=(n-1+1)^{k+1}-(n-1)^{k+1}$$
$$=(k+1)(n-1)^k+\frac{k(k+1)}{2}(n-1)^{k-1}+\cdots.$$

从而

$$\lim_{n\to\infty} n\left(\frac{a_1+2^ka_2+\cdots+n^ka_n}{n^{k+1}}-\frac{a}{k+1}\right)$$
$$=\lim_{n\to\infty}\frac{(k+1)a_nn^k-(k+1)a(n-1)^k-\dfrac{ak(k+1)}{2}(n-1)^{k-1}+\cdots}{(k+1)[k(n-1)^{k-1}+\cdots]}$$
$$=\lim_{n\to\infty}\frac{(k+1)n^k(a_n-a)+(k+1)a[n^k-(n-1)^k]-\dfrac{k(k+1)a}{2}(n-1)^{k-1}+\cdots}{(k+1)[k(n-1)^{k-1}+\cdots]}$$
$$=\frac{b}{k}+a-\frac{a}{2}=\frac{b}{k}+\frac{a}{2}.$$

♠

定理 2.6 (Toeplitz 定理)

假设 $p_{n0}+p_{n1}+\cdots+p_{nn}=1$ 对所有 $n\in\mathbb{N}$ 都成立, 且每个 $p_{ij}\geqslant 0$. 令

$$y_n:=\sum_{0\leqslant i\leqslant n}p_{ni}x_i,\quad n\in\mathbb{N}.$$

那么下列论断等价:

(1) 若 $x_n\to a$, 则 $y_n\to a$,

(2) 对每个 $m\in\mathbb{N}$ 都有 $p_{nm}\to 0$.

♡

证: (1) $\Longrightarrow$ (2): 取 $x_n=\delta_{nm}$, 得到 $x_n\to 0$ 和 $y_n=p_{nm}$ $(n\geqslant m)$. 故

$$\lim_{n\to\infty}p_{nm}=\lim_{n\to\infty}y_n=\lim_{n\to\infty}x_n=0.$$

(2) $\Longrightarrow$ (1): 假设 $x_n\to a$, 则存在 $M>0$ 使得 $|x_n-a|\leqslant M$ 对所有 $n\in\mathbb{Z}_+$ 都成立. 对任意 $\epsilon>0$, 存在 $N^*\in\mathbb{N}$ 使得 $|x_n-a|<\dfrac{\epsilon}{2}$ 对所有 $n>N^*$ 都成立. 但是根据极限 $\lim\limits_{n\to\infty}p_{ni}=0$, 我们得到存在 $N_i>N^*$ 使得如下不等式

$$0\leqslant p_{ni}\leqslant\frac{\epsilon}{2N^*M},\quad 任意\ n>N_i$$

成立. 令 $N:=\max\limits_{0\leqslant i\leqslant N^*}N_i$. 当 $n>N$ 时, 得到

$$
\begin{aligned}
|y_n - a| &= \left| \sum_{0\leqslant i\leqslant n} p_{ni}x_i - \sum_{0\leqslant i\leqslant n} p_{ni}a \right| \\
&\leqslant \sum_{0\leqslant i\leqslant N^*} p_{ni}|x_i - a| + \sum_{N^*+1\leqslant i\leqslant n} p_{ni}|x_i - a| \\
&< MN^*\frac{\epsilon}{2N^*M} + \frac{\epsilon}{2}\sum_{N^*+1\leqslant i\leqslant n} p_{ni} < \frac{\epsilon}{2} + \frac{\epsilon}{2} = \epsilon. \qquad \square
\end{aligned}
$$

Otto Toeplitz 是德国数学家, 今波兰弗罗茨瓦夫市人, 出生在犹太裔数学家庭里, 1940 年在耶路撒冷死于肺结核. 他于 1905 年在 Jacob Rosanes 和 Friedrich Otto Rudolf Sturm 指导下获得布雷斯劳大学 (今波兰弗罗茨瓦夫大学) 博士学位. 他在 1916 年成为基尔大学编外教授, 之后在 1920 年升为正教授. 他和 Hans Rademacher 一起写了本当时很流行的数学书《Von Zahlen und Figuren》(1930), 之后翻译成英文书《Enjoyment of Mathematics》.

Toeplitz 深深地被数学史所吸引, 他自 1920 年开始就撰写《Entwicklung der Infinitesimalrechnung》(The Calculus: A Genetic Approach). 这本书给出数学概念产生的历史动机且展示了如何从古希腊数学发展而来. 可惜这本书在 Toeplitz 去世前未完成, 直到 1946 年才由 Gottfreid Köthe 编辑出版德文版, 之后在 1963 年出版英文版. 其生平简介可参考: Born, M. *Obituary: Prof. Otto Toeplitz*, Nature, **145**(1940), 617.

在 1911 年, Toeplitz 提出了**内接正方形问题**[5]:

> **(Toeplitz 猜想)** 是否每条 Jordan 曲线 (即平面简单闭曲线) 都包含某个正方形的四个顶点?

这个猜想当曲线是凸的或分段光滑时是成立的, 但是一般情形是否正确目前仍旧不知道. 相关的问题和结论可参考: Benjamin Matschke, *A survey on the square peg problem*, Notices AMS., **61**(2014), no. 4, 346–352; Terence Tao, *An integration approach to the Toeplitz square peg problem*, Forum Math. Sigma, **5**(2017), no. e30; Joshua Evan Greene, Andrew Lobb, *The rectangular peg problem*, Ann of Math., **194**(2021), no. 2, 509–517.

2022 年, Gregory Chambers 证明了[6]当曲线和某条 C^2 Jordan 曲线接近时, Toeplitz 猜想是对的.

---

[5] Toeplitz, O. *Über einige Aufgaben der Analysis situs*, Verhandlungen der Schweizerischen Naturforschenden Gesellschaft, **94**(1911), 197.

[6] Chambers, Gregory. *On the square peg problem*, arXiv: 2203.02613.

例 2.14

(1) 如果 $b_n > 0,\ b_0 + b_1 + \cdots + b_n \to \infty,\ \dfrac{a_n}{b_n} \to s$, 则

$$\lim_{n\to\infty} \frac{a_0 + a_1 + \cdots + a_n}{b_0 + b_1 + \cdots + b_n} = s.$$

(2) 如果 $p_k > 0,\ \dfrac{p_n}{p_0 + p_1 + \cdots + p_n} \to 0,\ s_n \to s$, 则

$$\lim_{n\to\infty} \frac{\sum\limits_{0\leqslant i\leqslant n} s_i p_{n-i}}{p_0 + \cdots + p_n} = s.$$

(3) 如果 $p_k, q_k > 0,\ \dfrac{p_n}{p_0 + \cdots + p_n} \to 0,\ \dfrac{q_n}{q_0 + \cdots + q_n} \to 0$, 则

$$\lim_{n\to\infty} \frac{r_n}{r_0 + \cdots + r_n} = 0.$$

这里

$$r_n := \sum_{0\leqslant i\leqslant n} p_i q_{n-i}.$$

证: (1) 令

$$x_n := \frac{a_n}{b_n}, \quad p_{nm} := \frac{b_m}{\sum\limits_{0\leqslant i\leqslant n} b_i}, \quad y_n := \sum_{0\leqslant i\leqslant n} p_{ni} x_i.$$

则

$$\lim_{n\to\infty} p_{nm} = 0, \quad \sum_{0\leqslant i\leqslant n} p_{ni} = 1, \quad p_{nm} \geqslant 0.$$

根据**定理 2.6**, 得到

$$\lim_{n\to\infty} \frac{a_0 + \cdots + a_n}{b_0 + \cdots + b_n} = \lim_{n\to\infty} y_n = \lim_{n\to\infty} x_n = s.$$

(2) 令 $p_{nm} := \dfrac{p_{n-m}}{\sum\limits_{0\leqslant i\leqslant n} p_i}$, 这里 $0 \leqslant m \leqslant n$ 且 $n = 1, 2, \cdots$,

$$x_n := s_n, \quad y_n := \sum_{0\leqslant i\leqslant n} p_{ni} x_i = \frac{\sum\limits_{0\leqslant i\leqslant n} s_i p_{n-i}}{p_0 + \cdots + p_n}.$$

(3) 令

$$P_n := \sum_{0\leqslant i\leqslant n} p_i, \quad Q_n := \sum_{0\leqslant i\leqslant n} q_i, \quad R_n := \sum_{0\leqslant i\leqslant n} r_i,$$

以及

$$p_{nm} := \frac{p_{n-m}Q_m}{\sum\limits_{0\leqslant i\leqslant n} p_i Q_{n-i}}, \quad x_n := \frac{q_n}{Q_n}, \quad y_n := \sum_{0\leqslant i\leqslant n} p_{ni}x_i. \quad \square$$

♠

例 2.15

(1) 证明

$$\left(\frac{n}{3}\right)^n < n! < \left(\frac{n+2}{\sqrt{6}}\right)^n. \tag{2.2.8}$$

(2) 证明

$$n < \left(1+\frac{2}{\sqrt{n}}\right)^n. \tag{2.2.9}$$

证: (1) 在**例 2.11** (4) 中我们已经证明了不等式

$$(n!)^2 = \prod_{1\leqslant k\leqslant n} [k(n-k+1)] \geqslant n^n, \quad 从而 \quad n! > n^{n/2} = (\sqrt{n})^n.$$

(2.2.8) 给出了 $n!$ 的一个比 $(\sqrt{n})^n$ 更好的下界估计. 假设 $k! > \left(\frac{k}{3}\right)^k$ 成立. 由于

$$(k+1)! = (k+1)k! > (k+1)\left(\frac{k}{3}\right)^k,$$

为了归纳证明 $(k+1)! > \left(\frac{k+1}{3}\right)^{k+1}$, 只要证明

$$(k+1)\left(\frac{k}{3}\right)^k > \left(\frac{k+1}{3}\right)^{k+1} \quad 或 \quad 3k^k > (k+1)^k \Longleftrightarrow \left(1+\frac{1}{k}\right)^k < 3.$$

但是根据二项式展开得到

$$\begin{aligned}\left(1+\frac{1}{k}\right)^k &= 1+1+\sum_{2\leqslant i\leqslant k}\frac{k(k-1)\cdots(k-i+1)}{i!}\frac{1}{k^i}\\ &< 2+\sum_{2\leqslant i\leqslant k}\frac{1}{i!} < 2+\sum_{2\leqslant i\leqslant k}\frac{1}{i(i-1)} < 3.\end{aligned}$$

接下来利用数学归纳法证明上界, 假设 $k! < \left(\frac{k+2}{\sqrt{6}}\right)^k$ 成立. 根据

$$(k+1)! = (k+1)k! < (k+1)\left(\frac{k+2}{\sqrt{6}}\right)^k,$$

只要证明

$$(k+1)\left(\frac{k+2}{\sqrt{6}}\right)^k < \left(\frac{k+3}{\sqrt{6}}\right)^{k+1}.$$

实际上,

$$\begin{aligned}
\left(\frac{k+3}{\sqrt{6}}\right)^{k+1} &= \left(\frac{k+2}{\sqrt{6}}+\frac{1}{\sqrt{6}}\right)^{k+1} \\
&> \left(\frac{k+2}{\sqrt{6}}\right)^{k+1} + (k+1)\left(\frac{k+2}{\sqrt{6}}\right)^k \frac{1}{\sqrt{6}} \\
&\quad + \frac{(k+1)k}{2}\left(\frac{k+2}{\sqrt{6}}\right)^{k-1} \frac{1}{(\sqrt{6})^2} + \frac{(k+1)k(k-1)}{6}\left(\frac{k+2}{\sqrt{6}}\right)^{k-2} \frac{1}{(\sqrt{6})^3} \\
&= \left(\frac{k+2}{\sqrt{6}}\right)^k \left[\frac{k+2}{\sqrt{6}} + \frac{k+1}{\sqrt{6}} + \frac{k(k+1)}{2\sqrt{6}(k+2)} + \frac{(k+1)k(k-1)}{6\sqrt{6}(k+2)^2}\right] \\
&= \left(\frac{k+2}{\sqrt{6}}\right)^k \frac{16k^3+75k^2+125k+72}{6\sqrt{6}(k+2)^2}.
\end{aligned}$$

现在断言

$$\frac{16k^3+75k^2+125k+72}{6\sqrt{6}(k+2)^2} > k+1,$$

这等价于

$$16k^3+75k^2+125k+72 > 6\sqrt{6}(k^3+5k^2+8k+4)$$

对任何 k 都成立. 这个不等式可以由下列观察得到: $16 > 6\sqrt{6}$, $75 > 30\sqrt{6}$, $125 > 48\sqrt{6}$ 和 $72 > 24\sqrt{6}$. 其实只要在 $\left(\frac{k+3}{\sqrt{6}}\right)^{k+1}$ 的二项式展开中取前三项足够了! (请思考之.)

(2) 这个不等式可以由二项式展开得到:

$$\left(1+\frac{2}{\sqrt{n}}\right)^n = 1+n\cdot\frac{2}{\sqrt{n}}+\frac{n(n-1)}{2}\left(\frac{2}{\sqrt{n}}\right)^2+\cdots > \frac{n(n-1)}{2}\frac{4}{n} = 2(n-1).$$

当 $n \geqslant 2$ 时, 得到 $2(n-1) \geqslant n$. 另一个快速证法是先假设 n 是偶数. 此时

$$\left(1+\frac{2}{\sqrt{n}}\right)^{\frac{n}{2}} \geqslant 1+\frac{n}{2}\cdot\frac{2}{\sqrt{n}} = 1+\sqrt{n} > \sqrt{n}.$$

当 n 是奇数时,

$$\left(1+\frac{2}{\sqrt{n}}\right)^{\frac{n}{2}}=\left(1+\frac{2}{\sqrt{n}}\right)^{\frac{n-1+1}{2}}\geqslant\left(1+\frac{n-1}{\sqrt{n}}\right)\sqrt{1+\frac{2}{\sqrt{n}}}>1+\frac{n-1}{\sqrt{n}}>\sqrt{n}.$$

从而无论 n 的奇偶性, 均有

$$\left(1+\frac{2}{\sqrt{n}}\right)^{n/2}>\sqrt{n}\quad\Longrightarrow\quad\left(1+\frac{2}{\sqrt{n}}\right)^{n}>n.\quad\square$$

♠

目前为止求极限的方法可归纳为如下几点:

(1) 用 "ϵ-N" 语言 (不过要事先知道或判断出极限);

(2) 用夹逼定理;

(3) 用 Stolz 定理;

(4) 单调有界数列必有极限 (之后会证明这个结论) 告诉我们什么样的数列会有极限;

(5) Cauchy 收敛准则给出数列是否收敛的充要条件 (之后我们会证明这个结论).

数列的另一个重要来源是所谓的 "**递推定义 (recursive definition)**", 即

$$a_{n+1}:=f(a_n),\quad n\geqslant 1,$$

这里首项 a_1 和函数 $f(x)$ 是预先给定的.

比如取 $f(x)=\dfrac{1}{1+x}$, 则得到

$$a_{n+1}=\frac{1}{1+a_n},\quad 这里\ a_1>0.$$

如果极限 $\lim\limits_{n\to\infty}a_n=a$ 存在, 利用收敛数列的四则运算可知 $a>0$ 且满足

$$a=\frac{1}{1+a}\quad\Longrightarrow\quad a=\frac{\sqrt{5}-1}{2}\approx 0.618.$$

上面 a 出现在 Fibonacci 数列 $\{F_n\}_{n\geqslant 1}$ 中 (即 $a=\dfrac{1}{\alpha}$, 见如下说明), 称为**黄金分割 (golden ratio)**, 这个事实最早是德国数学家 Simon Jacob 在 1564 年发现的, 后来在 1608 年被 Johannes Kepler 重新发现. 1597 年, Michael Maestlin 在给他学生 Kepler 的一封信中首次给出了黄金分割的逼近值, 即 $a\approx 0.6180340$. 注意黄金分割满足方程

$$x^2+x-1=0.$$

我们有时候也把 $\frac{1}{a}=\frac{\sqrt{5}+1}{2}\approx 1.618$ 叫做黄金分割, 此时满足方程

$$x^2-x-1=0.$$

事实上, 古希腊数学家早就研究了黄金分割, 因为它总出现在几何中. Abu Kamil 在五边形和十边形的几何计算中使用了黄金分割, 他的著作影响了 Fibonacci. 但是可惜的是, Fibonacci 没有观察到黄金分割与 Fibonacci 数列的上述联系. Luca Pacioli 以黄金分割为他著作《Divina proportione》(1509) 的书名. 为 Pacioli 的书绘制插图的 Leonardo da Vinci 将这个比例称为 "黄金分割". 1973 年左右, Roger Penrose 发现了著名的 "**Penrose 密铺 (Penrose tiling)**", 其中就有黄金分割的影子.

下面我们从 "**群作用 (group action)**" 这个角度来重新诠释 a 并给出极限 $\lim\limits_{n\to\infty}a_n$ 存在的证明. 如果对任意 2×2 实矩阵 $A\in\mathbf{Max}(2,\mathbb{R})$ 定义

$$Ax:=\begin{bmatrix}a & b\\ c & d\end{bmatrix}x:=\frac{ax+b}{cx+d},$$

则得到**群作用**[7]

$$\mathbf{Max}(2,\mathbb{R})\times\mathbb{R}\longrightarrow\mathbb{R},\quad \left(\begin{bmatrix}a & b\\ c & d\end{bmatrix},x\right)\longmapsto\begin{bmatrix}a & b\\ c & d\end{bmatrix}x:=\frac{ax+b}{cx+d}$$

且 $f(x)=\frac{1}{1+x}$ 可写成

$$f(x)=\begin{bmatrix}0 & 1\\ 1 & 1\end{bmatrix}x,$$

从而得到

$$f^n(x)=\begin{bmatrix}0 & 1\\ 1 & 1\end{bmatrix}^n x=\begin{bmatrix}F_{n-1} & F_n\\ F_n & F_{n+1}\end{bmatrix}x,$$

因此

$$a_{n+1}=f^n(a_1)=\begin{bmatrix}F_{n-1} & F_n\\ F_n & F_{n+1}\end{bmatrix}a_1=\frac{F_{n-1}a_1+F_n}{F_na_1+F_{n+1}}=\frac{1+\frac{a_1}{\omega_n}}{a_1+\omega_{n+1}},$$

这里

[7]即 $A(Bx)=(AB)x$ 和 $I_2x=x$, 这里 I_2 是 2×2 单位矩阵.

$$\omega_n := \frac{F_n}{F_{n-1}} = \frac{\alpha^n - \beta^n}{\alpha^{n-1} - \beta^{n-1}} \to \alpha, \quad \alpha := \frac{1+\sqrt{5}}{2}, \quad \beta := \frac{1-\sqrt{5}}{2}.$$

因此收敛数列的四则运算告诉我们

$$\lim_{n\to\infty} a_n = \lim_{n\to\infty} \frac{1+\dfrac{a_1}{\omega_n}}{a_1+\omega_{n+1}} = \frac{1+\dfrac{a_1}{\alpha}}{a_1+\alpha} = \frac{1}{\alpha} = \frac{\sqrt{5}-1}{2}.$$

例 2.16

令 $x_1 = a$, $x_2 = b$, $x_n = \dfrac{x_{n-1}+x_{n-2}}{2}$. 求 $\lim_{n\to\infty} x_n$.

解: 观察到

$$x_{n+1} - x_n = \frac{x_n + x_{n-1}}{2} - x_n = \frac{x_{n-1}-x_n}{2} = \cdots = \frac{x_2 - x_1}{(-2)^{n-1}} = \frac{b-a}{(-2)^{n-1}},$$

$$\begin{aligned} x_{n+1} &= \sum_{1\leqslant m\leqslant n}(x_{m+1}-x_m) + x_1 = (b-a)\sum_{1\leqslant m\leqslant n}\frac{1}{(-2)^{m-1}} + a \\ &= (b-a)\frac{1-\left(-\dfrac{1}{2}\right)^{n-1}}{1-\left(-\dfrac{1}{2}\right)} + a \to \frac{2}{3}(b-a) + a = \frac{2b+a}{3}. \quad \square \end{aligned}$$

♠

例 2.17

(1) 假设 $\lambda \in \mathbb{R}$ 且 $|\lambda| < 1$. 证明

$$\lim_{n\to\infty} a_n = a \iff \lim_{n\to\infty}(a_{n+1} - \lambda a_n) = (1-\lambda)a.$$

(2) 证明

$$\lim_{n\to\infty} a_n = a \iff \lim_{n\to\infty}(4a_{n+2} - 4a_{n+1} + a_n) = a.$$

证: (1) "$\Rightarrow$" 显然成立. 现在假设 $a_{n+1} - \lambda a_n \to (1-\lambda)a$. 令

$$x_n := a_{n+1} - \lambda a_n.$$

故

$$\frac{a_{n+1}}{\lambda^{n+1}} = \frac{a_n}{\lambda^n} + \frac{x_n}{\lambda^{n+1}},$$

从而

$$a_n = \lambda^n\left(a_0 + \sum_{1\leqslant k\leqslant n}\frac{x_{k-1}}{\lambda^k}\right), \quad n \in \mathbb{N}_*$$

成立. 如果 $0<\lambda<1$, 得到 $\lambda^n\to 0$, 从而利用**定理 2.4** 得到

$$\lim_{n\to\infty} a_n=\lim_{n\to\infty}\frac{a_0+\sum\limits_{1\leqslant k\leqslant n}\dfrac{x_{k-1}}{\lambda^k}}{\left(\dfrac{1}{\lambda}\right)^n}=\lim_{n\to\infty}\frac{\dfrac{x_n}{\lambda^{n+1}}}{\left(\dfrac{1}{\lambda}\right)^{n+1}-\left(\dfrac{1}{\lambda}\right)^n}$$

$$=\lim_{n\to\infty}\frac{x_n}{1-\lambda}=\frac{(1-\lambda)a}{1-\lambda}=a.$$

若 $\lambda=0$, 结论是明显的. 如果 $-1<\lambda<0$, 考察偶数项

$$a_{2n}=\lambda^{2n}\left(a_0+\sum_{1\leqslant k\leqslant 2n}\frac{x_{k-1}}{\lambda^k}\right).$$

因此

$$\lim_{n\to\infty} a_{2n}=\frac{1}{1-\lambda^2}\lim_{n\to\infty}(x_{2n+1}+\lambda x_{2n})=a.$$

类似地

$$-a_{2n+1}=(-\lambda)^{2n+1}\left(a_0+\sum_{1\leqslant k\leqslant 2n+1}\frac{x_{k-1}}{\lambda^k}\right)$$

和

$$\lim_{n\to\infty} a_{2n+1}=-\frac{1}{\lambda^2-1}\lim_{n\to\infty}(x_{2n+2}+\lambda x_{2n+1})=a.$$

根据**定理 2.14**, $\lim\limits_{n\to\infty} a_n=a$.

(2) 假设 $4a_{n+2}-4a_{n+1}+a_n\to a$. 观察到

$$4a_{n+2}-4a_{n+1}+a_n=4\left(a_{n+2}-a_{n+1}+\frac{1}{4}a_n\right)$$

$$=4\left[\left(a_{n+2}-\frac{1}{2}a_{n+1}\right)-\frac{1}{2}\left(a_{n+1}-\frac{1}{2}a_n\right)\right]:=4\left(y_{n+1}-\frac{1}{2}y_n\right).$$

因此得到

$$y_{n+1}-\frac{1}{2}y_n\to\frac{1}{4}a=\left(1-\frac{1}{2}\right)\frac{a}{2}.$$

根据 (1), 推出

$$\lim_{n\to\infty} y_n=\frac{a}{2}\quad 或\quad a_{n+1}-\frac{1}{2}a_n\to\left(1-\frac{1}{2}\right)a.$$

再次利用 (1) 得到 $a_n\to a$. □

♠

例 2.18

求极限

$$\lim_{n\to\infty}\frac{n^m}{a^n},\quad a>1,\quad m\in\mathbb{N}_*.$$

解: 如果 $m=1$, 则利用**定理 2.4** 得到

$$\lim_{n\to\infty}\frac{n}{a^n}=\lim_{n\to\infty}\frac{n-(n-1)}{a^n-a^{n-1}}=\lim_{n\to\infty}\frac{1}{a^{n-1}(a-1)}=0.$$

对一般的 m, 最直接的方法是对分母进行二项式展开. 因为 $a>1$, 记

$$a=1+x,$$

这里 $x>0$. 从而得到

$$a^n=(1+x)^n=1+nx+\cdots+\binom{n}{m+1}x^{m+1}+\cdots>\binom{n}{m+1}x^{m+1},\quad n>m.$$

因此得到

$$a^n>\frac{(n-m-1)^{m+1}}{(m+1)!}x^{m+1}$$

以及

$$\frac{n^m}{a^n}<\frac{(m+1)!}{x^{m+1}}\frac{n^m}{(n-m-1)^m}\frac{1}{n-m-1}.$$

最后令 $n\to\infty$ 得到所求的极限为 0. 另一个证明方法是多次利用**定理 2.4** 得到

$$\begin{aligned}\lim_{n\to\infty}\frac{n^m}{a^n}&=\lim_{n\to\infty}\frac{n^m-(n-1)^m}{a^n-a^{n-1}}\\&=\lim_{n\to\infty}\frac{m(n-1)^{m-1}+\dfrac{m(m-1)}{2!}(n-1)^{m-2}+\cdots}{a^{n-1}(a-1)}\\&=\lim_{n\to\infty}\frac{1}{a-1}\sum_{1\leqslant k\leqslant m}\frac{m(m-1)\cdots(m-k+1)}{k!}\frac{(n-1)^{m-k}}{a^{n-1}}\\&=\frac{1}{a-1}\sum_{1\leqslant k\leqslant m}\frac{m(m-1)\cdots(m-k+1)}{(a-1)k!}\lim_{n\to\infty}\frac{n^{m-k}}{a^n}.\end{aligned}$$

根据归纳假设, 这个极限等于 0. □

♠

实际上利用 Heine 定理, 即**定理 3.4** 以及函数极限 (**第三章**) 的性质, 得到

$$\lim_{n\to\infty}\frac{n^m}{a^n}=\lim_{x\to\infty}\frac{x^m}{a^x}=\frac{m}{\ln a}\lim_{x\to\infty}\frac{x^{m-1}}{a^x}=\cdots=\frac{m!}{(\ln a)^m}\lim_{x\to\infty}\frac{1}{a^x}=0.$$

例 2.19

定义 $a_{n+1} := \sin a_n$, $n \in \mathbb{N}$ 和 $0 < a_0 < \pi$. 证明

$$a_n \text{ 递减且 } \lim_{n\to\infty} a_n = 0.$$

更进一步

$$\lim_{n\to\infty} \frac{a_n}{\sqrt{\dfrac{3}{n}}} = 1.$$

证: $a_1 = \sin a_0 \in (0,\pi)$. 一般情形下可证明 $0 < a_n < \pi$. 因为 $\sin x < x$ 对任意 $x \in (0,\pi)$ 成立, 得到 $a_{n+1} < a_n$. 根据**定理 2.11**, 极限 $\lim\limits_{n\to\infty} a_n$ 存在, 比如 $\alpha \in [0,\pi)$. 故 $\alpha = \sin\alpha$, 从而 $\alpha = 0$. 根据**定理 2.4** 得到

$$\begin{aligned}\lim_{n\to\infty}\frac{1}{na_n^2} &= \lim_{n\to\infty}\frac{\dfrac{1}{a_n^2}}{n} = \lim_{n\to\infty}\frac{\dfrac{1}{a_{n+1}^2}-\dfrac{1}{a_n^2}}{(n+1)-n}\\ &= \lim_{n\to\infty}\left(\frac{1}{a_{n+1}^2}-\frac{1}{a_n^2}\right) = \lim_{n\to\infty}\left(\frac{1}{\sin^2 a_n}-\frac{1}{a_n^2}\right) = \frac{1}{3}.\end{aligned}$$

这里我们利用了一个未加证明的结果:

$$\lim_{x\to 0}\left(\frac{1}{\sin^2 x}-\frac{1}{x^2}\right) = \lim_{x\to 0}\frac{x^2-\sin^2 x}{x^2\sin^2 x} = \lim_{x\to 0}\frac{\dfrac{x^4}{3}}{x^4} = \frac{1}{3}$$

和

$$\sin^2 x \sim \left(x - \frac{x^3}{6} + o(x^4)\right)^2 \sim x^2 - \frac{x^4}{3} + \cdots.$$

这些会在**第三章**、**第四章**中给出证明. □

♠

2.2.5 无穷级数初涉

数列的另一个重要来源就是所谓的 “部分和”. 回顾高中时候学过的等比数列

$$a_n = aq^{n-1}, \quad n \geqslant 1.$$

这里 $q > 0$. 这个数列的前 n 项和为

$$S_n := a_1 + a_2 + \cdots + a_n = \sum_{1\leqslant k\leqslant n} aq^{k-1} = \begin{cases} an, & q = 1,\\ \dfrac{a(1-q^n)}{1-q}, & q \neq 1.\end{cases}$$

数列 $\{S_n\}_{n\geqslant 1}$ 显然仅当 $|q|<1$ 时收敛.

我们注意到在上面定义 S_n 中, 任意调换项的次序或者随意添加括号都不会改变和的值, 原因是此时 S_n 是有限项之和.

但考虑无穷多项 "相加" 时, 能否随意调换项的位置和随意添加括号呢? 首先要回答的是无穷多项如何进行 "相加". 我们带着这个疑问来研究下面这个发散数列:

$$a_n=(-1)^{n-1},\quad n=1,2,3,\cdots.$$

这个数列的前 6 项和为

$$S_6=1-1+1-1+1-1=0.$$

为了更好地研究无穷多项如何进行 "相加", 对 S_6 进行重新组合, 但就像上面说的那样, 此时并不会改变 S_6 的值:

$$S_6=(1-1)+(1-1)+(1-1),$$

$$S_6=1+(-1+1)+(-1+1)+(-1),$$

$$S_6=1-(1-1+1-1+1)=1-S_5.$$

如果上述三种相加方式继续下去就得到

$$1-1+1-1+1-\cdots=(1-1)+(1-1)+(1-1)+(1-1)+(1-1)+\cdots,$$

$$1-1+1-1+1-\cdots=1+(-1+1)+(-1+1)+(-1+1)+(-1+1)+\cdots,$$

$$1-1+1-1+1-\cdots=1-(1-1+1-1+1-1+1-1+\cdots).$$

简单计算就得到上面三个无穷项求和的值分别为

$$0,\quad 1,\quad \frac{1}{2}.$$

这就导出了矛盾: 同一个无穷项求和却得出不同的值. 究其原因乃是 "求和" 的定义不同, 同时又说明了在无穷项求和中不能随意添加括号.

那么如何定义 "求和"? 如果有许多种不同的 "求和" 定义, 选用哪种合适呢? 在孩提时候, 家人掰着手指头教我们数数, $1,2,3,4,\cdots$, 这种按照既定顺序逐次递进的方式是最原始的也是最自然的. 这个 "孩提时候" 的想法应用到无穷项 "求和" 上来, 就得到如下关于 "求和" 的定义. 当然这是一种 "求和" 的定义, 在**第二卷第 14.4.2 小节**中我们将引入无穷项求和的一般定义.

定义 2.2 (Cauchy 和; Cauchy, 1821)

给定数列 $\{a_n\}_{n\geqslant 1}$, 我们把形式和

$$\sum_{n\geqslant 1} a_n := a_1 + a_2 + \cdots + a_n + \cdots \tag{2.2.10}$$

称为**无穷级数 (infinite series)** 或者**数项级数 (numerical series)**, 也称为**级数 (series)**, 并把 a_n 称为无穷级数的**通项 (general form)**.

级数 $\sum\limits_{n\geqslant 1} a_n$ 的**部分和 (partial sum)** 是数列 $\{S_n\}_{n\geqslant 1}$, 其中

$$S_n := a_1 + \cdots + a_n, \quad n \geqslant 1. \tag{2.2.11}$$

称级数 $\sum\limits_{n\geqslant 1} a_n$ 是**收敛的 (convergent)**, 如果极限 $\lim\limits_{n\to\infty} S_n$ 存在, 并把极限值定义为级数的**和 (sum)**,

$$\sum_{n\geqslant 1} a_n = S := \lim_{n\to\infty} S_n. \tag{2.2.12}$$

如果数列 $\{S_n\}_{n\geqslant 1}$ 发散, 称级数 $\sum\limits_{n\geqslant 1} a_n$ 是**发散的 (divergent)**. ♣

如果级数 $\sum\limits_{n\geqslant 1} a_n$ 收敛, 则把极限 $\lim\limits_{n\to\infty} S_n$ 写出来就是 (2.2.10) 的右边, 也就是说, 收敛级数的和就是前一项加上后一项这个过程得出来的值. 在定义 (2.2.12) 中首项是 a_1, 但是下标从 1 开始还是从 0 开始并不影响级数的敛散性, 只会影响收敛级数的和.

例 2.20

(1) 级数 $\sum\limits_{n\geqslant 1}(-1)^{n-1}$ 是发散的. 级数 $\sum\limits_{n\geqslant 1} n$ 也是发散的.

(2) **(几何级数 (geometric series))** $\sum\limits_{n\geqslant 1} aq^{n-1}$ 仅当 $|q|<1$ 时收敛. 特别地得到

$$\sum_{n\geqslant 1}\frac{1}{2^n} = 1, \quad \sum_{n\geqslant 1}\frac{(-1)^{n-1}}{2^n} = \frac{1}{3}.$$

几何级数的历史悠久, 可追溯到古希腊时代. 在 Euclid 的名著《Elements of Geometry》中就已经有几何级数的影子了, 特别是第四卷中的性质 35. Archimedes 利用几何级数来计算抛物线和直线所围区域的面积, 实际上他

计算了 $\sum_{n\geqslant 1}\frac{1}{4^n}=\frac{1}{3}$. Nicole Oresme 计算了级数 $\sum_{n\geqslant 1}\frac{1}{2^n}=1$ 和 $\sum_{n\geqslant 1}\frac{n}{2^n}=2$, 也证明了调和级数 $\sum_{n\geqslant 1}\frac{1}{n}$ 是发散的. 在出版于 1630 年的《Questiones super geometriam Euclidis》里, Oresme 讨论了几何级数的收敛条件以及发散条件; 特别地, 他首次给出了调和级数的发散性. Oresme 的结果被 Pietro Mengoli 在 1672 年以及被 Jacobi Bernoulli 在 1689 年重新发现.

(3) 求如下级数的和:

$$\sum_{n\geqslant 1}\frac{1}{n(n+1)},\quad \sum_{n\geqslant 1}\frac{1}{(4n-3)(4n+1)},\quad \sum_{n\geqslant 1}\left(\sqrt{n+2}-2\sqrt{n+1}+\sqrt{n}\right).$$

(4) 求级数的和:

$$\sum_{n\geqslant 1}\frac{n}{n^4+n^2+1}.$$

证: (1) 根据定义得到

$$S_n=\begin{cases}1, & n\text{ 是奇数},\\ -1, & n\text{ 是偶数}.\end{cases}$$

从而数列 $\{S_n\}_{n\geqslant 1}$ 发散. 第二个级数发散是显然的, 因为部分和为 $S_n=\frac{n(n+1)}{2}$.

(2) 先求部分和

$$S_n=\sum_{1\leqslant k\leqslant n}aq^{k-1}=\begin{cases}an, & q=1,\\ a\dfrac{1-q^n}{1-q}, & q\neq 1.\end{cases}$$

利用**例 2.1** 得到仅当 $|q|<1$ 时级数收敛且和为

$$\sum_{n\geqslant 1}aq^{n-1}=\frac{a}{1-q}.$$

取 $a=q=\frac{1}{2}$ 就得到等式.

(3) 由于

$$\frac{1}{n(n+1)}=\frac{1}{n}-\frac{1}{n+1},$$
$$\frac{1}{(4n-3)(4n+1)}=\frac{1}{4}\left(\frac{1}{4n-3}-\frac{1}{4n+1}\right),$$
$$\sqrt{n+2}-2\sqrt{n+1}+\sqrt{n}=\left(\sqrt{n+2}-\sqrt{n+1}\right)-\left(\sqrt{n+1}-\sqrt{n}\right),$$

得到三个级数的部分和分别为

$$S_n = 1 - \frac{1}{n+1}, \quad S_n = \frac{1}{4}\left(1 - \frac{1}{4n+1}\right), \quad S_n = 1 - \sqrt{2} + \frac{1}{\sqrt{n+1}+\sqrt{n}}.$$

令 $n \to \infty$ 分别得到和为 $1, \frac{1}{4}$ 和 $1 - \sqrt{2}$.

(4) 注意到 $n^4 + n^2 + 1 = (n^2+1)^2 - n^2$. 因此得到

$$\begin{aligned}\sum_{n \geqslant 1} \frac{n}{n^4 + n^2 + 1} &= \sum_{n \geqslant 1} \frac{n}{(n^2+1)^2 - n^2} = \sum_{n \geqslant 1} \frac{n}{(n^2+n+1)(n^2-n+1)} \\ &= \frac{1}{2} \sum_{n \geqslant 1} \left(\frac{1}{n^2-n+1} - \frac{1}{n^2+n+1}\right) \\ &= \frac{1}{2} \sum_{n \geqslant 1} \left[\frac{1}{(n-1)n+1} - \frac{1}{n(n+1)+1}\right] \\ &= \frac{1}{2} \lim_{n \to \infty} \left[1 - \frac{1}{n(n+1)+1}\right] = \frac{1}{2}. \quad \square\end{aligned}$$

♠

利用**定理 2.3** 得到收敛级数的几个初等性质.

命题 2.1 (收敛级数的基本性质)

(1) **(收敛级数的代数性质)** 假设级数 $\sum_{n \geqslant 1} a_n$ 和 $\sum_{n \geqslant 1} b_n$ 都收敛, 则对任意 $\alpha, \beta \in \mathbb{R}$, 级数 $\sum_{n \geqslant 1} (\alpha a_n + \beta b_n)$ 也收敛且满足

$$\sum_{n \geqslant 1} (\alpha a_n + \beta b_n) = \alpha \sum_{n \geqslant 1} a_n + \beta \sum_{n \geqslant 1} b_n. \tag{2.2.13}$$

(2) **(收敛级数的必要条件)** 如果级数 $\sum_{n \geqslant 1} a_n$ 收敛, 则必有

$$\lim_{n \to \infty} a_n = 0. \tag{2.2.14}$$

♡

证: (2.2.14) 可由 $a_n = S_n - S_{n-1}$ 得到. □

注 2.4

(1) 等式 (2.2.13) 对发散级数不一定成立. 比如考虑发散级数 $\sum_{n \geqslant 1} n$. 如果 $\alpha = 1$, 则 (2.2.13) 成立; 如果 $\alpha = 0$, 则 (2.2.13) 不成立, 原因是 $0 \cdot \infty$ 无意义.

(2) 满足 (2.2.14) 的级数不一定是收敛的, 比如级数 $\sum_{n\geqslant 1}\frac{1}{n}$, 这是因为前 n 项和 $>\ln n$, 参见**定义 2.4** 上面一段的推导. ♣

判断级数收敛的方法我们将在**第六章**中详细展开.

2.2.6 几何级数和 Grandi 级数

本小节主要参考 Hans-Heinrich Körle 的著作[8]. **例 2.20** (1) 中的级数

$$\sum_{n\geqslant 1}(-1)^{n-1}$$

出现在 Grandi 1703 年的著作《Quadratura circoli et hyperbolae per infinitas hyperbolas et parabolas quadrabiles geometrice exhibita》中. Grandi 在几何级数

$$\sum_{n\geqslant 0}x^n=f(x)=\frac{1}{1-x}$$

中令 $x=-1$ 得到

$$\sum_{n\geqslant 0}(-1)^n=f(-1)=\frac{1}{2}.$$

我们首先来分析这个结果的对错. 之前已经证明了级数 $\sum_{n\geqslant 0}x^n$ 收敛当且仅当 $|x|<1$, 且该级数的和为 $(1-x)^{-1}$ (注意, 前提是 $x\in(-1,1)$). 如果我们单独把函数 $f(x):=(1-x)^{-1}$ 拿出来, 则发现这个函数的定义域是 $x\neq 1$, 显然比 $(-1,1)$ 要大得多.

Grandi 得到的 $\frac{1}{2}$ 值 Euler 也表示不反对, 原因是当时 Euler 接受如下的信条:

定义: 任何级数的值等于能展开生成该级数的有限表达式的值.

这样按照上述的 "定义", 确实得到

$$1-1+1-1+\cdots=f(-1)=\frac{1}{2}.$$

同样利用该 "定义" 得到

$$1+2+4+8+\cdots=f(2)=-1.$$

正数的 "和" 居然是负数! Euler 的 "定义" 出现了问题, 其根源是当时对级数收敛没有严格的定义. 另一方面 Grandi 把如下公式

[8] Hans-Heinrich Körle. *Infinite series in a history of analysis*, De Gruyter Textbook, Berlin/Boston, 2015.

$$0=(1-1)+(1-1)+\cdots=1-(1-1)-(1-1)-\cdots=1$$

看成是“上帝从无到有创世的象征”, 因为他本人就是一名宗教僧侣:

> Mettendo in modo diverso le parentesi nell'espressione $1-1+1-1+\cdots$ io posso, volendo, ottenere 0 o 1. Ma allora l'idea della creazione ex nihilo è perfettamente plausibile.
>
> 通过以不同的方式将括号放入表达式 $1-1+1-1+\cdots$ 中, 如果我愿意, 我可以获得 0 或 1. 但是, 从无到有的创造的想法是完全合理的.

注意到 Grandi 级数 $\sum\limits_{n\geqslant 0} a_n$, 其中 $a_n=(-1)^n$, 满足如下关系

$$a_k=a_{k+2},\quad a_0+a_1=0.$$

定理 2.7 (Daniel Bernoulli, 1771; Lagrange, 1799; Raabe, 1836)

假设 $\sum\limits_{n\geqslant 0} a_n$ 是给定级数, 令 $s_n=\sum\limits_{0\leqslant k\leqslant n} a_k$. 假设对某个自然数 $p\geqslant 2$, a_k 满足条件

$$a_k=a_{k+p}\quad (k\geqslant 0),\qquad \sum_{0\leqslant k\leqslant p-1} a_k=0.$$

则级数 $\sum\limits_{n\geqslant 0} a_k x^n$ 对任何 $x\in(0,1)$ 都收敛且

$$\lim_{x\to 1-}\sum_{n\geqslant 0} a_n x^n=\frac{1}{p}\sum_{0\leqslant k\leqslant p-1} s_k.$$

♡

Raabe 的文章[9]指明求和可归结为计算积分 $\int_0^\infty \varphi(\sin ax,\cos bx)dx$. 对 Grandi 级数 $\sum\limits_{n\geqslant 0} a_n$, 其中 $a_n=(-1)^n$, 其部分和满足

$$s_n=\sum_{0\leqslant k\leqslant n}(-1)^k=\frac{1+(-1)^n}{2},$$

从而得到

$$\frac{1}{n+1}\sum_{0\leqslant k\leqslant n} s_k=\frac{1}{2(n+1)}\sum_{0\leqslant k\leqslant n}\left[1+(-1)^k\right]=\frac{1}{2}+\frac{1+(-1)^n}{4(n+1)}.$$

[9] Raabe, J. L. *Über die Summation periodischer Reihen und die Reduction des Integrals* $\int_0^\infty \varphi(\sin ax,\cos bx)dx$, Journal für die reine und angewandte Mathematik, **15**(1836), 355–364.

定理 2.8 (Frobenius, 1880)

假设 $\sum\limits_{n\geqslant 0} a_n$ 是给定级数, 令 $s_n = \sum\limits_{0\leqslant k\leqslant n} a_k$. 假设数列 $\left\{\dfrac{1}{n+1}\sum\limits_{0\leqslant k\leqslant n} s_k\right\}_{n\geqslant 0}$ 收敛, 则级数 $\sum\limits_{n\geqslant 0} a_k x^n$ 对任何 $x\in(0,1)$ 都收敛且

$$\lim_{x\to 1-}\sum_{n\geqslant 0} a_n x^n = \lim_{n\to\infty}\frac{1}{n+1}\sum_{0\leqslant k\leqslant n} s_k.$$

♡

Frobenius 把上述定理称为 "Leibniz 猜想", 并在论文[10]中写道 "Hence Leibniz maintain, though without proof, the following, a generalization of a well-known theorem of Abel's".

2.2.7 * 连分数和 Khinchin 常数

在**例 2.22** 中我们将证明递推定义的数列

$$a_{n+1} = \frac{1}{1+a_n}, \quad n \geqslant 1, \quad a_1 = 1$$

收敛到 $\dfrac{\sqrt{5}-1}{2}$. 如果我们把数列的每项写出来就得到

$$a_1 = 1, \quad a_2 = \frac{1}{1+1}, \quad a_3 = \frac{1}{1+\dfrac{1}{1+1}}, \quad a_4 = \frac{1}{1+\dfrac{1}{1+\dfrac{1}{1+1}}}, \quad \cdots.$$

这是连分数的特殊情形.

Bombelli 在其著作《L'Algebra》(1572) 中第一次使用连分数来逼近平方根. 为了逼近 $\sqrt{2}$, 他令

$$\sqrt{2} = 1 + \frac{1}{y},$$

并由此得到

$$y = 1+\sqrt{2} \quad 和 \quad y = 2 + \frac{1}{y}.$$

把最后一个等式带入一开始关于 y 的定义得到

[10]Frobenius, G. *Ueber die Leibnitzsche Reihe*, Journal für die reine und angewandte Mathematik, **89**(1880), 262–264.

$$\sqrt{2}=1+\cfrac{1}{2+\cfrac{1}{y}}=1+\cfrac{1}{2+\cfrac{1}{2+\cfrac{1}{y}}}.$$

如此下去, Bombelli 得到了

$$\sqrt{2}=1+\cfrac{1}{2+\cfrac{1}{2+\cfrac{1}{2+\cfrac{1}{2+\cdots}}}}.$$

Wallis 在其著作《Opera mathematica》(1695) 中引入了“连分数”这个概念, 并给出了计算连分数渐近式的一般方法——**引理 2.1**.

定义 2.3 (连分数)

连分数 (continued fraction) 是指如下展开式

$$a_0+\cfrac{b_1}{a_1+\cfrac{b_2}{a_2+\cfrac{b_3}{a_3+\cdots}}}, \tag{2.2.15}$$

这里 a_n 和 b_n 是任意复数, 但是通常取为整数. 称数列 $\{a_n\}_{n\geqslant 1}$ 为连分数的**部分分子 (partial numerators)**, 数列 $\{b_n\}_{n\geqslant 1}$ 为连分数的**部分分母 (partial denominators)**, 而把 a_0 称为连分数的**整数部分 (integer part)**. ♣

我们把连分数 (2.2.15) 写成

$$a_0+\frac{b_1|}{|a_1}+\frac{b_2|}{|a_2}+\frac{b_3|}{|a_3}+\cdots=a_0+\frac{b_1}{a_1+}\frac{b_2}{a_2+}\frac{b_3}{a_3+}\cdots=\left[a_0;\frac{b_n}{a_n}\right]_{n\geqslant 1}. \tag{2.2.16}$$

连分数的部分和记为

$$\frac{P_n}{Q_n}:=\left[a_0;\frac{b_k}{a_k}\right]_{1\leqslant k\leqslant n}, \tag{2.2.17}$$

也称为**渐近式 (convergents)**.

Euler 在他第一篇关于连分数的论文《De fractionibus continuis》(1737) 中给出了一些有趣的结果, 比如每个有理数可以表示成有限连分数形式. Euler 得到了 e 的连分数表达式

$$e-1=1+\frac{1}{1+}\frac{1}{2+}\frac{1}{1+}\frac{1}{1+}\frac{1}{4+}\frac{1}{1+}\frac{1}{1+}\frac{1}{6+}\cdots.$$

然而这个公式早在 1714 年出现在 Cotes 的一篇论文中, 此外还有另一个公式

$$\frac{e+1}{e-1}=2+\frac{1}{6+}\frac{1}{10+}\frac{1}{14+}\cdots.$$

连分数理论基础是 Euler 在其著作《Introductio in analysin infinitorum》(1748) 中所奠定的, 其中一个结果就是下面的**性质 2.2**.

Euler 关于连分数的工作被他和 Lagrange 共同的同事 Johann Heinrich Lambert 用来证明如下结论 (1761): 如果 x 是不等于 0 的有理数, 那么 e^x 和 $\tan x$ 都不可能是有理数. 作为直接推论, 因为 $\tan\frac{\pi}{4}=1$, 就得到了 π 不是有理数 (一个简单证明可参见**定理 2.13**). 实际上 Lambert 证明了 $\tan x$ 的连分式展开的收敛性.

Lagrange 在 1767 年利用连分数来寻找方程无理根的近似解, 而在 1776 年利用连分式给出了微分方程的近似解.

引理 2.1

如果定义

$$P_{-1}=1,\quad Q_{-1}=0,\quad P_0=a_0,\quad Q_0=1,$$

则对任意 $n\geqslant 1$ 有

$$\frac{P_n}{Q_n}=\frac{a_nP_{n-1}+b_nP_{n-2}}{a_nQ_{n-1}+b_nQ_{n-2}},\qquad \frac{P_n}{Q_n}-\frac{P_{n-1}}{Q_{n-1}}=(-1)^{n+1}\frac{b_1\cdots b_n}{Q_{n-1}Q_n}.\tag{2.2.18}$$

♡

证: 利用数学归纳法, 请诸位证明之. □

命题 2.2

任何连分数都可以表示成级数.

♡

一个很自然的问题是, 既然连分数可以表示成级数, 那什么时候该级数收敛呢? 即什么时候 (2.2.17) 有极限? 首先给出连分数收敛的定义: 称 (2.2.16) **收敛 (converges)**, 如果数列 (2.2.17) 收敛; **绝对收敛 (absolutely converges)**, 如果数列 $\left\{\left|\frac{P_n}{Q_n}\right|\right\}_{n\geqslant 1}$ 收敛. 著名的 **Śleszyński-Pringsheim 定理**告诉我们

定理 2.9 (Śleszyński, 1889; Pringsheim, 1898)

如果 $a_0,a_n,b_n\in\mathbb{R}$ 并且不等式 $|b_n|\geqslant|a_n|+1$ 对任意 $n\geqslant 1$ 都成立, 那么连分数 (2.2.17) 绝对收敛到 a_0+A, 这里实数 A 满足 $0<|A|<1$.

♡

如果在连分数 (2.2.16) 中所有的 $b_n=1$, 此时我们把这样的连分数称为**单连分**

数 (simple continued fraction). 如果连分数 (2.2.15) 是单的, 则记成

$$[a_0; a_1; a_2; \cdots].$$

比如

$$\sqrt{2} = [1; 2; 2; 2; \cdots], \quad \pi = [3; 7; 15; 1; 292; 1; 1; 1; 2; 1; 3; \cdots].$$

在 π 的连分数展开中, 取前三阶近似得到

$$\pi \approx [3; 7] = \frac{22}{7}, \quad \pi \approx [3; 7; 15] = \frac{333}{106}, \quad \pi \approx [3; 7; 15; 1] = \frac{355}{113}.$$

这就得到了祖冲之所定义的约率 $\dfrac{22}{7}$ 和密率 $\dfrac{355}{113}$.

对单连分数 Van Vleck 给出了充要条件[11]来判断其敛散性.

定理 2.10 (Edward Burr Van Vleck, 1901)

假设在单连分数 $\left[a_0; \dfrac{1}{a_n}\right]_{n\geqslant 1}$ 中系数 $a_n > 0$, 则其收敛当且仅当 $\sum\limits_{n\geqslant 1} a_n = +\infty$. ♡

比如连分数

$$1 + \frac{1}{1+}\frac{1}{\frac{1}{2}+}\frac{1}{\frac{1}{3}+}\frac{1}{\frac{1}{4}+}\cdots$$

是收敛的, 因为级数 $\sum\limits_{n\geqslant 1} \dfrac{1}{n}$ 发散.

无穷级数和连分数的其他详尽性质, 可参阅高建福的专著《无穷级数与连分数》(中国科学技术大学出版社, 2007) 和 Lorentzen 的专著《Continued fractions: convergence theory》(Atlantic Press, 2008).

作为结束, 我们来简单介绍下神秘的 Khinchin 常数. 1934 年苏联数学家 Khinchin (辛钦) 证明[12]了对几乎所有的实数 x, 有如下的单连分数表达式

$$x = [a_0; a_1; a_2; \cdots],$$

而且系数 $a_1, \cdots, a_n$ 的几何平均数构成的数列存在极限 K, 且该极限与 x 无关, 称为 **Khinchin 常数 (Khinchin's constant)**. 即

---

[11] Van Vleck, E. B. *On the convergence of continued fractions with complex elements*, Trans. Amer. Math. Soc., **2**(1901), no. 3, 215–233.

[12] Khinchin, A. *Metrische Kettenbruchprobleme*, Compositio Math., **1**(1934), 361–382.

$$K=\lim_{n\to\infty}\left(\prod_{1\leqslant i\leqslant n}a_i\right)^{1/n},\quad x=[a_0;a_1;a_2;\cdots].$$

可以证明

$$K=\prod_{n\geqslant 1}\left[1+\frac{1}{n(n+2)}\right]^{\log_2 n}\approx 2.6854520010\cdots. \tag{2.2.19}$$

不符合上述条件的实数包括有理数、实系数二次方程的解 (比如 $\dfrac{1+\sqrt{5}}{2}$), 以及自然对数的底 e.

猜想 2.1

Khinchin 常数 K 是有理数, 是代数无理数, 还是超越数? ♠

这个问题目前仍旧未被解决. Khinchin 常数 K 可推广如下:

$$K_p:=\lim_{n\to\infty}\left(\frac{1}{n}\sum_{1\leqslant i\leqslant n}a_i^p\right)^{1/p},\quad p<1.$$

当 $p=0$ 时, 显然有 $K_0=K$. 可以证明

$$K_p=\left[\sum_{n\geqslant 1}\left(-n^p\log_2\left(1-\frac{1}{(n+1)^2}\right)\right)\right]^{1/p}.$$

比如 $K_{-1}=1.74540566240\cdots$.

具体细节可参考 David H. Bailey、Jonathan M. Borwein 和 Richard E. Crandall 写的论文《On the Khintchine constant》.

2.3 数列收敛的判别法则

最重要的判别法则是 Cauchy 法则, 因为它给出了数列是否收敛的充要条件. 但是不足之处是实际操作不佳, 因此寻找效果较好的判别法则是一个重要的任务. 第一个非常重要的充分条件是单调有界.

2.3.1 单调数列

数列 $\{a_n\}_{n\geqslant 1}$ 称为 **(单调) 递增 (increasing)** (或**递减 (decreasing)**), 如果 $a_n\leqslant a_{n+1}$ (或 $a_n\geqslant a_{n+1}$) 对任意 $n=1,2,\cdots$ 都成立. 因为数列极限是研究 n 充分大时的性质, 所以在研究单调数列的极限时, 可以把 "对任意 $n=1,2,\cdots$ 都

成立” 换成只要 “对充分大的 n 都成立”. 单调递增或单调递减的数列统称**单调数列 (monotone sequences)**.

定理 2.11 (单调数列的收敛刻画)

假设数列 $\{a_n\}_{n\geqslant 1}$ 单调. 下列断言等价

$$\{a_n\}_{n\geqslant 1}\ \text{收敛} \iff \{a_n\}_{n\geqslant 1}\ \text{有界}. \tag{2.3.1}$$

即, 单调递增数列若有上界则必收敛, 单调递减数列若有下界则必收敛. ♡

证: $\Longrightarrow$: 显然.

$\Longleftarrow$: 不失一般性, 不妨假设 $a_n \leqslant a_{n+1}$. 令 $E := \{a_n | n = 1, 2, \cdots\}$. 如果 $\{a_n\}_{n\geqslant 1}$ 有界, 根据确界原理, 上确界 $a := \sup E$ 存在且 $a_n \leqslant a$.

对任意给定的 $\epsilon > 0$, 存在 $N \in \mathbb{N}$ 使得 $a - \epsilon < a_N \leqslant a$ 成立, 否则, $a - \epsilon$ 将是 E 的一个上界. 由于 a_n 递增, 得到 $a - \epsilon < a_n \leqslant a$ 对所有 $n > N$ 都成立. □

例 2.21

(1) 若 $a_1 := \sqrt{2}$ 和 $a_{n+1} := \sqrt{2 + a_n}$, 求 $\lim\limits_{n\to\infty} a_n$.

(2) 若 $a_1 > 0$ 和 $a_{n+1} = \dfrac{1}{2}\left(a_n + \dfrac{1}{a_n}\right)$ $(n \geqslant 1)$, 求 $\lim\limits_{n\to\infty} a_n$.

(3) 若 $a_1 = \sqrt{2}$ 和 $a_{n+1} = \sqrt{3 + 2a_n}$ $(n \geqslant 1)$, 求 $\lim\limits_{n\to\infty} a_n$.

(4) 若 $a_1 > 0$ 和 $a_{n+1} = 1 + \dfrac{a_n}{1 + a_n}$ $(n \geqslant 1)$, 求 $\lim\limits_{n\to\infty} a_n$.

解: (1) 观察到

- 若 $\lim\limits_{n\to\infty} a_n = a$, 则 “$a = \sqrt{2 + a}$” $\Longrightarrow (a-2)(a+1) = 0 \Longrightarrow a = 2$.
- $a_2 = \sqrt{2 + a_1} = \sqrt{2 + \sqrt{2}} > a_1$, $a_2 < \sqrt{2+2} = 2$, $a_3 = \sqrt{2 + a_2} > a_2$.

一般地我们断言

$$\sqrt{2} \leqslant a_n < 2 \quad \text{和} \quad a_{n+1} > a_n.$$

实际上, $\sqrt{2} \leqslant a_n < 2$ 推出 $a_{n+1} = \sqrt{2 + a_n} < \sqrt{2+2} = 2$, 而 $a_{n+1} > a_n$ 推出 $a_{n+2} = \sqrt{2 + a_{n+1}} > \sqrt{2a_{n+1}} > a_{n+1}$. 因此 $\{a_n\}_{n\geqslant 1}$ 单调递增且有界, 从而得到 $\lim\limits_{n\to\infty} a_n = 2$.

(2) 对任意 $n \geqslant 1$, 有 $a_n > 0$ 并且

$$a_{n+1} - 1 = \frac{1}{2}\left(a_n + \frac{1}{a_n}\right) - 1 = \frac{1}{2}\left(\sqrt{a_n} - \frac{1}{\sqrt{a_n}}\right)^2 \geqslant 0.$$

另一方面, $a_{n+1} \leqslant \dfrac{a_n + a_n}{2} = a_n$. 从而 $a_n \geqslant a_{n+1} \geqslant \cdots \geqslant 1$ 表明 $\lim\limits_{n\to\infty} a_n = a$

存在且 $a \geqslant 1$. 解方程 $a = \frac{1}{2}\left(a + \frac{1}{a}\right)$ 并注意到 a 的有界性, 得到 $a = 1$.

(3) 和 (1) 一样可证明 $0 < a_n < 3$ 且 $a_{n+1} > a_n$. 从而极限 $\lim_{n\to\infty} a_n = a$ 存在且满足方程 $a = \sqrt{3+2a}$, 故得到 $a = 3$.

(4) 和 (2) 一样可证明 $1 < a_n < 2$ 对任意 $n \geqslant 2$ 都成立. 计算得到

$$a_{n+1} - a_n = \frac{a_n - a_{n-1}}{(1+a_n)(1+a_{n-1})},$$

从而表明 $a_{n+1} - a_n$ 不变号, 故数列 $\{a_n\}_{n\geqslant 1}$ 单调. 所以极限 $\lim_{n\to\infty} a_n = a$ 存在且满足方程 $a - 1 = \frac{a}{1+a}$, 得到 $a = \frac{1+\sqrt{5}}{2}$. □

♠

例 2.22

若 $a_1 = 1$ 和 $a_{n+1} = \frac{1}{1+a_n}$ $(n \geqslant 1)$, 求 $\lim_{n\to\infty} a_n$.

证: 观察到

$$a_2 = \frac{1}{2}, \quad a_3 = \frac{2}{3}, \quad a_4 = \frac{3}{5}, \quad a_5 = \frac{5}{8}, \quad \cdots.$$

断言 $\{a_{2n}\}_{n\geqslant 1}$ 递增但 $\{a_{2n-1}\}_{n\geqslant 1}$ 递减, 且 $\frac{1}{2} \leqslant a_n \leqslant 1$. 事实上明显的不等式 $\frac{1}{2} \leqslant a_n \leqslant 1$ 推出 $a_{n+1} \geqslant \frac{1}{1+1} = \frac{1}{2}$ 和 $a_{n+1} \leqslant \frac{1}{1+0} = 1$. 更进一步

$$a_{2n+2} = \frac{1}{1+a_{2n+1}} \geqslant \frac{1}{1+a_{2n-1}} = a_{2n},$$

$$a_{2n+1} = \frac{1}{1+a_{2n}} \leqslant \frac{1}{1+a_{2n-2}} = a_{2n-1}.$$

令 $\lim_{n\to\infty} a_{2n} = A$ 和 $\lim_{n\to\infty} a_{2n-1} = B$ 得到 $B = \frac{1}{1+A}$ 且 $A = \frac{1}{1+B}$, 从而有 $A = B = \frac{\sqrt{5}-1}{2}$. 即 $a_n \to \frac{\sqrt{5}-1}{2}$. □

♠

2.3.2 三个重要的常数

高中时知道常数 $\pi = 3.1415926\cdots$ 和 $e = 2.7182818284590\cdots$. 在第 **2.1** 节一开头我们简单叙述了求 π 近似值的历史, 特别是我国古代杰出的数学家刘徽和祖冲之.

A. 常数 π. 圆周率 π 这个数学记号来自希腊语 “$\pi\epsilon\rho\iota\mu\epsilon\rho o\zeta$” 的首字母, 其原始定义是圆的周长与直径的比值, 这是一个常数.

1706 年, William Jones 在其《新数学导论》(Synopsis Palmariorium Mathesios) 中才第一次正式用 π 来表示圆周率. 诺贝尔物理学奖得主 Werner Heisenberg 猜测物理中的精细结构常数 α 满足

$$\frac{1}{\alpha}=\frac{2^4\times 3^3}{\pi}=\frac{16\times 27}{\pi}=\frac{432}{\pi}.$$

十六世纪和十七世纪, π 的计算开始改用无穷级数的计算方法. 第一个用无穷级数计算 π 的是印度天文学家 Nilakantha Somayaji, 他在其著作《系统汇编》中用梵语诗记载了这个级数, 但是没有给出证明.

欧洲首个用无穷乘积 (具体定义见**第 6.4 节**) 来计算 π 的是法国科学家 Viéte (韦达), 他在 1593 年发现了 (证明参见 (6.4.6))

$$\frac{2}{\pi}=\frac{\sqrt{2}}{2}\cdot\frac{\sqrt{2+\sqrt{2}}}{2}\cdot\frac{\sqrt{2+\sqrt{2+\sqrt{2}}}}{2}\cdots.$$

欧洲第二个用无穷乘积来表示圆周率的是 Wallis, 他在 1655 年发现 (证明参见 (5.4.31))

$$\frac{\pi}{2}=\frac{2}{1}\cdot\frac{2}{3}\cdot\frac{4}{3}\cdot\frac{4}{5}\cdot\frac{6}{5}\cdot\frac{6}{7}\cdot\frac{8}{7}\cdot\frac{8}{9}\cdots.$$

Gregory 在 1671 年和 Leibniz 在 1674 年发现了如下公式 (证明参见**例 14.13** 第 5 题)

$$\frac{\pi}{4}=1-\frac{1}{3}+\frac{1}{5}-\frac{1}{7}+\frac{1}{9}-\cdots=\sum_{n\geqslant 0}\frac{(-1)^n}{2n+1}.$$

但这个级数收敛速度非常慢, 1706 年 John Machin 利用这个级数得到了快速收敛的公式:

$$\frac{\pi}{4}=4\arctan\frac{1}{5}-\arctan\frac{1}{239}.$$

1794 年 Jurij Vega 得到了

$$\frac{\pi}{4}=5\arctan\frac{1}{7}+2\arctan\frac{3}{79}.$$

1841 年 William Rutherford 在 Machin 公式基础上得到了

$$\frac{\pi}{4}=4\arctan\frac{1}{5}-\arctan\frac{1}{70}+\arctan\frac{1}{99}.$$

L. K. Schulz von Strassnitzky 给出了如下形式的 Machin 公式:

$$\frac{\pi}{4}=\arctan\frac{1}{2}+\arctan\frac{1}{5}+\arctan\frac{1}{8}.$$

1847 年 Thomas Clausen 得到了两个 Machin 公式:

$$\frac{\pi}{4}=2\arctan\frac{1}{3}+\arctan\frac{1}{7}=4\arctan\frac{1}{5}-\arctan\frac{1}{239}.$$

1947 年 D. F. Ferguson 得到了

$$\frac{\pi}{4}=3\arctan\frac{1}{4}+\arctan\frac{1}{20}+\arctan\frac{1}{1985}.$$

Euler 关于 π 的级数公式见 (2.3.2). Gauss 提出了如下 **Gauss-Legendre 算法**:

$$a_0:=1,\quad b_0:=\frac{1}{\sqrt{2}},\quad t_0:=\frac{1}{4},\quad p_0:=1,$$

以及

$$a_{n+1}=\frac{a_n+b_n}{2},\quad b_{n+1}=\sqrt{a_nb_n},\quad t_{n+1}=t_n-p_n(a_n-a_{n+1})^2,\quad p_{n+1}=2p_n,$$

则得到 π 的估计值为

$$\pi\approx\frac{(a_n+b_n)^2}{4t_n}.$$

Ramanujan 在 1910 年前后得到了收敛速度非常快的级数公式

$$\begin{aligned}\frac{1}{\pi}&=\frac{2\sqrt{2}}{9801}\sum_{n\geqslant 0}\frac{(4n)!(1103+26390n)}{(n!)^4396^{4n}}\\&=12\sum_{n\geqslant 0}\frac{(-1)^n(6n)!(13591406+545140134n)}{(n!)^3(3n)!(640320^3)^{n+\frac{1}{2}}}.\end{aligned}$$

他的另一个有趣公式为

$$\pi=\sqrt[4]{9^2+\frac{19^2}{22}}\approx 3.141592652586.$$

1973 年 Jean Gilloud 和 Martin Bouyer 得到了

$$\begin{aligned}\pi=864\sum_{n\geqslant 0}&\frac{(n!)^24^n}{(2n+1)!325^{n+1}}\\&+1824\sum_{n\geqslant 0}\frac{(n!)^24^n}{(2n+1)!3250^{n+1}}-20\arctan\frac{1}{239}.\end{aligned}$$

1987 年 Chudnovsky 兄弟得到了收敛速度更加快的级数公式

$$\frac{1}{\pi}=\frac{12}{640320^{3/2}}\sum_{n\geqslant 0}\frac{(6n)!(13591409+545140124n)}{(3n)!(n!)^3(-640320)^{3n}}.$$

另一个有趣的级数公式是 Simon 在 1995 年发现的

$$\pi=\sum_{n\geqslant 0}\frac{1}{16^n}\left(\frac{4}{8n+1}-\frac{2}{8n+4}-\frac{1}{8n+5}-\frac{1}{8n+6}\right).$$

Fabrice Bellard 得到了

$$\pi=\frac{1}{2^6}\sum_{n\geqslant 0}\frac{(-1)^n}{2^{10n}}\left(\frac{-2^5}{4n+1}-\frac{1}{4n+3}+\frac{2^8}{10n+1}\right.$$
$$\left.-\frac{2^6}{10n+3}-\frac{2^2}{10n+5}-\frac{2^2}{10n+7}+\frac{1}{10n+9}\right).$$

注意到 Weierstrass 在 1841 年用积分

$$\int_{-\infty}^{+\infty}\frac{dx}{1+x^2}$$

来定义 π.

与 π 有关的一个有趣的问题——**巴塞尔问题**, 是意大利数学家 Pietro Mengoli 在 1644 年提出的, 这个问题是精确计算所有平方数的倒数之和. 1735 年, Euler 给出了第一个不怎么严格的证明, 直到 1741 年才给出严格的证明. 我们简要介绍 Euler 不怎么严格但神奇的证明. 他的想法是利用 $\sin x$ 的无穷级数 (证明参见**第 14.3.3 小节**)

$$\sin x=\sum_{n\geqslant 0}(-1)^n\frac{x^{2n+1}}{(2n+1)!}=x-\frac{x^3}{3!}+\frac{x^5}{5!}-\frac{x^7}{7!}+\cdots,$$

从而得到

$$\frac{\sin x}{x}=\sum_{n\geqslant 0}(-1)^n\frac{x^{2n}}{(2n+1)!}=1-\frac{x^2}{3!}+\frac{x^4}{5!}-\frac{x^6}{7!}+\cdots.$$

另一方面, 函数 $\sin x$ 的所有零根集合为 $\{n\pi|n\in\mathbb{Z}\}$. Euler 就假定 $\dfrac{\sin x}{x}$ 可写成如下形式 (参见 (6.4.4), 证明参见 (6.4.28) 上半段)

$$\frac{\sin x}{x}=\left(1-\frac{x^2}{\pi^2}\right)\left(1-\frac{x^2}{4\pi^2}\right)\left(1-\frac{x^2}{9\pi^2}\right)\cdots.$$

比较两边 x^2 项的系数就得到了 (2.3.2):

$$1+\frac{1}{2^2}+\frac{1}{3^2}+\frac{1}{4^2}+\cdots=\sum_{n\geqslant 1}\frac{1}{n^2}=\frac{\pi^2}{6}.$$

接下来, 我们来讲 Euler 解决巴塞尔问题的一些有趣的历史, 这个问题的解决可追溯到他在 1730 年估计积分时的一个结果. Pietro Mengoli 在 1644 年提出的巴塞尔问题, 在 1689 年经过 Jacob Bernoulli 之手就变得非常有名了. Jacob Bernoulli 当时是 Euler 老师的兄弟, 又是 Johann Bernoulli 的指导老师, 可能是 Johann Bernoulli 把这个问题给了 Euler.

在 1730 时, 这个问题已经挫败了众多当时有名的数学家. 此时, Euler 正对他称之为 "级数插值" 的问题感兴趣. 所谓的 "级数插值" 是说, 给定一个对所有整数都有定义的函数, 寻求有意义的方法将这函数的定义扩展到非整数值. 比如, Euler 当时已经把阶乘 $n! = 1\cdot 2\cdot 3\cdots n$ 扩展到分数值——即如今的 Γ 函数.

Euler 在写于 1731 年而正式发表于 1738 年的论文[13]中, 考虑了所有平方数的倒数和, 虽然没有给出精确值但是给出了近似值 1.644934. 这篇文章中, Euler 考察了调和级数的部分和数列:

$$\begin{aligned}
S_1 &= 1 = 1,\\
S_2 &= 1+\frac{1}{2} = \frac{3}{2},\\
S_3 &= 1+\frac{1}{2}+\frac{1}{3} = \frac{11}{6},\\
\cdots &= \cdots\\
S_n &= 1+\frac{1}{2}+\frac{1}{3}+\cdots+\frac{1}{n} =?\\
\cdots &= \cdots
\end{aligned}$$

这样 Euler 就问如何定义 $S_{1/2}$ 和 $S_{3/2}$? 为了回答这个问题, Euler 研究了几何级数. 首先回忆几何级数的部分和公式

$$1+x+x^2+x^3+\cdots+x^{n-1} = \frac{1-x^n}{1-x}.$$

虽然这里 n 是项数, 但是这个公式甚至对非整数 n 也适用 (当时这是一个大胆的想法!). 如果承认这个大胆的想法, 两边积分得到

$$x+\frac{x^2}{2}+\frac{x^3}{3}+\cdots+\frac{x^n}{n} = \int_0^x \frac{1-t^n}{1-t}dt,$$

特别地有

$$S_n = 1+\frac{1}{2}+\frac{1}{3}+\cdots+\frac{1}{n} = \int_0^1 \frac{1-x^n}{1-x}dx.$$

[13] *De summatione innumerabilium progressionum*, Commentarii academiae scientiarum Petropolitanae, **5**(1738), 91–105.

比如,

$$S_{1/2}=\int_0^1\frac{1-\sqrt{x}}{1-x}dx=\int_0^1\frac{dx}{1+\sqrt{x}}=2\int_0^1\frac{t}{1+t}dt=2-2\ln 2,$$

$$S_{3/2}=\int_0^1\frac{1-x^{3/2}}{1-x}dx=\int_0^1\frac{1+\sqrt{x}+x}{1+\sqrt{x}}dx=2\int_0^1\frac{t+t^2+t^3}{1+t}dt=2+\frac{2}{3}-2\ln 2$$

和

$$\begin{aligned}S_{5/2}&=\int_0^1\frac{1-x^{5/2}}{1-x}dx=\int_0^1\frac{1+x^{1/2}+x^{2/2}+x^{3/2}+x^{4/2}}{1+x^{1/2}}dx\\&=2\int_0^1\frac{t+t^2+t^3+t^4+t^5}{1+t}dt=2+\frac{2}{3}+\frac{2}{5}-2\ln 2.\end{aligned}$$

再做一次积分得到

$$x+\frac{x^2}{2\cdot 2}+\frac{x^3}{3\cdot 3}+\cdots+\frac{x^n}{n\cdot n}=\int_0^x\frac{1}{t}\left(t+\frac{t^2}{2}+\frac{t^3}{3}+\cdots+\frac{t^n}{n}\right)dt,$$

从而得到

$$1+\frac{1}{2^2}+\cdots+\frac{1}{n^2}=\int_0^1\frac{1}{x}\left(\int_0^x\frac{1-t^n}{1-t}dt\right)dx.$$

虽然最后这个积分太复杂, Euler 利用一个巧妙的逼近技巧给出了近似值 $\frac{\pi^2}{6}\approx 1.644924$.

定理 2.12 (Euler, 1735)

$$\sum_{n\geqslant 1}\frac{1}{n^2}=\frac{\pi^2}{6}=1.644934\cdots. \tag{2.3.2}$$

♡

证: (1) 第一个证明是 Ioannis Papadimitriou 于 1973 年给出[14]的. 事实上, 这个证明可追溯到 Cauchy 1821 年的讲义《Cours d'Analyse》. 1954 年, 这个证明就出现在 Akiva Moiseevich Yaglom 和 Isaak Moiseevich Yaglom 双胞胎兄弟写的《Nonelementary problems in an elementary exposition》里. 1982 年, 这个证明又出现在 Ransford 的短文里[15], 但他把证明归功于 John Scholes, 而后者又归功于 Peter Swinnerton-Dyer. 实际上, 这个证明在 1960 年代就普遍流传于英国剑桥.

[14]Papadimitriou, Ioannis. *A simple proof of the formula* $\sum_{k=1}^{\infty}k^{-2}=\frac{\pi^2}{6}$, The American Mathematical Monthly, **80**(1973), no. 4, 424–425.

[15]Ransford, T. J. *An elementary proof of* $\sum_{k=1}^{\infty}k^{-2}=\frac{\pi^2}{6}$, Eureka, **42**(1982), no. 1, 3–4.

断言 1: 对任意 $m \in \mathbb{N}$ 都有

$$\cot^2\left(\frac{\pi}{2m+1}\right)+\cdots+\cot^2\left(\frac{m\pi}{2m+1}\right)=\frac{2m(2m-1)}{6}.$$

回顾复数恒等式

$$\cos(nx)+\mathbf{i}\sin(nx)=e^{\mathbf{i}nx}=(e^{\mathbf{i}x})^n=(\cos x+\mathbf{i}\sin x)^n.$$

比较两边的虚数部分得到

$$\sin(nx)=\binom{n}{1}\sin x\cos^{n-1}x-\binom{n}{3}\sin^3 x\cos^{n-3}x\pm\cdots.$$

令 $n := 2m+1$ 和 $x=\dfrac{r\pi}{2m+1}$ $(1\leqslant r\leqslant m)$ 就推出

$$0=\sin(nx)=\binom{n}{1}\sin x\cos^{n-1}x-\binom{n}{3}\sin^3 x\cos^{n-3}x\pm\cdots.$$

两边同除以 $\sin^n x$ $\left(0<x<\dfrac{\pi}{2}\right)$, 得到

$$\begin{aligned}0&=\binom{n}{1}\cot^{n-1}x-\binom{n}{3}\cot^{n-3}x\pm\cdots\\&=\binom{2m+1}{1}\cot^{2m}x-\binom{2m+1}{3}\cot^{2m-2}x\pm\cdots.\end{aligned}$$

定义多项式如下

$$P(t):=\binom{2m+1}{1}t^m-\binom{2m+1}{3}t^{m-1}\pm\cdots+(-1)^m\binom{2m+1}{2m+1}.$$

此多项式有 m 个不同的根

$$a_r:=\cot^2\left(\frac{r\pi}{2m+1}\right),\quad 1\leqslant r\leqslant m.$$

所以

$$P(t)=\binom{2m+1}{1}\prod_{1\leqslant r\leqslant m}\left[t-\cot^2\left(\frac{r\pi}{2m+1}\right)\right].$$

特别地我们得到

$$\sum_{1\leqslant r\leqslant m}a_r=\frac{\dbinom{2m+1}{3}}{\dbinom{2m+1}{1}}=\frac{2m(2m-1)}{6}.$$

断言 2: 对任意 $m \in \mathbb{N}_*$ 有

$$\sum_{1\leqslant r\leqslant m} \csc^2\left(\frac{r\pi}{2m+1}\right) = \frac{2m(2m+2)}{6}.$$

事实上

$$\sum_{1\leqslant r\leqslant m} \csc^2\left(\frac{r\pi}{2m+1}\right) = \sum_{1\leqslant r\leqslant m} \frac{1}{\sin^2\left(\dfrac{r\pi}{2m+1}\right)}$$

$$= \sum_{1\leqslant r\leqslant m} \left[1+\cot^2\left(\frac{r\pi}{2m+1}\right)\right] = m + \frac{2m(2m-1)}{6}.$$

在区间 $\left(0, \dfrac{\pi}{2}\right)$ 内, 下列不等式成立:

$$0 < \sin y < y < \tan y, \quad 0 < \cot y < \frac{1}{y} < \csc y, \quad 0 < \cot^2 y < \frac{1}{y^2} < \csc^2 y.$$

作为推论得到

$$\frac{2m(2m-1)}{6} < \sum_{1\leqslant r\leqslant m} \left(\frac{2m+1}{r\pi}\right)^2 < \frac{2m(2m+2)}{6}.$$

等价地

$$\frac{\pi^2}{6}\frac{2m}{2m+1}\frac{2m-1}{2m+1} < \sum_{1\leqslant r\leqslant m} \frac{1}{r^2} < \frac{\pi^2}{6}\frac{2m}{2m+1}\frac{2m+2}{2m+1}.$$

最后令 $m \to \infty$ 得到结论.

(2) 第二个证明由 Beukers-Calabi-Kolk 在 1993 年给出[16]. 注意到

$$\sum_{n\geqslant 1} \frac{1}{n^2} = \sum_{n\geqslant 0} \frac{1}{(2n-1)^2} + \sum_{n\geqslant 1} \frac{1}{(2n)^2}.$$

故

$$\sum_{n\geqslant 1} \frac{1}{n^2} = \frac{\pi^2}{6} \Longleftrightarrow \sum_{k\geqslant 0} \frac{1}{(2k+1)^2} = \frac{\pi^2}{8}.$$

引入二重积分

$$J := \iint_{[0,1]\times[0,1]} \frac{dxdy}{1-x^2-y^2} = \sum_{k\geqslant 0} \frac{1}{(2k+1)^2}.$$

[16]Beukers, Frits.; Calabi, Eugenio; Kolk, Johan A. C. *Sums of generalized harmonic series and volumes*, Nieuw Archief voor Wiskunde, **11**(1993), no. 4, 217–224.

做变量替换

$$u = \cos^{-1}\sqrt{\frac{1-x^2}{1-x^2y^2}}, \quad v := \cos^{-1}\sqrt{\frac{1-y^2}{1-x^2y^2}},$$

从而 $x = \dfrac{\sin u}{\cos v}$, $y = \dfrac{\sin v}{\cos u}$, 且 $J = \displaystyle\int_0^{\pi/2}\int_0^{\pi/2-u} dudv = \frac{\pi^2}{8}$. □

常数 π 还有其他有趣的表达形式:

$$\pi = 24\arctan\frac{1}{8} + 8\arctan\frac{1}{57} + 4\arctan\frac{1}{239}.$$

1655 年除了 Wallis 发现了 π 的无穷乘积表达式外, Brouncker 不加证明地给出了 π 的连分数表达式

$$\frac{4}{\pi} = 1 + \frac{1}{2+}\frac{9}{2+}\frac{25}{2+}\frac{49}{2+}\cdots.$$

Lambert 在 1768 年给出了 π 的另一个连分数表达式

$$\pi = 3 + \frac{1}{7+}\frac{1}{15+}\frac{1}{1+}\frac{1}{292+}\cdots.$$

Euler 在《Introductio analysin infinitorium》(1748) 中又找到了 π 的几个连分数表达式

$$\pi = 3 + \frac{1}{6+}\frac{9}{6+}\frac{25}{6+}\frac{49}{6+}\cdots,$$

$$\frac{\pi}{2} = 1 + \frac{2}{3+}\frac{1\cdot 3}{4+}\frac{3\cdot 5}{4+}\frac{5\cdot 7}{4+}\cdots = 1 + \frac{1}{1+}\frac{1\cdot 2}{1+}\frac{2\cdot 3}{1+}\frac{3\cdot 4}{1+}\cdots.$$

B. 常数 e. 在论文中第一次提到常数 e 是 John Napier 在 1618 年出版的对数著作《奇妙的对数表的描述》(Mirifici logarithmorum canonis descriptio) 附录中的一张表里. 这个常数的发现归功于 Jacob Bernoulli, 他在 1683 年时考虑连续复利问题[17]:

[17] Jacob Bernoulli, *Quæstiones nonnullæde usuris, cum solutione problematis de sorte alearum, propositi in Ephem. Gall. A. 1685* (Some questions about interest, with a solution of a problem about games of chance, proposed in the Journal des Savants (Ephemerides Eruditorum Gallicanæ), in the year (anno) 1685.), Acta eruditorum, pp. 219–223. 在论文的第 222 页, 他提出了如下问题: "Alterius naturæhoc Problema est: Quæritur, si creditor aliquis pecuniæsummam fænori exponat, ea lege, ut singulis momentis pars proportionalis usuræannuæsorti annumeretur; quantum ipsi finito anno debeatur?" (This is a problem of another kind: The question is, if some lender were to invest [a] sum of money [at] interest, let it accumulate, so that [at] every moment [it] were to receive [a] proportional part of [its] annual interest; how much would he be owed [at the] end of [the] year?) Jacob Bernoulli 构造一个幂级数来计算, 并写道: "$\cdots$ quænostra serie [mathematical expression for a geometric series] & c. major est. $\cdots$ si $a=b$, debebitur plu quam $2\frac{1}{2}a$ & minus quam $3a$." ($\cdots$ which our series [a geometric series] is larger [than]. $\cdots$ if $a=b$, [the lender] will be owed more than $2\frac{1}{2}a$ and less than $3a$.) 当 $a=b$ 时, 几何级数归结到 $a\times e$ 的级数, 从而 $2.5 < e < 3$.

> 一个账户从 1.00 美元开始, 每年支付 100% 的利息. 如果利息被记入一次, 在年末, 该账户的价值将为 2.00 美元. 如果在这一年中更频繁地计算和贷记利息, 会发生什么?

如果一年内两次贷记利息, 每 6 个月的利率为 50%, 那么初始的 1.00 美元乘以 1.5 两次, 年末产生 $1.00 \times 1.5^2 = 2.25$ 美元. 复利季度收益率 $1.00 \times 1.25^4 = 2.4414$, 复利月收益率 $1.00\left(1+\dfrac{1}{12}\right)^{12} = 2.613035$. 如果有 n 个复利区间, 每个区间的利息将为 $100\%/n$, 价值年末将是 $1.00\left(1+\dfrac{1}{n}\right)^n$.

第一次使用常数 e 是 Leibniz 在 1690 年给 Huygens 的通信 (当时用 b 表示). Euler 在 1727 年的一篇未发表的论文[18]中开始用 e 来表示这个常数, 所以也叫 Euler 数, 并于 1736 年在其著作《力学》(Mechanica) 中第一次正式出现, 即 (2.3.3) 中的定义.

为了从数列和级数角度研究常数 e, 首先定义如下三个数列:

$$a_n := \left(1+\frac{1}{n}\right)^n, \quad b_n := \left(1+\frac{1}{n}\right)^{n+1}, \quad e_n := 1 + \sum_{1\leqslant k\leqslant n}\frac{1}{k!} \equiv \sum_{0\leqslant k\leqslant n}\frac{1}{k!}.$$

断言 1: 对每个 n, 有

$$a_n < a_{n+1}, \quad b_n > b_{n+1}.$$

证: 对每个 n,

$$\begin{aligned} a_n &= \left(1+\frac{1}{n}\right)^n = \sum_{0\leqslant k\leqslant n}\binom{n}{k}\frac{1}{n^k} = 1 + \sum_{1\leqslant k\leqslant n}\frac{n(n-1)\cdots(n-k+1)}{k!}\frac{1}{n^k} \\ &= 1+1+\frac{1}{2!}\left(1-\frac{1}{n}\right)+\cdots+\frac{1}{n!}\left(1-\frac{1}{n}\right)\cdots\left(1-\frac{n-1}{n}\right) \\ &< 1+1+\frac{1}{2!}\left(1-\frac{1}{n+1}\right)+\cdots+\frac{1}{n!}\left(1-\frac{1}{n+1}\right)\cdots\left(1-\frac{n-1}{n+1}\right) \\ &\quad + \frac{1}{(n+1)!}\left(1-\frac{1}{n+1}\right)\cdots\left(1-\frac{n}{n+1}\right) = a_{n+1}. \end{aligned}$$

故数列 $\{a_n\}_{n\geqslant 1}$ 单调递增. 第二种证明办法是利用算术几何平均不等式:

[18] Euler, *Meditatio in experimenta explosione tormentorum nuper instituta.* Scribatur pro numero cujus logarithmus est unitas, e, qui est $2.7182817\cdots$ (English: Written for the number of which the logarithm has the unit, e, that is, $2.7182817\cdots$)

$$a_n = \underbrace{\left(1+\frac{1}{n}\right)\cdots\left(1+\frac{1}{n}\right)}_{n}\cdot 1 < \left[\frac{\overbrace{\left(1+\frac{1}{n}\right)+\cdots+\left(1+\frac{1}{n}\right)}^{n}+1}{n+1}\right]^{n+1}$$

$$= \left[\frac{n\left(1+\dfrac{1}{n}\right)+1}{n+1}\right]^{n+1} = a_{n+1}.$$

对 b_n 有

$$\frac{b_{n-1}}{b_n} = \frac{\left(1+\dfrac{1}{n-1}\right)^n}{\left(1+\dfrac{1}{n}\right)^{n+1}} = \left(\frac{1+\dfrac{1}{n-1}}{1+\dfrac{1}{n}}\right)^n \frac{1}{1+\dfrac{1}{n}} = \left(1+\frac{1}{n^2-1}\right)^n \frac{1}{1+\dfrac{1}{n}}$$

$$> \left(1+\frac{n}{n^2-1}\right)\frac{1}{1+\dfrac{1}{n}} > \left(1+\frac{1}{n}\right)\frac{1}{1+\dfrac{1}{n}} = 1.$$

故数列 $\{b_n\}_{n\geqslant 1}$ 单调递减. □

断言 2: 如下两个极限存在且相等:

$$\lim_{n\to\infty} a_n = \lim_{n\to\infty} b_n := e. \tag{2.3.3}$$

证: 由于

$$a_n < 1+1+\sum_{2\leqslant k\leqslant n}\frac{1}{k!} \leqslant 2+\sum_{2\leqslant k\leqslant n}\frac{1}{k(k-1)} = 3-\frac{1}{n} < 3,$$

以及

$$a_n > 2,$$

根据**定理 2.11** 和**断言 1** 知道极限 $\lim\limits_{n\to\infty} a_n = A$ 和 $\lim\limits_{n\to\infty} b_n = B$ 都存在. 因为

$$b_n = \left(1+\frac{1}{n}\right)a_n,$$

利用收敛数列的四则运算得到 $B = 1\times A = A$. □

断言 3: 对任意 $n\in\mathbb{Z}_+$ 有

$$\left(1+\frac{1}{n}\right)^n < \left(1+\frac{1}{n+1}\right)^{n+1} < e < \left(1+\frac{1}{n+1}\right)^{n+2} < \left(1+\frac{1}{n}\right)^{n+1}. \tag{2.3.4}$$

证: 利用单调性可得到. □

断言 4: (Newton, 1669)

$$\lim_{n\to\infty} e_n = e. \tag{2.3.5}$$

证: 观察到 $e_n < e_{n+1}$ 以及对每个固定的 k 有

$$\begin{aligned} a_n &= 1+1+\frac{1}{2!}\left(1-\frac{1}{n}\right)+\cdots+\frac{1}{n!}\left(1-\frac{1}{n}\right)\cdots\left(1-\frac{n-1}{n}\right) \\ &> 1+1+\frac{1}{2!}\left(1-\frac{1}{n}\right)+\cdots+\frac{1}{k!}\left(1-\frac{1}{n}\right)\cdots\left(1-\frac{k-1}{n}\right). \end{aligned}$$

令 $n\to\infty$ 得到

$$e \geqslant 1+1+\frac{1}{2!}+\cdots+\frac{1}{k!} = e_k.$$

另一方面, $a_n < e_n$. 所以 $\lim\limits_{n\to\infty} e_n = e$. □

例 2.23

(1) 对任意 $n \geqslant 1$ 都有如下不等式成立

$$\left(\frac{n+1}{e}\right)^n < n! < e\left(\frac{n+1}{e}\right)^{n+1}. \tag{2.3.6}$$

(2) 证明

$$\lim_{n\to\infty}\frac{\sqrt[n]{n!}}{n} = \frac{1}{e}. \tag{2.3.7}$$

(3) 证明

$$\lim_{n\to\infty} n\ln\left(1+\frac{1}{n}\right) = 1.$$

(4) 证明

$$0 < e - \left(1+\frac{1}{n}\right)^n < \frac{3}{n}, \quad 任意\ n \geqslant 1.$$

(5) **(Brothers-Knox, 1998)** 证明

$$e = \lim_{n\to\infty}\left[\frac{(n+2)^{n+2}}{(n+1)^{n+1}} - \frac{(n+1)^{n+1}}{n^n}\right].$$

具体参考论文: Brothers, Harlan J.; Knox. John A. *New closed-form approximations to the logarithmic constant e*, Math. Intelligencer, **20**(1998), no. 4, 25–29.

证: (1) 对任意 $k \geqslant 1$ 都有

$$\left(\frac{k+1}{k}\right)^k < e < \left(\frac{k+1}{k}\right)^{k+1}.$$

所以

$$\frac{(n+1)^n}{n!} = \prod_{1\leqslant k\leqslant n}\left(\frac{k+1}{k}\right)^k < e^n < \prod_{1\leqslant k\leqslant n}\left(\frac{k+1}{k}\right)^{k+1} = \frac{(n+1)^{n+1}}{n!}.$$

(2) 根据 (1) 得到

$$\frac{n+1}{e} < \sqrt[n]{n!} < \frac{n+1}{e}\sqrt[n]{n+1},$$

$$\frac{n+1}{n}\cdot\frac{1}{e} < \frac{\sqrt[n]{n!}}{n} < \frac{n+1}{n}\cdot\sqrt[n]{n+1}\cdot\frac{1}{e}.$$

令 $n\to\infty$ 推出 (2.3.7).

(3) 利用 (2.3.4) 得到

$$n\ln\left(1+\frac{1}{n}\right) < 1 < (n+1)\ln\left(1+\frac{1}{n}\right),$$

$$\frac{1}{n+1} < \ln\left(1+\frac{1}{n}\right) < \frac{1}{n} \quad 或 \quad \frac{n}{n+1} < \ln\left(1+\frac{1}{n}\right) < 1.$$

利用**定理 2.2** 得到

$$\lim_{n\to\infty} n\ln\left(1+\frac{1}{n}\right) = 1.$$

(4) 根据 (2.3.4) 和 (2.3.3) 中的证明, 得到

$$0 < e - \left(1+\frac{1}{n}\right)^n < \left(1+\frac{1}{n}\right)^n\left[\left(1+\frac{1}{n}\right)-1\right] = \frac{1}{n}\left(1+\frac{1}{n}\right)^n < \frac{3}{n}.$$

(5) 根据 (2.3.4) 得到

$$\begin{aligned}\frac{(n+2)^{n+2}}{(n+1)^{n+1}} - \frac{(n+1)^{n+1}}{n^n} &= (n+2)\left(1+\frac{1}{n+1}\right)^{n+1} - (n+1)\left(1+\frac{1}{n}\right)^n \\ &\geqslant (n+2)\left(1+\frac{1}{n}\right)^n - (n+1)\left(1+\frac{1}{n}\right)^n = \left(1+\frac{1}{n}\right)^n,\end{aligned}$$

$$\begin{aligned}\frac{(n+2)^{n+2}}{(n+1)^{n+1}} - \frac{(n+1)^{n+1}}{n^n} &= (n+1)\left(1+\frac{1}{n+1}\right)^{n+2} - n\left(1+\frac{1}{n}\right)^{n+1} \\ &\leqslant (n+1)\left(1+\frac{1}{n}\right)^{n+1} - n\left(1+\frac{1}{n}\right)^{n+1} = \left(1+\frac{1}{n}\right)^{n+1}.\end{aligned}$$

两边令 $n\to\infty$ 得到结论. □

♠

根据 (2.3.7) 得到 (严格证明会在后面章节给出)

$$\frac{\sqrt[n]{n!}}{n} \sim \frac{1}{e} \quad \Longrightarrow \quad n! \sim n^n e^{-n}$$

当 n 很大时成立. 这里符号 "$a_n \sim b_n$" 表示

$$a_n \sim b_n \quad \Longleftrightarrow \quad \lim_{n\to\infty} \frac{a_n}{b_n} = 1.$$

除了已经证明的 e 的表达式

$$e = \lim_{n\to\infty}\left(1+\frac{1}{n}\right)^n = 1 + \sum_{n\geqslant 1}\frac{1}{n!} = 2.718281828459045\cdots,$$

Brothers 在 2004 年发现了收敛速度更加快的级数表达式[19]

$$e = \sum_{n\geqslant 0}\frac{2n+2}{(2n+1)!}.$$

Euler 在《Introductio analysin infinitorium》(1748) 中发现了 e 的连分数

$$e = 2 + \frac{1}{1+}\,\frac{1}{2+}\,\frac{1}{1+}\,\frac{1}{1+}\,\frac{1}{4+}\,\frac{1}{1+}\,\frac{1}{1+}\,\frac{1}{6+}\cdots,$$
$$e = 2 + \frac{1}{1+}\,\frac{1}{2+}\,\frac{2}{3+}\,\frac{3}{4+}\,\frac{4}{5+}\,\frac{5}{6+}\,\frac{6}{7+}\,\frac{7}{8+}\cdots.$$

根据**定理 2.9** 或**定理 2.10**, 上述两个连分数都是收敛的.

Catalan 在 1873 年给出了 e 的无穷乘积表达式

$$\frac{e}{2} = \left(\frac{4}{3}\right)^{1/2}\left(\frac{6}{5}\frac{8}{7}\right)^{1/4}\left(\frac{10}{9}\frac{12}{11}\frac{14}{13}\frac{16}{15}\right)^{1/8}\cdots.$$

Pippenger 在 1980 年给出了 e 的另一个无穷乘积表达式[20]

$$\frac{e}{2} = \left(\frac{2}{1}\right)^{1/2}\left(\frac{2}{3}\frac{4}{3}\right)^{1/4}\left(\frac{4}{5}\frac{6}{5}\frac{6}{7}\frac{8}{7}\right)^{1/8}\left(\frac{8}{9}\frac{10}{9}\frac{10}{11}\frac{12}{11}\frac{12}{13}\frac{14}{13}\frac{14}{15}\frac{16}{15}\right)^{1/16}\cdots.$$

Sebah 和 Gourdon 在 2001 年给出了 e 的 "递推定义" 的无穷乘积公式

$$e = \prod_{n\geqslant 1}\frac{a_n+1}{a_n} = \frac{2}{1}\cdot\frac{5}{4}\cdot\frac{16}{15}\cdot\frac{65}{64}\cdot\frac{326}{325}\cdots, \quad a_1 = 1, \quad a_{n+1} = (n+1)(a_n+1).$$

---

[19] Brothers, Harlan J. *Improving the convergence of Newton's series approximation for e*, College Math. J., **35**(2004), no. 1, 34–39.

[20] Pippenger, Nicholas. *An infinite product for e*, Amer. Math. Monthly, **87**(1980), no. 5, 391.

Guillera 在 2005 年给出了

$$e=\left(\frac{2}{1}\right)^{1/1}\left(\frac{2^2}{1\cdot 3}\right)^{1/2}\left(\frac{2^3\cdot 4}{1\cdot 3^3}\right)^{1/3}\left(\frac{2^4\cdot 4^4}{1\cdot 3^6\cdot 5}\right)^{1/4}\cdots.$$

令 A_n 表示 $1,\cdots,n$ 的算术平均而令 G_n 表示其几何平均, 即

$$A_n=\frac{1+\cdots+n}{n}=\frac{n(n+1)}{2n},\quad G_n=\sqrt[n]{1\cdots n}.$$

利用 Stirling 公式 (参见 (5.4.32)) 得到

$$\frac{A_n}{G_n}=\frac{n+1}{2(n!)^{1/n}}\sim\frac{n+1}{2\left(n^ne^{-n}\sqrt{2\pi n}\right)^{1/n}}=\frac{e}{2}\cdot\frac{n+1}{(2\pi n)^{1/(2n)}}\to\frac{e}{2}.$$

Lionnais 在 1983 年证明了

$$\lim_{n\to\infty}\left(\prod_{p_i\leqslant n}p_i\right)^{1/n}=e,$$

这里 p_i 是第 i 个素数.

Cloitre 观察到如下关于 π 和 e 的关系. 令

$$a_1=b_1=0,\quad a_2=b_2=1,$$

并递推定义数列 $\{a_n\}_{n\geqslant 1}$ 和 $\{b_n\}_{n\geqslant 1}$ 如下:

$$a_{n+2}=a_{n+1}+\frac{1}{n}a_n,\quad b_{n+2}=\frac{1}{n}b_{n+1}+b_n.$$

则得到

$$e=\lim_{n\to\infty}\frac{n}{a_n},\quad \pi=\lim_{n\to\infty}\frac{2n}{b_n^2}.$$

最后我们对一开始定义的 $a_n=\left(1+\dfrac{1}{n}\right)^n$ 做些注记. Brede 在 2005 年证明了如下渐近展开式

$$a_n=\left(1+\frac{1}{n}\right)^n=\sum_{k\geqslant 0}\frac{u_k}{n^k},$$

这里

$$u_k:=e\sum_{0\leqslant i\leqslant k}\frac{S_1(k+i,i)}{(k+i)!}\sum_{0\leqslant j\leqslant k-i}\frac{(-1)^j}{j!}$$

而且 S_1 表示**第一类 Stirling 数**, 它是由

$$x(x-1)\cdots(x-\nu+1)=\sum_{0\leqslant n\leqslant \nu}S_1(\nu,n)x^n$$

所生成的.

C. 常数 $\boldsymbol{\gamma}$. 给定正数 $p>0$ 并令

$$S_n:=\sum_{1\leqslant k\leqslant n}\frac{1}{k^p},\quad n\in\mathbb{N}_*.$$

我们来研究由数列 $\{S_n\}_{n\geqslant 1}$ 所定义的无穷级数

$$\sum_{n\geqslant 1}\frac{1}{n^p},\quad p\in\mathbb{N}_*.$$

特别地, 当 $p=2$ 时就是我们之前已经证明过的 Euler 恒等式

$$\sum_{n\geqslant 1}\frac{1}{n^2}=\frac{\pi^2}{6},$$

当然 Euler 当时的证明是不严格的且利用了复数. 如果把正整数 p 换成一般的复数 $z\in\mathbb{C}$ 就得到了著名的 **Riemann ζ 函数**

$$\zeta(z):=\sum_{n\geqslant 1}\frac{1}{n^z},\quad z\in\mathbb{C}.$$

下面的方法本质上也证明了 $\zeta(z)$ 当且仅当 $\mathbf{Re}(z)>1$ 时收敛. 根据定义得到 $S_n<S_{n+1}$, 故

$$\begin{aligned}S_n&\leqslant S_{2^n-1}\\&=1+\underbrace{\left(\frac{1}{2^p}+\frac{1}{3^p}\right)}_{<2^{-(p-1)}}+\underbrace{\left(\frac{1}{4^p}+\cdots+\frac{1}{7^p}\right)}_{<4^{-(p-1)}=2^{-2(p-1)}}+\cdots+\underbrace{\left(\frac{1}{2^{(n-1)p}}+\cdots+\frac{1}{(2^n-1)^p}\right)}_{<2^{-(n-1)(p-1)}}\\&<\frac{1}{1-\dfrac{1}{2^{p-1}}}=\frac{2^{p-1}}{2^{p-1}-1}.\end{aligned}$$

因此

$$\lim_{n\to\infty}S_n\text{ 对任意 }p>1\text{ 都存在.}$$

当 $p=1$ 时, 根据**定理 2.4** 得到

$$\lim_{n\to\infty}\frac{1+\frac{1}{2}+\cdots+\frac{1}{n}}{\ln n}=\lim_{n\to\infty}\frac{\frac{1}{n}}{\ln n-\ln(n-1)}=\lim_{n\to\infty}\frac{\frac{1}{n}}{\ln\left(1+\frac{1}{n-1}\right)}$$

$$=\lim_{n\to\infty}\frac{\frac{1}{n}}{\ln\left(1+\frac{1}{n}\right)}\cdot\lim_{n\to\infty}\frac{\ln\left(1+\frac{1}{n}\right)}{\ln\left(1+\frac{1}{n-1}\right)}=1,$$

这是因为, 利用 (2.3.4),

$$\frac{1}{n+1}<\ln\left(1+\frac{1}{n}\right)<\frac{1}{n}.$$

作为推论得到

$$S_n\geqslant 1+\frac{1}{2}+\cdots+\frac{1}{n}\to+\infty,\quad 若\ 0<p\leqslant 1.$$

特别地

$$1+\frac{1}{2}+\cdots+\frac{1}{n}\sim\ln n,\quad n\to\infty.$$

由此我们来定义数列 $\{a_n\}_{n\geqslant 1}$ 如下:

$$a_n:=\sum_{1\leqslant k\leqslant n}\frac{1}{k}-\ln n. \tag{2.3.8}$$

从而

$$a_n>a_{n+1}>0,\quad \lim_{n\to\infty}a_n\ 存在.$$

事实上

$$a_n=1+\frac{1}{2}+\cdots+\frac{1}{n}-\ln n>\ln\frac{2}{1}+\ln\frac{3}{2}+\cdots+\ln\frac{n+1}{n}-\ln n=\ln\frac{n+1}{n}>0$$

和

$$a_{n+1}-a_n=\frac{1}{n+1}-\ln(n+1)+\ln n=\frac{1}{n+1}-\ln\left(1+\frac{1}{n}\right)<0.$$

因此我们可以引入如下常数.

定义 2.4 (Euler 常数; Euler, 1734)

Euler 常数 γ 定义为

$$\gamma:=\lim_{n\to\infty}\left(\sum_{1\leqslant k\leqslant n}\frac{1}{k}-\ln n\right)=0.577215664901532\cdots. \tag{2.3.9}$$

注意到

$$\frac{1}{2} < \gamma < \frac{3}{5}.$$

♣

这个常数最早出现在 Euler 于 1734 年 3 月 11 日在圣彼得堡科学院的报告论文中, 当时他使用记号 C 和 O 来表示这个常数, 论文[21]在 1740 年正式出版. 1790 年, 意大利数学家 Lorenzo Mascheroni 使用记号 A 和 a 来表示这个常数, 而之后大家普遍使用记号 γ 来表示这个常数, 比如德国数学家 Carl Anton Bretschneider 在 1835 年使用记号 γ.

根据 (2.3.9) 可以来证明如下极限

$$\ln 2 = \lim_{n\to\infty}\left(\frac{1}{n+1} + \frac{1}{n+2} + \cdots + \frac{1}{2n}\right). \tag{2.3.10}$$

事实上,

$$\sum_{1\leqslant k\leqslant n}\frac{1}{n+k} = a_{2n} - a_n + \ln 2 \longrightarrow \ln 2.$$

之后我们将证明

$$\gamma = -\int_0^\infty \frac{\ln x}{e^x}dx.$$

猜想 2.2

γ 是无理数, 即 $\gamma \in \mathbb{R}\setminus\mathbb{Q}$.

♠

Alexander Aptekarev 在 2009 年证明[22]了 Euler 常数 γ 和 Euler-Gompertz 常数 δ

$$\delta := \int_0^\infty \frac{\ln(1+x)}{e^x}dx = \int_0^\infty \frac{e^{-x}}{1+x}dx = \int_0^1 \frac{dx}{1-\ln x} = 0.596347362323194\cdots$$

中至少有一个是无理数. 之后在 2012 年, Tanguy Rivoal 更进一步证明[23]了它们之中至少有一个是超越的.

一个更进一步的猜想是说 γ 是超越数. a 是**超越数 (transcendental number)**, 如果对任意整系数多项式 $P(x) \in \mathbb{Z}[x]$ 都不可能有 $P(a) = 0$ 成立. 超越数的

[21] Euler, *De Progressionibus harmonicis observationes*, Commentarii academiae scientiarum Petropolitanae **7**(1740), 150–161.

[22] Aptekarev, A. I. *On linear forms containing the Euler constant*, arXiv: 0902.1768.

[23] Rivoal, Tanguy. *On the arithmetic nature of the values of the gamma function, Euler's constant, and Gompertz's constant*, Michigan Mathematical Journal, **61**(2012), no. 2, 239–254.

存在最早由 Liouville 在 1844 年证明[24], 而在 1851 年他给出了第一个具体的例子, 现在称为 **Liouville 常数**,

$$a=\lim_{n\to\infty}a_n=\sum_{n\geqslant 1}\frac{1}{10^{n!}},\quad a_n:=\frac{1}{10}+\frac{1}{10^{2!}}+\cdots+\frac{1}{10^{n!}}.$$

Liouville 在 1844 年的论文里引入了 "**Liouville 数 (Liouville number)**": 实数 $x\in\mathbb{R}$ 称为 Liouville 数, 如果对每个正整数 n 都存在整数对 (p,q), 这里 $q>1$, 使得 $0<\left|x-\frac{p}{q}\right|<\frac{1}{q^n}$. Liouville 证明了所有的 Liouville 数都是超越数. 注意到, 利用 e 的连分数表达式, 可以证明 e 不是 Liouville 数; 另一方面, Kurt Mahler 证明了[25] π 不是 Liouville 数.

又比如 **Fredholm 常数**[26]

$$\sum_{n\geqslant 0}10^{-2^n}$$

也是一个超越数. 稍微复杂一点的超越数例子有

- **Cahen 常数**[27]

$$C=\sum_{n\geqslant 0}\frac{(-1)^n}{s_n-1}=1-\frac{1}{2}+\frac{1}{6}-\frac{1}{42}+\frac{1}{1806}-\cdots\approx 0.643410546288\cdots,$$

这里 $\{s_n\}_{n\geqslant 0}$ 是 **Sylvester 数列 (Sylvester sequence)**[28]

$$s_0=2,\quad s_{n+1}=1+s_0s_1\cdots s_n\ (n\geqslant 0).$$

- **Rogers-Ramanujan 常数**[29]

$$R(q)=q^{1/5}\prod_{n\geqslant 1}\frac{(1-q^{5n-1})(1-q^{5n-4})}{(1-q^{5n-2})(1-q^{5n-3})},\quad q=e^{2\pi\sqrt{-1}\tau}.$$

比如

$$R(e^{-\pi})\approx 0.511428\cdots,\quad R(e^{-2\pi})\approx 0.284079\cdots,$$

其中第一个数是四次方程 $x^4+2x^3-6x^2-2x+1=0$ 的根, 而第二个数是四

---

[24]Liouville, Jpseph. *Mémoires et communications*, Comptes rendus de l'Académie des Sciences, **18**(1844), no. 20, 883–885; no. 21, 910–911.

[25]Mahler, Kurt. *On the approximation of* π, Nederl. Akad. Wetensch. Proc. Ser. A., **56**(1953), 342–366.

[26]Kempner, Aubrey J. *On Transcendental Numbers*, Trans. AMS., **17**(1916), no. 4, 476–482.

[27]Cahen, Eugène. *Note sur un développement des quantités numériques, qui présente quelque analogie avec celui en fractions continues*, Nouvelles Annales de Mathématiques, **10**(1891), 508–514.

[28]Sylvester, James Joseph. *On a point in the theory of vulgar fractions*, Amer. J. Math., **3**(1880), no. 4, 332–335.

[29]Rogers, Leonard James. *Second Memoir on the Expansion of certain Infinite Products*, Proc. London Math. Soc., **s1-25**(1894), no. 1, 318–343.

次方程 $x^4+2a^4x^3+6a^2x^2-2a^4x+1=0$ 的根 (这里 $a=(1+\sqrt{5})/2$ 是黄金分割).

- **(Komornik-Loreti 常数)**[30]

$$q \approx 1.787231650\cdots,$$

它是满足如下方程

$$\prod_{n\geqslant 1}\left(1-\frac{1}{q^{2^n}}\right)=\left(1-\frac{1}{q}\right)^{-1}-2$$

的唯一正解.

- **Prouhet-Thue-Morse 常数**

$$\tau=\frac{1}{4}\left[2-\prod_{n\geqslant 0}\left(1-\frac{1}{2^{2^n}}\right)\right]\approx 0.412454033640\cdots.$$

这个常数的超越性是 Kurt Mahler 在 1929 年证明的[31].

超越数来自拉丁文 "*transcendĕre*", 最早出现在 Leibniz1682 年的论文中, 而可能是 Euler 最早给出超越数的现代定义. 不是超越数的数称为**代数数 (algebraic number)**.

定理 2.13 (π 和 e 都是无理数)

(1) **(Euler, 1737)** e 是无理数.

(2) **(Johann Heinrich Lambert, 1761)** π 是无理数. 

证: (1) 这个证明属于 Fourier. 回忆无穷级数

$$e=\sum_{k\geqslant 0}\frac{1}{k!}=\lim_{n\to\infty}\sum_{0\leqslant k\leqslant n}\frac{1}{k!}.$$

假设 $e=\dfrac{a}{b}$ 是有理数, 其中 $a,b>0$. 则

$$n!be=n!a, \quad 任意\ n\in\mathbb{N}.$$

另一方面,

[30] Komornik, Vilmos; Loreti, Paola. *Unique developments in non-integer bases*, The American Mathematical Monthly, **105**(1998), no. 7, 636–639.

[31] Mahler, Kurt. *Arithmetische Eigenschaften der Lösungen einer Klasse von Funktionalgleichungen*, Math. Ann., **101**(1929), 342–366.

$$
\begin{aligned}
bn!e &= bn!\left[\left(1+\frac{1}{1!}+\frac{1}{2!}+\cdots+\frac{1}{n!}\right)+\left(\frac{1}{(n+1)!}+\frac{1}{(n+2)!}+\cdots\right)\right] \\
&= bn!\left(1+\frac{1}{1!}+\frac{1}{2!}+\cdots+\frac{1}{n!}\right) \\
&\quad + b\underbrace{\left(\frac{1}{n+1}+\frac{1}{(n+1)(n+2)}+\frac{1}{(n+1)(n+2)(n+3)}+\cdots\right)}_{\frac{1}{n+1}<\cdots<\frac{1}{n+1}+\frac{1}{(n+1)^2}+\cdots=\frac{1}{n}}.
\end{aligned}
$$

当 n 充分大时, 右边第二项不再是整数. 这个矛盾说明 e 不是有理数.

(2) 这里几乎最简单的证明是属于 Niven (1946) 的. 假设 $\pi=\dfrac{a}{b}$ 是有理数. 引入多项式

$$
f(x):=\frac{x^n(a-bx)^n}{n!},\quad F(x):=f(x)-f^{(2)}(x)+f^{(4)}(x)-\cdots+(-1)^n f^{(2n)}(x).
$$

但是简单计算表明

$$
\mathbb{Z}\ni F(\pi)+F(0)=\int_0^\pi f(x)\sin x dx,
$$

这里被积函数满足 $0<f(x)\sin x<\dfrac{\pi^n a^n}{n!}<1$ (当 n 充分大时). □

1840 年法国数学家 Liouville 证明了 e^2 是无理数, 1891 年德国数学家 Hurwitz 证明了 e^3 是无理数, 更一般地, 可以证明对任何非零有理数 q, e^q 是无理数. 1768 年, 瑞士数学家 Lambert 在证明了 π 是无理数后, 猜测 e 和 π 都是超越数. 1873 年法国数学家 Hermite 证明了 e 是超越数. 1874 年, 德国数学 Cantor 证明了代数数是可数的但是实数是不可数的. 之后, 1882 年德国数学家 Lindeman 证明了 π 也是超越数. 著名的 **Hilbert 23 个问题** (Hilbert 在 1900 年的国际数学家大会上提出) 中的第 7 题就是问: **如果 a 是不等于 0 和 1 的代数数, b 是无理代数数, 则 a^b 是超越数**. 这个猜想现已被 Gelfond (1929) 和 Schneider–Siegel (1935) 分别独立证明. 作为直接推论得到 $2^{\sqrt{2}}$ (Gelfond-Schneider 常数), $2^{\sqrt{-2}}$, $\mathbf{i}^{\sqrt{2}}$, e^π $(=(-1)^{-\mathbf{i}}$, **Gelfond 常数**) 都是超越数.

2.3.3 子列

给定数列 $\{a_n\}_{n\geqslant 1}$ 和严格递增函数 $\varphi:\mathbb{N}_*\to\mathbb{N}_*$. 数列 $\{a_{\varphi(k)}\}_{k\geqslant 1}$ 称为 $\{a_n\}_{n\geqslant 1}$ 的**子列 (subsequence)** 并通常记作 $\{a_{n_k}\}_{k\geqslant 1}$.

根据定义得到 $\varphi(1)\geqslant 1$. 下证 $\varphi(k)\geqslant k$ 对任意 $k\in\mathbb{N}^*$ 也成立. 事实上, 假设 $\varphi(k)\geqslant k$ 成立, 则必有 $\varphi(k+1)\geqslant k+1$; 否则, $\varphi(k+1)\leqslant k\leqslant\varphi(k)$, 这和 φ 严格

递增矛盾! 因此必有 $\varphi(k) \geqslant k$ 成立.

根据定义立即可知任何数列就是其本身的一个子列.

定理 2.14 (子列基本性质)

(1) 如果 $\lim\limits_{n\to\infty} a_n = a$, 则对任意子列 $\{a_{n_k}\}_{k\geqslant 1}$ 都有 $\lim\limits_{k\to\infty} a_{n_k} = a$.
(2) 如果 $\{a_n\}_{n\geqslant 1}$ 收敛, 则每个子列收敛.
(3) 如果 $\{a_n\}_{n\geqslant 1}$ 中存在发散的子列, 则 $\{a_n\}_{n\geqslant 1}$ 发散.
(4) 如果 $\{a_n\}_{n\geqslant 1}$ 中存在两个极限不等的收敛子列, 则 $\{a_n\}_{n\in\mathbb{N}}$ 发散.
(5) $\{a_n\}_{n\geqslant 1}$ 收敛当且仅当 $\{a_{2n-1}\}_{n\geqslant 1}$ 和 $\{a_{2n}\}_{n\geqslant 1}$ 都收敛且有相同的极限. ♡

证: (1) — (4) 可以根据定义得到. 对 (5), 假设 $\lim\limits_{n\to\infty} a_{2n-1} = \lim\limits_{n\to\infty} a_{2n} = a$. 对任意 $\epsilon > 0$, 存在 $N \in \mathbb{N}$ 使得

$$|b_n - a| < \epsilon, \quad |c_n - a| < \epsilon, \quad b_n := a_{2n}, \ c_n := a_{2n-1}.$$

当 $n = 2k$ 时, 则 $|a_n - a| < \epsilon$ $(n > 2N)$; 当 $n = 2k-1$ 时, 则 $|a_n - a| < \epsilon$ $(n > 2N-1)$. 因此, 当 $n > 2N-1$ 时就得到 $|a_n - a| < \epsilon$. 反之, 显然成立. □

例 2.24

(1) **(Fibonacci 数列, 其他性质参见第二卷第 14.3.4 小节)** 令

$$a_1 = a_2 = 1, \quad a_{n+1} = a_n + a_{n-1} \ (n \geqslant 2),$$

求极限

$$\lim_{n\to\infty} \frac{a_{n+1}}{a_n}.$$

解: 引入辅助数列 $b_n := \dfrac{a_{n+1}}{a_n}$. 则

$$b_n = \frac{a_n + a_{n-1}}{a_n} = 1 + \frac{a_{n-1}}{a_n} = 1 + \frac{1}{b_{n-1}}.$$

在**例 2.22** 中已经证明了如下不等式

$$b_{2n-1} < b_{2n+1}, \quad b_{2n} > b_{2n+2}, \quad 1 \leqslant b_n \leqslant 2.$$

因此得到

$$\lim_{n\to\infty} b_n = \frac{\sqrt{5}+1}{2}, \quad \lim_{n\to\infty} (b_n - 1) = \lim_{n\to\infty} \frac{1}{b_{n-1}} = \frac{\sqrt{5}-1}{2} \approx 0.618.$$

数列 a_n 的显式表达式为

$$a_n = \frac{1}{\sqrt{5}}\left[\left(\frac{1+\sqrt{5}}{2}\right)^n - \left(\frac{1-\sqrt{5}}{2}\right)^n\right].$$

可以用数学归纳法证明或直接推导如下. 假设可以写成

$$a_n - \alpha a_{n-1} = \beta(a_{n-1} - \alpha a_{n-2}).$$

从而必须有 $\alpha + \beta = 1$ 和 $\alpha\beta = -1$, 所以

$$(\alpha, \beta) = \left(\frac{1+\sqrt{5}}{2}, \frac{1-\sqrt{5}}{2}\right), \quad \left(\frac{1-\sqrt{5}}{2}, \frac{1+\sqrt{5}}{2}\right).$$

根据

$$a_n - \frac{1+\sqrt{5}}{2}a_{n-1} = \frac{1-\sqrt{5}}{2}\left(a_{n-1} - \frac{1+\sqrt{5}}{2}a_{n-2}\right),$$

$$a_n - \frac{1-\sqrt{5}}{2}a_{n-1} = \frac{1+\sqrt{5}}{2}\left(a_{n-1} - \frac{1-\sqrt{5}}{2}a_{n-2}\right),$$

最后得到

$$a_n - \frac{1-\sqrt{5}}{2}a_{n-1} = \left(\frac{1+\sqrt{5}}{2}\right)^{n-2}\left(a_2 - \frac{1-\sqrt{5}}{2}a_1\right),$$

$$a_n - \frac{1+\sqrt{5}}{2}a_{n-1} = \left(\frac{1-\sqrt{5}}{2}\right)^{n-2}\left(a_2 - \frac{1+\sqrt{5}}{2}a_1\right).$$

消去 a_{n-1} 得到 a_n 的表达式. □

(2) 证明极限

$$\ln 2 = \lim_{n\to\infty}\left[1 - \frac{1}{2} + \frac{1}{3} - \cdots + (-1)^{n+1}\frac{1}{n}\right] = \sum_{n\geqslant 1}\frac{(-1)^{n+1}}{n}. \tag{2.3.11}$$

证: 考虑数列

$$b_n := 1 - \frac{1}{2} + \frac{1}{3} - \cdots + (-1)^{n+1}\frac{1}{n} = \sum_{1\leqslant k\leqslant n}\frac{(-1)^{k+1}}{k}.$$

简单计算得到

$$b_{2n} = \sum_{1\leqslant k\leqslant 2n}\frac{1}{k} - \sum_{1\leqslant k\leqslant n}\frac{1}{k} = \ln 2 + a_{2n} - a_n,$$

这里数列 $\{a_n\}_{n\geqslant 1}$ 的定义见 (2.3.8). 根据 (2.3.9) 得到 $a_{2n}\to\ln 2$. 另一方面从

$$a_{2n-1}=a_{2n}+\frac{1}{2n}$$

得到 $a_{2n-1}\to\ln 2$. **定理 2.14** 告诉我们必有 $a_n\to\ln 2$. □ ♠

在**定理 2.1** (2) 中我们证明了收敛数列必有界, 并在**注 2.2** 中给出了有界数列不一定收敛的例子. 进一步可问, 有界数列能给出多少收敛性的信息? 下面定理告诉我们, 有界数列至少包含一个收敛的子列.

定理 2.15 (Bolzano-Weierstrass 定理, 1817)

每个有界数列至少有一个收敛的子列. ♡

证: 不妨假设数列包含无穷多个不同的 a_n, 否则结论显然成立. 假设数列 $\{a_n\}_{n\geqslant 1}$ 是有界的, 即存在某个闭区间 $[A,B]$ 使得 $a_n\in[A,B]$ 对所有 $n\geqslant 1$ 都成立. 区间对分得到两个子区间 $[A,(A+B)/2]$ 和 $[(A+B)/2,B]$, 这两个子区间中至少有一个包含无穷多个 a_n, 不妨记为 $[A_1,B_1]$. 任取一点 $a_{n_1}\in[A_1,B_1]$. 对分闭子区间 $[A_1,A_2]$ 得到两个更小的闭子区间 $[A_1,(A_1+B_1)/2]$ 和 $[(A_1+B_1)/2,B_1]$, 其中至少有一个子区间包含无穷多个 a_n. 不妨记这个子区间为 $[A_2,B_2]$; 因为 $[A_2,B_2]$ 包含无穷多个 a_n, 我们可以找到指标 $n_2>n_1$ 使得 $a_{n_2}\in[A_2,B_2]$. 这个对分过程继续下去, 得到一列闭区间

$$[A_1,B_1]\supseteq[A_2,B_2]\supseteq\cdots\supseteq[A_k,B_k]\supseteq\cdots$$

满足

$$B_k-A_k=\frac{B-A}{2^k}\to 0\quad 和存在\ a_{n_k}\in[A_k,B_k].$$

从而得到一个递增映射 $f:\mathbb{N}_*\to\mathbb{N}_*$ 使得 $a_{f(k)}=a_{n_k}$. 但是 A_n 递增而 B_n 递减, 根据单调有界数列必有极限得到 $\lim\limits_{n\to\infty}A_n=A$ 和 $\lim\limits_{n\to\infty}B_n=B$ 都存在. 除此之外, 还有如下性质

$$0\leqslant B-A\leqslant B_n-A_n\to 0.$$

因而 $\lim\limits_{n\to\infty}A_n=\lim\limits_{n\to\infty}B_n$ 存在并等于一个公共值 c, 且 $c\in[A_k,B_k]$ 对每个 k 都成立. 由 $|a_{n_k}-c|\leqslant B_k-A_k$ 得到 $\lim\limits_{k\to\infty}a_{n_k}=c$. □

对无界数列, 我们有平行于**定理 2.15** 的结果, 即无界数列至少包含一个无穷大的子列.

定理 2.16

每个无界数列都有一个子列, 它是无穷大数列. ♡

证: 假设数列 $\{a_n\}_{n\geqslant 1}$ 是无界的, 则对任何 $M>0$ 都存在 $n\in\mathbb{N}$ 满足不等式 $|a_n|>M$. 取 $M=1$, 则存在 n_1 满足 $|a_{n_1}|>1$. 因为数列 $\{a_n\}_{n>n_1}$ 仍旧是无界的, 取 $M=1$, 从而存在 $n_2>n_1$ 满足 $|a_{n_2}|>2$. 一般地, 对任何 $k\geqslant 2$ 存在 $n_k>n_{k-1}$ 满足 $|a_{n_k}|>k$. 这个过程一直下去就得到子列 $\{n_k\}_{k\geqslant 1}$ 使得 $|a_{n_k}|>k$ 成立. □

2.3.4 Cauchy 数列

数列 $\{a_n\}_{n\geqslant 1}$ 称为 **Cauchy 数列 (Cauchy sequence)**, 如果对任意 $\epsilon>0$ 都存在 $N\in\mathbb{N}$ 使得 $|a_n-a_m|<\epsilon$ 对任何 $n,m\geqslant N$ 都成立. 即

$$\{a_n\}_{n\geqslant 1}\text{ 是 Cauchy 数列}\iff\begin{pmatrix}\forall\,\epsilon>0\ \exists\,N\in\mathbb{N}\ \forall\,n,m\geqslant N\\ \text{都有 }|a_n-a_m|<\epsilon\text{ 成立}\end{pmatrix}$$

另一方面, 数列 $\{a_n\}_{n\geqslant 1}$ **不是 Cauchy 的 (not Cauchy)**, 如果存在 $\epsilon_0>0$ 对任意 $N\in\mathbb{N}$ 存在 $n_0,m_0\geqslant N$ 满足 $|a_{n_0}-a_{m_0}|\geqslant\epsilon_0$. 即

$$\{a_n\}_{n\geqslant 1}\text{ 不是 Cauchy 数列}\iff\begin{pmatrix}\exists\,\epsilon_0>0\ \forall\,N\in\mathbb{N}\ \exists\,n_0,m_0\geqslant N\\ \text{满足 }|a_{n_0}-a_{m_0}|\geqslant\epsilon_0\end{pmatrix}$$

根据定义, 显然得到任何收敛数列必是 Cauchy 的.

例 2.25

(1) $\{a_n\}_{n\geqslant 1}$ 不是 Cauchy 数列, 这里 $a_n=1+\dfrac{1}{2}+\cdots+\dfrac{1}{n}$.

(2) $\{a_n\}_{n\geqslant 1}$ 是 Cauchy 数列, 这里 $a_n=1+\dfrac{1}{2\sqrt{2}}+\cdots+\dfrac{1}{n\sqrt{n}}$.

证: (1) 对任意 $n\geqslant 1$ 有

$$a_{2n}-a_n=\frac{1}{n+1}+\cdots+\frac{1}{2n}\geqslant\frac{n}{2n}=\frac{1}{2}.$$

(2) 对任意 $n\geqslant 1$ 有

$$\frac{1}{\sqrt{n}}-\frac{1}{\sqrt{n+1}}=\frac{\sqrt{n+1}-\sqrt{n}}{\sqrt{n(n+1)}}=\frac{1}{\sqrt{n(n+1)}}\cdot\frac{1}{\sqrt{n+1}+\sqrt{n}}>\frac{1}{2}\frac{1}{(n+1)\sqrt{n+1}}.$$

故对任意 $m>n$,

$$a_m-a_n=\frac{1}{(n+1)\sqrt{n+1}}+\cdots+\frac{1}{m\sqrt{m}}<\frac{2}{\sqrt{n}}-\frac{2}{\sqrt{m}}<\frac{2}{\sqrt{n}}.\quad\square$$

♠

注 2.5

Cauchy 数列必有界. 因为存在 $N \in \mathbb{N}$ 使得 $|a_m - a_n| < 1$ 对任意 $m, n \geqslant N$ 都成立. ♣

定理 2.17 (Cauchy 判别法则; Cauchy, 1821)

数列 $\{a_n\}_{n\geqslant 1}$ 收敛当且仅当 $\{a_n\}_{n\geqslant 1}$ 是 Cauchy 的. ♡

证: $\Longrightarrow$: 假设极限 $\lim\limits_{n\to\infty} a_n = a$ 存在. 则对任意 $\epsilon > 0$ 存在 $N \in \mathbb{N}$ 满足 $|a_n - a| < \epsilon$ 对任意 $n > N$ 都成立. 故 $|a_m - a_n| \leqslant |a_m - a| + |a_n - a| < 2\epsilon$ 对任何 $n, m > N$ 都成立.

$\Longleftarrow$: 易证存在 $N_0 \in \mathbb{N}$ 使得不等式 $|a_n - a_{N_0+1}| < 1$ 对任意 $n > N_0$ 都成立. 特别地, 数列 $\{a_n\}_{n\geqslant 1}$ 有界. 根据**定理 2.15**, 存在子列 $\{a_{n_k}\}_{k\geqslant 1}$ 使得 $\lim\limits_{k\to\infty} a_{n_k} = a$.

根据 Cauchy 数列的定义, 对任意 $\epsilon > 0$ 存在 $N \in \mathbb{N}$ 只要 $n, m > N$ 就有 $|a_n - a_m| < \epsilon$. 对这个 $\epsilon > 0$ 存在 $N_1 \in \mathbb{N}$ 只要 $k > N_1$ 不等式 $|a_{n_k} - a| < \epsilon$ 就成立. 从而只要 $n > N$ 就得到

$$|a_n - a| \leqslant |a_n - a_{n_k}| + |a_{n_k} - a| < \epsilon + |a_{n_k} - a| < 2\epsilon,$$

这里 $k := N + N_1$. 因此 $\lim\limits_{n\to\infty} a_n = a$. □

注 2.6

上述定理对一般的度量空间不一定成立. 比如,

$$x_0 = 2, \quad x_{n+1} := \frac{1}{2}\left(x_n + \frac{2}{x_n}\right) \in \mathbb{Q}.$$

则 $\{x_n\}_{n\geqslant 1}$ 是 $\mathbb{Q}$ 中的 Cauchy 数列, 但是 $x_n \to \sqrt{2} \notin \mathbb{Q}$. ♣

注 2.7

(1) 之前已经定义过, 度量空间是完备的, 如果任意 Cauchy 数列都是收敛的. 因此 $\mathbb{R}$ 是完备的, 但是 $\mathbb{Q}$ 不完备.

(2) Riemann 流形的“完备性”可以用每条测地线是否可以无限延长来刻画. 比如 $\mathbb{R}^2 \setminus \{(0,0)\}$ 不是完备的, 这是因为在标准度量下测地线就是直线段, 但经过 $(1,1)$ 和 $(2,2)$ 的测地线不可能无限往两端延长 (否则会经过原点). ♣

下面定理是著名的 **Banach 不动点定理 (Banach fixed-point theorem)** 的简单版本, 是波兰数学家 Stefan Banach 在 1922 年证明的[32]. 如果 (X,d) 是非空度量空间且 $T: X\to X$ 是压缩映射 (即存在数 $L\in[0,1)$ 使得 $d(T(x),T(y))\leqslant Ld(x,y)$ 对任意 $x,y\in X$ 都成立), 那么 T 有唯一的不动点 $x_0\in X$, 即 $T(x_0)=x_0$.

定理 2.18 (不动点定理或压缩映射定理)

假设递推数列 $\{a_n\}_{n\geqslant1}$ 定义为 $a_{n+1}=f(a_n)$, 并假设 $\{a_n\}_{n\geqslant1}\subset(\alpha,\beta)\subset\mathbb{R}$ 且 f 是定义在区间 (α,β) 上的函数. 若存在常数 $L\in(0,1)$ 使得对任意 $x,y\in(\alpha,\beta)$ 都有

$$|f(x)-f(y)|\leqslant L|x-y|,$$

则数列 $\{a_n\}_{n\geqslant1}$ 收敛. ♡

证: 根据假设易得

$$|a_{n+1}-a_n|\leqslant L|a_n-a_{n-1}|\leqslant\cdots\leqslant L^{n-1}|a_2-a_1|,$$

从而得到

$$\begin{aligned}|a_{n+k}-a_n|&\leqslant\sum_{0\leqslant i\leqslant k-1}|a_{n+i+1}-a_{n+i}|\\&\leqslant\sum_{0\leqslant i\leqslant k-1}L^{n+i-1}|a_2-a_1|\leqslant\frac{|a_2-a_1|}{L(1-L)}\cdot L^n.\end{aligned}$$

根据 Cauchy 判别法则, 数列 $\{a_n\}_{n\geqslant1}$ 收敛. □

例 2.26

假设数列 $\{a_n\}_{n\geqslant0}$ 满足条件 $a_n>0$, $\sqrt{a_1}\geqslant\sqrt{a_0}+1$, 且

$$\left|a_{n+1}-\frac{a_n^2}{a_{n-1}}\right|\leqslant1,\quad 任意\ n\geqslant1.$$

证明极限

$$\lim_{n\to\infty}\frac{a_{n+1}}{a_n}=\theta\geqslant1$$

存在而且数列 $\left\{\dfrac{a_n}{\theta^n}\right\}_{n\geqslant1}$ 收敛.

证: 这是一个抽象的数列, 我们可以考虑利用 Cauchy 收敛法则证明. 首先注

[32] Banach, Stefan. *Sur les opérations dans les ensembles abstraits et leur application aux équations intégrales*, Fundamenta Mathematicae, **3**(1922), 133–181.

意到

$$\left|a_2-\frac{a_1^2}{a_0}\right|\leqslant 1 \quad\Longrightarrow\quad \left|\frac{a_2}{a_1}-\frac{a_1}{a_0}\right|\leqslant\frac{1}{a_1}.$$

根据不等式

$$\frac{a_1}{a_0}\geqslant\frac{(1+\sqrt{a_0})^2}{a_0}=1+\frac{2}{\sqrt{a_0}}+\frac{1}{a_0}>1+\frac{1}{\sqrt{a_0}}$$

得到

$$\frac{a_2}{a_1}\geqslant\frac{a_1}{a_0}-\frac{1}{a_1}\geqslant\left(1+\frac{2}{\sqrt{a_0}}+\frac{1}{a_0}\right)-\frac{1}{a_0}>1+\frac{1}{\sqrt{a_0}}.$$

对 $n=3$, 类似地可以从

$$\left|\frac{a_3}{a_2}-\frac{a_2}{a_1}\right|\leqslant\frac{1}{a_2} \quad 和 \quad \left|\frac{a_3}{a_2}-\frac{a_1}{a_0}\right|\leqslant\left|\frac{a_3}{a_2}-\frac{a_2}{a_1}\right|+\left|\frac{a_2}{a_1}-\frac{a_1}{a_0}\right|$$

得到

$$\left|\frac{a_3}{a_2}-\frac{a_1}{a_0}\right|\leqslant\frac{1}{a_1}+\frac{1}{a_2}<\frac{1}{1+\frac{1}{\sqrt{a_0}}}\left(\frac{1}{a_0}+\frac{1}{a_1}\right)$$

$$<\frac{1}{a_0}\left[\frac{1}{1+\frac{1}{\sqrt{a_0}}}+\frac{1}{\left(1+\frac{1}{\sqrt{a_0}}\right)^2}\right]<\frac{1}{a_0}\frac{\left(1+\frac{1}{\sqrt{a_0}}\right)^{-1}}{1-\left(1+\frac{1}{\sqrt{a_0}}\right)^{-1}}=\frac{1}{\sqrt{a_0}}.$$

特别地, 得到不等式

$$\frac{a_3}{a_2}>\frac{a_1}{a_0}-\frac{1}{\sqrt{a_0}}>\frac{(1+\sqrt{a_0})^2}{a_0}-\frac{1}{\sqrt{a_0}}>1+\frac{1}{\sqrt{a_0}}.$$

一般地, 从上述不等式我们断言

$$\frac{a_{n+1}}{a_n}>1+\frac{1}{\sqrt{a_0}}, \quad 任意\ n\in\mathbb{N}.$$

实际上, 假设上述断言对任何 $n\leqslant m$ 都成立, 且令

$$\alpha=1+\frac{1}{\sqrt{a_0}}>1.$$

从而得到

$$a_k>\alpha a_{k-1}>\cdots>\alpha^k a_0, \quad 任意\ 1\leqslant k\leqslant m+1.$$

对 $n=m+1$, 得到

$$\left|\frac{a_{m+2}}{a_{m+1}}-\frac{a_1}{a_0}\right|\leqslant\sum_{1\leqslant k\leqslant m+1}\left|\frac{a_{k+1}}{a_k}-\frac{a_k}{a_{k-1}}\right|\leqslant\sum_{1\leqslant k\leqslant m+1}\frac{1}{a_k}$$
$$\leqslant\frac{1}{a_0}\sum_{1\leqslant k\leqslant m+1}\frac{1}{\alpha^k}<\frac{1}{a_0(\alpha-1)}<\frac{1}{\sqrt{a_0}}.$$

从而

$$\frac{a_{m+2}}{a_{m+1}}>\frac{a_1}{a_0}-\frac{1}{\sqrt{a_0}}>1+\frac{1}{\sqrt{a_0}}.$$

为了应用 Cauchy 判别准则, 对任意 $p>q$ 得到

$$\left|\frac{a_{p+1}}{a_p}-\frac{a_{q+1}}{a_q}\right|\leqslant\sum_{q+1\leqslant k\leqslant p}\left|\frac{a_{k+1}}{a_k}-\frac{a_k}{a_{k-1}}\right|$$
$$\leqslant\sum_{q+1\leqslant k\leqslant p}\frac{1}{a_k}\leqslant\frac{1}{a_q}\sum_{1\leqslant k\leqslant p-q}\frac{1}{\alpha^k}<\frac{\sqrt{a_0}}{a_q}.$$

当 $n\to\infty$ 时, 由上述断言得到

$$a_n>\left(1+\frac{1}{\sqrt{a_0}}\right)^n a_0\to+\infty.$$

从而发现数列 $\left\{\dfrac{a_{n+1}}{a_n}\right\}_{n\geqslant1}$ 收敛到某个实数 $\theta>1$. 令 $p\to\infty$, 由下列不等式

$$\left|\frac{a_{p+1}}{a_p}-\frac{a_{q+1}}{a_q}\right|<\frac{\sqrt{a_0}}{a_q}$$

推出

$$\left|\frac{a_{q+1}}{a_q}-\theta\right|\leqslant\frac{\sqrt{a_0}}{a_q}.$$

从而对任意 $p>q$ 我们得到

$$\left|\frac{a_p}{\theta^p}-\frac{a_q}{\theta^q}\right|\leqslant\sum_{1\leqslant k\leqslant p-q}\left|\frac{a_{q+k}}{\theta^{q+k}}-\frac{a_{q+k-1}}{\theta^{q+k-1}}\right|\leqslant\sum_{1\leqslant k\leqslant p-q}\frac{\sqrt{a_0}}{\theta^{q+k}}$$
$$=\frac{\sqrt{a_0}}{\theta^q}\sum_{1\leqslant k\leqslant p-q}\frac{1}{\theta^k}\leqslant\frac{\sqrt{a_0}}{\theta^q}\frac{\theta^{-1}}{1-\theta^{-1}}=\frac{\sqrt{a_0}}{\theta^q}\frac{1}{\theta-1}\to0$$

当 $q\to\infty$. 因此数列 $\left\{\dfrac{a_n}{\theta^n}\right\}_{n\geqslant1}$ 是 Cauchy 数列从而收敛. □

♠

例 2.27

定义数列 $\{a_n\}_{n\geqslant 0}$ 如下: $a_0=1$, $a_1=2$, $a_2=3$,

$$\begin{vmatrix} 1 & a_n & a_{n-1} \\ 1 & a_{n-1} & a_{n-2} \\ 1 & a_{n-2} & a_{n-3} \end{vmatrix}=1, \quad 任意\ n\geqslant 3.$$

求 a_n 的通项并证明极限 $\lim\limits_{n\to\infty}\dfrac{a_n}{a_{n+1}}$ 存在.

证: 对行列式做初等变换: 首先第一行减去第二行, 然后第二行减去第三行. 故得到

$$\begin{aligned} 1=\begin{vmatrix} 1 & a_n & a_{n-1} \\ 1 & a_{n-1} & a_{n-2} \\ 1 & a_{n-2} & a_{n-3} \end{vmatrix} &= \begin{vmatrix} 0 & a_n-a_{n-1} & a_{n-1}-a_{n-2} \\ 0 & a_{n-1}-a_{n-2} & a_{n-2}-a_{n-3} \\ 1 & a_{n-2} & a_{n-3} \end{vmatrix} \\ &=(a_n-a_{n-1})(a_{n-2}-a_{n-3})-(a_{n-1}-a_{n-2})^2, \quad n\geqslant 3. \end{aligned}$$

利用这个递推计算得到 $a_3=5$, $a_4=10$, $a_5=23$ 等.

回到**例 2.24**, 考虑 Fibonacci 数列 $\{F_n\}_{n\geqslant 1}$:

$$F_n=F_{n-1}+F_{n-2} \quad (n\geqslant 3), \quad F_1=F_2=1.$$

F_n 的显式表达式如下:

$$F_n=\frac{1}{\sqrt{5}}(\alpha^n-\beta^n), \quad \alpha:=\frac{1+\sqrt{5}}{2}, \quad \beta:=\frac{1-\sqrt{5}}{2}.$$

利用这个通项公式马上可以得到下面的恒等式:

$$F_{n+1}^2=F_nF_{n+2}+(-1)^n, \quad n\geqslant 1.$$

为了避免繁琐的计算, 我们利用数学归纳法来证明上述断言. 假设

$$F_{n+1}^2=F_nF_{n+2}+(-1)^n.$$

因此

$$\begin{aligned} F_{n+2}^2=(F_n+F_{n+1})^2 &= F_{n+1}^2+F_n(F_n+F_{n+1})+F_nF_{n+1} \\ &= F_{n+1}^2+F_nF_{n+2}+F_nF_{n+1}+F_{n+1}F_{n+2}-F_{n+1}F_{n+2} \\ &= F_{n+1}(F_{n+1}+F_{n+2})-(F_{n+1}-F_n)F_{n+2}+F_nF_{n+1} \\ &= F_{n+1}F_{n+3}-F_{n-1}F_{n+2}+F_nF_{n+1} \end{aligned}$$

$$
\begin{aligned}
&= F_{n+1}F_{n+3} - F_{n-1}(F_n + F_{n+1}) + F_nF_{n+1} \\
&= F_{n+1}F_{n+3} - F_{n-1}F_{n+1} + F_n(F_{n+1} - F_{n-1}) \\
&= F_{n+1}F_{n+3} - [F_n^2 - (-1)^{n-1}] + F_n^2 \\
&= F_{n+1}F_{n+3} + (-1)^{n+1}.
\end{aligned}
$$

特别地得到

$$F_{2n-3}F_{2n-5} = 1 + F_{2n-4}^2, \quad n \geqslant 3.$$

当 $n = 3$ 时, 计算可得

$$
\begin{aligned}
F_{2n-3} &= F_3 = 2 = a_3 - a_2 = a_n - a_{n-1}, \\
F_{2n-4} &= F_2 = 1 = a_2 - a_1 = a_{n-1} - a_{n-2}, \\
F_{2n-5} &= F_1 = 1 = a_1 - a_0 = a_{n-2} - a_{n-3}.
\end{aligned}
$$

现在三个初值一样而且递推方程结构一样, 因此

$$a_n - a_{n-1} = F_{2n-3}, \quad n \geqslant 2.$$

最后我们推出

$$
\begin{aligned}
a_n &= a_1 + \sum_{2\leqslant k\leqslant n} F_{2k-3} = a_1 + F_1 + F_3 + F_5 + \cdots + F_{2n-3} \\
&= a_1 + F_2 + (F_4 - F_2) + (F_6 - F_4) + \cdots + (F_{2n-2} - F_{2n-4}) \\
&= 2 + F_{2n-2}.
\end{aligned}
$$

从而得到

$$
\begin{aligned}
a_n &= 2 + \frac{1}{\sqrt{5}}\left[\left(\frac{1+\sqrt{5}}{2}\right)^{2n-2} - \left(\frac{1-\sqrt{5}}{2}\right)^{2n-2}\right] \\
&= 2 + \frac{1}{\sqrt{5}}\left[\left(\frac{3+\sqrt{5}}{2}\right)^{n-1} - \left(\frac{3-\sqrt{5}}{2}\right)^{n-1}\right], \quad n \geqslant 1.
\end{aligned}
$$

根据 $a_n = 2 + F_{2n-2}$ 得到

$$\frac{a_n}{a_{n+1}} = \frac{2+F_{2n-2}}{2+F_{2n}} = \frac{F_{2n-2}}{F_{2n}}\frac{\dfrac{2}{F_{2n-2}}+1}{\dfrac{2}{F_{2n}}+1} = \frac{\alpha^{2n-2}\left[1-\left(\dfrac{\beta}{\alpha}\right)^{2n-2}\right]}{\alpha^{2n}\left[1-\left(\dfrac{\beta}{\alpha}\right)^{2n}\right]}\frac{\dfrac{2}{F_{2n-2}}+1}{\dfrac{2}{F_{2n}}+1}.$$

因为 $\dfrac{\beta}{\alpha}=\dfrac{\sqrt{5}-3}{4}\in(-1,1)$, 得到

$$\lim_{n\to\infty}\frac{a_n}{a_{n+1}}=\frac{1}{\alpha^2}=\frac{3-\sqrt{5}}{2}. \quad \square$$

♠

例 2.28

(1) 假设数列 $\{x_n\}_{n\geqslant 2}$ 满足 $x_2=x_3=1$ 和

$$(n+1)(n-2)x_{n+1}=n(n^2-n-1)x_n-(n-1)^3x_{n-1},\quad n\geqslant 3.$$

求极限

$$\lim_{n\to\infty}\left(x_n-\frac{1}{n}\right)^{\frac{1}{n^2}}.$$

证: 令 $y_n:=nx_n$, 则得到

$$(n-2)y_{n+1}=[(n-2)+(n-1)^2]y_n-(n-1)^2y_{n-1},\quad n\geqslant 3.$$

化简得到

$$(n-2)(y_{n+1}-y_n)=(n-1)^2(y_n-y_{n-1}),\quad n\geqslant 3,$$

即

$$\frac{y_{n+1}-y_n}{y_n-y_{n-1}}=\frac{(n-1)^2}{n-2}.$$

递推得到

$$y_{n+1}-y_n=\frac{(n-1)^2}{n-2}\cdot\frac{(n-2)^2}{n-3}\cdots\frac{2^2}{1}\cdot 1=(n-1)(n-1)!=n!-(n-1)!.$$

因为 $y_2=2$ 和 $y_3=3$, 所以

$$y_n=2+\sum_{2\leqslant k\leqslant n-1}[k!-(k-1)!]=(n-1)!+1,$$

从而

$$x_n=\frac{y_n}{n}=\frac{1+(n-1)!}{n}=\frac{1}{n}+\frac{n!}{n^2}.$$

这样所求极限为

$$\lim_{n\to\infty}\left(x_n-\frac{1}{n}\right)^{\frac{1}{n^2}}=\lim_{n\to\infty}\left(\frac{n!}{n^2}\right)^{\frac{1}{n^2}}=\exp\left(\lim_{n\to\infty}\frac{1}{n^2}\ln\frac{n!}{n^2}\right)=e^0=1,$$

这是根据夹逼定理和

$$0 \leqslant \lim_{n\to\infty} \frac{\ln n!}{n^2} \leqslant \lim_{n\to\infty} \frac{\ln n}{n^2} = 0. \quad \square$$

(2) 定义数列 $\{x_n\}_{n\geqslant 0}$ 如下

$$x_0 = 1, \quad x_n = x_{n-1} + \frac{1}{x_{n-1}} (n \geqslant 1).$$

证明数列 $\{x_n\}_{n\geqslant 0}$ 发散但是

$$\lim_{n\to\infty} \frac{x_n}{\sqrt{2n}} = 1.$$

证: 假设 $\lim\limits_{n\to\infty} x_n = x$. 由于 x_n 递增且 $x_n > 0$, 得到 $x = x + \dfrac{1}{x}$. 但是这个方程无解, 从而数列 $\{x_n\}_{n\geqslant 0}$ 发散. 因为

$$x_n^2 = \left(x_{n-1} + \frac{1}{x_{n-1}}\right)^2 = x_{n-1}^2 + \frac{1}{x_{n-1}^2} + 2 > x_{n-1}^2 + 2,$$

得到

$$x_n^2 > x_{n-1}^2 + 2 > x_{n-2}^2 + 4 > \cdots > x_0^2 + 2n > 2n.$$

故我们可以引入

$$y_n := x_n^2 - 2n > 0, \quad n \geqslant 1.$$

简单计算得到

$$y_{n+1} = x_{n+1}^2 - 2(n+1) = \left(x_n + \frac{1}{x_n}\right)^2 - 2(n+1) = y_n + \frac{1}{y_n + 2n}.$$

从而

$$y_n < y_{n+1} < y_n + \frac{1}{2n}, \quad n \geqslant 1.$$

递推得到

$$y_n < \frac{1}{2(n-1)} + y_{n-1} < \frac{1}{2(n-1)} + \frac{1}{2(n-2)} + y_{n-2} < \cdots < y_1 + \frac{1}{2} \sum_{1\leqslant k\leqslant n-1} \frac{1}{k}.$$

我们已经证明了数列 $\left\{a_n := \sum\limits_{1\leqslant k\leqslant n} \dfrac{1}{k} - \ln n\right\}_{n\geqslant 1}$ 递减, 故

$$1 + \frac{1}{2} + \cdots + \frac{1}{n-1} < \ln(n-1) + 1.$$

因此

$$0 < y_n < 2 + \frac{\ln(n-1)+1}{2} = \frac{\ln(n-1)}{2} + \frac{5}{2}, \quad n \geqslant 2.$$

作为直接推论得到

$$1 < \frac{x_n}{\sqrt{2n}} < \sqrt{1 + \frac{5}{4n} + \frac{\ln(n-1)}{4n}}.$$

利用夹逼定理推出 $x_n/\sqrt{2n} \to 1$. □

♠

例 2.29

假设数列 $\{a_n\}_{n\geqslant 0}$ 满足条件:

$$a_0 = 0, \quad 0 < a_n < a_{n+1}, \quad a_n \to +\infty, \quad \sum_{n\geqslant 1} \frac{1}{a_n} = +\infty.$$

再假设 $s_0, \cdots, s_n$ 是下列线性方程组的解

$$\sum_{0\leqslant j\leqslant n} \frac{s_j}{a_i + a_j + 1} = \frac{1}{m + a_i + 1}, \quad 0 \leqslant i \leqslant n.$$

这里 $m \in \mathbb{N}$. 定义

$$I_n := \frac{1}{2m+1} - \sum_{0\leqslant i\leqslant n} \frac{s_i}{m + a_i + 1}.$$

求极限 $\lim\limits_{n\to\infty} I_n$.

证: 考虑 $(n+1)\times(n+1)$ 矩阵 A 和 $n+1$ 维向量 $\boldsymbol{a} \in \mathbb{R}^{n+1}$ 如下:

$$A = \left(\frac{1}{a_i + a_j + 1}\right)_{0\leqslant i,j\leqslant n} \quad \text{和} \quad \boldsymbol{a} = \left(\frac{1}{m + a_0 + 1}, \cdots, \frac{1}{m + a_n + 1}\right) \in \mathbb{R}^{n+1}.$$

此时上述线性方程组可以写成

$$\begin{bmatrix} A & \boldsymbol{0}^\top \\ \boldsymbol{a} & 1 \end{bmatrix} \begin{bmatrix} \boldsymbol{s}^\top \\ I_n \end{bmatrix} = \begin{bmatrix} \boldsymbol{a}^\top \\ \dfrac{1}{2m+1} \end{bmatrix},$$

这里 $\boldsymbol{s} = (s_0, \cdots, s_n) \in \mathbb{R}^{n+1}$. 从而得到

$$I_n = \frac{\det B}{\det A}, \quad B = \begin{bmatrix} A & \boldsymbol{a}^\top \\ \boldsymbol{a} & \dfrac{1}{2m+1} \end{bmatrix}.$$

为了计算 A 和 B 的行列式, 我们利用 **Cauchy 行列式 (Cauchy determi-**

nant):

$$D_n := \begin{vmatrix} \dfrac{1}{a_1+b_1} & \dfrac{1}{a_1+b_2} & \cdots & \dfrac{1}{a_1+b_n} \\ \dfrac{1}{a_2+b_1} & \dfrac{1}{a_2+b_2} & \cdots & \dfrac{1}{a_2+b_n} \\ \vdots & \vdots & \ddots & \vdots \\ \dfrac{1}{a_n+b_1} & \dfrac{1}{a_n+b_2} & \cdots & \dfrac{1}{a_n+b_n} \end{vmatrix} \neq 0,$$

这里 $a_i, b_i \in \mathbb{C}$, $a_i + b_i \neq 0$; 则

$$D_n = \frac{\prod\limits_{1\leqslant i<j\leqslant n} [(a_i - a_j)(b_i - b_j)]}{\prod\limits_{1\leqslant i,j\leqslant n} (a_i + b_j)}.$$

为了利用数学归纳法证明, 前 $n-1$ 行减去第 n 行得到

$$\begin{aligned} D_n &= \begin{vmatrix} \dfrac{a_n-a_1}{(a_1+b_1)(a_n+b_1)} & \dfrac{a_n-a_1}{(a_1+b_2)(a_n+b_2)} & \cdots & \dfrac{a_n-a_1}{(a_1+b_n)(a_n+b_n)} \\ \vdots & \vdots & \ddots & \vdots \\ \dfrac{a_n-a_{n-1}}{(a_{n-1}+b_1)(a_n+b_1)} & \dfrac{a_n-a_{n-1}}{(a_{n-1}+b_2)(a_n+b_2)} & \cdots & \dfrac{a_n-a_{n-1}}{(a_{n-1}+b_n)(a_n+b_n)} \\ \dfrac{1}{a_n+b_1} & \dfrac{1}{a_n+b_2} & \cdots & \dfrac{1}{a_n+b_n} \end{vmatrix} \\ &= \frac{\prod\limits_{1\leqslant i\leqslant n-1} (a_n - a_i)}{\prod\limits_{1\leqslant i\leqslant n} (a_n + b_i)} \cdot \Delta_n, \end{aligned}$$

这里

$$\Delta_n := \begin{vmatrix} \dfrac{1}{a_1+b_1} & \dfrac{1}{a_1+b_2} & \cdots & \dfrac{1}{a_1+b_n} \\ \dfrac{1}{a_2+b_1} & \dfrac{1}{a_2+b_2} & \cdots & \dfrac{1}{a_2+b_n} \\ \vdots & \vdots & \ddots & \vdots \\ \dfrac{1}{a_{n-1}+b_1} & \dfrac{1}{a_{n-1}+b_2} & \cdots & \dfrac{1}{a_{n-1}+b_n} \\ 1 & 1 & \cdots & 1 \end{vmatrix}.$$

为了计算 Δ_n, 我们分别用 Δ_n 的前 $n-1$ 列减去第 n 列. 通过化简, 我们

就得到

$$\Delta_n = \begin{vmatrix} \dfrac{b_n-b_1}{(a_1+b_1)(a_1+b_n)} & \cdots & \dfrac{b_n-b_{n-1}}{(a_1+b_{n-1})(a_1+b_n)} & \dfrac{1}{a_1+b_n} \\ \dfrac{b_n-b_1}{(a_2+b_1)(a_2+b_n)} & \cdots & \dfrac{b_n-b_{n-1}}{(a_2+b_{n-1})(a_2+b_n)} & \dfrac{1}{a_2+b_n} \\ \vdots & \ddots & \vdots & \vdots \\ \dfrac{b_n-b_1}{(a_{n-1}+b_1)(a_{n-1}+b_n)} & \cdots & \dfrac{b_n-b_{n-1}}{(a_{n-1}+b_{n-1})(a_{n-1}+b_n)} & \dfrac{1}{a_{n-1}+b_n} \\ 0 & \cdots & 0 & 1 \end{vmatrix}$$

$$= \frac{\prod\limits_{0\leqslant i\leqslant n-1}(b_n-b_i)}{\prod\limits_{1\leqslant j\leqslant n-1}(a_j+b_n)} \begin{vmatrix} \dfrac{1}{a_1+b_1} & \dfrac{1}{a_1+b_2} & \cdots & \dfrac{1}{a_1+b_{n-1}} & 1 \\ \dfrac{1}{a_2+b_1} & \dfrac{1}{a_2+b_2} & \cdots & \dfrac{1}{a_2+b_{n-1}} & 1 \\ \vdots & \vdots & \ddots & \vdots & \vdots \\ \dfrac{1}{a_{n-1}+b_1} & \dfrac{1}{a_{n-1}+b_2} & \cdots & \dfrac{1}{a_{n-1}+b_{n-1}} & 1 \\ 0 & 0 & \cdots & 0 & 1 \end{vmatrix}$$

$$= \frac{\prod\limits_{0\leqslant i\leqslant n-1}(b_n-b_i)}{\prod\limits_{1\leqslant j\leqslant n-1}(a_j+b_n)} \cdot D_{n-1}.$$

结合这两个等式推出

$$D_n = \frac{\prod\limits_{1\leqslant i\leqslant n-1}(a_n-a_i)(b_n-b_i)}{\prod\limits_{1\leqslant i\leqslant n}(a_n+b_i)\prod\limits_{1\leqslant j\leqslant n-1}(a_j+b_n)} \cdot D_{n-1},$$

从而递归得到 D_n 的显式表达式. 特别地得到

$$\det A = \frac{\prod\limits_{0\leqslant i,j\leqslant n}(a_i-a_j)^2}{\prod\limits_{0\leqslant i,j\leqslant n}(a_i+a_j+1)}, \quad I_n = \frac{1}{2m+1}\prod_{0\leqslant k\leqslant n}\left(\frac{a_k-m}{m+a_k+1}\right)^2.$$

故

$$\ln[(2m+1)I_n] = \sum_{0\leqslant k\leqslant n} 2\ln\left|\frac{a_k-m}{m+a_k+1}\right|.$$

因为数列 $\{a_n\}_{n\geqslant 0}$ 严格单调趋于无穷大, 所以存在 $k^*\geqslant 1$ 使得对任意 $k\geqslant k^*$ 都有 $a_k>m$. 因此

$$\ln\left|\frac{a_k-m}{m+a_k+1}\right|=\ln\left(1-\frac{2m+1}{m+a_k+1}\right)\leqslant-\frac{2m+1}{m+a_k+1}\leqslant-\frac{m}{a_k},$$

最后对 k 求和得到

$$\sum_{0\leqslant k\leqslant n}2\ln\left|\frac{a_k-m}{m+a_k+1}\right|\leqslant\sum_{0\leqslant k\leqslant k^*}2\ln\left|\frac{a_k-m}{m+a_k+1}\right|-m\sum_{k^*\leqslant k\leqslant n}\frac{1}{a_k}\to-\infty,$$

从而

$$(2m+1)I_n\to e^{-\infty}=0.\quad\square$$

♠

2.3.5 Ramanujan 恒等式

印度传奇数学家 Srinivasa Ramanujan 在 1911—1912 年发现了如下恒等式

$$3=\sqrt{1+2\sqrt{1+3\sqrt{1+4\sqrt{1+5\sqrt{1+\cdots}}}}},\tag{2.3.12}$$

但是却未给出详细证明. 本小节我们试着给出上述恒等式的证明 (当然这个证明取自参考文献 **[15]** 的附录).

首先我们给出一个 "显然的" 证明:

$$\begin{aligned}3&=\sqrt{9}=\sqrt{1+8}=\sqrt{1+2\times 4}=\sqrt{1+2\sqrt{16}}=\sqrt{1+2\sqrt{1+3\times 5}}\\&=\sqrt{1+2\sqrt{1+3\sqrt{25}}}=\sqrt{1+2\sqrt{1+3\sqrt{1+4\times 6}}}\\&=\sqrt{1+2\sqrt{1+3\sqrt{1+4\sqrt{36}}}}=\cdots.\end{aligned}$$

上述证明属于 Ramanujan.

实际上 Herschfeld 在 1935 年就指出[33]上述证明不完整, 原因是未证明定义的数列是否收敛. 令

$$a_1=1,\quad a_2=\sqrt{1+2},\quad a_3=\sqrt{1+2\sqrt{1+3}},$$

[33] Herschfeld, Aaron. *On infinite radicals*, Amer. Math. Monthly, **42**(1935), no. 7, 419–429.

$$a_n = \sqrt{1+2\sqrt{1+3\sqrt{1+\cdots+(n-2)\sqrt{1+(n-1)\sqrt{1+n}}}}}.$$

现在定义另一个数列如下

$$b_1 = a_n,$$

$$b_2 = \sqrt{1+3\sqrt{1+4\sqrt{1+\cdots+(n-2)\sqrt{1+(n-1)\sqrt{1+n}}}}},$$

$$b_3 = \sqrt{1+4\sqrt{1+\cdots+(n-2)\sqrt{1+(n-1)\sqrt{1+n}}}},$$

$$\cdots$$

$$b_{n-2} = \sqrt{1+(n-1)\sqrt{1+n}}, \quad b_{n-1} = \sqrt{1+n}.$$

从而对任意 $1 \leqslant k \leqslant n-2$ 得到

$$\begin{aligned} b_k^2 - (k+2)^2 &= [1+(k+1)b_{k+1}] - (k+2)^2 \\ &= (k+1)[b_{k+1} - (k+3)] = (k+1)\frac{b_{k+1}^2 - (k+3)^2}{b_{k+1}+k+3}. \end{aligned}$$

由此推出

$$\begin{aligned} a_n - 3 &= \frac{b_1^2 - 3^2}{b_1 + 3} = 2\frac{b_2^2 - 4^2}{(b_1+3)(b_2+4)} = \cdots \\ &= (n-1)!\frac{b_{n-1}^2 - (n+1)^2}{(b_1+3)(b_2+4)\cdots(b_{n-1}+n+1)} \\ &= \frac{-(n+1)!}{(b_1+3)(b_1+5)\cdots(b_{n-1}+n+1)}. \end{aligned}$$

最后得到

$$|a_n - 3| \leqslant \frac{(n+1)!}{4\times 5\times\cdots\times(n+2)} = \frac{6}{n+2} \to 0.$$

例 2.30

定义数列 $\{x_n\}_{n\geqslant 1}$ 如下

$$x_n := \sqrt{a_1 + b_1\sqrt{a_2 + b_2\sqrt{a_3 + \cdots + b_{n-1}\sqrt{a_n}}}}, \quad n \geqslant 1.$$

这里 $a_n, b_n > 0$. 证明

(1) (Tirukkannapuram Vijayaraghavan)

$$\{x_n\}_{n\geqslant 1}\text{ 收敛}\quad\Longleftrightarrow\quad \frac{\ln a_n}{2^n}+\sum_{1\leqslant k\leqslant n-1}\frac{\ln b_k}{2^k}<C,\qquad n\geqslant 1.$$

当所有 $b_n\equiv 1$ 时, Pólya 在 1916 年问 $\{x_n\}_{n\geqslant 1}$ 收敛的充要条件是什么. 1935 年, Herschfeld 证明了 $\{x_n\}_{n\geqslant 1}$ 收敛当且仅当 $\limsup\limits_{n\to\infty}\dfrac{\ln a_n}{2^n}<+\infty$.

(2) 如果存在数列 $\{\theta_n\}_{n\geqslant 1}$ (其中 $\theta_n>0$) 满足

$$\theta_n^2=a_n+b_n\theta_{n+1}\ (n\geqslant 1),\quad \lim_{n\to\infty}\frac{\ln\dfrac{\sqrt{a_n}}{\theta_n}}{2^n}=0,$$

则 $\lim\limits_{n\to\infty}x_n=\theta_1$.

(3) (Ramanujan) 对任意 $a\geqslant 1$ 有

$$a+1=\sqrt{1+a\sqrt{1+(a+1)\sqrt{1+(a+2)\sqrt{1+\cdots}}}}.$$

证: (1) 首先观察到

$$\begin{aligned}x_n&=\sqrt{a_1+b_1\sqrt{a_2+b_2\sqrt{a_3+\cdots+b_{n-2}\sqrt{a_{n-1}+b_{n-1}\sqrt{a_n}}}}}\\&=\sqrt{a_1+\sqrt{a_2b_1^2+b_1^2b_2\sqrt{a_3+\cdots+b_{n-2}\sqrt{a_{n-1}+b_{n-1}\sqrt{a_n}}}}}.\end{aligned}$$

接下来把系数 $b_1^2b_2$ 收缩到下个根号里面, 继续这个过程, 最后得到

$$x_n=\sqrt{c_1+\sqrt{c_2+\sqrt{c_3+\cdots+\sqrt{c_{n-1}+\sqrt{c_n}}}}}\geqslant x_{n-1},$$

这里

$$c_1=a_1,\quad c_2=a_2b_1^2,\quad c_3=a_3b_1^{2^2}b_2^2,\quad\cdots,\quad c_n=a_nb_1^{2^{n-1}}b_2^{2^{n-2}}\cdots b_{n-1}^2.$$

假设 $\lim\limits_{n\to\infty}x_n=c$. 因为 x_n 递增, 得到 $x_n\leqslant c$ 从而 $(c_n)^{1/2^n}\leqslant c$ 或者

$$\left(a_n\prod_{1\leqslant k\leqslant n-1}b_k^{2^{n-k}}\right)^{\frac{1}{2^n}}\leqslant c.$$

两边取对数推出

$$\frac{\ln a_n}{2^n}+\sum_{1\leqslant k\leqslant n-1}\frac{\ln b_k}{2^k}\leqslant C:=\ln c.$$

反之假设 $\frac{\ln a_n}{2^n}+\sum_{1\leqslant k\leqslant n-1}\frac{\ln b_k}{2^k}\leqslant C$ 对任意 $n\geqslant 1$ 都成立. 得到 $c_n\leqslant c^{2n}$, 这里 $c=e^C$. 从而

$$x_n\leqslant\sqrt{c^2+\sqrt{c^{2^2}+\cdots+\sqrt{c^{2^{n-1}}+\sqrt{c^{2^n}}}}}.$$

注意到

$$\sqrt{c^{2^{n-1}}+\sqrt{c^{2^n}}}=\sqrt{c^{2^{n-1}}+c^{2^{n-1}}\sqrt{1}}=c^{2^{n-2}}\sqrt{1+\sqrt{1}}.$$

最后推出

$$\begin{aligned}x_n&\leqslant\sqrt{c^2+\sqrt{c^{2^2}+\cdots+c^{2^{n-2}}+\sqrt{c^{2^{n-1}}+\sqrt{c^{2^n}}}}}\\&\leqslant\sqrt{c^2+\sqrt{c^{2^2}+\cdots+c^{2^{n-2}}+c^{2^{n-2}}\sqrt{1+\sqrt{1}}}}\leqslant\cdots\leqslant cy_n,\end{aligned}$$

这里

$$y_n:=\sqrt{1+\sqrt{1+\sqrt{1+\cdots+\sqrt{1}}}}.$$

但是 $y_{n+1}>y_n\geqslant 1$ 且

$$y_n=\sqrt{1+y_{n-1}}\leqslant\sqrt{2y_{n-1}}<\sqrt{2y_n},$$

得到 $1\leqslant y_n<2$ 从而 $x_n\leqslant 2c$. 根据单调有界原理推出极限 $\lim\limits_{n\to\infty}x_n$ 存在.

(2) 因为

$$\theta_n^2\geqslant a_n,\quad a_{n-1}+b_{n-1}\theta_n=\theta_{n-1}^2,$$

得到

$$\begin{aligned}c_n&\leqslant\sqrt{a_1+b_1\sqrt{a_2+b_2\sqrt{a_3+\cdots+b_{n-2}\sqrt{a_{n-1}+b_{n-1}\theta_n}}}}\\&\leqslant\sqrt{a_1+b_1\sqrt{a_2+b_2\sqrt{a_3+\cdots+b_{n-2}\theta_{n-1}}}}\\&\leqslant\cdots\leqslant\sqrt{a_1+b_1\theta}=\theta_1.\end{aligned}$$

另一方面利用不等式

$$\sqrt{\alpha+\gamma\beta} \leqslant \sqrt{\gamma}\sqrt{\alpha+\beta} \quad (\alpha, \beta \geqslant 0,\ \gamma \geqslant 1) \quad \text{和} \quad \frac{\theta_n}{\sqrt{a_n}} \geqslant 1, \quad n \geqslant 1,$$

得到

$$\begin{aligned}\sqrt{a_{n-1}+b_{n-1}\theta_n} &= \sqrt{a_{n-1}+b_{n-1}\sqrt{a_n}\frac{\theta_n}{\sqrt{a_n}}} \\ &\leqslant \sqrt{\frac{\theta_n}{\sqrt{a_n}}}\sqrt{a_{n-1}+b_{n-1}\sqrt{a_n}} \\ &\leqslant \sqrt{\frac{\theta_n}{\sqrt{a_n}}}\sqrt{a_{n-1}+b_{n-1}\theta_n}.\end{aligned}$$

所以

$$\begin{aligned}\sqrt{a_{n-2}+b_{n-2}\sqrt{a_{n-1}+b_{n-1}\theta_n}} &\leqslant \sqrt{a_{n-2}+b_{n-2}\sqrt{\frac{\theta_n}{\sqrt{a_n}}}\sqrt{a_{n-1}+b_{n-1}\theta_n}} \\ &\leqslant \left(\frac{\theta_n}{\sqrt{a_n}}\right)^{\frac{1}{2^2}}\sqrt{a_{n-2}+b_{n-2}\sqrt{a_{n-1}+b_{n-1}\theta_n}}.\end{aligned}$$

继续下去得到

$$\theta_1 \leqslant \left(\frac{\theta_n}{\sqrt{a_n}}\right)^{\frac{1}{2^n}} x_n \quad \text{或} \quad \theta_1\left(\frac{\sqrt{a_n}}{\theta_n}\right)^{\frac{1}{2^n}} \leqslant x_n \leqslant \theta_1.$$

条件 $\dfrac{\ln\dfrac{\sqrt{a_n}}{\theta_n}}{2^n} \to 0$ 推出 $\left(\dfrac{\sqrt{a_n}}{\theta_n}\right)^{1/2^n} \to 1$ 和 $x_n \to \theta_1$.

(3) 取 $a_n \equiv 1$, $b_n := a+n-1$, $\theta_n = a+n$. □

♠

2.3.6　* Cantor 集和 Cantor 函数

我们在这一小节定义一个不可数但是“长度”为零的闭集——Cantor 集合. 考虑闭区间 $[0,1]$. 把 $[0,1]$ 中的每个实数 x 按照 3 进制表示出来

$$x = a_0 + \frac{a_1}{3} + \frac{a_2}{3^2} + \cdots = \sum_{n\geqslant 0}\frac{a_n}{3^n}, \quad a_n \in \{0,1,2\}.$$

Cantor 集由所有 a_n 都不取 1 的实数 $x \in [0,1]$ 所构成. 比如 $\dfrac{1}{3} = \sum_{n\geqslant 2}\dfrac{2}{3^n}$ 属于 Cantor 集.

Cantor 集最早是英国数学家 Henry John Stephen Smith 在 1874 年发现的[34], 也被法国数学家 Paul du Bois-Reymond 在 1880 年[35]和意大利数学家 Vito Volterra 在 1881 年[36]发现. 正式的引入是德国数学家 Georg Cantor 在 1883 年给出的[37].

下面我们给出 Cantor 集的几何构造.

第一步: 把 $[0,1]$ 三等分并去掉中间的开区间 $\left(\frac{1}{3},\frac{2}{3}\right)$, 令

$$G_1=\left(\frac{1}{3},\frac{2}{3}\right),\quad P_1=\left[0,\frac{1}{3}\right]\cup\left[\frac{2}{3},1\right].$$

第二步: 把 P_1 中的每个区间再三等分并去掉中间的部分 $\left(\frac{1}{9},\frac{2}{9}\right)$ 和 $\left(\frac{7}{9},\frac{8}{9}\right)$, 令

$$G_2=\left(\frac{1}{9},\frac{2}{9}\right)\cup\left(\frac{7}{9},\frac{8}{9}\right),\quad P_2=P_1\setminus G_2=\left[0,\frac{1}{9}\right]\cup\left[\frac{2}{9},\frac{1}{3}\right]\cup\left[\frac{2}{3},\frac{7}{9}\right]\cup\left[\frac{8}{9},1\right].$$

继续这个过程得到两个数列 $\{G_n\}_{n\geqslant1}$ 和 $\{P_n\}_{n\geqslant1}$. 定义

$$G:=\bigcup_{n\geqslant1}G_n,\quad P:=[0,1]\setminus G=\bigcap_{n\geqslant1}P_n,$$

这里 G_n 是 2^{n-1} 个长度都为 3^{-n} 的不相交的开区间的并. 易证

$$P\cap G=\emptyset,\quad P\cup G=[0,1],\quad |G_n|=\frac{2^{n-1}}{3^n}.$$

从而

$$|G|=\sum_{n\geqslant1}\frac{2^{n-1}}{3^n}=\frac{1}{2}\sum_{n\geqslant1}\left(\frac{2}{3}\right)^n=\frac{1}{2}\frac{\frac{2}{3}}{1-\frac{2}{3}}=1.$$

称集合 P 为 **Cantor 集 (Cantor set)**. 注意到 P 不可数且是闭的, $|P|=0$ 但是 $P\neq\emptyset$. Cantor 集的显式形式为[38]

---

[34] Smith, H. J. *On the integration of discontinuous functions*, Proceedings of the London Mathematical Society, First Series, **6**(1874), 140–153.

[35] du Bois-Reymond, P. *Der Beweis des Fundamentalsatzes der Integralrechnung*, Mathematische Annalen, **16**(1880), 115–128.

[36] Volterra, V. *Alcune osservazioni sulle funzioni punteggiate discontinue*, Giornale di Matematiche, **19**(1881), 76–86.

[37] Cantor, G. *Über unendliche, lineare Punktmannigfaltigkeiten V*, Mathemtische Annalen, **21**(1883), 545–591.

[38] Soltanifar, Mohsen. *A Different Description of A Family of Middle-a Cantor Sets*, American Journal of Undergraduate Research, **5**(2006), no. 2, 9–12.

$$P=[0,1]\setminus\bigcup_{n\geqslant 0}\bigcup_{0\leqslant k\leqslant 3^n-1}\left(\frac{3k+1}{3^{n+1}},\frac{3k+2}{3^{n+1}}\right)$$
$$=\bigcap_{n\geqslant 1}\bigcup_{0\leqslant k\leqslant 3^{n-1}-1}\left(\left[\frac{3k+0}{3^n},\frac{3k+1}{3^n}\right]\cup\left[\frac{3k+2}{3^n},\frac{3k+3}{3^n}\right]\right).$$

$|P|=0$ 和通常的 "直观" 发生矛盾. 原因是用欧氏空间的度量来测量 P 不合适. 之后我们会引入 **Hausdorff 维数 (Hausdorff dimension)** $\dim_{\mathcal{H}}$ (欧氏空间 $\mathbb{R}^n$ 的 Hausdorff 维数就是 n) 和 **Hausdorff 测度 (Hausdorff measure)** 来描述 Cantor 集并可以证明 $\dim_{\mathcal{H}}(P)=\dfrac{\ln 2}{\ln 3}\in(0,1)$. 这样的集合研究属于**分形 (fractal)** 范畴. 一个经典的例子是英国海岸线是永远测不准的! 有限多个 Cantor 集的乘积就构成了 **Cantor 尘埃 (Cantor dust)**. Benoit Mandelbrot 在他的名著《The fractal geometry of nature》一书中写道: "当我 1962 年开始讨论这个话题时, 每个人都同意 Cantor 尘埃至少跟 Koch 曲线和 Peano 曲线一样可怕."

1884 年, 引入了[39]**Cantor 函数 (Cantor function)**. 这个函数也被 Ludwig Scheeffer[40]、Lebesgue[41]、Vitali[42]等人研究和讨论过. 因此, 这个函数也称为 **Lebesgue 函数 (Lebesgue function)**、**Cantor-Vitali 函数 (Cantor-Vitali function)**、**Cantor-Lebesgue 函数 (Cantor-Lebesgue function)**、**魔鬼的阶梯 (Devil's staircase)**、**Cantor 阶梯函数 (Cantor staircase function)**.

按照之前记号, P 表示 Cantor 集. 定义 Cantor 函数 $c:[0,1]\to[0,1]$ 如下

$$c(x):=\begin{cases}\displaystyle\sum_{n\geqslant 1}\frac{a_n}{2^n}, & x=\displaystyle\sum_{n\geqslant 1}\frac{2a_n}{3^n}\in P\ (\text{因此 } a_n\in\{0,1\}),\\[2ex] \displaystyle\sup_{y\leqslant x,\ y\in P}c(y), & x\in[0,1]\setminus C.\end{cases}$$

根据定义得到, $c(x)$ 在 P 上单调递增. 对任意 $x\in[0,1]$, 得到

$$c(x)=1-c(1-x),\quad c\left(\frac{x}{3}\right)=\frac{c(x)}{2},\quad c\left(\frac{x+2}{3}\right)=\frac{1+c(x)}{2}.$$

Cantor 函数是连续的但不是绝对连续的函数, 由此可知 Carl Gustav Axel Harnack 宣称的积分基本定理的推广是不对的.

[39]Cantor, Georg. *De la puissance des ensembles parfaits de points: Extrait d'une lettre adressée à l'éditeur*, Acta Math., **4**(1884), 381–392.

[40]Scheeffer, Ludwig. *Allgemeine Untersuchungen über Rectification der Curven*, Acta Math., **5**(1884), 49–82.

[41]Lebesgue, H. *Leçons sur l'intégration et la recherche des fonctions primitives*, Paris: Gauthier-Villars, 1904.

[42]Vitali, A. *Sulle funzioni integrali*, Atti Accad. Sci. Torino Cl. Sci. Fis. Mat. Natur., **40**(1905), 1021–1034.

- 积分基本定理是说, 如果定义在 $[a,b]$ 上的函数 $F(x)$ 在每一点都存在导数 $f(x)$, 且 $f(x)$ 是连续的, 那么

$$F(b)-F(a)=\int_a^b f(x)dx.$$

- Harnack 认为上述积分基本定理可以推广到只要 $F(x)$ 连续且 $F'(x)=f(x)$ 对几乎所有的 x 都成立. 然而, 取 $F(x)=c(x)$ (此时 $f(x)\equiv 0$) 恰好给出了反例.
- 事实上, Cantor 函数是**奇异函数 (singular function)** 的典型例子. 称定义在 $[a,b]$ 上的实值函数 $f(x)$ 是奇异的, 如果满足如下条件:
  - f 在 $[a,b]$ 上连续;
  - f 的导数几乎处处存在且等于零, 即存在 (Lebesgue) 测度为零的集合 $N\subset[a,b]$ 使得对任意 $x\in[a,b]\setminus N$ 都有 $f'(x)\equiv 0$;
  - f 在 $[a,b]$ 上是非常数的.

2.3.7 * Logistic 差分方程和混沌

本小节大部分内容取材于参考文献 **[14, 22]**. 一本较有趣的关于混沌的科普书, 是李天岩先生的学生丁玖教授撰写的[43].

假设 $\{x_n\}_{n\geqslant 0}$ 表示某生物的种群规模, 即 x_0 表示初始种群规模, x_1 表示第 1 代 (在时间 t_1) 的种群规模, x_2 表示第 2 代 (在时间 t_2) 的种群规模, $\cdots$, x_n 表示第 n 代 (在时间 t_n) 的种群规模. 假设该种群的出生率和死亡率分别为常数 b 和 d (即若种群规模为 x, 则在这一代出生数和死亡数分别为 bx 和 dx), 则得到

$$x_{n+1}-x_n=(b-d)x_n \quad\Longrightarrow\quad x_{n+1}=(1+b-d)x_n.$$

若引入常数 $r:=1+b-d$ 就得到线性模型

$$x_{n+1}=rx_n,\quad n\geqslant 0. \tag{2.3.13}$$

这个递推数列的解是

$$x_n=r^n x_0,\quad n\geqslant 0.$$

从而得到,

- 当 $0\leqslant r<1$ 时, 种群规模逐渐减少到 0;
- 当 $r=1$ 时, 出生率和死亡率相等从而种群规模保持不变;
- 当 $r>1$ 时, 种群规模逐渐增加到 $+\infty$.

[43] 丁玖 著: **智者的困惑: 混沌分形漫谈**, 高等教育出版社, 2013.

显然这个线性模型与实际不符, 原因是现实生活中出生率和死亡率一般来说不是常数, 而且也没有考虑种群迁出和迁入等其他因素.

上述模型早在 1798 年被英国经济学家 Thomas Robert Malthus 在其著作《人口学原理》(An essay on the principle of population) 中研究过.

1845 年比利时数学家 Pierre Francois Verhulst 提出了如下递推数列

$$x_{n+1} = x_n + rx_n\left(1 - \frac{x_n}{K}\right) \quad 或 \quad x_{n+1} = rx_n\left(1 - \frac{x_n}{K}\right) \tag{2.3.14}$$

来研究种群规模 (可以证明上述两个方程是等价的, 为叙述方便我们采用第一个递推数列). (2.3.14) 是一个非线性模型, 称为 **logistic 模型 (logistic model)**.

如果引入辅助函数

$$f(x) := x + rx\left(1 - \frac{x}{K}\right) = (1+r)x - \frac{r}{K}x^2, \tag{2.3.15}$$

则 (2.3.14) 可写成递推数列

$$x_{n+1} = f(x_n), \quad n \geqslant 0. \tag{2.3.16}$$

称 x_∞ 是 (2.3.16) 的**平衡点 (equilibrium point)**, 如果

$$x_\infty = f(x_\infty).$$

根据**第三章**可知, 如果极限 $\lim\limits_{n\to\infty} x_n = x$ 存在且函数 f 在 x 处连续, 则 x 就是 (2.3.16) 的一个平衡点.

现在进一步假设 (2.3.16) 有平衡点 x_∞ 且函数[44] f 在 x_∞ 附近二阶导数存在且连续, 即假设 $f \in C^2([x_\infty - \delta, x_\infty + \delta])$. 考虑 x_n 和平衡点 x_∞ 的偏差

$$u_n := x_n - x_\infty, \quad n \geqslant 0.$$

一般来说 u_n 不一定收敛到 0, 但是为了引入下面概念, 我们暂且假设 $|u_n| < \delta$ 对充分大的 n 成立. 对方程 $x_\infty + u_{n+1} = f(x_\infty + u_n)$ 应用 Taylor 展开 (**定理 4.17** 或**定理 5.18**) 得到

$$x_\infty + u_{n+1} = f(x_\infty + u_n) = f(x_\infty) + f'(x_\infty)u_n + \int_{x_\infty}^{x_\infty + u_n} f''(t)(x_\infty + u_n - t)dt.$$

因为函数 $f'' \in C([x_\infty - \delta, x_\infty + \delta])$, 所以函数

[44] 如果高中时候没有接触过连续和导数, 可先跳过这段, 等学完**第三章**和**第四章**后再回来阅读.

$$h(u_n) := \int_{x_\infty}^{x_\infty+u_n} f''(t)(x_\infty+u_n-t)dt$$

满足

$$h(u_n) = \frac{f''(c_n)}{2}u_n^2, \quad \text{其中 } c_n \text{ 介于 } x_\infty \text{ 和 } x_\infty+u_n \text{ 之间}$$

且

$$u_{n+1} = f'(x_\infty)u_n + h(u_n). \tag{2.3.17}$$

根据闭区间上连续函数必有界, 存在正数 $M>0$ 使得 $|f''(u)| \leqslant M$ 对任何 $x \in [x_\infty-\delta, x_\infty+\delta]$ 都成立. 因此

$$|h(u_n)| \leqslant \frac{M}{2}u_n^2, \quad \text{如果 } |u_n|<\delta.$$

这样只要 u_n 充分小, 则 (2.3.17) 告诉我们有 $u_{n+1} \approx f'(x_\infty)u_n$. 故我们称

$$v_{n+1} = f'(x_\infty)v_n \tag{2.3.18}$$

为 (2.3.16) 在平衡点 x_∞ 的**线性化 (linearization)**. 根据线性模型 (2.3.13) 的解得到

$$v_{n+1} = [f'(x_\infty)]^n v_0, \quad n \geqslant 0.$$

注意到 $v_n \to 0$ 当且仅当 $|f'(x_\infty)|<1$.

命题 2.3

假设 x_∞ 是 (2.3.16) 的平衡点, f 在 x_∞ 附近二阶导数存在且连续, 且 $|f'(x_\infty)|<1$. 如果初始值 x_0 充分接近于 x_∞, 则 $\lim\limits_{n\to\infty} x_n = x_\infty$. ♡

证: 令 $\rho := |f'(x_\infty)|$ 并假设 $f \in C^2([x_\infty-\delta, x_\infty+\delta])$, 这里 $\delta>0$ 是充分小的正数. 因为 $\rho<1$, 所以存在 $\epsilon>0$ 满足 $\rho+\epsilon<1$.

假设 $|u_0|<\delta_0 := \min\left\{\delta, \dfrac{2\epsilon}{M}\right\}$, 则根据 (2.3.17) 得到

$$|u_1| \leqslant |f'(x_\infty)||u_0| + |h(u_0)| < \rho|u_0| + \frac{M}{2}|u_0|^2 < (\rho+\epsilon)\delta_0 < \delta_0.$$

再次根据 (2.3.17) 得到 $|u_2| \leqslant (\rho+\epsilon)|u_1| \leqslant (\rho+\epsilon)^2|u_0|$. 一般地得到

$$|u_n| \leqslant (\rho+\epsilon)^n|u_0| < |u_0| < \delta_0 < \delta, \quad n \geqslant 0.$$

令 $n\to\infty$ 推出 $\lim\limits_{n\to\infty} u_n = 0$ 即 $\lim\limits_{n\to\infty} x_n = x_\infty$. □

我们把满足条件 $|f'(x_\infty)| < 1$ 的平衡点 x_∞ 称为**渐近稳定点 (asymptotically stable point)**, 而把满足条件 $|f'(x_\infty)| > 1$ 的平衡点 x_∞ 称为**不稳定点 (unstable point)**. 这是因为, 同样可证明在条件 $|f'(x_\infty)| > 1$ 下, 数列 $\{u_n\}_{n\geqslant 0}$ 是发散的.

回到函数 (2.3.15) 上来. 因为

$$f'(x) = 1 + r - \frac{2r}{K}x,$$

故得到两个平衡点 $x_\infty = 0$ 或 $x_\infty = K$, 而且当 $-2 < r < 0$ 时 $x_\infty = 0$ 是渐近稳定的, 但当 $0 < r < 2$ 时 $x_\infty = K$ 是渐近稳定的. 实际应用中 $r > 0$, 故我们只研究平衡点 $x_\infty = K$, 此时当 $0 < r < 2$ 时是渐近稳定的, 而当 $r > 2$ 时是不稳定的.

为了进一步研究 $r > 2$ 时 (2.3.16) 解的性态, 我们引入***n*-周期点 (*n*-period point)**, 即

$$x_\infty = f_n(x_\infty) \quad \text{但} \quad x_\infty \neq f_i(x_\infty)\ (1 \leqslant i < n), \quad f_n := \underbrace{f \circ \cdots \circ f}_{n}.$$

显然 1-周期点就是平衡点. 首先来计算 2-周期点. 根据定义 (2.3.15) 得到

$$\begin{aligned} f_2(x) &= f(f(x)) = (1+r)f(x) - \frac{r}{K}[f(x)]^2 \\ &= (1+r)^2 x - \frac{r(1+r)(2+r)}{K}x^2 + \frac{2r^2(1+r)}{K^2}x^3 - \frac{r^3}{K^3}x^4. \end{aligned}$$

令 $x = f(x)$ 得到四次方程

$$x\left(\frac{x}{K} - 1\right)\left[r^2\left(\frac{x}{K}\right)^2 - r(r+2)\frac{x}{K} + r + 2\right] = 0,$$

从而得到 4 个解 (注意假设条件 $r > 2$)

$$0, \quad K, \quad x_+ := \frac{r + 2 + \sqrt{r^2 - 4}}{2r}K, \quad x_- := \frac{r + 2 - \sqrt{r^2 - 4}}{2r}K.$$

简单计算表明 (请诸位验证之!)

$$f(x_\pm) = x_\mp, \quad f_2'(x_+) = 5 - r^2.$$

类似**性质 2.3** 可证明当 $|f_2'(x_\infty)| < 1$ 时, 2-周期点 x_∞ 是递推数列 $x_{n+1} = f_2(x_n)$ 的渐近稳定点, 而当 $|f_2'(x_\infty)| > 1$ 时, 2-周期点 x_∞ 是不稳定点; 即当 $|f_2'(x_\infty)| < 1$ 时, 只要初始值 x_0 充分接近于 x_∞, 则 $\lim\limits_{n\to\infty} x_n = x_\infty$.

因此当 $|5-r^2|<1$ 或 $2<r<\sqrt{6}\approx 2.449$ 时, x_+ 是渐近稳定点. 虽然当 $r>\sqrt{6}$ 时 x_+ 是不稳定的, 但是可以证明此时出现了 4-周期点, 且当 $\sqrt{6}<r<2.544$ 时这个点是渐近稳定的.

当 $r>2.544$ 时这个 4-周期点不稳定, 但出现了 8-周期点, 且当 $2.544<r<2.564$ 时这个点是渐近稳定的. 这个**倍周期现象 (doublely periodic phenomenon)** 持续到 $r=2.570$, 而且当 $r>2.570$ 时出现了不是 2 的幂次方的周期点, 甚至非周期点. 可以证明当 $r=\sqrt{8}\approx 2.828$ 时出现 3-周期解, 而且 $r>\sqrt{8}$ 时对每个正整数 k 都存在 k-周期解; 但不同的初始值则给出不同的周期解. 除此之外, 还存在某些随机性的解 —— **混沌 (chaos)**.

1977 年, 李天岩先生和其导师 Yorke 教授证明了**周期 3 必有混沌!**[45]

2.4 实数系统基本定理

本节我们给出实数系统六个基本定理的等价性:

$$\text{确界原理} \Longleftrightarrow \text{单调有界收敛定理}$$

$$\text{Cantor 区间套定理} \Longleftrightarrow \text{Bolzano-Weierstrass 定理}$$

$$\text{Cauchy 收敛定理} \Longleftrightarrow \text{Heine-Borel 有限覆盖定理}$$

2.4.1 确界原理

根据**定理 1.15** 和**命题 1.7** 我们得到

定理 2.19 (确界原理)

$\mathbb{R}$ 的每个非空有上界子集必有上确界, 而每个非空有下界子集必有下确界. ♡

2.4.2 单调有界收敛定理

利用**定理 2.19** 得到

定理 2.20 (单调有界收敛定理)

单调递增有上界数列必收敛, 单调递减有下界数列必收敛. ♡

证: 参见**定理 2.11**. □

---

[45] Li, T. Y.; Yorke, James A. *Period three implies chaos*, Amer. Math. Monthly, **82**(1975), no. 10, 985–992.

2.4.3 Cantor 闭区间套定理

在证明**定理 2.15** 时已经给出了 Cantor 闭区间定理的证明.

定理 2.21 (Cantor 闭区间套定理)

假设闭区间序列 $\{[a_n,b_n]\}_{n\geqslant 1}$ 满足条件

$$[a_1,b_1]\supseteq[a_2,b_2]\supseteq\cdots\supseteq[a_n,b_n]\supseteq\cdots,\quad \lim_{n\to\infty}(b_n-a_n)=0.$$

则存在唯一的 $x_0\in\bigcap_{n\geqslant 1}[a_n,b_n]$.

♡

证: 参见**定理 2.15**. □

2.4.4 Bolzano–Weierstrass 定理

利用**定理 2.21** 得到

定理 2.22 (Bolzano-Weierstrass 定理)

有界数列必有收敛子列.

♡

证: 参见**定理 2.15**. □

2.4.5 Cauchy 收敛定理

利用**定理 2.22** 得到

定理 2.23 (Cauchy 收敛定理)

Cauchy 数列必收敛.

♡

证: 参见**定理 2.17**. □

2.4.6 Heine-Borel 有限覆盖定理

令 $\mathscr{I}$ 为由 $\mathbb{R}$ 中的一些开区间所构成的集合. 称 $\mathscr{I}$ 是区间 I_0 的**开覆盖 (open covering)** 如果 $I_0\subseteq\bigcup_{I\in\mathscr{I}}I$. 比如 $\left\{\left(\frac{n-1}{n},\frac{n}{n+1}\right)\right\}_{n\geqslant 1}$ 是 $(0,1)$ 的开覆盖.

定理 2.24 (Heine-Borel 有限覆盖定理)

假设 $\mathscr{I}$ 是闭区间 $[a,b]$ 的开覆盖. 则存在有限个开区间 $I_1,\cdots,I_k\in\mathscr{I}$ 满足 $[a,b]\subseteq\bigcup_{1\leqslant i\leqslant k}I_i$.

♡

证: 参见下一节. □

2.4.7 六大定理的等价性

我们已经证明了

$$
\begin{array}{ccccc}
\textbf{定理2.19} & \longrightarrow & \textbf{定理2.20} & \longrightarrow & \textbf{定理2.21} \\
{\scriptstyle ??}\big\uparrow{\scriptstyle ??} & & & & \big\downarrow \\
\textbf{定理2.24} & \xleftarrow[??]{??} & \textbf{定理2.23} & \longleftarrow & \textbf{定理2.22}
\end{array}
\tag{2.4.1}
$$

定理 2.25

上述**定理 2.19**—**定理 2.24** 都是等价的.

证: 只要证明**定理 2.23** ⇒ **定理 2.24** 和**定理 2.24** ⇒ **定理 2.19**. 下面的证明方法参考了杨艳萍和明清河的专著[46].

定理 2.23 ⇒ **定理 2.24**: 假设 $\mathscr{I}$ 中不存在有限个开区间 $I_1, \cdots, I_k$ 满足条件 $[a,b] \subseteq \bigcup\limits_{1\leqslant i\leqslant k} I_i$, 即 $\mathscr{I}$ 不存在有限子覆盖. 把闭区间 $[a,b]$ 对分得到两个小区间, 则至少有一个小区间也不存在有限子覆盖; 把这个小区间记为 $[a_1, a_2]$. 如此下去就得到闭区间序列 $\{[a_n, b_n]\}_{n\geqslant 1}$, 使得每个闭区间 $[a_n, b_n]$ 都不存在有限子覆盖. 因为数列 $\{b_n\}_{n\geqslant 1}$ 是有界的, 故根据**定理 2.23** 得到收敛子列 $\{b_{n_k}\}_{k\geqslant 1}$. 记

$$\lim_{k\to\infty} b_{n_k} = x \in [a,b].$$

根据 $\lim\limits_{n\to\infty}(b_n - a_n) = 0$ 得到 $\lim\limits_{k\to\infty} a_{n_k} = \lim\limits_{k\to\infty} b_{n_k} = x$. 因为

$$[a,b] \subseteq \bigcup_{I\in\mathscr{I}} I, \quad x \in [a,b],$$

所以存在开区间 $I_x \in \mathscr{I}$ 满足 $x \in I_x$; 从而存在 $n_k \in \mathbb{N}$ 使得

$$[a_{n_k}, b_{n_k}] \subseteq I_x$$

成立, 这和 $[a_{n_k}, b_{n_k}]$ 不存在有限子覆盖相矛盾.

定理 2.24 ⇒ **定理 2.19**: 假设 E 是 $\mathbb{R}$ 中的非空有上界子集, 并令 Σ 为 E 的所有上界所构成的集合. 显然 $\Sigma \neq \emptyset$ 且存在 $x_0 \in E$. 任取 $M \in \Sigma$ 满足 $x_0 < M$, 并考察区间 $[x_0, M]$.

---

[46]杨艳萍, 明清河 著: **数学分析中的重要定理**, 电子工业出版社, 2015.

假设 E 没有上确界, 即 E 没有最小的上界. 任取 $x \in [x_0, M]$; 如果 $x \in \Sigma$, 则根据假设条件存在 $x' \in \Sigma$ 且 $x' < x$, 从而可以找到包含 x 的开区间 I_x 使得 $I_x \subseteq \Sigma$; 如果 $x \notin \Sigma$, 则存在 $x'' \in E$ 满足 $x < x''$, 从而可以找到包含 x 的开区间 I_x 使得 $I_x \notin \Sigma$.

这样就得到了闭区间 $[x_0, M]$ 的一个开覆盖 $\mathscr{I} = \{I_x | x \in [x_0, M]\}$. 根据有限覆盖定理得到 $[x_0, M] \subseteq I_{x_1} \cup \cdots \cup I_{x_k}$, 这里 $x_1, \cdots, x_k \in [x_0, M]$. 不妨假设

$$x_0 \leqslant x_1 < \cdots < x_k \leqslant M,$$

从而得到 $x_0 \in I_{x_1}$ 和 $M \in I_{x_k}$. 由于 $M \in \Sigma$, 所以 $I_{x_k} \subseteq \Sigma$. 根据开区间 I_x 的构造, $I_{x_{k-1}} \in \Sigma$. 经过有限次后 $I_{x_1} \in \Sigma$, 特别地有 $x_0 \in \Sigma$, 矛盾. □

练习 2.1

在 (2.4.1) 中, 我们按照顺序 $1 \to 2 \to 3 \to 4 \to 5 \to 6$ 来完成**定理 2.25** 的证明. 请用其他顺序来完成该定理的证明. [**提示:** 可参考杨艳萍和明清河的专著中的想法, 但请用自己的语言逻辑来完成证明.] ♠

2.5 * 差分方程

本节主要参考 Arne Jensen 的讲义. 差分方程的起源无从考证, 但是 Newton 在 1600 年后就已经在使用了. 1872 年, George Boole 撰写了一部关于差分方程的专著.

2.5.1 * 一阶差分方程

假设要观察一个系统的变化, 我们一般取定时间周期 T 并根据时间节点 $t = nT$ $(n \geqslant 0)$ 来记录观察到的现象 $x(n)$. 在绝大多数情况下, $x(n)$ 可由某个函数 f 所确定, 比如

$$x(n) = f(nT), \quad n \geqslant 0.$$

最简单情形是

$$x(n+1) = ax(n), \quad n \geqslant 0, \tag{2.5.1}$$

这里 a 是给定的常数. 显然上述方程的解为

$$x(n) = a^n x(0), \quad n \geqslant 0. \tag{2.5.2}$$

我们把 (2.5.1) 称为**一阶齐次差分方程 (first order homogeneous difference equation)**. 一般地, 我们把

$$x(n+1) - ax(n) = c, \tag{2.5.3}$$

这里 a 和 c 都是常数, 称为**一阶非齐次差分方程 (first order inhomogeneous difference equation)**. 易证 (2.5.3) 的解为

$$x(n) = a^n x(0) + c \sum_{0 \leqslant k \leqslant n-1} a^k = a^n x(0) + c\frac{a^n - 1}{a-1}, \quad n \geqslant 1. \tag{2.5.4}$$

这里我们采用了如下的约定

$$\sum_{n \leqslant k \leqslant n-1} g(k) := 0, \qquad \prod_{n \leqslant k \leqslant n-1} g(k) := 1.$$

定理 2.26 (一阶差分方程)

假设 $a(n)$ 和 $c(n)$ $(n \in \mathbb{N})$ 为实数列. 则下面一阶差分方程

$$x(n+1) = a(n)x(n) + c(n), \quad x(0) = x_0 \tag{2.5.5}$$

有唯一解

$$x(n) = \left(\prod_{0 \leqslant k \leqslant n-1} a(k)\right) x_0 + \sum_{0 \leqslant k \leqslant n-1} \left(\prod_{k+1 \leqslant j \leqslant n-1} a(j)\right) c(k). \tag{2.5.6}$$

♡

证: 定义

$$y(n) := \left(\prod_{0 \leqslant k \leqslant n-1} a(k)\right) x_0 + \sum_{0 \leqslant k \leqslant n-1} \left(\prod_{k+1 \leqslant j \leqslant n-1} a(j)\right) c(k).$$

则得到

$$\begin{aligned}
y(n+q) &= \left(\prod_{0 \leqslant k \leqslant n} a(k)\right) x_0 + \sum_{0 \leqslant k \leqslant n} \left(\prod_{k+1 \leqslant j \leqslant n} a(j)\right) c(k) \\
&= a(n)\left(\prod_{0 \leqslant k \leqslant n-1} a(k)\right) x_0 + \left(\prod_{n+1 \leqslant j \leqslant n} a(j)\right) c(n) \\
&\quad + \sum_{0 \leqslant k \leqslant n-1} \left(\prod_{k+1 \leqslant j \leqslant n} a(j)\right) c(k) \\
&= a(n)\left(\prod_{0 \leqslant k \leqslant n-1} a(k)\right) x_0 + c(n) + a(n) \sum_{0 \leqslant k \leqslant n-1} \left(\prod_{k+1 \leqslant j \leqslant n-1} a(j)\right) c(k) \\
&= a(n)y(n) + c(n).
\end{aligned}$$

为了证明唯一性, 假设 $y(n)$ 和 $z(n)$ 是 (2.5.5) 的两个解. 考虑集合

$$\Sigma := \{n \in \mathbb{N} | y(n) \neq z(n)\}$$

并令 $n_0 := \min \Sigma$. 因为 $y(0) = z(0) = x_0$, 所以 $n_0 \geqslant 1$. 从而根据定义, 我们得到

$$y(n_0 - 1) = z(n_0 - 1)$$

和

$$y(n_0) = a(n_0 - 1)y(n_0 - 1) + c(n_0 - 1) = a(n_0 - 1)z(n_0 - 1) + c(n_0 - 1) = z(n_0).$$

这个矛盾说明集合 Σ 是空集, 即 $y(n) = z(n)$ 对任何 $n \in \mathbb{N}$ 都成立. □

例 2.31

(1) 最经典的例子是 Fibonacci 数列.

(2) $x(n+1) = -x(n) + 4$, $x(0) = 3$ 的解为 $x(n) = (-1)^n + 2$.

(3) $x(n+1) = 2x(n) + n$, $x(0) = 5$ 的解为 $x(n) = 6 \cdot 2^n - n - 1$.

(4) $x(n+1) = (n-4)x(n)$, $x(0) = 1$ 的解为 $x(n) = \prod\limits_{0 \leqslant k \leqslant n-1} (k-4)$. ♠

若 (2.5.5) 中的 $c(n)$ 可写成 $c(n) = c_1(n) + \cdots + c_k(n)$, 我们可以利用**定理 2.26** 来求

$$x(n+1) = a(n)x(n) + \sum_{1 \leqslant i \leqslant k} c_i(n) \tag{2.5.7}$$

的解. 事实上, 如果 $x_i(n)$ 是差分方程 $x(n+1) = a(n)x(n) + c_i(n)$, $1 \leqslant i \leqslant k$ 的解, 则 $x(n) := \sum\limits_{1 \leqslant i \leqslant k} x_i(n)$ 是 (2.5.7) 的解.

2.5.2 * 差分计算

回忆记号: $\mathbb{R}^{\mathbb{Z}}$ 表示所有 $\mathbb{Z}$ 到 $\mathbb{R}$ 上的映射集合, 而 $\mathbb{R}^{\mathbb{N}}$ 表示所有 $\mathbb{N}$ 到 $\mathbb{R}$ 上的映射集合.

- $\mathbb{R}^{\mathbb{N}}$ 是 $\mathbb{R}^{\mathbb{Z}}$ 的子集: 对任何 $x \in \mathbb{R}^{\mathbb{N}}$, 定义 $\boldsymbol{\iota} x \in \mathbb{R}^{\mathbb{Z}}$ 为

$$(\boldsymbol{\iota} x)(n) := \begin{cases} x(n), & n \geqslant 0, \\ 0, & n < 0. \end{cases} \tag{2.5.8}$$

这样我们得到了映射

$$\boldsymbol{\iota} : \mathbb{R}^{\mathbb{N}} \longrightarrow \mathbb{R}^{\mathbb{Z}}. \tag{2.5.9}$$

- $\mathbb{R}^{\mathbb{Z}}$ 是实向量空间: 定义加法和数乘如下:

$$(x+y)(n) := x(n)+y(n), \quad (ax)(n) := ax(n), \quad a \in \mathbb{R},\ x, y \in \mathbb{R}^{\mathbb{Z}}.$$

定义 2.5

平移算子 (shift operator) $\mathbf{S} : \mathbb{R}^{\mathbb{Z}} \to \mathbb{R}^{\mathbb{Z}}$ 定义为

$$(\mathbf{S}x)(n) := x(n+1). \tag{2.5.10}$$

差分算子 (difference operator) $\mathbf{\Delta} : \mathbb{R}^{\mathbb{Z}} \to \mathbb{R}^{\mathbb{Z}}$ 定义为

$$(\mathbf{\Delta}x)(n) := x(n+1)-x(n). \tag{2.5.11}$$

恒等算子 (identity operator) $\mathbf{I} : \mathbb{R}^{\mathbb{Z}} \to \mathbb{R}^{\mathbb{Z}}$ 定义为

$$(\mathbf{I}x)(n) := x(n). \tag{2.5.12}$$

♣

我们称算子 $\mathbf{U} : \mathbb{R}^{\mathbb{Z}} \to \mathbb{R}^{\mathbb{Z}}$ 是**线性的 (linear)**, 如果它满足如下条件:

$$\mathbf{U}(ax+by) = a\mathbf{U}(x)+b\mathbf{U}(y), \quad x, y \in \mathbb{R}^{\mathbb{Z}}, \quad a, b \in \mathbb{R}.$$

显然易得 $\mathbf{S}$ 和 $\mathbf{\Delta}$ 都是线性的, 且

$$\mathbf{\Delta} = \mathbf{S} - \mathbf{I}. \tag{2.5.13}$$

2.5.3 * 二阶差分方程

二阶差分方程 (second order difference equation) 的一般形式为

$$x(n+2)+b(n)x(n+1)+c(n)x(n) = f(n), \quad n \in \mathbb{N}, \tag{2.5.14}$$

这里 $b(n)$, $c(n)$ 和 $f(n)$ 是给定的实数列. 如果 $f(n) \equiv 0$, 我们得到**二阶齐次差分方程 (second order homogeneous difference equation)**

$$x(n+2)+b(n)x(n+1)+c(n)x(n) = 0, \quad n \in \mathbb{N}, \tag{2.5.15}$$

定义算子

$$(\mathbf{L}x)(n) := x(n+2)+b(n)x(n+1)+c(n)x(n), \tag{2.5.16}$$

则 $\mathbf{L} : \mathbb{R}^{\mathbb{N}} \to \mathbb{R}^{\mathbb{N}}$ 是线性的.

定义 2.6 (线性无关和线性相关)

一组向量 $x_1, \cdots, x_N \in \mathbb{R}^{\mathbb{N}}$ 称为**线性无关的 (linearly independent)** 如果对所有 $c_1, \cdots, c_N$, 只要满足条件 $c_1x_1 + \cdots + c_Nx_N = 0$ 就有 $c_1 = \cdots = c_N = 0$. 注意, 第一个 "0" 是 $\mathbb{R}^{\mathbb{N}}$ 中的零向量, 而第二个 " 0" 是实数 0.

否则的话, 我们称该组向量 $x_1, \cdots, x_N \in \mathbb{R}^{\mathbb{N}}$ 是**线性相关的 (linearly dependent)**, 即存在至少有一个不为零的数 $c_1, \cdots, c_N$, 使得 $c_1x_1(n) + \cdots + c_Nx_N(n) = 0$ 对所有 $n \in \mathbb{N}$ 都成立. ♣

定义 2.7 (Casoratian 行列式)

令 $N \geqslant 2$ 且 $x_1, \cdots, x_N \in \mathbb{R}^{\mathbb{N}}$. 此时我们定义 **Casoratian 行列式 (Casoratian determinant)** 为

$$W_{x_1,\cdots,x_N}(n) := \begin{vmatrix} x_1(n) & x_2(n) & \cdots & x_N(n) \\ x_1(n+1) & x_2(n+1) & \cdots & x_N(n+1) \\ \vdots & \vdots & \ddots & \vdots \\ x_1(n+N-1) & x_2(n+N-1) & \cdots & x_N(n+N-1) \end{vmatrix}. \tag{2.5.17}$$

虽然 W 依赖于 $x_1, \cdots, x_N$, 但是我们把它看成关于 n 的函数从而 $W \in \mathbb{R}^{\mathbb{N}}$. ♣

命题 2.4

令 $N \geqslant 2$ 且 $x_1, \cdots, x_N \in \mathbb{R}^{\mathbb{N}}$. 如果存在 $n_0 \in \mathbb{N}$ 满足 $W_{x_1,\cdots,x_N}(n_0) \neq 0$, 则 $x_1, \cdots, x_N$ 是线性无关的. ♡

证: 否则假设 $x_1, \cdots, x_N$ 是线性相关的, 即存在至少有一个非零的数 $c_1, \cdots, c_N$ 满足

$$c_1x_1(n) + c_2x_2(n) + \cdots + c_Nx_N(n) = 0, \quad n \in \mathbb{N}.$$

于是我们得到如下线性方程组

$$\begin{aligned} c_1x_1(n) + c_2x_2(n) + \cdots + c_Nx_N(n) &= 0, \\ c_1x_1(n+1) + c_2x_2(n+1) + \cdots + c_Nx_N(n+1) &= 0, \\ &\cdots\cdots\cdots \\ c_1x_1(n+N-1) + c_2x_2(n+N-1) + \cdots + c_Nx_N(n+N-1) &= 0. \end{aligned}$$

由于上述方程组的行列式恰好是 $W_{x_1,\cdots,x_N}(n)$, 所以根据线性代数知识, 必有 $c_1 = \cdots = c_N = 0$. 这个矛盾就表明 $x_1, \cdots, x_N$ 是线性无关的. □

引理 2.2

假设 x_1 和 x_2 是 (2.5.15) 的两个解. 则对任何 $n_0 \in \mathbb{N}$ 和任何 $n \geqslant n_0$ 有

$$W_{x_1,x_2}(n) = W_{x_1,x_2}(n_0) \prod_{n_0 \leqslant k \leqslant n-1} c(k). \tag{2.5.18}$$

♡

证: 简单计算可得

$$\begin{aligned} W(n+1) &= \begin{vmatrix} x_1(n+1) & x_2(n+1) \\ x_1(n+1) & x_2(n+2) \end{vmatrix} \\ &= \begin{vmatrix} x_1(n+1) & x_2(n+1) \\ -c(n)x_1(n) - b(n)x_1(n+1) & -c(n)x_2(n) - b(n)x_2(n+1) \end{vmatrix} \\ &= \begin{vmatrix} x_1(n+1) & x_2(n+1) \\ -c(n)x_1(n) & -c(n)x_2(n) \end{vmatrix} = c(n)W_{x_1,x_2}(n). \end{aligned}$$

利用 (2.5.6) 得到 (2.5.18). □

A. 二阶常系数齐次差分方程. 此时 (2.5.15) 中的函数 $b(n)$ 和 $c(n)$ 均为常数, 分别记为 b 和 c, 即考虑如下差分方程, 这里 $b, c \in \mathbb{R}$,

$$x(n+2) + bx(n+1) + cx(n) = 0, \quad n \in \mathbb{N}. \tag{2.5.19}$$

如果 (2.5.19) 中 $c = 0$, 则此时方程退化为一阶常系数差分方程 (2.5.1), 即

$$x(n+2) = -bx(n+1),$$

从而解为 $x(n) = (-b)^n x(0)$. 同理, 如果 $b = 0$, 则方程

$$x(n+2) = (-c)x(n)$$

唯一被 $x(0)$ 和 $x(1)$ 所决定.

因此在如下讨论中, 我们不妨假设 $b, c \neq 0$.

定理 2.27

二阶常系数齐次差分方程

$$x(n+2) + bx(n+1) + cx(n) = 0, \quad b, c \in \mathbb{R},\ b, c \neq 0,\ n \in \mathbb{N}, \tag{2.5.20}$$

总有两个实线性无关的解 x_1 和 x_2, 且它们由特征方程

$$r^2 + br + c = 0 \tag{2.5.21}$$

所决定. 若记 (2.5.21) 的判别式为 $\Delta := b^2 - 4c$, 则得到

(i) 如果 $\Delta > 0$, (2.5.21) 存在两个不同实根 r_1 和 r_2. 此时 (2.5.20) 的两个实线性无关的解可写成

$$x_1(n) = r_1^n, \quad x_2(n) = r_2^n, \quad n \in \mathbb{N}. \tag{2.5.22}$$

(ii) 如果 $\Delta = 0$, (2.5.21) 仅存在一个实根 r_0. 此时 (2.5.20) 的两个实线性无关的解可写成

$$x_1(n) = r_0^n, \quad x_2(n) = nr_0^n, \quad n \in \mathbb{N}. \tag{2.5.23}$$

(iii) 如果 $\Delta < 0$, (2.5.21) 存在两个共轭复根 $r_\pm = \alpha + i\beta$, 这里 $\beta > 0$. 若令

$$r_+ = \rho(\cos\theta + i\sin\theta),$$

此时 (2.5.20) 的两个实线性无关的解可写成

$$x_1(n) = \rho^n \cos(n\theta), \quad x_2(n) = \rho^n \sin(n\theta), \quad n \in \mathbb{N}. \tag{2.5.24}$$

♡

证: 前面对 $c = 0$ 已经讨论过, 其解为 $x(n) = (-b)^n x(0)$. 受此启发, 考虑测试函数 $x(n) = r^n$, $r \neq 0$. 带入 (2.5.20) 就得到了特征方程

$$r^2 + br + c = 0.$$

根据判别式 $\Delta := b^2 - 4c$ 的符号, 我们分成如下三种情况进行讨论.

(i) $\Delta > 0$. 此时有两个不同的实根 r_1, r_2. 若令 $x_1(n) = r_1^n$ 和 $x_2(n) = r_2^n$, 则得到

$$W_{x_1,x_2}(n) = \begin{vmatrix} r_1^0 & r_2^0 \\ r_1^1 & r_2^1 \end{vmatrix} = r_2 - r_1 \neq 0,$$

所以**性质 2.4** 告诉我们 $x_1(n)$ 和 $x_2(n)$ 是实线性无关的.

(ii) $\Delta = 0$. 此时仅有一个实根 $r_0 = -\dfrac{b}{2}$. 我们令一个实解为 $x_1(n) = r_0^n$. 为了寻找另一个实解, 我们考虑 $y(n) := u(n)x_1(n)$. 计算得到

$$y(n+2)+by(n+1)+cy(n) = (\boldsymbol{\Delta}u)(n+1)x_1(n+2)+(\boldsymbol{\Delta}u)(n)[x_1(n+2)+bx_1(n+1)].$$

要是 $y(n)$ 是 (2.5.20) 的解, 我们必须有

$$0 = (\boldsymbol{\Delta}u)(n+1) + (\boldsymbol{\Delta}u)(n)\left(1 + \frac{b}{r_0}\right)(\boldsymbol{\Delta}u)(n+1) - (\boldsymbol{\Delta}u)(n).$$

故存在常数 c_1 满足 $(\mathbf{\Delta} u)(n)=c_1$, 从而得到

$$u(n)=c_1 n+c_2, \quad c_1, c_2 \in \mathbb{R}.$$

要使 $y(n)=(c_1 b+c_2) r_0^n$ 和 $x_1(n)=r_0^n$ 不同, 我们取 $(c_1, c_2)=(1,0)$ 得到另一个解 $x_2(n)=n r_0^n$. 因为

$$W_{x_1, x_2}(0)=\begin{vmatrix} r_0^0 & 0 \\ r_0^1 & r_0^1 \end{vmatrix}=r_0 \neq 0,$$

所以**性质 2.4** 告诉我们 $x_1(n)$ 和 $x_2(n)$ 是实线性无关的.

(iii) $\Delta<0$. 此时有两个共轭复根 $r_{\pm}=\alpha \pm i \beta$, 这里 $\beta>0$. 因为 r_{+}^n 是 (2.5.20) 的复根, 则得到两个实解

$$x_1(n)=\mathbf{Re}(r_{+}^n)=\rho^n \cos (n \theta), \quad x_2(n)=\mathbf{Im}(r_{+}^n)=\rho^n \sin (n \theta),$$

这里 $r_{+}=\rho(\cos \theta+i \sin \theta)$ 且 $\theta \in(0, \pi)$ (这是因为 $\beta>0$). 因为

$$W_{x_1, x_2}(0)=\begin{vmatrix} 1 & 0 \\ \rho \cos \theta & \rho \sin \theta \end{vmatrix}=\rho \sin \theta \neq 0,$$

所以**性质 2.4** 告诉我们 $x_1(n)$ 和 $x_2(n)$ 是实线性无关的. □

定理 2.28 (线性和唯一性)

(1) 如果 x_1 和 x_2 是 (2.5.19) 的两个解, 则对任何 $c_1, c_2 \in \mathbb{R}$, $x=c_1 x_1+c_2 x_2$ 也是 (2.5.19) 的解.

(2) (2.5.19) 的解 $x(n)$ 被初始条件 $x(0)=x_0$ 和 $x(1)=x_1$ 所唯一确定. ♡

证: (1) 是显然的.

(2) 假设 $x_1(n)$ 和 $x_2(n)$ 是 (2.5.19) 满足相同初始条件

$$x_1(0)=x_2(0)=x_0, \quad x_1(1)=x_2(1)=x_1$$

的两个解. 根据 (1), $x(n):=x_1(n)-x_2(n)$ 也是 (2.5.19) 的解且满足 $x(0)=x(1)=0$. 由

$$x(n+2)=-b x(n+1)-c x(n),$$

利用数学归纳法得到 $x(n) \equiv 0$. □

引理 2.3

如果 x_1 和 x_2 是 (2.5.20) 的两个线性无关的实解, 其中 $c \neq 0$. 则对任何 $n \in \mathbb{N}$ 都有 $W_{x_1, x_2}(n) \neq 0$. ♡

证: 根据 (2.5.18) 得到

$$W_{x_1,x_2}(n) = W_{x_1,x_2}(0)\cdot c^n.$$

因为 $c\neq 0$, 所以只要说明

$$W_{x_1,x_2}(0)\neq 0$$

即可. 假设 $W_{x_1,x_2}(0)=0$, 则存在 $\alpha\in\mathbb{R}$ 满足

$$x_1(0)=\alpha x_2(0),\quad x_1(1)=\alpha x_2(1).$$

考虑函数 $x:=x_1-\alpha x_2$, 得到 $x(0)=x(1)=0$. 根据**定理 2.28** 可知 $x(n)\equiv 0$, 故 $x_1-\alpha x_2=0$, 这就和线性无关矛盾! 因此 $W_{x_1,x_2}(0)\neq 0$. □

定理 2.29

如果 x_1 和 x_2 是

$$x(n+2)+bx(n+1)+cx(n)=0,\quad b,c\in\mathbb{R},\quad c\neq 0,\quad n\in\mathbb{N} \tag{2.5.25}$$

的两个线性无关的实解, 那么 (2.5.25) 的任何实解 $x(n)$ 可写成如下, 其中 $c_1,c_2\in\mathbb{R}$,

$$x(n)=c_1x_1(n)+c_2x_2(n),\quad n\in\mathbb{N}. \tag{2.5.26}$$

♡

证: 基本想法是考虑函数 $y(n):=c_1x_1(n)+c_2x_2(n)-x(n)$, 这里 c_1,c_2 待定. 根据**定理 2.28**, 可知 $y(n)$ 也是 (2.5.25) 的解, 且为了得到 $y(n)\equiv 0$ 我们只要说明何时有 $y(0)=y(1)=0$. 注意到 $y(0)=y(1)=0$ 等价于线性方程组

$$\begin{bmatrix} x_1(0) & x_2(0)\\ x_1(0) & x_2(1)\end{bmatrix}\begin{bmatrix} c_1\\ c_2\end{bmatrix}=\begin{bmatrix} x(0)\\ x(1)\end{bmatrix}.$$

因为上述线性方程组的行列式为 $W_{x_1,x_2}(0)$, 而且 x_1 和 x_2 线性无关, 所以**引理 2.3** 告诉我们 $W_{x_1,x_2}(0)\neq 0$ 从而上述线性方程组有唯一解. □

例 2.32

(1) 我们现在重新来看下 Fibonacci 数列 (**例 2.24** (1)). 考虑下面二阶常系数差分方程

$$x(n+2)-x(n+1)-x(n)=0,\quad n\in\mathbb{N}. \tag{2.5.27}$$

因为特征方程 $r^2-r-1=0$ 有两个不同实根

$$r_1=\frac{1+\sqrt{5}}{2},\quad r_2=\frac{1-\sqrt{5}}{2},$$

所以根据**定理 2.27** 和**定理 2.29** 得到一般解为

$$x(n) = c_1\left(\frac{1+\sqrt{5}}{2}\right)^n + c_2\left(\frac{1-\sqrt{5}}{2}\right)^n, \quad c_1, c_2 \in \mathbb{R}, \quad n \in \mathbb{N}.$$

如果在 (2.5.27) 中 $x(0) = 0$ 和 $x(1) = 1$, 则得到 **Fibonacci 数**

$$F_n = \frac{1}{\sqrt{5}}\left[\left(\frac{1+\sqrt{5}}{2}\right)^n - \left(\frac{1-\sqrt{5}}{2}\right)^n\right], \quad n \in \mathbb{N}. \tag{2.5.28}$$

如果在 (2.5.27) 中 $x(0) = 2$ 和 $x(1) = 1$, 则得到 **Lucas 数**

$$F_n = \left(\frac{1+\sqrt{5}}{2}\right)^n + \left(\frac{1-\sqrt{5}}{2}\right)^n, \quad n \in \mathbb{N}. \tag{2.5.29}$$

(2) 给定两个整数 $a, b \in \mathbb{Z}$, **Lucas 数列 (Lucas sequences)** $U_n(a,b)$ 和 $V_n(a,b)$ 分别定义为

$$U_0(a,b) = 0, \quad U_1(a,b) = 1, \quad U_n(a,b) = aU_{n-1}(a,b) - bU_{n-2}(a,b)\ (n \geqslant 2),$$
$$V_0(a,b) = 2, \quad V_1(a,b) = a, \quad V_n(a,b) = aV_{n-1}(a,b) - bV_{n-2}(a,b)\ (n \geqslant 2).$$

它们对应的生成函数分别为

$$\sum_{n\geqslant 0} U_n(a,b)x^n = \frac{x}{1-ax+bx^2}, \quad \sum_{n\geqslant 0} V_n(a,b)x^n = \frac{2-ax}{1-ax+bx^2}.$$

特别地, $U_n(a,b)$ 和 $V_n(a,b)$ 都是如下二阶常系数差分方程

$$x(n+2) - ax(n+1) + bx(n) = 0, \quad n \in \mathbb{N}$$

的解. 同时任何满足上述差分方程的数列都是 $U_n(a,b)$ 和 $V_n(a,b)$ 的线性组合. Lucas 数列包含众多出名的数:

- $U_n(1,-1)$: Fibonacci 数
- $V_n(1,-1)$: Lucas 数
- $U_n(2,-1)$: Pell 数
- $V_n(2,-1)$: Pell-Lucas 数
- $U_n(1,-2)$: Jacobsthal 数
- $V_n(1,-2)$: Jacobsthal-Lucas 数
- $U_n(3,2)$: Mersenne 数 $2^n - 1$
- $U_n(x,-1)$: Fibonacci 多项式

- $V_n(x,-1)$: Lucas 多项式
- $U_n(2x,1)$: 第二类 Chebyshev 多项式
- $\frac{1}{2}V_n(2x,1)$: 第一类 Chebyshev 多项式

Chebyshev 多项式是 Pafnuty Lvovich Chebyshev 在 1854 年引入的[a].

[a] Chebyshev, P. L. *Théorie des mécanismes connus sous le nom de parallélogrammes*, Mémoires des Savants étrangers pr'esent'es à l'Académie de Saint-Pétersbourg, **7**(1854), 539–586.

B. 二阶常系数非齐次差分方程. 现在我们来考虑二阶常系数非齐次差分方程

$$x(n+2)+bx(n+1)+cx(n)=f(n), \quad b,c\in\mathbb{R}, \quad c\neq 0, \quad n\in\mathbb{N}. \tag{2.5.30}$$

这里 f 是给定的非零函数.

定理 2.30

假设 $x_{\mathbf{p}}$ 是 (2.5.30) 的一个解, 称为**特解 (particular solution)**. 如果 x_1 和 x_2 是相应的齐次方程 (2.5.25) 的两个线性无关解, 则 (2.5.30) 的任何解 $x(n)$ 都可写成

$$x=c_1x_1+c_2x_2+x_{\mathbf{p}}, \quad c_1,c_2\in\mathbb{R}. \tag{2.5.31}$$

证: 首先易证 (2.5.31) 是 (2.5.30) 的一个解. 反之, 对 (2.5.30) 的任何解 $x(n)$, 考虑 $u(n):=x(n)-x_{\mathbf{p}}(n)$, 则计算可得 u 满足 (2.5.25). 由**定理 2.29** 可知, $u=c_1x_1+c_2x_2$. □

上述定理表明, 为了寻找 (2.5.30) 的通解, 我们只要去寻找 (2.5.30) 的一个特解并求出相应齐次方程 (2.5.25) 的两个线性无关解. 而后者可由**定理 2.29** 所唯一确定, 因此难点在于如何找到 (2.5.30) 的一个特解. 一般来说, 寻找特解没有统一的方法, 除非差分方程右边项是诸如 r^n, $r^n\cos(an)$, $r^n\sin(an)$.

在下面讨论中, 我们首先来看些例子, 然后给出此时的一般步骤. 之后, 我们将会看到对常微分方程通解的讨论, 和这里的差分方程的讨论极其相似.

例 2.33

(1) 寻找下列差分方程的通解:

$$x(n+2)+2x(n+1)-3x(n)=4\cdot 2^n.$$

解: 首先注意到相应的齐次差分方程

$$x(n+2)+2x(n+1)-3x(n)=0$$

的特征方程 $r^2+2r-3=0$ 的解为 $r_1=1$ 和 $r_2=-3$, 因此通解可写为

$$x(n)=c_1+c_2(-3)^n+x_{\mathbf{p}}(n),$$

其中 $x_{\mathbf{p}}$ 是特解. 根据差分方程右边的特点, 我们猜测特解形如 $x_{\mathbf{p}}(n)=c\cdot 2^n$. 把这个特解带入原来差分方程得到

$$4c+4c-3c=4 \quad \Longrightarrow \quad c=\frac{4}{5}.$$

故通解为

$$x(n)=c_1+c_2(-3)^n+\frac{4}{5}2^n, \quad n\in\mathbb{N}. \quad \square$$

(2) 寻找下列差分方程的通解:

$$x(n+2)+4x(n)=\cos(2n).$$

解: 因为相应的齐次差分方程

$$x(n+2)+4x(n)=0$$

的特征方程 $r^2+4=0$ 的解为 $r_\pm=\pm 2i$, 所以通解为

$$x(n)=c_1 2^n\cos\frac{n\pi}{2}+c_2 2^n\sin\frac{n\pi}{2}+x_{\mathbf{p}}(n),$$

其中 $x_{\mathbf{p}}$ 是特解. 根据差分方程右边的特点, 我们猜测特解形如

$$x_{\mathbf{p}}(n)=c\cdot\cos(2n)+d\cdot\sin(2n).$$

把这个特解带入原来差分方程得到

$$\cos(2n)=(c\cos 4+d\sin 4+4c)\cos(2n)+(-c\sin 4+d\cos 4+4d)\sin(2n).$$

这样就得到如下的线性方程组

$$c(4+\cos 4)+d\sin 4=1, \quad -c\sin 4+d(4+\cos 4)=0,$$

它们的解为

$$c=\frac{4+\cos 4}{17+8\cos 4}, \quad d=\frac{\sin 4}{17+8\cos 4}.$$

因此通解为

$$\cos(2n)=(c\cos 4+d\sin 4+4c)\cos(2n)+(-c\sin 4+d\cos 4+4d)\sin(2n)$$

$$+\frac{4+\cos 4}{17+8\cos 4}\cos(2n)+\frac{\sin 4}{17+8\cos 4}\sin(2n). \quad \square$$

(3) 寻找下列差分方程的通解:

$$x(n+2)-x(n+1)-6x(n)=36n.$$

解: 因为特征方程 $r^2-r-6=0$ 的解为 $r_1=-2$ 和 $r_2=3$, 所以通解为

$$x(n)=c_1(-2)^n+c_2 3^n+x_{\mathbf{p}}(n),$$

其中 $x_{\mathbf{p}}$ 是特解. 根据差分方程右边的特点, 我们猜测特解形如

$$x_{\mathbf{p}}(n)=d_0+d_1 n.$$

把这个特解带入原来差分方程得到

$$36n=-6d_1 n+(d_1-6d_0),$$

从而得到 $d_0=-1$ 和 $d_1=-6$. 因此通解为

$$x(n)=c_1(-2)^n+c_2 3^n-1-6n. \quad \square$$

♠

上述例子中, 求解 (2.5.30) 的方法叫做**待定系数法 (method of undetermined coefficients)**. 一般这个方法有四步:

1. 寻找对应的齐次差分方程的通解 $x=c_1x_1+c_2x_2$, 这里 x_1 和 x_2 是线性无关解.
2. 验证 x_1, x_2 和 f 是否是线性无关的; 若是线性相关, 则这个方法不适用.
3. 验证 (2.5.30) 右边是否是 r^n, n^ν, $r^n\cos(an)$ 和 $r^n\sin(an)$ 的线性组合:

$f(n)$	$x_{\mathbf{p}}$
r^n	cr^n
$n^\nu, \nu\in\mathbb{Z}$	$d_0+d_1n+\cdots+d_\nu n^\nu$
$r^n\cos(an)$	$cr^n\cos(an)+dr^n\sin(an)$
$r^n\sin(an)$	$cr^n\cos(an)+dr^n\sin(an)$

   否则的话, 这个方法不适用.
4. 根据上述表格中的特解从而来求得 (2.5.30) 的通解.

如果 x_1, x_2 和 f 线性相关, 而且 f 是 r^n, n^ν, $r^n\cos(an)$ 和 $r^n\sin(an)$ 的线性组合, 此时特解就是把上述表格中的特解乘以 n. 比如考虑差分方程

$$x(n+2)+4x(n)=2^n\sin\frac{\pi n}{2},$$

此时特解可取为

$$cn2^n\cos\frac{\pi n}{2}+dn2^n\sin\frac{\pi n}{2}.$$

C. 二阶变系数齐次差分方程. 现在我们考虑一般齐次差分方程 (2.5.15), 虽然此时没有一般的方法求解这个方程, 但是可以来证明解的存在性和唯一性.

定理 2.31

假设 $b(n)$ 和 $c(n)$ 是两个实数列, 并考虑差分方程 (2.5.15):

$$x(n+2)+b(n)x(n+1)+c(n)x(n)=0,\quad n\in\mathbb{N}.$$

则

(i) (2.5.15) 存在两个线性无关解 x_1 和 x_2.

(ii) 对 (2.5.15) 的任何解 x, 都可以找到 $c_1,c_2\in\mathbb{R}$ 满足 $x=c_1x_1+c_2x_2$.

(iii) (2.5.15) 的解被初始条件 $x(0)=x_0$ 和 $x(1)=x_1$ 所唯一确定. ♡

证: (i) 首先来构造两个线性无关解 x_1 和 x_2. 取初始条件为 $(x_1(0),x_1(1))=(1,0)$, 这样根据 (2.5.15) 递推地得到一个解 $x_1(n)$. 类似地, 取初始条件 $(x_2(0),x_2(1))=(0,1)$, 这样就得到另一个解 $x_2(n)$. 因为

$$W_{x_1,x_2}(0)=\begin{vmatrix}1&0\\0&1\end{vmatrix}=1,$$

所以根据**性质 2.4** 可知 x_1 和 x_2 是线性无关的.

(iii) 假设 x 和 y 都是 (2.5.15) 的解, 且满足 $x(0)=y(0)=x_0$ 和 $x(1)=y(1)=x_1$. 令

$$z:=x-y,$$

则 $z(0)=z(1)=0$ 从而根据方程 (2.5.15) 必有 $z(n)\equiv 0$. 因此 $x(n)\equiv y(n)$.

(ii) 因为 $W_{x_1,x_2}(0)=1$, 所以线性方程组

$$c_1x_1(0)+c_2x_2(0)=x(0),\quad c_1x_1(1)+c_2x_2(1)=x(1)$$

有唯一解 c_1 和 c_2. 因此根据 (iii) 可知 $x=c_1x_1+c_2x_2$. □

为了寻找 (2.5.15) 的两个线性无关解, 通常的做法是首先找到一个解, 然后通过**阶数约化法 (reduction of order method)** 去找到与之线性无关的另一个解.

定理 2.32 (阶数约化法)

假设 x_1 是 (2.5.15) 的一个解且满足 $x_1(n)$ 对任何 $n\in\mathbb{N}$ 都不等于零. 令 v 是下面一阶齐次差分方程

$$v(n+1)+\left[1+b(n)\frac{x_1(n+1)}{x_1(n+2)}\right]v(n)=0,\quad v(0)=1 \tag{2.5.32}$$

的解, 并令 u 是下面一阶非齐次差分方程

$$u(n+1)-u(n)=v(n) \tag{2.5.33}$$

的解. 则

$$x_2:=ux_1$$

是 (2.5.15) 的解且 x_1,x_2 是线性无关的. ♡

证: 通常验证可知 x_2 确实是 (2.5.15) 的解. 因为

$$W_{x_1,x_2}(0)=\begin{vmatrix}x_1(0)&x_2(0)\\x_1(1)&x_2(1)\end{vmatrix}=x_1(0)x_1(1)v(0)=x_1(0)x_1(1)\neq 0,$$

所以根据**性质 2.4** 可知 x_1 和 x_2 是线性无关的. □

D. 二阶变系数非齐次差分方程. 最后我们考虑一般的二阶方程 (2.5.14):

$$x(n+2)+b(n)x(n+1)+c(n)x(n)=f(n),\quad n\in\mathbb{N}.$$

此时**定理 2.30** 也是成立的.

定理 2.33 (参数变分)

假设 $c(n)\neq 0$ 对任何 $n\in\mathbb{N}$ 都成立, 并假设 x_1 和 x_2 是相应的齐次差分方程 (2.5.15) 的两个线性无关解. 则 (2.5.14) 的一个特解形如

$$x_{\mathbf{p}}(n)=u_1(n)x_1(n)+u_2(n)x_2(n),\quad n\in\mathbb{N},$$

这里

$$u_1(n):=-\sum_{0\leqslant k\leqslant n-1}\frac{f(k)x_2(k+1)}{W_{x_1,x_2}(k+1)},\quad u_2(n):=\sum_{0\leqslant k\leqslant n-1}\frac{f(k)x_1(k+1)}{W_{x_1,x_2}(k+1)}. \tag{2.5.34}$$

♡

证: 定义 $y(n) := u_1(n)x_1(n) + u_2(n)x_2(n)$ 并计算得到

$$y(n+1) = u_1(n)x_1(n+1) + u_2(n)x_2(n+1) + (\boldsymbol{\Delta}u_1)(n)x_1(n+1) + (\boldsymbol{\Delta}u_2)(n)x_2(n+1).$$

此时我们给出第一个条件

$$(\boldsymbol{\Delta}u_1)(n)x_1(n+1) + (\boldsymbol{\Delta}u_2)(n)x_2(n+1) = 0. \tag{2.5.35}$$

在 (2.5.35) 条件下继续计算得到

$$y(n+2) = u_1(n)x_1(n+2) + u_2(n)x_2(n+2) + (\boldsymbol{\Delta}u_1)(n)x_1(n+2) + (\boldsymbol{\Delta}u_2)(n)x_2(n+2).$$

此时我们给出第二个条件

$$(\boldsymbol{\Delta}u_1)(n)x_1(n+2) + (\boldsymbol{\Delta}u_2)(n)x_2(n+2) = f(n). \tag{2.5.36}$$

这样, 在条件 (2.5.35) 和 (2.5.36) 下, $y(n)$ 就是一个特解. 直接解线性方程组 (2.5.35)—(2.5.36) 得到 (2.5.34). □

对二阶差分方程 (2.5.14), 回忆下之前定义的算子 (2.5.16) (这里要求 b 和 c 都是常数):

$$(\mathbf{L}x)(n) := x(n+2) + bx(n+1) + cx(n), \quad n \in \mathbb{N}.$$

我们已经知道 $\mathbf{L}$ 是 $\mathbb{R}^{\mathbb{N}}$ 上的线性算子. 定义 $\mathbf{L}$ 的零空间

$$\mathrm{Ker}(\mathbf{L}) := \{x \in \mathbb{R}^{\mathbb{N}} | \mathbf{L}x = 0\}.$$

则 $\mathrm{Ker}(\mathbf{L})$ 是 $\mathbb{R}^{\mathbb{N}}$ 的线性子空间.

定理 2.34

$\mathbf{L} : \mathbb{R}^{\mathbb{N}} \to \mathbb{R}^{\mathbb{N}}$ 是满的, 且 $\dim(\mathrm{Ker}(\mathbf{L})) = 2$. ♡

证: 令 $f \in \mathbb{R}^{\mathbb{N}}$, 这样证明 $\mathbf{L}$ 是满的等价于说明 $\mathbf{L}x = f$ 对某个 $x \in \mathbb{R}^{\mathbb{N}}$ 成立. 给定任何初值条件 $x(0)$ 和 $x(1)$, 如下的差分方程

$$x(n+2) = -bx(n+1) - cx(n) + f(n), \quad n \in \mathbb{N}$$

有唯一解. 最后一个结果立即从**定理 2.28** 得出. □

2.5.4 * 高阶差分方程

k 阶差分方程 (difference equation of order k) 形如

$$x(n+k)+\sum_{0\leqslant i\leqslant k-1} b_i(n)x(n+i)=f(n), \quad n\in\mathbb{N}, \tag{2.5.37}$$

这里 $b_{k-1}(n),\cdots,b_0(n),f(n)$ 都是给定的实数列. 如果 $f(n)\equiv 0$, 则得到 **k 阶齐次差分方程 (homogeneous difference equation of order k)**:

$$x(n+k)+\sum_{0\leqslant i\leqslant k-1} b_i(n)x(n+i)=0, \quad n\in\mathbb{N}. \tag{2.5.38}$$

当 $f\neq 0$ 时, 方程 (2.5.37) 的一个解称为**特解 (particular solution)**.

定理 2.35

(1) 如果 $x_1,\cdots,x_N$ 是 (2.5.38) 的解, 则对任何 $c_1,\cdots,c_N\in\mathbb{R}$,

$$x:=\sum_{1\leqslant i\leqslant N} c_i x_i$$

也是 (2.5.38) 的解.

(2) 假设 $f\neq 0$ 且令 $x_{\mathbf{p}}$ 是 (2.5.37) 的一个特解. 则 (2.5.37) 的通解形如

$$x=x_{\mathbf{h}}+x_{\mathbf{p}}, \tag{2.5.39}$$

其中 $x_{\mathbf{h}}$ 是齐次差分方程 (2.5.38) 的任何解. ♡

练习 2.2

证明**定理 2.35**. ♠

接下来我们考虑 k 阶常系数齐次差分方程

$$x(n+k)+\sum_{0\leqslant i\leqslant k-1} b_i x(n+i)=0, \quad n\in\mathbb{N}, \tag{2.5.40}$$

这里 $b_{k-1},\cdots,b_0\in\mathbb{R}$. 我们考虑测试函数

$$y(n)=r^n, \quad r\neq 0,$$

并带入 (2.5.40) 得到

$$r^k+b_{k-1}r^{k-1}+\cdots+b_1 r+b_0=0. \tag{2.5.41}$$

根据代数学基本定理, 我们可以证明

引理 2.4

假设

$$p(r) := r^k + b_{k-1}r^{k-1} + \cdots + b_1 r + b_0$$

是 k 次实系数多项式. 则存在整数 $K \geqslant 0$ 和 $L \geqslant 0$, 实数 $\kappa_1, \cdots, \kappa_K$, $\kappa_j \neq \kappa_{j'}$ (若 $j \neq j'$), 非负整数 $k_1, \cdots, k_K$, 复数 $\zeta_1, \cdots, \zeta_L$, $\zeta_j \neq \zeta_{j'}$ (若 $j \neq j'$) 且满足 $\mathrm{Im}(\zeta_j) \neq 0$ $(1 \leqslant j \leqslant L)$, 以及非负整数 $l_1, \cdots, l_L$, 使得

$$p(r) = (r-\kappa_1)^{k_1} \cdots (r-\kappa_K)^{k_K} (r-\zeta_1)^{l_1} (r-\overline{\zeta_1})^{l_1} \cdot \cdots \cdot (r-\zeta_L)^{l_L} (r-\overline{\zeta_L})^{l_L} \tag{2.5.42}$$

成立. 注意到

$$\sum_{1 \leqslant j \leqslant K} k_j + 2 \sum_{1 \leqslant j' \leqslant L} l_{j'} = k.$$

♡

定理 2.36

考虑三阶常系数齐次差分方程

$$x(n+3) + b_2 x(n+2) + b_1 x(n+1) + b_0 x(n) = 0, \quad n \in \mathbb{N}, \tag{2.5.43}$$

这里 $b_2, b_1, b_0 \in \mathbb{R}$. 令 $p(r) := r^3 + b_2 r^2 + b_1 r + b_0$ 为特征多项式.

(i) 假设 $p(r)$ 有三个不同实根 $\kappa_1, \kappa_2, \kappa_3$. 定义

$$x_j(n) := \kappa_j^n, \quad n \in \mathbb{N}, \quad 1 \leqslant j \leqslant 3. \tag{2.5.44}$$

则 x_1, x_2, x_3 是 (2.5.43) 的线性无关解.

(ii) 假设 $p(r)$ 有两个不同实根 κ_1 和 κ_2, 重数分别为 2 和 1. 定义

$$x_1(n) := \kappa_1^n, \quad x_2(n) := n\kappa_1^n, \quad x_3(n) := \kappa_2^n. \tag{2.5.45}$$

则 x_1, x_2, x_3 是 (2.5.43) 的线性无关解.

(iii) 假设 $p(r)$ 有一个实根 κ_1 和一对共轭复根 $\zeta_1, \overline{\zeta_1}$, 其中 $\zeta_1 = \rho_1(\cos\theta_1 + i\sin\theta_1)$. 定义

$$x_1(n) := \kappa_1^n, \quad x_2(n) = \rho_1^n \cos(n\theta_1), \quad x_3(n) := \rho_1^n \sin(n\theta_1). \tag{2.5.46}$$

则 x_1, x_2, x_3 是 (2.5.43) 的线性无关解.

(iv) 假设 $p(r)$ 只有一个实根 κ_1, 其重数为 3. 定义

$$x_1(n) := \kappa_1^n, \quad x_2(n) := n\kappa_1^n, \quad x_3(n) := n^2\kappa_1^n. \tag{2.5.47}$$

则 x_1, x_2, x_3 是 (2.5.43) 的线性无关解.

♡

2.5.5 * 一阶差分方程组

我们首先考虑两个一阶常系数齐次差分方程:

$$\begin{cases} x_1(n+1) = a_{11}x_1(n) + a_{12}x_2(n), \\ x_2(n+1) = a_{21}x_1(n) + a_{22}x_2(n). \end{cases} \tag{2.5.48}$$

若引入记号

$$\boldsymbol{x}(n) := \begin{bmatrix} x_1(n) \\ x_2(n) \end{bmatrix}, \quad A := \begin{bmatrix} a_{11} & a_{12} \\ a_{21} & a_{22} \end{bmatrix}, \tag{2.5.49}$$

则 (2.5.49) 可写成

$$\boldsymbol{x}(n+1) = A\boldsymbol{x}(n). \tag{2.5.50}$$

上述方程的解为

$$\boldsymbol{x}(n) = A^n\boldsymbol{x}(0), \quad n \in \mathbb{N}. \tag{2.5.51}$$

接下来, 考虑两个一阶常系数差分方程:

$$\begin{cases} x_1(n+1) = a_{11}x_1(n) + a_{12}x_2(n) + c_1, \\ x_2(n+1) = a_{21}x_1(n) + a_{22}x_2(n) + c_2. \end{cases} \tag{2.5.52}$$

若引入记号

$$\boldsymbol{c} := \begin{bmatrix} c_1 \\ c_2 \end{bmatrix}, \tag{2.5.53}$$

则 (2.5.52) 可写成

$$\boldsymbol{x}(n+1) = A\boldsymbol{x}(n) + \boldsymbol{c}. \tag{2.5.54}$$

上述方程的解为

$$\boldsymbol{x}(n) = A^n\boldsymbol{x}(0) + \sum_{0\leqslant j\leqslant n-1} A^j\boldsymbol{c}, \quad n \in \mathbb{N}. \tag{2.5.55}$$

定理 2.37

$$\begin{cases} x_1(n+1) = a_{11}x_1(n) + a_{12}x_2(n) + \cdots + a_{1k}x_k(n) + c_1, \\ \qquad\qquad\vdots \\ x_k(n+1) = a_{k1}x_1(n) + a_{k2}x_2(n) + \cdots + a_{kk}x_k(n) + c_k. \end{cases} \tag{2.5.56}$$

上述 k 个一阶常系数非齐次差分方程构成的方程组, 其中 $k \in \mathbb{N}$ 且 $k \geqslant 2$, 可写成

$$\boldsymbol{x}(n+1) = A\boldsymbol{x}(n) + \boldsymbol{c}, \tag{2.5.57}$$

这里

$$\boldsymbol{x}(n) := \begin{bmatrix} x_1(n) \\ \vdots \\ x_k(n) \end{bmatrix}, \quad A := \begin{bmatrix} a_{11} & \cdots & a_{1k} \\ \vdots & \ddots & \vdots \\ a_{k1} & \cdots & a_{kk} \end{bmatrix}, \quad \boldsymbol{c} := \begin{bmatrix} c_1 \\ \vdots \\ c_k \end{bmatrix}. \tag{2.5.58}$$

则 (2.5.57) 的解为

$$\boldsymbol{x}(n) = A^n\boldsymbol{x}(0) + \sum_{0\leqslant j\leqslant n-1} A^j\boldsymbol{c}, \quad n \in \mathbb{N}. \tag{2.5.59}$$

如果进一步要求 1 不是 A 的特征根, 则 (2.5.59) 可写成如下, 这里 I 是 $k\times k$ 单位阵,

$$\boldsymbol{x}(n) = A^n\boldsymbol{x}(0) + (A^n - I)(A - I)^{-1}\boldsymbol{c}. \tag{2.5.60}$$

♡

证: 唯一要说明的是如何从 (2.5.59) 推出 (2.5.60). 理由是如下的恒等式:

$$\left(\sum_{0\leqslant j\leqslant n-1} A^j\right)(A - I) = A^n - I.$$

这个可以直接验证. □

定理 2.38

令 A 是 $k \times k$ 矩阵, $\boldsymbol{c} : \mathbb{N} \to \mathbb{R}^k$ 是函数. 则一阶差分方程组

$$\boldsymbol{x}(n+1) = A\boldsymbol{x}(n) + \boldsymbol{c}(n) \tag{2.5.61}$$

的解形如

$$\boldsymbol{x}(n) = A^n\boldsymbol{x}(0) + \sum_{0\leqslant j\leqslant n-1} A^{n-1-j}\boldsymbol{c}(j). \tag{2.5.62}$$

♡

注意到在 (2.5.62) 中, 我们需要计算 A^n. 在这里我们只考虑 2×2 矩阵

$$A=\begin{bmatrix} a_{11} & a_{12} \\ a_{21} & a_{22} \end{bmatrix}.$$

首先假设 A 是可对角化的, 即

$$A=PDP^{-1},\quad D=\begin{bmatrix} \lambda_1 & 0 \\ 0 & \lambda_2 \end{bmatrix}.$$

这里 λ_1 和 λ_2 是 A 的特征根, 且 P 是可逆矩阵. 因此得到

$$A^n=PD^nP^{-1}.$$

但是并不是每个 2×2 矩阵都可以对角化, 比如 (请诸位验证之)

$$B=\begin{bmatrix} 1 & 1 \\ 0 & 1 \end{bmatrix}.$$

对一般的 2×2 矩阵 A, 我们有如下的算法来计算 A^n.

定理 2.39 (离散 Putzer 算法)

假设 A 是 2×2 矩阵.

1. 如果 A 有两个不同根 λ_1 和 λ_2, 则
$$A^n=\lambda_1^n I+\frac{\lambda_1^n-\lambda_2^n}{\lambda_1-\lambda_2}(A-\lambda_1 I),\quad n\geqslant 1. \tag{2.5.63}$$
2. 如果 A 只有一个根 λ, 则
$$A^n=\lambda^n I++n\lambda^{n-1}(A-\lambda I),\quad n\geqslant 1. \tag{2.5.64}$$

♡

例 2.34

求解如下的一阶常系数差分方程组

$$\begin{bmatrix} x_1(n+1) \\ x_2(n+1) \end{bmatrix}=\begin{bmatrix} 5 & -1 \\ 2 & 2 \end{bmatrix}\begin{bmatrix} x_1(n) \\ x_2(n) \end{bmatrix}+\begin{bmatrix} 2 \\ 2 \end{bmatrix}.$$

解: 此时矩阵 A 的两个特征根为 $\lambda_1=3$ 和 $\lambda_2=4$. 根据 (2.5.63) 得到

$$A^n=3^n\begin{bmatrix} 1 & 0 \\ 0 & 1 \end{bmatrix}+\frac{3^n-4^n}{3-4}\left(\begin{bmatrix} 5 & -1 \\ 2 & 2 \end{bmatrix}-3\begin{bmatrix} 1 & 0 \\ 0 & 1 \end{bmatrix}\right)$$

$$= 3^n \begin{bmatrix} -1 & 1 \\ -2 & 2 \end{bmatrix} + 4^n \begin{bmatrix} 2 & -1 \\ 2 & -1 \end{bmatrix}$$

和

$$(A - I)^{-1} = \frac{1}{6} \begin{bmatrix} 1 & 1 \\ -2 & 4 \end{bmatrix}.$$

这样根据 (2.5.60) 就得到

$$\begin{aligned} \begin{bmatrix} x_1(n) \\ x_2(n) \end{bmatrix} &= \left(3^n \begin{bmatrix} -1 & 1 \\ -2 & 2 \end{bmatrix} + 4^n \begin{bmatrix} 2 & -1 \\ 2 & -1 \end{bmatrix}\right) \begin{bmatrix} x_1(0) \\ x_2(0) \end{bmatrix} \\ &\quad + \left(3^n \begin{bmatrix} -1 & 1 \\ -2 & 2 \end{bmatrix} + 4^n \begin{bmatrix} 2 & -1 \\ 2 & -1 \end{bmatrix} - \begin{bmatrix} 1 & 0 \\ 0 & 1 \end{bmatrix}\right) \frac{1}{6} \begin{bmatrix} 1 & 1 \\ -2 & 4 \end{bmatrix} \begin{bmatrix} 2 \\ 2 \end{bmatrix} \\ &= \left(3^n \begin{bmatrix} -1 & 1 \\ -2 & 2 \end{bmatrix} + 4^n \begin{bmatrix} 2 & -1 \\ 2 & -1 \end{bmatrix}\right) \begin{bmatrix} x_1(0) + \frac{2}{3} \\ x_2(0) + \frac{2}{3} \end{bmatrix} - \frac{2}{3} \begin{bmatrix} 1 \\ 1 \end{bmatrix}. \end{aligned}$$

♠

最后, 我们给出二阶差分方程如何写成两个一阶差分方程组, 不过在这里我们首先考虑二阶齐次方程

$$x(n+2) + bx(n+1) + cx(n) = 0.$$

定义

$$x_1(n) := x(n), \quad x_2(n) := x(n+1).$$

这样差分方程可写成

$$\begin{bmatrix} x_1(n+1) \\ x_2(n+1) \end{bmatrix} = \begin{bmatrix} 0 & 1 \\ -c & -b \end{bmatrix} \begin{bmatrix} x_1(n) \\ x_2(n) \end{bmatrix}.$$

一般地, 我们有如下的结论.

命题 2.5

考虑 k 阶差分方程

$$x(n+k) + \sum_{0 \leqslant i \leqslant k-1} b_i x(n+i) = f(n).$$

如果定义

$$x_1(n) := x(n), \quad x_2(n) := x(n+1), \quad x_k(n) := x(n+k-1),$$

则上述差分方程等价于下面的矩阵方程

$$\begin{bmatrix} x_1(n+1) \\ x_2(n+1) \\ \vdots \\ x_{k-1}(n+1) \\ x_k(n+1) \end{bmatrix} = \begin{bmatrix} 0 & 1 & 0 & \cdots & 0 \\ 0 & 0 & 1 & \cdots & 0 \\ \vdots & \vdots & \vdots & \ddots & \vdots \\ 0 & 0 & 0 & \cdots & 1 \\ -b_0 & -b_1 & -b_2 & \cdots & -b_{k-1} \end{bmatrix} \begin{bmatrix} x_1(n) \\ x_2(n) \\ \vdots \\ x_{k-1}(n) \\ x_k(n) \end{bmatrix} + \begin{bmatrix} 0 \\ 0 \\ \vdots \\ 0 \\ f(n) \end{bmatrix}.$$

♡

2.6 * Euler 常数的现代发展

本节我们扼要讨论下 Euler 常数的历史发展, 特别是现代发展部分, 比如, Kontsevich-Zagier 周期. 主要参考论文是

Lagarias, Jeffrey C. *Euler's constant: Euler's work and modern developments*, Bull. AMS. (New Series), **50**(2013), no. 4, 527–628.

再次回顾下 Euler 发现的常数, 称为 **Euler 常数**或 **Euler-Mascheroni 常数**

$$\gamma := \lim_{n\to\infty}\left(\sum_{1\leqslant i\leqslant n}\frac{1}{i} - \ln n\right) = 0.57721566490153286060651 20\cdots. \tag{2.6.1}$$

和这个值相关的有 $e^{\gamma} = 1.7810724\cdots$ 和 $e^{-\gamma} = 0.561459\cdots$.

一个著名的公开问题是

猜想 2.3

γ 是无理数. ♠

目前对上述猜想有一个加强版本, 陈述如下.

猜想 2.4 (Kontsevich-Zagier, 2001)

γ 不是 Kontsevich-Zagier 周期的. 特别地, γ 是超越数. ♠

一个复数称为 **Kontsevich-Zagier 周期的**, 粗略地说, 如果它的实部和虚部都可以写成有理函数的绝对收敛积分的有限和. 许多常数都是 Kontsevich-Zagier 周期的, 比如所有的 $\zeta(n)$, $n \geqslant 2$. 可以证明, 所有 Kontsevich-Zagier 周期构成了一

个环 $\mathcal{P}$, 它包含由代数数构成的环 $\overline{\mathbb{Q}}$. 这样的话, 如果 Euler 常数不是 Kontsevich-Zagier 周期的, 则必是超越数. **猜想 2.4** 同时也表明 γ 和所有 $\zeta(2n+1)$, $n \geqslant 1$, 以及 π, 都是 $\overline{\mathbb{Q}}$-线性无关的.

另一个由 Euler 所定义的常数, 也叫 **Euler-Gompertz 常数**, 定义为

$$\delta := \int_0^1 \frac{dt}{1-\ln t} = \int_0^\infty \frac{e^{-t}}{1+t}dt = 0.596347362323194\cdots. \tag{2.6.2}$$

2.6.1 回顾 Euler 的工作

Euler 花费了大量的精力来计算级数

$$\zeta(m) := \sum_{j\geqslant 1} \frac{1}{j^m}, \quad j \geqslant 2 \text{ 且 } j \in \mathbb{N}. \tag{2.6.3}$$

当 $m=2$ 时, 他解决了著名的巴塞尔问题, 即 $\zeta(2) = \dfrac{\pi^2}{6}$. 除此之外, Euler 还给出了 $\zeta(2n)$ 的计算公式, 但是当时却没有找到 $\zeta(2n+1)$ 的公式. 在寻找过程中, Euler 常数 γ 自然地出现了. 在研究**调和数** (调和级数的部分和)

$$H_n := \sum_{1\leqslant j\leqslant n} \frac{1}{j} \tag{2.6.4}$$

时, Euler 发现常数 γ. 由于级数 "$\zeta(1)$"$= \sum\limits_{n\geqslant 1} \dfrac{1}{n}$ 发散, 因此 Euler 通过寻找 (关于实变量或复变量 z 的) 函数 $f(z)$ 来进行研究, 这里要求 $f(n) = H_n$ 对每个自然数 $n \geqslant 1$ 都成立. 由此得到的函数, 记为 H_z, 这和之后的 Γ 函数密切相关. Euler 同时也研究了 ***m*-调和数**

$$H_{n,m} := \sum_{1\leqslant j\leqslant n} \frac{1}{j^m}, \tag{2.6.5}$$

这里 $m \geqslant 1$ 是自然数, 特别地, $H_{n,1} = H_n$.

(A) 调和级数和 Euler 常数. Euler 早期工作是寻找离散数列的连续插值, 比如对阶乘数列, 他就得到了 Γ 函数. 在 1729 年的论文[47]中, Euler 注意到调和数 H_n 可由积分给出

$$H_n = \int_0^1 \frac{1-x^n}{1-x}dx,$$

从而得到连续插值函数为

[47] Euler, L. *De summatione innumerabilium progressionum*, Comment. Acad. Sci. Petrop., **5**(1738), 91–105. Presented March 5, 1731.

$$H_z := \int_0^1 \frac{1-x^z}{1-x}dx, \quad z \geqslant 0. \tag{2.6.6}$$

根据定义得到

$$H_{\frac{1}{2}} = 2 - 2\ln 2.$$

如果引入函数

$$\psi(z) := \frac{d}{dz}\ln\Gamma(z),$$

则得到

$$H_z = \psi(z+1) + \gamma. \tag{2.6.7}$$

定理 2.40 (Euler, 1731)

极限

$$\gamma = \lim_{n\to\infty}(H_n - \ln n)$$

存在, 且由如下条件收敛的级数给出

$$\gamma = \sum_{n\geqslant 2}(-1)^n\frac{\zeta(n)}{n}. \tag{2.6.8}$$

♡

Euler 计算常数 γ 到小数点后 6 位得到

$$\gamma \approx 0.577218.$$

为了得到公式 (2.6.8), 他利用级数展开

$$\ln(1+x) = \sum_{k\geqslant 1}(-1)^{k+1}\frac{x^k}{k} = x - \frac{1}{2}x^2 + \frac{1}{3}x^3 - \frac{1}{4}x^4 + \cdots,$$

上述级数是 Nicholas Mercator 在 1668 年发现[48]的. 这个级数分别在 $n=1, \frac{1}{2}, \cdots, \frac{1}{n}$ 时取值, Euler 得到

$$\ln 2 = 1 - \frac{1}{2}\cdot\left(\frac{1}{1}\right)^2 + \frac{1}{3}\cdot\left(\frac{1}{1}\right)^3 - \cdots,$$

$$\ln\frac{3}{2} = \frac{1}{2} - \frac{1}{2}\left(\frac{1}{2}\right)^2 + \frac{1}{3}\cdot\left(\frac{1}{2}\right)^3 + \cdots,$$

[48]Mercator, Nicholas. *Logarithmo-technia, sive Methodus construendi Logorithmos, Nova, accurata and facilis, scripto Antehác Communicata*, Anno Sc. 1667, Nonis Augusti: Cui nuncaccedit. Vera Quadratura Hyperbolae and Inventio summae Logarithmorum, Londini, 1668.

$$\ln\frac{4}{3}=\frac{1}{3}-\frac{1}{2}\cdot\left(\frac{1}{3}\right)^2+\frac{1}{3}\cdot\left(\frac{1}{3}\right)^3+\cdots.$$

从而

$$H_n-\ln(n+1)=\frac{1}{2}H_{n,2}-\frac{1}{3}H_{n,3}+\cdots. \tag{2.6.9}$$

因为对任何 $j\geqslant 2$, 有

$$\lim_{n\to\infty}H_{n,j}=H_{\infty,j}=\zeta(j),$$

所以当 $n\to\infty$ 时形式上就得到了 (2.6.8).

另一方面, 我们可以证明

$$\sum_{j\geqslant 2}[\zeta(j)-1]=1, \tag{2.6.10}$$

这是因为从

$$\zeta(2)-1=\frac{1}{2^2}+\frac{1}{3^2}+\frac{1}{4^2}+\frac{1}{5^2}+\cdots,$$
$$\zeta(3)-1=\frac{1}{2^3}+\frac{1}{3^3}+\frac{1}{4^3}+\frac{1}{5^3}+\cdots,$$
$$\zeta(4)-1=\frac{1}{2^4}+\frac{1}{3^4}+\frac{1}{4^4}+\frac{1}{5^4}+\cdots,$$

得到

$$\frac{1}{2^2}\times 2+\frac{1}{3^2}\times\frac{3}{2}+\frac{1}{4^2}\times\frac{4}{3}+\cdots=\frac{1}{1\cdot 2}+\frac{1}{2\cdot 3}+\frac{1}{3\cdot 4}+\cdots=1.$$

Jacob Bernoulli 在 1713 年引入了 **Bernoulli 数** B_n, 如今的定义如下

$$\frac{t}{e^t-1}=\sum_{n\geqslant 0}\frac{B_n}{n!}t^n, \tag{2.6.11}$$

从而得到

$$B_1=-\frac{1}{2},\quad B_2=\frac{1}{6},\quad B_3=0,\quad B_4=-\frac{1}{30},\quad B_5=0,\quad B_6=\frac{1}{42},\cdots.$$

Euler 在 1768 年的论文[49]中把这些数命名为 Bernoulli 数, 而当时把现在的 $|B_{2n}|$ 称为第 n 个 Bernoulli 数. Euler 考虑调和数 $H_x=\sum\limits_{1\leqslant n\leqslant x}\frac{1}{n}$, 并得到了求和公式

$$H_x=\ln x+\left(\frac{1}{2x}-\frac{|B_2|}{2x^2}+\frac{|B_4|}{4x^4}-\frac{|B_6|}{6x^6}+\cdots\right)+C, \tag{2.6.12}$$

[49]Euler, L. *De summis serierum numeros Bernoullianos involventinum*, Novi Comment. Acad. Sci. Petrop., **14**(1770), 129–167. Presented Aug. 18, 1768.

这里常数 C 就是 Euler 常数 γ. 虽然他注意到上面级数是发散的, 但是 Euler 还是令 $x=1$ 得到

$$C=\frac{1}{2}+\frac{|B_2|}{2}-\frac{|B_4|}{4}+\frac{|B_6|}{6}-\frac{|B_8|}{8}+\cdots.$$

两式相加

$$\begin{aligned}H_x=&\ln x+\left(\frac{1}{2x}-\frac{|B_2|}{2x^2}+\frac{|B_4|}{4x^4}-\frac{|B_6|}{6x^6}+\frac{|B_8|}{8x^8}-\cdots\right)\\&+\left(\frac{1}{2}+\frac{|B_2|}{2}-\frac{|B_4|}{4}+\frac{|B_6|}{6}-\frac{|B_8|}{8}+\cdots\right).\end{aligned}$$

Euler 取 $x=10$ 得到 $H_{10}=2.928968253968253968$, 并计算其他项, 最后得到

$$C\approx 0.5772156649015235.$$

实际上, (2.6.12) 右边的发散级数是 $\psi(x+1)+\gamma$ 的渐近展开, 这里 $\psi(x):=\dfrac{\Gamma'(x)}{\Gamma(x)}$.

纵观其一生, Euler 得到了许多不同的数值逼近来计算常数 γ, 特别是他在 1765 年的论文[50]中得到了 $\gamma=-\Gamma'(1)$, 即

$$-\gamma=\int_0^{\infty}e^{-x}\ln x dx. \tag{2.6.13}$$

在上面提到的 1768 年论文中, Euler 得到了另一个积分公式

$$\gamma=\int_0^{\infty}\left(\frac{e^{-y}}{1-e^{-y}}-\frac{e^{-y}}{y}\right)dy, \tag{2.6.14}$$

利用变量替换得到

$$\gamma=\int_0^{1}\left(\frac{1}{1-z}+\frac{1}{\ln z}\right)dz, \tag{2.6.15}$$

最后得到了新的公式

$$\gamma=\frac{1}{2}[\zeta(2)-1]+\frac{2}{3}[\zeta(3)-1]+\frac{3}{4}[\zeta(4)-1]+\cdots \tag{2.6.16}$$

和

$$\gamma=\frac{3}{4}-\frac{1}{2}\ln 2+\sum_{k\geqslant 1}\left(1-\frac{1}{2k+1}\right)[\zeta(2k+1)-1].$$

在 1776 年的论文[51]中, Euler 发现了新的公式

[50] Euler, L. *De curva hypegeometria hac aequatione expressa* $y=1\cdot 2\cdot 3\cdots x$, Novi Comment. Acad. Sci. Petrop., **13**(1769), 3–66. Presented Dec. 19, 1765.

[51] Euler, L. *De numero memorabili in summatione progressionis harmonicae naturalis occurrente*, Acta Acad. Scient. Imp. Petrop., **5**(1785), 45–75. Presented Feb. 22, 1776.

$$1-\gamma=\frac{1}{2}[\zeta(2)-1]+\frac{1}{3}[\zeta(3)-1]+\frac{1}{4}[\zeta(4)-1]+\cdots.$$

利用前 16 项得出近似值

$$\gamma\approx 0.5772169.$$

除此之外, 还有几个有趣的公式, 比如

$$1-\ln\frac{3}{2}-\gamma=\frac{1}{3\cdot 2^2}[\zeta(3)-1]+\frac{1}{5\cdot 2^4}[\zeta(5)-1]+\frac{1}{7\cdot 2^6}[\zeta(7)-1]+\cdots,$$

从而算出近似值

$$\gamma\approx 0.5772156649017913.$$

他在文章的最后列出了和 γ 常数、$\ln 2$ 和 $\zeta(n)$ 相关的 8 个公式, 比如

$$\gamma=\ln 2-\sum_{k\geqslant 1}\frac{\zeta(2k+1)}{(2k+1)2^{2k}}.$$

在 1776 年的另一篇论文[52]中, Euler 得到了近似值

$$\gamma\approx 0.5772156649015325.$$

同时, 他发现了一些有趣的积分:

$$\int_0^1\frac{x^m-x^n}{\ln x}dx=\ln\left(\frac{m+1}{n+1}\right),$$

$$\int_0^1\frac{(1-x)^n}{\ln x}dx=\ln\left[\prod_{0\leqslant j\leqslant n}(j+1)^{(-1)^j\binom{n}{j}}\right],\quad n\geqslant 1.$$

(B) Γ 函数. Euler 不是研究阶乘函数的第一人, 事实上最早是从 John Wallis 开始的, 之后有 Abraham de Moivre、James Stirling 等. 1729 年, Euler 在和 Christian Goldbach 的通信中, 讨论了离散级数的连续插值问题. 他用收敛的无穷乘积

$$\frac{1\cdot 2^m}{1+m}\cdot\frac{2^{1-m}\cdot 3^m}{2+m}\cdot\frac{3^{1-m}\cdot 4^m}{3+m}\cdots\frac{4^{1-m}\cdot 5^m}{4+m}\cdots$$

来插值阶乘函数 $m!$; 这个无穷乘积在 $\mathbb{C}\setminus\{-1,-2,\cdots\}$ 上绝对收敛到 $\Gamma(m+1)$ (按照之后 Legendre 的记号). John Wallis 在早前把这个函数叫做 "超几何级数"; Euler 把 $m=\frac{1}{2}$ 代入并利用 Wallis 关于 $\frac{\pi}{2}$ 的无穷乘积公式得到

[52]Euler, L. *Evolutio formulae integralis* $\int dx\left(\frac{1}{1-x}+\frac{1}{\ln x}\right)$ *a termino* $x=0$ *usque ad* $x=1$ *extensae*, Nova Acta Acad. Scint. Imp. Petrop., **4**(1789), 3–16. Presented Feb. 29, 1776.

$$\Gamma\left(\frac{3}{2}\right) = \frac{1}{2}\sqrt{\pi}.$$

1729 年, Euler 在论文[53]中考虑了 **Euler 第一类积分**

$$\int_0^1 x^e(1-x)^n dx, \quad e, n \in \mathbb{N}.$$

利用 Legendre 的记号

$$B(r,s) := \int_0^1 x^{r-1}(1-x)^{s-1}dx = \frac{\Gamma(r)\Gamma(s)}{\Gamma(r+s)} \tag{2.6.17}$$

得到 $B(e+1,n+1) = \dfrac{e!n!}{(e+n+1)!}$. Euler 给出了阶乘函数 $f(n) = n!$ 的连续插值, 即

$$f(n) = \int_0^1 (-\ln x)^n dx, \quad n \in \mathbb{R} \text{ 且 } n > -1. \tag{2.6.18}$$

在上面提到的 1765 年论文中, Euler 研究了 "超几何曲线" $y = \Gamma(x+1)$, 这里

$$\Gamma(x) := \int_0^\infty t^{x-1}e^{-t}dt.$$

他给出了如下的无穷乘积

$$y = a^x \prod_{k \geqslant 1}\left[\frac{k}{k+x}\left(\frac{a+k}{a+k-1}\right)^x\right],$$

这里 $a \in (1,x)$ 是任何固定的常数; 若取 $a = \dfrac{1+x}{2}$ 就得到

$$y = \left(\frac{1+x}{2}\right)^x \prod_{k \geqslant 1}\left[\frac{k}{k+x}\left(\frac{2k+1+x}{2k-1+x}\right)^x\right].$$

接下来, 他得到了

$$\ln y = -\gamma x + \sum_{n \geqslant 2}(-1)^n \frac{\zeta(n)}{n}x^n, \tag{2.6.19}$$

这里 γ 是 Euler 常数. 对 (2.6.18) 做变量的指数变换得到

$$y = \int_0^\infty e^{-v}v^x dv. \tag{2.6.20}$$

[53] Euler, L. *De progressionibus transcendentibus seu quarum termini generales algebraice dari nequent*, Comment. Acad. Sci. Petrop., **5**(1738), 36–57. Presented Nov. 8, 1729.

这就是 Γ 函数的现代定义. Euler 计算了 $\Gamma(x)$ 的对数导数 $\psi(x)=\dfrac{\Gamma'(x)}{\Gamma(x)}$,

$$\psi(x+1)=\frac{\Gamma'(x+1)}{\Gamma(x+1)}=\frac{dy}{ydx}=-\gamma+\sum_{k\geqslant 1}\frac{x}{k(x+k)},$$

并给出了 $\ln\Gamma(x+1)$ 的渐近展开

$$\begin{aligned}\ln y=&\frac{1}{2}\ln 2\pi+\left(x+\frac{1}{2}\right)\ln x-x\\&+\frac{A}{2x}-\frac{1\cdot 2}{2^3}\frac{B}{x^3}+\frac{1\cdot 2\cdot 3\cdot 4}{2^5}\frac{C}{x^5}-\frac{1\cdot 2\cdot 3\cdot 4\cdot 5\cdot 6}{2^7}\frac{D}{x^7}+\cdots,\end{aligned}\tag{2.6.21}$$

这里

$$A=\frac{1}{6},\quad B=\frac{1}{90},\quad C=\frac{1}{945},\quad D=\frac{1}{9450},\quad \cdots.$$

同时他也给出了 Euler 常数的近似值

$$\gamma\approx 0.5772156649014225.$$

接下来他证明了

$$\Gamma'(1):=\left.\frac{dy}{dx}\right|_{x=0}=-\gamma.\tag{2.6.22}$$

利用 $\Gamma\left(\dfrac{3}{2}\right)=\dfrac{\sqrt{\pi}}{2}$, Euler 得到公式

$$\frac{\Gamma'\left(\dfrac{3}{2}\right)}{\Gamma\left(\dfrac{3}{2}\right)}=-\gamma+2-2\ln 2.$$

(C) ζ 函数值. 寻找 $\zeta(2)$ 的闭形式是著名的 **Basel 问题**——1650 年由 Pietro Mengoli 提出. 这个问题由于 Jacob Bernoulli 在 1689 年再次提出, 而变得非常有名. 实际上他估计了 $\zeta(2)$:

$$1<\sum_{n\geqslant 1}\frac{1}{n^2}<2\sum_{n\geqslant 1}\frac{1}{n(n+1)}=2\sum_{n\geqslant 1}\left(\frac{1}{n}-\frac{1}{n+1}\right)=2,$$

但是却没有能力计算出精确值:

> ... If someone should succeed in finding what till now withstood our efforts and communicate it to us, we would be much oblighed to them.

Euler 在 1731 年得到了调和数的积分表示

$$\sum_{1\leqslant j\leqslant n}\frac{1}{j^2}=\int_0^1\frac{dx}{x}\int_0^x\frac{1-t^n}{1-t}dt,$$

从而得到

$$\zeta(2)=(\ln 2)^2+\sum_{n\geqslant 1}\frac{1}{2^{n-1}n^2}\approx 1.644924.$$

在 1735 年 12 月, Euler 给出了三种不同的方法[54]来证明 $\zeta(2)=\frac{\pi^2}{6}$, 其中最出名的是利用如下的无穷乘积公式

$$\frac{\sin x}{x}=\prod_{k\geqslant 1}\left[1-\frac{x^2}{(k\pi)^2}\right] \tag{2.6.23}$$

和 $\sin x$ 的 Taylor 级数展开计算了 $\zeta(2n)$, $1\leqslant n\leqslant 6$. 利用类似的方法, Euler 计算了奇数幂的交错和, 得到了 Leibniz 结论

$$\sum_{k\geqslant 0}\frac{(-1)^k}{2k+1}=\frac{\pi}{4}$$

以及

$$\sum_{k\geqslant 0}\frac{(-1)^k}{(2k+1)^3}=\frac{\pi^3}{32}.$$

如果直接比较 (2.6.23) 两边系数得到

$$\frac{(-1)^n}{(2n+1)!}=\frac{(-1)^n}{\pi^{2n}}\sum_{1\leqslant m_1<m_2<\cdots<m_n}\frac{1}{m_1^2m_2^2\cdots m_n^2}.$$

注意到右边和是多重 ζ 函数值 $\zeta(2,2,\cdots,2)$ (这里有 n 个 2, 而 1 个 2 就得到了 $\zeta(2)$), 这有可能激发了 Euler 研究多重 ζ 函数值.

Euler 把他的原始证明告诉了 Johann Bernoulli、Daniel Bernoulli、Nicolaus Bernoulli 以及其他人, Daniel Bernoulli 批评到 $\sin(\pi x)$ 可能有其他的复根. 为了回复 Daniel Bernoulli, Euler 验证了它关于 $\sin(\pi x)$ 的无穷乘积公式 (2.6.23).

- 在 1742 年的论文[55]中, Euler 利用 $e^x=\sum_{n\geqslant 0}\frac{x^n}{n!}$ 和 (2.6.23) 得到了

---

[54] Euler, L. *De summis serierum reciprocarum*, Comment. Acad. Sci. Petrop., **7**(1740), 123–134. Read Dec. 5, 1735.

[55] Euler, L. *De summis serierum reciprocarum ex potestatibus numerorum naturalium ortarum Dissertatio altera, in qua eadem summationes ex fonte maxime diverso derivantur*, Miscellanea Berolinensa, **7**(1743), 172–192. Presented Sept. 6, 1742.

$$\sin z = \frac{e^{\sqrt{-1}z} - e^{-\sqrt{-1}z}}{2\sqrt{-1}}.$$

对整数 p, q, 满足条件 $0 < p < q$, Euler 引入新的方法计算了如下积分

$$\int_0^1 \frac{x^{p-1} + x^{q-p-1}}{1+x^q} dx = \frac{\pi}{q \sin \dfrac{p\pi}{q}}, \quad \int_0^1 \frac{x^{p-1} - x^{q-p-1}}{1-x^q} dx = \frac{\pi \cos \dfrac{p\pi}{q}}{q \sin \dfrac{p\pi}{q}}.$$

把 $(1+x)^{-1}$ 和 $(1-x)^{-1}$ 进行级数展开得到

$$\frac{\pi}{q \sin \dfrac{p\pi}{q}} = \sum_{n \geqslant 0} (-1)^n \left[\frac{1}{nq+p} + \frac{1}{(n+1)q-p} \right],$$

$$\frac{\pi \cos \dfrac{p\pi}{q}}{q \sin \dfrac{p\pi}{q}} = \sum_{n \geqslant 0} \left[\frac{1}{nq+p} - \frac{1}{(n+1)q-p} \right].$$

如果令 $s := \dfrac{q}{p}$, 则得到

$$\frac{\pi}{\sin(\pi s)} = \sum_{n \geqslant 0} (-1)^n \left[\frac{1}{n+s} + \frac{1}{(n+1)-s} \right],$$

$$\frac{\pi \cos(\pi s)}{\sin(\pi s)} = \sum_{n \geqslant 0} \left[\frac{1}{n+s} - \frac{1}{n+1-s} \right].$$

对 s 求导

$$\frac{\pi^2 \cos(\pi s)}{(\sin(\pi s))^2} = \sum_{n \geqslant 0} (-1)^n \left[\frac{1}{(n+s)^2} - \frac{1}{((n+1)-s)^2} \right],$$

$$\frac{\pi^2}{(\sin(\pi s))^2} = \sum_{n \geqslant 0} \left[\frac{1}{(n+s)^2} + \frac{1}{((n+1)-s)^2} \right].$$

特别地, 考虑 $s = \dfrac{p}{q}$, 这里 $0 < p < q$ 都是整数,

$$\frac{\pi^2 \cos \dfrac{p\pi}{q}}{q^2 \left(\sin \dfrac{p\pi}{q} \right)^2} = \sum_{n \geqslant 0} \left[\frac{1}{(nq+p)^2} + \frac{1}{((n+1)q-p)^2} \right],$$

$$\frac{\pi^2}{q^2 \left(\sin \dfrac{p\pi}{q} \right)^2} = \sum_{n \geqslant 0} \left[\frac{1}{(nq+p)^2} + \frac{1}{((n+1)q-p)^2} \right].$$

如果取 $(p,q)=(1,4)$, Euler 计算得到了

$$\frac{\pi^2}{8\sqrt{2}}=\sum_{n\geqslant 0}(-1)^n\left[\frac{1}{(4n+1)^2}-\frac{1}{(4n+3)^2}\right],$$

$$\frac{\pi^2}{8}=\sum_{n\geqslant 0}\left[\frac{1}{(4n+1)^2}+\frac{1}{(4n+3)^2}\right]=\left(1-\frac{1}{2^2}\right)\zeta(2).$$

作为结论, 他得出 $\zeta(2)=\dfrac{\pi^2}{6}$.

Euler 又观察到, 继续对 s 求导可以计算 $\zeta(n)$, 特别地得到 $\zeta(2n)$ 可以表示为 π^{2n} 的某些有理乘积从而得到

$$\frac{\zeta(2n)}{\pi^{2n}}\in\mathbb{Q}.$$

但是这个方法不能给出用 Bernoulli 数来表示 $\zeta(2n)$ 的闭公式.

- 在 1743 年的论文[56]中, Euler 给出了 $\zeta(2)=\dfrac{\pi^2}{6}$ 的新证明, 此时他采用了微积中的标准做法——三角函数的积分.

  Euler 用 s 表示单位圆的弧长并令 $x:=\sin s$, 同时观察到 $x=1$ 对应着 $s=\dfrac{\pi}{2}$. 因为

$$ds=\frac{dx}{\sqrt{1-x^2}},\quad s=\int_0^x\frac{dt}{\sqrt{1-t^2}},$$

所以

$$\int_0^{\pi/2}sds=\int_0^1\left[\int_0^x\frac{dt}{\sqrt{1-t^2}}\right]\frac{dx}{\sqrt{1-x^2}}.$$

利用 Taylor 级数展开

$$\frac{1}{\sqrt{1-t^2}}=1+\sum_{n\geqslant 1}\frac{(2n-1)!!}{(2n)!!}t^{2n},\quad |t|<1,$$

就得到了 (积分和级数的可交换性之后会给出)

$$\frac{\pi^2}{8}=\int_0^{\pi/2}sds=\int_0^1\left[x+\sum_{n\geqslant 1}\frac{(2n-1)!!}{(2n+1)(2n)!!}x^{2n+1}\right]\frac{dx}{\sqrt{1-x^2}}$$

$$=\int_0^1\frac{xdx}{\sqrt{1-x^2}}+\sum_{n\geqslant 1}\frac{(2n-1)!!}{(2n+1)(2n)!!}\int_0^1\frac{x^{2n+1}dx}{\sqrt{1-x^2}}.$$

[56]Euler, L. *Demonstration de la somme de cette suite* $1+1/4+1/9+1/16+\cdots$, Journal Lit. d' Allemagne, de Suisse et du Nord, **2**(1743), no. 1, 115–127.

根据分部积分法得到了公式

$$\int \frac{x^{2n+1}dx}{\sqrt{1-x^2}} = \frac{2n}{2n+1}\int \frac{x^{2n-1}dx}{\sqrt{1-x^2}} - \frac{x^{2n}}{2n+1}\sqrt{1-x^2},$$

我们得到

$$\frac{\pi^2}{8} = 1 + \sum_{n\geqslant 1}\frac{1}{(2n+1)^2}$$

从而证明了 $\zeta(2) = \frac{\pi^2}{6}$.

Euler 继续用这种方法计算 $\zeta(2n)$, $1 \leqslant n \leqslant 13$, 得到了公式

$$\zeta(2n) = \frac{2^{2n-1}}{(2n+1)!}C_{2n}\pi^{2n},$$

并用两种不同的方法来确定常数 C_{2n}——Bernoulli 数.

- 在 1744 年的论文[57]中, Euler 得到了 ζ 函数的 Euler 乘积公式:

$$\zeta(n) = \sum_{k\geqslant 1}\frac{1}{k^n} = \prod_{p\in\mathbb{P}}\frac{1}{1-p^{-n}},$$

这里 $\mathbb{P}$ 是所有素数构成的集合.

- Euler 在他一生中多次尝试来找到 $\zeta(2n+1)$ 的闭公式, 特别是 $\zeta(3)$. 在 1750 年的论文[58]中, 他发展了部分分式分解技巧和等价于 Abel 求和公式的求和方法, 得到了如下公式

$$\phi(1-2m) = \frac{(-1)^{m-1}2\cdot(2m-1)!}{\pi^{2m}}\theta(2m), \quad m=1,2,3,4,$$

其中

$$\theta(s) := \sum_{n\geqslant 0}\frac{1}{(2n+1)^s}, \quad \phi(s) = \sum_{n\geqslant 1}\frac{(-1)^{n-1}}{n^s}.$$

- 在 1755 年的著作[59]中, Euler 给出了用 Bernoulli 数表示的 $\zeta(2n)$ 的闭公式

$$\zeta(2n) = (-1)^{n+1}\frac{B_{2n}(2\pi)^{2n}}{2(2n!)}. \tag{2.6.24}$$

同时, 他利用发散级数来数值计算 $\zeta(n)$. 比如对 $\zeta(2)$, 考虑有限和

---

[57] Euler, L. *Variae observationes circa series infinitas*, Comment. Acad. Sci. Petrop., **9**(1744), 160–188. Presented April 25, 1737.

[58] Euler, L. *De seriebus quibusdam considerationes*, Comment. Acad. Sci. Petrop., **12**(1750), 53096. Presented Oct. 22, 1739.

[59] Euler, L. *Institutiones calculi differentialis cum eius usu in analysi finitorum ac doctrina serierum*, Imprinti Academiae Imperialis Scientarum Petropolitanae, 1755.

$$s(x) := \sum_{1\leqslant k\leqslant x} \frac{1}{k^2}.$$

Euler 得到了求和公式, 这里 C 是常数,

$$\begin{aligned} s(x) &= C - \frac{1}{x} + \frac{1}{2x^2} - \frac{|B_2|}{x^3} + \frac{|B_4|}{x^5} - \frac{|B_6|}{x^7} + \cdots \\ &= C - \frac{1}{x} + \frac{1}{2x^2} + \sum_{n\geqslant 1} (-1)^n \frac{|B_{2n}|}{x^{2n+1}}. \end{aligned} \tag{2.6.25}$$

令 $x=\infty$ 得到 $s(\infty)=\zeta(2)=C$; 令 $x=1$ 得到

$$C = 1 + 1 - \frac{1}{2} + \sum_{n\geqslant 1} (-1)^{n+1} |B_{2n}|.$$

Euler 注意到右边级数虽然是发散的, 但是可以用来给出常数 C 的好的数值逼近. 比如在 (2.6.25) 中取 $x=10$ 和 $n=8$ 得到 $C \approx 1.644934068848226430$. 利用同样的方法, 他计算得到

$$\zeta(3) \approx \frac{\pi^3}{25.79436}.$$

Euler 同时又引入了 "Bernoulli 函数" $b(z)$ 使得当 z 是正整数时给出了 Bernoulli 数,

$$b(n) = |B_{2n}| = (-1)^{n+1} B_{2n}, \quad n \geqslant 1.$$

他证明了

$$p := b\left(\frac{3}{2}\right) = \frac{3}{2\pi^3}\zeta(3) \approx 0.05815227.$$

- 在 1776 年的论文[60] 中, Euler 引入了多重 ζ 函数并用此来表示 $\zeta(3)$. 实际上, 早在 1742 年 12 月在和 Goldbach 通信中就已经讨论了多重 ζ 函数. 在 1776 年的论文中, 他回顾了那次讨论并考虑

$$S_{m,n} := \sum_{k\geqslant 1} \frac{H_{k,n}}{k^m} = \sum_{k\geqslant 1}\left(\sum_{1\leqslant \ell\leqslant k} \frac{1}{k^m \ell^n}\right) = \sum_{\ell\geqslant 1}\sum_{k\geqslant \ell} \frac{1}{k^m \ell^n}, \quad m,n\geqslant 1. \tag{2.6.26}$$

Euler 考虑了所有的 $S_{m,n}$, $1\leqslant m,n\leqslant 8$, 并注意到所有 $S_{1,n}$ 都是发散级数. 对任何正整数 $a_1,\cdots,a_k$, 只要 $a_1\geqslant 2$, 如下定义的**多重 ζ 函数**

[60] Euler, L. *Meditatione circa singulare serierum genus*, Novi. Comment. Acad. Sci. Petrop., **20**(1776), 240–186. Presented July 4, 1771.

$$\zeta(a_1, a_2, \cdots, a_k) := \sum_{n_1>n_2>\cdots>n_k>0} \frac{1}{n_1^{a_1} n_2^{a_2} \cdots n_k^{a_k}} \tag{2.6.27}$$

是收敛的. 这样 (2.6.26) 可表示为

$$S_{m,n} = \zeta(m,n) + \zeta(m+n), \quad m \geqslant 2,\ n \geqslant 1.$$

Euler 证明了

$$S_{2,1} = 2\zeta(3),$$

这等价于

$$\zeta(3) = \zeta(2,1) = \sum_{k>1} \frac{H_k}{2^k} - \sum_{k>1} \frac{1}{k^3} = \sum_{k\geqslant 1} \frac{H_k}{2^k} - \sum_{k\geqslant 1} \frac{1}{k^3}, \quad \zeta(3) = \frac{1}{2} \sum_{k\geqslant 1} \frac{H_k}{k^2}.$$

- 在 1772 年的论文[61]中, Euler 通过和 ζ 函数的泛函方程相关的发散级数得到了 $\zeta(2n+1)$ 的新公式. 令 n 为正整数而 ω 为无穷小量, Euler 得到了公式

$$\sum_{k\geqslant 0} \frac{1}{(2k+1)^{n+\omega}} = \frac{-1}{2\cos\left(\dfrac{n+\omega}{2}\pi\right)} \frac{\pi^{n+\omega}}{1\cdot 2\cdots(n-1+\omega)} \times \left(1 - 2^{n-1+\omega} + 3^{n-1+\omega} - \cdots\right).$$

这里右边级数是发散的. 对 ω 求导得到了, 比如 $n=3$,

$$\sum_{k\geqslant 0} \frac{1}{(2k+1)^3} = -\frac{\pi^2}{2} \sum_{k\geqslant 2} (-1)^k k^2 \ln k.$$

此时右边级数也是发散的, Euler 令

$$Z := \sum_{k\geqslant 2} (-1)^k k^2 \ln k$$

并应用各种级数加速技巧得到了快速收敛的级数表示[62]

$$Z = \frac{1}{4} - \sum_{n\geqslant 1} \frac{\zeta(2n)}{(2n+1)(2n+2)2^{2n}}.$$

因此

$$\frac{7}{8}\zeta(3) = \frac{\pi^2}{2} \left[\frac{1}{4} - \sum_{n\geqslant 1} \frac{\zeta(2n)}{(2n+1)(2n+2)2^{2n}}\right].$$

---

[61] Euler, L. *Exercitationes Analyticae*, Novi. Comment. Acad. Sci. Petrop., **17**(1773), 173–204. Presented May 18, 1772.

[62] 级数 Z 从发散到收敛, 可见当时级数收敛性理论不甚完善.

再利用变量替换, Euler 得到了

$$\sum_{k\geqslant 0}\frac{1}{(2k+1)^3}=\frac{\pi^2}{4}\ln 2+2\int_0^{\pi/2}x\ln(\sin x)dx$$

从而

$$\frac{7}{8}\zeta(3)=\frac{\pi^2}{4}\ln 2+2\int_0^{\pi/2}x\ln(\sin x)dx.$$

他注意到最后积分的一个变体是

$$\int_0^{\pi/2}\ln(\sin x)dx=-\frac{\pi}{2}\ln 2.$$

- 在 1785 年的论文[63]中, Euler 给出了 $\zeta(2n)$ 的新公式. 在 1811 年的论文[64]中, Euler 研究了函数

$$\mathrm{Li}_2(x):=\sum_{n\geqslant 1}\frac{x^n}{n^2}$$

并证明了泛函方程

$$\mathrm{Li}_2(x)+\mathrm{Li}_2(1-x)=\frac{\pi^2}{6}-(\ln x)(\ln(1-x)).$$

当 $x=0$ 时给出了 $\zeta(2)=\dfrac{\pi^2}{6}$.

(D) 发散级数求和: Euler-Gompertz 常数. 在得到各种收敛级数和的精确数值估计的时候, Euler 研究和发展了发散级数的求和方法. 比如在 1760 年的论文[65]中, 他给出了四种不同的方法对 "Wallis 超几何级数"

$$A:=1-1+2-6+24-120+\cdots=\sum_{n\geqslant 0}(-1)^n n! \tag{2.6.28}$$

进行" 求和"[66]:

(1) 利用四次级数加速方法得到

$$A\approx\frac{38015}{65536}=0.58006\cdots.$$

---

[63]Euler, L. *De seriebus potestatum reciprocis methodo nova et facillima summandis*, Opuscula Analytica, **2**(1785), 257–274. Presented Oct. 2, 1775.

[64]Euler, L. *De summatione serierum in has forma contentarum* $\frac{a}{1}+\frac{a^2}{4}+\frac{a^3}{9}+\frac{a^4}{16}+\frac{a^5}{25}+\frac{a^6}{36}+$ *etc*, Memoires de l'Academie de Sciences de St.-Petersbourg, **3**(1811), 26–42. Presented May 29, 1779.

[65]Euler, L. *De seriebus divergentibus*, Novi. Commentii Acad. Sci. Petrop., **5**(1760), 205–237.

[66]这里所谓的 "求和" 和通常意义的 Cauchy 和不一样, 而是用其他求和方式来解释 "Cauchy 和发散的级数".

(2) 考虑差分方程

$$P_{n+1} = nP_n + 1, \quad P_1 = 1.$$

Euler 得到了闭公式

$$P_n = 1 + (n-1) + (n-1)(n-2) + (n-1)(n-2)(n-3) + \cdots.$$

他观察到, 在上述公式里如果形式上令 $n = 0$ 就得到

$$P_0 = 1 - 1 + 2 - 6 + 24 - 120 + \cdots = A.$$

这样, Euler 考虑插值方法用可逆函数 $f(x)$ 来得到 $f(P_n)$, 然后对值 $f(P_0)$ 尝试着插值. 若选择函数 $f(x) = \dfrac{1}{x}$, 他得到了 $A \approx 0.6$; 若选择函数 $f(x) = \ln x$ 就得到 $A \approx 0.59966$.

(3) 第三种方法是构造和求解相应的微分方程. Euler 把 Wallis 级数看成幂级数

$$s(x) := 1 - 1!x + 2!x^2 - 3!x^3 + 4!x^4 - 5!x^5 + \cdots = \sum_{k\geqslant 0}(-1)^k k! x^k$$

在 $x = 1$ 时的值. 虽然这个级数对任何非零复数 $x \in \mathbb{C}$ 都是发散的, 但是 Euler 观察到 $s(x)$ 形式上满足一个线性微分方程. 该微分方程有一个用积分表示的收敛解, 从而, 令 $x = 1$, 到了 A 的精确值.

(4) 第四种方法是利用 (3) 中 $s(x)$ 的积分表达式来确定它的连分数展开. 即

$$s(x) = \frac{1}{1+}\,\frac{x}{1+}\,\frac{x}{1+}\,\frac{2x}{1+}\,\frac{2x}{1+}\,\frac{3x}{1+}\,\frac{3x}{1+\cdots}. \tag{2.6.29}$$

这个连分数在 $x = 1$ 处收敛, 从而 Euler 给出了 A 的一个好的数值逼近.

我们来详细讨论下上面的第三种方法. Euler 又考虑了如下的渐近级数

$$s(x) \sim \sum_{n\geqslant 0}(-1)^n n! x^{n+1}. \tag{2.6.30}$$

此时这个级数形式上满足非齐次线性微分方程

$$s'(x) + \frac{1}{x^2}s(x) = \frac{1}{x}, \tag{2.6.31}$$

它的一个显式解为

$$s(x) := e^{1/x}\int_0^x \frac{e^{-1/t}}{t}dt. \tag{2.6.32}$$

上述积分在 $x = 0$ 附近的渐近展开就是 (2.6.30). Euler 利用变量替换 $v = e^{1-1/t}$ 把 (2.6.32) 变成了

$$s(x) = e^{\frac{1}{x}-1}\int_0^{e^{1-\frac{1}{x}}}\frac{dv}{1-\ln v}. \tag{2.6.33}$$

这样他就得到了发散级数 (2.6.28) 在 "Euler 求和意义下" 的值

$$A \equiv \delta := s(1) = e\int_0^1 \frac{1}{t}e^{-\frac{1}{t}}dt = \int_0^1 \frac{dv}{1-\ln v} \approx 0.59637255. \tag{2.6.34}$$

而利用第四种方法, Euler 得到了更加精确的数值估计

$$\delta \approx 0.5963473621237. \tag{2.6.35}$$

(2.6.34) 中的常数 δ 称为 **Euler-Gompertz 常数**. Aptekarev 观察到[67]

$$\gamma = -\int_0^\infty \ln x e^{-x}dx, \quad \delta = \int_0^\infty \ln(x+1)e^{-x}dx. \tag{2.6.36}$$

在 1949 年, Hardy 给出了 $s(x)$ 的第三种积分表示[68], 利用变量替换 $t = \dfrac{x}{1+xw}$,

$$s(x) = x\int_0^\infty \frac{e^{-w}}{1+xw}dw. \tag{2.6.37}$$

在 $x=1$ 处取值得到

$$\delta = \int_0^\infty \frac{e^{-w}}{1+w}dw. \tag{2.6.38}$$

由此 Hardy 得到了 δ 和 γ 的关系

$$\delta = -e\left[\gamma + \sum_{k\geqslant 1}(-1)^k\frac{1}{k\cdot k!}\right]. \tag{2.6.39}$$

从 (2.6.38) 又可以得到

$$\delta = -e\mathrm{Ei}(-1), \tag{2.6.40}$$

这里 $\mathrm{Ei}(x)$ 是如下定义

$$\mathrm{Ei}(x) := \int_{-\infty}^x \frac{e^t}{t}dt \tag{2.6.41}$$

的**指数积分**. 对整个复平面去掉非负数实轴, 即对任何复数 $z\in\mathbb{C}\backslash\{z=x+\sqrt{-1}y\in\mathbb{C}: x\geqslant 0,\ y=0\}$, 我们利用 (2.5.13) 都可定义 $\mathrm{Ei}(z)$. 利用 Cauchy 主值, 我们可以对 $x>0$ 来定义 $\mathrm{Ei}(x)$:

---

[67] Aptekarev, A. I. *On linear forms containing the Euler constant*, arXiv: 0902.1768.

[68] Hardy, G. H. *Divergent Series*, Oxford,1949.

$$\mathrm{Ei}(x) := \lim_{\epsilon\to 0+} \frac{\mathrm{Ei}(x+\sqrt{-1}\epsilon)+\mathrm{Ei}(x-\sqrt{-1}\epsilon)}{2}, \quad x>0.$$

作变量替换 $t=\dfrac{1}{u}$, 那 (2.6.32) 可写成

$$s(x) = e^{1/x}\int_{1/x}^{\infty} \frac{e^{-u}}{u}du$$

或者

$$s\left(\frac{1}{x}\right) = e^x\int_x^{\infty}\frac{e^{-u}}{u}du = e^x\mathrm{E}_1(x). \tag{2.6.42}$$

这里 $\mathrm{E}_1(z)$ 称为**主值指数积分**, 对任何复数 z 只要它的辐角满足 $|\mathbf{arg}(z)|<\pi$, 利用围道积分可定义

$$\mathrm{E}_1(z) := \int_z^{\infty}\frac{e^{-u}}{u}du, \tag{2.6.43}$$

其中沿着正实轴到 $+\infty$. 取 $x=1$ 就得到等式

$$\mathrm{E}_1(1) = \int_1^{\infty}\frac{e^{-t}}{t}dt = \frac{\delta}{e}. \tag{2.6.44}$$

在 1879 年的论文[69]中, Laguerre 找到了主值指数积分 (2.6.43) 的解析连分数展开

$$\int_x^{\infty}\frac{e^{-t}}{t}dt = \frac{e^{-x}}{(x+1)-}\,\frac{1}{(x+3)-}\,\frac{1}{\dfrac{x+5}{4}-}\,\frac{\dfrac{1}{4}}{\dfrac{x+7}{9}-}\,\frac{\dfrac{1}{9}}{\dfrac{x+9}{16}-\cdots} \tag{2.6.45}$$

并指出这个连分数展开对任何正实数 x 都是收敛的. 这个展开可简化为

$$\int_x^{\infty}\frac{e^{-t}}{t}dt = \frac{e^{-x}}{(x+1)-}\,\frac{1^2}{(x+3)-}\,\frac{2^2}{(x+5)-}\,\frac{3^2}{(x+7)-}\,\frac{4^2}{(x+9)-\cdots}. \tag{2.6.46}$$

取 $x=1$ 得到了 Euler-Gompertz 常数的另一个连分数展开

$$\delta = e\int_1^{\infty}\frac{e^{-t}}{t}dt = \frac{1}{2-}\,\frac{1^2}{4-}\,\frac{2^2}{6-}\,\frac{3^2}{8-}\,\frac{4^2}{10-\cdots}. \tag{2.6.47}$$

Stieltjes 在他 1894 年的著名工作[70]中, 对积分 $\displaystyle\int_0^{\infty}\frac{d\Phi(u)}{x+u}$ 的解析连分数展开给出了一般理论, 即, 存在正实数 a_n 满足

[69] Laguerre, E. *Sur l'integrale* $\displaystyle\int_x^{\infty}\frac{e^{-x}dx}{x}$, Bull. Soc. Math. France, Series 1, **7**(1879), 72–81.

[70] Stieltjes, T.-J. *Recherches sur les fractions continues*, Ann. Fac. Sci. Toulouse Sci. Math. Sci. Phys., **8**(1894), no. 4, 1–122.

$$\int_0^\infty \frac{d\Phi(u)}{x+u} = \frac{1}{a_1x+}\frac{1}{a_2+}\frac{1}{a_3x+}\frac{1}{a_4+}\frac{1}{a_5x+}\frac{1}{a_6+\cdots}, \tag{2.6.48}$$

并指出 Laguerre 连分数展开 (2.6.45) 可写成 (2.6.48), 此时 $a_{2n-1}=1$ 而 $a_{2n}=n^{-1}$.

虽然到目前为止, 我们还不知道 Euler-Gompertz 常数是有理数还是无理数, 但是最新的结论是 γ 和 δ 中至少有一个是超越数.

2.6.2 Euler 常数的现代发展

接下来我们来讨论下 Euler 常数 γ 和现代数学的联系.

(A) Euler 常数和 Γ 函数. Euler 已经注意到

$$\Gamma'(1) = -\gamma. \tag{2.6.49}$$

进一步, Euler 常数出现在整函数 $\dfrac{1}{\Gamma(z)}$ 的 Hadamard 乘积展开中

$$\frac{1}{\Gamma(z)} = ze^{\gamma z}\prod_{n\geqslant 1}\left(1+\frac{z}{n}\right)e^{-\frac{z}{n}}. \tag{2.6.50}$$

Euler 研究过的函数 $\ln\Gamma(z)$ 在解析延拓后是多值的, 而其导数是亚纯函数, 称为**双-Γ 函数**:

$$\psi(z) := \frac{d}{dz}\ln\Gamma(z) = \frac{\Gamma'(z)}{\Gamma(z)}. \tag{2.6.51}$$

- 根据函数方程 $\Gamma(z+1)=z\Gamma(z)$, 双-Γ 函数满足差分方程

$$\psi(z+1) = \psi(z)+\frac{1}{z}. \tag{2.6.52}$$

- 在 1813 年的论文[71]中, Gauss 给出了 $\psi(z)$ 的积分表示

$$\psi(z) = \int_0^\infty \left(\frac{e^{-t}}{t}-\frac{e^{-zt}}{1-e^{-t}}\right)dt, \quad \mathbf{Re}(z)>0. \tag{2.6.53}$$

- 差分方程 (2.6.52) 给出了

$$\psi(z) = \psi(z+n) - \sum_{0\leqslant j\leqslant n-1}\frac{1}{z+j}$$

从而得到

[71] Gauss, C. F. *Disquisitiones Generales circa seriem infinitam* $1+\dfrac{\alpha\beta x}{1\cdot\gamma}+\dfrac{\alpha(\alpha+1)\beta(\beta+1)xx}{1\cdot 2\gamma(\gamma+1)}+\cdots$, Commentationes Societatis Regiae Scientarum Gottingensis Recentiores, **2**(1813), Göttingen.

$$\psi(z)=\lim_{n\to\infty}\left(\ln n-\sum_{0\leqslant j\leqslant n-1}\frac{1}{z+j}\right),\quad z\in\mathbb{C}\setminus\mathbb{Z}_{\leqslant 0}. \tag{2.6.54}$$

特别地给出了

$$\psi(1)=-\gamma.$$

1898 年, de la Vallée-Poussion 证明了

$$\gamma=\lim_{n\to\infty}\frac{1}{n}\sum_{1\leqslant k\leqslant n}\left(\left\lceil\frac{n}{k}\right\rceil-\frac{n}{k}\right),$$

这里 $\lceil x\rceil$ 表示不小于 x 的最小整数.

定理 2.41 (Euler, 1765)

双-Γ 函数 $\psi(x):=\dfrac{\Gamma'(x)}{\Gamma(x)}$ 满足

$$\psi(n)=-\gamma+H_{n-1},\quad n\geqslant 1, \tag{2.6.55}$$

$$\psi\left(n+\frac{1}{2}\right)=-\gamma-2\ln 2+2H_{2n-1}-H_{n-1}, n\geqslant 0, \tag{2.6.56}$$

这里 $H_0=H_{-1}:=0$. ♡

证: 利用 (2.6.52) 和 $\gamma(1)=-\gamma$ 得到 (2.6.55).

根据**定理 5.26** 和**定理 5.27** 得到

$$\Gamma(2z)=\frac{1}{\sqrt{\pi}}2^{2z-1}\Gamma(z)\Gamma\left(z+\frac{1}{2}\right). \tag{2.6.57}$$

两边求对数导数得到

$$2\psi(2z)=2\ln 2+\psi(z)+\psi\left(z+\frac{1}{2}\right);$$

取 $z=\dfrac{1}{2}$ 就得出

$$\psi\left(\frac{1}{2}\right)=-\gamma-2\ln 2. \tag{2.6.58}$$

再次利用 (2.6.52) 得到

$$\begin{aligned}\psi\left(n+\frac{1}{2}\right)&=\psi\left(\frac{1}{2}\right)+2\left(1+\frac{1}{3}+\cdots+\frac{1}{2n-1}\right)\\&=-\gamma-2\ln 2+2(H_{2n-1}-H_{2n})=-\gamma-2\ln 2+2H_{2n-1}-H_{n-1}.\end{aligned}$$

□

定理 2.42 (Euler, 1765)

双-Γ 函数 ψ 在 $z=1$ 处的 Taylor 级数展开为

$$\psi(z+1)=-\gamma+\sum_{k\geqslant 1}(-1)^{k+1}\zeta(k+1)z^k. \tag{2.6.59}$$

♡

证: 回顾 (2.6.19) 得到

$$\ln\Gamma(z+1)=-\gamma z+\sum_{k\geqslant 2}(-1)^k\frac{\zeta(k)}{k}z^k.$$

对 z 求导数就得到 (2.6.59). □

接下来的结论给出了双-Γ 函数在 $z=+\infty$ 附近的渐近展开, 此时出现了 ζ 函数在非正整数处的值.

定理 2.43

对任给 $\epsilon>0$, 在扇形区域 $-\pi+\epsilon\leqslant\mathbf{arg}(z)\leqslant\pi-\epsilon$ 内函数 $\psi(z)$ 有如下的渐近展开

$$\psi(z+1)\sim\ln z+\sum_{k\geqslant 1}(-1)^k\zeta(1-k)\left(\frac{1}{z}\right)^k. \tag{2.6.60}$$

但是对任何 z, 上述渐近展开不收敛.

♡

(2.6.60) 中的渐近展开是指, 对每个 $\geqslant 1$, 估计

$$\psi(z+1)=\ln z+\sum_{1\leqslant k\leqslant n}(-1)^k\zeta(1-k)\left(\frac{1}{z}\right)^k+O(z^{-n-1})$$

在扇形区域 $-\pi+\epsilon\leqslant\mathbf{arg}(z)\leqslant\pi+\epsilon$ 内成立, 这里 $\epsilon>0$ 且 O 依赖于 n 和 ϵ. (2.6.60) 的另一种表示是

$$\psi(z+1)\sim\ln z-\frac{B_1}{z}-\sum_{k\geqslant 2}\frac{B_{2k}}{2k}\frac{1}{z^{2k}}, \tag{2.6.61}$$

这是因为 $\zeta(0)=-\dfrac{1}{2}=B_1$, $\zeta(1-k)=(-1)^{k+1}\dfrac{B_{2k}}{2k}$ 和 $B_{2k+1}=0$ $(k\geqslant 1)$. 形式上, (2.6.61) 可以由 (2.6.21) 逐项求导得到. Stieltjes 在他的博士论文[72]中考虑了带余项

[72]Stieltjes, T.-J. *Recherches sur quelques séries semi-convergentes*, Ann. Scvi. École Norm. Sup., **3**(1886), no. 3, 201–258.

的渐近展开的一般定义, 在 1889 年的论文[73]中详细推导了 $\ln\Gamma(a)$ 的渐近级数.

证: Stieltjes 在 1889 年的论文中引入了函数 $J(a)$:

$$\ln\Gamma(a)=\left(a-\frac{1}{2}\right)\ln a-a+\frac{1}{2}\ln(2\pi)+J(a).$$

他的一个重要观察是 $J(a)$ 有如下的积分表示

$$J(a)=\int_0^{\infty}\frac{P(x)}{x+a}dx, \tag{2.6.62}$$

这里 $P(x)$ 是周期函数

$$P(x):=\frac{1}{2}-x+\lfloor x\rfloor=-B_1(x-\lfloor x\rfloor).$$

之前得到的 $J(a)$ 的积分公式

$$J(a)=\int_0^{\infty}\left(\frac{1}{1-e^{-x}}-\frac{1}{x}-\frac{1}{2}\right)\frac{e^{-ax}}{x}dx=\frac{1}{\pi}\int_0^{\infty}\frac{a}{a^2+x^2}\ln\left(\frac{1}{1-e^{-2\pi x}}\right)dx,$$

只定义在半平面 $\{a\in\mathbb{C}:\mathbf{Re}(a)>0\}$ 上, 但是 Stieltjes 公式 (2.6.62) 中的 a 可定义在除负实轴外的所有复数. Stieltjes 对 (2.6.62) 多次分部积分得到了

$$\ln\Gamma(a)=\left(a-\frac{1}{2}\right)\ln a-a+\frac{1}{2}\ln(2\pi)+\sum_{1\leqslant i\leqslant k}\frac{(-1)^{i-1}}{(2i-1)2i}\frac{|B_{2i}|}{a^{2i-1}}+J_k(a), \tag{2.6.63}$$

这里

$$J_k(a):=\int_0^{\infty}\frac{P_k(x)}{(x+a)^{2k+1}}dx$$

而 $P_k(x)$ 是周期函数, 其 Fourier 级数为

$$P_k(x)=(-1)^k(2k)!\sum_{n\geqslant 1}\frac{\sin(2\pi nx)}{2^{2k}(\pi n)^{2k+1}}.$$

这样对任何 $\theta\in(-\pi+\epsilon,\pi-\epsilon)$, Stieltjes 得到了 $J_k(a)$ 的误差估计

$$\left|J_k\left(Re^{\sqrt{-1}\theta}\right)\right|<\frac{|B_{2k+2}|}{(2k+2)(2k+1)}\left(\sec\frac{\theta}{2}\right)^{2k+2}R^{-2k-1}.$$

对 (2.6.63) 求导并利用 $B_{2k}=(-1)^{k-1}|B_{2k}|$ 就给出了

$$\psi(a)=\ln a-\frac{1}{2a}-\frac{B_2}{2a^2}-\frac{B_4}{4a^4}-\cdots-\frac{B_{2k}}{2ka^{2k}}+J_k'(a).$$

---

[73]Stieltjes, T.-J. *Sur le dévellopment de* $\log\Gamma(a)$, J. Math. Pures Appl., **5**(1889), no. 4, 425–444.

根据 $\psi(a+1)=\psi(a)+\dfrac{1}{a}$ 得到

$$\psi(a+1)=\ln a+\frac{1}{2a}-\frac{B_2}{2a^2}-\frac{B_4}{4a^4}-\cdots-\frac{B_{2k}}{2ka^{2k}}+J_k'(a).$$

最后利用求 $J_k(a)$ 误差估计的相同方法可以得到 $J_k'(a)$ 的误差估计. 因为

$$|B_{2n}|\sim\frac{2}{(2\pi)^{2n}}(2n)!\sim 4\sqrt{\pi n}(\pi e)^{-2n}n^{2n},$$

所以对任何 z, 上述渐近展开都不收敛. □

结合 (2.6.55) 和 (2.6.60) 推出了调和数的渐近展开

$$H_n\sim\ln n+\gamma+\sum_{k\geqslant1}\frac{(-1)^k\zeta(1-k)}{n^k}. \tag{2.6.64}$$

依次展开得到

$$H_n\sim\ln n+\gamma-\frac{B_1}{n}-\sum_{k\geqslant2}\frac{B_{2k}}{2k}\frac{1}{n^{2k}}. \tag{2.6.65}$$

(B) Euler 常数和 ζ 函数. Riemann 证明了函数 $\zeta(s)$ 可延拓到整个复平面而成为亚纯函数, 且仅在 $s=1$ 处有唯一的单极点.

定理 2.44 (Stieltjes-Hermite, 1885)

$\zeta(s)$ 在 $s=1$ 处的 Laurent 级数展开形如

$$\zeta(s)=\frac{1}{s-1}+\gamma_0+\sum_{n\geqslant1}\frac{(-1)^n}{n!}\gamma_n(s-1)^n, \tag{2.6.66}$$

其中 $\gamma_n, n\geqslant0$, 定义为

$$\gamma_n:=\lim_{m\to\infty}\left(\sum_{1\leqslant k\leqslant m}\frac{(\ln k)^n}{k}-\frac{(\ln m)^{n+1}}{n+1}\right) \tag{2.6.67}$$

使得 $\gamma_0=\gamma$.

♡

证: 如下的证明来自 Jan Bohman 和 Carl-Erik Fröberg 的论文[74]. 对任何 $\mathbf{Re}(s)>1$, 从恒等式

$$\sum_{k\geqslant1}\left[k^{1-s}-(k+1)^{1-s}\right]=1$$

[74]Bohman, J.; Fröberg, C.-E. *The Stieltjes function-definition and properties*, Math. Comp., **51**(1988), no. 183, 281–289.

出发, 我们得到

$$(s-1)\zeta(s)=\sum_{k\geqslant 1}(s-1)k^{-s}=1+\sum_{k\geqslant 1}\left[(k+1)^{1-s}-k^{1-s}+(s-1)k^{-s}\right]$$

$$=1+\sum_{k\geqslant 1}\left\{\exp\left[-(s-1)\ln(k+1)\right]-\exp\left[-(s-1)\ln k\right]+(s-1)\frac{1}{k}\exp\left[-(s-1)\ln k\right]\right\}$$

$$=1+\sum_{k\geqslant 1}\left\{\sum_{n\geqslant 0}\frac{(-1)^n(s-1)^n}{n!}\left[(\ln(k+1))^n-(\ln k)^n\right]+\frac{s-1}{k}\sum_{n\geqslant 0}\frac{(-1)^n(s-1)^n(\ln k)^n}{n!}\right\}.$$

两边同除以 $s-1$ 得到

$$\zeta(s)=\frac{1}{s-1}+\sum_{n\geqslant 0}\frac{(-1)^n}{n!}\gamma_n(s-1)^n,$$

其中

$$\gamma_n:=\sum_{k\geqslant 1}\left[\frac{(\ln k)^n}{k}-\frac{[\ln(k+1)]^{n+1}-(\ln k)^{n+1}}{n+1}\right\}. \tag{2.6.68}$$

利用级数定义易证 (2.6.68) 就是 (2.6.67). □

常数 (2.6.67) 来源于 Stieltjes 和 Hermite 之间的通信 (1882—1894 年). 在写于 1885 年 6 月的第 71 份信中, Stieltjes 计算了 $\zeta(s)$ 在 $s=1$ 处的 Laurent 级数

$$\zeta(z+1)=\frac{1}{z}+A_0+A_1z+\cdots$$

展开的前面几项, 这里 $A_0=0.577215665\cdots$ 就是已知的 Euler 常数 γ, 而他本人发现了 $A_1=-0.072815845\cdots$. 自之后的第 73 和 74 份信中, Hermite 给出了一般公式 (2.6.66), 但是没有给出严格的证明. Stieltjes 在第 75 份信中完全导出了 (2.6.66), 即

$$\zeta(s+1)=\frac{1}{s}+C_0-C_1s+\frac{C_2}{1\cdot 2}s^2-\frac{C_3}{1\cdot 2\cdot 3}s^3+\cdots.$$

现在我们称常数 $\gamma_n=C_n$ 为 **Stieltjes 常数**, 其中 γ_1 可表示为

$$\gamma_1=-\gamma^2-\int_0^\infty\left(\frac{1}{1-e^{-x}}-\frac{1}{x}\right)e^{-x}\ln x dx.$$

(C) Euler 常数和素数. 在 1874 年的论文[75]中, Franz Mertens 给出了素数倒数和估计.

[75] Mertens, F. *Ein Beitrag zur analytischen Zahlentheorie*, J. Reine Angew. Math., **78**(1874), 46–62.

定理 2.45 (Mertens 求和定理, 1874)

对任何 $x \geqslant 2$,

$$\sum_{p \leqslant x} \frac{1}{p} = \ln \ln x + B + R(x), \tag{2.6.69}$$

这里常数 B 定义为

$$B := \gamma + \sum_{m \geqslant 2} \mu(m) \frac{\ln \zeta(m)}{m} \approx 0.2614972129 \cdots \tag{2.6.70}$$

而余项 $R(x)$ 估计为

$$|R(x)| \leqslant \frac{4}{\ln(P+1)} + \frac{2}{P \ln P}, \tag{2.6.71}$$

其中 $P = P_x$ 是小于 x 的最大素数. ♡

注意到 $\mu(n)$ 是 **Möbius 函数**, 定义为

$$\mu(n) := \begin{cases} 1, & n = 1, \\ (-1)^k, & n \text{ 是 } k \text{ 个不同素数的乘积}, \\ 0, & \text{其他情形}. \end{cases} \tag{2.6.72}$$

根据 (2.6.71), 常数 B 又可以写成

$$B = \lim_{x \to \infty} \left(\sum_{p \leqslant x} \frac{1}{p} - \ln \ln x \right). \tag{2.6.73}$$

Mertens 的证明表明

$$B = \gamma - H, \tag{2.6.74}$$

这里

$$H := -\sum_{p \in \mathbb{P}} \left[\ln \left(1 - \frac{1}{p} \right) + \frac{1}{p} \right] = 0.3157184519 \cdots. \tag{2.6.75}$$

定理 2.46 (Mertens 乘积定理, 1874)

Euler 常数 γ 满足

$$\lim_{x \to +\infty} \left[\ln x \prod_{p \leqslant x} \left(1 - \frac{1}{p} \right) \right] = e^{-\gamma}. \tag{2.6.76}$$

即对任何 $x \geqslant 2$,

$$\prod_{p\leqslant x}\left(1-\frac{1}{p}\right)=\frac{e^{-\gamma+S(x)}}{\ln x}, \tag{2.6.77}$$

其中 ($P=P_x$ 是小于 x 的最大素数)

$$|S(x)|\leqslant\frac{4}{\ln(P+1)}+\frac{2}{P\ln P}+\frac{1}{2P}.$$

♡

(D) Euler 常数和算术函数. 除子函数 定义为

$$d(n):=\#\{d\in\mathbb{N}:d|n,\ 1\leqslant d\leqslant n\}. \tag{2.6.78}$$

在 1849 年的论文[76]中, Dirichlet 证明了

定理 2.47 (Dirichlet, 1849)

除子函数的部分和满足

$$\sum_{1\leqslant k\leqslant n}d(k)=n\ln n+(2\gamma-1)n+O(\sqrt{n}),\quad n\geqslant 1. \tag{2.6.79}$$

同时 $\dfrac{n}{k}$ 的小数部分的平均值满足

$$\sum_{1\leqslant k\leqslant n}\left\{\frac{n}{k}\right\}=(1-\gamma)n+O(\sqrt{n}),\quad n\geqslant 1. \tag{2.6.80}$$

其中 $\{x\}:=x-[x]$ 表示 x 的小数部分.

♡

根据 (2.6.79) 我们引入 **Dirichlet 除子函数**

$$\Delta(n):=\sum_{1\leqslant k\leqslant n}d(k)-n\ln n-(2\gamma-1)n, \tag{2.6.81}$$

从而我们来确定 θ 使得对任意给定 $\epsilon>0$,

$$|\Delta(n)|=O(n^{\theta+\epsilon}),\quad n\geqslant 1, \tag{2.6.82}$$

这里我们允许 O 依赖于 ϵ. 在 1916 年的论文[77]中, Hardy 证明了

$$\theta\geqslant\frac{1}{4}=0.25,$$

---

[76] Dirichlet, G. L. *Über die bestimmung der mittleren werthe in der Zahlentheorie*, Abh. Akademie Berlin, (1849), 69–83.

[77] Hardy, G. H. *On Dirichlet's Divisor Problem*, Proc. London Math. Soc., Series 2, **15**(1916), no. 1, 1–25.

并猜测 $\theta = \frac{1}{4}$ 是最佳值. 目前为止最好的上界是 $\theta \leqslant \frac{131}{416} \approx 0.31490$, 这是 Huxley 在 2005 年的论文[78]中得到.

de La Vallée Poussin 在 1898 年的论文[79]中, 把 (2.6.81) 做了如下推广: 对每个自然数 $a \geqslant 1$ 和整数 $0 < b \leqslant a$,

$$\sum_{0 \leqslant k \leqslant \frac{n-b}{a}} \left\{\frac{n}{ak+b}\right\} = \frac{1-\gamma}{a} n + O(\sqrt{n}), \quad n \geqslant 1, \tag{2.6.83}$$

这里 O 依赖于 a.

接下来考虑 **Euler 整体函数**

$$\phi(n) := \#\{j \in \mathbb{N} : 1 \leqslant j \leqslant n \text{ 且 } (j,n) = 1\} = n \prod_{p|n} \left(1 - \frac{1}{p}\right). \tag{2.6.84}$$

在 1903 年的论文[80]中, Edmund Landau 证明了

定理 2.48 (Landau, 1903)

Euler 整体函数满足

$$\liminf_{n\to\infty} \frac{\phi(n) \ln\ln n}{n} = e^{-\gamma}. \tag{2.6.85}$$

♡

定义函数

$$\sigma(n) := \sum_{d|n} d. \tag{2.6.86}$$

在 1913 年的论文[81]中, Gronwall 证明了

定理 2.49 (Gronwall, 1913)

$\sigma(n)$ 函数满足

$$\limsup_{n\to\infty} \frac{\sigma(n)}{n \ln\ln n} = e^{\gamma}. \tag{2.6.87}$$

♡

上面两个函数 $\phi(n)$ 和 $\sigma(n)$ 满足如下不等式

---

[78] Huxley, M.N. *Exponential sums and the Riemann zeta fucntion. V*, Proc. London Math. Soc., (3)**90**(2005), no. 1, 1–41.

[79] de La Vallée Poussin, Ch.-J. *Sur les valeurs moyennes de certaines fonctions arithmétiques*, Annales de la Societe Scientifique de Bruxelles, **22**(1898), 84–90.

[80] Landau, E. *Über den Verlauf der zahlentheoretischen Funcktion* $\varphi(n)$, Archiv der Mathematik und Physik, Ser. 3, **5**(1903), 86–91.

[81] Gronwall, T. H. *Some asymptotic expressions in the theory of numbers*, Trans. Amer. Math. Soc., **14**(1913), no. 1, 113–122.

$$\frac{6}{\pi^2}n^2 < \phi(n)\sigma(n) \leqslant n^2, \tag{2.6.88}$$

这是由于

$$\phi(n)\sigma(n) = n^2 \prod_{p^e \| n,\ e\geqslant 1} \left(1 - \frac{1}{p^{e+1}}\right). \tag{2.6.89}$$

对任意两个正数 $x, y > 0$, 引入函数

$$\Psi(x,y) := \#\{n \in \mathbb{N} : n \leqslant x \text{ 且 } n \text{ 的最大素因子不超过 } y\}. \tag{2.6.90}$$

Karl Dickman 在 1930 年的论文[82]中证明了, 存在函数 $\rho(u)$, $u \geqslant 0$, 满足

$$\Psi(x, x^{1/u}) \sim \rho(u)x. \tag{2.6.91}$$

Ramaswami 在 1949 年证明了[83], 对每个固定的 $u \geqslant 0$ 有

$$\Psi(x, x^{1/u}) = \rho(u)x + O\left(\frac{x}{\ln x}\right).$$

Nicolaas Govert de Bruijn 把函数 $\rho(u)$ 称为 **Dickman 函数**[84], 并给出了如下的性质:

(1) **初值条件:** 对任何 $u \in [0,1]$, 都有 $\rho(u) = 1$.

(2) **微分-差分方程:** 对任何 $u \geqslant 1$ 满足

$$u\rho'(u) = -\rho(u-1). \tag{2.6.92}$$

(3) **积分方程 (Bruijn, 1951):** 当 $u < 0$ 时如果令 $\rho(u) = 0$, 则 $\rho(u)$ 满足

$$u\rho(u) = \int_0^1 \rho(u-t)dt, \quad u \in \mathbb{R}. \tag{2.6.93}$$

(4) **积分表达式:** $\rho(u)$ 的一个显式表示形式是

$$\rho(u) = 1 + \sum_{1\leqslant k\leqslant \lfloor u\rfloor} \frac{(-1)^k}{k!} \int_{t_1+\cdots+t_k\leqslant u,\ t_1,\cdots,t_k\geqslant 1} \frac{dt_1\cdots dt_k}{t_1\cdots t_k}. \tag{2.6.94}$$

这个公式和随机置换有关.

(5) **单调性:** 当 $u \geqslant 1$ 时, $\rho(u)$ 是严格递减的正函数, 且满足

---

[82]Dickman, K. *On the frequency of numbers containing prime factors of a certain relative magnitude*, Arkiv för Mathematik, Astronomi och Fysik, **22A**(1930), 1–14.

[83]Ramaswami, V. *On the number of positive integers less than x and free of prime divisors greater than x*, Bulletin Amer. Math. Soc., **55**(1949), no. 12, 1122–1127.

[84]de Bruijn, N. G. *On the number of positive integers $\leqslant x$ and free of prime factors $> y$*, Indagationes Mathematicae, **13**(1951), 50–60.

$$\rho(u) \leqslant \frac{1}{\Gamma(u+1)}. \tag{2.6.95}$$

(6) **围道积分表达式:** $\rho(u)$ 另一个显式表示形式是

$$\rho(u) = \frac{1}{2\pi\sqrt{-1}} \int_{-\sqrt{-1}\infty}^{\sqrt{-1}\infty} \exp\left(\gamma + \int_0^z \frac{e^s - 1}{s} ds\right) e^{-uz} dz, \quad u > 0. \tag{2.6.96}$$

对函数 $\rho(u)$, 我们引入单边 Laplace 变换:

$$\rho^\wedge(s) := \int_0^\infty \rho(u) e^{-us} du. \tag{2.6.97}$$

这个积分对所有 $s \in \mathbb{C}$ 都绝对收敛从而定义了整函数 $\rho^\wedge(u)$. 引入**补指数积分 (complementary exponential integral)**

$$\mathbf{Ein}(z) := \int_0^z \frac{1 - e^{-t}}{t} dt = \sum_{n \geqslant 1} \frac{(-1)^{n-1}}{n \cdot n!} z^n, \quad z \in \mathbb{C}, \tag{2.6.98}$$

这是关于 z 的整函数.

定理 2.50 (de Bruijn, 1951; van Lint-Richert, 1964)

Dickman 函数 $\rho(u)$ 的单边 Laplace 变换满足

$$\rho^\wedge(s) = e^{\gamma - \mathbf{Ein}(s)}. \tag{2.6.99}$$

特别地, 我们得到

$$\rho^\wedge(0) = \int_0^\infty \rho(u) du = e^\gamma. \tag{2.6.100}$$

♡

如果 $s \in \mathbb{C} \setminus (-\infty, 0]$, 则有

$$\mathbf{Ein}(s) = \gamma + \ln s + J(s), \quad J(s) := \int_0^\infty \frac{e^{-s-t}}{s+t} dt. \tag{2.6.101}$$

结合 (2.6.43) 得到

$$J(s) = \mathrm{E}_1(s) = \int_s^\infty \frac{e^{-t}}{t} dt. \tag{2.6.102}$$

定理 2.51

Euler-Gompertz 常数 δ 满足

$$\rho^\wedge(1) = \int_0^\infty \rho(u) e^{-u} du = e^{-\delta/e}. \tag{2.6.103}$$

♡

证: 在 (2.6.101) 中取 $s=1$, 并利用 (2.6.44), 得到

$$\mathbf{Ein}(1)=\gamma+J(1)=\gamma+\mathrm{E}_1(1)=\gamma+\frac{\delta}{e}.$$

根据 (2.6.99) 就得到了 (2.6.103). □

定理 2.52 (Knuth-Trabb-Pardo, 1976)

对任何 $x\in[0,1]$, Dickman 函数 $\rho(u)$ 满足恒等式

$$x+\sum_{n\geqslant 1}(x+n)\rho(x+n)=e^{\gamma}. \tag{2.6.104}$$

特别地,

$$\sum_{n\geqslant 1}n\rho(n)=e^{\gamma}. \tag{2.6.105}$$

♡

证: 利用 (2.6.93) 和 (2.6.100) 推出

$$\begin{aligned}x+\sum_{n\geqslant 1}(x+n)\rho(x+n)&=\sum_{n\geqslant 0}(x+n)\rho(x+n)\\&=\sum_{n\geqslant 0}\int_0^1\rho(x+n-t)dt=\sum_{n\geqslant 0}\int_{x-n-1}^{x+n}\rho(u)du\\&=\int_{x-1}^{\infty}\rho(u)du=\left(\int_{x-1}^{0}+\int_0^{\infty}\right)\rho(u)du\\&=\int_0^{\infty}\rho(u)du=e^{\gamma}.\quad\square\end{aligned}$$

对任意两个正数 $x,y>0$, 引入函数

$$\Phi(x,y):=\#\{n\in\mathbb{N}:n\leqslant x \text{ 且 } n \text{ 所有素因子大于 } y\}. \tag{2.6.106}$$

Alexander Adol'fovich Buchstab 在 1937 年的论文[85]中证明了, 存在函数 $\omega(u)$, $u>1$, 满足

$$\Psi(x,x^{1/u})\sim u\omega(u)\frac{x}{\ln x}. \tag{2.6.107}$$

Bruijn 把函数 $\rho(u)$ 称为 **Buchstab 函数**, 并给出了如下的性质:

(1) **初值条件:** 对任何 $u\in[1,2]$, 都有 $u\omega(u)=1$.

(2) **微分-差分方程:** 对任何 $u\geqslant 2$ 满足

[85] Buchstab, A. A. *Asymptotic estimates of a general number-theoretic function*, Math. Sbornik, **2**(1937), no. 6, 1239–1246.

$$(u\omega(u))' = \omega(u-1). \tag{2.6.108}$$

(3) **积分方程 (Bruijn, 1951):** 当 $u<1$ 时如果令 $\omega(u)=0$, 则 $\omega(u)$ 满足

$$u\omega(u) = 1 + \int_1^{u-1} \omega(t)dt, \quad u \in \mathbb{R}. \tag{2.6.109}$$

(4) **积分表达式:** $\rho(u)$ 的一个显式表示形式是, $u>2$,

$$u\omega(u)=1+\sum_{2\leqslant k\leqslant \lfloor u\rfloor} \frac{1}{k!}\int_{\frac{1}{u}\leqslant y_i\leqslant 1,\ \frac{1}{u}\leqslant 1-(y_1+\cdots+y_{k-1})\leqslant 1} \frac{dy_1\cdots dy_{k-1}}{y_1\cdots y_{k-1}(1-(y_1+\cdots y_{k-1}))}. \tag{2.6.110}$$

这个公式和随机置换有关.

(5) **单调性:** 函数 $\omega(u)$ 是振荡的, 满足

$$\omega(u) = e^{-\gamma} + O(u^{-u/2}), \quad u \geqslant 2. \tag{2.6.111}$$

定理 2.53 (de Bruijn, 1950)

假设函数 $y=y(x)$ 满足条件

$$\lim_{x\to\infty} y(x) = \infty, \quad \lim_{x\to\infty} \frac{\ln y(x)}{\ln x} = 0,$$

则

$$\Phi(x,y) \sim e^{-\gamma}\frac{x}{\ln y}. \tag{2.6.112}$$

实际上, 在区域 $x \geqslant y \geqslant 2$, 有估计

$$\Phi(x,y) = \omega\left(\frac{\ln x}{\ln y}\right)\frac{x}{\ln y} - \frac{y}{\ln y} + O\left(\frac{x}{(\ln y)^2}\right). \tag{2.6.113}$$

♡

Buchstab 函数的单边 Laplace 变换

$$\omega^\wedge(s) := \int_0^\infty e^{-su}\omega(u)du, \quad \mathbf{Re}(s) > 0, \tag{2.6.114}$$

满足

定理 2.54 (Tenenbaum, 1995)

定义在 $\mathbf{Re}(s)>0$ 上的函数 $\omega^\wedge(s)$ 可延拓到整个复平面 $\mathbb{C}$ 成为亚纯函数, 且

$$\omega^\wedge(s) = \frac{1}{s\rho^\wedge(s)} - 1 = \frac{1}{s}e^{-\mathbf{Ein}(s)}, \quad s \neq 0. \tag{2.6.115}$$

对 $s \in \mathbb{C} \setminus (-\infty, 0]$, 有

$$1 + \omega^\wedge(s) = e^{J(s)}, \tag{2.6.116}$$

这里 $J(s)$ 由 (2.6.102) 给出. ♡

从 (2.6.100) 和 (2.6.115) 得到

$$\omega^\wedge(s) \sim \frac{1}{s}e^{-\gamma}, \quad s \to 0. \tag{2.6.117}$$

另一方面, 结合 $\mathbf{Ein}(1) = \gamma + \frac{\delta}{e}$ 和 (2.6.116) 推出

$$\int_0^\infty \omega(u)e^{-u}du = \omega^\wedge(1) = e^{-\gamma}e^{-\delta/e}. \tag{2.6.118}$$

(E) Euler 常数和 Riemann 猜想. 在 1981 年的论文[86]中, Jean-Louis Nicolas 证明了 Riemann 猜想包含在 Euler 整体函数值 $\phi(n_k)$ 中. 即

定理 2.55 (Nicolas, 1981)

Riemann 猜想等价于对所有 $N_k = p_1 \cdots p_k$, 这里 $k \geqslant 2$ 且 $p_1, \cdots, p_k \in \mathbb{P}$, 满足

$$\frac{N_k}{\phi(N_k)\ln\ln N_k} > e^\gamma.$$

♡

对每个整数 $n \geqslant 2$ 引入

$$c(n) := \left[\frac{n}{\phi(n)} - e^\gamma \ln\ln n\right]\sqrt{\ln n}. \tag{2.6.119}$$

定理 2.56 (Nicolas, 2012)

Riemann 猜想等价于

$$\limsup_{n\to\infty} c(n) = e^\gamma[4 + \gamma - \ln(4\pi)] = 3.6444150964\cdots. \tag{2.6.120}$$

♡

回忆下函数 $\sigma(n) := \sum_{d|n} d$. Guy Robin 证明了对所有 $n \geqslant 3$ 都有

[86] Nicolas, J.-L. *Petites valeurs de la fonction d'Euler et hypothése de Riemann*, Seminar on number theory, Paris, 1981-82, Progr. Math., **38**, Birkhäuser Boston, MA, 1983.

$$\sigma(n) < e^{\gamma} n \ln\ln n + \frac{0.6483n}{\ln\ln n}.$$

定理 2.57 (Robin, 1984)

Riemann 猜想等价于不等式

$$\sigma(n) < e^{\gamma} n \ln\ln n \tag{2.6.121}$$

对所有 $n \geqslant 5041$ 都成立. ♡

在 2002 年的论文[87]中, Jeffrey Lagaris 利用**定理 2.57** 证明了

定理 2.58 (Lagaris, 2002)

Riemann 猜想等价于对每个 $n \geqslant 1$ 都有不等式

$$\sigma(n) \leqslant e^{H_n} \ln H_n + H_n \tag{2.6.122}$$

成立, 等号成立当且仅当 $n = 1$. 这里 $H_n = 1 + \frac{1}{2} + \cdots + \frac{1}{n}$. ♡

当 $|t| \to \infty$ 时, 我们有

$$|\zeta(1 + \sqrt{-1}t)| = P(\ln|t|), \quad \frac{1}{|\zeta(1 + \sqrt{-1}t)|} = O(\ln|t|).$$

定理 2.59 (Littlewood, 1926; Titchmarsh, 1933)

如下不等式成立:

$$\limsup_{t\to\infty} \frac{|\zeta(1 + \sqrt{-1}t)|}{\ln\ln t} \geqslant e^{\gamma}, \quad \limsup_{t\to\infty} \frac{1}{|\zeta(1 + \sqrt{-1}t)| \ln\ln t} \geqslant \frac{1}{\zeta(2)} e^{\gamma}. \tag{2.6.123}$$

♡

定理 2.60 (Littlewood, 1926, 1928)

假设 Riemann 猜想成立. 则

$$\limsup_{t\to\infty} \frac{|\zeta(1 + \sqrt{-1}t)|}{\ln\ln t} \leqslant 2e^{\gamma}, \quad \limsup_{t\to\infty} \frac{1}{|\zeta(1 + \sqrt{-1}t)| \ln\ln t} \leqslant \frac{2}{\zeta(2)} e^{\gamma}. \tag{2.6.124}$$

♡

[87]Lagaris, J. C. *An elementary problem equivalent to the Riemann hypothesis*, Amer. Math. Monthly, **109**(2002), no. 6, 534–543.

(F) Euler 常数和周期. 在 2001 年的论文[88]中, Maxim Lwowitsch Kontsevich 和 Don Bernard Zagier 定义了周期的概念. 一个复数称为**周期**如果它的实部和虚部可写成带有理系数的有理函数的绝对收敛积分, 这里积分的被积区域是由带有理系数的多项式不等式所决定的.

(1) 对任意 $n \geqslant 2$,

$$\zeta(n)=\int_{0<t_1<t_2<\cdots<t_n<1}\frac{dt_1}{1-t_1}\frac{dt_2}{t_2}\cdots\frac{dt_n}{t_n}$$

都是周期.

(2) 如果 α 是正的实代数数, 则 $\ln\alpha$ 是周期.

(3) 当 $\dfrac{p}{q}$ 是正有理数时, $\left[\Gamma\left(\dfrac{p}{q}\right)\right]^q$ 是周期.

(4) Roger Apéry 在 1978 年证明了[89] $\zeta(3)$ 是无理数.

(5) Wadim Zudilin 在 2001 年证明了[90] $\zeta(5),\zeta(7),\zeta(9),\zeta(11)$ 中至少有一个是无理数.

(6) **猜想:** e,γ,δ 都不是周期.

2.7 习题

1. 根据定义证明

$$\lim_{n\to\infty}\frac{1}{n^2}=0,\quad \lim_{n\to\infty}\frac{3n^2+2n}{2n^2-1}=\frac{3}{2},\quad \lim_{n\to\infty}\frac{\sqrt{n^2+2n}}{n}=1,$$

$$\lim_{n\to\infty}\sqrt{n-\sqrt{n}}=+\infty,\quad \lim_{n\to\infty}\frac{n^3-(n+1)^3}{n+1}=-\infty,\quad \lim_{n\to\infty}(-1)^n(\sqrt{n}+1)=\infty,$$

$$\lim_{n\to\infty}\frac{1}{1+\sqrt{n}}=0,\quad \lim_{n\to\infty}\frac{\sin n}{n}=0,\quad \lim_{n\to\infty}\frac{(-1)^{n-1}}{n}=0,$$

$$\lim_{n\to\infty}\arctan n=\frac{\pi}{2},\quad \lim_{n\to\infty}\frac{n^2\arctan n}{1+n^2}=\frac{\pi}{2},$$

$$\lim_{n\to\infty}\frac{\sqrt[3]{n^2}\sin(n!)}{n+1}=0,\quad \lim_{n\to\infty}a_n=2,\ \text{其中}\ a_n=\begin{cases}\dfrac{2n+1}{n}, & n\ \text{为偶数},\\ \dfrac{\sqrt{4n^2+n}}{n}, & n\ \text{为奇数}.\end{cases}$$

2. 讨论数列的极限:

---

[88] Kontsevich, M.; Zagier, D. *Periods*, Mathematics unlimited-2001 and beyond, Springer, Berlin, 2001.

[89] Apéry, R. *Irrationalité de* $\zeta(2)$ *et* $\zeta(3)$, Astérisque, **61**(1979), 11–13.

[90] Zudilin, W. *One of the numbers* $\zeta(5),\zeta(7),\zeta(9),\zeta(11)$ *is irrational*, Russ. Math. Surv., **56**(2001), no. 4, 774–776.

$$a_n = \frac{1}{n}\sin\frac{n\pi}{2}, \quad a_n = 4 + (-1)^n, \quad a_n = \sqrt{n+1} - \sqrt{n-1},$$
$$a_n = \sqrt[n]{n^2+1}, \quad a_n = \frac{(n+1)^3 - (n-1)^3}{n^2}, \quad a_n = (-1)^n + \frac{1}{n}.$$

3. 证明下列极限不存在:

$$\lim_{n\to\infty}\cos n, \quad \lim_{n\to\infty}\cot n, \quad \lim_{n\to\infty}\sin\sqrt{n}.$$

4. 求下列极限:

$$\lim_{n\to\infty}\frac{1+2+\cdots+n}{n^2}, \quad \lim_{n\to\infty}\frac{1+2^2+\cdots+n^2}{n^3}, \quad \lim_{n\to\infty}\left(1+\frac{1}{3}+\frac{1}{9}+\cdots+\frac{1}{3^n}\right),$$
$$\lim_{n\to\infty}\frac{(\sqrt{n^2+1}+n)^2}{\sqrt[3]{n^6+n}}, \quad \lim_{n\to\infty}\left(\frac{1}{n^2+1}+\frac{2}{n^2+2}+\cdots+\frac{n}{n^2+n}\right),$$
$$\lim_{n\to\infty}\left(1+\frac{5}{3^n}\right)^{3^n}, \quad \lim_{n\to\infty}n[\ln(1+n)-\ln n], \quad \lim_{n\to\infty}\sum_{1\leqslant k\leqslant n}\frac{1}{k(k+1)},$$
$$\lim_{n\to\infty}\frac{\sin n}{\sqrt{n}}, \quad \lim_{n\to\infty}\sqrt{n}(\sqrt{n+1}-\sqrt{n-1}), \quad \sum_{n\to\infty}\sum_{1\leqslant k\leqslant n}\frac{1}{2^k},$$
$$\lim_{n\to\infty}[\log_2(n+1)-\log_2 n], \quad \lim_{n\to\infty}\left(1-\frac{1}{2^2}\right)\left(1-\frac{1}{3^2}\right)\cdots\left(1-\frac{1}{n^2}\right),$$
$$\lim_{n\to\infty}(\sqrt{n+2}-2\sqrt{n+1}+\sqrt{n}), \quad \lim_{n\to\infty}(\sqrt{n^2+n}-n)^{1/n}, \quad \lim_{n\to\infty}(n^2-n+2)^{1/n},$$
$$\lim_{n\to\infty}(\arctan n)^{1/n}, \quad \lim_{n\to\infty}(2\sin^2 n+\cos^2 n)^{1/n}, \quad \lim_{n\to\infty}\left[(n^2+1)^{1/8}-(n+1)^{1/4}\right],$$
$$\lim_{n\to\infty}\left(1-\frac{1}{1+2}\right)\left(1-\frac{1}{1+2+3}\right)\cdots\left(1-\frac{1}{1+2+\cdots+n}\right),$$
$$\lim_{n\to\infty}\frac{1-2+3-4+\cdots+(-1)^{n-1}n}{n}, \quad \lim_{n\to\infty}\frac{1}{n}\left(1+\frac{1}{2}+\frac{1}{3}+\cdots+\frac{1}{n}\right)=0,$$
$$\lim_{n\to\infty}(1+x)(1+x^2)(1+x^4)\cdots(1+x^{2^{n-1}}), \quad |x|<1,$$
$$\lim_{n\to\infty}\sum_{1\leqslant k\leqslant n}\frac{1}{k(k+1)(k+2)}, \quad \lim_{n\to\infty}\left(\frac{1}{c}+\frac{2}{c}+\cdots+\frac{n}{c^n}\right)\ (c>1),$$
$$\lim_{n\to\infty}\sqrt{2}\sqrt[4]{2}\sqrt[8]{2}\cdots\sqrt[2^n]{2}, \quad \lim_{n\to\infty}\sqrt[n]{1-\frac{1}{n}}=1, \quad \lim_{n\to\infty}\sum_{1\leqslant k\leqslant n}\frac{4k}{4k^4-1},$$
$$\lim_{n\to\infty}\sum_{0\leqslant k\leqslant n}\arctan\left(\frac{1}{k^2+k+1}\right), \quad \lim_{n\to\infty}\sum_{1\leqslant k\leqslant n}\frac{1}{2^k}\tan\left(\frac{b}{2^k}\right)\ (b\notin\mathbb{Z}\pi),$$

5. 证明数列

$$a_n := \frac{\sin 1}{2^n} + \frac{\sin 2}{2^n} + \cdots + \frac{\sin n}{2^n}$$

的极限存在.

6. 若 $x_n \leqslant a \leqslant y_n$ 且 $\lim\limits_{n\to\infty}(y_n - x_n) = 0$. 证明 $\lim\limits_{n\to\infty} x_n = \lim\limits_{n\to\infty} y_n = a$.

7. 假设数列 $\{a_n\}_{n\geqslant 1}$ 满足 $\lim\limits_{n\to\infty}(a_{n+1} - a_n) = a$. 证明

$$\lim_{n\to\infty} \frac{a_n}{n} = a.$$

8. 如果数列 $\{a_n\}_{n\geqslant 1}$ 满足 $\lim\limits_{n\to\infty} a_n = a$, 证明

$$\lim_{n\to\infty} \frac{a_1 + 2a_2 + \cdots + na_n}{n(n+1)} = \frac{a}{2}.$$

9. 研究下列数列的单调性并求极限:

$$a_1 = \sqrt{2},\ a_{n+1} = \sqrt{2a_n}; \quad a_1 = 1,\ a_{n+1} = 1 + \frac{a_n}{1+a_n};$$

$$a_1 > 0,\ a_{n+1} = \frac{6(1+a_n)}{7+a_n}; \quad a_1 \in (0,1),\ a_{n+1} = a_n(1-a_n);$$

$$a_1 = \sqrt{c},\ c > 0,\ a_{n+1} = \sqrt{c + a_n}; \quad a_1 \geqslant 0,\ a_{n+1} = \sqrt{2 + a_n};$$

$$a_1 > 0,\ c > 0,\ a_{n+1} = \frac{1}{2}\left(a_n + \frac{c}{a_n}\right); \quad a_1 \geqslant 0,\ a_{n+1} = \frac{1}{1+a_n};$$

$$a_1 = c > 0, \quad a_{n+1} = c + \frac{1}{a_n}; \quad a_1 > 0, \quad a_{n+1} = \frac{1}{2}a_n + \frac{1}{a_n};$$

$$a_1 > 0,\ a_{n+1} = \frac{1}{2}a_n + \frac{5}{8a_n}; \quad a_1 \in (0, \sqrt{2}),\ a_{n+1} = a_n + \frac{1}{2}a_n\left(1 - \frac{1}{2}a_n^2\right),$$

$$a_1 \in (0,1),\ a_{n+1} = 1 - \sqrt{1 - a_n}; \quad a_1 = a > 0,\ a_{n+1} = \sqrt[3]{a_n + \sqrt[3]{a}};$$

$$a_1 > 1,\ a_{n+1} = \frac{3a_n + 1}{a_n + 3}; \quad a_1 = 1,\ a_{n+1} = n(1 + a_n),\ b_n = \prod_{1\leqslant k\leqslant n}\left(1 + \frac{1}{a_k}\right).$$

10. 假设 $\lim\limits_{n\to\infty} a_n = a$ 和 $\lim\limits_{n\to\infty} b_n = b$. 证明

$$\lim_{n\to\infty} \frac{a_1 b_n + a_2 b_{n-1} + \cdots + a_n b_1}{n} = ab.$$

11. 假设 $0 < a < b$ 且 $a_1 = a$, $b_1 = b$. 证明数列 $\{a_n\}_{n\geqslant 1}$ 和 $\{b_n\}_{n\geqslant 1}$ 都收敛且收敛到同一值, 这里

$$a_{n+1} = \sqrt{a_n b_n}, \quad b_{n+1} = \frac{a_n + b_n}{2}.$$

如果上面 a_n 换成

$$a_{n+1}=\frac{2a_nb_n}{a_n+b_n}$$

而 b_n 保持不变, 是否得到相同的结论?

12. 利用 Cauchy 收敛准则证明下列数列收敛:

$$a_n=1+\sum_{1\leqslant k\leqslant n}\frac{1}{k!},\quad a_n=\sum_{1\leqslant k\leqslant n}\frac{1}{k^2},\quad a_n=\sum_{1\leqslant k\leqslant n}\frac{(-1)^k}{k}.$$

13. 证明数列 $\{a_n\}_{n\geqslant 1}$ 是 Cauchy 的:

(1) 如果 a_n 满足 $|a_{n+1}-a_n|\leqslant q|a_n-a_{n-1}|$ $(n\geqslant 1)$, $q\in[0,1)$ 是常数;

(2) 如果 a_n 满足 $|a_{n+1}-a_n|\leqslant b_{n+1}-b_n$ $(n\geqslant 1)$, 其中 $\{b_n\}_{n\geqslant 1}$ 是单调递增有界数列;

(3) 如果 a_n 满足

$$|a_2-a_1|+|a_3-a_2|+\cdots+|a_{n+1}-a_n|\leqslant M,\quad n\geqslant 1,$$

这里 M 是常数.

14. 证明

$$\lim_{n\to\infty}\frac{1+\sqrt{2}+\cdots+\sqrt{n}}{n^{3/2}}=\frac{2}{3},\quad \lim_{n\to\infty}\frac{1}{\sqrt{n}}\left(\sum_{1\leqslant k\leqslant n}\sqrt{k}-\frac{2}{3}n^{3/2}\right)=\frac{1}{2}.$$

15. 证明不等式

$$0\leqslant\left[1+\frac{1}{n(n+2)}\right]^n-\left[1+\frac{1}{n+2}+\frac{n-1}{2n(n+2)^2}\right]\leqslant\frac{n-1}{2n(n+2)^3}.$$

由此证明

$$\lim_{n\to\infty}n\left[e-\left(1+\frac{1}{n}\right)^n\right]=\frac{e}{2}.$$

16. 证明

$$\lim_{n\to\infty}\frac{p(n)}{n}=0,$$

这里 $p(n)$ 表示 n 的素因数的个数.

17. 假设 $a_n>0$, $n\geqslant 1$, 且满足

$$\lim_{n\to\infty}\frac{a_{n+1}+a_{n+2}}{a_n}=+\infty.$$

证明 $\{a_n\}_{n\geqslant 1}$ 是无界数列.

18. 假设 $c>0$, $a_1=\dfrac{c}{2}$, $a_{n+1}=\dfrac{c+a_n^2}{2}$. 证明

$$\lim_{n\to\infty} a_n=\begin{cases}1-\sqrt{1-c}, & 0<c\leqslant 1,\\ +\infty, & c>1.\end{cases}$$

19. 给定两个常数 $a,b\in\mathbb{R}$. 定义

$$a_1=b,\quad a_{n+1}=a_n^2+(1-2a)a_n+a^2\ (n\geqslant 1).$$

当 a,b 取何值时数列 $\{a_n\}_{n\geqslant 1}$ 收敛? 此时的极限是多少?

20. 证明不等式

$$\sum_{1\leqslant k\leqslant n}\frac{1}{k!}-\frac{3}{2n}<\left(1+\frac{1}{n}\right)^n<\sum_{1\leqslant k\leqslant n}\frac{1}{k!},\quad n\geqslant 3.$$

21. 证明不等式

$$n^n\left[1+\frac{1}{4(n-1)}\right]<\sum_{1\leqslant k\leqslant n}k^k<n^n\left[1+\frac{2}{e(n-1)}\right],\quad n\geqslant 3.$$

22. 证明下列数列收敛:

$$a_n=\frac{\sin(2x)}{2(2+\sin(2x))}+\frac{\sin(3x)}{3(3+\sin(3x))}+\cdots+\frac{\sin(nx)}{n(n+\sin(nx))},\quad n\geqslant 1,\ x\in\mathbb{R}.$$

23. 假设 $0<a_1<\dfrac{1}{q}$, $q\in(0,1]$, 且

$$a_{n+1}=a_n(1-qa_n),\quad n\geqslant 1.$$

证明

$$\lim_{n\to\infty} na_n=\frac{1}{q}.$$

24. 假设数列 $\{a_n\}_{n\geqslant 1}$ 满足 $\lim\limits_{n\to\infty} a_n(a_1^2+\cdots+a_n^2)=1$. 证明

$$\lim_{n\to\infty}\sqrt[3]{3n}a_n=1.$$

25. 假设

$$a_n=\frac{1}{n^2}\sum_{0\leqslant k\leqslant n}\ln\binom{n}{k},\quad n\geqslant 1.$$

求极限 $\lim\limits_{n\to\infty} a_n$.

26. 假设 $a_1=c>0$ 和

$$\frac{a_{n+1}}{n+1} = \ln\left(1+\frac{a_n}{n}\right), \quad n \geqslant 1.$$

求极限 $\lim\limits_{n\to\infty} a_n$.

27. 假设数列 $\{a_n\}_{n\geqslant 1}$ 满足条件

$$a_{n+1}^2 + q(a_{n+1}+a_n) \leqslant a_n^2, \quad n \geqslant 1, \quad q \in (0,1).$$

讨论 $\{a_n\}_{n\geqslant 1}$ 的敛散性.

28. 假设 $a_0 + a_1 + \cdots + a_p = 0$. 证明

$$\lim_{n\to\infty}\left(a_0\sqrt{n} + a_1\sqrt{n+1} + \cdots + a_p\sqrt{n+p}\right) = 0.$$

29. 假设数列 $\{a_n\}_{n\geqslant 1}, \{b_n\}_{n\geqslant 1}, \{c_n\}_{n\geqslant 1}$ 满足 $a_1 > 0$, $b_n, c_n \leqslant 5$, $n \geqslant 1$ 和

$$a_n = \frac{\sqrt{b_n^2 + c_n^2}}{b_n + c_n} a_{n-1}, \quad n \geqslant 2.$$

证明 $\lim\limits_{n\to\infty} a_n = 0$.

30. 证明

$$\lim_{n\to\infty} \frac{1}{n!} \sum_{1\leqslant k\leqslant n} k! = 1.$$

31. 假设 $\lim\limits_{n\to\infty} a_n$ 和 $\lim\limits_{n\to\infty} b_n = b$ 存在. 令

$$a_n \vee b_n := \max\{a_n, b_n\}, \quad a_n \wedge b_n := \min\{a_n, b_n\}, \quad n \geqslant 1.$$

证明

$$\lim_{n\to\infty} a_n \vee b_n = a \vee b, \quad \lim_{n\to\infty} a_n \wedge b_n = a \wedge b.$$

32. 证明

$$\lim_{n\to\infty}\left(\sin\frac{\ln 2}{2} + \sin\frac{\ln 3}{3} + \cdots + \sin\frac{\ln n}{n}\right)^{1/n} = 1.$$

33. 证明

$$\lim_{n\to\infty} \sum_{n^2\leqslant k\leqslant (n+1)^2} \frac{1}{\sqrt{k}} = 2.$$

34. 假设

$$a_n := \sum_{1\leqslant k\leqslant n}\left(\sqrt{1+\frac{k}{n^2}} - 1\right).$$

证明 $\lim_{n\to\infty} x_n = \dfrac{1}{4}$.

35. 对任何 $n \in \mathbb{N}_*$ 用 x_n 表示方程

$$x + x^2 + \cdots + x^n = 1$$

在闭区间 $[0,1]$ 上的根. 求极限 $\lim_{n\to\infty} x_n$.

36. 用 Cauchy 收敛法则证明下列数列收敛:

$$a_n = \frac{\cos(1!)}{1\cdot 2} + \frac{\cos(2!)}{2\cdot 3} + \cdots + \frac{\cos(n!)}{n(n+1)},$$

$$a_n = \frac{\arctan 1}{1(1+\cos(1!))} + \frac{\arctan 2}{2(2+\cos(2!))} + \cdots + \frac{\arctan n}{n(n+\cos(n!))}.$$

37. 假设 $a_n \geqslant 0$, $S_n = \sum_{1\leqslant k\leqslant n} a_k$ 收敛到 S. 证明数列 $\{b_n\}_{n\geqslant 1}$ 收敛, 其中

$$b_n := (1+a_1)(1+a_2)\cdots(1+a_n).$$

38. 假设 $a_0 \geqslant 2$, $a_n = a_{n-1}^2 - 2$, $n \geqslant 1$, 且

$$S_n := \frac{1}{a_0} + \frac{1}{a_0 a_1} + \cdots + \frac{1}{a_0 a_1 \cdots a_n}.$$

证明

$$\lim_{n\to\infty} S_n = \frac{a_0 - \sqrt{a_0^2 - 4}}{2}.$$

39. 假设数列 $\{a_n\}_{n\geqslant 1}$ 满足

$$a_n = \sum_{0\leqslant k\leqslant n} \frac{1}{\binom{n}{k}}, \quad n \geqslant 1.$$

证明 $a_{n+1} = \dfrac{n+2}{2(n+1)} a_n + 1$, $n \geqslant 1$, 以及 $\lim_{n\to\infty} a_n = 2$.

40. 举例说明实数系统的六大基本定理在有理数系统上不一定成立.

41. 证明如果 $\lim_{n\to\infty} a_n = a$ 成立, 则 $\lim_{n\to\infty} |a_n| = |a|$. 当 a 取何值时反过来也成立?

42. 假设 $\{a_n\}_{n\geqslant 1}, \{b_n\}_{n\geqslant 1}$ 是无界数列而 $\{c_n\}_{n\geqslant 1}$ 是无穷大数列. 证明或举反例来回答如下问题:

(1) $\{a_n b_n\}_{n\geqslant 1}$ 是否为无界数列?

(2) $\{a_n c_n\}_{n\geqslant 1}$ 是否为无界数列?

(3) $\{a_n c_n\}_{n\geqslant 1}$ 是否为无穷大数列?

43. 讨论下列数列的有界性:

(1) 如果 $\{a_n^3-a_n\}_{n\geqslant 1}$ 有上界, $\{a_n\}_{n\geqslant 1}$ 是否也有上界?

(2) 如果 $\{a_n^2-a_n\}_{n\geqslant 1}$ 有上界, $\{a_n\}_{n\geqslant 1}$ 是否也有上界?

(3) 如果 $\lim\limits_{n\to\infty}(a_{n+1}-a_n)=0$, $\{a_n\}_{n\geqslant 1}$ 是否有界?

(4) 如果 $\lim\limits_{n\to\infty}(a_{2n}-2a_n)=0$, $\{a_n\}_{n\geqslant 1}$ 是否有界?

(5) 如果 $\lim\limits_{n\to\infty}(a_{2n}-\sqrt{2}a_n)=0$, $\{a_n\}_{n\geqslant 1}$ 是否有界?

(6) 如果 $a_{n+2}=\sqrt{a_n}+\sqrt{a_{n+1}}$ 且 $a_1,a_2>0$, $\{a_n\}_{n\geqslant 1}$ 是否有界?

(7) 如果 $\lim\limits_{n\to\infty}n(a_{n+1}-a_n)=+\infty$, $\{a_n\}_{n\geqslant 1}$ 是否有界?

(8) 如果 $|a_n-a_m|>\dfrac{1}{n}$ 只要 $n<m$, $\{a_n\}_{n\geqslant 1}$ 是否有界?

(9) 如果 $a_{n+2}\leqslant pa_n+(1-p)a_{n+1}$, 这里 $0<p<1$ 和 $a_n>0$, $\{a_n\}_{n\geqslant 1}$ 是否有界?

(10) 如果 $a_{n+2}\leqslant\dfrac{a_{n+1}+a_n}{(n+2)^2}$ 且 $a_n>0$, $n!a_n$ 是否有界?

44. 讨论下列数列的敛散性:

(1) 如果 $(2-a_n)a_{n+1}=1$, 讨论 $\{a_n\}_{n\geqslant 1}$ 的敛散性.

(2) 如果 $a_{n+1}=a_n^2+\dfrac{1}{4}$, 讨论 $\{a_n\}_{n\geqslant 1}$ 的敛散性.

(3) 如果 $a_{n+1}=1+qa_n^2$ 且 $q>0$ 和 $0<a_1<1$, 讨论 $\{a_n\}_{n\geqslant 1}$ 的敛散性.

(4) 如果 $a_{n+1}=2-a_n^2$, 讨论 $\{a_n\}_{n\geqslant 1}$ 的敛散性.

(5) 如果 $a_{n+1}=A+Ba_n^3$ 且 $A,B>0, A+B=1$ 和 $0<a_1\leqslant A$, 讨论 $\{a_n\}_{n\geqslant 1}$ 的敛散性.

(6) 如果 $a_{n+1}=\sqrt{a_n}+2$ 且 $a_1>4$, 讨论 $\{a_n\}_{n\geqslant 1}$ 的敛散性.

(7) 如果 $a_{n+2}=\sqrt{a_n}+\sqrt{a_{n+1}}$ 且 $a_1,a_2>0$, 讨论 $\{a_n\}_{n\geqslant 1}$ 的敛散性.

(8) 如果 $2a_{n+1}=a_n+\sqrt{a_n^2+2^{-n}}$ 且 $a_1>0$, 讨论 $\{a_n\}_{n\geqslant 1}$ 的敛散性.

(9) 如果 $a_{n+1}=\dfrac{a_n}{1+a_n^\alpha}$ 且 $a_1,\alpha>0$, 讨论 $\{a_n\}_{n\geqslant 1}$ 的敛散性.

(10) 如果 $a_{n+1}=\dfrac{1}{3}\left(2a_n+\dfrac{1}{a_n^2}\right)$ 且 $a_1>-\dfrac{1}{2}$, 讨论 $\{a_n\}_{n\geqslant 1}$ 的敛散性.

(11) 如果 $a_{n+2}\leqslant\dfrac{2}{3}a_n+\dfrac{1}{3}a_{n-1}$ 且 $|a_n|\leqslant M$, 讨论 $\{a_n\}_{n\geqslant 1}$ 的敛散性.

(12) 如果 $a_{n+1}+\dfrac{1}{a_n}<2$ 且 $a_n>0$, 讨论 $\{a_n\}_{n\geqslant 1}$ 的敛散性.

(13) 如果 $a_n(1-a_{n+1})>\dfrac{1}{4}$ 且 $0<a_n<1$, 讨论 $\{a_n\}_{n\geqslant 1}$ 的敛散性.

(14) 如果 $a_n^2\leqslant a_n-a_{n+1}$ 且 $a_n>0$, 讨论 $\{a_n\}_{n\geqslant 1}$ 的敛散性.

(15) 如果 $a_{n+1}\leqslant a_n+q^n$ 且 $0<q<1$ 和 $a_n>0$, 讨论 $\{a_n\}_{n\geqslant 1}$ 的敛散性.

45. 利用闭区间套定理证明如下命题. 假设 $f(x)$ 是定义在开区间 (a,b) 上的函数,

且 $a < c < d < b$. 如果对任意 $x \in [c,d]$ 存在 $M_x > 0$ 和 $\delta_x \in (0, \min\{c-a, b-d\})$, 使得

$$|f(x_1) - f(x_2)| \leqslant M_x|x_1 - x_2|, \quad x_1, x_2 \in (x - \delta_x, x + \delta_x)$$

成立, 则存在 $M > 0$ 使得

$$|f(x_1) - f(x_2)| \leqslant M|x_1 - x_2|$$

对任意 $x_1, x_2 \in [c,d]$ 都成立.

46. 利用闭区间套定理证明如下命题. 假设函数 $f(x)$ 在闭区间 $[a,b]$ 上递增, 且 $f(a) > a$ 和 $f(b) < b$. 证明存在 $x_0 \in (a,b)$ 满足 $f(x_0) = x_0$.

2.8 参考文献

1. Amann, Herbert; Escher, Joachim. *Analysis I*, Translated from the 1988 German original by Gary Brookfield, Birkhäuser Verlag, Basel, 2005. xiv+426 pp. ISBN: 3-7643-7153-6
2. Amann, Herbert; Escher, Joachim. *Analysis II*, Translated from the 1999 German original by Silvio Levy and Matthew Cargo, Birkhäuser Verlag, Basel, 2008. xii+400 pp. ISBN: 978-3-7643-7472-3; 3-7643-7472-3
3. Amann, Herbert; Escher, Joachim. *Analysis III*, Translated from the 2001 German original by Silvio Levy and Matthew Cargo, Birkhäuser Verlag, Basel, 2009. xii+468 pp. ISBN: 978-3-7643-7479-2; 3-7643-7479-2
4. Iwaniec, Henryk; Kowalski, Emmanuel. *Analytic number theory*, American Mathematical Society Colloquium Publications, 53, American Mathematical Society, Providence, RI, 2004. xii+615 pp. ISBN: 0-8218-3633-1
5. Kashiwara, Masaki; Schapira, Pierre. *Categories and sheaves*, Grundlehren der Mathematischen Wissenschaften, 332, Springer-Verlag, Berlin, 2006. x+497 pp. ISBN: 978-3-504-27949-5; 3-540-27949-0
6. Kashiwara, Masaki; Schapira, Pierre. *Sheaves on manifolds*, Grundlehren der Mathematischen Wissenschaften, 292, Springer-Verlag, Berlin, 1990. x+512 pp. ISBN: 3-540-51861-4
7. Par J. Liouville. *Sur L'irrationalité du nombre* $e = 2.718\cdots$, Journal de Mathématiques, (1840), 192–192.
8. Munkres, James R. *Topology*, Second edition, Prentice Hall, Inc., Upper Saddle

River, NJ, 2000. xvi+537 pp. ISBN: 0-13-181629-2

9. Niven, Ivan. *A simple proof that π is irrational*, Bull. Amer. Math. Soc., **53**(1947), 509.
10. Robinson, R. Clark. *An introduction to dynamical systems–continuous and discrete*, Second Edition, Pure and Applied Undergraduate Texts, **19**, American Mathematical Society, Providence, RI, 2012. xx+733 pp. ISBN: 978-0-8218-9135-3
11. Zorich, Vladimir A. *Mathematical Analysis I*, Translated from the 2002 fourth Russian edition by Roger Cooke, Universitext, Springer-Verlag, Berlin, 2004. xviii+574 pp. ISBN: 3-540-40386-8
12. Zorich, Vladimir A. *Mathematical Analysis II*, Translated from the 2002 fourth Russian edition by Roger Cooke, Universitext, Springer-Verlag, Berlin, 2004. xvi+681 pp. ISBN: 3-540-40633-6
13. Martin Aigner, Gunter M. Ziegler 著 (冯荣权, 宋春伟, 宗传明 译): **Proofs from the book (数学天书中的证明)**(第四版), 高等教育出版社, 2012.
14. Fred Brauer, Carlos Castillo-Chavez 著 (金成桴 译): **Mathematical models in population biology and epidemiology (生物数学: 种群生物学与传染病学中的数学模型)**(第二版), 清华大学出版社, 2013.
15. 布鲁斯 · C. 伯恩特 (Bruce C. Berndt) 主编: **拉玛努金笔记** (第 2 卷), 哈尔滨工业大学出版社, 2019.
16. 常庚哲, 史济怀 编: **数学分析教程** (上、下册), 高等教育出版社, 2003.
17. 陈天权 编著: **数学分析讲义** (第一、二、三册), 北京大学出版社, 2009.
18. 邓建平 编: **微积分 I, II**, 科学出版社, 2019.
19. 吉米多维奇 著 (李荣涑, 李植 译): **数学分析习题集** (根据 2010 年俄文版翻译), 俄罗斯数学教材选译, 高等教育出版社, 2012.
20. 黎景辉, 赵春来 著: **模曲线导引** (第二版), 北京大学出版社, 2014.
21. 李傅山, 王培合 编著: **数学分析习题课讲义** (1、2、3), 北京大学出版社, 2018.
22. 李忠 著: **迭代、混沌、分形**, 科学出版社, 2007.
23. 林源渠, 方企勤 编: **数学分析解题指南**, 北京大学出版社, 2003.
24. 梅加强 编著: **数学分析**, 高等教育出版社, 2015.
25. 梅加强 编著: **数学分析**, 第二版, 高等教育出版社, 2020.
26. 裴礼文 编著: **数学分析中的典型问题与方法** (第二版), 高等教育出版社, 2015.
27. 汪林 著: **数学分析中的问题和反例**, 现代数学基础 **56**, 高等教育出版社, 2015.
28. Weir, D. Maurice; Hass, R. Joel; Giordano, R. Frank. *Thomas' calculus*, Eleventh

Edition, (影印版, 上、下册), 高等教育出版社, 2016.

29. 徐森林, 薛春华 编著: **数学分析**, 清华出版社, 2005.
30. 杨小远, 孙玉泉, 薛玉梅, 杨卓琴 编著: **工科数学分析教程** (上、下册), 科学出版社, 2011.
31. 张福保, 薛金美, 潮小李 主编: **数学分析讲义**, 科学出版社, 2019.
32. 张筑生 编著: **数学分析新讲** (第一、二、三册), 北京大学出版社, 1990.
33. 周民强 编著: **数学分析习题演练** (第一、二、三册), 科学出版社, 2018.
34. 朱尧辰 编著: **数学分析例选: 通过范例学技巧**, 哈尔滨工业大学出版社, 2013.
35. 朱尧辰 编著: **数学分析范例选解**, 第 2 版, 中国科学技术大学出版社, 2019.

第三章　极限理论 II: 函数极限

我用 Euler 提出的一个关系式作为出发点, 也就是

$$\prod \frac{1}{1-p^{-s}} = \sum \frac{1}{n^s},$$

其中 p 取遍所有的素数, 而 n 取遍所有的自然数. 这两个表达式在收敛时所表示的复变量 s 的函数, 我将记作 $\zeta(s)$.

《论小于给定数值的素数个数》[1],

Bernhard Riemann, 柏林科学院月报, 1859 年 11 月.

3.1　函数极限

我们回顾下 ϵ-δ 语言、函数极限和连续函数的简要历史, 主要参考了 Galina Ivanovna Sinkevich 的文章[2].

在十六世纪, Leibniz 写下了**连续性法则**:

> 以任何终点为结束的任何连续过渡, 都可以允许建立一般推理, 其中最终也可以包括终点 (In any supposed [continuous] transition, ending in any terminus, it is permissible to institute a general reasoning, in which the final terminus may also be included).

Wallis 在他的著作《Arithmetica infinitorum》[3]中引入了如下的函数极限定义:

> 但是 (这对我们来说已经足够了) 它们不断地更加接近所需的比率, 以这样的方式, 最终差值会变得小于任何所给的量 (But (which for us here suffices) they continually approach more closely to the required ratio, in such a way that at length the difference becomes less than any assignable quantity).

d'Alembert[4]在 1765 年给出了如下的函数极限定义:

---

[1] Bernhard Riemann 著 (李培廉 译): 黎曼全集 (第一卷), 高等教育出版社, 2016.

[2] Sinkevich, Galina Ivanovna. *On the history of epsilontics*, Antiquitates Mathemticae, **10**(2016), no. 1, 183–204.

[3] Wallis, L. *Arithmetica infinitorum*(The arithmetic of infinitesimals), 1656. Translated by J. A. Stedall, Springer, 2004.

[4] d'Alembert, J. *Limite*, Encyclopédie méthodique ou par ordre de matières, 1765.

> 称一个值是另一个值的极限, 如果另一个值可以比任何给定的值都更加接近该值, 无论它有多小的可能, 但是, 没有近似值可以超过它所逼近的值; 因此, 这个值与其极限的差是绝对无法确定的 (value is said to be a limit of another value if the latter can approximate the former nearer than any given value, no matter how small it may be supposed, however, without the approximating value being able to exceed the value it approximates; thus, the difference between such value and its limit is absolutely indeterminable).

Carnot 在 1797 年就尝试着把 "极限方法" 和 "无穷小分析" 统一起来. 在 Lagrange 倡议下, 柏林科学院在 1786 年宣布了关于加强无穷小问题兴趣的竞赛:

> 我们需要一个在数学上清晰的和准确的关于连续的理论.

但是, 递交的 23 份竞赛论文都不符合科学院的要求. 最后, 竞赛的获得者是瑞士数学家 Simon Antoine Jean L'Huilier, 他的工作《Exposition Élémentaire des Principles des calcul supérieurs》在 1786 年由柏林科学院出版; 其中引入的记号 "lim", 之后被 Lacroix 所使用, 而 Weierstrass 在 1850 年代开始使用记号 "$\lim\limits_{x=c}$", John Leathem 在其著作《Volume and surface integrals used in physics》(1905) 中首次使用记号 "$\lim\limits_{x\to c}$". 然而, Lagrange 对他的工作很不满, 认为 "这是最坏中最好的".

函数极限的想法可以追溯到 Bernard Bolzano 在 1817 年的工作[5]和 Cauchy 在 1821 年的著作《Cours d'analyse》. 然而他们都没有使用 ϵ-δ 语言. ϵ 和 δ 之间的关系, 是在之后关于一致连续和一致收敛的一系列工作中逐步发展起来的, 特别是 Peter Gustav Lejune Dirichlet、Joseph Ludwig Raabe、George Stokes (1847)、Philipp Ludwig von Seidel (1847)、Bernhard Riemann (1854)、Cauchy(1853) 等.

1854 年, Karl Weierstrass 开始在柏林大学上课, 是他引入了诸如 "$\lim\limits_{x=\infty} p_n = \infty$" 等记号 (1856 年出版). 可惜的是, Weierstrass 从不出版或编辑他的讲义, 所以我们看到的大部分讲义均来自他学生的笔记. Eduard Heine 在 1872 年叹息道: "Weierstrass 先生的原理出现在他的讲座中, 间接在他口头信息中, 以及他讲座的手写副本中, 并且流传甚广; 然而, 这些版本从未在作者的监督下出版, 因为这会损害他们的感知统一性." 但是 ϵ-δ 方法的主要内容, 包括文字和证明, 已经在 Weierstrass 的柏林讲座中形成了. 最早记载 Weierstrass 关于 ϵ-δ 技巧的文本, 是他于 1861 年暑期在柏林皇家贸易学院讲授微分学时的学生笔记. 当时记录上课笔记的是 Weier-

[5] Bolzano, B. *Rein analytischer Beweis des Lehrsatzes, dass zwischen je zwey Werthen, die ein entgegengesetztes Resultat gewähren, wenigstens eine reelle Wurzel der Gleichung liege*, Prag, 1817. Bernard Bolzano (1781—1848). Bicentenary. Early mathematical works. Prague. 417–476, 1981.

strass 的学生, 年仅 18 岁的 Karl Hermann Amandus Schwarz. Schwarz 的笔记后来被找到了, 在 1972 年出版了.

Eduard Heine 在 1872 年的论文[6]中利用 Cantor 的基本序列给出了函数极限的定义, 并证明了每个收敛数列可表示成它的极限和一个初等递增数列的和. 基于这个事实, Heine 给出了连续的条件、一致连续的 ϵ-δ 定义以及一致连续函数定理 (按照 Heine 自己写的, 这个定理是 Cantor 陈述的, 即现在的 Cantor 定理或 Cantor-Heine 定理; 具体见**定理 3.15**). 用左右极限来定义函数在一点的连续, 这最早是 Ulisse Dini 在 1878 年给出的. 今天的函数极限定义和记号, 要归功于 Godfrey Harold Hardy 的专著《A course of pure mathematics》(1908).

为给出连续函数的定义, 我们从如下例子出发. 试着找到函数 $f:\mathbb{R}\to\mathbb{R}_+$ 使得方程

$$f(x+y)=f(x)\cdot f(y)$$

对任意的 $x,y\in\mathbb{R}$ 都成立. 从 $f(1)=f(1+0)=f(1)f(0)$ 得到 $f(0)=1$, 类似地得到 $f(2)=f(1+1)=[f(1)]^2$. 对任意自然数 $n\in\mathbb{N}$ 得到 $f(n)=[f(1)]^n$. 如果 $-n\in\mathbb{N}$, 得到

$$f(n)=\frac{f(0)}{f(-n)}=\frac{1}{f(-n)}=\frac{1}{[f(1)]^{-n}}=[f(1)]^n.$$

从而对任意整数 n 都有

$$f(n)=[f(1)]^n,\quad n\in\mathbb{Z}.$$

如果 $n\in\mathbb{Z}_+$, 得到

$$f(1)=f\left(\underbrace{\frac{1}{n}+\cdots+\frac{1}{n}}_{n}\right)=\left[f\left(\frac{1}{n}\right)\right]^n\quad\Longrightarrow\quad f\left(\frac{1}{n}\right)=[f(1)]^{\frac{1}{n}}.$$

类似地对 $n\in\mathbb{Z}_-$, 得到 $f(1/n)=[f(1)]^{1/n}$. 从而对任意非零整数 n 都有

$$f\left(\frac{1}{n}\right)=[f(1)]^{\frac{1}{n}},\quad n\in\mathbb{Z}\setminus\{0\}.$$

对有理数 $p/q\in\mathbb{Q}$, 其中 $p>0$, 得到

$$f\left(\frac{p}{q}\right)=f\left(\underbrace{\frac{1}{q}+\cdots+\frac{1}{q}}_{p}\right)=\left[f\left(\frac{1}{q}\right)\right]^p=[f(1)]^{\frac{p}{q}}.$$

同样理由对有理数 $p/q\in\mathbb{Q}$, 其中 $p<0$, 也得到了类似的结论. 总之对任意有理数

[6]Heine, Eduard. *Die elemente der functionenlehre*, J. reine angew. Math., **74**(1872), 172–188.

x 得到

$$f(x)=[f(1)]^x,\quad x\in\mathbb{Q}.$$

现在给定一个实数 $x\in\mathbb{R}$, 已证存在有理数列 $\{x_n\}_{n\geqslant 1}\subset\mathbb{Q}$ 满足 $\lim\limits_{n\to\infty}x_n=x$ (参见**例 2.4**). 这样综合上述结果得到

$$f(x)\xleftarrow[?]{n\to\infty}f(x_n)=[f(1)]^{x_n}\xrightarrow{n\to\infty}[f(1)]^x.$$

如果 "?" 成立则推出

$$f(x)=[f(1)]^x,\quad x\in\mathbb{R}.$$

换句话说, 我们其实证明了

$$\begin{aligned}?\ \text{成立}&\Longleftrightarrow f(x)=\lim_{n\to\infty}f(x_n)=f\left(\lim_{n\to\infty}x_n\right)\\&\Longleftrightarrow f\ \text{和}\ \lim\ \text{可交换}\\&\Longleftrightarrow f\ \text{连续 (可作为连续的定义)}.\end{aligned}$$

实际上, 上述分析给出了函数 "连续" 的等价定义.

3.1.1 函数极限的定义

为了系统地给出函数 "连续" 的定义, 我们首先给出函数在无穷远处极限的概念.

定义 3.1 (函数在无穷远处的极限)

(1) 给定函数 $f:(a,+\infty)\to\mathbb{R}$ 和 $A\in\mathbb{R}$, 定义

$$\lim_{x\to+\infty}f(x)=A\quad\Longleftrightarrow\quad\begin{pmatrix}\forall\,\epsilon>0\ \exists\,M>a\ \forall\,x>M\\|f(x)-A|<\epsilon\end{pmatrix}.\tag{3.1.1}$$

(2) 给定函数 $f:(-\infty,b)\to\mathbb{R}$ 和 $A\in\mathbb{R}$, 定义

$$\lim_{x\to-\infty}f(x)=A\quad\Longleftrightarrow\quad\begin{pmatrix}\forall\,\epsilon>0\ \exists\,M<b\ \forall\,x<M\\|f(x)-A|<\epsilon\end{pmatrix}.\tag{3.1.2}$$

(3) 给定函数 $f:(-\infty,+\infty)\to\mathbb{R}$ 和 $A\in\mathbb{R}$, 定义

$$\lim_{x\to\infty}f(x)=A\quad\Longleftrightarrow\quad\begin{pmatrix}\forall\,\epsilon>0\ \exists\,M>0\ \forall\,|x|>M\\|f(x)-A|<\epsilon\end{pmatrix}.\tag{3.1.3}$$

♣

根据定义马上得到

定理 3.1

$$\lim_{x\to\infty} f(x) = A \iff \lim_{x\to+\infty} f(x) = A = \lim_{x\to-\infty} f(x). \tag{3.1.4}$$

♡

例 3.1

研究下列函数的极限

$$(1)\ \lim_{x\to\infty}\frac{e^x}{1+e^x}, \qquad (2)\ \lim_{x\to\infty}\frac{\sin x}{x}.$$

解: (1) 因为

$$\lim_{x\to+\infty}\frac{e^x}{1+e^x}=1, \quad \lim_{x\to-\infty}\frac{e^x}{1+e^x}=0,$$

得到函数 $\frac{e^x}{1+e^x}$ 当 $x\to\infty$ 时极限不存在.

(2) 由于 $\left|\frac{\sin x}{x}\right| \leqslant \frac{1}{|x|}$ 得到 $\lim_{x\to\infty}\frac{\sin x}{x}=0$. □

♠

注意到**例 3.1** 中, 第二个函数 $\frac{\sin x}{x}$ 的定义域为 $(-\infty,0)\cup(0,+\infty)$, 我们自然要问当 x 逐渐靠近 "0" 时, $\frac{\sin x}{x}$ 的变化情况. 对这个问题我们首先给出函数 $\frac{\sin x}{x}$ 在 $x=0$ 处的极限定义, 从而来确定该极限.

在实数 a 点的**去心邻域 (punched neighborhood of a)** 记作

$$\mathring{U}(a,\rho) \equiv U^\circ(a,\rho) := (a-\rho,a+\rho)\setminus\{a\} = (a-\rho,a)\cup(a,a+\rho).$$

定义 3.2 (函数在一点的极限)

给定函数 $f: U^\circ(a,\rho)\to\mathbb{R}$ 和 $A\in\mathbb{R}$, 定义

$$\lim_{x\to a} f(x) = A \iff \begin{pmatrix} \forall\ \epsilon>0\ \exists\ \delta\in(0,\rho] \\ \text{有 } |f(x)-A|<\epsilon \\ \text{只要 } 0<|x-a|<\delta \end{pmatrix}. \tag{3.1.5}$$

♣

在上述定义中, 不需要规定函数 f 在 a 点有定义. 如果 f 在 a 点有定义且取 $A=f(a)$, 这就是函数 $f(x)$ 在 $x=a$ 连续的定义 (参见**定义 3.8**). 如果 f 在 a 点有定义但是 $A\neq f(a)$, 则几何直观上看, 函数 $f(x)$ 的图像在 $x=a$ 处 "断开" 了,

所以就“不连续”了. 另一方面, 如果 f 在 a 点没有定义, 但是极限 $\lim_{x\to a} f(x) = A$ 存在, 那我们可以把 A 想象成 “$f(a)$”; 这样就把原来函数的定义域做了推广从而把原来函数 “延拓” 到 a 点.

定义 3.3 (单侧极限 (one-sided limits); Dini, 1878)

(1) 给定函数 $f : (a-\rho, a) \to \mathbb{R}$, 其中 $\rho > 0$, $A \in \mathbb{R}$, 定义 g 在 a 处的**左极限 (left-hand limit)**

$$f(a-) := \lim_{x\to a-} f(x) = A \quad \Leftrightarrow \quad \begin{pmatrix} \forall\, \epsilon > 0\ \exists\, \delta \in (0, \rho]\ \forall\, x \in (a-\delta, a) \\ \text{都有 } |f(x) - A| < \epsilon \end{pmatrix}. \tag{3.1.6}$$

(2) 给定函数 $f : (a, a+\rho) \to \mathbb{R}$, 其中 $\rho > 0$, $A \in \mathbb{R}$, 定义 f 在 a 处的**右极限 (right-hand limit)**

$$f(a+) := \lim_{x\to a+} f(x) = A \quad \Leftrightarrow \quad \begin{pmatrix} \forall\, \epsilon > 0\ \exists\, \delta \in (0, \rho]\ \forall\, x \in (a, a+\delta) \\ \text{都有 } |f(x) - A| < \epsilon \end{pmatrix}. \tag{3.1.7}$$

♣

根据定义马上得到

定理 3.2

$$\lim_{x\to a} f(x) = A \iff f(a+) = A = f(a-). \tag{3.1.8}$$

♡

例 3.2

(1) 下列函数在 0 点极限不存在:

$$f(x) = \begin{cases} -1, & x < 0, \\ 0, & x = 0, \\ 1, & x > 0. \end{cases} \qquad f(x) = \begin{cases} 0, & x \leqslant 0, \\ \dfrac{1}{x}, & x > 0. \end{cases}$$

证: 对第一个函数, $f(0-) = -1$, $f(0+) = 1$. 而对第二个函数, $f(0-) = 0$ 但是 $f(0+)$ 不存在. □

(2) 证明对任意 $a > 0$ 都有

$$\lim_{x\to 0} a^x = 1.$$

证: 当 $a=1$ 时结论显然成立. 对任意 $\epsilon\in(0,1)$ 要证明 $|a^x-1|<\epsilon$ 只要证明 $1-\epsilon<a^x<1+\epsilon$ 对充分小的 x 成立. 如果 $a>1$, 则等价于证明

$$\log_a(1-\epsilon)<x<\log_a(1+\epsilon).$$

从而取 $\delta:=\min\{\log_a(1+\epsilon),-\log_a(1-\epsilon)\}$, 只要 $0<|x|<\delta$ 就有 $|a^x-1|<\epsilon$. 如果 $0<a<1$ 则同样的论断得到 $|a^x-1|<\epsilon$ 只要 $0<|x|<\delta:=\min\{-\log_a(1+\epsilon),\log_a(1-\epsilon)\}$. □

(3) 证明对任何 $a>0$ 且 $a\neq 1$ 都有

$$\lim_{x\to 0}\log_a(1+x)=0.$$

证: 因为 $|\log_a(1+x)|<\epsilon$ 当且仅当

$$a^{-\epsilon}-1<x<a^{\epsilon}-1\quad(a>1)\quad 或\quad a^{\epsilon}-1<x<a^{-\epsilon}-1\quad(0<a<1),$$

取 $\delta:=\min\{|a^{-\epsilon}-1|,|a^{\epsilon}-1|\}$, 当 $0<|x|<\delta$ 时有 $|\log_a(1+x)-0|<\epsilon$. □

(4) 证明

$$\lim_{x\to 1}\frac{x^2-1}{2x^2-3x+1}=2.$$

证: 做差得到

$$\left|\frac{x^2-1}{2x^2-3x+1}-2\right|=\left|\frac{3(x-1)^2}{(2x-1)(x-1)}\right|=\frac{3|x-1|}{|2x-1|}.$$

因为 x 越来越靠近 1, 所以从

$$|2x-1|=|1+2(x-1)|\geqslant 1-2|x-1|$$

我们取 $|x-1|<\frac{1}{4}$ 来保证 $|2x-1|>\frac{1}{2}>0$. 取 $\delta:=\min\left\{\frac{1}{4},\frac{\epsilon}{6}\right\}$, 只要 $0<|x-1|<\delta$ 就有

$$\left|\frac{x^2-1}{2x^2-3x+1}-2\right|<6|x-1|<\epsilon.\quad\square$$

(5) 假设 $x_0\geqslant 0$. 研究函数 $f(x)=\sqrt{x}$ 在 x_0 处的极限.

解: 当 $x_0=0$ 时只考虑右极限 $f(0+)$. 对任意 $\epsilon>0$ 存在 $\delta=\epsilon^2$ 当 $0<x<\delta$ 时

$$|f(x)-0|=\sqrt{x}<\sqrt{\delta}=\epsilon.$$

即 $\lim\limits_{x\to 0+}\sqrt{x}=0$.

当 $x_0>0$ 时, 对任意 $\epsilon>0$ 取 $\delta=\sqrt{x_0}\epsilon$ 只要 $0<|x-x_0|<\delta$ 得到

$$\left|\sqrt{x}-\sqrt{x_0}\right|=\frac{|x-x_0|}{\sqrt{x}+\sqrt{x_0}}\leqslant\frac{|x-x_0|}{\sqrt{x_0}}<\epsilon.\quad\square$$

(6) 对任意 $x_0\in\mathbb{R}$ 证明

$$\lim_{x\to x_0}\sin x=\sin x_0.$$

证: 因为 (这里用到了不等式 $|\sin x|\leqslant|x|$, 任意 $x\in\mathbb{R}$, 参见 (3.1.10) 的证明过程)

$$|\sin x-\sin x_0|=2\left|\cos\frac{x+x_0}{2}\right|\left|\sin\frac{x-x_0}{2}\right|\leqslant 2\left|\frac{x-x_0}{2}\right|=|x-x_0|,$$

所以对任意 $\epsilon>0$ 取 $\delta=\epsilon$ 只要 $0<|x-x_0|<\delta$ 得到 $|\sin x-\sin x_0|<\epsilon$. □

(7) 研究如下函数在 $x_0=0$ 处的极限:

$$f(x)=\begin{cases}1, & x>0,\\ 0, & x\leqslant 0.\end{cases}$$

解: 由于 $f(0-)=0$ 和 $f(0+)=1$, **定理 3.2** 推出 $f(x)$ 在 $x_0=0$ 处极限不存在. □

(8) 研究函数 $f(x)=\lfloor x\rfloor$ 的极限.

解: 如果 $x_0\notin\mathbb{Z}$, 则得到 $\lim\limits_{x\to x_0}f(x)=\lfloor x\rfloor$. 如果 $x_0\in\mathbb{Z}$, 则 $f(x_0-)=x_0-1$ 而 $f(x_0+)=x_0$. □

♠

3.1.2 函数极限的性质

在这一小节主要考虑函数 $f(x)$ 在 $x\to a$ 时的性质, 对其他情形, 比如

$$x\to a-,\quad x\to a+,\quad x\to-\infty,\quad x\to+\infty,\quad x\to\infty$$

的极限可类似地证明.

定理 3.3 (函数极限的基本性质)

(1) **(唯一性)** 若函数 $f(x)$ 在 $x=a$ 处有极限, 则极限必唯一.

(2) **(局部有界性)** 若函数 $f(x)$ 在 $x=a$ 处有极限, 则 $f(x)$ 在 a 的某个去心邻域内必有界.

(3) **(局部保序性)** 假设 $\lim_{x\to a} f(x) = A$, $\lim_{x\to a} g(x) = B$ 且 $A > B$. 则存在 a 的某个去心邻域 $U^{\circ}(a,\rho)$ 使得 $f(x) > g(x)$ 对任意 $x \in U^{\circ}(a,\rho)$ 都成立.

(4) **(绝对值性质)** 若 $\lim_{x\to a} f(x) = A$, 则 $\lim_{x\to\infty} |f(x)| = |A|$.

(5) **(夹逼定理)** 若在某个去心邻域 $U^{\circ}(a,\rho)$ 内成立 $g(x) \leqslant f(x) \leqslant h(x)$, 且 $\lim_{x\to a} g(x) = \lim_{x\to a} h(x) = A$, 则 $\lim_{x\to a} f(x) = A$.

(6) **(四则运算)** 假设 $\lim_{x\to x_0} f(x) = A$, $\lim_{x\to x_0} g(x) = B$, 且 α, β 为给定常数. 则得到

- $\lim_{x\to x_0} [\alpha f(x) + \beta g(x)] = \alpha A + \beta B$.
- $\lim_{x\to x_0} [f(x)g(x)] = AB$.
- 若 $B \neq 0$, 则 $\lim_{x\to x_0} \dfrac{f(x)}{g(x)} = \dfrac{A}{B}$.

(7) **(复合函数极限)** 假设 $\lim_{x\to x_0} g(x) = u_0$, $\lim_{u\to u_0} f(u) = A$, 且在 x_0 的某个去心邻域内 $g(x) \neq u_0$, 则复合函数 $f\circ g$ 在 x_0 处有极限且

$$\lim_{x\to x_0} f[g(x)] = A. \tag{3.1.9}$$

♡

证: 只给出最后一个性质的证明. 给定 $\epsilon > 0$, 根据 $\lim_{u\to u_0} f(u) = A$ 的定义可以找到 $\eta > 0$ 只要 $0 < |u - u_0| < \eta$ 有 $|f(u) - A| < \epsilon$. 对这个找到的 $\eta > 0$ 存在 $\delta > 0$ 只要 $0 < |x - x_0| < \delta$ 有 $0 < |g(x) - u_0| < \eta$. 故当 $0 < |x - x_0| < \delta$ 时, $|f[g(x)] - A| < \epsilon$. □

在结论 (3.1.9) 中我们已经假设 $g(x) \neq u_0$ 在 x_0 的某个去心邻域内成立. 如果把这个条件去掉则结论 (3.1.9) 不一定成立. 事实上在本章参考文献 **[16]** 中已经指出: 若

$$\lim_{x\to x_0} g(x) = u_0, \quad \lim_{u\to u_0} f(u) = A,$$

则或者 $\lim_{x\to x_0} f[g(x)] = A$, 或者 $\lim_{x\to x_0} f[g(x)] = f(u_0)$, 或者 $\lim_{x\to x_0} f[g(x)]$ 不存在.

例 3.3

证明

$$(1) \lim_{x\to 0} x\left\lfloor \frac{1}{x} \right\rfloor = 1, \quad (2) \lim_{x\to\infty} \frac{x^k}{a^x} = 0 \ (a > 1,\ k \in \mathbb{N}).$$

证: (1) $\frac{1}{x}-1<\left\lfloor\frac{1}{x}\right\rfloor\leqslant\frac{1}{x}$ 得到 $1-x<x\left\lfloor\frac{1}{x}\right\rfloor\leqslant 1$.

(2) $0<\frac{x^k}{a^x}\leqslant\frac{\lfloor x\rfloor+1)^k}{a^{\lfloor x\rfloor+1}a}$. 由 $\lim\limits_{n\to\infty}\frac{n^k}{a^n}=0$ 推出原极限为 0. □

♠

3.1.3　两个重要的极限

在例 **3.1** (2) 中我们已经研究了函数 $\frac{\sin x}{x}$ 当 $x\to\infty$ 时的极限 (**图 3.1.1**), 即

$$\lim_{x\to\infty}\frac{\sin x}{x}=0.$$

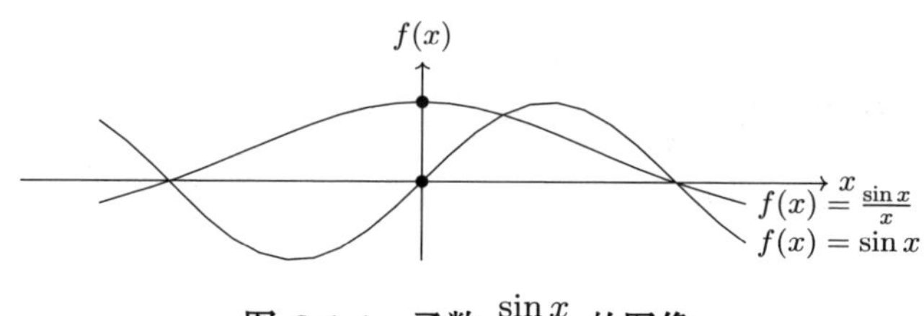

图 3.1.1　函数 $\frac{\sin x}{x}$ 的图像

接下来很自然地想知道这个函数当 $x\to 0$ 时的极限. 首先我们来证明初等不等式

$$|\sin x|<|x|<|\tan x|,\quad -\frac{\pi}{2}<x<\frac{\pi}{2}.$$

先考虑 $0<x<\frac{\pi}{2}$ 情形. 此时以 $O=(0,0)$ 为圆心、1 为半径作单位圆, 令 $A=(1,0)$ 并任取圆上的点 D (位于第一象限内) 满足 $x:=\angle AOD\in\left(0,\frac{\pi}{2}\right)$. 过 A 作垂线交 OD 的延长线于 B. 比较三角形 $\triangle OAD$、扇形 $\widehat{OAD}$ 和三角形 $\triangle OAB$ 的面积得到 (**图 3.1.2**)

$$\frac{1}{2}\sin x<\frac{1}{2}x<\frac{1}{2}\tan x,$$

从而得到 $\sin x<x<\tan x$ 对任意 $x\in\left(0,\frac{\pi}{2}\right)$ 成立. 如果 $x\in\left(-\frac{\pi}{2},0\right)$, 作变换 $y=-x\in\left(0,\frac{\pi}{2}\right)$ 得证. 如果 $|x|\geqslant\frac{\pi}{2}$, 则

$$|\sin x|\leqslant 1<\frac{\pi}{2}\leqslant|x|,$$

从而得到

$$|\sin x| \leqslant |x|, \quad x \in \mathbb{R},$$

且等号成立当且仅当 $x = 0$.

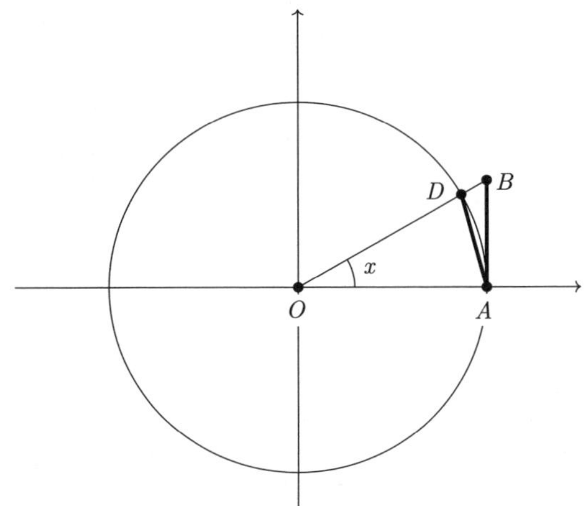

图 3.1.2 三角形 $\triangle OAD$、扇形 $\widehat{OAD}$ 和三角形 $\triangle OAB$

命题 3.1

$$\lim_{x \to 0} \frac{\sin x}{x} = 1. \tag{3.1.10}$$

♡

证: 根据上面不等式得到 $\cos x < \dfrac{\sin x}{x} < 1$ 只要 $0 < |x| < \dfrac{\pi}{2}$. 要利用函数极限的夹逼定理, 只有说明

$$\lim_{x \to 0} \cos x = 1.$$

根据倍角公式得到

$$|\cos x - 1| = 2 \sin^2 \frac{x}{2} < \frac{x^2}{2}$$

从而得到 $\cos x \to 1$ 当 $x \to 0$. □

注 3.1

(1) 对函数 $\dfrac{\sin x}{x}$ 已经证明了

$$\lim_{x\to 0}\frac{\sin x}{x}=1,\quad \lim_{x\to\infty}\frac{\sin x}{x}=0.$$

考虑函数 $\dfrac{\sin x}{x}$ 在区间 $(0,+\infty)$ 上的积分, 即所谓的反常积分

$$\int_0^{+\infty}\frac{\sin x}{x}dx.$$

利用含参变量积分 (参见**例 15.8**) 或者复变函数可以证明上述积分存在, 且积分值等于 $\dfrac{\pi}{2}$.

(2) 根据 (3.1.10) 可知

$$\lim_{x\to 0}\frac{\sin(\alpha x)}{x}=\alpha,\quad \alpha\neq 0.$$

(3) 根据 (3.1.10) 和**定理 3.3** 得到

$$\lim_{x\to 0}\frac{\tan x}{x}=\lim_{x\to 0}\frac{\sin x}{x}\cdot\frac{1}{\cos x}=1,\quad \lim_{x\to 0}\frac{1-\cos x}{x^2}=\lim_{x\to 0}\frac{1}{x^2}2\sin^2\frac{x}{2}=\frac{1}{2}.$$ ♣

上述最后一个函数极限给出了

$$1-\cos x\sim\frac{1}{2}x^2,\quad 当\ x\to 0\ 时.$$

符号 “$\sim$” 的确切含义见**定义 3.5**.

第二个重要的极限是把 (2.3.3) 推广到函数情形.

命题 3.2

$$\lim_{x\to\infty}\left(1+\frac{1}{x}\right)^x=e. \tag{3.1.11}$$ ♡

证: 注意到函数极限是当 $x\to\infty$ 时. 对任意 $x\geqslant 1$ 有不等式

$$\left(1+\frac{1}{\lfloor x\rfloor+1}\right)^{\lfloor x\rfloor}<\left(1+\frac{1}{x}\right)^x<\left(1+\frac{1}{\lfloor x\rfloor}\right)^{\lfloor x\rfloor+1}.$$

最左边项可以写成

$$\left(1+\frac{1}{\lfloor x\rfloor+1}\right)^{\lfloor x\rfloor+1}\Big/\left(1+\frac{1}{\lfloor x\rfloor+1}\right),$$

而最右边项可以写成

$$\left(1+\frac{1}{\lfloor x\rfloor}\right)^{\lfloor x\rfloor}\left(1+\frac{1}{\lfloor x\rfloor}\right).$$

利用数列极限 $\lim_{n\to\infty}\left(1+\frac{1}{n}\right)^n=e$ 推出

$$\lim_{x\to+\infty}\left(1+\frac{1}{x}\right)^x=e$$

成立. 当 $x\to-\infty$ 时, 令 $y=-x\to+\infty$ 得到

$$\left(1+\frac{1}{x}\right)^x=\left(\frac{y}{y-1}\right)^y=\left(1+\frac{1}{y-1}\right)^y=\left(1+\frac{1}{y-1}\right)^{y-1}\frac{y}{y-1}\to e.$$

利用**定理 3.2** (关于 $x\to\infty$ 的版本) 得到 $\lim_{x\to\infty}\left(1+\frac{1}{x}\right)^x=e$. □

注 3.2

公式 (3.1.11) 有下列变形:

$$\lim_{y\to 0}(1+y)^{\frac{1}{y}}=e,\quad \lim_{y\to\infty}\left(1-\frac{1}{y}\right)^y=\frac{1}{e}. \tag{3.1.12}$$

公式 (3.1.10) 有下面一个应用: 证明

$$\lim_{n\to\infty}[n\sin(2\pi n!e)]=2\pi.$$

证: 回顾极限

$$e=\lim_{n\to\infty}\sum_{0\leqslant k\leqslant n}\frac{1}{k!}=\sum_{k\geqslant 0}\frac{1}{k!}.$$

从而得到

$$n!e=n!\sum_{0\leqslant k\leqslant n}\frac{1}{k!}n!+\sum_{k\geqslant n+1}\frac{1}{k!}.$$

右边第一项属于 $\mathbb{Z}$ 而把第二项记作 $\epsilon_n\to 0$. 计算可得

$$\frac{1}{n+1}<\epsilon_n=\frac{1}{n+1}+\frac{1}{(n+1)(n+2)}+\cdots<\frac{1}{n+1}+\frac{1}{(n+1)^2}+\cdots=\frac{1}{n},$$

故

$$n\sin(2\pi n!e)=n\sin(2\pi\epsilon_n)=\frac{\sin(2\pi\epsilon_n)}{2\pi\epsilon_n}\frac{2\pi\epsilon_n}{\frac{1}{n}}\to 1\times 2\pi=2\pi.\quad\square$$

♣

3.1.4 Heine 定理

这个定理以德国数学家 Heinrich Eduard Heine 命名, 在数列极限和函数极限之间建立了一座桥梁.

定理 3.4 (Heine)

给定函数 $f: U^\circ(a,\rho)\to\mathbb{R}$ 和 $A\in\mathbb{R}$.

$$\lim_{x\to a} f(x)=A \iff \text{任意 } \{a_n\}_{n\in\mathbb{N}}\subset U^\circ(a,\rho) \text{ 满足 } a_n\to a \text{ 有 } \lim_{n\to\infty} f(a_n)=A,$$

$$\iff \text{任意 } \{a_n\}_{n\in\mathbb{N}}\subset U^\circ(a,\rho) \text{ 满足 } a_n\to a \text{ 有 } \{f(a_n)\}_{n\in\mathbb{N}} \text{ 收敛}.$$

♡

证: (1) $\Longleftarrow$: 假设 $\lim\limits_{x\to a} f(x)\neq A$, 则存在 $\epsilon_0>0$, 对任意 $\delta>0$ 存在 $x\in U^\circ(a,\delta)$ 使得 $|f(x)-A|\geqslant\epsilon_0$ 成立. 分别取 $\delta_1=\rho$, $\delta_2=\dfrac{\rho}{2}$, $\cdots$, $\delta_n=\dfrac{\rho}{n}$, $\cdots$, 得到点列 $\{x_n\}_{n\geqslant1}$ 满足 $x_n\in U^\circ\left(a,\dfrac{\rho}{n}\right)$ 和 $|f(x_n)-A|\geqslant\epsilon_0$. 此时 $x_n\to a$, 但 $f(x_n)\nrightarrow A$. 矛盾表明必有 $\lim\limits_{x\to a} f(x)=A$. $\Longrightarrow$: 显然.

(2) $\Longrightarrow$: 显然.

$\Longleftarrow$: 只要证明任何收敛数列 $\{f(a_n)\}_{n\geqslant1}$ 都有相同的极限. 假设存在数列 $\{a_n\}_{n\geqslant1}$ 和 $\{b_n\}_{n\geqslant1}$ 满足 $a_n\to a$, $b_n\to a$, $f(a_n)\to A$, $f(b_n)\to B$, 但 $A\neq B$. 定义新的数列 $\{x_n\}_{n\geqslant1}$:

$$x_1:=a_1,\ x_2:=b_1,\ x_3:=a_2,\ x_4:=b_2,\ \cdots,\ x_{2n-1}:=a_n,\ x_{2n}:=b_n,\ \cdots.$$

此时 $x_n\to a$ 但数列 $\{f(x_n)\}_{n\geqslant1}$ 发散. 矛盾表明必有 $A=B$. □

例 3.4

(1) 证明函数 $\sin\dfrac{1}{x}$ 在 $x=0$ 处无极限.

证: 对数列 $x_n=\dfrac{1}{n\pi}$ 和 $y_n=\dfrac{1}{2n\pi+\dfrac{\pi}{2}}$ 有

$$\sin\frac{1}{x_n}=0,\quad \sin\frac{1}{y_n}=1.$$

故 $\sin\dfrac{1}{x}$ 在 $x=0$ 处极限不存在. □

(2) 证明 Dirichlet 函数[a]在任何点 $x \in \mathbb{R}$ 处的极限都不存在.

证: 回忆 Dirichlet 函数的定义

$$D(x)=\begin{cases}1, & x\in\mathbb{Q},\\ 0, & x\in\mathbb{R}\setminus\mathbb{Q}.\end{cases}$$

对任意 $a\in\mathbb{R}$ 存在 $a_n\in\mathbb{Q}$ 满足 $a_n\to a$. 另一方面存在 $b_n\in\mathbb{R}\setminus\mathbb{Q}$ 满足 $b_n\to a$. 所以 $D(a_n)=1\neq 0=D(b_n)$. □

(3) 拓扑学家的 sine 曲线或华沙 sine 曲线定义为 $X:=\left\{\left(x,\sin\frac{1}{x}\right):x\in(0,1]\right\}$. 定义映射

$$f:(0,1]\longrightarrow X\subset\mathbb{R}^2,\quad f(x):=\left(x,\sin\frac{1}{x}\right).$$

从而可以证明 X 是连通的, $\overline{X}$ 是连通的但不是道路连通的.

[a] Dirichlet, L. *Sur la convergence des séries trigonométriques qui servent à représenter une fonction arbitraire entre des limites données, J. Reine Angrw. Math.*, **4**(1829), 157–169.

♠

定理 3.5 (函数极限的 Cauchy 收敛准则)

$$\lim_{x\to\infty}f(x)\text{ 存在}\iff\begin{pmatrix}\forall\,\epsilon>0\;\exists\,M>0\;\forall\,|x|,|y|>M\\ \text{有 }|f(x)-f(y)|<\epsilon\end{pmatrix},$$

$$\lim_{x\to a}f(x)\text{ 存在}\iff\begin{pmatrix}\forall\,\epsilon>0\;\exists\,\delta>0\;\forall\,0<|x-a|,|y-a|<\delta\\ \text{有 }|f(x)-f(y)|<\epsilon\end{pmatrix}.$$

♡

证: $\Longrightarrow$: 显然.

$\Longleftarrow$: 利用数列的 Cauchy 收敛准则得到对任意 $a_n\to\infty$, 数列 $\{f(a_n)\}_{n\in\mathbb{N}}$ 收敛. 根据**定理 3.4** 得到极限 $\lim\limits_{x\to\infty}f(x)$ 存在. □

作为推论得到: $\lim\limits_{x\to\infty}f(x)$ 存在当且仅当对任意两个无穷大数列 $\{x_n\}_{n\in\mathbb{N}}$ 和 $\{y_n\}_{n\in\mathbb{N}}$ 有 $\lim\limits_{n\to\infty}[f(x_n)-f(y_n)]=0$.

3.1.5 * Bohr-Mollerup-Artin 定理

本小节我们给出 Γ 函数的刻画, 这是由 Harald Bohr 和 Johannes Mollerup 在《数学分析教科书》(Lærebog i Matematisk Analyse, 1922) 中给出的, 也叫 Bohr-

Mollerup-Artin 定理[7].

称函数 $F:(a,b)\to\mathbb{R}$ $(-\infty\leqslant a<b\leqslant+\infty)$ 是**凸的 (convex)** 如果不等式

$$F(\lambda x+\mu y)\leqslant\lambda F(x)+\mu F(y) \tag{3.1.13}$$

对任意 $x,y\in(a,b)$ 和任意 $0\leqslant\lambda,\mu\leqslant1$(但满足 $\lambda+\mu=1$) 都成立.

如果函数 F 本身是 2 阶可导的, 则 F 是凸的当且仅当 $F''>0$ (参见**定理 4.23**). 比如下列函数都是凸函数:

$$-\ln x,\quad x>0;\quad |x|,\quad x\in\mathbb{R};\quad e^x,\quad x\in\mathbb{R}.$$

定理 3.6 (Bohr-Mollerup-Artin)

假设函数 $f:(0,+\infty)\to(0,+\infty)$ 满足条件:

$$\text{(i) } f(x+1)=xf(x),\quad \text{(ii) } \ln f(x) \text{ 是凸的},\quad \text{(iii) } f(1)=1.$$

则函数 f 由下面极限给出

$$f(x)=\lim_{n\to\infty}\frac{n^x n!}{x(x+1)\cdots(x+n)}.$$

♡

证: (1) 首先假设 $n\in\mathbb{N}$ 且 $n\geqslant2$, $x\in(0,1]$. 从条件 (i) 和 (iii) 得 $f(n)=(n-1)!$. 令

$$F(x):=\ln f(x).$$

根据条件 (ii) 和分解 $n+x=x(n+1)+(1-x)n$ 得到

$$F(n+x)\leqslant xF(n+1)+(1-x)F(n).$$

所以

$$\frac{F(n+x)-F(n)}{x}\leqslant F(n+1)-F(n).$$

另一方面, 利用分解 $n=\frac{x}{1+x}(n-1)+\frac{1}{1+x}(nx)$ 得到

$$F(n)\leqslant\frac{x}{1+x}F(n-1)+\frac{1}{1+x}F(n+x).$$

所以

$$(1+x)F(n)\leqslant xF(n-1)+F(n+x)\quad\Longrightarrow\quad F(n)-F(n-1)\leqslant\frac{F(n+x)-F(n)}{x}.$$

---

[7]Artin, Emil. *The Gamma Function*, Holt, Rinehart, Winston, 1964.

最后推出

$$\ln(n-1) \leqslant \frac{\ln[f(x+n)] - \ln[(n-1)!]}{x} \leqslant \ln n$$

即

$$\ln\left[(n-1)^x(n-1)!\right] \leqslant \ln[f(x+n)] \leqslant \ln\left[n^x(n-1)!\right]$$

或

$$(n-1)^x(n-1)! \leqslant f(x+n) = (x+n-1)\cdots(x+1)f(x) \leqslant n^x(n-1)!.$$

由此得到 $f(x)$ 的估计

$$\frac{(n-1)^x(n-1)!}{x(x+1)\cdots(x+n-1)} \leqslant f(x) \leqslant \frac{n^x(n-1)!}{x(x+1)\cdots(x+n-1)}.$$

等价地,

$$\frac{n}{n+x}f(x) \leqslant \frac{n^x n!}{x(x+1)\cdots(x+n)} \leqslant f(x), \quad \text{任意 } n \geqslant 1.$$

因此结论对任意 $x \in (0,1]$ 成立.

(2) 对一般的 $x>0$, 存在 $k \in \mathbb{N}$ 满足 $k<x \leqslant k+1$ 和 $0<x-k \leqslant 1$. 从而得到

$$f(x-k) = \lim_{n\to\infty} \frac{n^{x-k}n!}{(x-k)(x-k+1)\cdots(x-k+n)}$$

和

$$\begin{aligned}
f(x) &= f(x-1+1) = (x-1)f(x-1) = \cdots \\
&= (x-k)(x-k+1)\cdots(x-1)f(x-k) \\
&= \lim_{n\to\infty} \frac{n^x n!}{n^k x(x+1)\cdots(x-k+n)} \\
&= \lim_{n\to\infty} \frac{n^x n!}{x(x+1)\cdots(x+n)} \cdot \frac{(x-k+n+1)\cdots(x+n)}{n^k} \\
&= \lim_{n\to\infty} \frac{n^x n!}{x(x+1)\cdots(x+n)}. \quad \square
\end{aligned}$$

实际上, 上述定理给出了 Γ 函数 (参见 (5.5.17)) 的 Euler 定义 (参见**推论 15.5**).

3.2 函数的阶估计

我们知道当 $x \to +\infty$ 时函数 $f(x)=x^2$ 和 $g(x)=x$ 都趋于 $+\infty$, 但函数 $f(x)$ 比 $g(x)$ 更加快地趋于 $+\infty$, 这是因为 $\lim\limits_{x\to+\infty}\dfrac{f(x)}{g(x)}=+\infty$. 从**例 3.3** 知道函数 e^x 比任意多项式都更快地趋于 $+\infty$. 那么有没有比任意多项式都更慢地趋于 $+\infty$ 的函数呢? 答案是有的, 比如函数 $\ln x$ (参见**例 4.17**).

Bois-Reymond 研究了两个无穷大函数商的极限, 称**无穷计算 (calculus of infinities)**.

3.2.1 无穷小

数列中无穷小和无穷大的概念可以平行推广到函数情形. 我们先给出无穷小的概念.

定义 3.4 (无穷小)

给定 $a\in\mathbb{R}$. 称函数 $f(x)$ 为 (当 $x\to a$ 时的) **无穷小 (infinitesimal)**, 并记作

$$f(x)=o(1),\quad 当\ x\to a\ 时,$$

如果 $\lim\limits_{x\to a} f(x)=0$. 记号 o 是 Edmund Landau 在 1909 年引入的.

♣

在上述定义中, 如果把极限过程 $x\to a$ 换成 $x\to a+$, $x\to a-$, $x\to-\infty$, $x\to+\infty$, $x\to\infty$, 我们就得到相应的无穷小之概念.

讲函数是 "无穷小", 必须注明 "当 $x\to **$ 时", 否则的话就没有任何意义. 比如函数 $f(x)=x$ 当 $x\to 0$ 时是无穷小, 但是当 $x\to 1$ 时趋于常数 1.

注 3.3

(1) 不失一般性, 之后的讨论都围绕着 $x\to a$ 展开. 其他极限过程可类似地讨论.

(2) $\lim\limits_{x\to a} f(x)=A$ 当且仅当 $f(x)-A=o(1)$ 当 $x\to a$ 时.

(3) $f(x)=o(1)$ 当 $x\to a$ 时, 当且仅当 $|f(x)|=o(1)$ 当 $x\to a$ 时.

(4) 如果 $f(x)=o(1)$, $g(x)=o(1)$ 当 $x\to a$ 时, 那么对任意 $\alpha,\beta\in\mathbb{R}$, $\alpha f(x)+\beta g(x)=o(1)$ 当 $x\to a$ 时.

(5) 如果 $f(x)=o(1)$ 当 $x\to a$ 时, 且 $g(x)$ 在 $(a-\delta,a+\delta)$ (存在 $\delta>0$) 内有界, 那么 $f(x)g(x)=o(1)$ 当 $x\to a$ 时.

♣

例 3.5 (常用的一些无穷小)

(1) 当 $x\to 0$ 时: $\sin x=o(1)$, $\tan x=o(1)$, $a^x-1=o(1)$ $(a>0)$.

当 $x\to 0+$ 时: $x^\alpha=o(1)$ $(\alpha>0)$, $1-\cos x=o(1)$.

当 $x\to +\infty$ 时: $\dfrac{1}{x^\alpha}=o(1)$ $(\alpha>0)$, $a^x=o(1)$ $(0<a<1)$.

当 $x\to \infty$ 时: $\dfrac{1}{x^n}=o(1)$ $(n\in\mathbb{Z}_+)$, $\dfrac{1}{x^{1/3}}=o(1)$.

当 $x\to -\infty$ 时: $a^x=o(1)$ $(a>1)$.

(2) 当 $x\to 0$ 时: $xe^x+3\ln(1+x)=e^{\sin x}\cos x-1=o(1)$.

当 $x\to\infty$ 时:

$$\frac{x+\sin x}{x^2+5x-2}=\frac{3x}{e^x+\ln x}=\sqrt{1+x}-\sqrt{x}=\ln\left(1+\frac{1}{x}\right)+\frac{\sin x}{x}=o(1).$$

(3) 求常数 A 和 B 满足

$$\lim_{x\to+\infty}\left(\sqrt{x^2+2x+5}+Ax+B\right)=1.$$

解: 根据条件可令

$$\sqrt{x^2+2x+5}+Ax+B=1+\alpha(x),\quad \alpha(x)=o(1)\ (\text{当 } x\to+\infty).$$

则

$$A=\frac{1+\alpha-B-\sqrt{x^2+2x+5}}{x}=-\sqrt{1+\frac{2}{x}+\frac{5}{x^2}}+\frac{1-B}{x}+\frac{\alpha}{x}.$$

令 $x\to+\infty$ 得到 $A=-1$ 从而

$$B=1+\alpha+x-\sqrt{x^2+2x+5}.$$

两边再让 $x\to+\infty$ 推出

$$B=1+\lim_{x\to+\infty}\frac{-2x-5}{\sqrt{x^2+2x+5}+x}=1-\lim_{x\to\infty}\frac{2+\dfrac{5}{x}}{1+\sqrt{1+\dfrac{2}{x}+\dfrac{5}{x^2}}}=0.$$

最后得到 $A=-1$ 和 $B=0$. □ ♠

现在我们把上述无穷小的概念推广之, 部分符号来自 Hardy[8]的专著.

[8] Hardy, G. H. *Orders of infinity*, The "infinitärcalcül" of Paul Du Bois-Reymond, Cambridge University Press, 1910.

定义 3.5

假设函数 $u(x)$, $v(x)$ 满足条件 $u(x)=v(x)=o(1)$, 当 $x\to a$ 时.

(1) 定义 (或记作 $u\prec v$) (Hardy, 1910 年)

$$u(x)=o(v(x))\text{ 当 }x\to a\text{ 时}\quad\Longleftrightarrow\quad\lim_{x\to a}\frac{u(x)}{v(x)}=0.$$

(2) 定义 (或记作 $u\preccurlyeq v$) (记号 O 是 Paul Bachmann 在 1895 年引入的[a])

$$u(x)=O(v(x))\text{ 当 }x\to a\text{ 时}\Longleftrightarrow\left|\frac{u(x)}{v(x)}\right|\leqslant M\ (\text{存在 }M>0)\text{ 在 }\mathring{U}(a,\delta)\text{ 内}.$$

(3) (Landau 记号) 定义 (或记作 $u\asymp v$) (Landau, 1909 年)

$$\begin{aligned}u(x)\approx v(x)\text{ 当 }x\to a\text{ 时}&\Longleftrightarrow u(x)=O(v(x))\text{ 且 }v(x)=O(u(x))\\&\qquad\text{当 }x\to a\text{ 时}\\&\Longleftrightarrow 0<m\leqslant\left|\frac{u(x)}{v(x)}\right|\leqslant M\\&\qquad(\text{存在 }0<m<M)\text{ 在 }\mathring{U}(a,\delta)\text{ 内}.\end{aligned}$$

(4) 定义

$$u(x)\sim v(x)\text{ 当 }x\to a\text{ 时}\Longleftrightarrow\lim_{x\to a}\frac{u(x)}{v(x)}=1.$$

[a]Bachmann, P. *Analytische Zahlentheorie*, Vol. **2**, Leipzig: Teubner, 1895.

♣

命题 3.3

(1) 如果当 $x\to a$ 时有 $u(x)=v(x)=o(1)$, 且 $\lim\limits_{x\to a}\frac{u(x)}{v(x)}$ 存在, 则当 $x\to a$ 时有 $u(x)=O(v(x))$.

(2) 如果当 $x\to a$ 时有 $u(x)=v(x)=o(1)$, 且 $\lim\limits_{x\to a}\frac{u(x)}{v(x)}=c\neq 0$, 则当 $x\to a$ 时有 $u(x)\approx v(x)$.

♡

证: 显然成立. □

定义 3.6 (k 阶无穷小)

(1) 称函数 $u(x)$ 为 **k 阶无穷小 (k-th order of infinitesimal)**(当 $x\to a$ 时), 如果

$$u(x)\approx(x-a)^k\ (k>0).$$

(2) 称 $c(x-a)^k$ 为$u(x)$ **的主部 (principal)**(当 $x \to a$ 时), 如果 $c \neq 0$ 且

$$u(x) \sim c(x-a)^k, \quad x \to a.$$

♣

在证明**性质 3.1** 时, 其实我们已经证明了

$$\lim_{x \to 0} \frac{1-\cos x}{\frac{x^2}{2}} = 1. \tag{3.2.1}$$

故当 $x \to 0$ 时,

$$1 - \cos x \sim \frac{1}{2}x^2.$$

例 3.6

(1) 当 $x \to 0$ 时:

$$\sin x \approx (x-0)^1, \quad 1-\cos x \approx (x-0)^2, \quad 1-\cos x \sim \frac{1}{2}(x-0)^2.$$

(2) 当 $x \to 0+$ 时:

$$\ln x = o(1), \quad x^{\alpha}(\ln x)^k = o(1) \ (\alpha > 0,\ k \in \mathbb{Z}_+).$$

(3) 当 $x \to 0$ 时:

$$\sin x \sim x \sim \tan x \sim \ln(1+x) \sim e^x - 1 \sim \frac{(1+x)^{\alpha}-1}{\alpha} \ (\alpha > 0).$$

证: 先证 $x \sim \ln(1+x)$:

$$\lim_{x \to 0} \ln \frac{(1+x)^{\frac{1}{x}}}{e} = \lim_{x \to 0} \ln \left[1 + \frac{(1+x)^{\frac{1}{x}} - e}{e}\right] = \ln(1+0) = 0.$$

再证 $e^x - 1 \sim x$:

$$\lim_{x \to 0} \frac{e^x - 1}{x} = \lim_{x \to 0} \frac{t}{\ln(1+t)} = 1.$$

最后证 $\dfrac{(1+x)^{\alpha}-1}{x} \sim \alpha$:

$$\lim_{x \to 0} \frac{(1+x)^{\alpha}-1}{x} = \lim_{x \to 0} \frac{e^{\alpha \ln(1+x)}-1}{x} = \lim_{x \to 0} \frac{e^{\alpha \ln(1+x)}-1}{\alpha \ln(1+x)} \cdot \frac{\alpha \ln(1+x)}{x} = \alpha. \qquad \square$$

♠

命题 3.4

假设下面的极限过程都为 $x \to a$:

(1) 如果 $u(x) = O(v(x))$ $v(x) = O(w(x))$, 则 $u(x) = O(w(x))$.

(2) 如果 $u(x) = O(v(x))$ $v(x) = o(w(x))$, 则 $u(x) = o(w(x))$.

(3) $O(u(x)) + O(v(x)) = O(u(x) + v(x))$.

(4) $O(u(x))O(v(x)) = O(u(x)v(x))$, 特别地 $O(u^k(x)) = O(u(x))^k$.

(5) $o(1)O(u(x)) = o(u(x))$.

(6) $O(1)o(u(x)) = o(u(x))$.

(7) $O(u(x)) + o(u(x)) = O(u(x))$.

(8) $o(u(x)) + o(v(x)) = o(|u(x)| + |v(x)|)$.

(9) $o(u(x))o(v(x)) = o(u(x)v(x))$, 特别地 $o(u^k(x)) = o(u(x))^k$.

(10) 如果 $u(x) \sim v(x)$ $v(x) \sim w(x)$, 则 $u(x) \sim w(x)$.

(11) 如果 $u(x) \sim v(x)$, $w(x) = o(u(x))$, 则 $u(x) \sim v(x) \pm w(x)$. ♡

证: 请诸位作为练习自证. □

3.2.2 无穷大

若 $u(x)$ 为无穷小, 则把 $f(x) = \dfrac{1}{u(x)}$ 称为**无穷大 (infinite)**. 下面我们只对极限过程 $x \to a$ 时展开讨论. 对其余极限情形

$$x \to a+, \quad x \to a-, \quad x \to +\infty, \quad x \to -\infty, \quad x \to \infty,$$

请读者自行写出定义.

定义 3.7 (无穷大)

假设函数 $f(x)$ 定义在 $\mathring{U}(a,\rho)$ 内, 其中 $\rho > 0$. 定义

$$\lim_{x\to a} f(x) = +\infty \iff \begin{pmatrix} \forall\, C > 0\ \exists\, \delta > 0\ \forall\, x \in \mathring{U}(a,\delta) \\ \text{有 } f(x) \geqslant C. \end{pmatrix},$$

$$\lim_{x\to a} f(x) = -\infty \iff \begin{pmatrix} \forall\, C > 0\ \exists\, \delta > 0\ \forall\, x \in \mathring{U}(a,\delta) \\ \text{有 } f(x) \leqslant -C. \end{pmatrix},$$

$$\lim_{x\to a} f(x) = \infty \iff \begin{pmatrix} \forall\, C > 0\ \exists\, \delta > 0\ \forall\, x \in \mathring{U}(a,\delta) \\ \text{有 } |f(x)| \geqslant C. \end{pmatrix}.$$

♣

类似于**定义 3.5**, 我们可引入如下记号:

(1) 若 $u(x)\to\infty$ 和 $v(x)\to\infty$, 定义

$$u(x)=o(v(x)) \iff \lim_{x\to a}\frac{u(x)}{v(x)}=0.$$

(2) 若 $u(x)\to\infty$ 和 $v(x)\to\infty$, 定义

$$u(x)=O(v(x)) \iff \left|\frac{u(x)}{v(x)}\right|\leqslant M \text{ 在 } \mathring{U}(a,\delta) \text{ 内}.$$

(3) 若 $u(x)\to\infty$ 和 $v(x)\to\infty$, 定义

$$u(x)\approx v(x) \iff u(x)=O(v(x)) \text{ 且 } v(x)=O(u(x)).$$

(4) 若 $u(x)\to\infty$ 和 $v(x)\to\infty$, 定义

$$u(x)\sim v(x) \iff \lim_{x\to a}\frac{u(x)}{v(x)}=1.$$

命题 3.5

命题 3.4对无穷大也成立. 

3.2.3 等价替换

我们知道当 $x\to a$ 时, $\tan x\sim\sin x\sim x$ 从而得到 $\tan x-\sin x\to 0$. 因此

$$\lim_{x\to 0}(\tan x-\sin x)=0.$$

例 3.7

求极限

$$\lim_{x\to 0}\frac{\tan x-\sin x}{x^3}.$$

解: 如果直接把等价关系 $\sin x\sim\tan x\sim x$ 带入就会得到极限为 ∞. 但是实际上

$$\frac{\tan x-\sin x}{x^3}=\frac{\sin x}{\cos x}\frac{1-\cos x}{x^3}=\frac{\sin x}{x}\frac{1}{\cos x}\frac{1-\cos x}{x^2}=\frac{1}{2}.$$

一个很自然的问题是为何不能够直接把等价量带入后再求极限呢? 原因在于在**例 3.7** 中分母是 x^3 从而导致我们要算出分子 $\tan x-\sin x$ 更加准确的估计, 即要算出高阶无穷小. 事实上利用以后会学到的 Taylor 展开我们可以得到

$$\sin x \sim x - \frac{1}{3!}x^3, \quad \tan x \sim x + \frac{1}{3}x^3, \quad \tan x - \sin x \sim \frac{1}{2}x^3, \quad x \to 0,$$

参见 (4.7.17) 和 (4.7.25). 利用上述估计立刻得到极限就是 $\frac{1}{2}$. □ ♠

定理 3.7

假设 $v(x) \sim w(x)$, 当 $x \to a$ 时, 是等价无穷小或等价无穷大. 则

$$\lim_{x\to a} u(x)v(x) = A \Longleftrightarrow \lim_{x\to a} u(x)w(x) = A,$$

$$\lim_{x\to a} \frac{u(x)}{v(x)} = A \Longleftrightarrow \lim_{x\to a} \frac{u(x)}{w(x)} = A.$$ ♡

证: 利用

$$u(x)w(x) = u(x)v(x) \cdot \frac{w(x)}{v(x)}, \quad \frac{u(x)}{w(x)} = \frac{u(x)}{v(x)} \cdot \frac{v(x)}{w(x)}. \quad □$$

上述定理告诉我们在乘除运算中, 等价的两个无穷小或无穷大可互相替换而不影响最后结果. 但对加减运算则情况很复杂, **例 3.7** 告诉我们不能直接把等价量替换掉; 另一方面要想用**定理 3.7** 就必须找到一个方法把被求极限函数变成乘除运算.

例 3.8

(1) 求极限

$$\lim_{x\to 0} \frac{\sqrt{1+x} - \sqrt[3]{1+x}}{\ln(1+2x)}.$$

解: 因为 $\ln(1+2x) \sim 2x$ 当 $x \to 0$ 时成立, 所以得到

$$\frac{\sqrt{1+x} - \sqrt[3]{1+x}}{\ln(1+2x)} \sim \frac{\sqrt{1+x} - \sqrt[3]{1+x}}{2x} = \frac{(\sqrt{1+x} - 1) - (\sqrt[3]{1+x} - 1)}{2x}.$$

根据平方差公式得到

$$\frac{(1+x)^{1/2} - 1}{x} = \frac{(1+x) - 1}{x[(1+x)^{1/2} + 1]} = \frac{1}{(1+x)^{1/2} + 1} \sim \frac{1}{2}$$

当 $x \to 0$ 时. 同样利用立方差公式得到

$$\frac{(1+x)^{1/3} - 1}{x} = \frac{1}{(1+x)^{2/3} + (1+x)^{1/3} + 1} \sim \frac{1}{3}$$

当 $x \to 0$ 时. 因此

$$(1+x)^{1/2}-1\sim\frac{1}{2}x,\quad (1+x)^{1/3}-1\sim\frac{1}{3}x,\quad x\to 0.$$

最终极限等于 $\frac{1}{2}\left(\frac{1}{2}-\frac{1}{3}\right)=\frac{1}{12}$. □

(2) 求极限

$$\lim_{x\to 0}\frac{\sqrt{1+2x}-\sqrt[3]{1+3x}}{x^2}.$$

解: 仿照 (1) 得到

$$\sqrt{1+2x}-1\sim\frac{1}{2}\times 2x=x,\quad x\to 0.$$

但是 $(\sqrt{1+2x}-1)/x^2\to\infty$. 故考虑分解

$$\sqrt{1+2x}-\sqrt[3]{1+3x}=\left[\sqrt{1+2x}-(1+x)\right]-\left[\sqrt[3]{1+3x}-(1+x)\right].$$

分别利用平方差公式和立方差公式得到

$$\begin{aligned}\lim_{x\to 0}\frac{\sqrt{1+2x}-(1+x)}{x^2}&=\lim_{x\to 0}\frac{-x^2}{x^2[\sqrt{1+2x}+(1+x)]}\\&=-\lim_{x\to 0}\frac{1}{1+x+\sqrt{1+2x}}=-\frac{1}{2}\end{aligned}$$

和

$$\begin{aligned}&\lim_{x\to 0}\frac{\sqrt[3]{1+3x}-(1+x)}{x^2}\\&=\lim_{x\to 0}\frac{(1+3x)-(1+x)^3}{x^2[(1+3x)^{2/3}+(1+3x)^{1/3}(1+x)+(1+x)^2]}=\frac{-3}{3}=-1.\end{aligned}$$

最后得到极限等于 $-\frac{1}{2}+1=\frac{1}{2}$. □

(3) 实际上对任何 $\alpha>0$ 有 (参见 (4.7.19) 及之后的证明)

$$(1+x)^\alpha-\left[\sum_{0\leqslant i\leqslant k-1}\frac{\alpha(\alpha-1)\cdots(\alpha-i+1)}{i!}x^i\right]\sim\frac{\alpha(\alpha-1)\cdots(\alpha-k+1)}{k!}x^k \tag{3.2.2}$$

当 $x\to 0$ 时. 由此我们得到如下断言:

断言: 假设 $u(x)-\sum\limits_{0\leqslant i\leqslant k-1}a_ix^i\sim a_kx^k$ 和 $v(x)-\sum\limits_{0\leqslant i\leqslant k-1}a_ix^i\sim b_kx^k$ 当 $x\to 0$ 时成立, 其中 $a_0,b_0,\cdots,a_k,b_k$ 都是常数且 $a_k\neq b_k$. 则

$$u(x)-v(x)\sim(a_k-b_k)x^k,\quad x\to 0.$$

证: 根据假设条件得到

$$\begin{aligned}\frac{u(x)-v(x)}{(a_k-b_k)x^k}&=\frac{\left[u(x)-\sum\limits_{0\leqslant i\leqslant k-1}a_ix^i\right]-\left[v(x)-\sum\limits_{0\leqslant i\leqslant k-1}b_ix^i\right]}{(a_k-b_k)x^k}\\&=\frac{u(x)-\sum\limits_{0\leqslant i\leqslant k-1}a_ix^i}{a_kx^k}\cdot\frac{a_k}{a_k-b_k}-\frac{v(x)-\sum\limits_{0\leqslant i\leqslant k-1}b_ix^i}{b_kx^k}\cdot\frac{b_k}{a_k-b_k}\\&\sim\frac{a_k}{a_k-b_k}-\frac{b_k}{a_k-b_k}=1.\end{aligned}$$

即 $u(x)-v(x)\sim(a_k-b_k)x^k$. □

比如

$$\begin{aligned}(1+x)^{1/2}-\left[1+\frac{1}{2}x\right]&\sim\frac{\frac{1}{2}\left(\frac{1}{2}-1\right)}{2}x^2=-\frac{1}{8}x^2,\\(1+x)^{1/3}-\left[1+\frac{1}{3}x\right]&\sim\frac{\frac{1}{3}\left(\frac{1}{3}-1\right)}{2}x^2\ \ =-\frac{1}{9}x^2.\end{aligned}$$

故

$$(1+x)^{1/2}-(12+x)^{1/3}\sim\left(\frac{1}{2}-\frac{1}{3}\right)x=\frac{1}{6}x.$$

又比如

$$\begin{aligned}(1+2x)^{1/2}-\left[1+\frac{1}{2}(2x)\right]&\sim\frac{\frac{1}{2}\left(\frac{1}{2}-1\right)}{2}(2x)^2=-\frac{1}{2}x^2,\\(1+3x)^{1/3}-\left[1+\frac{1}{3}(3x)\right]&\sim\frac{\frac{1}{3}\left(\frac{1}{3}-1\right)}{2}(3x)^2=-x^2.\end{aligned}$$

故得到

$$(1+2x)^{1/3}-(1+3x)^{1/3}\sim\left(-\frac{1}{2}+1\right)x^2=\frac{1}{2}x^2.$$

(4) 求极限 $\lim\limits_{x\to+\infty}\arccos(\sqrt{x^2+x}-x)$.

解: 令 $u:=\sqrt{x^2+x}-x$. 由于

$$\lim_{x\to+\infty} u = \lim_{x\to+\infty} \frac{x}{x+\sqrt{x^2+x}} = \frac{1}{2},$$

得到

$$\lim_{x\to+\infty} \arccos\left(\sqrt{x^2+x}-x\right) = \lim_{u\to\frac{1}{2}} \arccos u = \frac{\pi}{3}. \quad \square$$

(5) 证明

$$\sqrt{x+\sqrt{x+\sqrt{x}}} \sim x^{1/2}, \quad x\to+\infty.$$

证: 令 $u := \dfrac{x+x^{1/2}}{x^2}$ 推出

$$\begin{aligned}\lim_{x\to+\infty} \frac{\sqrt{x+\sqrt{x+\sqrt{x}}}}{x^{1/2}} &= \lim_{x\to+\infty} \left[1+\left(\frac{x+x^{1/2}}{x^2}\right)^{1/2}\right]^{1/2} \\ &= \lim_{u\to 0}(1+u^{1/2})^{1/2} = 1. \quad \square\end{aligned}$$

(6) 求下列函数当 $x\to 0$ 时的主部

$$\sin\left(x+\frac{\pi}{3}\right)-\frac{\sqrt{3}}{2}, \quad \pi - 3\arccos\left(x+\frac{1}{2}\right).$$

解: 对第一个函数有

$$\sin\left(x+\frac{\pi}{3}\right)-\frac{\sqrt{3}}{2} = \sin\left(x+\frac{\pi}{3}\right)-\sin\frac{\pi}{3} = 2\cos\left(\frac{x}{2}+\frac{\pi}{3}\right)\sin\frac{x}{2} \sim \sin\frac{x}{2} \sim \frac{x}{2},$$

所以函数 $\sin\left(x+\dfrac{\pi}{3}\right)-\dfrac{\sqrt{3}}{2}$ 当 $x\to 0$ 时的主部是 $\dfrac{x}{2}$. 对第二个函数利用 $\sin(3\theta) = 3\sin\theta - 4\sin^3\theta$ 有

$$\begin{aligned}&\pi - 3\arccos\left(x+\frac{1}{2}\right) \sim \sin\left[\pi - 3\arccos\left(x+\frac{1}{2}\right)\right] \\ &= \sin\left[3\arccos\left(x+\frac{1}{2}\right)\right] = 3\sqrt{1-\left(x+\frac{1}{2}\right)^2} - 4\left(\sqrt{1-\left(x+\frac{1}{2}\right)^2}\right)^3 \\ &= \sqrt{1-\left(x+\frac{1}{2}\right)^2}\left\{3-4\left[1-\left(x+\frac{1}{2}\right)^2\right]\right\} \sim \frac{\sqrt{3}}{2}(4x+4x^2) \sim 2\sqrt{3}x, \quad x\to 0.\end{aligned}$$

所以函数 $\pi - 3\arccos\left(x+\dfrac{1}{2}\right)$ 当 $x\to 0$ 时的主部是 $2\sqrt{3}x$. $\square$

♠

例 3.9

假设函数 $f:(0,+\infty)\to\mathbb{R}$ 满足条件

$$f(2x)=f(x) \quad 且 \quad f(x)=o(1), \quad x\to+\infty.$$

证明 $f\equiv 0$.

证: 任取 $x_0\in(0,+\infty)$ 得到

$$f(x_0)=f(2x_0)=f(2^2x_0)=\cdots=f(2^nx_0), \quad 任意\ n\geqslant 0.$$

根据 $\lim\limits_{x\to+\infty}f(x)=0$, Heine 定理和**定理 3.4** ($x\to+\infty$ 的版本), 得到

$$f(x_0)=\lim_{n\to\infty}f(2^nx_0)=\lim_{x\to+\infty}f(x)=0. \quad \square$$

♠

例 3.10

假设函数 $f(x)$ 满足条件 $f(x)=o(1)$ 且 $f(2x)-f(x)=O(x)$, 当 $x\to 0$ 时. 则 $f(x)=O(x)$, 当 $x\to 0$ 时.

证: 根据条件 $f(2x)-f(x)=O(x)$ 可知, 存在正数 $M>0$ 对任意 $x\in\mathring{U}(0,\delta)$ (存在 δ) 有 $|f(2x)-f(x)|\leqslant M|x|$. 从而得到

$$\left|f(x)-f\left(\frac{x}{2}\right)\right|\leqslant\frac{M|x|}{2}, \quad \cdots, \quad \left|f\left(\frac{x}{2^{n-1}}\right)-f\left(\frac{x}{2^n}\right)\right|\leqslant\frac{M|x|}{2^n}.$$

把这些不等式加起来并利用基本不等式 $|x-y|\leqslant|x|+|y|$ 得到

$$\left|f(x)-f\left(\frac{x}{2^n}\right)\right|\leqslant M|x|\sum_{1\leqslant k\leqslant n}\frac{1}{2^k}\leqslant M|x|.$$

利用假设条件 $f(x)=o(1)$ 并令 $n\to\infty$ 推出 $|f(x)|\leqslant M|x|$. 即 $f(x)=O(x)$.

$\square$

♠

3.3 函数的连续和间断

假设函数 $f(x)$ 定义在某个去心邻域 $\mathring{U}(a,r)$ 内. 函数极限 $\lim\limits_{x\to a}f(x)=A$ 的定义, 是对任意 $\epsilon>0$ 存在 $\delta\in(0,r]$, 对任意 $x\in\mathring{U}(a,\delta)$ 有 $|f(x)-A|<\epsilon$. 如果函数 $f(x)$ 定义在邻域 $U(a,r)$ 内且 $A=f(a)$, 我们就得到函数 $f(x)$ 在 $x=a$ 处连续的定义.

3.3.1 连续函数

我们把上述的讨论写成如下定义 (关于连续函数的历史可参考第 **3.3.5 小节**).

定义 3.8 (连续函数, Bolzano-Cauchy-Weierstrass-Heine-Jordan)

假设函数 $f(x)$ 定义在邻域 $U(a,r)$ 内. 称**函数 $f(x)$ 在 $x=a$ 处连续 (the function $f(x)$ is continuous at $x=a$)** 如果

$$\lim_{x\to a} f(x) = f(a),$$

即对任意 $\epsilon>0$ 存在 $\delta\in(0,r]$, 对任意 $x\in U(a,\delta)$ 有

$$|f(x)-f(a)|<\epsilon.$$

此时 a 称为函数 $f(x)$ 的**连续点 (point of continuity)**. ♣

称函数 $f(x)$ 在**开区间 (a,b) 内连续 (continuous in an open interval (a,b))** 如果函数 $f(x)$ 在任意 $x\in(a,b)$ 处连续. 假设函数 $f(x)$ 定义在区间 $[a,a+r)$ 内. 称函数 $f(x)$ 在**a 处右连续 (right continuous at a)** 如果

$$f(a+) := \lim_{x\to a+} f(x) = f(a).$$

假设函数 $f(x)$ 定义在区间 $(a-r,a]$ 内. 称函数 $f(x)$ 在**a 处左连续 (left continuous at a)** 如果

$$f(a-) := \lim_{x\to a-} f(x) = f(a).$$

称函数 $f(x)$ 在**闭区间 $[a,b]$ 内连续 (continuous on a closed interval $[a,b]$)** 如果 $f(x)$ 在开区间 (a,b) 内连续, 在 a 处右连续, 且在 b 处左连续.

类似地可以定义函数 $f(x)$ 在区间

$$[a,b),\quad (a,b],\quad [a,+\infty),\quad (a,+\infty),\quad (-\infty,a],\quad (-\infty,a),\quad (-\infty,+\infty)$$

内连续的概念.

例 3.11

(1) 函数 $\sin x$, $\cos x$, a^x $(a>0)$ 在 $(-\infty,+\infty)$ 上连续; 函数 $\log_a x$ $(a>0)$ 在 $(0,+\infty)$ 上连续; 函数 $\tan x$, $\sec x$ 在其定义域 $\mathbb{R}\setminus\left\{k\pi+\dfrac{\pi}{2}\right\}_{k\in\mathbb{Z}}$ 内连续; 函数 $\cot x$, $\csc x$ 在其定义域 $\mathbb{R}\setminus\{k\pi\}_{k\in\mathbb{Z}}$ 内连续.

(2) 函数 $f(x)$ 在 a 处连续当且仅当函数 $f(x)$ 在 a 处既是左连续又是右连续.

(3) 如果函数 $f(x)$ 连续, 那么函数 $|f(x)|$ 连续. 但是反之不一定成立, 比如考察函数

$$f(x) := \begin{cases} \dfrac{x}{2}+1, & x \in [0,2], \\ \dfrac{x}{2}-1, & x \in [-2,0). \end{cases}$$

(4) $f(a)=\lim\limits_{x\to a} f(x)$ 当且仅当对任意 $x_n \to a$ 都有 $\lim\limits_{n\to\infty} f(x_n)=f(a)$. ♠

例 3.12

(1) 证明下列函数在 0 处连续:

$$f(x)=\begin{cases} x\sin\dfrac{1}{x}, & x \neq 0, \\ 0, & x=0. \end{cases}$$

证: 这是因为 $\lim\limits_{x\to 0} x\sin\dfrac{1}{x}=0$. □

(2) 证明下列函数在 0 处不连续:

$$f(x)=\begin{cases} \dfrac{1-\cos x}{x^2}, & x \neq 0, \\ 1, & x=0. \end{cases}$$

证: 这是因为 $\lim\limits_{x\to 0}\dfrac{1-\cos x}{x^2}=\dfrac{1}{2}\neq 1$. □ ♠

例 3.13

考察函数

$$f(x)=\begin{cases} a_n+\sin(\pi x), & 2n \leqslant x \leqslant 2n+1, \\ b_n+\cos(\pi x), & 2n-1<x<2n, \end{cases} \quad n \in \mathbb{Z}.$$

求 a_n 和 b_n 使得函数 $f(x)$ 在 $(-\infty,+\infty)$ 内连续.

解: 因为函数 $f(x)$ 在 $2n$ 处连续, 所以 $f(2n-)=f(2n)=f(2n+)$ 从而 $b_n+1=a_n$. 同样根据函数 $f(x)$ 在 $2n-1$ 处连续得到 $a_{n-1}=b_n-1$. 故推出 $a_n=a_0+2n$ 且 $b_n=a_0+2n-1$. □ ♠

例 3.14

(1) 定义 $(0,1)$ 上的 Riemann 函数为

$$f(x) := \begin{cases} 0, & x \in (0,1) \text{ 且为无理数}, \\ \dfrac{1}{q}, & x = \dfrac{p}{q} \in (0,1) \cap \mathbb{Q} \text{ 且 } (p,q) = 1. \end{cases}$$

证明函数 $f(x)$ 在任意 $x \in (0,1)\cap\mathbb{Q}$ 处不连续, 但是在任意 $x \in (0,1)\cap(\mathbb{R}\setminus\mathbb{Q})$ 处连续.

Riemann 函数是由 Carl Johannes Thomae 所命名的[a], 也叫 Thomae 函数. 这个函数的概率分布出现[b]在 DNA 序列里.

证: 取 $x = \dfrac{p}{q} \in (0,1) \cap \mathbb{Q}$. 存在 $\epsilon_0 \in \left(0, \dfrac{1}{q}\right)$ 对任意 $\delta > 0$, 存在 $(0,1)$ 的无理数 x 满足 $|x - x_0| < \delta$, 但是

$$|f(x) - f(x_0)| = |f(x_0)| = \frac{1}{q} > \epsilon_0.$$

现在假设 $x_0 \in (0,1) \cap (\mathbb{R} \setminus \mathbb{Q})$. 对任意 $\epsilon > 0$ 存在有限多个 $q \in \mathbb{N}$ 满足 $\dfrac{1}{q} \geqslant \epsilon$. 从而存在有限多个 $\dfrac{p}{q} \in (0,1)$ 满足 $\dfrac{1}{q} \geqslant \epsilon$. 故存在 $\delta > 0$ 使得不等式 $\left|\dfrac{p}{q} - x_0\right| \geqslant \delta$ 对有限多个满足条件 $\dfrac{1}{q} \geqslant \epsilon$ 的 $\dfrac{p}{q} \in (0,1)$ 都成立. 从而对任意 $x \in (0,1) \cap \mathbb{Q}$ 只要 $|x - x_0| < \delta$ 都有 $\dfrac{1}{q} < \epsilon$, 这里 $x = \dfrac{p}{q}$; 此时得到

$$|f(x) - f(x_0)| = |f(x)| = \frac{1}{q} > \epsilon.$$

当 $|x - x_0| < \delta$ 且 $x \in (0,1) \cap (\mathbb{R} \setminus \mathbb{Q})$ 时, 有 $|f(x) - f(x_0)| = |f(x)| = 0 < \epsilon$.
□

(2) 定义函数 $f: (0,1) \to \mathbb{R}$ 如下:

$$f(x) = \begin{cases} x, & x \in (0,1) \cap (\mathbb{R} \setminus \mathbb{Q}), \\ \dfrac{nx}{n+1}, & x = \dfrac{m}{n} \in (0,1) \cap \mathbb{Q},\ (m,n) = 1. \end{cases}$$

证明 $f(x)$ 在任意 $x \in (0,1) \cap \mathbb{Q}$ 处不连续, 但是在任意 $x \in (0,1) \cap (\mathbb{R} \setminus \mathbb{Q})$ 处连续.

证: 令 $x_0 = \dfrac{m}{n} \in (0,1) \cap \mathbb{Q}$. 则 $f(x_0) = \dfrac{nx_0}{n+1} = \dfrac{m}{n+1}$. 取

$$x_k = \frac{km+1}{kn} \longrightarrow \frac{m}{n} = x_0$$

得到

$$\lim_{k\to\infty} f(x_k) = \lim_{k\to\infty} \frac{kn \cdot \dfrac{km+1}{kn}}{kn+1} = \frac{m}{n} \neq f(x_0).$$

所以函数 $f(x)$ 在 x_0 处不连续. 如果 $x_0 \in (0,1) \cap (\mathbb{R} \setminus \mathbb{Q})$, 就和 (1) 中的证明一样存在 $\delta_0 > 0$ 使得对任意 $x \in (0,1) \cap \mathbb{Q}$ 且 $|x - x_0| < \delta_0$ 都有 $\dfrac{1}{n} < \epsilon$, 这里 $x = \dfrac{m}{n}$. 取 $\delta := \min(\epsilon, \delta_0) > 0$. 任意 $x = \dfrac{m}{n} \in (0,1) \cap \mathbb{Q}$ 且 $|x - x_0| < \delta$ 有 $\dfrac{1}{n} < \epsilon$. 进一步

$$|f(x) - f(x_0)| = \left| \frac{x}{1+\dfrac{1}{n}} - x_0 \right| = \frac{\left|x - x_0 - \dfrac{m}{n}\right|}{1+\dfrac{1}{n}} \leqslant \frac{|x-x_0|}{1+\dfrac{1}{n}} + \frac{\dfrac{x_0}{n}}{1+\dfrac{1}{n}}$$
$$< |x - x_0| + \frac{x_0}{n} < \delta + \epsilon x_0 < \epsilon(1 + x_0).$$

当 $x \in (0,1) \cap (\mathbb{R} \setminus \mathbb{Q})$ 时, 有 $|f(x) - f(x_0)| = |x - x_0| < \delta < \epsilon$. 故函数 $f(x)$ 在 x_0 处连续. □

[a] Thomae, J. *Einleitung in die theorie der bestimmten integrale*, Halle a/S: Verlag von Louis Nebert, 1875.

[b] Trifonov, Vladimir; Pasqualucci, Laura; Dalla-Favera, Riccardo; Rabadan, Rual. *Fractal-like distributions over the rational numbers in high-throughput biological and clinical data*, Scientific Reports., **191**(2011), no. 1, 191.

♠

例 3.15

定义函数

$$f(x) := \lim_{m\to\infty} \left[\lim_{n\to\infty} \left(\cos^n(\pi m! x)\right) \right], \quad x \in \mathbb{R}.$$

证明

$$f(x) = \begin{cases} 1, & x \in \mathbb{Q}, \\ 0, & x \notin \mathbb{Q}. \end{cases}$$

因此 $f(x)$ 就是 Dirichlet 函数, 而且 $f(x)$ 处处不连续.

证: 简便起见对给定 m, n 记 $f_{m,n}(x) := \cos^n(\pi m!x)$. 如果 $x = \frac{p}{q} \in \mathbb{Q}$, 则对任意 $m > q$, 都有 $f_{m,n}(x) = 1$ 从而 $f(x) = 1$. 如果 $x \notin \mathbb{Q}$, 由于 $|\cos(\pi m!x)| < 1$ 得到 $\lim\limits_{n\to\infty} f_{m,n}(x) = 0$ 故 $f(x) = 0$. 显然函数 $f(x)$ 处处不连续. □

♠

定理 3.8 (连续函数基本性质)

(1) **(连续函数的四则运算法则)** 如果函数 $f(x)$ 和 $g(x)$ 在 $x = a$ 处连续, 则函数 $f(x) \pm g(x)$, $f(x)g(x)$ 及 $\frac{f(x)}{g(x)}$ (此时 $g(a) \neq 0$) 在 $x = a$ 处连续.

(2) **(复合函数的连续性)** 假设函数 $f(y)$ 在 y_0 处连续而函数 $g(x)$ 在 x_0 处的极限为 y_0, 则

$$\lim_{x\to x_0} f(g(x)) = f\left(\lim_{x\to x_0} g(x)\right). \tag{3.3.1}$$

特别地, 如果函数 $g(x)$ 在 x_0 处连续, 则复合函数 $f(g(x))$ 在 x_0 处连续.

♡

证: (1) 利用**定理 3.3** (6).

(2) 对任给 $\epsilon > 0$ 存在 $\delta > 0$ 只要 $|y - y_0| < \delta$ 就有 $|f(y) - f(y_0)| < \epsilon$. 因为极限 $\lim\limits_{x\to x_0} g(x) = y_0$ 存在, 所以对上述 $\delta > 0$ 存在 $\eta > 0$ 只要 $0 < |x - x_0| < \eta$ 就有 $|g(x) - y_0| < \delta$. 因此得到 $|f(g(x)) - f(y_0)| < \epsilon$. □

(1) 如果 f 在 x_0 处连续, g 在 x_0 处不连续, 则 $f + g$ 在 x_0 处一定不连续, 但是 fg 在 x_0 处可能连续. 反例如下

$$f \equiv 0, \quad g(x) = \begin{cases} 1, & x \geqslant 0, \\ -1, & x < 0. \end{cases}$$

(2) 即使 f 和 g 都在 x_0 处不连续, 但是 $f + g$ 在 x_0 处可能连续, 比如

$$f(x) = \begin{cases} 1, & x \geqslant 0, \\ -1, & x < 0, \end{cases}$$

同样 fg 在 x_0 处可能连续, 比如

$$f(x) = g(x) = \begin{cases} 1, & x \geqslant 0, \\ -1, & x < 0. \end{cases}$$

(3) 即使 f 在 x_0 处不连续, 但是 f^2 在 x_0 处可能连续.

(4) 如果 f, g 都在 x_0 处连续, 则

$$f\wedge g\equiv\min(f,g),\quad f\vee g\equiv\max(f,g)$$

都连续. 因为

$$f\wedge g=\frac{f+g-|f-g|}{2},\quad f\vee g=\frac{f+g+|f-g|}{2}.$$

3.3.2 函数的间断点

称 a 是函数 $f(x)$ 的**间断点 (discontinuity)**, 根据定义如果 $f(x)$ 在 a 处不连续 (此时 $f(a)$ 是有定义的) 或者 $f(x)$ 在 a 处没有定义. 如果 $f(a)$ 有定义但是 $f(x)$ 在 $x=a$ 处不连续, 此时要么极限 $\lim\limits_{x\to a}f(x)$ 不存在, 要么该极限存在但不等于 $f(a)$.

定义 3.9 (间断点)

假设 a 是 $f(x)$ 的间断点.

(1) a 是**第一类间断点 (discontinuity of first kind)**: $f(a-)$ 和 $f(a+)$ 都存在.

(1a) a 是**可去间断点 (removable discontinuity)** 若 $f(a+)=f(a-)$: 要么 $f(a)$ 没有定义但是 $f(a+)=f(a-)$, 此时我们可以把原来的函数 $f(x)$ 进行延拓后得到一个连续函数 $F(x)$:

$$F(x):=\begin{cases}f(x), & x\neq a,\\ f(a+)=f(a-), & x=a;\end{cases}$$

要么 $f(a)$ 有定义但是 $f(a+)=f(a-)\neq f(a)$.

(1b) a 是**跳跃间断点 (jump discontinuity)** 若 $f(a+)\neq f(a-)$: 此时把 $|f(a+)-f(a-)|$ 称为函数 f 在 a 处的**跃度 (jump)**.

(2) a 是**第二类间断点 (discontinuity of second kind)**: 若 $f(a+), f(a-)$ 中至少有一个不存在. ♣

例 3.16

(1) 0 是如下函数的跳跃间断点:

$$f(x)=\operatorname{sgn}(x)=\begin{cases}1, & x>0,\\ 0, & x=0,\\ -1, & x<0.\end{cases}$$

(2) $k \in \mathbb{Z}$ 是函数 $f(x) = \lfloor x \rfloor$ 和函数 $f(x) = x - \lfloor x \rfloor$ 的跳跃间断点.

(3) -1 是函数 $f(x) = \dfrac{x}{(1+x)^2}$ 的第二类间断点.

(4) -1 是函数 $f(x) = \dfrac{1+x}{1+x^3}$ 的可去间断点.

(5) 0 和 $k\pi$ 分别是函数 $f(x) = \dfrac{x}{\sin x}$ 的可去间断点和第二类间断点.

(6) 0 和 $1/k$ 分别是函数 $f(x) = \dfrac{1}{x} - \left\lfloor \dfrac{1}{x} \right\rfloor$ 的第二类间断点和跳跃间断点.

(7) 函数 $f(x) = \lfloor x \rfloor \sin(\pi x)$ 处处连续.

(8) $x \neq k \in \mathbb{Z}$ 是如下函数的第二类间断点:

$$f(x) = \begin{cases} \sin(\pi x), & x \in \mathbb{Q}, \\ 0, & x \notin \mathbb{Q}. \end{cases}$$

♠

注 3.4

(1) 单调函数 $f : (a, b) \to \mathbb{R}$ 的不连续点只能是跳跃间断点.

证: 不失一般性, 不妨假设函数 $f(x)$ 是递增函数且 $c \in (a, b)$ 是间断点. 对任意 $a < c_1 < c < c_2 < b$, 根据单调性得到 $f(c_1) \leqslant f(c) \leqslant f(c_2)$. 从而 $f(c-) \leqslant f(c) \leqslant f(c+)$. 如果 $f(c-) = f(c+)$ 则 $f(x)$ 在 c 处连续, 产生矛盾. 因此 $f(c-) \neq f(c+)$, 实际上 $f(c-) < f(c+)$. □

(2) 初等函数在其定义域内都是连续的.

证: 我们已经知道基本初等函数中的常值函数、三角函数、幂函数、指数函数及对数函数在其定义域内都是连续的. 根据**推论 3.1** 可知反三角函数在其定义域内也是连续的. 而初等函数是基本初等函数作有限次四则运算和复合运算而得到, 从而根据**定理 3.8** 得到初等函数都是连续的. □

♣

定理 3.9

由单调函数的间断点所构成的集合是可数的.

♡

证: 不失一般性不妨假设函数 $f(x)$ 单调且定义在开区间 $I \subseteq \mathbb{R}$ 内. 如果 $x_1 < x_2$ 是函数 f 的间断点, 根据**注 3.4** 得到

$$f(x_1 - 0) \leqslant f(x_1) \leqslant f(x_1 + 0) < f(x_2 - 0) \leqslant f(x_2) \leqslant f(x_2 + 0).$$

所以

$$I_{x_1} := (f(x_1 - 0), f(x_1 + 0)) \neq \emptyset \Longrightarrow \text{存在 } r_{x_1} \in \mathbb{Q} \cap I_{x_1},$$

$$I_{x_2} := (f(x_2 - 0), f(x_2 + 0)) \neq \emptyset \Longrightarrow \text{存在 } r_{x_2} \in \mathbb{Q} \cap I_{x_2},$$

$$I_{x_1} \cap I_{x_2} = \emptyset \Longrightarrow r_1 < r_2.$$

令 $X := \{x \text{ 是函数 } f \text{ 的间断点}\}$ 并定义

$$F : X \longrightarrow \mathbb{Q}, \quad x \longmapsto r_x.$$

所以 F 是单的, 故 $|X| \leqslant |\mathbb{Q}|$. 因此 X 是可数的. □

3.3.3 连续函数的性质

这一小节我们讨论闭区间上连续函数的几个重要性质:

- 有界性,
- 最值性,
- 介值性.

定理 3.10 (有界性; Bolzano)

如果函数 f 在闭区间 $[a,b]$ 上连续, 则 f 必有界. ♡

证: 否则 f 在 $[a,b]$ 上无界. 对任意 $n \in \mathbb{N}$ 存在 $x_n \in [a,b]$ 满足 $|f(x_n)| \geqslant n$. 但数列 $\{x_n\}_{n\geqslant 1}$ 有界, 存在 $[a,b]$ 内某个收敛子列 $\{x_{n_k}\}_{k\geqslant 1}$. 记 $\lim_{k\to\infty} x_{n_k} = c \in [a,b]$. 根据函数 f 的连续性得到 $f(c) = \lim_{k\to\infty} f(x_{n_k})$, 这和 $f(x_n) \to \infty$ 产生矛盾. □

注 3.5

(1) 在**定理 3.10** 中, 我们假设函数 f 要定义在闭区间上, 这是因为如果 f 定义在开区间 (a,b) 内则极限 $c = \lim_{k\to\infty} x_{n_k}$ 可能是端点 a 或 b, 但此时 $f(c)$ 不一定有定义.

(2) 如果函数 f 在 (a,b) 内连续, 则 f 在任意闭区间 $[c,d] \subset (a,b)$ 上有界, 但不一定在 (a,b) 内有界, 比如函数 $f(x) = \dfrac{1}{x}$, $0 < x < 1$. ♣

定理 3.11 (Weierstrass 最值定理)

如果函数 f 在闭区间 $[a,b]$ 上连续, 则存在 $\xi, \eta \in [a,b]$ 满足不等式 $f(\xi) \leqslant f(x) \leqslant f(\eta)$ 对所有的 $x \in [a,b]$ 都成立. ♡

证: 不失一般性只证存在 $\eta \in [a,b]$ 使得 $f(x) \leqslant f(\eta)$ 对任意 $x \in [a,b]$ 都成立. 根据**定理 3.10** 得到 $M := \sup\limits_{x\in[a,b]} f(x)$ 存在. 假设 $M > f(x)$ 对任意 $x \in [a,b]$ 都成立. 定义

$$F(x) := \frac{1}{M - f(x)} > 0, \quad x \in [a,b].$$

则 F 在 $[a,b]$ 上连续.

再次利用**定理 3.10** 得到存在正数 $K > 0$ 使得不等式 $0 < F(x) \leqslant K$ 对任意 $x \in [a,b]$ 都成立. 故

$$f(x) \leqslant M - \frac{1}{K}, \quad \text{对任意 } x \in [a,b],$$

但这和 M 的定义矛盾. 所以 $M = f(\eta)$ 对某个 $\eta \in [a,b]$ 成立. □

实际上, **定理 3.10** 最早出现在 Bolzano1830 年代的工作[9], 在证明最值性的过程中, 他证明了**定理 3.11**. 具体历史参见 Rusnock 和 Kerr-Lawson 的文章[10].

定义 3.10 (闭区间套)

闭区间构成的数列 $\{[a_n,b_n]\}_{n\geqslant 1}$ 称为**闭区间套 (nested intervals)** 如果

$$[a_{n+1},b_{n+1}] \subseteq [a_n,b_n] \ (\text{任意 } n \geqslant 1), \quad \lim_{n\to\infty}(b_n - a_n) = 0.$$

♣

关于闭区间套的历史可参考 Galina Sinkevich 的文章[11].

定理 3.12 (闭区间套定理)

如果 $\{[a_n,b_n]\}_{n\geqslant 1}$ 是闭区间套, 则存在唯一点 $\xi \in \mathbb{R}$ 满足

$$a_n \leqslant \xi \leqslant b_n \ (\text{任意 } n \geqslant 1), \quad \lim_{n\to\infty} a_n = \xi = \lim_{n\to\infty} b_n.$$

♡

证: 参见**定理 2.15** 的证明. □

注 3.6

(1) 如果把闭区间 $[a_n,b_n]$ 换成开区间 (a_n,b_n), 上述**定理 3.12** 不一定成立,

[9] B. Bolzano. *Functionenlehre*, edited by K. Rychlik, Royal Bohemian Academy of Sciences, Prague. 这本著作写于 1830 年代, 但在 1930 年出版.

[10] Paul Rusnock, Angus Kerr-Lawson. *Bolzano and uniform continuity*, Historia Mathematica, **32**(2005), 303–311.

[11] Sinkevich, Galina. *On the history of nested intervals: from Archimedes to Cantor*, arXiv: 1508.05862.

比如 $\left\{\left(0, \frac{1}{n}\right)\right\}_{n\geqslant 1}$.

(2) 可以证明**定理 2.19**, **定理 2.11**, **定理 2.15**, **定理 2.17**, **定理 3.12** 互相等价, 参考**第 2.4 节**. ♣

现在我们引入记号, 即连续函数空间

$$f \in \mathscr{C}(I),$$

这表示函数 f 在区间 I 上连续.

下面定理是 Bolzano 在 1817 年给出的[12].

定理 3.13 (Bolzano-Cauchy 介值定理)

(1) 假设 $f \in \mathscr{C}([a,b])$ 且 $f(a)f(b) < 0$ (或 $f(a)f(b) \leqslant 0$), 则存在 $\xi \in (a,b)$ (或存在 $\xi \in [a,b]$) 满足 $f(\xi) = 0$.

(2) 若 $f \in \mathscr{C}([a,b])$, $M_f := \max\limits_{[a,b]} f$, $m_f := \min\limits_{[a,b]} f$, 则对任意 $\mu \in (m_f, M_f)$ 存在 $\xi \in (a,b)$ 满足 $f(\xi) = \mu$. 一般地, 假设 $f(a) < \mu < f(b)$, 则存在 $\xi \in (a,b)$ 满足 $f(\xi) = \mu$. ♡

证: (1) 不失一般性不妨假设 $f(a) < 0 < f(b)$. 假设 $f(x) \neq 0$ 对任何 $a < x < b$ 都成立. 若 $f\left(\frac{a+b}{2}\right) > 0$, 取 $a_1 = a$, $b_1 = \frac{a+b}{2}$; 若 $f\left(\frac{a+b}{2}\right) < 0$, 取 $a_1 = \frac{a+b}{2}$, $b_1 = b$. 总之在任何情形下均有不等式 $f(a_1) < 0 < f(b_1)$ 成立. 依此构造, 我们得到 $\{[a_n, b_n]\}_{n\geqslant 1}$, 满足

$$[a_{n+1}, b_{n+1}] \subseteq [a_n, b_n], \quad f(a_n) < 0 < f(b_n), \quad \lim_{n\to\infty}(b_n - a_n) = \lim_{n\to\infty}\frac{b-a}{2^n} = 0.$$

根据**定理 3.12** 存在 $\xi \in [a,b]$ 满足 $\lim\limits_{n\to\infty} a_n = \xi = \lim\limits_{n\to\infty} b_n$. 因此

$$0 \geqslant \lim_{n\to\infty} f(a_n) = f(\xi) = \lim_{n\to\infty} f(b_n) \geqslant 0.$$

(2) 由**定理 3.11** 存在 $\xi_1, \xi_2 \in [a,b]$ 满足 $f(\xi_1) = m_f$ 和 $f(\xi_2) = M_f$. 不失一般性不妨假设 $\xi_1 < \xi_2$. 定义

---

[12] Bolzano, B. *Rein analytischer Beweis des lehrsatzes, dass zwischen je zwey werthen, die ein entgegengesetztes resultat gewähren, wenigstens eine reelle wurzel der gleichung liege*, Gottlieb Haase, Prague, 1817.

$$F(x) := f(x) - \mu.$$

则 $f(\xi_1) = m_f - \mu < 0$ 且 $f(\xi_2) = M_f - \mu \geqslant 0$ 成立. 根据 (1) 知道存在 $\xi \in [\xi_1, \xi_2]$ 使得 $F(\xi) = 0$ 成立. 即 $\mu = f(\xi)$. □

推论 3.1

(1) 如果 $f \in \mathscr{C}([a,b])$, 则 $f([a,b]) = [m_f, M_f]$.

(2) 如果 I 是区间且 $f \in \mathscr{C}(I)$, 则 $f(I)$ 也是区间.

(3) 假设函数 $f(x)$ 是定义在区间 I 上的严格单调函数. 则 $f(x)$ 连续当且仅当 $f(I)$ 也是区间.

(4) 定义在区间 I 上的严格单调连续函数必可逆, 且逆函数也是严格单调连续的.

(5) 如果 $f \in \mathscr{C}(I)$, 则 f 严格单调当且仅当 f^{-1} 存在.

(6) 如果 $f : [a,b] \to [a,b]$ 连续, 则存在 $\xi \in [a,b]$ 满足 $f(\xi) = \xi$. ♡

证: (1) 如果 $m_f = M_f$ 则得到 f 为常数, 从而得到 $f([a,b]) = [m_f, M_f]$. 所以假设 $m_f < M_f$. 根据**定理 3.11** 存在 $\xi, \eta \in [a,b]$ 满足

$$f(\xi) = m_f, \quad f(\eta) = M_f.$$

由**定理 3.13**, 对任意 $\mu \in [m_f, M_f]$ 存在 $x \in [a,b]$ 满足 $f(x) = \mu$, 从而得到 $[m_f, M_f] \subseteq f([a,b]) \subseteq [m_f, M_f]$.

(2) 若 f 为常数, 则 $f(I)$ 为一点故必是区间. 现在假设 f 不是常数. 对任意 $y_1 < y_2$ 且 $y_1, y_2 \in f(I)$, 我们将证明 $[y_1, y_2] \subseteq f(I)$. 令 $f(x_1) = y_1 < y_2 = f(x_2)$. 根据**定理 3.13**, 对任意 $y \in (y_1, y_2)$ 存在 $x \in (x_1, x_2)$ 满足 $f(x) = y$, 因此 $[y_1, y_2] \subseteq f(I)$ 从而 $f(I)$ 是区间.

(3) 假设函数 $f(x)$ 在 I 上是严格单调递增的且 $f(I)$ 是区间. 如果 $x_0 \in I$ 是间断点, 则根据**注 3.4**, x_0 必是跳跃间断点. 因此 $(f(x_0-), f(x_0+))$ 不属于 $f(I)$, 这和 $f(I)$ 是区间相矛盾. 反之, 见 (2).

(4) 假设函数 $f(x)$ 是严格单调递增的. 根据 (3) 知道 $f(I)$ 是区间. 由于映射 $f : I \to f(I)$ 是既单又满的, 故存在逆映射 f^{-1} 且也是严格单调递增的. 因此根据 $f^{-1}(f(I)) = I$ 是区间并结合 (3), 得到了逆函数 f^{-1} 的连续性.

(5) 充分性: 显然.

必要性: 假设函数 f 可逆且 $x_1 < x_2$. 则首先可得到 $f(x_1) \neq f(x_2)$. 不失一般性不妨假设 $f(x_1) < f(x_2)$. 我们将证明 f 在区间 $[x_1, x_2]$ 上严格递增. 否则的话, 存在 $x' < x''$ 满足 $x', x'' \in [x_1, x_2]$ 且 $f(x') \geqslant f(x'')$.

情形 1: $f(x'') < f(x_1)$. 此时 $f(x'') < f(x_1) < f(x_2)$. 根据**定理 3.13**, 存在 $\xi \in (x'', x_2)$ 使得 $f(\xi) = f(x_1)$ 成立, 矛盾!

情形 2: $f(x'') > f(x_1)$. 此时 $f(x_1) < f(x'') < f(x')$ 推出存在 $\xi \in (x_1, x')$ 使得 $f(\xi) = f(x'')$ 成立, 矛盾!

(6) 定义 $F(x) := f(x) - x$, $a \leqslant x \leqslant b$. 从 $F(a)F(b) \leqslant 0$, 可知存在 $\xi \in [a, b]$ 满足 $F(\xi) = 0$. □

例 3.17

(1) 任意定义在 $(-\infty, +\infty)$ 上的奇次多项式至少有一个根.

证: 令此奇次多项式为

$$P(x) := a_0 x^{2n-1} + a_1 x^{2n-2} + \cdots + a_{2n-2} x + a_{2n-1}, \quad a_0 \neq 0.$$

不失一般性不妨假设 $a_0 > 0$. 根据极限

$$\lim_{x \to \infty} \frac{P(x)}{x^{2n-1}} = a_0 > 0$$

得到存在 $x_1 < 0 < x_0$ 满足

$$\frac{P(x_1)}{x_1^{2n-1}} > 0, \quad \frac{P(x_2)}{x_2^{2n-1}} > 0.$$

从而 $x_1^{2n-1} < 0 < x_2^{2n-1}$ 推出 $P(x_1) < 0 < P(x_2)$, 即 $P(\xi) = 0$ 对某个 $\xi \in (x_1, x_2)$ 成立. □

(2) 如果 $\lim\limits_{x \to X} f(x) = \alpha > 0$, $\lim\limits_{x \to X} g(x) = \beta \in \mathbb{R}$, 则 $\lim\limits_{x \to X} [f(x)]^{g(x)} = \alpha^\beta$. 这里 $x \to X$ 可以是下列极限过程之一: $x \to a$, $x \to a-$, $x \to a+$, $x \to \infty$, $x \to -\infty$, $x \to +\infty$.

证: 根据复合函数性质得到

$$\lim_{x \to X} [f(x)]^{g(x)} = \lim_{x \to X} e^{g(x) \ln f(x)} = e^{\lim_{x \to X} g(x) \ln f(x)} = e^{\beta \ln \alpha} = \alpha^\beta. \quad \square$$

(3) 如果 $f \in \mathscr{C}([0,1])$, $f \geqslant 0$, $f(0) = f(1) = 0$, 且 $0 < a < 1$, 则存在 $x_0 \in [0,1]$ 使得 $f(x_0) = f(x_0 + a)$ 和 $0 \leqslant x_0 + a \leqslant 1$ 都成立.

证: 令 $F(x) := f(x) - f(x+a)$. 则 $F \in C([0, 1-a])$ 且 $F(0) = f(0) - f(a) = -f(a) \leqslant 0$, $F(1-a) = f(1-a) - f(1) = f(1-a) \geqslant 0$. 从而存在 $x_0 \in [0, 1-a]$ 满足 $F(x_0) = 0$. □

(4) 如果 $f \in \mathscr{C}([0,1])$, $f(0) = 0$, $f(1) = 1$, 则存在 $\xi \in \left[\frac{1}{3}, 1\right)$ 满足

$$f\left(\xi-\frac{1}{3}\right)=f(\xi)-\frac{1}{3}.$$

证: 令 $F(x)=f\left(x-\frac{1}{3}\right)-f(x)+\frac{1}{3}$. 则 $F\in\mathscr{C}\left(\left[\frac{1}{3},1\right]\right)$ 且

$$F\left(\frac{1}{3}\right)=f(0)-f\left(\frac{1}{3}\right)+\frac{1}{3}=\frac{1}{3}-f\left(\frac{1}{3}\right),$$
$$F(1)=f\left(\frac{2}{3}\right)-f(1)+\frac{1}{3}=f\left(\frac{2}{3}\right)-\frac{2}{3},$$
$$F\left(\frac{2}{3}\right)=f\left(\frac{1}{3}\right)-f\left(\frac{2}{3}\right)+\frac{1}{3}.$$

上述三式相加得到

$$F\left(\frac{1}{3}\right)+F\left(\frac{2}{3}\right)+F(1)=0.$$

如果 $F\left(\frac{2}{3}\right)=0$, 则 $\xi=\frac{2}{3}$. 如果 $F\left(\frac{2}{3}\right)\neq 0$, 则不妨假设 $F\left(\frac{2}{3}\right)>0$. 此时 $F\left(\frac{1}{3}\right)+F(1)<0$. 如果 $F\left(\frac{1}{3}\right)<0$, 则存在 $\xi\in\left(\frac{1}{3},\frac{2}{3}\right)$ 使得 $F(\xi)=0$ 成立; 如果 $F\left(\frac{1}{3}\right)=0$ 则取 $\xi=\frac{1}{3}$; 如果 $F\left(\frac{1}{3}\right)>0$, 必有 $F(1)<0$ 从而存在 $\xi\in\left(\frac{1}{3},1\right)$ 使得 $F(\xi)=0$ 成立. 无论哪种情形, 都存在 $\xi\in\left[\frac{1}{3},1\right)$ 使得 $F(\xi)=0$ 成立. □

(5) 如果 $f\in\mathscr{C}((-\infty,+\infty))$, $\lim\limits_{x\to+\infty}f(x)=+\infty$, $\lim\limits_{x\to-\infty}f(x)=+\infty$, 则存在 $x_0\in(-\infty,+\infty)$ 满足 $f(x_0)=\inf\limits_{(-\infty,+\infty)}f(x)$.

证: 因为 $\lim\limits_{x\to-\infty}f(x)=+\infty$ 所以存在 $a<0$ 使得 $f(x)>f(0)$ 对任意 $x<a$ 都成立. 因为 $\lim\limits_{x\to+\infty}f(x)=+\infty$ 所以存在 $b>0$ 使得 $f(x)>f(0)$ 对任意 $x>b$ 都成立. 在闭区间 $[a,b]$ 上, 存在 $x_0\in[a,b]$ 使得 $f(x_0)=\min\limits_{[a,b]}f$ 成立. 从而

$$f(x_0)\leqslant f(0)\leqslant f(x),\quad 任意\ x\in(-\infty,+\infty)\setminus[a,b].$$

故 $f(x_0)=\inf\limits_{(-\infty,+\infty)}f$. □

(6) 如果 $f \in \mathscr{C}([a,b])$, 且对任意 $x \in [a,b]$ 存在 $t \in [a,b]$ 满足 $|f(t)| \leqslant \dfrac{|f(x)|}{2}$, 则存在 $x_0 \in [a,b]$ 使得 $f(x_0) = 0$ 成立.

证: 否则的话对任意 $x \in [a,b]$ 都有 $|f(x)| > 0$. $f \in \mathscr{C}([a,b])$ 推出 $|f| \in \mathscr{C}([a,b])$, 从而存在 $x_0 \in [a,b]$ 满足 $|f(x_0)| = \min\limits_{[a,b]} |f| > 0$. 故存在 $t_0 \in [a,b]$ 满足 $|f(t_0)| \leqslant \dfrac{1}{2}|f(x_0)| = \dfrac{1}{2}\min\limits_{[a,b]}|f| \leqslant \dfrac{1}{2}|f(t_0)|$. 因此 $|f(t_0)| = 0$, 矛盾! □

(7) 如果 $f \in \mathscr{C}([a,b])$, $t, s > 0$, 则存在 $\xi \in [a,b]$ 满足

$$tf(a) + sf(b) = (t+s)f(\xi).$$

证: 令 $F(x) := tf(a) + sf(b) - (t+s)f(x)$. 则

$$F(a) = s[f(b) - f(a)], \quad F(b) = t[f(a) - f(b)], \quad F(a)F(b) \leqslant 0.$$

故存在 $\xi \in [a,b]$ 满足 $F(\xi) = 0$. □

(8) 如果 $f \in \mathscr{C}([0,1])$, $f(0) = f(1)$, 则对任意 $n \geqslant 1$ 存在 $x_n \in (0,1)$ 满足

$$f(x_n) = \left(x_n + \frac{1}{n}\right).$$

证: 令 $F(x) := f(x) - f\left(x + \dfrac{1}{n}\right)$ 得到

$$F\left(\frac{k}{n}\right) = f\left(\frac{k}{n}\right) - f\left(\frac{k+1}{n}\right), \quad 0 \leqslant k \leqslant n-1.$$

从而

$$\sum_{0 \leqslant k \leqslant n-1} F\left(\frac{k}{n}\right) = f(0) - f(1) = 0.$$

如果存在 k 满足 $F\left(\dfrac{k}{n}\right) = 0$, 取 $x_n = \dfrac{k}{n}$. 如果对任意 k 都有 $F\left(\dfrac{k}{n}\right) \neq 0$ 则存在 $k_1 < k_2$ 满足 $F\left(\dfrac{k_1}{n}\right)F\left(\dfrac{k_2}{n}\right) < 0$, 故存在 $x_n \in \left(\dfrac{k_1}{n}, \dfrac{k_2}{n}\right)$ 满足 $F(x_n) = 0$. □

(9) 假设函数 $f : [a,b] \to [a,b]$ 定义在 $[a,b]$ 上且存在 $L > 0$ 满足不等式 $|f(x) - f(y)| \leqslant L|x - y|$ 对所有 $a \leqslant x, y \leqslant b$ 都成立, 则

(a) f 连续.

(b) 存在 $\xi \in [a,b]$ 满足 $f(\xi) = \xi$.

(c) 如果 $0 \leqslant L < 1$, $x_{n+1} := f(x_n)$, 其中 $x_0 \in [a,b]$ 给定, 则 $\lim\limits_{n\to\infty} x_n = \xi$.

证: (a) 和 (b) 之前都已经证明. 下面证明 (c). 根据条件得到

$$|x_{n+1} - x_n| = |f(x_n) - f(x_{n-1})| \leqslant L|x_n - x_{n-1}| \leqslant \cdots \leqslant L^n|x_1 - x_0|.$$

故对任意 $q > p$,

$$|x_q - x_p| \leqslant \sum_{p\leqslant k\leqslant q-1} |x_{k+1} - x_k| \leqslant \sum_{p\leqslant k\leqslant q-1} L^k|x_1 - x_0| \leqslant |x_1 - x_0|\frac{L^p}{1-L},$$

从而 $\{x_n\}_{n\geqslant 0}$ 是 Cauchy 数列, $x := \lim\limits_{n\to\infty} x_n$ 存在且

$$x = \lim_{n\to\infty} x_n = \lim_{n\to\infty} f(x_{n-1}) = f(x), \quad |x - \xi| = |f(x) - f(\xi)| \leqslant L|x - \xi|.$$

但是 $0 \leqslant L < 1$, 得到 $x = \xi$. □

(10) 如果 $f, g \in \mathscr{C}([a,b])$, 且对任意 $n \geqslant 1$ 存在 $x_n \in [a,b]$ 满足 $g(x_n) = f(x_{n+1})$, 则存在 $x_0 \in [a,b]$ 满足 $f(x_0) = g(x_0)$.

证: 因为数列 $\{x_n\}_{n\geqslant 1}$ 有界, 从而存在 $\{x_n\}_{n\geqslant 1}$ 的某个收敛子列, 不妨假设这个收敛子列就是数列 $\{x_n\}_{n\geqslant 1}$ 本身. 则极限 $x_0 := \lim\limits_{n\to\infty} x_n$ 存在, 故 $f(x_0) = g(x_0)$. □

(11) 证明多项式 $x^3 + 2x - 1 = 0$ 在 $(-\infty, +\infty)$ 内只有一个实根 ξ 且 $\xi \in (0,1)$.

证: 令 $f(x) := x^3 + 2x - 1 \in \mathscr{C}((-\infty, +\infty))$. 计算得到

$$f(0) = -1 < 0, \quad f(1) = 1 + 2 - 1 = 2 > 0.$$

从而存在 $x_0 \in (0,1)$ 满足 $f(x_0) = 0$. 但是对任意 $x < y$,

$$f(y) - f(x) = (y^3 - x^3) + 2(y - x) = (y - x)\left[\left(y + \frac{1}{2}x\right)^2 + \frac{3}{4}x^2 + 2\right] > 0$$

推出函数 f 严格单调递增, 从而存在唯一的 $\xi \in (0,1)$ 满足 $f(\xi) = 0$. □

(12) $f \in \mathscr{C}((-\infty, +\infty))$, 且等式 $f(f(x)) = x$ 对任何 x 成立, 从而存在唯一的 $\xi \in (-\infty, +\infty)$ 满足 $f(\xi) = \xi$.

证: 否则的话对任意 $x \in (-\infty, +\infty)$ 我们有 $f(x) \neq x$. 若存在 $x_0 \in (-\infty, +\infty)$ 使得 $f(x_0) > x_0$ 成立, 则对任意 $x \in (-\infty, +\infty)$ 必有 $f(x) > x$. 如若不然存在 x_1 满足 $f(x_1) < x_1$, 推出存在 ξ 使得 $f(\xi) = \xi$ 成立, 矛盾! 类似地, 若 $f(x_0) < x_0$ 对某个 $x_0 \in (-\infty, +\infty)$ 成立, 必有 $f(x) < x$ 对任何 x 成立.

不失一般性不妨假设 $f(x) > x$. 则

$$f(x) < f(f(x)) = x < f(x),$$

矛盾! 从而说明存在 ξ 满足 $f(\xi) = \xi$. □

♠

命题 3.6

假设 $f \in \mathscr{C}([a,b])$. 证明

$$m_f(x) := \inf_{a \leqslant y \leqslant x} f(y), \quad M_f(x) := \sup_{a \leqslant y \leqslant x} f(y)$$

在 $[a,b]$ 上都连续.

♡

证: 不失一般性不妨只证明 m_f 是连续的.

(1) **m_f 在 a 处右连续**. 观察到 $m_f(a) = f(a)$. 对任意 $\epsilon > 0$, 由于 f 在 a 处右连续, 所以存在 $\delta > 0$ 使得不等式 $|f(x) - f(a)| < \epsilon$ 对任何 $a \leqslant x < a + \delta$ 都成立. 因此

$$f(x) > f(a) - \epsilon = m_f(a) - \epsilon.$$

特别地, 对任意 $a \leqslant y \leqslant x < a + \delta$,

$$m_f(a) - \epsilon < f(y) \quad \Longrightarrow \quad m_f(a) - \epsilon \leqslant m_f(x) \leqslant m_f(a).$$

故不等式 $|m_f(x) - m_f(a)| < \epsilon$ 对任何 $a \leqslant x < a + \delta$ 都成立.

(2) **m_f 在 b 处左连续**. $f \in \mathscr{C}([a,b])$, 存在 $\xi \in [a,b]$ 满足 $f(\xi) = \min\limits_{[a,b]} f = m_f(b)$. 首先假设 $\xi = b$. 对任意 $\epsilon > 0$ 存在 $\delta > 0$, 有

$$|f(x) - f(b)| < \epsilon, \quad b - \delta < x < b,$$

推出

$$f(x) < f(b) + \epsilon = m_f(b) + \epsilon, \quad b - \delta < x < b.$$

所以不等式 $m_f(x) \leqslant m_f(b) + \epsilon$ 对任何 $b - \delta < x < b$ 都成立, 故得到 $|m_f(x) - m_f(b)| < \epsilon$ 从而 $\lim\limits_{x \to b-} m_f(x) = m_f(b)$.

现在假设 $m_f(b) = f(\xi)$ 对某个 $a \leqslant \xi \leqslant b$ 成立. 故对任意 $x \in (a,b)$ 有

$$m_f(x) = \inf_{[a,x]} f \leqslant f(\xi) = m_f(b) \geqslant \inf_{[a,b]} f = m_f(b).$$

所以 $m_f(x) = m_f(b) \Rightarrow m_f$ 在 b 处左连续.

(3) $\boldsymbol{m_f}$ **在** $\boldsymbol{(a,b)}$ **内连续**. 证明已经蕴含在 (1) 和 (2) 中. □

例 3.18

如果 $f \in \mathscr{C}([a,b])$, $x_1, \cdots, x_n \in [a,b]$, 则存在 $\xi \in [a,b]$ 满足

$$f(\xi) = \frac{1}{n} \sum_{1 \leqslant k \leqslant n} f(x_k).$$

♠

证: 因为不等式 $m_f \leqslant f(x_k) \leqslant M_f$ 对任何 $1 \leqslant k \leqslant n$ 都成立, 从而得到

$$m_f \leqslant \frac{1}{n} \sum_{1 \leqslant k \leqslant n} f(x_k) \leqslant M_f.$$

根据**定理 3.13** 得到存在 ξ 使得 $f(\xi) = \frac{1}{n} \sum\limits_{1 \leqslant k \leqslant n} f(x_k)$ 成立. □

3.3.4 一致连续

回顾下函数在一点连续的定义:

$$\lim_{x \to x_0} f(x) = f(x_0) \quad \Longleftrightarrow \quad \begin{pmatrix} \forall\, \epsilon > 0,\ \exists\, \delta = \delta(x_0, \epsilon) > 0 \text{ 满足} \\ |f(x) - f(x_0)| < \epsilon \\ \text{只要 } |x - x_0| < \delta \end{pmatrix}.$$

我们自然会问:

在定义中可否找到 $\boldsymbol{\delta}$ 使得它仅仅依赖于 $\boldsymbol{x_0}$ 本身?

先来考察如下的例子. 令 $f(x) = \sin x$, $x \in (-\infty, +\infty)$. 计算得到

$$|f(x) - f(x_0)| = |\sin x - \sin x_0| = \left|2 \sin \frac{x - x_0}{2} \cos \frac{x + x_0}{2}\right| \leqslant 2 \left|\sin \frac{x - x_0}{2}\right|.$$

只要 $|x - x_0| < \delta = \epsilon$ 充分小$\left(\text{其实只要小于 } \frac{\pi}{4} \text{ 即可}\right)$, 有 $|f(x) - f(x_0)| \leqslant |x - x_0| < \epsilon = \delta$. 此时我们只要取 $\delta = \epsilon$.

定义 3.11 (一致连续; Heine-Weierstrass, 1872)

函数 $f: I \to \mathbb{R}$ 称为**一致连续的 (uniformly continuous)**, 如果对任意 $\epsilon > 0$ 存在 $\delta > 0$, 对任意 $x, y \in I$ 只要满足 $|x - y| < \delta$, 就有

$$|f(x) - f(y)| < \epsilon$$

成立. ♣

Heine 在 1870 年的文章[13]中首次给出一致连续的定义, 而在 1872 年的文章[14]中给出了闭区间上的连续函数必是一致连续的证明; Heine 指出这个证明几乎全部来自 Dirichlet 在 1854 年关于定积分的讲座[15]. 实际上, 一致收敛的定义早已 (隐含) 出现在 Bolzano 的工作中[16], 它给出了开区间上的连续函数不必是一致连续的证明, 同时陈述了闭区间上的连续函数必是一致连续的定理 (但没有给出完整的证明).

注 3.7

(1) 一致连续函数必是连续函数.

(2) f 在 I 上不是一致连续的当且仅当, 存在 $\epsilon_0 > 0$, 对任意 $\delta > 0$, 存在 $x_0, y_0 \in I$ 满足 $|x_0 - y_0| < \delta$, 但是 $|f(x_0) - f(y_0)| \geqslant \epsilon_0$.

(3) 说函数 f 是一致连续的一定要讲明定义域. 比如函数 $f(x) = \dfrac{1}{x}$ 在 $(0, +\infty)$ 上不是一致连续的 (见**例 3.19** (2)) 但是在 $[1, 2]$ 上却一致连续. ♣

例 3.19

(1) 函数 $f(x) = \sin x$ 在 $(-\infty, +\infty)$ 上是一致连续的.

(2) 函数 $f(x) = \dfrac{1}{x}$ 在 $(0, +\infty)$ 上不是一致连续的.

证: 存在 $\epsilon_0 = 1$ 对任意 $\delta > 0$ 存在 $x_0 = \min\left\{\dfrac{1}{2}, \delta\right\}$, $y_0 = \dfrac{x_0}{2}$, 满足 $|y_0 - x_0| = \dfrac{x_0}{2} < \delta$ 但是 $|f(x_0) - f(y_0)| = \dfrac{1}{x_0} \geqslant 2 > 1 = \epsilon_0$. □

(3) 函数 $f(x) = \sin\dfrac{1}{x}$ 在 $(0, +\infty)$ 上不是一致连续的.

证: 取 $x_n = \dfrac{1}{2n\pi}$ 和 $y_n = \dfrac{1}{2n\pi + \dfrac{\pi}{2}}$, 得到 $|x_n - y_n| = \dfrac{1}{2n(4n+1)\pi}$ 但是

[13] Heine. *Über trigonometrische reihen*, Journal für die Reine und Angewandte Mathematik, **71**(1870), 353–365.

[14] Heine. *Die elemente der funktionentheorie*, Journal für die Reine und Angewandte Mathematik, **74**(1872), 172–188.

[15] Lejeune-Dirichet, P. G. *Vorlesungen über die Lehre von den einfachen und mehrfachen bestimmten Integralen*, Vieweg, 1999.

[16] Rusnock, Paul; Kerr-Lawson Angus. *Bolzano and uniform continuity*, Historia Mathematica, **32**(2005), 303–311.

$|f(x_n)-f(y_n)|=|0-1|=1$. □

(4) 给定函数 $f: I\to\mathbb{R}$ 和常数 $0<\alpha\leqslant 1$. 如果存在 $M>0$ 满足如下不等式

$$|f(x)-f(y)|\leqslant M|x-y|^{\alpha}, \quad 任意\ x,y\in I,$$

则称函数 f 是 **Hölder 连续的 (Hölder continuous)** 并记作 $f\in\mathscr{C}^{\alpha}(I)$. 证明 $f\in\mathscr{C}^{\alpha}(I)$ 可推出 f 是一致连续的.

证: 对任意 $\epsilon>0$ 存在 $\delta=\left(\frac{\epsilon}{M}\right)^{1/\alpha}$ 使得 $|f(x)-f(y)|<\epsilon$ 对任何 $|x-y|<\delta$ 都成立. □

♠

定理 3.14 (一致连续的四则运算法则)

假设函数 f,g 在区间 I 上都是一致连续的, 则

(a) 对任意常数 $\alpha,\beta\in\mathbb{R}$, $\alpha f+\beta g$ 在 I 上是一致连续的.

(b) 如果 f,g 在 I 上有界, 则 fg 在 I 上是一致连续的.

(c) 如果 f 在 I 上有界且存在 $\epsilon_0>0$ 满足 $g\geqslant\epsilon_0$ 对任意 $x\in I$ 都成立, 则 f/g 在 I 上是一致连续的.

♡

证: 请诸位自证. □

定理 3.15 (Bolzano, 1817; Dirichlet, 1862; Heine, 1872; Borel, 1895)

如果 $f\in\mathscr{C}([a,b])$, 那么 f 在 $[a,b]$ 上是一致连续的.

♡

证: 否则存在 $\delta_0>0$ 和数列 $\{x_n\}_{n\geqslant1}$, $\{y_n\}_{n\geqslant1}\subset[a,b]$, 满足 $x_n-y_n\to0$ 但是 $|f(x_n)-f(y_n)|\geqslant\epsilon_0$. 由于 $\{y_n\}_{n\geqslant1}$ 有界, 可以找到收敛子列 $\{y_{n_k}\}_{k\geqslant1}$ 满足 $y_{n_k}\to y_0\in[a,b]$. 取 $x_{n_k}:=y_{n_k}+(x_{n_k}-y_{n_k})\to y_0+0=y_0$ 得到

$$0<\epsilon_0\leqslant|f(x_{n_k})-f(y_{n_k})|\to|f(y_0)-f(y_0)|=0.$$

矛盾表明函数 f 在 $[a,b]$ 上是一致连续的. □

关于这个定理的历史参见**第 3.3.5 小节**. 很多书上把这个定理称为 Cantor 定理, 这有失偏颇. 按照 Heine 自己所写, 这个定理是 Cantor 所陈述的, 因此至少要叫 Cantor-Heine 定理或 Dirichlet-Cantor-Heine 定理. 而现在熟知的 Heine-Cantor 定理是将上述定理推广到一般的度量空间, 即如果 $f: X\to Y$ 是连续映射且 X 是

紧的, 则 f 必是一致连续的.

定理 3.16

(1) 函数 f 在区间 I 上一致连续当且仅当对任何 $\{x_n\}_{n\geqslant1},\{y_n\}_{n\geqslant1}\subset I$ 只要满足 $\lim\limits_{n\to\infty}(x_n-y_n)=0$ 都有 $\lim\limits_{n\to\infty}[f(x_n)-f(y_n)]=0$ 成立.

(2) **(Paine, 1968)** 函数 f 在区间 I 上一致连续当且仅当对任意 $\epsilon>0$ 和任意 $x,y\in I$, 存在 $P\in\mathbb{R}$ 满足

$$|f(x)-f(y)|<\epsilon \quad 只要 \quad \frac{|f(x)-f(y)|}{|x-y|}>P\ (x\neq y).$$

(3) 函数 f 在区间 (a,b) $(-\infty<a<b<+\infty)$ 上一致连续当且仅当对任何 Cauchy 数列 $\{x_n\}_{n\geqslant1}\subset(a,b)$, $\{f(x_n)\}_{n\geqslant1}$ 也是 Cauchy 数列. ♡

证: (1) $\Rightarrow$: 对任意 $\epsilon>0$ 存在 $\delta>0$, 有不等式 $|f(x)-f(y)|<\epsilon$ 成立只要 $|x-y|<\delta$. 对上述 $\epsilon>0$ 和 $\delta>0$, 存在 $N\in\mathbb{N}$, 对任意 $n>N$ 有 $|x_n-y_n|<\delta$ 从而得到 $|f(x_n)-f(y_n)|<\epsilon$.

$\Leftarrow$: 否则的话存在两个数列 $\{x_n\}_{n\geqslant1}$ 和 $\{y_n\}_{n\geqslant1}$ 满足 $x_n-y_n\to0$, 但是 $|f(x_n)-f(y_n)|\geqslant\epsilon_0$.

(2) $\Leftarrow$: 任给 $\epsilon>0$, 当 $P\leqslant0$ 时, $|f(x)-f(y)|<\epsilon$ 对任意 $x,y\in I$ 都成立. 当 $P>0$ 时, 取 $\delta=\dfrac{\epsilon}{P}$.

$\Rightarrow$: 否则的话存在 $\epsilon_0>0$ 存在 $x_0,y_0\in I$, 对任意 $P\in\mathbb{R}$ 有

$$|f(x_0)-f(y_0)|\geqslant\epsilon_0,\quad \left|\frac{f(x_0)-f(y_0)}{x_0-y_0}\right|>P.$$

记 $\alpha:=|f(x_0)-f(y_0)|\geqslant\epsilon_0$. 存在自然数 $k\geqslant2$ 满足 $(k-1)\epsilon_0\leqslant\alpha<k\epsilon_0$. 令 $\beta:=\dfrac{\alpha}{k-1}\Rightarrow\epsilon_0\leqslant\beta<\dfrac{k\epsilon_0}{k-1}\leqslant2\epsilon_0$. 不失一般性不妨假设 $x_0<y_0$ 且 $f(x_0)<f(y_0)$. 从

$$f(x_0)<f(x_0)+\beta<f(x_0)+\alpha\leqslant f(y_0)$$

得到存在 $x_1\in(x_0,y_0)$ 满足 $f(x_1)=f(x_0)+\beta$ 从而得到

$$f(x_1)<f(x_1)+\beta=f(x_0)+2\beta\leqslant f(y_0)+2\beta-\alpha.$$

当 $2\beta-\alpha\leqslant0$ 时 (即 $k\geqslant3$), 得到 $f(x_1)<f(x_n)+\beta\leqslant f(y_0)$. 所以存在 $x_2\in(x_1,y_0)$ 满足 $f(x_2)=f(x_1)+\beta$. 一般情形下对任意 $2\leqslant\ell\leqslant k$, 存在 $x_{\ell-1}\in(x_{\ell-2},y_0)$ 满足

$f(x_{\ell-1})=f(x_{\ell-2})+\beta$. 定义 $x_k:=y_0$ 推出

$$\begin{aligned}f(x_k)-f(x_{k-1})&=f(y_0)-[f(x_{k-2})+\beta]=f(x_0)+\alpha-f(x_{k-2})-\beta\\&=[f(x_0)-f(x_{k-2})]+(\alpha-\beta)\\&=-\sum_{2\leqslant\ell\leqslant k-1}[f(x_{\ell-1})-f(x_{\ell-2})]+(\alpha-\beta)\\&=(\alpha-\beta)-\sum_{2\leqslant\ell\leqslant k-1}\beta=\alpha-(k-1)\beta=0.\end{aligned}$$

作为推论得到

$$f(x_\ell)-f(x_\ell-1)=\beta\ (1\leqslant\ell\leqslant k),\quad x_\ell-x_{\ell-2}\geqslant\delta\ (\text{存在 }\delta>0).$$

故

$$\left|\frac{f(x_0)-f(y_0)}{x_0-y_0}\right|=\frac{|f(x_0)-f(x_k)|}{|x_0-x_k|}\leqslant\frac{k\beta}{k\delta}=\frac{\beta}{\delta}<\frac{2\epsilon_0}{\delta}=P.$$

发生矛盾!

(3) $\Rightarrow$: 假设函数 f 在 (a,b) 上一致连续且 $\{x_n\}_{n\geqslant1}$ 是 Cauchy 数列. 对任意 $\epsilon>0$ 存在 $\delta>0$, 对任意 $x,y\in(a,b)$ 满足 $|x-y|<\delta$, 都有 $|f(x)-f(y)|<\epsilon$ 成立. 对这个 $\delta>0$, 存在 $N\in\mathbb{N}$, 对任意 $m,n>N$ 有不等式 $|x_m-x_n|<\delta$ 成立. 因此有 $|f(x_m)-f(x_n)|<\epsilon$ 从而 $\{f(x_n)\}_{n\geqslant1}$ 也是 Cauchy 的.

$\Leftarrow$: 假设函数 f 不是一致连续的. 存在 $\epsilon_0>0$ 且存在 $x'_n,y'_n\in(a,b)$ 满足 $|x'_n-y'_n|<\dfrac{1}{n}$, 但是 $|f(x'_n)-f(y'_n)|\geqslant\epsilon_0$. 由于 (a,b) 是有界的, 存在 $\{x'_n\}_{n\geqslant1}$ 的收敛子列 $\{x'_{n_k}\}_{k\geqslant1}$; 令 $x=\lim\limits_{k\to\infty}x'_{n_k}$, 则得到 $x=\lim\limits_{k\to\infty}y'_{n_k}$. 取

$$x_1=x'_{n_1},\ x_2=y'_{n_1},\ x_3=x'_{n_2},\ x_4=y'_{n_2},\ \cdots,\ x_{2k-1}=x'_{n_k},\ x_{2k}=y'_{n_k},\cdots.$$

则得到 Cauchy 数列 $\{x_k\}_{k\geqslant1}$, 但是 $|f(x_{2k-1})-f(x_{2k})|\geqslant\epsilon_0$ 从而 $\{f(x_k)\}_{k\geqslant1}$ 不是 Cauchy 数列. □

定义 3.12 (振幅)

假设函数 f 在邻域 $U(x_0,\rho)$ 内有定义, 其中 $\rho>0$. 定义

$$\omega_f(x_0,r):=\sup\{|f(x)-f(y)|:x,y\in U(x_0,r)\},\quad 0<r<\rho.\tag{3.3.2}$$

对任意 $r_1,r_2\in(0,\rho)$ 和 $r_1<r_2$, 显然有

$$0 < \omega_f(x_0, r_1) \leqslant \omega_f(x_0, r_2).$$

故可定义函数 f 的**振幅 (oscillation)** 如下

$$\omega_f(x_0) := \lim_{r \to 0+} \omega_f(x_0, r). \tag{3.3.3}$$

♣

当函数 f 定义在 $[x_0, x_0+\rho)$ 或 $(x_0-\rho, x_0]$ 内时, 也可以类似定义 $\omega_f(x_0)$. 另一方面 $\omega_f(x_0)$ 可以为 $+\infty$, 比如对函数

$$f(x) = \begin{cases} \dfrac{1}{x}, & x > 0, \\ 0, & x = 0, \end{cases}$$

有 $\omega_f(0) = +\infty$.

例 3.20

考察函数

$$f(x) = \begin{cases} \sin \dfrac{1}{x}, & x > 0, \\ 0, & x = 0. \end{cases}$$

显然有 $\omega_f(0) \leqslant 2$. 取 $a_n = \dfrac{1}{2n\pi + \dfrac{\pi}{2}}$ 和 $b_n = \dfrac{1}{2n\pi - \dfrac{\pi}{2}}$ 得到

$$|f(a_n) - f(b_n)| = |1 - (-1)| = 2.$$

因此 $\omega_f(0) = 2$.

♠

为了研究函数的一致连续性, 我们可类似地引入连续模的概念. 假设函数 $f(x)$ 定义在区间 I 上, 对任意 $\delta > 0$ 定义

$$\omega_f(I, \delta) := \sup \{|f(x) - f(y)| : x, y \in I \text{ 且 } |x - y| < \delta\}. \tag{3.3.4}$$

根据定义立即得到

$$\omega_f(I, \delta_1 + \delta_2) \leqslant \omega_f(I, \delta_1) + \omega_f(I, \delta_2), \quad \forall\, \delta_1, \delta_2 > 0.$$

对任意 $\delta_1 < \delta_2$, 显然有

$$0 < \omega_f(I, \delta_1) \leqslant \omega_f(I, \delta_2).$$

故可定义函数 f 在区间 I 上的**连续模 (modulus of continuity)** 如下

$$\omega_f(I) := \lim_{\delta\to 0+} \omega_f(I,\delta). \tag{3.3.5}$$

比如对函数 $f(x)=x$, 其在 $\mathbb{R}$ 上的连续模为

$$\omega_x(\mathbb{R}) = \lim_{\delta\to 0+} \omega_x(\mathbb{R},\delta) = \lim_{\delta\to 0+} \delta = 0.$$

又比如对定义在 $\mathbb{R}$ 上的函数 $f(x)=\sin(x^2)$, 有

$$\omega_{\sin(x^2)}(\mathbb{R},\delta) \leqslant 2;$$

取 $x_n = \sqrt{2n\pi + \dfrac{\pi}{2}}$ 和 $y_n = \sqrt{2n\pi - \dfrac{\pi}{2}}$ 则得到

$$\omega_{\sin(x^2)}(\mathbb{R},\delta) = 2,$$

从而得到 $\omega_{\sin(x^2)}(\mathbb{R}) = 2$.

定理 3.17

(1) 函数 f 在 x_0 处连续当且仅当 $\omega_f(x_0)=0$.

(2) 函数 f 在区间 I 上一致连续当且仅当 $\omega_f(I)=0$. ♡

证: (1) $\Rightarrow$: 对任意 $\epsilon>0$ 存在 $\delta>0$, 对任意 $x\in U(x_0,\delta)$, 有

$$|f(x)-f(x_0)| < \frac{\epsilon}{2}.$$

故对任意 $0<r\leqslant\delta$ 和任意 $x,y\in U(x_0,r)$ 得到

$$|f(x)-f(y)| \leqslant |f(x)-f(x_0)| + |f(y)-f(x_0)| < \frac{\epsilon}{2}+\frac{\epsilon}{2} = \epsilon,$$

因此 $\omega_f(x_0,r)\leqslant\epsilon$ 推出 $\omega_f(x_0)=0$.

$\Leftarrow$: 假设 $\omega_f(x_0)=0$. 对任意 $\epsilon>0$ 存在 $\delta>0$, 对任意 $0<r\leqslant\delta$, 有 $\omega_f(x_0,r)<\epsilon$, 从而 $|f(x)-f(y)|<\epsilon$ 对任意 $x,y\in U(x_0,r)$ 都成立. 特别地 $|f(x)-f(x_0)|<\epsilon$ 对任何 $x\in U(x_0,\delta)$ 都成立.

(2) 根据定义可得. □

注 3.8

(1) 函数 f 在闭区间 $[a,b]$ 上连续当且仅当函数 f 在闭区间 $[a,b]$ 上一致连续.

(2) 如果函数 f 在开区间 (a,b) 上一致连续, 则函数 f 在开区间 (a,b) 上连续. 但是反之则不一定成立. ♣

接下来我们给出连续函数在开区间上一致连续的充要条件.

定理 3.18

连续函数 $f \in \mathscr{C}((a,b))$ 在 (a,b) 上一致连续当且仅当极限 $\lim\limits_{x\to a+} f(x)$ 和 $\lim\limits_{x\to b-} f(x)$ 都存在. ♡

证: 充分性: 根据**定理 3.5**.

必要性: 令 $A := \lim\limits_{x\to a+} f(x)$ 和 $B := \lim\limits_{x\to b-} f(x)$. 定义

$$F(x) := \begin{cases} A, & x = a, \\ f(x), & a < x < b, \\ B, & x = b. \end{cases}$$

则 $F \in \mathscr{C}([a,b])$ 推出 F 是一致连续的, 从而 f 在 (a,b) 上是一致连续的. □

注 3.9

(1) 连续 + 有界 $\nRightarrow$ 一致连续: 函数 $f(x) = \sin(x^2)$ 在 $[0,+\infty)$ 上连续且有界. 存在 $\epsilon_0 = \dfrac{1}{2}$, 对任意 $\delta > 0$ 存在 $n_0 \in \mathbb{N}$ 满足 $\dfrac{1}{\sqrt{n_0}} < \delta$, 从而存在 $x_1 = \sqrt{2n_0\pi}$ 和 $x_2 = \sqrt{2n_0\pi + \dfrac{\pi}{2}}$ 满足

$$0 < x_2 - x_1 = \frac{\pi}{2}(x_2 + x_1)^{-1} \leqslant \frac{\pi}{2}(2x_1)^{-1} = \frac{\pi}{4}x_1^{-1} < \frac{1}{\sqrt{2n_0\pi}} < \frac{1}{\sqrt{n_0}} < \delta,$$

$$|f(x_2) - f(x_1)| = \sin\left[(2n_0+1)\frac{\pi}{2}\right] - \sin(2n_0\pi) = 1 > \epsilon_0.$$

(2) 闭区间 $[a,b]$ 上连续 $\Rightarrow$ 闭区间 $[a,b]$ 上一致连续.

(3) f, g 一致连续 $\nRightarrow$ fg 一致连续: $f(x) = x$, $g(x) = \sin x$, $x \in (-\infty,+\infty)$.

(4) f 一致连续且 f^{-1} 存在 $\nRightarrow$ f^{-1} 一致连续: $f(x) = \ln x$, $x \in [a,+\infty)$, $a > 0$.

(5) 如果 $f \in \mathscr{C}([a,+\infty))$, $\lim\limits_{x\to+\infty} f(x) = A < \infty$, 则函数 f 在 $[a,+\infty)$ 上一致连续. 一般地, 如果 $f \in \mathscr{C}((-\infty,+\infty))$, $\lim\limits_{x\to+\infty} f(x) = A$, $\lim\limits_{x\to-\infty} f(x) = B$, 则函数 f 在 $(-\infty,+\infty)$ 上一致连续.

证: $\lim\limits_{x\to\infty} f(x) = A$ 推出对任意 $\epsilon > 0$ 存在 $M > a$, 对任意 $x, y \geqslant M$ 有 $|f(x) - f(y)| < \epsilon$ 成立. 因为 $f \in \mathscr{C}([a, M+1])$, 故 f 在 $[a, M+1]$ 上一

致连续从而对任意 $\epsilon > 0$ 存在 $\delta_1 > 0$, 对任意 $x, y \in [a, M+1]$ 只要满足 $|x-y| < \delta_1$ 就有 $|f(x) - f(y)| < \epsilon$ 成立. 令 $\delta = \min\{1, \delta_1\}$, 则对任意 $x, y > a$ 只要满足 $|x-y| < \delta$ 就有 $x, y \in [a, M+1]$ 或 $x, y \in [M, +\infty)$. 故 $|f(x) - f(y)| < \epsilon$. □

很多参考书都采用这样的证明, 还特意强调不能用函数 f 在闭区间 $[a, M]$ 上一致连续来证明. 人云亦云, 害人不浅! 其实是可以这样做的, 请诸位思考 (参考: 徐森林, 薛春华 编著: **数学分析**, 清华出版社, 2005, 第一册, 例 2.5.10).

(6) 若函数 f 在 $[a, +\infty)$ 上一致连续, $\varphi \in \mathscr{C}([a, +\infty))$ 且 $\lim\limits_{x \to +\infty} [f(x) - \varphi(x)] = 0$, 则 φ 在 $[a, +\infty)$ 上一致连续.

证: 对任意 $\epsilon > 0$ 存在 $M > 0$, 对任意 $x > M$ 有 $|f(x) - \varphi(x)| < \epsilon$ 成立. f 一致连续推出对任意 $\epsilon > 0$ 存在 $\delta_1 > 0$, 对任意 $x, y > a$ 只要满足 $|x-y| < \delta_1$ 有不等式 $|f(x) - f(y)| < \epsilon$ 成立. 从而对任何 $x, y > M$ 只要满足 $|x-y| < \delta_1$ 就有

$$|\varphi(x) - \varphi(y)| \leqslant |f(x) - \varphi(x)| + |f(y) - \varphi(y)| + |f(x) - f(y)| < \epsilon + \epsilon + \epsilon = 3\epsilon.$$

在 $[a, M+1]$ 上应用**定理 3.15**, 得到 φ 在 $[a, M+1]$ 上一致连续. 对任意 $\epsilon > 0$, 存在 $\delta_2 > 0$ 对任意 $x, y \in [a, M+1]$ 只要满足 $|x-y| < \delta_2$ 有 $|\varphi(x) - \varphi(y)| < \epsilon$ 成立. 取 $\delta = \min\{1, \delta_1, \delta_2\}$, 对任意 $x, y \geqslant a$ 只要满足 $|x-y| < \delta$ 有 $x, y \in [M, +\infty)$ 或 $[a, M+1]$. 故 $|\varphi(x) - \varphi(y)| < 3\epsilon$. □

(7) 函数 $f(x) = x$ 在 $(-\infty, +\infty)$ 上一致连续, 但是其平方 $f^2(x) = x^2$ 在 $(-\infty, +\infty)$ 上不是一致连续的:

$$\left|(\sqrt{n+1})^2 - (\sqrt{n})^2\right| = 1, \quad \left|\sqrt{n+1} - \sqrt{n}\right| = \frac{1}{\sqrt{n+1} + \sqrt{n}} \to 0.$$

(8) 如果函数 f 在 $(-\infty, +\infty)$ 上一致连续, 则存在 $a, b \geqslant 0$ 使得

$$|f(x)| \leqslant a|x| + b$$

对任何 $x \in (-\infty, +\infty)$ 都成立.

证: 对任意 $\epsilon > 0$ 存在 $\delta > 0$, 对任意 $x, y \in (-\infty, +\infty)$ 只要满足 $|x-y| < \delta$ 都有不等式 $|f(x) - f(y)| < \epsilon$ 成立. 固定上述 $\epsilon, \delta > 0$, 对任意 $x \in (-\infty, +\infty)$, 存在 $n \in \mathbb{Z}$ 和 $x_0 \in (-\delta, \delta)$ 使得 $x = n\delta + x_0$ 成立. 故存在 $M > 0$ 使得 $|f(x)| \leqslant M$ 对任何 $x \in [-\delta, \delta]$ 都成立. 根据

$$f(x) = \sum_{1 \leqslant k \leqslant |n|} \{f(k\delta + x_0) - f[(k-1)\delta + x_0]\} + f(x_0)$$

得到

$$\begin{aligned}|f(x)| &\leqslant \sum_{1 \leqslant k \leqslant |n|} |f(k\delta + x_0) - f[(k-1)\delta + x_0]| + |f(x_0)| \leqslant n\epsilon + M \\ &= \frac{\epsilon}{\delta}|x - x_0| + M \leqslant \frac{\epsilon}{\delta}|x| + \left(M + \frac{\epsilon}{\delta}|x_0|\right) \leqslant \frac{\epsilon}{\delta}|x| + (M + \epsilon). \quad \square\end{aligned}$$

♣

例 3.21

(1) 证明函数

$$f(x) = \begin{cases} |x|\left(2 + \sin\dfrac{1}{x}\right), & x \neq 0, \\ 0, & x = 0, \end{cases}$$

一致连续.

证: 因为

$$\lim_{x \to +\infty} [f(x) - (2x+1)] = \lim_{x \to -\infty} [f(x) + (2x+1)] = 0$$

并结合**注 3.9** (6) 得到结论. □

(2) 函数 $f(x) = \sin^2 x$ 在 $[-, +\infty)$ 上一致收敛.

(3) 函数 $f(x) = \sin(x^2)$ 在 $[0, +\infty)$ 上不是一致收敛的.

(4) 函数 $f(x) = \dfrac{|\sin x|}{x}$ 在 $(-1, 1)$ 上不是一致收敛的.

(5) 函数 $f(x) = \sin(x \sin x)$ 在 $[0, +\infty)$ 上不是一致收敛的.

♠

根据**注 3.9** 中的想法, 可以证明如果函数 f 在 $(-\infty, 1]$ 和 $[1, +\infty)$ 上都是一致连续的, 则函数 f 在 $(-\infty, +\infty)$ 上也是一致连续的. 请读者自证.

3.3.5 连续函数的历史

本小节主要参考了 Harper 的论文[17].

用 ϵ-δ 形式定义连续函数可追溯到 Bolzano 在 1817 年的论文[18]. Cauchy 在 1821 年出版了分析方面的名著《Cours d'analyse de l'École royal polytechnique》。

[17] Harper, J. F. *Defining continuity of real functions of real variables*, BSHM Bulletin: Journal of the British Society for the History of Mathemstics, **31**(2016), no. 3, 1–16.

[18] Bolzano, Bernard. *Rein analytischer Beweis des Lehrsatzes, dass zwischen je zwey Werthen, die ein entgegengesetztes Resultat gewähren, wenigstens eine reelle Wurzel der Gleichung liege* (1817), Prague: Gottlieb Haase; reprints: 1894 and 1905; E: "Purely Analytic Proof of the Theorem that between any two Values, which give Results of Opposite Sign, there lies at least one real Root of the Equation", in Russ 2004, 251–277.

之后陆续有名家的分析教科书出版:

- Duhamel: 《Cours d'analyses de l'École polytechnique》, 1841.
- Weierstrass: 《Lectures on the differential calculus》(class notes taken by H. A. Schwarz), 1861. 首次正式给出 ϵ-δ 语言.
- Heine: 《Die elemente der funktionentheorie》(Journal für die Reine und Angewandte Mathematik, **74** (1872), 172–188), 1872. 在这篇论文中, Heine 首次给出了一致连续的定义, 但是定义的想法是基于 Dirichlet 在 1854 年的讲座. 在同论文中, Heine 证明了现在所谓的 Heine-Borel 定理 (现在的版本是说, 对欧氏空间中的子集 S 来说, 下面两个命题等价: (1) S 是紧的, (2) S 是闭且有界的)。这里所说的 Heine-Borel 定理可立即推出原始的 Heine 定理, 即**定理 3.15**.

  Dugac 在文章[19]中分析了 Heine 的信, 并给出了如下关于 Heine-Borel 定理的历史的注释: 第一个证明是 Dirichlet 在 1862 年的讲座中给出的 (1904 年发表), 他比 Heine 更加明显地使用覆盖和有限子覆盖的想法; 这个想法也被 Weierstrass 和 Pincherle 使用过. Borel 在 1895 年对可数覆盖陈述了他的定理, 之后 Schönflies 和 Lebesgue 分别在 1900 年和 1898 年 (1904 年发表) 把它推广到任意覆盖. 因此就像 Dugac 的论文题目一样, Heine-Borel 定理可能叫 Dirichlet–Heine–Weierstrass–Borel–Schönflies–Lebesgue 定理较为合适. 关于 Heine-Borel 定理证明的历史可参考 Andre 等人的文章[20].
- Jordan: 《Cours d'analyse de l'École polytechnique》, 1882 (第一版), 1893 (第二版).
- Whittaker: 《A course of modern analysis》, 1902.
- Goursat: 《Cours d'analyse mathématique》, 1902.
- Pierpont: 《Lectures on the theory of functions of real variables》, 1905.
- Hobson: 《The theory of functions of a real variable and the theory of Fourier's series》, 1907.
- Hardy: 《A course of pure mathematics》, 1908 (第一版), 1914 (第二版), 1952 (第十版).
- Hausdorff: 《Grundzüge der Mengenlehre》, 1914.
- Whittaker, Watson: 《A course of modern analysis》, 1915 (第二版), 1927 (第四版).

---

[19] Dugac, P. *Sur la correspondance de Borel et le theoreme de Dirichlet–Heine–Weierstrass–Borel–Schoenflies–Lebesgue*, Arch. Internat. Hist. Sci., **39** (122) (1989), 69–110.

[20] Andre, N. P.; Engdahl, S. M.; Parker, A. E. *An analysis of the first proofs of the Heine-Borel theorem*, Convergence, 2013.

- Courant:《Differential and integral calculus》(translated by E. J. McShane), 1937.
- Siddons, Snel, Morgan:《A new calculus》, 1952.
- Rudin:《Principles of mathematical analysis》, 1953.
- Bartle 和 Sherbert:《Introduction to real analysis》, 1992.
- Carlson:《A concrete introduction to real analysis》, 2006.
- Gowers, Barrow-Green, Leader (编著):《The Princeton companion to mathematics》, 2008.
- Kudryavtsev:《Continuous function》.

下面考虑如下的四个函数:

(1) $f_0(x)=0$, 若 $x=0$ (仅在 x 处有定义);

(2) $f_+(x)=0$, 若 $x\geqslant 0$ (仅在一半的实轴上有定义);

(3) $f_{\mathbb{Q}}(x)=0$, 若 $x\in\mathbb{Q}$ (仅在 $\mathbb{R}$ 中的稠密集 $\mathbb{Q}$ 上有定义);

(4) $f_S(x)=0$ 若 $x=0$, $f_S(x)=\sin\dfrac{1}{x}$ 若 $x\neq 0$ (仅在 $x=0$ 处没有极限).

我们来分析比较上述教科书中对连续定义的差异:

- **Bolzano (1817), $f_0, f_+, f_{\mathbb{Q}}, f_S$ 都不是连续的:**

  Bolzano 对连续函数的定义为: 对任何位于某个极限内部或外部的 x 值, 函数 $f(x)$ 按照连续法则变化, 即, 假若 x 是这样的值, 则差 $f(x+\omega)-f(x)$ 可以比任何给定的量都小, 只要 ω 可以取任意小.

  有些函数对任何 x 值都是连续的, 比如 $f(x)=a+bx$, 其中 a,b 是常数; 事实上,

  $$f(x+\omega)-f(x)=(a+b(x+\omega))-(a+bx)=b\omega$$

  可以任意小, 当然只要 ω 任意小. 但是有些函数仅对位于某个极限内部或外部的 x 值才是连续的, 比如 $f(x)=x+\sqrt{(1-x)(2-x)}$; 显然函数的定义域为 $[2,+\infty)\cup(-\infty,1]$, 根据 Bolzano 的定义, $f(x)$ 仅在 $(-\infty,1)\cup(2,+\infty)$ 内连续.

  这个连续函数的定义仅针对区间, 而且根据这个定义, 函数在其定义域的边界上不是连续的 (原因是如果 x 是边界点, 则 $x+\omega$ 不一定就落在定义域内了). 根据函数本身定义, $f_0, f_+, f_{\mathbb{Q}}$ 在 Bolzano 意义下都不是连续的; 因为 $\lim\limits_{x\to 0} f_S(x)$ 不存在, 所以 $f_S(x)$ 不是连续的.

- **Cauchy (1821), $f_0, f_+, f_{\mathbb{Q}}, f_S$ 都不是连续的:**

  Cauchy 对连续函数的定义为: 令 $f(x)$ 是关于变量 x 的函数, 并假设对每个

介于两个给定极限的 x 值, 函数总取到唯一的有限值. 如果对上述的 x 值我们给予一个无穷小的增量 α, 则函数本身的增量是依赖于新变量 α 和 x 值的差 $f(x+\alpha)-f(x)$. 称 $f(x)$ 是介于两个给定极限的 x 的连续函数, 如果对每个这样的 x 值, 差值 $f(x+\alpha)-f(x)$ 随着 α 的值而无限减少. 我们也称函数 $f(x)$ 是位于变量 x 的特定值的邻域内的 x 的连续函数, 如果 $f(x)$ 关于介于两个极限的 x 是连续 (这两个极限包含这个特定值, 哪怕它们挨得非常近).

根据此定义, 连续仅发生在有界区间的内部. $f_0, f_+, f_{\mathbb{Q}}, f_S$ 都不是连续的, 原因同上.

- **Duhamel (1841), f_+, f_S 是连续的:** Duhamel 对连续函数的定义为: 一个变量是连续的, 当它不可能从一个值传递到另一个值时却没有经过所有的中间值. 函数称为连续的, 当它所依赖的量以连续的方式变化时, 它总是实的, 并且它本身以连续的方式变化, 也就是说它不能从一个值传递到另一个值而不传递所有中间值. 一个函数可以是连续的, 只要它所依赖的变量保持在一定的极限之间, 且在这些极限之外不再是连续的或变成不连续的.

  Darboux 在 1875 年[21] 证明了 $f_S(x)$ 在此意义下是连续的.
- **Weierstrass (1861), $f_0, f_+, f_{\mathbb{Q}}, f_S$ 都不是连续的:** Weierstrass 对连续函数的定义为: 如果 $f(x)$ 是 x 的函数且如果 x 是确定的值, 则当 x 变成 $x+h$, 相应的函数将变成 $f(x+h)$. 如果现在可以确定 h 的一个界 δ 使得对所有 h 的值, 只要它们的绝对值小于 δ, $f(x+h)-f(x)$ 会变得比无论多么小的 ϵ 都小, 则我们称变量的无穷小变化对应函数的无穷小变化. 如果一个函数现在是这样的, 变量的无穷小变化对应函数的无穷小变化, 此时我们称该函数是关于变量的连续函数, 或称为关于变量是连续变化的.
- **Heine (1872), $f_0, f_+, f_{\mathbb{Q}}, f_S$ 都不是连续的:** Heine 对连续函数的定义为: 函数 $f(x)$ 称为在独立值 $x=x$ 处连续的, 当对给定的无论多么小的量 ϵ, 都存在另一个正数 η_0 使得 $f(X\pm\eta)-f(X)$, 对任意小于 η_0 的正数 η, 不会超过 ϵ. 函数 $f(x)$ 称为从 $x=a$ 到 $x=b$ 是连续的, 当它对介于 a 和 b 之间的任意独立值 $x=\xi$ (包括 a 和 b) 是连续的. 注意到 Heine 的定义不需要 "绝对值" . 这样在 Heine 的定义下, 函数 $f_+(x)$ 从 $x=a$ 到 $x=b$ 是连续的, 如果 $a\in(0,b]$, 但是在 $a=0$ 处不连续.
- **Jordan (1882, 第一版, $f_0, f_+, f_{\mathbb{Q}}, f_S$ 都不是连续的); (1893, 第二版, $f_0, f_+, f_{\mathbb{Q}}$ 都是连续的):** Jordan (第一版) 对连续函数的定义为: 我们称函数 $y=f(x)$ 关于值 $x=a$ 是连续的, 如果对无论多么小的量 ϵ, 我们总可以

[21] Darboux, G. *Mémoire sur la théorie des fonctions discontinues*, Annales Scientifiques de l'École Normale Supérieure, 2ᵉ Série, **4**(1875), 57-112.

确定第二个量 γ_1 使得 $f(a+h)-f(a)<\epsilon$ 对所有介于 $-\gamma_1$ 到 $+\gamma_1$ 的值 h 都成立. 函数称为从 $x=a$ 到 $x=b$ 是连续的, 如果对这个区间内的所有值 x 都是连续的. Jordan (第二版) 对连续函数的定义为: 假设 $f(x,y,\cdots)$ 是定义在集合 $E\subset\mathbb{R}^n$ 上的关于 n 个变量 $x,y,\cdots$ 的函数. 令 $(a,b,\cdots)$ 是 E 中的固定点; $h,k,\cdots$ 是变量使得点 $(a+h,b+k,\cdots)$ 仍旧属于 E. 如果对任意正量 ϵ, 我们可以找到另一个正量 δ 使得对所有值 $h,k,\cdots$ 只要满足 $|h|<\delta$, $|k|<\delta$, $\cdots$, 就有 $|f(a+h,b+k,\cdots)-f(a,b,\cdots)|<\epsilon$. Jordan 在第二版就排除了函数没有定义的点, 且考虑了多元函数情形, 而且加上了第一版中忽略的绝对值.

Bolzano、Cauchy 和 Duhamel 的 "连续函数" 是定义在区间上, 但 Darboux 表明了 Duhamel 的定义是不充分的. Weierstrass 开始给出函数在一点连续的定义, 用现代记号, 这等价于

$$\forall\ \epsilon>0\ \exists\ \delta>0\ (|x-a|<\delta) \quad\Longrightarrow\quad ((x\in D_f)\wedge(|f(x)-f(a)|<\epsilon)), \tag{3.3.6}$$

这里 D_f 是函数 f 的定义域. 在 Weierstrass 的定义中 "对所有 h 值" 就已经蕴含了 $x\in D_f$. 因此 (3.3.6) 使得函数在点 a 处连续, 仅当该函数定义在 a 的某个邻域内.

Jordan 关于函数在一点连续的定义, 用现代记号, 这等价于

$$\forall\ \epsilon>0\ \exists\ \delta>0\ ((|x-a|<\delta)\wedge(x\in D_f)) \quad\Longrightarrow\quad (|f(x)-f(a)|<\epsilon), \tag{3.3.7}$$

这就避免了函数 $f(x)$ 在定义域 D_f 外但是在 $|x-a|<\delta$ 内取值. 因此在 (3.3.7) 意义下, 函数 $f_0, f_{\mathbb{Q}}, f_+$ 都在 $x=0$ 处连续.

我们关于连续函数的定义, **定义 3.8**, 是沿着 Bolzano、Cauchy 和 Duhamel 的传统定义, 即函数本身的定义域是一个区间.

而 Weierstrass 和 Jordan 做了相应的推广. 请大家要注意区分数学分析中连续函数的定义和实分析、拓扑学中关于连续函数的定义.

3.4 习题

1. 假设 $f(x)$ 在 $[0,1]$ 上递增且满足 $f(0)>0$ 和 $f(1)<1$. 证明存在 $x_0\in(0,1)$ 使得 $f(x_0)=x_0^2$ 成立.

2. 证明若

$$\lim_{x\to0} f\left(x\left(\frac{1}{x}-\left\lfloor\frac{1}{x}\right\rfloor\right)\right)=0,$$

则 $\lim\limits_{x\to 0} f(x)=0$.

3. 假设 $f(x)$ 是定义在 $(-a,a)$ 上的正值函数. 如果 $\lim\limits_{x\to 0}\left[f(x)+\dfrac{1}{f(x)}\right]=2$, 证明 $\lim\limits_{x\to 0} f(x)=1$.

4. 求下列函数极限:

$$\lim_{x\to+\infty}\frac{\sqrt{x+\sqrt{x+\sqrt{x}}}}{\sqrt{x+1}},\quad \lim_{x\to 1}\frac{\sqrt[m]{x}-1}{\sqrt[n]{x}-1}\ (m,n\in\mathbb{N}),\quad \lim_{x\to 0}\frac{\sqrt[5]{32+x}-2}{x},$$

$$\lim_{x\to 1}\left(\frac{m}{1-x^m}-\frac{n}{1-x^n}\right)\ (m,n\in\mathbb{N}),\quad \lim_{x\to 0}\frac{\tan(1+x)\tan(1-x)-\tan^2 1}{\tan^2 x},$$

$$\lim_{x\to+\infty}\frac{\ln(2+\sqrt{x})}{\ln(6+\sqrt[6]{x})},\quad \lim_{x\to+\infty}\left(\sin\sqrt{x^2+1}-\sin\sqrt{x^2-1}\right),$$

$$\lim_{x\to+\infty}x^a a^x\ (a>0,\ a\neq 1),\quad \lim_{x\to+\infty}\frac{e^x}{x^{x^{\alpha}\cdot\ln^{\beta}x}},\quad \lim_{x\to 0}\frac{\cos(3x)-\cos(7x)}{x^2},$$

$$\lim_{x\to a}\frac{\sin(x-a)}{x^2-a^2},\quad \lim_{x\to 0+}(\sin x)^{\frac{1}{\ln x}},\quad \lim_{x\to 0+}\frac{1-\sqrt{\cos x}}{x-x\cos\sqrt{x}},$$

$$\lim_{x\to 0}\frac{3\sin x+x^2\cos\dfrac{1}{x}}{(1+\cos x)\ln(1+x)},\quad \lim_{x\to 0}\frac{\sin(2x)+2\arctan(3x)+3x^2}{\ln(1+3x+\sin^2 x)+xe^x},$$

$$\lim_{x\to 0+}x^{\sin x},\quad \lim_{x\to\infty}x^2\ln\left(\cos\frac{\pi}{x}\right),\quad \lim_{x\to 0}\frac{\cos\left(\dfrac{\pi}{2}\cos x\right)}{\sin(\sin^2 x)},$$

$$\lim_{x\to\frac{\pi}{4}}\cot(2x)\cdot\cot\left(\frac{\pi}{4}-x\right),\quad \lim_{x\to 0+}\frac{\sqrt{1-e^{-x}}-\sqrt{1-\cos x}}{\sqrt{\sin x}},$$

$$\lim_{x\to\infty}\left[\sqrt[n]{(x^2+1)(x^2+2)\cdots(x^2+n)}-x^2\right],$$

$$\lim_{x\to+\infty}x\left[\left(1+\frac{a}{x}\right)^{1+\frac{1}{x}}-x^{-\frac{1}{x(x+a)}}\right],\quad \lim_{x\to 0+}(e^x+2x)^{\frac{1}{x}},$$

$$\lim_{x\to 1}(2-x)^{\tan\left(\frac{\pi x}{2}\right)},\quad \lim_{x\to+\infty}\left(\cos\frac{1}{x}+\sin\frac{1}{x}\right)^x,\quad \lim_{x\to 0}(\sqrt{1+x}-x)^{\frac{1}{x}},$$

$$\lim_{x\to 0}[\ln(e+x)]^{\cot x},\quad \lim_{x\to 0}\left(\frac{xe^x+1}{x\pi^x+1}\right)^{\frac{1}{x^2}},\quad \lim_{x\to 0+}(x^x-1)\ln x,$$

$$\lim_{x\to 0+}x^{x^x-1},\quad \lim_{x\to 0}\frac{(a^x-b^x)^2}{a^{x^2}-b^{x^2}}\ (a,b>0,\ a\neq b),$$

$$\lim_{x\to 0}\left(\frac{a^x+b^x}{2}\right)^{\frac{1}{x}}\ (a,b>0),\quad \lim_{x\to+\infty}\left(\frac{e^x+e^{-x}}{e^x-e^{-x}}\right)^{e^{2x}},$$

$$\lim_{x\to 0}\left(\frac{a^{x+1}+b^{x+1}}{a+b}\right)^{\frac{1}{x}}\ (a,b>0),\quad \lim_{x\to a}\frac{a^{a^x}-a^{x^a}}{a^x-x^a}\ (a>0),$$

$$\lim_{x\to 0+}\left(2\sin\sqrt{x}+\sqrt{x}\sin\frac{1}{x}\right)^{x},\quad \lim_{x\to 0}\left(\frac{e^x+e^{2x}+\cdots+e^{nx}}{n}\right)^{\frac{1}{x}},$$

$$\lim_{x\to +\infty}\left(\frac{1}{x}\frac{a^x-1}{a-1}\right)^{\frac{1}{x}},\quad \lim_{x\to -\infty}\left(\frac{1}{x}\frac{a^x-1}{a-1}\right)^{\frac{1}{x}}\ (a>0,\ a\neq 1).$$

5. 求 k 值使得 $f(x)=\sqrt{1+x\sin^{-1}x}-\sqrt{\cos x}$ 和 $g(x)=kx^2$ 当 $x\to 0$ 时成为等价无穷小量.

6. 求极限

$$\lim_{n\to\infty}\sum_{n\leqslant k\leqslant 2n}\sin\frac{\pi}{k}.$$

7. 假设函数 $f(x)=\sum\limits_{1\leqslant k\leqslant n}a_k\sin(kx)$ 满足不等式 $|f(x)|\leqslant|\sin x|$. 证明

$$\left|\sum_{1\leqslant k\leqslant n}ka_k\right|\leqslant 1.$$

8. 求 A,B 的值使得函数

$$f(x)=\begin{cases}2x-2, & x<-1,\\ Ax+B, & -1\leqslant x\leqslant 1,\\ 5x+5, & x>1,\end{cases}$$

在 $x=-1,1$ 处都连续.

9. 令 $\{a_n\}_{n\geqslant 1}$ 是方程 $\tan x=x$ 的相继根列. 证明 $\lim\limits_{n\to\infty}(a_{n+1}-a_n)=\pi$.

10. 假设 $P_n(x)=x+x^2+\cdots+x^n$, $n>2$. 证明方程 $P_n(x)=1$ 在 $\left[\frac{1}{2},1\right]$ 内有唯一的实根 x_n, 且 $\lim\limits_{n\to\infty}x_n=\frac{1}{2}$.

11. 判断下列函数在指定区间上的一致连续性:

$$f(x)=\ln x\ (x\in(0,1]),\quad f(x)=\frac{\sin x}{x}\ (x\in(0,1]),$$

$$f(x)=\sin^2 x\ (x\in[0,+\infty)),\quad f(x)=\sin(x^2)\ (x\in[0,+\infty)),$$

$$f(x)=\sqrt{x}\ (x\in[0,+\infty)),\quad f(x)=e^x\ (x\in[0,+\infty)).$$

12. 讨论下列函数在指定区间上的一致连续性:

$$f(x) = e^x \cos\frac{1}{x}\ (x \in (0,1]),\quad f(x) = e^{\frac{1}{x}}\ (x \in (0,1)),$$
$$f(x) = \cos x \cdot \cos\frac{\pi}{x}\ (x \in (0,1)),\quad f(x) = x^2\ (x \in (0,+\infty)),$$
$$f(x) = \frac{|\sin x|}{x}\ (x \in (-1,1)),\quad f(x) = \sin(\sin x)\ (x \in [0,+\infty)),$$
$$f(x) = x\sin\frac{1}{x}\ (x \in (0,+\infty)),\quad f(x) = \sin(x\sin x)\ (x \in [0,+\infty)).$$

3.5 参考文献

1. Amann, Herbert; Escher, Joachim. *Analysis I*, Translated from the 1988 German original by Gary Brookfield, Birkhäuser Verlag, Basel, 2005. xiv+426 pp. ISBN: 3-7643-7153-6
2. Amann, Herbert; Escher, Joachim. *Analysis II*, Translated from the 1999 German original by Silvio Levy and Matthew Cargo, Birkhäuser Verlag, Basel, 2008. xii+400 pp. ISBN: 978-3-7643-7472-3; 3-7643-7472-3
3. Amann, Herbert; Escher, Joachim. *Analysis III*, Translated from the 2001 German original by Silvio Levy and Matthew Cargo, Birkhäuser Verlag, Basel, 2009. xii+468 pp. ISBN: 978-3-7643-7479-2; 3-7643-7479-2
4. Ramankutty, P.; Vamanamurthy, M. K. *Limit of the composite of two functions*, Amer. Math. Monthly, **82**(1975), 63–64.
5. Zorich, Vladimir A. *Mathematical Analysis I*, Translated from the 2002 fourth Russian edition by Roger Cooke, Universitext, Springer-Verlag, Berlin, 2004. xviii+574 pp. ISBN: 3-540-40386-8
6. Zorich, Vladimir A. *Mathematical Analysis II*, Translated from the 2002 fourth Russian edition by Roger Cooke, Universitext, Springer-Verlag, Berlin, 2004. xvi+681 pp. ISBN: 3-540-40633-6
7. 常庚哲, 史济怀 编: **数学分析教程** (上、下册), 高等教育出版社, 2003.
8. 陈天权 编著: **数学分析讲义** (第一、二、三册), 北京大学出版社, 2009.
9. 邓建平 编: **微积分 I, II**, 科学出版社, 2019.
10. 吉米多维奇 著 (李荣涷, 李植 译): **数学分析习题集** (根据 2010 年俄文版翻译), 俄罗斯数学教材选译, 高等教育出版社, 2012.
11. 黎景辉, 赵春来 著: **模曲线导引** (第二版), 北京大学出版社, 2014.

12. 李傅山, 王培合 编著: **数学分析习题课讲义** (1、2、3), 北京大学出版社, 2018.
13. 林源渠, 方企勤 编: **数学分析解题指南**, 北京大学出版社, 2003.
14. 梅加强 编著: **数学分析**, 高等教育出版社, 2015.
15. 裴礼文 编著: **数学分析中的典型问题与方法** (第二版), 高等教育出版社, 2015.
16. 汪林 著: **数学分析中的问题和反例**, 现代数学基础 **56**, 高等教育出版社, 2015.
17. Weir, D. Maurice; Hass, R. Joel; Giordano, R. Frank. *Thomas' calculus*, Eleventh Edition, (影印版, 上、下册), 高等教育出版社, 2016.
18. 徐森林, 薛春华 编著: **数学分析**, 清华出版社, 2005.
19. 杨小远, 孙玉泉, 薛玉梅, 杨卓琴 编著: **工科数学分析教程** (上、下册), 科学出版社, 2011.
20. 张福保, 薛金美, 潮小李 主编: **数学分析讲义**, 科学出版社, 2019.
21. 张筑生 编著: **数学分析新讲** (第一、二、三册), 北京大学出版社, 1990.
22. 周民强 编著: **数学分析习题演练** (第一、二、三册), 科学出版社, 2018.
23. 朱尧辰 编著: **数学分析例选: 通过范例学技巧**, 哈尔滨工业大学出版社, 2013.

第四章 导数理论

One more differentiation of the first of these two equations yields

$$36J(J-1)\frac{d^2\Omega}{dJ^2}+(69J-42)\frac{d\Omega}{dJ}+2(J-1)\frac{dH}{dJ}-3\Omega+2H=0,$$

an equation which we join with the two preceding ones for the elimination of H *and* $\frac{dH}{dJ}$. *By this we finally obtain the anticipated differential equation in the form:*

$$\frac{d^2\Omega}{dJ^2}+\frac{1}{J}\cdot\frac{d\Omega}{dJ}+\frac{\frac{31}{144}J-\frac{1}{36}}{J^2(J-1)^2}\cdot\Omega=0.$$

Klein, Felix; Fricke, Robert.

Lectures on the theory of elliptic modular functions

(translated by Arthur M. Dupre),

First volume, CTM **1**, Higher Education Press, 2017

4.1 微分和导数

给定函数 $f(x)$ 和其定义域中的点 a, 一个很自然的问题是当 $x\to a$ 如何用已知的函数值 $f(a)$ 来 (近似地) 计算未知的函数值 $f(x)$. 比如考察如下的例子:

$$f(x)=x^2,\quad x\in\mathbb{R}.$$

令 $\Delta x:=x-a$ 得到

$$\begin{aligned}f(x)&=f(a+\Delta x)=(a+\Delta x)^2\\&=a^2+2a\Delta x+(\Delta x)^2=f(a)+2a(x-a)+(x-a)^2.\end{aligned}$$

因为

$$\frac{f(x)-f(a)-2a(x-a)}{x-a}=\frac{(x-a)^2}{x-a}=x-a\to 0,$$

所以当 $x\to a$ 时得到

$$f(x)=f(a)+2a(x-a)+o(x-a),$$

这里 $o(x-a)$ 是无穷小量. 由此可见, 当 x 和 a 靠得很近时, 我们可以用线性函数 $f(a)+2a(x-a)$ 来近似的计算 $f(x)$.

4.1.1 微分

当然上面这个例子较简单, 然而其中的想法可以推广之. 由此我们引入如下定义.

定义 4.1 (微分)

假设函数 f 定义在某个邻域 $U(x_0,r)$ 内. 称 **f 在 x_0 处可微 (f is differentiable at x_0)** 如果存在常数 A (不依赖 x) 使得

$$f(x)=f(x_0)+A(x-x_0)+o(x-x_0)$$

当 $x\to x_0$ 时成立. 线性函数 $A(x-x_0)$ 称为 **f 在 x_0 处的微分 (differential)**. ♣

为了方便起见, 引入如下记号:

(a) $\Delta x := x-x_0$.

(b) $\Delta y\equiv\Delta f := f(x)-f(x_0)=f(x_0+\Delta x)-f(x_0)$.

(c) $df(x) := A(x-x_0)$ 或者 $dy\equiv df := A\Delta x$.

例 4.1

(1) 函数 $f(x)=x^n$, $n\in\mathbb{N}_*$, 在每点 $x\in(-\infty,+\infty)$ 处都可微且 $dy=nx^{n-1}\Delta x$.

(2) 函数 $f(x)=|x|$ 只在 $x=0$ 处不可微.

证: (1) $x\in\mathbb{R}$, 从下列计算

$$\begin{aligned}\Delta y&=f(x+\Delta x)-f(x)=(x+\Delta x)^n-x^n\\&=nx^{n-1}\Delta x+\frac{n(n-1)}{2}x^{n-2}(\Delta x)^2+\cdots+(\Delta x)^n=nx^{n-1}\Delta x+o(\Delta x)\end{aligned}$$

得到 $\Delta y=nx^{n-1}\Delta x$.

(2) 若 $x\neq 0$ 则根据 (1) 知道函数 $f(x)$ 在 x 处可微. 若 $x=0$ 得到

$$\Delta y=f(0+\Delta x)-f(0)=|\Delta x|.$$

如果 $\Delta x>0$, 则 $\Delta y=\Delta x$; 如果 $\Delta x<0$, 则 $\Delta y=-\Delta x$. 故不存在常数 A 使得 $\Delta f=A\Delta x+o(\Delta x)$ 成立. □ ♠

注 4.1

(1) 对函数 $f(x) = x$ 得到

$$dx = dy = \Delta x \implies \text{一般地把微分记作 } dy = Adx,$$

这是 **Leibniz 记号**.

(2) 如果函数 f 在 x_0 处可微, 那么必在 x_0 处连续. 但反之则不对, 譬如**例 4.1** (2).

(3) 给定点 $x_1, \cdots, x_n$, 则存在函数只在 $x_1, \cdots, x_n$ 处不可微. 比如,

$$f(x) = \sum_{1\leqslant k\leqslant n} |x - x_k|.$$

(4) 存在函数只在 $x \in [0,1] \setminus \mathbb{Q}$ 处可微但在 $x \in [0,1] \cap \mathbb{Q}$ 处不可微. 比如

$$f(x) = \sum_{n\geqslant 1} \frac{|x - r_n|}{3^n},$$

其中 $\{r_n\} = [0,1] \cap \mathbb{Q}$.

(5) (Weierstrass) 存在函数在 $(-\infty, +\infty)$ 上处处不可微:

$$f(x) = \sum_{n\geqslant 0} b^n \cos(a^n \pi x),$$

这里 $0 < b < 1$, $a > 0$ 为奇数, 且满足 $2ab > 2 + 3\pi$.

(6) (Caratheodory) 可微的等价定义:

函数 f 在 x_0 可微 $\Longleftrightarrow$ 存在函数 g 在 x_0 处连续且 $f(x) = f(x_0) + g(x)(x - x_0)$.

证: 假设存在常数 A 满足

$$f(x) = f(x_0) + A(x - x_0) + o(x - x_0).$$

由此定义

$$g(x) = \begin{cases} \dfrac{f(x) - f(x_0)}{x - x_0} = A + \dfrac{o(x - x_0)}{x - x_0}, & x \neq x_0, \\ A, & x = x_0. \end{cases}$$

因为 $\lim\limits_{x\to x_0} g(x) = A = g(x_0)$, 函数 g 在 x_0 处连续.

反之, 假设存在 g 使得 g 在 x_0 处连续且 $f(x) = f(x_0) + g(x)(x - x_0)$. 令 $A = g(x_0)$ 得

$$\frac{f(x)-f(x_0)-A(x-x_0)}{x-x_0}=g(x)-g(x_0)\to 0$$

当 $x\to x_0$ 时. □

(7) 存在函数只在一点可微, 比如下面函数仅在 $x=0$ 处可导:

$$f(x)=\begin{cases}x(1-x), & x\in\mathbb{Q},\\ x(1+x), & x\notin\mathbb{Q}.\end{cases}$$

♣

4.1.2 导数

假设函数 f 在 x_0 处可微. 则

$$A=\frac{f(x)-f(x_0)}{x-x_0}+o(1)=\frac{\Delta y}{\Delta x}+o(1).$$

令 $x\to x_0$ 得到

$$A=\lim_{x\to x_0}\frac{f(x)-f(x_0)}{x-x_0}=\lim_{\Delta x\to 0}\frac{f(x_0+\Delta x)-f(x_0)}{\Delta x}.$$

定义 4.2 (导数)

假设函数 f 定义在邻域 $U(x_0,r)$ 内. 称 **f 在 x_0 处可导 (derivable)** 若极限

$$\lim_{x\to x_0}\frac{f(x)-f(x_0)}{x-x_0}=:f'(x_0)\tag{4.1.1}$$

存在. 该极限 $f'(x_0)$ 称为 **f 在 x_0 处的导数 (derivative)**.

♣

定理 4.1

函数 f 在 x_0 处可微当且仅当函数 f 在 x_0 处可导.

♡

证: 根据定义直接得到. □

例 4.2

(1) 考察函数

$$f(x)=\begin{cases}x^n\sin\dfrac{1}{x}, & x\neq 0,\\ 0, & x=0,\end{cases}$$

其中 $n\in\mathbb{N}_*$. 证明 (a) 如果 $n\geqslant 1$ 则 $f\in\mathscr{C}((-\infty,+\infty))$. (b) 如果 $n\geqslant 2$ 则 f 在 $x=0$ 处可导. (c) 如果 $n\geqslant 3$ 则 f' 在 $x=0$ 处连续.

证: $n \geqslant 1$ 得到

$$\lim_{x\to 0} x^n \sin\frac{1}{x} = \lim_{x\to 0}\left(x\sin\frac{1}{x}\right)(x^{n-1}) = 0.$$

$n \geqslant 2$ 得到

$$f'(0) = \lim_{\Delta x\to 0}\frac{f(0+\Delta x)-f(0)}{\Delta x} = \lim_{\Delta x\to 0}(\Delta x)^{n-1}\sin\frac{1}{\Delta x} = 0.$$

$n \geqslant 3$ 得到

$$f'(x) = nx^{n-1}\sin\frac{1}{x} - x^{n-2}\cos\frac{1}{x}, \quad x \neq 0.$$

从而推出 $\lim\limits_{x\to 0} f'(x) = 0 - \lim\limits_{x\to 0} x^{n-2}\cos\dfrac{1}{x} = 0$. □

(2) 给定区间 I. 如果函数 f 在 I 内处处可导, 记作 $f \in \mathscr{D}(I)$. 如果函数 $f \in \mathscr{D}(I)$ 的导函数 f' 在 I 内处处连续, 记作 $f \in \mathscr{C}^1(I)$. 根据 (1) 得到下列关系

$$\mathscr{C}(I) \supsetneqq \mathscr{D}(I) \supsetneqq \mathscr{C}^1(I). \tag{4.1.2}$$

(3) 如果函数 f 在 x_0 处可导, 那么

$$\lim_{\Delta x\to 0}\frac{f(x_0+\Delta x)-f(x_0-\Delta x)}{2\Delta x} = f'(x_0).$$

进一步, 对任何 $\alpha \neq \beta$ 有

$$\lim_{\Delta x\to 0}\frac{f(x_0+\alpha\Delta x)-f(x_0+\beta\Delta x)}{(\alpha-\beta)\Delta x} = f'(x_0).$$

证: 计算得到

$$\begin{aligned}\frac{f(x_0+\Delta x)-f(x_0-\Delta x)}{2\Delta x} &= \frac{f(x_0+\Delta x)-f(x_0)}{2\Delta x} + \frac{f(x_0-\Delta x)-f(x_0)}{-2\Delta x}\\ &\to \frac{f'(x_0)}{2} + \frac{f'(x_0)}{2} = f'(x_0).\end{aligned}$$

若 α, β 中有一个为 0, 则结论显然成立. 下面假设 $\alpha, \beta \neq 0$. 和上面计算类似可得到

$$\begin{aligned}\frac{f(x_0+\alpha\Delta x)-f(x_0+\beta\Delta x)}{(\alpha-\beta)\Delta x} &= \frac{f(x_0+\alpha\Delta x)-f(x_0)}{\alpha\Delta x}\frac{\alpha}{\alpha-\beta}\\ &\quad + \frac{f(x_0+\beta\Delta x)-f(x_0)}{\beta\Delta x}\frac{-\beta}{\alpha-\beta}\\ &\to f'(x_0)\frac{\alpha}{\alpha-\beta} + f'(x_0)\frac{-\beta}{\alpha-\beta} = f'(x_0).\end{aligned}$$ □

(4) 但是 (3) 的反命题不一定成立, 比如考察函数 $f(x)=|x|$, $x_0=0$.

(5) 如果函数 f 在 x_0 处可导, 且存在数列 $\{a_n\}_{n\geqslant 1}$, $\{b_n\}_{n\geqslant 1}$ 满足

$$a_n<x_0<b_n,\quad \lim_{n\to\infty}a_n=x_0=\lim_{n\to\infty}b_n,$$

则

$$f'(x_0)=\lim_{n\to\infty}\frac{f(b_n)-f(a_n)}{b_n-a_n}.$$

证: 计算得到

$$I_n:=\frac{f(b_n)-f(a_n)}{b_n-a_n}=\frac{b_n-x_0}{b_n-a_n}\frac{f(b_n)-f(x_0)}{b_n-x_0}+\frac{x-a_n}{b_n-a_n}\frac{f(a_n)-f(x_0)}{a_n-x_0}.$$

引入记号

$$\lambda_n:=\frac{b_n-x_0}{b_n-a_n},\quad \mu_n:=\frac{x_0-a_n}{b_n-a_n},\quad 0\leqslant\lambda_n,\mu_n\leqslant 1,\ \lambda_n+\mu_n=1.$$

从而有

$$\begin{aligned}|I_n-f'(x_0)|&=\left|\lambda_n\frac{f(b_n)-f(x_0)}{b_n-x_0}+\mu_n\frac{f(x_n)-f(x_0)}{a_n-x_0}-(\lambda_n+\mu_n)f'(x_0)\right|\\&\leqslant\lambda_n\left|\frac{f(b_n)-f(x_0)}{b_n-x_0}-f'(x_0)\right|+\mu_n\left|\frac{f(a_n)-f(x_0)}{a_n-x_0}-f'(x_0)\right|\to 0.\end{aligned}$$

□

(6) 在 (5) 中条件 "$a_n<x_0<b_n$" 是必需的. 比如考察函数

$$f(x)=\begin{cases}x^2\sin\dfrac{1}{x}, & x\neq 0,\\ 0, & x=0.\end{cases}$$

例 4.2 (1) 已经告诉我们 $f'(0)=0$. 但是若取 $a_n=2/[(4n+1)\pi]$ 和 $b_n=2/4n\pi$, 得到 $0<a_n<b_n$ 但是

$$\lim_{n\to\infty}\frac{f(b_n)-f(a_n)}{b_n-a_n}=\lim_{n\to\infty}\frac{\dfrac{4}{16n^2\pi^2}\cdot 0-\dfrac{4}{(4n+1)^2\pi^2}\cdot 1}{\dfrac{2}{\pi}\left(\dfrac{1}{4n}-\dfrac{1}{4n+1}\right)}=-\frac{2}{\pi}\neq 0=f'(0).$$

(7) 如果 $f'(0)$ 存在, 且存在数列 $\{x_n\}_{n\geqslant 1}$, $\{y_n\}_{n\geqslant 1}$ 满足条件

$$0<x_n<y_n,\quad y_n\to 0,\quad \frac{y_n}{y_n-x_n}\ \text{有界},$$

则

$$f'(0) = \lim_{n\to\infty} \frac{f(y_n) - f(x_n)}{y_n - x_n}.$$

证: 和 (5) 证明几乎一样. □

(8) 证明 Riemann 函数 $R(x)$ 在 $x \in (0,1) \setminus \mathbb{Q}$ 连续但不可导, 这里

$$R(x) = \begin{cases} 0, & x \in (0,1) \setminus \mathbb{Q}, \\ \dfrac{1}{q}, & x = \dfrac{p}{q} \in (0,1) \cap \mathbb{Q} \text{ 且 } (p,q) = 1. \end{cases}$$

证: 连续性已证, 可参见**例 3.14** (1). 下证第二个论断. 对任意 $x_0 \in (0,1) \setminus \mathbb{Q}$ 存在数列 $\{h_n\}_{n\geqslant 1} \to 0$ 使得 $x_0 + h \in (0,1) \setminus \mathbb{Q}$ 成立. 比如, 若记 $x_0 = 0.a_1a_2\cdots a_n\cdots$, 则可取 $h_n = 0.a_1a_2\cdots a_n - x_0$. 令 N 为最小正整数满足 $a_N \neq 0$ 得到

$$f(x_0 + h_n) = f(0, a_1\cdots a_n) \geqslant \frac{1}{10^n}\ (n \geqslant N), \quad |h_n| \leqslant \frac{1}{10^n}$$

和

$$\left|\frac{f(x_0+h_n) - f(x_0)}{h_n}\right| = \left|\frac{f(x_0+h_n)}{h_n}\right| \geqslant 1. \quad \square$$

(9) 如果 $f \in \mathscr{D}([a,+\infty))$, $f(a) = 0$, 且 $f'(x) \geqslant -f(x)$ 对任意 $x \in [a,+\infty)$ 都成立, 则 $f(x) \geqslant 0$ 对任何 $x \in [a,+\infty)$ 成立.

证: 否则存在 $x_0 > a$ 满足 $f(x_0) < 0$. 根据闭区间上连续函数必有最小值, 得到 $f(t) = \min\limits_{[a,x_0]} f$ 对某个 $t \in [a, x_0]$ 成立. 因为 $f(a) = 0$, 必有 $a < t \leqslant x_0$ 且 $f(t) < 0$. 因为 $f'(t) > 0$, 故存在 $h > 0$ 使得不等式 $0 < \dfrac{f(t-h) - f(t)}{-h}$ 成立, 即 $f(t-h) < f(t)$, 这是不可能的! □

(10) 根据行列式定义及 Leibniz 法则 (4.2.2) 得到

$$\frac{d}{dx}\begin{vmatrix} f_{11}(x) & f_{12}(x) & \cdots & f_{1n}(x) \\ \vdots & \vdots & & \vdots \\ f_{i1}(x) & f_{i2}(x) & \cdots & f_{in}(x) \\ \vdots & \vdots & & \vdots \\ f_{n1}(x) & f_{n2}(x) & \cdots & f_{nn}(x) \end{vmatrix} = \sum_{1\leqslant i\leqslant n} \begin{vmatrix} f_{11}(x) & f_{12}(x) & \cdots & f_{1n}(x) \\ \vdots & \vdots & & \vdots \\ f'_{i1}(x) & f'_{i2}(x) & \cdots & f'_{in}(x) \\ \vdots & \vdots & & \vdots \\ f_{n1}(x) & f_{n2}(x) & \cdots & f_{nn}(x) \end{vmatrix}.$$

(11) 求函数 $f(x) = \sin x$ 的导数.

解: 因为

$$\Delta y = \sin(x + \Delta x) - \sin x = 2\cos\left(x + \frac{1}{2}\Delta x\right)\sin\left(\frac{1}{2}\Delta x\right),$$

所以

$$(\sin x)' = \lim_{\Delta x \to 0} \frac{\sin(x+\Delta x) - \sin x}{\Delta x} = \cos x \lim_{\Delta x \to 0} \frac{\sin \dfrac{\Delta x}{2}}{\dfrac{\Delta x}{2}} = \cos x. \quad \square$$

♠

4.1.3 线性逼近

考虑曲线 $y = f(x)$ 和其上点 $P = (x_0, y_0)$. 取曲线上点 $Q = (x, y)$ 得直线 $\overline{PQ}$ 方程

$$y - y_0 = \frac{f(x) - f(x_0)}{x - x_0}(x - x_0).$$

当 Q 沿着曲线趋于 P 得到 P 处的**切线方程 (tangent line equation)**

$$y - f(x_0) = f'(x_0)(x - x_0). \tag{4.1.3}$$

此时过 P 的**法线方程 (normal line equation)** 为

$$y - f(x_0) = -\frac{1}{f'(x_0)}(x - x_0), \quad \text{若 } f'(x_0) \neq 0, \tag{4.1.4}$$

或者

$$x = x_0, \quad \text{若 } f'(x_0) = 0.$$

4.1.4 单侧导数

因为导数

$$f'(x_0) = \lim_{x \to x_0} \frac{f(x) - f(x_0)}{x - x_0}$$

是函数极限的一种特殊情况, 所以可以引入单侧导数之概念.

定义 4.3 (单侧导数)

假设函数 f 定义在区间 $[x_0, x_0 + r)$ 内. 函数 f 在 x_0 处的**右导数 (right-sided derivative)** 定义为

$$f'_+(x_0) := \lim_{x \to x_0+} \frac{f(x) - f(x_0)}{x - x_0}. \tag{4.1.5}$$

类似地对定义在区间 $(x_0 - r, x_0]$ 内的函数 f 可以定义其在 x_0 处的**左导数 (left-sided derivative)**:

$$f'_-(x_0) := \lim_{x\to x_0-} \frac{f(x)-f(x_0)}{x-x_0}. \tag{4.1.6}$$

♣

例 4.3

(1) 对函数 $f(x)=|x|$ 求 $f'_+(0)$ 和 $f'_-(0)$.

解: 因为

$$f'_+(0) = \lim_{x\to 0+} \frac{f(x)-f(0)}{x-0} = \lim_{x\to 0+} \frac{x-0}{x} = 1,$$
$$f'_-(0) = \lim_{x\to 0-} \frac{f(x)-f(0)}{x-0} = \lim_{x\to 0-} \frac{-x-0}{x} = -1,$$

所以 $f(x)$ 在 $x_0=0$ 处不存在导数. □

(2) 对函数 $f(x)=|\ln|x||, x\neq 0$, 求 $f'_+(1)$ 和 $f'_-(1)$.

解: 根据 $f(1)=|\ln 1|=0$, 得到

$$\begin{aligned} f'_+(1) &= \lim_{x\to 1+} \frac{f(x)-f(1)}{x-1} = \lim_{x\to 1+} \frac{|\ln x|}{x-1} = \lim_{\Delta x\to 0+} \frac{|\ln(1+\Delta x)|}{\Delta x} \\ &= \lim_{\Delta x\to 0+} \left|\ln\left[(1+\Delta x)^{\frac{1}{\Delta x}}\right]\right| = \ln e = 1. \end{aligned}$$

类似地得到 $f'_-(1)=-1$. □

♠

注 4.2

(1) 函数 f 在 x_0 处可导当且仅当 $f'_+(x_0)=f'_-(x_0)$ 存在.

(2) 函数 f 在 x_0 处可导$\not\Rightarrow$ 其绝对值 $|f|$ 在 x_0 处可导. 比如函数 $f(x)=x$.

(3) 可以定义函数 f 在闭区间 $[a,b]$ 甚至一般区间 I 上的可导性. 对内部点 $x_0\in I$, $f'(x_0)$ 是通常意义下的导数; 对端点 $x_0\in I$, $f'(x_0)$ 则根据实际情况定义为 x_0 处的左导数或右导数.

(4) 假设 $f\in\mathscr{D}((a,b))$, 我们有如下结论:

(a) $\lim\limits_{x\to a+} f(x)=\infty \not\Rightarrow \lim\limits_{x\to a+} f'(x)=\infty$. 比如

$$f(x) := \frac{1}{x}+\cos\frac{1}{x}, \quad 0<x<\frac{\pi}{2}.$$

(b) $\lim\limits_{x\to a+} f'(x)=\infty \not\Rightarrow \lim\limits_{x\to a+} f(x)=\infty$. 比如

$$f(x)=x^{1/3}, \quad 0<x<1.$$

这说明函数在端点处取无穷大和函数导数在端点处取无穷大, 没有本质上的联系.

(5) 假设 $f \in \mathscr{D}((a,+\infty))$, 我们有如下结论:

(a) $\lim\limits_{x\to+\infty} f(x)$ 存在$\not\Rightarrow$ $\lim\limits_{x\to+\infty} f'(x)$ 存在. 比如

$$f(x) = \frac{\sin(x^2)}{x}, \quad x > 0.$$

(b) $\lim\limits_{x\to+\infty} f'(x)$ 存在$\not\Rightarrow$ $\lim\limits_{x\to+\infty} f(x)$ 存在. 比如

$$f(x) = \cos(\ln x), \quad x > 0.$$

(c) 如果 $\lim\limits_{x\to+\infty} f(x)$ 和 $\lim\limits_{x\to+\infty} f'(x)$ 存在, 那么 $\lim\limits_{x\to+\infty} f'(x) = 0$. 这个需要微分中值定理来证明.

证: 令 $\lim\limits_{x\to+\infty} f'(x) = A$. 存在 $x_0 > a$ 对任何 $x > x_0$ 有 $|f'(x)| \geqslant \dfrac{|A|}{2}$. 根据微分中值定理, **定理 4.9**, 存在 $\xi \in (x_0, x)$ 有

$$\left|\frac{f(x)-f(x_0)}{x-x_0}\right| = |f'(\xi)| \geqslant \frac{|A|}{2}.$$

由于 $\lim\limits_{x\to+\infty} f(x)$ 存在故 $\lim\limits_{x\to+\infty} \dfrac{f(x)-f(x_0)}{x-x_0} = 0$. 因此 $A = 0$. □

(a) 和 (b) 中的反例说明函数在无穷远处极限的存在性和函数的导数在无穷远处极限的存在性, 没有本质上的联系. ♣

例 4.4

假设 $f \in \mathscr{C}((-\infty,+\infty))$, 且对任意 $x \in \mathbb{R}$ 有

$$\lim_{h\to 0+} \frac{f(x+2h)-f(x+h)}{h} = 0.$$

证明右侧导数 $f'_+(x)$ 存在且 f 为常值函数.

证: 对任意 $\epsilon > 0$ 存在 $\delta > 0$, 对任意 $0 < h < \delta$ 有

$$\left|\frac{f(x+2h)-f(x+h)}{h}\right| < \epsilon.$$

对一般的 $k \in \mathbb{N}$ 得到

$$\left|\frac{f(x+2^{-k}h)-f(x+2^{-k-1}h)}{2^{-k-1}h}\right| < \epsilon.$$

因为函数 f 连续, 故得到

$$f(x+h)-f(x) = \lim_{n\to\infty} \sum_{0\leqslant k\leqslant n} \left[f\left(x+\frac{h}{2^k}\right) - f\left(x+\frac{h}{2^{k+1}}\right)\right]$$

$$=\sum_{k\geqslant 0}\left[f\left(x+\frac{h}{2^k}\right)-f\left(x+\frac{h}{2^{k+1}}\right)\right].$$

从而

$$|f(x+h)-f(x)|\leqslant\sum_{k\geqslant 0}\frac{h\epsilon}{2^{k+1}}=h\epsilon.$$

这表明右侧导数 $f'_+(x)$ 存在且 $f'_+(x)=0$. 接下来证明函数是常值函数, 即证明对任意 $a<b$ 均有 $f(b)=f(a)$. 对任意 $\epsilon>0$ 存在 $\delta>0$, 对任意 $0<h<\delta$ 有

$$|f(x+h)-f(x)|<h\epsilon.$$

因此对任意 $a<b$ 存在 $n_0\in\mathbb{N}$ 只要 $\dfrac{b-a}{n_0}<\delta$ 就有

$$\begin{aligned}|f(b)-f(a)|\leqslant&\left|f(b)-f\left(a+\frac{b-a}{n_0}\right)\right|+\left|f\left(a+\frac{b-a}{n_0}\right)-f\left(a+2\frac{b-a}{n_0}\right)\right|\\&+\cdots+\left|f\left(a+(n_0-1)\frac{b-a}{n_0}\right)-f(b)\right|\\\leqslant&\left(\frac{b-a}{n_0}\epsilon\right)n_0=(b-a)\epsilon.\end{aligned}$$

根据 ϵ 的任意性得到 $f(b)=f(a)$. □

♠

例 4.5

若 $|f(x)-f(x_0)|\leqslant L|x-x_0|^a$, 其中 $a>1$ 和 $L>0$, 证明 $f'(x_0)=0$.

证: 根据条件得到

$$\left|\frac{f(x)-f(x_0)}{x-x_0}-0\right|\leqslant L|x-x_0|^{a-1}.$$

当 $x\to x_0$ 时, 由于 $a>1$, 得到 $f'(x_0)=0$. □

♠

4.2 求导法则

以下基本初等函数的导数容易求得:

(1) (常值函数)$'=0$.

(2) $(x^n)'=nx^{n-1}$, 其中 $n\in\mathbb{N}_*$, $x\in\mathbb{R}$.

(3) $(\sin x)'=\cos x$, $(\cos x)'=-\sin x$, 其中 $x\in\mathbb{R}$. 事实上

$$\frac{\cos(x+\Delta x)-\cos x}{\Delta x}=-2\sin\left(x+\frac{\Delta x}{2}\right)\frac{\sin\dfrac{\Delta x}{2}}{\Delta x}\to-\sin x$$

当 $\Delta x\to 0$ 时. $(\sin x)'=\cos x$ 已在**例 4.2** (11) 得证.

(4) $(\log_a x)'=\dfrac{1}{x\ln a}$, 其中 $a>0$, $a\neq 1$, $x>0$. 特别地, $(\ln x)'=\dfrac{1}{x}$, $x>0$. 事实上

$$\frac{\ln(x+\Delta x)-\ln x}{\Delta x}=\frac{\ln\left(1+\dfrac{\Delta x}{x}\right)}{\Delta x}=\frac{1}{x}\left[\left(1+\frac{\Delta x}{x}\right)^{\frac{x}{\Delta x}}\right]\to\frac{1}{x}\ln e=\frac{1}{x}$$

当 $\Delta x\to 0$ 时. 根据 $\log_a x=\dfrac{\ln x}{\ln a}$ 可得到一般对数函数的导数.

(5) $(a^x)'=a^x\ln a$, 其中 $a>0$, $x\in\mathbb{R}$. 特别地 $(e^x)'=e^x$, $x\in\mathbb{R}$. 事实上根据

$$\frac{a^{\Delta x}-1}{\Delta x}=\frac{e^{\ln a\Delta x}-1}{\Delta x}\to\ln a,\quad \Delta x\to 0,$$

得到

$$(a^x)'=\lim_{\Delta x\to 0}\frac{a^{x+\Delta x}-a^x}{\Delta x}=a^x\ln a.$$

(6) $(x^\alpha)'=\alpha x^{\alpha-1}$, 其中 $a\in\mathbb{R}$, $x>0$. 事实上

$$(x^\alpha)'=\lim_{\Delta x\to 0}\frac{(x+\Delta x)^\alpha-x^\alpha}{\Delta x}=x^{\alpha-1}\lim_{\Delta x\to 0}\frac{\left(1+\dfrac{\Delta x}{x}\right)^\alpha-1}{\dfrac{\Delta x}{x}}=x^{\alpha-1}\alpha.$$

4.2.1 导数的算术运算

1684 年 Leibniz 在《教师学报》上发表了一篇短文[1], 从中陈述了**命题 4.1**. 其实早在 1675 年 11 月 11 日[2], 他就发现了积和商的求导法则. 部分公式其实早在 1669 年就出现在 Newton 所写的《分析学》中, 可惜 Newton 不愿意公开发表这些内容.

Leibniz 在 1684 年的论文中, 不加证明地给出了如下求导法则

$$d\left(x^n\right)=nx^{n-1}dx,\quad d\left(\sqrt[b]{x^a}\right)=\frac{a}{b}\sqrt[b]{x^{a-b}}dx.$$

---

[1]《一种求极大值与极小值以及求切线的新方法, 它也适用于有理量与无理量以及这种新方法的奇妙类型的计算》(Nova methodus pro maximis et minimis, itemque tangentibus, quae necfractas, nec irrationales quantitates moratur; er singulare pro illis calculi genus, 1684), 这是微积分的第一个正式刊登的论文.

[2]这可以称为数学史上重要的一个 "双十一".

在 1695 年, 他在 Johann Bernoulli 的建议下, 通过对方程 $z=y^x$ 两边取对数, 得到了 z 的微分. Johann Bernoulli 在 1696 年将 Leibniz 的结果推广到求诸如 $y=x^x$, $x^x+x^c=x^y+y$ 以及 $z=x^{y^v}$ 这样的方程的微分. 比如得到了

$$d\left(\ln\sqrt{x^2+y^2}\right)=\frac{xdx+ydy}{x^2+y^2}.$$

命题 4.1 (导数的算术运算)

(1) 如果 $f,g\in\mathscr{D}(I)$, $\alpha,\beta\in\mathbb{R}$, 那么 $\alpha f+\beta g\in\mathscr{D}(I)$ 且

$$(\alpha f+\beta g)'=\alpha f'+\beta g'. \tag{4.2.1}$$

(2) **(Leibniz 法则)** 如果 $f,g\in\mathscr{D}(I)$, 那么 $fg\in\mathscr{D}(I)$ 且

$$(fg)'=f'g+fg'. \tag{4.2.2}$$

(3) 如果 $f,g\in\mathscr{D}(I)$, $g\neq 0$ 在 I 内, 那么 $\dfrac{f}{g}\in\mathscr{D}(I)$ 且

$$\left(\frac{f}{g}\right)'=\frac{f'g-fg'}{g^2}=\frac{f'}{g}-\frac{f}{g}\frac{g'}{g}. \tag{4.2.3}$$

♡

证: (1) 根据定义

$$\begin{aligned}(\alpha f+\beta g)'(x)&=\lim_{\Delta x\to 0}\frac{[\alpha f(x+\Delta)+\beta g(x+\Delta x)]-[\alpha f(x)+\beta g(x)]}{\Delta x}\\&=\alpha\lim_{\Delta x\to 0}\frac{f(x+\Delta x)-f(x)}{\Delta x}+\beta\lim_{\Delta x\to 0}\frac{g(x+\Delta x)-g(x)}{\Delta x}\\&=\alpha f'(x)+\beta g'(x).\end{aligned}$$

(2) 根据定义

$$\begin{aligned}(fg)'(x)&=\lim_{\Delta x\to 0}\frac{f(x+\Delta x)g(x+\Delta x)-f(x)g(x)}{\Delta x}\\&=\lim_{\Delta x\to 0}\left[f(x+\Delta x)\frac{g(x+\Delta x)-g(x)}{\Delta x}+g(x)\frac{f(x+\Delta x)-f(x)}{\Delta x}\right]\\&=f(x)g'(x)+g(x)f'(x).\end{aligned}$$

(3) 根据定义

$$\left(\frac{f}{g}\right)'(x)=\lim_{\Delta x\to 0}\frac{\dfrac{f(x+\Delta x)}{g(x+\Delta x)}-\dfrac{f(x)}{g(x)}}{\Delta x}$$

$$
\begin{aligned}
&= \lim_{\Delta x \to 0} \frac{g(x)f(x+\Delta x) - f(x)g(x+\Delta x)}{g(x)g(x+\Delta x)\Delta x} \\
&= \lim_{\Delta x \to 0} \left[\frac{g(x)(f(x+\Delta x)-f(x)) - f(x)(g(x+\Delta x)-g(x))}{g(x)g(x+\Delta x)\Delta x}\right] \\
&= \frac{g(x)f'(x) - f(x)g'(x)}{g^2(x)}. \quad \square
\end{aligned}
$$

注 4.3

(1) 给定区间 I, 定义映射

$$\mathbf{L}: \mathscr{X} = \{I \text{ 上的可导函数}\} \longrightarrow \mathscr{Y} = \{I \text{ 上的函数}\}, \quad f \longmapsto f'.$$

根据导数的四则运算得到

$$\mathbf{L}(fg) = f\mathbf{L}(g) + g\mathbf{L}(f), \quad \mathbf{L}(\alpha f + \beta g) = \alpha\mathbf{L}(f) + \beta\mathbf{L}(g).$$

满足上述两个条件的映射 $\mathbf{L}$ 称为**导子 (derivation)**. 仅通过这两个条件有

$$\mathbf{L}(1) = \mathbf{L}(1\cdot 1) = 2\mathbf{L}(1) \Longrightarrow \mathbf{L}(1) = 0,$$

从而对任何常数 c 得到 $\mathbf{L}(c) = \mathbf{L}(c\cdot 1) = c\mathbf{L}(1) = 0$.

(2) 微分的四则运算可根据相应导数的四则运算得到

$$d(\alpha f + \beta g) = \alpha df + \beta dg, \quad d(fg) = fdg + gdf, \quad d\left(\frac{f}{g}\right) = \frac{gdf - fdg}{g^2}.$$

(3) 一般地对任意可导函数 $f_1, \cdots, f_n$ 和常数 $c_1, \cdots, c_n$, 有

$$\left(\sum_{1\leqslant k\leqslant n} c_k f_k\right)' = \sum_{1\leqslant k\leqslant n} c_k f_k'$$

和

$$\left(\prod_{1\leqslant k\leqslant n} f_k\right)' = \sum_{1\leqslant k\leqslant n} f_1\cdots f_{k-1}f_k'f_{k+1}\cdots f_n = \left(\prod_{1\leqslant k\leqslant n} f_k\right)\sum_{1\leqslant i\leqslant n}\frac{f_i'}{f_i}.$$

(4) $(\tan x)' = \sec^2 x$, $(\sec x)' = \tan x \cdot \sec x$, $(\cot x)' = -\csc^2 x$, $(\csc x)' = -\cot x \csc x$.

♣

导子是一种一阶线性微分算子, 可推广到所谓微分流形上. 至于流形上高阶线性微分算子甚至高阶微分算子的引入需要向量丛的概念, 这在之后的讲义中会给出详细定义.

4.2.2 反函数的求导

函数 $y = f(x) = x^2$, $x > 0$, 的反函数为 $x = f^{-1}(y) = g(y) = y^{1/2}$, $y > 0$. 把变量 y 换成变量 x (按照一般函数的写法) 得到 $g(x) = x^{1/2}$, 从而得到 $g'(x) = \frac{1}{2}x^{-1/2}$.

定理 4.2 (反函数的导数)

假设 $f \in \mathscr{D}((a,b))$, 严格单调, 且 $f'(x_0) \neq 0$, 其中 $x_0 \in (a,b)$. 则其反函数 $x = g(y) = f^{-1}(y)$ 在 (α,β) 内可导且

$$g'(y_0) = \frac{1}{f'(x_0)}. \tag{4.2.4}$$

这里 $y_0 = f(x_0)$, $\alpha = \min\{f(a+), f(b-)\}$ 且 $\beta = \max\{f(a+), f(b-)\}$. ♡

证: 不妨假设函数 f 严格单调递增. 根据函数 f 的连续性得到 $f^{-1} \in \mathscr{C}((\alpha,\beta))$ 且也是严格单调递增的. 从

$$\Delta y = f(x_0 + \Delta x) - f(x_0) \neq 0 \Longleftrightarrow \Delta x = f^{-1}(y_0 + \Delta y) - f^{-1}(y_0)$$

得到当 $\Delta y \to 0$ 时有 $\Delta x \to 0$. 故有

$$g'(y_0) = \lim_{\Delta y \to 0} \frac{f^{-1}(y_0 + \Delta y) - f^{-1}(y_0)}{\Delta y} = \lim_{\Delta x \to 0} \frac{\Delta x}{f(x_0 + \Delta x) - f(x_0)} = \frac{1}{f'(x_0)}. \quad \square$$

例 4.6

(1) 求 $(\arcsin x)'$, $(\arccos x)'$, $(\arctan x)'$ 和 $(\text{arccot}\, x)'$.

解: $f(x) = \sin x$, $f'(x) = \cos x$.

$$(f^{-1})'(y_0) = \frac{1}{f'(x_0)} = \frac{1}{\cos x_0} = \frac{1}{\sqrt{1 - \sin^2 x_0}}, \quad -\frac{\pi}{2} < x_0 < \frac{\pi}{2}.$$

故

$$(\arcsin x)' = \frac{1}{\sqrt{1 - x^2}}, \quad |x| < 1. \tag{4.2.5}$$

类似地,

$$(\arccos x)' = \frac{-1}{\sqrt{1 - x^2}}, \quad |x| < 1, \tag{4.2.6}$$

以及

$$(\arctan x)' = \frac{1}{1 + x^2}, \quad (\text{arccot}\, x)' = \frac{-1}{1 + x^2}. \tag{4.2.7}$$

(2) 求 $(\cot x)'$ 和 $(\csc x)'$.

解: 根据定义得到

$$(\cot x)' = \left(\frac{\cos x}{\sin x}\right)' = -\csc^2 x, \quad (\csc x)' = \left(\frac{1}{\sin x}\right)' = -\cot x \csc x. \tag{4.2.8}$$

(3) 回忆双曲函数

$$\sinh x = \frac{e^x - e^{-x}}{2}, \quad \cosh x = \frac{e^x + e^{-x}}{2},$$

$$\tanh x = \frac{\sinh x}{\cosh x}, \quad \coth x = \frac{\cosh x}{\sinh x}.$$

从而得到

$$\cosh^2 x - \sinh^2 x = 1, \quad 1 - \tanh^2 x = \frac{1}{\cosh^2 x}.$$

双曲函数的导数见 (4.2.12). ♠

我们把常用函数的求导公式罗列如下:

$f(x)$	$f'(x)$	$f(x)$	$f'(x)$
C	0	x^a	$ax^{a-1}\ (a \neq 0)$
e^x	e^x	a^x	$a^x \ln a\ (a > 0,\ a \neq 1)$
$\ln \lvert x \rvert$	$\frac{1}{x}$	$\log_a \lvert x \rvert$	$\frac{1}{x \ln a}\ (a > 0,\ a \neq 1)$
$\sin x$	$\cos x$	$\sin^{-1} x$	$\frac{1}{\sqrt{1-x^2}}$
$\cos x$	$-\sin x$	$\cos^{-1} x$	$-\frac{1}{\sqrt{1-x^2}}$
$\sec x$	$\sec x \tan x$	$\csc x$	$-\csc x \cot x$
$\tan x$	$\sec^2 x$	$\tan^{-1} x$	$\frac{1}{1+x^2}$
$\cot x$	$-\csc^2 x$	$\cot^{-1} x$	$-\frac{1}{1+x^2}$
$\sinh x$	$\cosh x$	$\cosh x$	$\sinh x$
$\tanh x$	$1 - \tanh^2 x$	$\coth x$	$1 - \coth^2 x$

注 4.4

(1) 假设函数 f 在 x_0 处可微, 且函数 g 在 x_0 处可微. 则 fg 在 x_0 处可微.

(2) 假设函数 f 在 x_0 处可微, 但函数 g 在 x_0 处不可微. 则 fg 可能在 x_0 处

可微也可能不可微. 比如, 取 $f(x)=x, g(x)=|x|, x_0=0$, 得到 fg 在 $x_0=0$ 可微; 取 $f(x)=x, g(x)=\mathrm{sgn}(x), x_0=0$, 得到 fg 在 x_0 处不可微.

(3) 假设函数 f 在 x_0 处不可微, 且函数 g 在 x_0 处也不可微. 则 fg 可能在 x_0 处可微也可能不可微. 比如, 取 $f(x)=g(x)=|x|, x_0=0$, 得到 fg 在 $x_0=0$ 可微; 取 $f(x)=g(x)=|x|^{1/2}, x_0=0$, 得到 fg 在 x_0 处不可微. ♣

4.2.3 链式法则

链式法则 (Chain rule) 告诉我们如何求复合函数 $f(g(x))$ 的导数.

定理 4.3 (链式法则)

假设函数 $u=g(x)$ 在 $x=x_0$ 处可导且函数 $y=f(u)$ 在 $u=u_0:=g(x_0)$ 处可导. 则复合函数 $(f\circ g)(x)=f[g(x)]$ 在 $x=x_0$ 处可导且满足

$$(f\circ g)'(x_0)=f'(g(x_0))g'(x_0). \tag{4.2.9}$$

♡

证: 根据定义得到

$$(f\circ g)'(x_0)=\lim_{\Delta x\to 0}\frac{f(g(x_0+\Delta x))-f(g(x_0))}{\Delta x},$$

其中 $g(x_0+\Delta x)=g(x_0)+g'(x_0)\Delta x+o(\Delta x)$ 和 $f(g(x_0+\Delta x))=f(g(x_0))+f'(u_0)\Delta u+o(\Delta u)$, 这里 $\Delta u=g(x_0+\Delta x)-g(x_0)$. 从而得到

$$\begin{aligned}f(g(x_0+\Delta x))-f(g(x_0))&=f'(g(x_0))\Delta u+o(\Delta u)\\&=f'(g(x_0))[g(x_0+\Delta x)-g(x_0)]+o(\Delta u)\\&=f'(g(x_0))[g'(x_0)\Delta x+o(\Delta x)]+o(g'(x_0)\Delta x+o(\Delta x))\end{aligned}$$

和

$$(f\circ g)'(x_0)=\lim_{\Delta x\to 0}[f'(g(x_0))(g'(x_0)+o(1))+o(1)]=f'(g(x_0))g'(x_0).$$

这是因为当 $\Delta x\to 0$ 时, $\dfrac{o(\Delta x)}{\Delta x}\to 0$ 且 $\dfrac{o(o(\Delta x))}{\Delta x}\to 0$. □

注 4.5

(1) 微分的链式法则可类似得到:

$$\frac{dy}{dx}=\frac{dy}{du}\frac{du}{dx},\quad d(f(g(x)))=f'(g(x))g'(x)dx. \tag{4.2.10}$$

(2) 三个函数构成的复合函数的导数为

$$(f(g(h(x))))' = f'(g(h(x)))g'(h(x))h'(x).$$

(3) **一阶微分的不变性**:

$$\text{函数 } y = f(u) \text{ 可导} \Longrightarrow dy = df(u) = f'(u)du.$$

当 $u = g(x)$ 可导时, $du = g'(x)dx$ 从而

$$d[f(g(x))] = f'(g(x))g'(x)dx = f'(g(x))du = f'(u)du.$$

无论 u 是自变量还是关于 x 的函数, 微分形式 $dy = f'(u)du$ 保持不变.

(4) 假设 $u, v \in \mathscr{D}(I)$, $u > 0$. 求 $f(x) = [u(x)]^{v(x)}$. 事实上若令

$$f(x) = e^{v(x)\ln u(x)}$$

得到

$$\begin{aligned} f'(x) &= f(x)\left[v'(x)\ln u(x) + \frac{v(x)u'(x)}{u(x)}\right] \\ &= [u(x)]^{v(x)}\left[v'(x)\ln u(x) + v(x)\frac{u'(x)}{u(x)}\right]. \end{aligned}$$

(5) **双曲函数**定义为

$$\begin{aligned} \sinh x &= \frac{e^x - e^{-x}}{2}, \quad \cosh x = \frac{e^x + e^{-x}}{2}, \\ \tanh x &= \frac{\sinh x}{\cosh x}, \quad \coth x = \frac{\cosh x}{\sinh x}. \end{aligned} \tag{4.2.11}$$

计算得到

$$\begin{aligned} &(\sinh x)' = \cosh x, \quad (\cosh x)' = \sinh x, \\ &(\tanh x)' = \frac{1}{\cosh^2 x}, \quad (\coth x)' = \frac{-1}{\sinh^2 x}. \end{aligned} \tag{4.2.12}$$

(6) **对数导数 (logarithmic derivative)**. 假设 $f \in \mathscr{D}(I)$ 且 $f \neq 0$, 则

$$f'(x) = f(x)\frac{d}{dx}\ln|f(x)|. \tag{4.2.13}$$

若引入算子

$$D := \frac{d}{dx}\ln$$

得到

$$D|f| = \frac{f'}{f}.$$

即“一个对数函数无论多么复杂, 它的微分等于函数表达式的微分除以表达式”, 这是 Johann Bernoulli 在 1697 年得到的. 利用这个法则他计算了函数 $y = x^x$ 的导数:

$$\frac{dy}{y} = d\ln y = d(x\ln x) = \ln x dx + x\frac{dx}{x} = (1+\ln x)dx.$$

(7) 求 $(x^{x^x})'$, $x > 0$.

解: 令 $y = x^{x^x}$ 得到

$$\ln y = x^x \ln x, \quad \ln\ln y = x\ln x + \ln\ln x.$$

两边求导得到

$$\frac{1}{\ln y}\frac{y'}{y} = \ln x + 1 + \frac{1}{x\ln x},$$

所以

$$y' = x^x x^{x^x}\left[\ln x + (\ln x)^2 + \frac{1}{x}\right]. \quad \square$$

♣

4.2.4 隐函数的求导

目前为止我们所知的函数都形如 $y = f(x)$, 但也存在一些“隐式”定义的函数, 比如

- **单位圆 (unit circle)**

$$x^2 + y^2 - 1 = 0,$$

- **椭圆 (ellipse)**

$$\frac{x^2}{a^2} + \frac{y^2}{b^2} = 1,$$

- **抛物线 (parabola)**

$$y^2 - x = 0,$$

- **叶形线 (folium)** (Descartes, 1638)

$$x^3 + y^3 - 9xy = 0,$$

- **星形线 (astroid)** (最早对星形线进行研究的是 Johann Bernoulli)

$$x^{2/3} + y^{2/3} = a^{2/3},$$

- **Bernoulli 双纽线 (lemniscate of Bernoulli)** (Jacob Bernoulli, 1694)

$$(x^2+y^2)^2=2(x^2-y^2),$$

- **魔鬼曲线 (the devil's curve)** (Gabriel Cramer, 1750)

$$y^4-4y^2=x^4-9x^2,$$

- **Archimedean 螺线 (Archimedean spiral)**

$$r=a\varphi,\quad r=\sqrt{x^2+y^2},\ \varphi=\arctan\frac{y}{x},$$

- **心脏线 (cardioid)** (de Castillon 在 1741 年命名)

$$r=a(1+\cos\varphi),\quad r=\sqrt{x^2+y^2},\ \varphi=\arctan\frac{y}{x},$$

- **Gerono 双纽线 (lemniscate of Gerono)**

$$y^4=y^2-x^2,$$

- **对数螺线 (logarithmic spiral)** (Descartes, 1638; Jacob Bernoulli 1691 年重新发现)

$$\arctan\frac{y}{x}=\ln\sqrt{x^2+y^2}.$$

上述 11 个例子都可写成如下形式

$$F(x,y)=0,\quad \text{其中}\quad y=f(x).$$

此时两边求导有

$$0=F_x(x_0,y_0)+F_y(x_0,y_0)y',$$

从而化简得到

$$f'(x_0)=-\frac{F_x(x_0,y_0)}{F_y(x_0,y_0)},\quad F_y(x_0,y_0)\neq 0. \tag{4.2.14}$$

其中 $F_x(x_0,y_0)$ 表示在 $F(x,y)$ 中先把 y 看成常数, 然后对 x 求导, 再把 (x_0,y_0) 带入所得到的函数值. 类似可定义 $F_y(x_0,y_0)$. 在**第二卷第 12.4.1 小节**我们会再详细阐述.

例 4.7

(1) 已知 $y^3+3y=x$, 求 $y'(x)$.

解: 设 $x=f(y):=y^3+3y$ 得到 $f'(y)=3y^2+3>0$, 故

$$y'(x) = \frac{1}{x'(y)} = \frac{1}{3y^2+3}.$$

或者应用 (4.2.14) 得到 $(3y^2+3)y'=1$. □

(2) 已知 Kepler 方程 $y-\epsilon\sin y=x$, $0\leqslant\epsilon<1$, 求 $y'(x)$.

解: $y'=\dfrac{1}{1-\epsilon\cos y}$. □

(3) 已知 $y^2=x^2+\sin(xy)$ 求 $y'(x)$.

解: 此时 $F(x,y)=y^2-x^2-\sin(xy)$ 从而得到

$$F_x=-2x-y\cos(xy), \quad F_y=2y-x\cos(xy).$$

故得到

$$y'=\frac{2x+y\cos(xy)}{2y-x\cos(xy)}. \quad \Box$$

(4) 求本小节开头提到的 11 个函数的导数.

解: 对单位圆有 $F(x,y)=x^2+y^2-1$, 所以

$$F_x=2x, \quad F_y=2y, \quad y'=-\frac{x}{y}.$$

对椭圆有 $F(x,y)=\dfrac{x^2}{a^2}+\dfrac{y^2}{b^2}-1$, 所以

$$F_x=\frac{2x}{a^2}, \quad F_y=\frac{2y}{b^2}, \quad y'=-\frac{b^2x}{a^2y}.$$

对抛物线有 $F(x,y)=y^2-x$, 所以

$$F_x=-1, \quad F_y=2y, \quad y'=\frac{1}{2y}.$$

对叶形线有 $F(x,y)=x^3+y^3-9xy$, 所以

$$F_x=3x^2-9y, \quad F_y=3y^2-9x, \quad y'=\frac{3y^2-x^2}{y^2-3x}.$$

对星形线有 $F(x,y)=x^{2/3}+y^{2/3}-a^{2/3}$, 所以

$$F_x=\frac{2}{3}x^{-1/3}, \quad F_y=\frac{2}{3}y^{-2/3}, \quad y'=-(y/x)^{1/3}.$$

对对数螺线有 $F(x,y)=\arctan\dfrac{y}{x}-\ln\sqrt{x^2+y^2}$, 所以

$$F_x=\frac{-x-y}{x^2+y^2}, \quad F_y=\frac{x+y}{x^2+y^2}, \quad y'=\frac{x+y}{x-y}.$$

对 Archimedean 螺线有 $F(x,y)=\sqrt{x^2+y^2}-a\arctan\dfrac{y}{x}$, 所以

$$F_x=\frac{ay+x\sqrt{x^2+y^2}}{x^2+y^2},\quad F_y=\frac{-ay+y\sqrt{x^2+y^2}}{x^2+y^2},\quad y'=\frac{ay+x\sqrt{x^2+y^2}}{ay-y\sqrt{x^2+y^2}}.$$

对心脏线有 $F(x,y)=\sqrt{x^2+y^2}-a\left(1+\cos\left(\arctan\dfrac{y}{x}\right)\right)$, 所以

$$F_x=\frac{x}{\sqrt{x^2+y^2}}-\frac{ay}{x^2+y^2}\sin\left(\arctan\frac{y}{x}\right),$$
$$F_y=\frac{y}{\sqrt{x^2+y^2}}+\frac{ax}{x^2+y^2}\sin\left(\arctan\frac{y}{x}\right),$$
$$y'=\frac{ay\sin\left(\arctan\frac{y}{x}\right)-x\sqrt{x^2+y^2}}{ax\sin\left(\arctan\frac{y}{x}\right)+y\sqrt{x^2+y^2}}.$$

对 Gerono 双纽线有 $F(x,y)=y^4-y^2+x^2$, 所以

$$F_x=2x,\quad F_y=4y^3-2y,\quad y'=\frac{x}{y-2y^3}.$$

对 Bernoulli 双纽线有 $F(x,y)=(x^2+y^2)^2-2(x^2-y^2)$, 所以

$$F_x=4x(x^2+y^2)-4x,\quad F_y=4y(x^2+y^2)+4y,\quad y'=\frac{x-x(x^2+y^2)}{y+y(x^2+y^2)}.$$

对魔鬼曲线有 $F(x,y)=y^4-4y^2-x^4+9x^2$, 所以

$$F_x=-4x^3+18x,\quad F_y=4y^3-8y,\quad y'=\frac{2x^3-9x}{2y^3-4y}.\quad\square$$

♠

4.2.5 参数化函数的求导

利用极坐标得到单位圆上的每点 (x,y) 可写成

$$x=\cos t,\quad y=\sin t,\quad t\in[0,2\pi).$$

此时 x,y 可看成变量 t 的函数. 一般地, 考虑**参数方程 (parametric equation)**:

$$x=\varphi(t),\quad y=\psi(t),\quad a\leqslant t\leqslant b,$$

其中 t 称为**参数 (parameter)**, 点集 $\{(\varphi(t),\psi(t)):a\leqslant t\leqslant b\}$ 称为**参数曲线 (parametric curve)**, $(\varphi(a),\psi(a))$ 和 $(\varphi(b),\psi(b))$ 分别称为参数曲线的**起点 (initial point)** 和**终点 (terminal point)**.

下面假设 φ,ψ 可导, $\varphi(t)$ 严格单调, 且 $\varphi'\neq 0$. 因为反函数 $t=\varphi^{-1}(x)$ 存在, 则得到 $y=\psi(\varphi^{-1}(x))$ 和

$$y'(x_0)=(\psi\circ\varphi^{-1})'(x_0)=\frac{\psi'(t_0)}{\varphi'(t_0)},\quad \varphi^{-1}(x_0)=t_0. \tag{4.2.15}$$

这里用到了 (4.2.9) 和 (4.2.4).

例 4.8

(1) 已知 $x=\sqrt[3]{1-\sqrt{t}}$, $y=\sqrt{1-\sqrt[3]{t}}$ 求 $y'(x)$.

解: 直接计算得到

$$\frac{dy}{dx}=\sqrt[6]{\frac{(1-\sqrt{t})^4}{t(1-\sqrt[3]{t})^3}},\quad t>0,\ t\neq 1. \quad \square$$

(2) 已知 $x=e^{2t}\cos^2 t$, $y=e^{2t}\sin^2 t$ 求 $y'(x)$.

解: 直接计算得到

$$\frac{dy}{dx}=\tan t\tan\left(t+\frac{\pi}{4}\right),\quad t\neq\frac{\pi}{4}+k\pi\ (k\in\mathbb{Z}),\quad t\neq n\pi+\frac{\pi}{2}\ (n\in\mathbb{N}). \quad \square$$

♠

4.3 高阶导数

如果函数 $y=f(x)$ 的导数 $f'(x)=\dfrac{dy}{dx}$ 仍旧可以求导, 则得到所谓的高阶导数.

定义 4.4 (高阶导数)

假设函数 $f\in\mathscr{D}(U(x_0,r))$ 且导函数 f' 在 x_0 处也可导, 则称函数 f 在 x_0 处**二阶可导**, 并把

$$\frac{d^2f}{dx^2}(x_0)\equiv f''(x_0):=(f')'(x_0)$$

称为 f 在 x_0 处的**二阶导数 (second derivative)**. 一般地, 假设函数 f 在 $U(x_0,r)$ 内 n 阶可导且 $f^{(n)}$ 在 x_0 处也可导, 则称函数 f 在 x_0 处 $\boldsymbol{n+1}$ **阶可导**, 并记作

$$f^{(n+1)}(x_0):=(f^{(n)})'(x_0).$$

♣

一般地我们把前三阶导数记作 f' f'' f''', 而把之后的导数记为 $f^{(4)}$, $f^{(5)}$, $\cdots$. 为把自变量 x 也写出来, 那么**高阶导数 (higher derivatives)** 可写成

$$\frac{d^kf}{dx^k}=f^{(k)}.$$

最后要指出的是, Newton 采用记号

$$\dot{y},\quad \ddot{y},\quad \dddot{y}$$

来表示导数, Leibniz 采用记号

$$\frac{dy}{dx}=\frac{df}{dx}=\frac{d}{dx}f,\quad \frac{d^ny}{dx^n}=\frac{d^nf}{dx^n}=\frac{d^n}{dx^n}f$$

来表示导数, Euler 采用符号

$$D_xy=D_xf(x)$$

来表示导数, 而 Lagrange 采用符号

$$f',\quad f'',\quad f''',\quad f^{(4)},\quad f^{(n)}$$

来表示导数.

4.3.1 可微函数空间

给定区间 I, 可类似地定义函数 f 在 I 内的高阶导数. 引入记号 (k 是正整数)

$$f\in\mathscr{D}^k(I)\Longleftrightarrow f^{(i)}\in\mathscr{D}(I),\quad 0\leqslant i\leqslant k-1, \tag{4.3.1}$$

$$f\in\mathscr{C}^k(I)\Longleftrightarrow f\in\mathscr{D}^k(I)\text{ 且 }f^{(k)}\in\mathscr{C}(I). \tag{4.3.2}$$

在这里我们约定 $f^{(0)}\equiv f$. 注意到

$$\mathscr{D}(I)=\mathscr{D}^1(I)\quad\text{但是}\quad\mathscr{C}(I)\neq\mathscr{C}^1(I). \tag{4.3.3}$$

因为可导函数必连续, 故得到

$$\mathscr{C}(I)\supsetneqq\mathscr{D}(I)=\mathscr{D}^1(I)\supsetneqq\mathscr{C}^1(I)\supsetneqq\mathscr{D}^2(I)\supsetneqq\mathscr{C}^2(I)\supsetneqq\mathscr{D}^3(I)\supsetneqq\cdots. \tag{4.3.4}$$

例 4.9

(1) $(e^x)^{(n)}=e^x$, $n\in\mathbb{Z}_+$.

(2) $(a^x)^{(n)}=a^x(\ln a)^n$, $a>0$, $n\in\mathbb{Z}_+$.

(3) $(\sin x)^{(n)}=\sin\left(x+\frac{n\pi}{2}\right)$ 和 $(\cos x)^{(n)}=\cos\left(x+\frac{n\pi}{2}\right)$, $n\in\mathbb{Z}_+$.

(4) $(x^\alpha)^{(n)}=\alpha(\alpha-1)\cdots(\alpha-n+1)x^{\alpha-n}$, $x>0$. 特别地

$$(x^m)^{(n)}=\begin{cases}m(m-1)\cdots(m-n+1)x^{m-n}, & m\geqslant n,\\ 0, & m<n.\end{cases}$$

(5) $\left(\frac{1}{x}\right)^{(n)} = \frac{(-1)^n n!}{x^{n+1}}, n \in \mathbb{Z}_+$.

(6) $(\ln x)^{(n)} = \frac{(-1)^{n-1}(n-1)!}{x^n}, n \in \mathbb{Z}_+$.

♠

定义 4.5 (光滑函数)

定义

$$\mathscr{D}^\infty(I) := \bigcap_{n \geqslant 1} \mathscr{D}^n(I), \quad \mathscr{C}^\infty(I) := \bigcap_{n \geqslant 1} \mathscr{C}^n(I). \tag{4.3.5}$$

注意到 $\mathscr{D}^\infty(I) = \mathscr{C}^\infty(I)$ 并称函数 $f \in \mathscr{C}^\infty(I)$ 为 I 上的**光滑函数 (smooth function)**.

♣

例 4.10

(1) 求 $f''(x)$, 其中

$$f(x) = \begin{cases} x^4 \sin \frac{1}{x}, & x \neq 0, \\ 0, & x = 0. \end{cases}$$

解: 计算得到

$$f'(x) = \begin{cases} 4x^3 \sin \frac{1}{x} - x^2 \cos \frac{1}{x}, & x \neq 0, \\ 0, & x = 0, \end{cases}$$

以及

$$f''(x) = \begin{cases} 12x^2 \sin \frac{1}{x} - 6x \cos \frac{1}{x} - \sin \frac{1}{x}, & x \neq 0, \\ 0, & x = 0. \end{cases}$$

但是 $f'''(0)$ 不存在. □

(2) 求 $f^{(n)}(x)$, 其中

$$f(x) = \begin{cases} e^{-1/x}, & x > 0, \\ 0, & x \leqslant 0. \end{cases}$$

解: 低阶导数直接计算得到

$$f'(x) = \begin{cases} \frac{1}{x^2} e^{-\frac{1}{x}}, & x > 0, \\ 0, & x \leqslant 0. \end{cases}$$

$$f''(x) = \begin{cases} \frac{1}{x^4} e^{-\frac{1}{x}} - \frac{2}{x^3} e^{-\frac{1}{x}}, & x > 0, \\ 0, & xc \leqslant 0. \end{cases}$$

一般可得到

$$f^{(n)}(x) = \begin{cases} P_{2n}\left(\frac{1}{x}\right) e^{-\frac{1}{x}}, & x > 0, \\ 0, & x \leqslant 0. \end{cases}$$

这里多项式 P_{2n} 的次数为 $\deg P_{2n} = 2n$. 下面证明 $f^{(n)}(0)$ 对任意正整数 n 都存在且为 0. 实际上左侧导数 $f^{(n+1)}(0-) = 0$, 根据归纳假设得到

$$\begin{aligned} f^{(n+1)}(0+) &= \lim_{x\to 0+} \frac{f^{(n)}(x) - f^{(n)}(0)}{x} \\ &= \lim_{x\to 0+} \left[\frac{1}{x} P_{2n}\left(\frac{1}{x}\right)\right] e^{-\frac{1}{x}} = \lim_{t\to+\infty} \frac{tP_{2n}(t)}{e^t} = 0. \quad \square \end{aligned}$$

(3) 函数 $y = a\cos x + b\sin x$ 满足微分方程 $y'' + y = 0$.

(4) 函数 $y = c_1 e^{\lambda_1 x} + c_2 e^{\lambda_2 x}$ 满足微分方程 $y'' - (\lambda_1 + \lambda_2)y' + \lambda_1\lambda_2 y = 0$. 这里 $c_1, c_2, \lambda_1, \lambda_2$ 都是常数.

(5) 函数

$$y = e^{x/\sqrt{2}}\left(c_1\cos\frac{x}{\sqrt{2}} + c_2\sin\frac{x}{\sqrt{2}}\right) + e^{-x/\sqrt{2}}\left(c_3\cos\frac{x}{\sqrt{2}} + c_4\sin\frac{x}{\sqrt{2}}\right)$$

满足微分方程 $y^{(4)} + y = 0$. ♠

例 4.11

(1) 考虑集合

$$\mathbf{SL}(2,\mathbb{Z}) := \left\{ A := \begin{bmatrix} a & b \\ c & d \end{bmatrix} \middle| \det A = 1,\ a,b,c,d \in \mathbb{Z} \right\}.$$

对任意 $A, B \in \mathbf{SL}(2,\mathbb{Z})$, 可证明 $AB \in \mathbf{SL}(2,\mathbb{Z})$, 从而 $\mathbf{SL}(2,\mathbb{Z})$ 是群, 称为**二阶特殊线性群 (special linear group of second order)**. 定义映射

$$\mathbf{SL}(2,\mathbb{Z}) \times \mathbb{R} \longrightarrow \mathbb{R}, \quad (A, x) \longmapsto A\cdot x := \frac{ax+b}{cx+d}.$$

固定 $A \in \mathbf{SL}(2,\mathbb{Z})$ 考虑函数

$$f(x) := \mathbf{L}(A, x) = \frac{ax+b}{cx+d}.$$

计算得到

$$f'(x) = \frac{\det A}{(cx+d)^2} = \frac{1}{(cx+d)^2}, \quad f^{(n)}(x) = \frac{(-1)^{n-1}c^{n-1}n!}{(cx+d)^{n+1}}.$$

(2) 上述映射可推广到复平面. 定义

$$\mathbf{SL}(2,\mathbb{Z})\times\mathbb{H}\longrightarrow\mathbb{H},\quad (A,z)\longmapsto A\cdot z:=\frac{az+b}{cz+d}.$$

这里 $\mathbb{H}:=\{z\in\mathbb{C}:\mathbf{Im}(z)>0\}$ 表示上半平面. 作为练习可证明

$$(AB)\cdot z=A\cdot(B\cdot z),\quad A,B\in\mathbf{SL}(2,\mathbb{Z}),\ z\in\mathbb{H}.$$

定义

$$j(A,z):=cz+d,\quad A:=\begin{bmatrix}a & b\\ c & d\end{bmatrix}.$$

可以证明

$$j(AB,z)=j(A,B\cdot z)j(B,z),\quad \mathbf{Im}(A\cdot z)=\frac{\mathbf{Im}(z)}{|j(A,z)|^2}.$$

如果 $A=\begin{bmatrix}a & b\\ c & d\end{bmatrix}\in\mathbf{SL}(2,\mathbb{Z})$ 满足 $A\cdot z=z$ 对某个 $z\in\mathbb{H}$ 成立, 则必有 $|a+d|<2$. ♠

4.3.2 算术运算

对高阶导数来说最重要的性质就是 Leibniz 法则.

定理 4.4

若函数 f,g 都是 n 阶可导的, $c_1,c_2\in\mathbb{R}$, 则 c_1f+c_2g 也 n 阶可导且

$$(c_1f+c_2g)^{(n)}=c_1f^{(n)}+c_2g^{(n)}. \tag{4.3.6}$$

如果函数 $f_1,\cdots,f_n$ 都是 n 阶可导的, $c_1,\cdots,c_n\in\mathbb{R}$, 则

$$\left(\sum_{1\leqslant i\leqslant m}c_if_i\right)^{(n)}=\sum_{1\leqslant i\leqslant m}c_if_i^{(n)}. \tag{4.3.7}$$

♡

定理 4.5 (Leibniz)

如果函数 f,g 都 n 阶可导, 则 fg 也 n 阶可导且

$$(fg)^{(n)}=\sum_{0\leqslant k\leqslant n}\binom{n}{k}f^{(n-k)}g^{(k)}. \tag{4.3.8}$$

♡

证: 假设 (4.3.8) 对 n 成立. 则对 $n+1$ 得到

$$\begin{aligned}(fg)^{(n+1)} &= (f'g+fg')^{(n)} = (f'g)^{(n)} + (fg')^{(n)}\\ &= \sum_{0\leqslant k\leqslant n}\binom{n}{k}f^{(n-k+1)}g^{(k)} + \sum_{0\leqslant k\leqslant n}\binom{n}{k}f^{(n-k)}g^{(k+1)}\\ &= \sum_{0\leqslant k\leqslant n}\binom{b}{k}f^{(n+1-k)}g^{(k)} + \sum_{1\leqslant k\leqslant n+1}\binom{n}{k-1}f^{(n+1-k)}g^{(k)}\\ &= gf^{(n+1)} + fg^{(n+1)} + \sum_{1\leqslant k\leqslant n}\left[\binom{n}{k}+\binom{n}{k-1}\right]f^{(n+1-k)}g^{(k)}.\end{aligned}$$

因为括号中的和为 $\dfrac{(n+1)!}{k!(n+1-k)!}$, 所以得到 $(fg)^{(n+1)} = \sum\limits_{0\leqslant k\leqslant n+1}\binom{n+1}{k}f^{n+1-k}g^{(k)}$.

□

注 4.6

(1) **复合函数求导**. 如果 $y=f(u)$, $u=g(x)$, 那么 $\dfrac{dy}{dx}=\dfrac{dy}{du}\dfrac{du}{dx}$. 但是

$$\frac{d^2y}{dx^2} = \frac{d}{dx}\left(\frac{dy}{du}\frac{du}{dx}\right) = \frac{d^2y}{du^2}\left(\frac{du}{dx}\right)^2 + \frac{dy}{du}\frac{d^2u}{dx^2}.$$

(2) **隐函数求导**. 如果 $F(x,y)=0$, 那么 $y'=-\dfrac{F_x(x,y)}{F_y(x,y)}$. 但是从

$$0 = F_{xx}(x,y) + F_{xy}(x,y)y' + F_{yx}(x,y)y' + F_{yy}(x,y)(y')^2$$

得到

$$y'' = -\frac{1}{F_y^3}\left[F_{xx}F_y^2 - F_xF_y(F_{xy}+F_{yx}) + F_{yy}F_x^2\right].$$

(3) **反函数求导**. 如果 $y=f(x)$, 那么 $x=f^{-1}(y)=g(y)$. 根据恒等式 $y=f(g(y))$ 得到 $1=f'(g(y))g'(y)$ 以及

$$0 = f''(g(y))(g'(y))^2 + f'(g(y))g''(y),$$

故

$$g''(y) = -\frac{f''(g(y))(g'(y))^2}{f'(g(y))} = -\frac{f''(g(y))}{[f'(g(y))]^2} = -\frac{f''(x)}{[f'(x)]^2}.$$

(4) **参数化函数求导**. 如果 $x=\varphi(t)$, $y=\psi(t)$, 那么 $\dfrac{dy}{dx}=\dfrac{\psi'(t)}{\varphi'(t)}$. 因此

$$\frac{d^2y}{dx^2} = \frac{\dfrac{d}{dt}\left(\dfrac{\psi'(t)}{\varphi'(t)}\right)}{\dfrac{dx}{dt}} = \frac{\psi''(t)\varphi'(t) - \psi'(t)\varphi''(t)}{[\varphi'(t)]^3}.$$

♣

例 4.12

(1) 求 $y^{(n)}(0)$, 这里 $y(x) = \arcsin x$.

解: 因为前面 2 个低阶导数分别为 $y' = (1-x^2)^{-1/2}$ 和 $y'' = \dfrac{x}{(1-x^2)^{3/2}} = \dfrac{xy'}{1-x^2}$, 故得到

$$(x^2-1)y'' + xy' = 0.$$

对上述微分方程再求 n 阶导数得到

$$\begin{aligned}0 &= \sum_{0\leqslant k\leqslant n-2}\binom{n-2}{k}(x^2-1)^{(k)}y^{(n-k)} + \sum_{0\leqslant k\leqslant n-2}\binom{n-2}{k}x^{(k)}y^{(n-1-k)}\\ &= (x^2-1)y^{(n)} + 2x\binom{n-2}{1}y^{(n-1)} + 2\binom{n-2}{2}y^{(n-2)} + xy^{(n-1)} + \binom{n-2}{1}y^{(n-2)},\end{aligned}$$

从而

$$y^{(n)}(0) = (n-2)^2y^{(n-2)}(0) = \begin{cases}[(n-2)!!]^2, & n = 2k+1,\ k\in\mathbb{N}_*,\\ 1, & n = 1,\\ 0, & n = 2k,\ k\in\mathbb{N}.\end{cases}$$

□

(2) 定义 **Chebyshev 多项式** (1853 年)

$$T_m(x) := \frac{1}{2^{m-1}}\cos(m\arccos x), \quad m\in\mathbb{N}.$$

易证

$$(1-x^2)T_m''(x) - xT_m'(x) + m^2T_m(x) = 0.$$

(3) 定义 **Legendre 多项式** (1782 年)

$$P_m(x) := \frac{1}{2^m m!}\left[(x^2-1)^m\right]^{(m)}, \quad m\in\mathbb{N}.$$

易证

$$0 = (1-x^2)P_m''(x) - 2xP_m'(x) + m(m+1)P_m(x).$$

(4) 定义 **Laguerre 多项式** (1879 年)

$$L_m(x) := e^x\left(x^me^{-x}\right)^{(m)}, \quad m\in\mathbb{N}.$$

易证

$$xL''_m(x)+(1-x)L'_m(x)+mL_m(x)=0.$$

(5) 定义 **Hermite 多项式** (1864 年)

$$H_m(x):=(-1)^m e^{x^2}(e^{-x^2})^{(m)},\quad m\in\mathbb{N}.$$

易证

$$H''_m(x)-2xH'_m(x)+2mH_m(x)=0.$$

(6) 引入记号

$$\mathbf{D}:=\frac{d}{dx},\quad f(\mathbf{D}):=\sum_{0\leqslant k\leqslant n}p_k(x)\mathbf{D}^k,$$

这里 p_k 都是连续的. 证明对任意 $\lambda\in\mathbb{R}$ 有

$$f(\mathbf{D})\left[e^{\lambda x}u(x)\right]=e^{\lambda x}f(\mathbf{D}+\lambda)u(x).$$

证: 对每个 k 有

$$\mathbf{D}^k\left[e^{\lambda x}u(x)\right]=\sum_{0\leqslant i\leqslant k}\binom{k}{i}\lambda^i e^{\lambda x}u^{(k-i)}(x)=(\mathbf{D}+\lambda)^k u(x).\quad\square$$

(7) 假设函数 $y=y(x)$ 满足条件

$$\sum_{0\leqslant k\leqslant n}a_k x^k\frac{d^k y}{dx^k}=0.$$

如果 $x=e^t$, 则必有

$$0=\sum_{0\leqslant k\leqslant n}a_k\mathbf{D}(\mathbf{D}-1)\cdots(\mathbf{D}-k+1)y,\quad\mathbf{D}:=\frac{d}{dt}.$$

证: 引入 $\delta:=\dfrac{d}{dx}$ 得到

$$\mathbf{D}y=\frac{dy}{dt}=\frac{dy}{dx}\frac{dx}{dt}=x\delta y.$$

即 $\delta=e^{-t}\mathbf{D}$ 或 $\mathbf{D}=e^t\delta$. 进一步

$$\delta^2 y=e^{-t}\mathbf{D}[e^{-t}\mathbf{D}y]=e^{-t}[-e^{-t}\mathbf{D}y+e^{-t}\mathbf{D}^2y]=e^{-2t}\mathbf{D}(\mathbf{D}-1)y.$$

断言

$$\delta^{(k)}y=e^{-kt}\mathbf{D}(\mathbf{D}-1)\cdots(\mathbf{D}-k+1)y.$$

事实上, 根据归纳假设得到

$$\begin{aligned}\delta^{(k+1)}y=\delta(\delta^{(k)}y)&=e^{-t}\mathbf{D}\left[e^{-kt}\mathbf{D}(\mathbf{D}-1)\cdots(\mathbf{D}-k+2)y\right]\\&=e^{-t}\Big[-ke^{-kt}\mathbf{D}(\mathbf{D}-1)\cdots(\mathbf{D}-k+1)y\\&\quad+e^{-kt}\mathbf{D}^2(\mathbf{D}-1)\cdots(\mathbf{D}-k+1)y\Big]\\&=e^{-(k+1)t}\mathbf{D}(\mathbf{D}-1)\cdots(\mathbf{D}-k+1)(\mathbf{D}-k)y.\quad\square\end{aligned}$$

♠

4.4 极值定理

考察函数 $f(x)=x^2+1$, $x\in[-1,1]$. 易知函数 $f(x)$ 在 $x=0$ 处取到最小值 $f(0)=1$, $f'(0)=0$. 这个例子告诉我们最值点和导数为零的点似乎有某种关系. 本节就来探讨这个问题.

4.4.1 极值

假设给定的函数 f 在 I 内有定义. 称函数在 $x_0\in I$ 有**最大值**或**绝对最大值 (absolute maximum value)** 如果

$$f(x)\leqslant f(x_0),\quad 任意\ x\in I.$$

同理称函数在 $x_0\in I$ 有**最小值**或**绝对最小值 (absolute minimum value)** 如果

$$f(x)\geqslant f(x_0),\quad 任意\ x\in I.$$

最大值和最小值合起来叫**最值**或**绝对极值**.

定义 4.6 (极值)

假设函数 f 定义在 (a,b) 内且 $x_0\in(a,b)$.

(1) 称 x_0 是 f 的**极大值点**或**局部最大值点 (local maximum point)**, 如果存在 $U(x_0,\delta)\subset(a,b)$ 满足

$$f(x)\leqslant f(x_0),\quad 任意\ x\in U(x_0,\delta).$$

此时函数值 $f(x_0)$ 称为**极大值**或**局部最大值 (local maximum value)**.

(2) 称 x_0 是 f 的**极小值点**或**局部最小值点 (local minimum point)**, 如果存在 $U(x_0,\delta)\subset(a,b)$ 满足

$$f(x) \geqslant f(x_0), \quad 任意\ x \in U(x_0, \delta).$$

此时函数值 $f(x_0)$ 称为**极小值**或**局部最小值 (local minimum value)**.
(3) 称 $x_0 \in (a, b)$ 是**极值点**或**局部最值点 (local extrema point)** 如果 x_0 是极大值点或极小值点. 相应的函数值称为**极值**或**局部最值 (local extrema)**. ♣

注 4.7

(1) 根据**定义 4.6**, 任何极值点一定在区间内部.
(2) 如果函数 f 的定义域是一般的区间 I, 此时 I 可以是

$$(a, b), \quad [a, b), \quad (a, b], \quad [a, b]$$

中的一种. 那么 I 中的极值点可如下定义:

$$x_0 \in I\ 是极值点 \Longleftrightarrow \begin{pmatrix} \exists\, \delta > 0\ 满足\ f(x) \leqslant f(x_0)\ (或\ f(x) \geqslant f(x_0)) \\ \forall\, x \in U_I(x_0, \delta) := U(x_0, \delta) \cap I \end{pmatrix}.$$

按照这种方法定义极值点可以取到端点.
为了方便我们总是按照**定义 4.6** 来阐述极值点和极值的含义.
(3) 显然极值点不一定是最值点. 但是如果最值点在定义域内部, 则必是极值点. ♣

4.4.2 Fermat 引理

这个引理告诉我们如果极值点是可微点, 那么此点处的导数必为零.

定理 4.6 (Fermat, 1638)

若 x_0 是函数 f 的极值点且 f 在 x_0 处可导, 则 $f'(x_0) = 0$. ♡

证: 不妨假设 x_0 是 f 的极小值点. 则存在 $\delta > 0$ 使得 $U(x_0, \delta) \subset (a, b)$ 且满足不等式 $f(x) \leqslant f(x_0)$, 任意 $x \in U(x_0, \delta)$. 根据定义得到

$$x_0 - \delta < x < x_0 \Rightarrow \frac{f(x) - f(x_0)}{x - x_0} \geqslant 0,$$

$$x_0 < x < x_0 + \delta \Rightarrow \frac{f(x) - f(x_0)}{x - x_0} \leqslant 0.$$

因为函数 f 在 x_0 处可导, $f'(x_0+) = f'(x_0) = f'(x_0-)$, 从而 $0 \leqslant f'(x_0-) = f'(x_0+) \leqslant 0$. 由此得到 $f'(x_0+) = f'(x_0-) = f'(x_0) = 0$. □

注 4.8

(1) 称 x_0 是函数 f 的**驻点 (stationary point)** 或**临界点 (critical point)** 如果 $f'(x_0)=0$.

(2) 根据**定理 4.6** 得到

$$x_0\text{ 是极值点}\ \Big\downarrow f'(x_0)\text{ 存在}\ \ x_0\text{ 是驻点}$$

上述条件 "$f'(x_0)$ 存在" 不能去掉. 比如函数 $f(x)=|x|$ 在 $x_0=0$ 处有极小值, 但是 0 显然不是驻点, 因为函数在 0 处不可导.

反之, 驻点不一定是极值点. 比如 $f(x)=x^3$, $x_0=0$. ♣

4.4.3 Darboux 定理

回顾闭区间上连续函数的介值定理:

$$f\in\mathscr{C}([a,b])\text{ 且 }f(a)f(b)<0\Longrightarrow\text{存在 }\xi\in(a,b)\text{ 满足 }f(\xi)=0.$$

如果 $f\in\mathscr{C}^1([a,b])$, 则得到

$$f\in\mathscr{C}^1([a,b])\text{ 且 }f'(a)f'(b)<0\Longrightarrow\text{存在 }\xi\in(a,b)\text{ 满足 }f'(\xi)=0.$$

但下面的 Darboux 定理告诉我们把条件 $f\in\mathscr{C}^1([a,b])$ 减弱为 $f\in\mathscr{D}([a,b])$ 结论仍成立.

定理 4.7 (Darboux)

假设 $f\in\mathscr{D}((a,b))$ 且 $f'(x_1)f'(x_2)<0$, 其中 $x_1,x_2\in(a,b)$. 则 $f'(\xi)=0$, 这里存在 ξ 介于 x_1 和 x_2 之间. ♡

证: 不妨假设 $x_1<x_2$, $f'(x_1)<0$, 且 $f'(x_2)>0$ (否则的话考察函数 $-f$). 存在 (a,b) 内的两个开区间 $U(x_1,\delta_1)$ 和 $U(x_2,\delta_2)$ 使得下列不等式成立:

$$\frac{f(x)-f(x_1)}{x-x_1}<0,\ \text{任意 }x\in U(x_1,\delta_1)\text{ 且 }\frac{f(x)-f(x_2)}{x-x_2}>0,\ \text{任意 }x\in U(x_2,\delta_2).$$

因此存在 $x_1'>x_1$, $x_2'<x_2$, 且 $x_1'<x_2'$ 使得 $f(x_1')<f(x_1)$ 和 $f(x_2')<f(x_2)$ 都成立. 由于 $f\in\mathscr{C}([x_1,x_2])$, 故存在 $\xi\in[x_1,x_2]$ 满足 $f(\xi)=\min\limits_{[x_1,x_2]}f$. 根据 x_1' 和 x_2' 的取法, 必有 $\xi\in(x_1,x_2)$ 成立. 利用**定理 4.6** 推出 $f'(\xi)=0$. □

注 4.9

(1) 如果 $f \in \mathscr{D}((a,b))$, $x_1, x_2 \in (a,b)$, μ 介于 $f'(x_1)$ 和 $f'(x_2)$ 之间, 那么存在 ξ 介于 x_1 和 x_2 之间满足 $f'(\xi) = \mu$.

证: 应用**定理 4.7** 到函数 $F(x) := f(x) - \mu$. □

(2) 在**定理 4.7** 中不需要 f' 的连续性. ♣

根据**定理 4.6** 我们知道 x_0 要么是端点, 要么是内点但不可导, 要么是内点且为驻点. 所以求函数在某个区间上的最值就要把这三种情况考虑进去.

例 4.13

(1) 求函数 $f(x) = x^3 - x + 1\ (-1 \leqslant x \leqslant 1)$ 的最值.

解: 根据 $f'(x) = 0$ 得到驻点为 $\pm\frac{1}{\sqrt{3}}$. 计算可得

$$f(-1) = 1, \quad f\left(-\frac{1}{\sqrt{3}}\right) = 1 + \frac{2}{3\sqrt{3}}, \quad f\left(\frac{1}{\sqrt{3}}\right) = 1 - \frac{2}{3\sqrt{3}}, \quad f(1) = 1.$$

故

$$\max_{[-1,1]} f = 1 + \frac{2}{3\sqrt{3}} = f\left(-\frac{1}{\sqrt{3}}\right), \quad \min_{[-1,1]} f = 1 - \frac{2}{3\sqrt{3}} = f\left(\frac{1}{\sqrt{3}}\right). \quad \square$$

(2) 求函数 $f(x) = x^3 - x^2 + 1\ (-1 \leqslant x \leqslant 2)$ 的最值.

解: 根据 $f'(x) = 0$ 得到驻点为 0 和 $\frac{2}{3}$. 计算可得

$$f(-1) = -1, \quad f(0) = 1, \quad f\left(\frac{2}{3}\right) = 1 - \frac{23}{27}, \quad f(2) = 5.$$

故 $\max\limits_{[-1,2]} f = 5 = f(2)$, $\min\limits_{[-1,2]} f = -1 = f(-1)$. □

(3) 如果 $f \in \mathscr{D}([0,+\infty))$ 且 $0 \leqslant f(x) \leqslant \frac{x}{1+x^2}$, 那么至少存在 $\xi \in (0,+\infty)$ 满足 $f'(\xi) = \frac{1-\xi^2}{(1+\xi^2)^2}$.

证: 注意到 $\frac{1-\xi^2}{(1+\xi^2)^2} = \left(\frac{\xi}{1+\xi^2}\right)'$, 故定义函数 $F(x) := \frac{x}{1+x^2} - f(x)$. 因为 $F(0) = F(+\infty) = 0$, $F \geqslant 0$, F 的最大值点必在 $(0,+\infty)$ 内取到. □ ♠

4.5 微分中值定理

本节证明三个非常重要的微分中值定理, 即 Rolle 定理 (**定理 4.8**)、Lagrange 中值定理 (**定理 4.9**)、Cauchy 中值定理 (**定理 4.12**). 这是之后 Taylor 展开 (第

4.7 节) 的关键之处.

我们首先简单回顾下微分中值定理的历史[3].

1. **Rolle 定理:** Michel Rolle 在 1691 年发表论文证明了多项式函数 $f(x)$ 在它的两个相继根内必有一点 ξ 使得 $f'(\xi) = 0$. Colin Maclaurin 在 1729 年的一封信里考虑了多项式的根和多项式导数的根之间的关系. Leonhard Euler 在《Instituiones calculi differentialis》(1755) 中也考虑了多项式的根和多项式导数的根之间的关系; 无独有偶, Joseph-Louis Lagrange 在《Traité la résolution des équations numériques de tous les degrés》(1798) 中也考虑了这个关系. Moritz Wilhelm Drobisch 在《Grundzüge der Lehre von den höheren numerischen Gleichungen》(1843) 中首次提到了 “Rolle 定理”. Joseph Liouville 在《Extension du théorème de Rolle aux racines imaginaires des équations》(1864) 中给出了 Rolle 定理的推广. Joseph-Alfred Serret 在《Cours d’algèbre supérieure》(1866) 中首次给出 Rolle 定理的如今形式, **定理 4.8**.
2. **Lagrange 中值定理:** 该定理可追溯到 Bonaventura Cavalieri 的《Geometria indivisibilibus》(1635). Joseph-Louis Lagrange 在《Lecons sur le calcul des fonctions》(1801)、André-Marie Ampère 在《Recherches sur quelques point de la théorie des fonctions dérivées》(1806)、Augustin-Louis Cauchy 在《Résumé des lecons sur le calcul infinitésimal》(1823) 中给出了该定理的初步形式. Joseph-Alfred Serret 在《Cours de calcul infinitésimal》(1868) 中首次给出 Lagrange 中值定理的如今形式, **定理 4.9**. 在其他人的著作中也出现了该定理的如今形式, 比如 Ulisse Dini 的《Fondamenti per la teorica delle funzioni de variabli reali》(1878)、Carl Gustav Axel Harnack 的《Die Elemente der Differential- und Integralrechnung》(1881)、Moritz Pasch 的《Einleitung in die Differential- und Integralrechung》(1882).
3. **Cauchy 中值定理:** 该定理是 Augustin-Louis Cauchy 在《Résumé des lecons sur le calcul infinitésimal》(1823) 中给出了该定理的初步形式. Joseph-Alfred Serret 在《Cours de calcul infinitésimal》(1868) 中首次给 Cauchy 中值定理的如今形式, **定理 4.12**.

4.5.1 Rolle 定理

1691 年 Rolle 在论文《Démonstration d’une méthode pour résoudre les égalitéz de tous les dégrez》中给出了这个定理, 当时他只证明了多项式函数情形. 这个定理最早是 Cauchy 在 1823 年给出证明的, 是作为 Cauchy 中值定理 (**定理**

[3] Besenyei, Ádám. *A brief history of the mean value theorem.*

4.12) 的推论. "Rolle 定理" 由 Moritz Wilhelm Drobisch 首次在 1843 年和 Giusto Bellavitis 在 1846 年使用.

定理 4.8 (Rolle, 1691)

如果 $f\in\mathscr{C}([a,b])\cap\mathscr{D}((a,b))$ 且 $f(a)=f(b)$, 则存在 $\xi\in(a,b)$ 满足 $f'(\xi)=0$. ♡

证: (Dini, 1878) 因为函数 f 在 $[a,b]$ 上连续, 存在 $\xi,\eta\in[a,b]$ 满足

$$m_f:=\min_{[a,b]}f=f(\xi)\leqslant f(x)\leqslant f(\eta)=M_f:=\max_{[a,b]}f,\quad \text{任意 } x\in[a,b].$$

若 $M_f=m_f$, 则函数 f 是常值函数, 从而对任何 $\xi\in(a,b)$ 都有 $f'(\xi)=0$.

若 $M_f>m_f$, 那么 ξ 和 η 中至少有一个不等于区间的端点, 这是因为 $f(a)=f(b)$. 不妨假设 $a<\xi<b$. 根据**定理 4.6** 得到 $f'(\xi)=0$. □

注 4.10

(1) **定理 4.8** 中三个条件缺一不可. 令

$$A:f\in\mathscr{C}([a,b]),\quad B:f\in\mathscr{D}((a,b)),\quad C:f(a)=f(b),$$
$$D:\text{存在 }\xi\in(a,b)\text{ 满足 }f'(\xi)=0.$$

则

$$A+B\nRightarrow D\quad(f(x)=x,\ 0\leqslant x\leqslant 1),$$
$$A+C\nRightarrow D\quad(f(x)=|1-2x|,\ 0\leqslant x\leqslant 1),$$
$$B+C\nRightarrow D\quad\left(f(x)=\begin{cases}x, & 0\leqslant x<1,\\ 0, & x=1\end{cases}\right).$$

(2) 在 "闭区间 $[a,b]$ 上连续" 不能减弱为在 "开区间 (a,b) 内连续". 比如

$$f(x)=\begin{cases}x, & 0<x<1,\\ -1, & x=0\text{ 或 }1.\end{cases}$$

(3) 反之, 在 (1) 中,

$$D\nRightarrow A\quad\left(f(x)=\begin{cases}\left(x-\dfrac{1}{2}\right)^2, & 0<x<1,\\ 0, & c=0\text{ 或 }1\end{cases}\right),$$

$$D\nRightarrow B\quad\left(f(x)=\begin{cases}2x, & 0\leqslant x\leqslant\dfrac{1}{2},\\ 1, & \dfrac{1}{2}\leqslant 1\end{cases}\right),$$

$$D \not\Rightarrow C \quad (f(x) = -x(x-1),\ 0 < x \leqslant 1).$$

(4) 如果 $f \in \mathscr{D}^2([a,b])$ 且 $f(a) = f(b) = 0$, 那么对任意 $x \in (a,b)$ 存在 $\xi_x \in (a,b)$ 满足

$$f(x) = \frac{f''(\xi_x)}{2}(x-a)(x-b).$$

证: 只要证明存在 $\xi_x \in (a,b)$ 满足

$$f''(\xi_x) = \frac{2f(x)}{(x-a)(x-b)}.$$

固定 $x \in (a,b)$ 并定义 $\lambda := \dfrac{2f(x)}{(x-a)(x-b)}$. 考察函数

$$F(u) := f(u) - \frac{\lambda}{2}(u-a)(u-b).$$

注意到 $F(a) = F(b) = F(x) = 0$. 利用**定理 4.8** 得到 $\xi_1 \in (a,x)$ 和 $\xi_2 \in (x,b)$ 使得 $F'(\xi_1) = F'(\xi_2) = 0$ 成立. 再用**定理 4.8** 得到 $\xi_x \in (\xi_1,\xi_2)$ 满足 $F''(\xi_x) = 0$. □

(5) 如果 $f \in \mathscr{D}^3([a,b])$ 且 $f(a) = f'(a) = f(b) = 0$, 那么对任意 $x \in (a,b)$ 存在 $\xi_x \in (a,b)$ 使得

$$f(x) = \frac{f'''(\xi_x)}{3!}(x-a)^2(x-b).$$

证: 固定 $x \in (a,b)$ 并定义函数

$$F(u) := f(u) - \frac{\lambda}{3!}(u-a)^2(u-b), \quad \lambda := \frac{3!f(x)}{(x-a)^2(x-b)}.$$

因为 $F(a) = F(x) = F(b) = 0$, 利用**定理 4.8** 得到存在 $a < \xi_1 < x < \xi_2 < b$ 使得 $0 = F'(\xi_1) = F'(\xi_2)$ 成立. 但是

$$F'(u) = f'(u) - \frac{\lambda}{3!}\left[2(u-a)(u-b) + (u-a)^2\right], \quad F'(a) = 0,$$

再次利用**定理 4.8** 得到存在 $a < \xi_3 < \xi_1 < \xi_4 < \xi_2$ 满足 $F''(\xi_3) = F''(\xi_4) = 0$. 故存在 $\xi_x \in (\xi_3,\xi_4) \subset (a,b)$ 使得 $F'''(\xi_x) = 0$ 成立. 根据

$$F''(u) = f''(u) - \frac{\lambda}{3!}\left[2(u-b) + (u-a) + 2(u-a)\right], \quad F'''(u) = f'''(u) - \lambda$$

得到结论成立. □

(6) 如果 $f \in \mathscr{C}([a,b]) \cap \mathscr{D}^2((a,b))$, 那么对任意 $c \in (a,b)$ 存在 $\xi_c \in (a,b)$ 满

足

$$f''(\xi_c) = \frac{2f(a)}{(a-b)(a-c)} + \frac{2f(b)}{(b-c)(b-a)} + \frac{2f(c)}{(c-a)(c-b)}.$$

证: 引入记号

$$\lambda_1 := \frac{2f(a)}{(a-b)(a-c)}, \quad \lambda_2 := \frac{2f(b)}{(b-c)(b-a)}, \quad \lambda_3 := \frac{2f(c)}{(c-a)(c-b)}.$$

定义函数

$$F(x) := f(x) - \frac{\lambda_1}{2}(x-b)(x-c) - \frac{\lambda_2}{2}(x-c)(x-a) - \frac{\lambda_3}{2}(x-a)(x-b).$$

则 $F(a) = F(b) = F(c) = 0$, 从而存在 $a < \xi_1 < c < \xi_2 < b$ 使得 $F'(\xi_1) = F'(\xi_2) = 0$ 成立. 故存在 $\xi_1 < \xi_c < \xi_2$ 满足 $F''(\xi_c) = 0$. 根据

$$F''(x) = f''(x) - \sum_{1 \leqslant i \leqslant 3} \lambda_i,$$

得到 $f''(\xi_c) = \sum_{1 \leqslant i \leqslant 3} \lambda_i$. □

♣

4.5.2 Lagrange 定理

Rolle 定理, **定理 4.8**, 需要条件 $f(a) = f(b)$. 如果 $f(a) \neq f(b)$, 即两点 $(a, f(a))$ 和 $(b, f(b))$ 不等高, 可以把坐标轴旋转一个角度使得在新的坐标下该两点等高.

定理 4.9 (Lagrange, 1801)

如果 $f \in \mathscr{C}([a,b]) \cap \mathscr{D}((a,b))$, 那么存在 $\xi \in (a,b)$ 满足

$$f'(\xi) = \frac{f(b) - f(a)}{b-a}. \tag{4.5.1}$$

♡

证: (Bonnet) 连接两点 $(a, f(a))$ 和 $(b, f(b))$ 的直线方程为

$$y = \frac{f(b) - f(a)}{b-a}(x-a) + f(a).$$

因此旋转坐标使得新的 x 轴和这个直线平行从而在新的坐标下上述两点是等高的. 定义

$$F(x) := f(x) - f(a) - \frac{f(b) - f(a)}{b-a}(x-a).$$

则 $F \in \mathscr{C}([a,b]) \cap \mathscr{D}((a,b))$ 且 $F(a) = F(b) = 0$. 根据**定理 4.8** 知 $F'(\xi) = 0$. □

注 4.11

(1) 根据**定理 4.9** 得到

$$f(b)-f(a)=f'(\xi)(b-a),\quad \text{存在 } a<\xi<b.$$

如果把 ξ 写成如下形式

$$\xi=(1-\theta)a+\theta b=a+\theta(b-a),\quad \text{存在 } 0<\theta<1,$$

则得到 $f(b)-f(a)=f'(a+\theta(b-a))(b-a)$. 一般地对任意 $a\leqslant x,x_0\leqslant b$ 存在 $\theta\in(0,1)$ 使得

$$f(x)=f(x_0)+f'(x_0+\theta(x-x_0))(x-x_0) \tag{4.5.2}$$

成立. 当 $x-x_0=\Delta x$ 足够小时得到

$$f(x_0+\Delta x)=f(x_0)+f'(x_0+\theta\Delta x)\Delta x\approx f(x_0)+f'(x_0)\Delta x. \tag{4.5.3}$$

(2) 引入记号

$$\begin{aligned}&A: f\in\mathscr{C}([a,b]),\\&B: f\in\mathscr{D}((a,b)),\\&C: f'(\xi)=\frac{f(b)-f(a)}{b-a},\quad \text{存在 } a<\xi<b.\end{aligned}$$

则

$$\begin{aligned}&A\nRightarrow C\quad (\text{显然}),\\&B\nRightarrow C\quad \left(f(x)=\begin{cases}x, & 0\leqslant x<1,\\ 0, & x=1\end{cases}\right).\end{aligned}$$

♣

定理 4.10

如果 $f\in\mathscr{D}((a,b))$, 那么 f 是常值函数当且仅当在 (a,b) 内 $f'\equiv 0$. ♡

证: 假设 $f'\equiv 0$. 对任意 $x\in(a,b)$, 根据**定理 4.9** 得到

$$0=f'(\xi)=\frac{f(x)-f(a)}{x-a},\quad \text{存在 } a<\xi<x.$$

故 $f(x)=f(a)$. 反之是显然成立的. □

定理 4.11

如果 $f \in \mathscr{C}([a,b]) \cap \mathscr{D}((a,b))$, 那么 f 在 $[a,b]$ 上为常值函数当且仅当在 (a,b) 内 $f' \equiv 0$. ♡

证: 假设在 (a,b) 内 $f' \equiv 0$. 根据**定理 4.10** 可知在 (a,b) 内 $f \equiv c$, 其中 c 是一个常数. 根据连续性得到在 $[a,b]$ 上 $f \equiv c$. 反之是显然成立的. □

例 4.14

(1) 证明不等式

$$1-\frac{a}{b}<\ln\frac{a}{b}<\frac{b}{a}-1, \quad \text{任意 } 0<a<b. \tag{4.5.4}$$

证: 令 $x=\frac{a}{b}\in(0,1)$ 并考虑函数 $f(x)=\ln x$. 由 $f'(x)=\frac{1}{x}$ 得到

$$\frac{\ln b-\ln a}{b-a}=f'(\xi)=\frac{1}{\xi}\in(b^{-1},a^{-1}).$$

这立即得到 (4.5.4). □

(2) 证明

$$\arcsin x+\arccos x=\frac{\pi}{2}, \quad 0\leqslant x\leqslant 1. \tag{4.5.5}$$

证: 考虑函数 $f(x):=\arcsin x+\arccos x$. 由 $f'(x)=(1-x^2)^{-1/2}-(1-x^2)^{-1/2}=0$ 得到 $f(x)=f(0)=\frac{\pi}{2}$. □

(3) 证明

$$x-\frac{1}{2}x^2<\ln(1+x)<x, \quad \text{任意 } x>0. \tag{4.5.6}$$

证: 定义函数 $f(x)=x-\ln(1+x)$. 根据导数 $f'(x)=\frac{x}{1+x}>0$ 及微分中值定理得到 $f(x)-f(0)>0$, 即 $f(x)>0$. 另一不等式考虑 $g(x)=\ln(1+x)-x+\frac{1}{2}x^2$. □

(4) 证明

$$|e^x-\cos x|\leqslant\sqrt{2}xe^x, \quad \text{任意 } x\geqslant 0. \tag{4.5.7}$$

证: 定义函数

$$f(x):=e^x-\cos x-\sqrt{2}xe^x, \quad \text{任意 } x\geqslant 0.$$

计算可得

$$f'(x) = e^x + \sin x - \sqrt{2}\,(e^x + xe^x) = [1 - \sqrt{2}(1+x)]e^x + \sin x,$$
$$f''(x) = -\sqrt{2}e^x + [1 - \sqrt{2}(1+x)]e^x - \cos x$$
$$= [1 - \sqrt{2}(2+x)]e^x - \cos x \leqslant [1 - \sqrt{2}(2+0)]e^0 + 1 < 0.$$

故 $f'(x) < f'(0) = 1 - \sqrt{2} < 0$ 推出 $f(x) \leqslant f(0) = 0$. 另一个不等式可类似得到. □

(5) 计算

$$\lim_{x\to+\infty} x^2\left[\ln\arctan(x+1) - \ln\arctan x\right].$$

解: 根据微分中值定理得到, 这里 $x < \xi_x < x+1$,

$$x^2\left[\ln\arctan(x+1) - \ln\arctan x\right] = x^2 \frac{1}{1+\xi_x^2}\frac{1}{\arctan\xi_x} \to 1\cdot\frac{1}{\frac{\pi}{2}} = \frac{2}{\pi}. \quad \square$$

♠

4.5.3 Cauchy 定理

可以把结论 (4.5.1) 改写成如下形式

$$\frac{f(b)-f(a)}{g(b)-g(a)} = \frac{f(b)-f(a)}{b-a} = f'(\xi) = \frac{f'(\xi)}{g'(\xi)}, \quad g(x) := x.$$

一般形式就是如下的定理.

定理 4.12 (Cauchy, 1823)

若 $f, g \in \mathscr{C}([a,b]) \cap \mathscr{D}((a,b))$ 且 $g'(x) \neq 0$ (任意 $a < t < b$), 则存在 $\xi \in (a,b)$ 满足

$$\frac{f'(\xi)}{g'(\xi)} = \frac{f(b)-f(a)}{g(b)-g(a)}. \tag{4.5.8}$$

♡

证: (Bonnet) 首先观察到 $g(b) \neq g(a)$, 否则的话, 根据 Rolle 定理, **定理 4.8**, 得到 $g'(\xi) = 0$ 对某个 $\xi \in (a,b)$ 成立. 注意到

$$\frac{f'(\xi)}{g'(\xi)} = \frac{f(b)-f(a)}{g(b)-g(a)} \iff f'(\xi) - \lambda g'(\xi) = 0, \quad \lambda := \frac{f(b)-f(a)}{g(b)-g(a)}.$$

考察函数

$$F(x) := f(x) - f(a) - \lambda[g(x) - g(a)].$$

则 $F \in \mathscr{C}([a,b]) \cap \mathscr{D}((a,b))$ 且 $F(a) = F(b) = 0$. 根据**定理 4.8** 知存在 $a < \xi < b$ 满足 $0 = F'(\xi) = f'(\xi) - \lambda g'(\xi)$. □

例 4.15

(1) 如果 $f \in \mathscr{C}([a,b]) \cap \mathscr{D}((a,b))$ 且 $0<a<b$, 那么存在 $\xi \in (a,b)$ 满足

$$f(b)-f(a)=\xi f'(\xi)\ln\frac{b}{a}.$$

证: 取函数 $g(x)=\ln x$. □

(2) 如果 $f \in \mathscr{D}([a,b])$ 且 $0<a<b$, 那么存在 $\xi \in (a,b)$ 满足

$$2\xi[f(b)-f(a)]=(b^2-a^2)f'(\xi).$$

证: 取函数 $g(x)=x^2$. □

(3) 如果 $f \in \mathscr{D}([a,b])$ 且 $0<a<b$, 那么存在 $\xi \in (a,b)$ 满足

$$\frac{1}{a-b}\begin{vmatrix} a & b \\ f(a) & f(b) \end{vmatrix}=f(\xi)-\xi f'(\xi).$$

证: 注意到

$$\frac{1}{a-b}\begin{vmatrix} a & b \\ f(a) & f(b) \end{vmatrix}=\frac{af(b)-bf(a)}{a-b}=\frac{\dfrac{f(b)}{b}-\dfrac{f(a)}{a}}{\dfrac{1}{b}-\dfrac{1}{a}}.$$

取函数 $F(x)=\dfrac{f(x)}{x}$ 和 $G(x)=\dfrac{1}{x}$. □

(4) 如果 $f \in \mathscr{C}([a,b]) \cap \mathscr{D}((a,b))$ 且 $0<a<b$, 那么存在 $\xi,\eta \in (a,b)$ 满足

$$f'(\eta)=(b^2+ab+a^2+2)\frac{f'(\xi)}{3\xi^2+2}.$$

证: η 的选取是显然的: 存在 $\eta \in (a,b)$ 满足

$$\frac{f(b)-f(a)}{b-a}=f'(\eta).$$

这样只要证明存在 $\xi \in (a,b)$ 使得

$$\frac{f(b)-f(a)}{b^3-a^3+2(b-a)}=\frac{f'(\xi)}{3\xi^3+2}$$

成立, 也即证明

$$f'(\xi)=\frac{f(b)-f(a)}{b^3-a^3+2(b-a)}(3\xi^2+2)=\frac{f(b)-f(a)}{b^3-a^3+2(b-a)}(\xi^3+2\xi)'.$$

定义函数

$$F(x) := f(x) - f(a) - \frac{f(b) - f(a)}{b^3 - a^3 + 2(b-a)}(x^3 - a^3 + 2(x-a)).$$

则 $F \in \mathscr{C}([a,b]) \cap \mathscr{D}((a,b))$, $F(a) = F(b) = 0$. 故存在 $\xi \in (a,b)$ 使得 $F'(\xi) = 0$. □

(5) 如果 $f \in \mathscr{C}([a,b]) \cap \mathscr{D}((a,b))$ 且 $0 < a < b$, 那么存在 $\xi, \eta \in (a,b)$ 满足

$$f'(\xi) = \frac{a+b}{2\eta} f'(\eta).$$

证: 首先存在 $\xi \in (a,b)$ 使得

$$f'(\xi) = \frac{f(b) - f(a)}{b-a}$$

成立. 其次定义函数

$$F(x) := f(x) - f(a) - \frac{f(b) - f(a)}{b^2 - a^2}(x^2 - a^2).$$

则 $F \in \mathscr{C}([a,b]) \cap \mathscr{D}((a,b))$, $F(a) = F(b) = 0$. 故存在 $\xi \in (a,b)$ 使得 $F'(\xi) = 0$. □

(6) 如果 $f \in \mathscr{D}([a,b])$ 且 $f'(a) = f'(b) = 0$, 那么存在 $\xi \in (a,b)$ 满足

$$f(\xi) - f(a) = f'(\xi)(\xi - a).$$

证: 注意到

$$f(\xi) - f(a) = f'(\xi)(\xi - a) \Longleftrightarrow f'(\xi) = \frac{f(\xi) - f(a)}{\xi - a}.$$

定义函数

$$F(x) := \begin{cases} \dfrac{f(x) - f(a)}{x - a}, & a < x \leqslant b, \\ f'(a), & x = a. \end{cases}$$

则 $F \in \mathscr{C}([a,b]) \cap \mathscr{D}((a,b))$. 对任意 $x \in (a,b)$ 计算得到

$$F'(x) = \frac{f'(x)}{x-a} - \frac{f(x) - f(a)}{(x-a)^2},$$

从而有

$$F'(b) = -\frac{f(b) - f(a)}{(b-a)^2}, \quad F(b) = \frac{f(b) - f(a)}{b-a}, \quad F(a) = 0.$$

情形 1: $f(a) = f(b)$. 此时 $F(b) = 0 = F(a)$. 则存在 $\xi \in (a,b)$ 满足 $F'(\xi) = 0$.

情形 2: $f(a) \neq f(b)$. 不失一般性不妨假设 $f(a) > f(b)$ 从而得到 $F'(b) > 0$ 和 $F(b) < 0$. 故存在 $\xi_1 \in (a,b)$ 满足 $F(\xi_1) < F(b) < 0 = F(a)$. 利用连续函数介质性定理得到 $\xi_2 \in (a,\xi_1)$ 满足 $F(\xi_2) = F(b)$. 因此存在 $\xi \in (\xi_2, b)$ 满足 $F'(\xi) = 0$. □

(7) 假设 f 不是线性函数且 $f \in \mathscr{C}([a,b]) \cap \mathscr{D}((a,b))$. 则存在 $\xi \in (a,b)$ 满足

$$|f'(\xi)| > \left|\frac{f(b)-f(a)}{b-a}\right|.$$

证: 定义函数

$$F(x) := f(x) - f(a) - \frac{f(b)-f(a)}{b-a}(x-a), \quad x \in [a,b].$$

因为函数 F 不是线性的, 故存在 $c \in (a,b)$ 满足 $F(c) \neq 0$. 不妨假设 $F(c) > 0$. 则存在 $\xi_1 \in (a,c)$ 和 $\xi_2 \in (c,b)$ 使得

$$F'(\xi_1) = \frac{F(c)-F(a)}{c-a} = \frac{F(c)}{c-a} > 0, \quad F'(\xi_2) = \frac{F(b)-F(c)}{b-c} = \frac{-F(c)}{b-c} < 0$$

成立, 也即

$$f'(\xi_1) > \frac{f(b)-f(a)}{b-a}, \quad f'(\xi_2) < \frac{f(b)-f(a)}{b-a}.$$

当 $f(b) \geqslant f(a)$ 时取 $\xi = \xi_1$ 得到

$$|f'(\xi_1)| = f'(\xi_1) > \frac{f(b)-f(a)}{b-a} > 0.$$

否则的话取 $\xi = \xi_2$. □

(8) 如果 $f \in \mathscr{D}^2([a,b])$ 且 $f'(a) = f'(b) = 0$, 那么存在 $c \in (a,b)$ 满足

$$|f''(c)| \geqslant \frac{4}{(b-a)^2}|f(b)-f(a)|.$$

证: 对任意 $x_0 \in [a,b]$ 可以证明

$$f(x) = f(x_0) + f'(x_0)(x-x_0) + \frac{1}{2}(x-x_0)^2 f''(\xi_x), \tag{4.5.9}$$

这里 ξ 介于 x 和 x_0 之间. 事实上定义函数

$$F(x) := f(x) - f(x_0) - f'(x_0)(x-x_0), \quad G(x) := (x-x_0)^2.$$

根据微分中值定理得到

$$\frac{F(x)}{G(x)} = \frac{F(x)-F(x_0)}{G(x)-G(x_0)} = \frac{F'(\xi_1)}{G'(\xi_1)} = \frac{f'(\xi_1)-f'(x_0)}{2(\xi_1-x_0)}\frac{f''(\xi_2)}{2},$$

其中 $x_0 < x_2 < \xi_1 < x$. 特别地取 $x_0 = a$ 和 $x = \dfrac{a+b}{2}$ 得到

$$f\left(\frac{a+b}{2}\right) = f(a) + \frac{(n-a)^2}{8} f''(\xi_1), \quad 存在\ \xi_1 \in \left(a, \frac{a+b}{2}\right).$$

类似地, 可证存在 $\dfrac{a+b}{2} < \xi_2 < b$ 满足

$$f\left(\frac{a+b}{2}\right) = f(b) + \frac{(b-a)^2}{8} f''(\xi_2).$$

从而得到

$$f(b) - f(a) = \frac{(b-a)^2}{8}[f''(\xi_1) - f''(\xi_2)]$$

或

$$\frac{4}{(b-a)^2}[f(b) - f(a)] = \frac{f''(\xi_1) - f''(\xi_2)}{2}.$$

两边取绝对值得到

$$\frac{4}{(b-a)^2}|f(b) - f(a)| \leqslant \frac{|f''(\xi_1)| + |f''(\xi_2)|}{2}.$$

若 $|f''(\xi_1)| \leqslant |f''(\xi_2)|$, 则取 $\xi = \xi_2$, 否则的话取 $\xi = \xi_1$. □

(9) 如果 $f \in \mathscr{D}^2((-\infty, +\infty))$ 且 $M_k := \sup\limits_{(-\infty,+\infty)} |f^{(k)}| < +\infty$ $(k = 0, 1, 2)$, 那么

$$M_1^2 \leqslant 2M_0 M_2.$$

证: 利用 (4.5.9) 得到

$$f(x+h) = f(x) + f'(x)h + \frac{f''(\xi_1)}{2}h^2, \quad f(x-h) = f(x) - f'(x)h + \frac{f''(\xi_2)}{2}h^2,$$

其中 $x - h < \xi_2 < x < \xi_1 < x + h$. 两式相加得到

$$2f'(x)h = [f(x+h) - f(x-h)] - \frac{h^2}{2}[f''(\xi_1) - f''(\xi_2)],$$

从而不等式

$$2h|f'(x)| \leqslant 2M_0 + h^2 M_2$$

对任何 $h \in \mathbb{R}$ 都成立. 根据二次多项式的判别式得到 $4M_1^2 - 4M_0 2M_2 \leqslant 0$. □

♠

4.5.4 Peano 定理

在**定理 4.12** 中我们定义了函数

$$F(x) = f(x) - f(a) - \frac{f(b)-f(a)}{g(b)-g(a)}[g(x)-g(a)].$$

易证

$$F(x) = \frac{1}{g(a)-g(b)}\begin{vmatrix} f(x) & g(x) & 1 \\ f(a) & g(a) & 1 \\ f(b) & g(b) & 1 \end{vmatrix},$$

且 $F(a) = F(b) = 0$ 和 $F \in \mathscr{C}([a,b]) \cap \mathscr{D}((a,b))$.

定理 4.13 (Peano, 1884)

假设 $f, g, h \in \mathscr{C}([a,b]) \cap \mathscr{D}((a,b))$, 则存在 $\xi \in (a,b)$ 满足

$$\begin{vmatrix} f'(\xi) & g'(\xi) & h'(\xi) \\ f(a) & g(a) & h(a) \\ f(b) & g(b) & h(b) \end{vmatrix} = 0. \tag{4.5.10}$$

♡

证: 定义函数

$$F(x) := \begin{vmatrix} f(x) & g(x) & h(x) \\ f(a) & g(a) & h(a) \\ f(b) & g(b) & h(b) \end{vmatrix}, \quad x \in [a,b].$$

则得到 $F \in \mathscr{C}([a,b]) \cap \mathscr{D}((a,b))$, $F(a) = F(b) = 0$. 根据**定理 4.8** 知存在 $a < \xi < b$ 满足 $0 = F'(\xi)$. □

在 (4.5.10) 中取 $h \equiv 1$ 就得到 Cauchy 中值定理 (**定理 4.12**), 若取 $g(x) = x$ 和 $h(x) \equiv 1$ 就得到 Lagrange 中值定理 (**定理 4.9**).

4.6 L'Hospital 法则

假设函数 f, g 定义在 $U(a,r)$ 内且均在 a 处可导. 如果 $f(a) = g(a) = 0$ 且 $g'(a) \neq 0$ 则直接根据导数定义得到

$$\lim_{x\to a}\frac{f(x)}{g(x)} = \lim_{x\to a}\frac{\dfrac{f(x)-f(a)}{x-a}}{\dfrac{g(x)-g(a)}{x-a}} = \frac{f'(a)}{g'(a)}.$$

作为推论我们计算

$$\lim_{x\to0}\frac{x-\sin x}{x^3}=\lim_{x\to0}\frac{1-\cos x}{3x^2}=\lim_{x\to0}\frac{\sin x}{6x}=\frac{1}{6}.$$

但是在实际应用中, 导数 $f'(a)$ 和 $g'(a)$ 不一定都存在, 此时我们需要更加广泛的公式——L'Hôpital 法则或 L'Hospital 法则 (相关的数学历史参见 (4.2.13) 后的脚注).

4.6.1 $\dfrac{0}{0}$ 型

首先来研究两个无穷小函数的比式, 即所谓的 $\dfrac{0}{0}$ **型不定式 (indeterminate form** $\dfrac{0}{0}$**)**.

定理 4.14 (L'Hôpital 和 Bernoulli, 1696)

假设 $f,g\in\mathscr{D}((a,b))$, $g'\neq0$, *且* $\lim\limits_{x\to a+}f(x)=\lim\limits_{x\to a+}g(x)=0$. *如果极限*

$$\lim_{x\to a+}\frac{f'(x)}{g'(x)}=A\quad(\text{存在或 }\infty),$$

则

$$\lim_{x\to a+}\frac{f(x)}{g(x)}=\lim_{x\to a+}\frac{f'(x)}{g'(x)}.\tag{4.6.1}$$

♡

证: 延拓定义函数

$$F(x):=\begin{cases}0, & x=a,\\ f(x), & a<x<b,\end{cases}\qquad G(x):=\begin{cases}0, & x=a,\\ g(x), & a<x<b.\end{cases}$$

则 $F,G\in\mathscr{C}([a,b])\cap\mathscr{D}((a,b))$. 从而对任意 $x\in(a,b)$ 存在 $\xi\in(a,x)$ 满足

$$\frac{F(x)}{G(x)}=\frac{F(x)-F(a)}{G(x)-G(a)}=\frac{F'(\xi)}{G'(\xi)}\Longrightarrow\frac{f(x)}{g(x)}=\frac{f'(\xi)}{g'(\xi)}\to A.\quad\square$$

如果求导后的比式 $\dfrac{f'(x)}{g'(x)}$ 仍旧是 $\dfrac{0}{0}$ 型不定式且也满足**定理 4.14** 中的条件, 则可继续使用 L'Hôpital 法则. 在使用 (4.6.1) 时要注意, 若极限 $\lim\limits_{x\to a+}\dfrac{f'(x)}{g'(x)}$ 不存在则不能用该公式! 比如

$$\lim_{x\to0+}\frac{x^2\sin\dfrac{1}{x}}{x}=\lim_{x\to0+}x\sin\frac{1}{x}=0,$$

但是若使用 (4.6.1) 就得到

$$\lim_{x\to0+}\frac{x^2\sin\dfrac{2}{x}}{x}=\lim_{x\to0+}\left(2x\sin\frac{1}{x}-\cos\frac{1}{x}\right),$$

该极限是不存在的.

如果把区间 (a,b) 换成其他区间, 也有类似的结论:

$$\lim_{x\to a-}\frac{f(x)}{g(x)}=\lim_{x\to a-}\frac{f'(x)}{g'(x)},\quad \lim_{x\to a}\frac{f(x)}{g(x)}=\lim_{x\to a}\frac{f'(x)}{g'(x)},$$

$$\lim_{x\to\infty}\frac{f(x)}{g(x)}=\lim_{x\to\infty}\frac{f'(x)}{g'(x)},$$

$$\lim_{x\to-\infty}\frac{f(x)}{g(x)}=\lim_{x\to-\infty}\frac{f'(x)}{g'(x)},\quad \lim_{x\to+\infty}\frac{f(x)}{g(x)}=\lim_{x\to+\infty}\frac{f'(x)}{g'(x)},$$

如果对应的条件亦满足.

例 4.16

(1) 证明

$$f''(a)=\lim_{h\to0}\frac{f(a+h)+f(a-h)-2f(a)}{h^2}$$

对在 a 处二阶可导的任意函数 f 都成立.

证: 根据定义

$$f''(a)=\lim_{x\to a}\frac{f'(x)-f'(a)}{x-a}$$

可知 $f\in\mathscr{D}(U(a,r))$. 利用**定理 4.14** 两次计算得到

$$\begin{aligned}\lim_{h\to0}\frac{f(a+h)+f(a-h)-2f(a)}{h^2}&=\lim_{h\to0}\frac{f'(a+h)-f'(a-h)}{2h}\\&=\lim_{h\to0}\frac{f'(a+h)-f(a)}{2h}+\lim_{h\to0}\frac{f'(a-h)-f(a)}{-2h}\\&=\frac{f''(a)+f''(a)}{2}=f''(a).\end{aligned}$$ □

(2) 已知

$$\lim_{x\to0}\frac{\sin(6x)-xf(x)}{x^3}=0,$$

求极限

$$\lim_{x\to0}\frac{6-f(x)}{x^2}.$$

解: 利用**定理 4.14** 两次计算得到

$$\frac{6-f(x)}{x^2}=\frac{5x-xf(x)}{x^3}=\frac{\sin(6x)-xf(x)}{x^3}+\frac{6x-\sin(6x)}{x^3}$$
$$\to 0+\frac{6-6\cos(6x)}{3x^2}\to\frac{12\sin(6x)}{2x}\to 36\cos(6x)\to 36. \quad \square$$

♠

4.6.2 $\dfrac{\infty}{\infty}$ 型

再次我们来研究两个无穷大函数的比式, 即所谓的 $\dfrac{\infty}{\infty}$ **型不定式 (indeterminate form** $\dfrac{\infty}{\infty}$**)**. 但这时候我们只需要假设分母函数是无穷大即可.

定理 4.15

假设 $f,g\in\mathscr{D}((a,b))$, *在* (a,b) *内* $g'\neq 0$, *且* $\lim\limits_{x\to a+}g(x)=\infty$. *若*

$$\lim_{x\to a+}\frac{f'(x)}{g'(x)}=A \quad (\text{存在或 } \infty),$$

则

$$\lim_{x\to a+}\frac{f(x)}{g(x)}=\lim_{x\to a+}\frac{f'(x)}{g'(x)}=A. \tag{4.6.2}$$

♡

证: (1) $A<\infty$. 对任意 $x,x_0>a$ 只要 $x\neq x_0$ 有

$$\frac{f(x)}{g(x)}=\frac{f(x)-f(x_0)}{g(x)}+\frac{f(x_0)}{g(x)}=\frac{f(x)-f(x_0)}{g(x)-g(x_0)}\frac{g(x)-g(x_0)}{g(x)}+\frac{f(x_0)}{g(x)}$$
$$=\frac{f(x)-f(x_0)}{g(x)-g(x_0)}\left[1-\frac{g(x_0)}{g(x)}\right]+\frac{f(x_0)}{g(x)}$$

成立. 从而

$$\left|\frac{f(x)}{g(x)}-A\right|=\left|\left[\frac{f(x)-f(x_0)}{g(x)-g(x_0)}-A\right]\left[1-\frac{g(x_0)}{g(x)}\right]+\frac{f(x_0)-Ag(x_0)}{g(x)}\right|$$
$$\leqslant\left|1-\frac{g(x_0)}{g(x)}\right|\left|\frac{f(x)-f(x_0)}{g(x)-g(x_0)}-A\right|+\left|\frac{f(x_0)-Ag(x_0)}{g(x)}\right|.$$

因为 $\lim\limits_{x\to a+}\dfrac{f'(x)}{g'(x)}=A$, 故对任意 $\epsilon>0$ 存在 $\delta_1<b-a$ 使得

$$\left|\frac{f'(x)}{g'(x)}-A\right|<\epsilon, \quad \text{任意 } x\in(a,a+\delta_1)$$

成立. 令 $x_0:=a+\delta_1$. 对任意 $x\in(a,x_0)$ 存在 $\xi\in(x,x_0)$ 满足

$$\frac{f(x)-f(x_0)}{g(x)-g(x_0)}=\frac{f'(\xi)}{g'(\xi)}.$$

则得到

$$\left|\frac{f(x)-f(x_0)}{g(x)-g(x_0)}-A\right|=\left|\frac{f'(\xi)}{g'(\xi)}-A\right|<\epsilon.$$

根据假设条件 $\lim\limits_{x\to a+}g(x)=\infty$ 得到对上述 $\epsilon>0$ 存在 $\delta<\delta_1$ 使得

$$\left|1-\frac{g(x_0)}{g(x)}\right|<\epsilon,\quad \left|\frac{f(x_0)-Ag(x_0)}{g(x)}\right|<\epsilon$$

成立. 因此对任意 $a<x<a+\delta$ 得到

$$\left|\frac{f(x)}{g(x)}-A\right|<\epsilon+2\epsilon=3\epsilon.$$

(2) $A=\infty$. 基本想法是证明此时 $\lim\limits_{x\to a+}f(x)=\infty$ 从而可利用 (1) 中的结论. 因为

$$\lim_{x\to a+}\frac{f'(x)}{g'(x)}=\infty,$$

故存在 $\delta_1>0$ 使得不等式 $\left|\dfrac{f'(x)}{g'(x)}\right|\geqslant 1$ 对任意 $a<x<a+\delta_1$ 都成立. 任取 $a<x<y<a+\delta_1$ 得到

$$\left|\frac{f(x)-f(y)}{g(x)-g(y)}\right|=\left|\frac{f'(\xi)}{g'(\xi)}\right|\geqslant 1,\quad 存在\ \xi\in(x,y).$$

从而

$$|f(x)-f(y)|\geqslant|g(x)-g(y)|\geqslant|g(x)|-|g(y)|.$$

但是 $\lim\limits_{x\to a+}g(x)=\infty$ 推出 $\lim\limits_{x\to a+}f(x)=\infty$. 利用 (1) 得到

$$\lim_{x\to a+}\frac{g(x)}{f(x)}=\lim_{x\to a+}\frac{g'(x)}{f'(x)}=0\Longrightarrow\lim_{x\to a+}\frac{f(x)}{g(x)}=\infty.\quad\square$$

例 4.17

(1) 对任意 $\alpha>0$ 和任意 $k\in\mathbb{N}_+$ 都有 $\lim\limits_{x\to+\infty}\dfrac{x^\alpha}{(\ln x)^k}=+\infty$.

证: 利用 k 次定理 **4.15** 得到

$$\lim_{x\to+\infty}\frac{(\ln x)^k}{x^\alpha}=\lim_{x\to+\infty}\frac{k(\ln x)^{k-1}}{\alpha x^\alpha}=\cdots=\lim_{x\to+\infty}\frac{k!}{\alpha^k x^\alpha}=0.\quad\square$$

(2) 如果 $f\in\mathscr{D}([a,+\infty))$, f 有界, 且 $\lim\limits_{x\to+\infty}f'(x)$, 那么 $\lim\limits_{x\to+\infty}f'(x)=0$.

证: 利用**定理 4.15** 得到

$$\lim_{x\to\infty}\frac{f(x)}{x}=\lim_{x\to+\infty}f'(x)=A.$$

但是 f 有界, 故 $\dfrac{f(x)}{x}\to 0$. 从而 $A=0$. □

(3) $f\in\mathscr{D}([a,+\infty))$, f 有界, 且 $\lim\limits_{x\to+\infty}f(x)=0\nRightarrow\lim\limits_{x\to+\infty}f'(x)=0$.

解: 考察函数

$$f(x)=\frac{\sin(x^2)}{x}\ (x>0),\quad f(0)=0.$$

对任意 $x>0$ 计算得到

$$f'(x)=\frac{2x^2\cos(x^2)-\sin(x^2)}{x^2}=2\cos(x^2)-\frac{\sin(x^2)}{x^2}$$

从而极限 $\lim\limits_{x\to\infty}f'(x)$ 不存在. 注意到 $f'(0+)=1$. □

♠

4.6.3 其他型不定式

主要有以下三种类型的不定式:

(A) "$\mathbf{0\cdot\infty}$" 型. 如果 $\lim\limits_{x\to a}f(x)=0$ 且 $\lim\limits_{x\to a}g(x)=\infty$, 那么

$$\lim_{x\to a}[f(x)g(x)]=\lim_{x\to a}\frac{f(x)}{\dfrac{1}{g(x)}}\quad 或\quad\lim_{x\to a}\frac{g(x)}{\dfrac{1}{f(x)}}.\tag{4.6.3}$$

(B) "$\mathbf{\infty-\infty}$" 型. 如果 $\lim\limits_{x\to a}f(x)=\infty=\lim\limits_{x\to a}g(x)$, 那么

$$\lim_{x\to a}[f(x)-g(x)]=\lim_{x\to a}\frac{\dfrac{1}{g(x)}-\dfrac{1}{f(x)}}{\dfrac{1}{f(x)g(x)}}.\tag{4.6.4}$$

(C) "$\mathbf{0^0,\infty^0,1^\infty}$" 型.

$$\left.\begin{matrix}0^0\ 型\\ \infty^0\ 型\\ 1^\infty\ 型\end{matrix}\right\}\lim_{x\to a}[f(x)]^{g(x)}=e^{\lim_{x\to a}g(x)\ln f(x)}\left\{\begin{matrix}0\cdot\infty\ 型\\ 0\cdot\infty\ 型\\ \infty\cdot 0\ 型\end{matrix}\right..\tag{4.6.5}$$

例 4.18

(1) 计算

$$\lim_{x\to\pi}(x-\pi)\cot x=\lim_{x\to\pi}\frac{x-\pi}{\tan x}=\lim_{x\to\pi}\frac{1}{\sec^2 x}=1.$$

(2) 计算

$$\lim_{x\to0}\left(\frac{1}{\sin x}-\frac{1}{x}\right)=\lim_{x\to0}\frac{x-\sin x}{x\sin x}=\lim_{x\to0}\frac{1-\cos x}{\sin x+x\cos x}$$
$$=\lim_{x\to0}\frac{\sin x}{2\cos x-x\sin x}=0.$$

(3) 计算

$$\lim_{x\to0+}\left[\frac{e}{(1+x)^{1/x}}\right]^{1/x}=e^{\lim\limits_{x\to0+}\frac{1}{x}\ln\frac{e}{(1+x)^{1/x}}}=e^{\lim\limits_{x\to0+}\frac{1-\frac{1}{x}\ln(1+x)}{x}}$$
$$=e^{\lim\limits_{x\to0+}\frac{x-\ln(1+x)}{x^2}}=e^{\lim\limits_{x\to0+}\frac{1-\frac{1}{1+x}}{2x}}$$
$$=e^{\lim\limits_{x\to0+}\frac{1}{2(1+x)}}=e^{1/2}.$$

(4) 计算

$$\lim_{n\to\infty}n^{1/n}=\lim_{x\to+\infty}x^{1/x}=\lim_{x\to+\infty}e^{\frac{\ln x}{x}}=e^0=1.$$

(5) 如果 $f\in\mathscr{D}((0,\infty))$, $a>0$, 且 $\lim\limits_{x\to+\infty}[af(x)+f'(x)]=L$, 那么

$$\lim_{x\to+\infty}f(x)=\frac{L}{a}.$$

证: 计算得到

$$\lim_{x\to\infty}f(x)=\lim_{x\to\infty}\frac{e^{ax}f(x)}{e^{ax}}=\lim_{x\to+\infty}\frac{(e^{ax}f(x))'}{ae^{ax}}=\frac{L}{a}.\quad\square$$

(6) 如果 $f\in\mathscr{D}^2((0,+\infty))$ 且 $\lim\limits_{x\to+\infty}[f(x)+f'(x)+f''(x)]=L$, 那么

$$\lim_{x\to+\infty}f(x)=L.$$

证: 注意到 (5) 的结论, 所以引入两个参数

$$f+f'+f''=\beta[(\alpha f+f')+(\alpha f+f')]'.$$

得到 $\alpha+\beta=1=\alpha\beta$. 利用 (5) 两次得到

$$\lim_{x\to+\infty}[\alpha(x)+f'(x)]=\frac{L}{\beta}$$

和 $\lim_{x\to\infty} f(x) = L$. □

(7) 假设函数 f 在 a 处 n 阶可导. 则

$$f^{(n)}(a) = \lim_{h\to 0}\left\{\frac{1}{h^n}\sum_{0\leqslant k\leqslant n}\left[(-1)^{n-k}\binom{n}{k}f(a+kh)\right]\right\}.$$

证: 计算得到

$$\begin{aligned}&\lim_{h\to 0}\left\{\frac{1}{h^n}\sum_{0\leqslant k\leqslant n}\left[(-1)^{n-k}\binom{n}{k}f(a+kh)\right]\right\}\\ =&\lim_{h\to 0}\frac{1}{nh^{n-1}}\sum_{1\leqslant k\leqslant n}(-1)^{n-k}\binom{n}{k}f'(a+kh)k\\ =&\lim_{h\to 0}\frac{1}{n(n-1)h^{n-2}}\sum_{2\leqslant k\leqslant n}(-1)^{n-k}k^2\binom{n}{k}f''(a+kh)=\cdots=f^{(n)}(a).\quad\square\end{aligned}$$

♠

4.7 Taylor 公式

作为开场白, 我们考虑函数的 ***k* 阶有限差分 (finite differences of order *k*)**, 本段部分内容取自《古今数学思想》第二册 (参见参考文献) 以及香港城市大学陈关荣教授写的科普文章《你知道泰勒级数, 但你了解泰勒吗?》. 这个方法是 Henry Briggs 在 1624 年出版的《Arithmetica logarithmica》中引入的, 但是最关键的公式是 James Gregory 在 1670 年 11 月 23 日给出的. Newton 也独立地在 1687 年出版的《自然哲学的数学原理》(Philosphiae naturalis principia mathematica) 第三卷和 1711 年出版的《Methodus Differentialis》中给出过这个公式, 虽然早在 1676 年就已经写成了.

给定函数 $f(x)$ 并取其定义域中的一点 x_0. 如果下列 $n+1$ 个点

$$x_0, \quad x_0+c, \quad x_0+2c, \quad \cdots, \quad x_0+nc$$

都落在定义域中, 我们定义

$$\Delta^1 f(x_0;c) \equiv \Delta f(x_0;c) := f(x_0+c) - f(x_0) = \sum_{0\leqslant k\leqslant 1}(-1)^{k+1}\binom{1}{k}f(x_0+kc)$$

和

$$\Delta^2 f(x_0;c) :=\Delta(\Delta f(\cdot;c))(x_0,c) = (\Delta f(\cdot;c))(x_0+c) - (\Delta f(\cdot;c))(x_0)$$

$$
\begin{aligned}
&=\Delta f(x_0+c;c)-\Delta f(x_0;c)=(x_0+2c)-2f(x_0+c)+f(x_0)\\
&=\sum_{0\leqslant k\leqslant 2}(-1)^{k+2}\binom{2}{k}f(x_0+kc).
\end{aligned}
$$

一般可归纳定义

$$
\Delta^n f(x_0;c):=\Delta\left(\Delta^{n-1}f(\cdot;c)\right)(x_0;c)=\sum_{0\leqslant k\leqslant n}(-1)^{k+n}\binom{n}{k}f(x_0+kc),\quad n\geqslant 2.
$$

从而 **Gregory-Newton 差分公式**可叙述为

$$
\begin{aligned}
f(a+h)&=f(a)+\frac{h}{c}\Delta f(a;c)+\frac{\frac{h}{c}\left(\frac{h}{c}-1\right)}{1\cdot 2}\Delta^2 f(a;c)+\cdots\\
&=f(a)+\sum_{n\geqslant 1}\frac{\frac{h}{c}\left(\frac{h}{c}-1\right)\cdots\left(\frac{h}{c}-n+1\right)}{n!}\Delta^n f(a;c).
\end{aligned}
$$

Brook Taylor 在 1715 年出版的专著《Mechodus incrementorum directa et inversa》中推导了他在 1712 年曾叙述过的定理, 即现在的 Taylor 公式[4]. Taylor 在 **Gregory-Newton 差分公式**中先令 $c=\Delta x$, 从而右边第三项就变成

$$
\frac{h(h-\Delta x)}{1\cdot 2}\cdot\frac{\Delta^2 f(x_0;\Delta x)}{(\Delta x)^2};
$$

然后再令 $\Delta x=0$, 由此 Taylor 断言该项就变成 $\frac{h^2}{2!}f''(a)$. 从而 **Gregory-Newton 差分公式**就变成了

$$
f(a+h)=f(a)+f'(a)h+f''(a)\frac{h^2}{2!}+f'''(a)\frac{h^3}{3!}+\cdots.
$$

当然 Taylor 的证明是不严谨的, 而且也没有考虑级数的收敛问题. Taylor 公式在 $a=0$ 时就是著名的 Maclaurin 公式——这是 Maclaurin 在 1742 年的专著《Treatise on fluxions》中给出的, 并说明这只是 Taylor 公式的特殊情形. 之前, Stirling 在 1717 年对代数函数及在 1730 年出版的专著《Methodus Differentialis》中对一般函数, 已经给出了这个特殊情形.

“Taylor 级数” 的首次出现可能是在 1786 年, 由瑞士数学家 Simon L'Huilier 给出. 很多年来大家都不知道 Taylor 级数到底有多大的用处, 直到 1772 年 Lagrange 指出它的重要性.

[4]Taylor 公式在 1670 年就已经被 James Gregory 所知, 稍后又被 Leibniz 所独立发现, 但他们都没有发表过. 在 1694 年 Johann Bernoulli 正式发表了相同结果, 但 Brook Taylor 却没有引证过 (可能他自己给了不同的证明).

本节主要是来证明上面提到的 Taylor 公式. 利用微分中值定理, 我们观察到 **Gregory-Newton 差分公式**的前几项可写成如下形式:

$$f \text{ 在 } x_0 \text{ 处可导} \Longrightarrow f(x) = f(x_0) + f'(x_0)(x - x_0) + o(x - x_0),$$

$$f \text{ 在 } x_0 \text{ 处二阶可导} \Longrightarrow f(x) = f(x_0) + \sum_{1 \leqslant k \leqslant 2} \frac{f^{(k)}(x_0)}{k!}(x - x_0)^k + o((x - x_0)^2).$$

右端第一项多项式可推广之.

定义 4.7 (高阶 Taylor 多项式)

假设函数 f 在 x_0 处 n 阶可导, 则 $f \in \mathscr{D}^{n-1}((x_0 - \delta, x_0 + \delta))$ 对某个 $\delta > 0$ 成立. f 在 x_0 处的 **n 阶 Taylor 多项式**定义为

$$P_n(x) \equiv P_n(x; x_0, f) := f(x_0) + \sum_{1 \leqslant k \leqslant n} \frac{f^{(k)}(x_0)}{k!}(x - x_0)^k. \tag{4.7.1}$$

♣

4.7.1 Peano 型余项

引子中提到的 Taylor 公式, 其最简单的形式就是所谓的**带 Peano 型余项的 Taylor 公式 (Taylor's formula with the Peano form of the remainder)**.

定理 4.16 (Peano 型余项)

假设函数 f 在 x_0 处 n 阶可导, 则存在 $\delta > 0$ 使得

$$f(x) = P_n(x) + r_n(x), \quad \text{任意 } x \in (x_0 - \delta, x_0 + \delta) \tag{4.7.2}$$

成立, 这里

$$r_n(x) = o((x - x_0)^n), \quad x \to x_0, \tag{4.7.3}$$

且 $P_n(x) = P_n(x; x_0, f)$ 是 f 在 x_0 处的 n 阶 Taylor 多项式.

♡

证: 利用**定理 4.14** n 次得到

$$\lim_{x \to x_0} \frac{f(x) - P_n(x)}{(x - x_0)^n} = \lim_{x \to x_0} \frac{f'(x) - \displaystyle\sum_{1 \leqslant k \leqslant n} \frac{f^{(k)}(x_0)}{(k-1)!}(x - x_0)^{k-1}}{n(x - x_0)^{n-1}}$$

$$= \lim_{x \to x_0} \frac{f'(x) - \displaystyle\sum_{0 \leqslant k \leqslant n-1} \frac{f^{(k)}(x_0)}{k!}(x - x_0)^k}{n(x - x_0)^{n-1}} = \cdots$$

$$
= \lim_{x\to x_0} \frac{f^{(m)}(x) - \sum\limits_{0\leqslant k\leqslant n-m} \frac{f^{(k)}(x_0)}{k!}(x-x_0)^k}{n(n-1)\cdots(n-m+1)(x-x_0)^{n-m}} \quad (0\leqslant m\leqslant n)
$$

$$
= \lim_{x\to x_0} \frac{f^{(n-1)}(x) - f^{(n-1)}(x_0) - f^{(n)}(x_0)(x-x_0)}{n!(x-x_0)}
$$

$$
= \frac{1}{n!}\left[f^{(n)}(x_0) - f^{(n)}(x_0)\right] = 0. \quad \square
$$

4.7.2 Lagrange 型余项

假设 $f\in\mathscr{C}^1([x_0-\delta,x_0+\delta])\cap\mathscr{D}^2((x_0-\delta,x_0+\delta))$ 则得到 $f'\in\mathscr{C}([x_0-\delta,x_0+\delta])\cap\mathscr{D}((x_0-\delta,x_0+\delta))$. 故

$$
f(x)-f(x_0)-f'(x_0)(x-x_0) =: r_1(x) = o(x-x_0), \quad x\to x_0,
$$

其中 $r_1(x_0)=0$ 且 $r_1\in\mathscr{C}([x_0-\delta,x_0+\delta])\cap\mathscr{D}((x_0-\delta,x_0+\delta))$. 利用微分中值定理得到

$$
\frac{r_1(x)-r_1(x_0)}{(x-x_0)^2-0} = \frac{r_1'(\xi)}{2(\xi-x_0)} = \frac{f'(\xi)-f'(x_0)}{2(\xi-x_0)}, \quad 存在\ \xi\in(x_0-\delta,x_0+\delta).
$$

从而

$$
f(x) = f(x_0)+f'(x_0)(x-x_0)+\frac{f''(\eta)}{2}(x-x_0)^2, \quad 存在\ \eta\in(x_0-\delta,x_0+\delta).
$$

对具有高阶导数的 f 我们就得到**带 Lagrange 型余项的 Taylor 公式 (Taylor's formula with the Lagrange form of the remainder)**.

定理 4.17 (Lagrange 型余项)

假设 $f\in\mathscr{C}^n([x_0,x_0+\delta])\cap\mathscr{D}^{n+1}((x_0,x_0+\delta))$, 则对任意 $x\in(x_0,x_0+\delta)$ 有

$$
f(x) = P_n(x) + r_n(x), \tag{4.7.4}
$$

这里

$$
r_n(x) = \frac{f^{(n+1)}(\xi)}{(n+1)!}(x-x_0)^{n+1}, \quad 存在\ \xi\in(x_0,x_0+\delta), \tag{4.7.5}
$$

且 $P_n(x)=P_n(x;x_0,f)$ 是 f 在 x_0 处的 n 阶 Taylor 多项式. ♡

证: 引入辅助函数

$$
G(t) := f(x) - \sum_{0\leqslant k\leqslant n} \frac{f^{(k)}(t)}{k!}(x-t)^k
$$

和任意

$$H(t) \in \mathscr{D}((x_0, x_0+\delta)) \text{ 且 } H(x) = 0.$$

因为 $G \in \mathscr{C}([x_0, x_0+\delta]) \cap \mathscr{D}((x_0, x_0+\delta))$, 所以存在 $\xi \in (x_0, x_0+\delta)$ 满足

$$\frac{G(x_0)}{H(x_0)} = \frac{G(x) - G(x_0)}{H(x) - H(x_0)} = \frac{G'(\xi)}{H'(\xi)} = -\frac{f^{(n+1)}(\xi)}{n!H'(\xi)}(x-\xi)^n.$$

即

$$G(x_0) = -\frac{f^{(n+1)}(\xi)}{n!H'(\xi)}(x-\xi)^n H(x_0). \tag{4.7.6}$$

如果取函数 $G(t) = (x-t)^{n+1}$ 则得到 (4.7.5). □

注 4.12

(1) 根据**定理 4.16**, f 在 x_0 处 n 阶可导可推出 $r_n(x) = o((x-x_0)^n)$. 根据**定理 4.17**,

$$f \in \mathscr{C}^n([x_0, x_0+\delta]) \cap \mathscr{D}^{n+1}((x_0, x_0+\delta)) \quad \Rightarrow \quad r_n(x) = \frac{f^{(n+1)}(\xi)}{(n+1)!}(x-x_0)^n;$$

如果进一步要求 $f^{(n+1)}$ 有界则得到 $r_n(x) = o((x-x_0)^n)$.

(2) **(Bernstein)** 若 $f \in \mathscr{C}([a,b])$ 则存在 $[a,b]$ 上的多项式列 $\{P_n(x)\}_{n\geqslant 1}$ 满足

$$\lim_{n\to\infty} P_n(x) = f(x), \quad \text{任意 } x \in [a,b]. \tag{4.7.7}$$

证: 不妨假设 $[a,b] = [0,1]$. 定义多项式

$$P_n(x) := \sum_{0\leqslant k\leqslant n} f\left(\frac{k}{n}\right)\binom{n}{k} x^k (1-x)^{n-k}.$$

计算得到

$$\begin{aligned}|f(x) - P_n(x)| &= \left|\sum_{0\leqslant k\leqslant n} f(x)\binom{n}{k} x^k(1-x)^{n-k} - P_n(x)\right| \\ &\leqslant \sum_{0\leqslant k\leqslant n}\binom{n}{k}\left|f(x) - f\left(\frac{k}{n}\right)\right| x^k(1-x)^{n-k}.\end{aligned}$$

由于 $f \in \mathscr{C}([a,b])$, 对任意 $\epsilon > 0$ 存在 $\delta > 0$, 对任意 $y \in (x-\delta, x+\delta) \cap [0,1]$ 有

$$|f(x) - f(y)| < \epsilon.$$

因此

$$\begin{aligned}|f(x)-P_n(x)| &\leqslant \sum_{|x-k/n|<\delta}\binom{n}{k}\left|f(x)-f\left(\frac{k}{n}\right)\right|x^k(1-x)^{n-k}\\ &\quad+2M_f\sum_{|x-k/n|\geqslant\delta}\binom{n}{k}x^k(1-x)^{n-k}\\ &\leqslant \epsilon+\frac{2M_f}{\delta}\sum_{|nx-k|\geqslant n\delta}\delta\binom{n}{k}x^k(1-x)^{n-k}\\ &\leqslant \epsilon+\frac{2M_f}{\delta}\sum_{0\leqslant k\leqslant n}\frac{(nx-k)^2}{n^2}\binom{n}{k}x^k(1-x)^{n-k}\\ &=\epsilon+\frac{2M_f}{\delta n^2}nx(1-x)=\epsilon+\frac{2M_f}{\delta n}x(1-x).\end{aligned}$$

这里 $M_f:=\max\limits_{[0,1]}|f|$. 令 $n\to+\infty$ 得到 $P_n(x)\to f(x)$. □

♣

4.7.3 Cauchy 型余项

如果在 (4.7.6) 中取 $H(t)=x-t$, 则得到**带 Cauchy 型余项的 Taylor 公式 (Taylor's formula with the Cauchy form of the remainder)**.

定理 4.18 (Cauchy 型余项)

假设 $f\in\mathscr{C}^n([x_0,x_0+\delta])\cap\mathscr{D}^{n+1}((x_0,x_0+\delta))$, 则对任意 $x\in(x_0,x_0+\delta)$ 有

$$f(x)=P_n(x)+r_n(x), \tag{4.7.8}$$

这里

$$r_n(x)=\frac{f^{(n+1)}(\xi)}{n!}(x-\xi)^n(x-x_0) \tag{4.7.9}$$

且 $P_n(x)=P_n(x;x_0,f)$ 是 f 在 x_0 处的 n 阶 Taylor 多项式.

♡

注 4.13 (Maclaurin 公式)

该公式形式上可写成

$$f(x)=f(0)+\sum_{1\leqslant k\leqslant n}\frac{f^{(k)}(0)}{k!}x^k+r_n(x), \tag{4.7.10}$$

(1) 如果 f 在 0 处 n 阶可导, 那么 $r_n(x)=o(x^n)$.

(2) 如果 $f\in\mathscr{C}^n([0,\delta])\cap\mathscr{D}^{n+1}((0,\delta))$, 则

$$r_n(x) = \frac{f^{(n+1)}(\xi)}{(n+1)!}x^{n+1} \quad \text{或} \quad \frac{f^{(n+1)}(\xi)}{n!}x(x-\xi)^n.$$

此时若记作 $\xi = \theta x$, 其中 $\theta \in (0,1)$, 分别得到

$$f(x) = f(0) + \sum_{1 \leqslant k \leqslant n} \frac{f^{(k)}(0)}{k!}x^k + \frac{f^{(n+1)}(\theta x)}{(n+1)!}x^{n+1}, \tag{4.7.11}$$

$$f(x) = f(0) + \sum_{1 \leqslant k \leqslant n} \frac{f^{(k)}(0)}{k!}x^k + \frac{f^{(n+1)}(\theta x)(1-\theta)^n}{n!}x^{n+1}. \tag{4.7.12}$$

♣

例 4.19

(1) 指数函数 e^x:

$$e^x = 1 + \sum_{1 \leqslant k \leqslant n} \frac{x^k}{k!} + \frac{e^{\theta x}}{(n+1)!}x^{n+1}, \tag{4.7.13}$$

或

$$e^x = 1 + \sum_{1 \leqslant k \leqslant n} \frac{x^k}{k!} + \frac{e^{\theta x}(1-\theta)^n}{n!}x^{n+1}. \tag{4.7.14}$$

(2) 对数函数 $\ln(1+x)$ $(x > -1)$:

$$\ln(1+x) = \sum_{1 \leqslant k \leqslant n} (-1)^{k-1}\frac{x^k}{k} + \frac{(-1)^n}{(n+1)(1+\theta x)^{n+1}}x^{n+1}, \tag{4.7.15}$$

或

$$\ln(1+x) = \sum_{1 \leqslant k \leqslant n} (-1)^{k-1}\frac{x^k}{k} + \frac{(-1)^n(1-\theta)^n}{(1+\theta x)^{n+1}}x^{n+1}. \tag{4.7.16}$$

(3) 三角函数 $\sin x$:

$$\sin x = \sum_{0 \leqslant k \leqslant n} \frac{(-1)^k x^{2k+1}}{(2k+1)!} + \begin{cases} o(x^{2n+2}), \\ \dfrac{x^{2n+3}}{(2n+3)!}\sin\left(\theta x + \dfrac{2n+3}{2}\pi\right), \\ \dfrac{x^{2n+3}}{(2n+1)!}(1-\theta)^{2n+1}\sin\left(\theta x + \dfrac{2n+3}{2}\pi\right). \end{cases} \tag{4.7.17}$$

(4) 三角函数 $\cos x$:

$$\cos x = \sum_{0\leqslant k\leqslant n}\frac{(-1)^k x^{2k}}{(2k)!}+\begin{cases} o(x^{2n+1}), \\ \dfrac{(-1)^{n+1}x^{2n+2}}{(2n+2)!}\cos(\theta x), \\ \dfrac{(-1)^{n+1}x^{2n+2}}{(2n)!}(1-\theta)^{2n}\cos(\theta x). \end{cases} \tag{4.7.18}$$

(5) 函数 $(1+x)^\alpha$:

$$(1+x)^\alpha = \sum_{0\leqslant k\leqslant n}\binom{\alpha}{k}x^k+\begin{cases} o(x^n), \\ \dbinom{\alpha}{n+1}(1+\theta x)^{\alpha-(n+1)}x^{n+1}, \\ \dbinom{\alpha}{n+1}(n+1)(1-\theta)^n(1+\theta x)^{\alpha-(n+1)}x^{n+1}. \end{cases} \tag{4.7.19}$$

这里 $\dbinom{\alpha}{k}=\dfrac{\alpha(\alpha-1)\cdots(\alpha-k+1)}{k!}$.

在**例 3.8** (3) 中我们断言 (但当时没有给出证明) 当 $x\to 0$ 时, 有

$$(1+x)^\alpha-\sum_{0\leqslant k\leqslant n-1}\frac{\alpha(\alpha-2)\cdots(\alpha-k+1)}{k!}x^k \sim \frac{\alpha(\alpha-1)\cdots(\alpha-n+1)}{n!}x^n.$$

事实上, 当 $x\to 0$ 时,

$$\frac{(1+x)^\alpha-\displaystyle\sum_{0\leqslant k\leqslant n-1}\frac{\alpha(\alpha-1)\cdots(\alpha-k+1)}{k!}x^k}{\dfrac{\alpha(\alpha-1)\cdots(\alpha-n+1)}{n!}x^n} = 1+\frac{o(x^n)}{\dfrac{\alpha(\alpha-1)\cdots(\alpha-n+1)}{n!}x^n}=1+o(1),$$

特别地,

$$\frac{1}{1+x}=\sum_{0\leqslant k\leqslant n}(-1)^k x^k+\frac{(-1)^{n+1}x^{n+1}}{(1+\theta x)^{n+2}}, \quad x>-1. \tag{4.7.20}$$

$$\frac{1}{1-x}=\sum_{0\leqslant k\leqslant n}x^k+\frac{x^{n+1}}{(1-\theta x)^{n+2}}, \quad 0<x<1. \tag{4.7.21}$$

$$\sqrt{1+x}=1+\sum_{1\leqslant k\leqslant n}\frac{(-1)^{k-1}(2k-3)!!}{(2k)!!}x^k+\frac{(-1)^n(2n-1)!!}{(2n+2)!!}\frac{x^{n+1}}{(1+\theta x)^{n+\frac{1}{2}}}. \tag{4.7.22}$$

$$\frac{1}{\sqrt{1+x}}=1+\sum_{1\leqslant k\leqslant n}\frac{(-1)^k(2k-1)!!}{(2k)!!}x^k+\frac{(-1)^{n+1}(2n+1)!!}{(2n+2)!!}\frac{x^{n+1}}{(1+\theta x)^{n+\frac{3}{2}}}.\tag{4.7.23}$$

(6) 把函数 $e^{\sin x}$ 进行 Taylor 公式展开至 x^3.

解: 因为

$$e^{\sin x}=1+\sin x+\frac{1}{2}\sin^2 x+\frac{1}{6}\sin^3 x+o(x^3)$$

和

$$\sin x=x-\frac{1}{6}x^3+o(x^4),$$

我们得到

$$e^{\sin x}=1+\left(x-\frac{1}{6}x^3\right)+\frac{1}{2}x^2+\frac{1}{6}x^3+o(x^3)=1+x+\frac{1}{2}x^2+o(x^3).\quad\square$$

(7) 把函数 $\ln\cos x$ 进行 Taylor 公式展开至 x^6.

解: 因为 $1-\cos x\sim\frac{1}{2}x^2$, 故得到

$$\ln\cos x=(\cos x-1)-\frac{1}{2}(\cos x-1)^2+\frac{1}{3}(\cos x-1)^3+o(x^6).$$

另一方面

$$\cos x-1=-\frac{1}{2}x^2+\frac{1}{24}x^4-\frac{1}{720}x^6+o(x^7),$$

我们有

$$\begin{aligned}\ln\cos x&=\left(-\frac{1}{2}x^2+\frac{1}{24}x^4-\frac{1}{720}x^6\right)-\frac{1}{2}\left(\frac{1}{4}x^4-\frac{1}{24}x^6\right)+\frac{1}{3}\left(-\frac{1}{8}x^6\right)+o(x^6)\\&=-\frac{1}{2}x^2-\frac{1}{12}x^4-\frac{1}{45}x^6+o(x^6).\quad\square\end{aligned}$$

♠

定理 4.19 (唯一性)

假设函数 f 在 x_0 处 n 阶可导且在 x_0 附近有

$$f(x)=a_0+\sum_{1\leqslant k\leqslant n}a_k(x-x_0)^k+R_n(x),$$

这里 $R_n(x)=o((x-x_0)^n)$, 则得到

$$a_k=\frac{f^{(k)}(x_0)}{k!},\quad 0\leqslant k\leqslant n.$$

♡

证: 根据假设条件有

$$a_0+\sum_{1\leqslant k\leqslant n}a_k(x-x_0)^k+R_n(x)=f(x_0)+\sum_{1\leqslant k\leqslant n}\frac{f^{(k)}(x_0)}{k!}(x-x_0)^k+o((x-x_0)^n).$$

令 $x\to x_0$ 得到 $a_0=f(x_0)$ 且

$$\sum_{1\leqslant k\leqslant n}\left[a_k-\frac{f^{(k)}(x_0)}{k!}\right](x-x_0)^k=o((x-x_0)^k)-R_n(x).$$

特别地

$$\left[a_1-\frac{f'(x_0)}{1!}\right]+\sum_{2\leqslant k\leqslant n}\left[a_k-\frac{f^{(k)}(x_0)}{k!}\right](x-x_0)^{k-1}=o((x-x_0)^{n-1}).$$

令 $x\to x_0$ 得到 $a_1=f'(x_0)$. 从而

$$\sum_{2\leqslant k\leqslant n}\left[a_k-\frac{f^{(k)}(x_0)}{k!}\right](x-x_0)^{k-1}=o((x-x_0)^{n-1}).$$

同样过程可得到 $a_k=\dfrac{f^{(k)}(x_0)}{k!}$. □

推论 4.1

假设函数 f 在 x_0 处 $(n+1)$ 阶可导, 则得到

$$P'_{n+1}(x;x_0,f)=P_n(x;x_0,f'),\tag{4.7.24}$$

即, 函数在 x_0 处的 $n+1$ 阶 Taylor 多项式等于导函数在 x_0 处的 n 阶 Taylor 多项式.

♡

证: 根据定义得到

$$f(x)=P_{n+1}(x)+o((x-x_0)^{n+1}),\quad f'(x)=Q_n(x)+o((x-x_0)^n),$$

这里 $P_{n+1}(x)=P_{n+1}(x;x_0,f)$ 和 $Q_n(x):=P_n(x;x_0,f')$. 然而

$$P_{n+1}(x)=\sum_{0\leqslant k\leqslant n+1}\frac{f^{(k)}(x_0)}{k!}(x-x_0)^k,$$

$$Q_n(x)=\sum_{0\leqslant k\leqslant n}\frac{(f')^{(k)}(x_0)}{k!}(x-x_0)^k=\sum_{1\leqslant k\leqslant n+1}\frac{f^{(k)}(x_0)}{(k-1)!}(x-x_0)^{k-1}$$

$$=P'_{n+1}(x).\quad\square$$

例 4.20

(1) 已知 $f(x)=\tan x$, 求 $P_5(x;0,f)$.

解: 根据定义可令

$$\tan x=\frac{\sin x}{\cos x}=\frac{x-\frac{x^3}{3!}+\frac{x^5}{5!}+o(x^5)}{1-\frac{x^2}{2!}+\frac{x^4}{4!}+o(x^5)}=\sum_{0\leqslant k\leqslant 5}a_kx^k+o(x^5),$$

故有等式

$$x-\frac{x^3}{3!}+\frac{x^5}{5!}+o(x^5)=a_0+a_1x+\left(a_2-\frac{a_0}{2}\right)x^2+\left(a_3-\frac{a_1}{2}\right)x^3$$
$$+\left(a_4-\frac{a_2}{2}+\frac{a_0}{24}\right)x^4+\left(a_5-\frac{a_3}{2}+\frac{a_1}{24}\right)x^5+o(x^5).$$

由**定理 4.19** 比较两边系数得到

$$a_0=0,\quad a_1=1,\quad a_2=0,\quad a_3=\frac{1}{3},\quad a_4=0,\quad a_5=\frac{2}{15}.$$

所以

$$\tan x=x+\frac{1}{3}x^3+\frac{2}{15}x^5+o(x^5). \tag{4.7.25}$$

实际上可以证明 (等学过级数理论后, 参见 (14.3.17))

$$\tan x=\sum_{1\leqslant k\leqslant n}\frac{2^{2k}(2^{2k}-1)}{(2k)!}B_kx^{2k-1}+o(x^{2n-1}), \tag{4.7.26}$$

这里 B_k 是第 k 个 Bernoulli 数 (定义见下个例题). □

(2) 已知 $f(x)=\dfrac{x}{e^x-1}$, 求 $P_4(x;0,f)$.

解: 根据 (4.7.13) 得到

$$\frac{x}{e^x-1}=\frac{x}{x+\frac{x^2}{2!}+\frac{x^3}{3!}+\frac{x^4}{4!}+o(x^4)}=1-\frac{x}{2}+\frac{x^2}{12}-\frac{x^4}{720}+o(x^4).\quad\square$$

一般可以得到

$$\frac{x}{e^x-1}=1-\frac{1}{2}x+\sum_{1\leqslant k\leqslant n}\frac{(-1)^{k-1}B_k}{(2k)!}x^{2k}+o(x^{2n}), \tag{4.7.27}$$

这里 B_k 就是所谓的**第 $\boldsymbol{k}$ 个 Bernoulli 数**, 比如

$$B_1=\frac{1}{6},\quad B_2=\frac{1}{30},\quad B_3=\frac{1}{42},\quad B_4=\frac{1}{30},\quad B_5=\frac{5}{66},\quad\cdots,\quad B_k\in\mathbb{Q}.$$

回顾 **Riemann ζ 函数**定义为

$$\zeta(z) := \sum_{k\geqslant 1}\frac{1}{k^z} = \lim_{n\to\infty}\sum_{1\leqslant k\leqslant n}\frac{1}{k^z}, \quad \mathbf{Re}(z) > 1. \tag{4.7.28}$$

一个经典结果是 (参见 (14.3.15))

$$\zeta(2n) = \frac{(2\pi)^{2n}}{2(2n)!}B_n \in \mathbb{Q}, \tag{4.7.29}$$

即所有 $\zeta(2n)$ 是有理数.

我们猜测 $\zeta(2n+1)$ 是无理数. Roger Apéry 在 1978 年证明[a]了 $\zeta(3)$ 是无理数. 其他证明有:

- van der Poorten, Alfred. *A proof that Euler missed: Apéry's proof of the irrationality of* $\zeta(3)$, The Mathematical Intelligencer, **1**(1979), no. 4, 195–203.
- Beukers, Frits. *A Note on the Irrationality of* $\zeta(2)$ *and* $\zeta(3)$, Bull. London Math. Soc., **11**(1979), no. 3, 268–272.
- Zudilin, Wadim. *An elementary proof of Apéry's theorem*, preprint, 2002, arXiv:math/0202159.

特别是 Beukers 在 1979 年证明了

$$\zeta(3) = \int_0^1\int_0^1\int_0^1 \frac{dxdydz}{1-xyz}.$$

Euler 在 1772 年发现[b]了

$$\zeta(3) = \frac{\pi^2}{7}\left[1 - 4\sum_{n\geqslant 1}\frac{\zeta(2n)}{2^{2n}(2n+1)(2n+2)}\right].$$

这个公式的好处是可以利用 (4.7.29) 来计算 $\zeta(3)$.

1890 年 Andrey Andreyevich Markov 发现[c]了如下公式

$$\zeta(3) = \frac{5}{2}\sum_{n\geqslant 1}(-1)^{k-1}\frac{(n!)^2}{(2n)!n^3}.$$

这个公式在 1953 年由 Hjortnaes 重新发现[d], Apéry 在 1979 年又再次发现.

利用 Γ 函数, 我们可以得到

$$\zeta(3) = -\frac{1}{2}\Gamma'''(1) + \frac{3}{2}\Gamma'(1)\Gamma''(1) - [\Gamma'(1)]^3.$$

Tanguy Rivoal 在 2000 年证明[e]了有无穷多个形如 $\zeta(2n+1)$ 的无理数, 而 Wadim Zudilin 证明[f]了 $\zeta(5), \zeta(7), \zeta(9), \zeta(11)$ 中至少有一个是无理数.
最后要提到的是 Ramanujan, 他给出了

$$\zeta(3)=\frac{7}{180}\pi^3-2\sum_{n\geqslant 1}\frac{1}{n^3(e^{2n\pi}-1)}.$$

(3) 假设 $f\in\mathscr{D}^2([0,1])$, $|f(0)|\leqslant 1$, $|f(1)|\leqslant 1$, 且 $|f''(x)|\leqslant 2$ 对任意 $x\in[0,1]$ 都成立, 则 $|f'(x)|\leqslant 3$ 对任意 $x\in[0,1]$ 都成立.

证: 给定 $x\in(0,1)$, 根据 Taylor 公式得到

$$f(1)=f(x)+f'(x)(1-x)+\frac{f''(\xi)}{2}(1-x)^2,\quad \text{存在 } \xi\in(x,1),$$
$$f(0)=f(x)+f'(x)(0-x)+\frac{f''(\eta)}{2}(0-x)^2,\quad \text{存在 } \eta\in(0,x).$$

从而有

$$f(1)-f(0)=f'(x)+\frac{f''(\xi)}{2}(1-x)^2-\frac{f''(\eta)}{2}x^2$$

和

$$\begin{aligned}|f'(x)|&=\left|f(1)-f(0)-\frac{f''(\xi)}{2}(1-x)^2+\frac{f''(\eta)}{2}x^2\right|\\&\leqslant|f(1)|+|f(0)|+|1-x|^2+|x|^2\\&\leqslant 2+x^2+(1-x)^2=2x^2-2x+3\leqslant 3.\end{aligned}$$

如果 $x=0$ 或 $x=1$, 同样的不等式也成立. □

(4) 假设 $f\in\mathscr{C}^{n+1}((a-\delta,a+\delta))$, $-\delta<h<\delta$, $f^{(n+1)}(a)\neq 0$, 且

$$f(a+h)=\sum_{0\leqslant k\leqslant n-1}\frac{f^{(k)}(a)}{k!}h^k+\frac{f^{(n)}(a+\theta_h h)}{n!}h^n,\quad 0<\theta_h<1.$$

证明

$$\lim_{h\to 0}\theta_h=\frac{1}{n+1}.$$

证: 根据 Taylor 展开得到

$$f(a+h)=\sum_{0\leqslant k\leqslant n}\frac{f^{(k)}(a)}{k!}h^k+\frac{f^{(n+1)}(a)}{(n+1)!}h^{n+1}+o(h^{n+1}).$$

由**定理 4.19** 推出

$$\frac{h^n}{n!}f^{(n)}(a+\theta_h h)=\frac{h^n}{n!}f^{(n)}(a)+\frac{h^{n+1}}{(n+1)!}f^{(n+1)}(a)+o(h^{n+1}).$$

故

$$f^{(n)}(a+\theta_h h)=f^{(n)}(a)+\frac{h}{n+1}f^{(n+1)}(a)+o(h).$$

两边同除以 h 推出

$$\begin{array}{ccc}\dfrac{f^{(n)}(a+\theta_h h)-f^{(n)}(a)}{h} & = & \dfrac{f^{(n+1)}(a)}{n+1}+o(1)\\ \Big\downarrow{\scriptstyle h\to 0} & & \Big\downarrow{\scriptstyle h\to 0}\\ \lim\limits_{h\to 0}\theta_h\cdot\lim\limits_{h\to 0}\dfrac{f^{(n)}(a+\theta_h h)-f^{(n)}(a)}{\theta_h h} & = & \dfrac{1}{n+1}f^{(n+1)}(a)\end{array}$$

因此得到

$$\lim_{h\to 0}\theta_h=\frac{1}{n+1}.\quad\square$$

(5) 假设 $f\in\mathscr{D}^2([a,b])$, $f(a)=f(b)=0$, 且 $|f''(x)|\leqslant 8$ 对任意 $x\in[a,b]$ 都成立, 则

$$\left|f\left(\frac{a+b}{2}\right)\right|\leqslant(b-a)^2.$$

证: 根据 Taylor 公式得到存在 $\xi,\eta\in(a,b)$ 满足

$$f(a)=f\left(\frac{a+b}{2}\right)+\frac{f'\left(\dfrac{a+b}{2}\right)}{1!}\left(\frac{a-b}{2}\right)+\frac{f''(\xi)}{2!}\left(\frac{a-b}{2}\right)^2,$$

$$f(b)=f\left(\frac{a+b}{2}\right)+\frac{f'\left(\dfrac{a+b}{2}\right)}{1!}\left(\frac{b-a}{2}\right)+\frac{f''(\eta)}{2!}\left(\frac{a-b}{2}\right)^2.$$

化简得到

$$\frac{f(a)+f(b)}{2}=f\left(\frac{a+b}{2}\right)+\frac{f''(\xi)+f''(\eta)}{4}\left(\frac{a-b}{2}\right)^2.$$

由条件 $|f''|\leqslant 8$ 得到

$$\left|f\left(\frac{a+b}{2}\right)\right|=\left(\frac{a-b}{2}\right)^2\left|\frac{f''(\xi)+f''(\eta)}{4}\right|\leqslant\frac{(b-a)^2}{4}\times\frac{8+8}{4}=(b-a)^2.\quad\square$$

---

[a]Apéry, Roger. *Irrationalité de* $\zeta(2)$ *et* $\zeta(3)$, Astérisque, **61**(1979), 11–13.

[b]Euler, Leonhard. *Exercitationes analyticae* (written in 1772), Novi Commentarii Academiae Scientiarum Petropolitanae, **17**(1773), 173–204.

[c]Markov, A. A. *Mémoire sur la transformation des séries peu convergentes en séries très convergentes*, Mém. De l'Acad. Imp. Sci. De St. Pétersbourg, **t. XXXVII**(1890), No. 9: 18pp.

[d]Hjortnaes, M. M. *Overføring av rekken* $\sum_{k=1}^{\infty}\frac{1}{k^3}$ *til et bestemt integral*, in Proc. 12th Scandinavian Mathematical Congress, Lund, Sweden: Scandinavian Mathematical Society, 1953, pp. 211–213.

[e]Rivoal, Tanguy. *La fonction zeta de Riemann prend une infinité de valeurs irrationnelles aux entiers impairs*, Comptes Rendus de l'Académie des Sciences, Série I, **331**(2000), no. 4, 267–270.

[f]Zudilin, Wadim. *One of the numbers $\zeta(5)$, $\zeta(7)$, $\zeta(9)$, $\zeta(11)$ is irrational*, Russ. Math. Surv., **56**(2001), no. 4: 774–776.

♠

4.7.4 Taylor 级数

目前为止 Taylor 公式中会有余项 $r_n(x)$, 即

$$f(x) = P_n(x) + r_n(x).$$

一个很自然的问题是什么时候余项消失. 但是根据余项定义, 要使余项消失, 首要的前提是函数本身的高阶导数都存在, 那么问题可如下陈述: 如果 $f \in \mathscr{C}^\infty((x_0-\delta, x_0+\delta))$, 则对任意 $n \in \mathbb{N}_*$, 存在 f 在 x_0 处的 n 阶 Taylor 多项式 $P_n(x)$

$$P_n(x) \equiv P_n(x; x_0, f) = \sum_{0\leqslant k\leqslant n} \frac{f^{(k)}(x_0)}{k!}(x-x_0)^k.$$

什么时候如下极限存在: $\lim\limits_{n\to\infty} P_n(x) = f(x)$?

定义 4.8 (Taylor 级数)

假设对每个 $n \in \mathbb{N}_*$ 函数 f 在 x_0 处是 n 阶可导的, 则其在 **x_0 处的 Taylor 级数 (Taylor's series at x_0)** 定义为

$$P_f(x) \equiv P_\infty(x; x_0, f) = \sum_{k\geqslant 0} \frac{f^{(k)}(x_0)}{k!}(x-x_0)^k = \lim_{n\to\infty} P_n(x; x_0, f). \tag{4.7.30}$$

称函数 f 在 **x_0 处实解析 (real analytic at x_0)** 如果存在 x_0 的邻域 $(x_0-\delta, x_0+\delta)$ 使得对任何 $x \in (x_0-\delta, x_0+\delta)$ 极限 $\lim\limits_{n\to\infty} P_n(x)$ 都存在且满足

$$f(x) = P_f(x). \tag{4.7.31}$$

称函数 f 在区间 I 内实解析, 记作 $f \in \mathscr{C}^\omega(I)$, 若 f 在 I 中的每个点处都实解析.

♣

注 4.14

(1) 如果函数 f 在 x_0 处实解析, 那么函数 f 在 x_0 处光滑 (即 f 的各阶导数都存在).

(2) 函数 f 在 x_0 处光滑 $\not\Rightarrow$ 函数 f 在 x_0 处实解析. 比如考察如下例子

$$f(x)=\begin{cases}e^{-1/x}, & x>0,\\ 0, & x\leqslant 0.\end{cases}$$

根据**例 4.10** (2) 得到

$$f^{(n)}(x)=\begin{cases}Q_{2n}\left(\dfrac{1}{x}\right)e^{-1/x}, & x>0,\\ 0, & x\leqslant 0.\end{cases}$$

这里 $Q_{2n}(t)$ 表示 $2n$ 阶 t 的多项式, 但函数

$$P_f(x)=\sum_{k\geqslant 0}\frac{f^{(k)}(0)}{k!}x^k=0$$

对任何靠近 0 的 x 都成立, 这是不可能的!

(3) 利用级数理论可以证明 (参见**第 14.3.3 小节**)

$$\sin x=\sum_{k\geqslant 0}\frac{(-1)^k x^{2k+1}}{(2k+1)!},\quad \cos x=\sum_{k\geqslant 0}\frac{(-1)^k x^{2k}}{(2k)!},\quad e^x=\sum_{k\geqslant 0}\frac{x^k}{k!},$$

$$\ln(1+x)=\sum_{k\geqslant 1}\frac{(-1)^{k-1}x^k}{k},\quad \tan x=\sum_{k\geqslant 1}\frac{2^{2k}(2^{2k}-1)B_k}{(2k)!}x^{2k-1},\quad |x|<\frac{\pi}{2},$$

$$(1+x)^\alpha=1+\sum_{k\geqslant 1}\binom{\alpha}{k}x^k,\quad |x|<1.$$

(4) **(Bernstein)** 假设 $f\in\mathscr{D}^\infty([a,b])$ 且 $f^{(k)}(x)\geqslant 0$ 对任意 $x\in[a,b]$ 都成立, 则对任意 $x,x_0\in(a,b)$ 只要满足 $|x-x_0|<b-x_0$ 就有

$$f(x)=\sum_{k\geqslant 0}\frac{f^{(k)}(x_0)}{k!}(x-x_0)^k.$$

证: 参见**定理 14.15** 的证明. □ ♣

定理 4.20

假设 $f\in\mathscr{D}^\infty((x_0-\delta,x_0+\delta))$ 且存在正常数 $M>0$ 使得对任意 $x\in(x_0-\delta,x_0+\delta)$ 和任意 $n\in\mathbb{N}_*$ 都有 $|f^{(n)}(x)|\leqslant M^n$. 则得到

$$f(x)=\sum_{k\geqslant 0}\frac{f^{(k)}(x_0)}{k!}(x-x_0)^k,\quad \text{任意 } x\in(x_0-\delta,x_0+\delta).$$

♡

证: 根据 Taylor 公式得到

$$\left|f(x)-\sum_{0\leqslant k\leqslant n}\frac{f^{(k)}(x_0)}{k!}(x-x_0)^k\right|=\left|\frac{f^{(n+1)}(\xi)}{(n+1)!}(x-x_0)^{n+1}\right|\leqslant\frac{M^{n+1}\delta^{n+1}}{(n+1)!}.\quad\square$$

例 4.21

求函数

$$f(x)=\frac{1}{\sin^2 x}-\frac{1}{x^2},\quad -\pi<x<\pi$$

的 Taylor 级数.

解: 因为 $f^{(n)}(x)\geqslant 0$, 根据**注 4.14** (4) 得到

$$\frac{1}{\sin^2 x}-\frac{1}{x^2}=\sum_{k\geqslant 0}\frac{f^{(2k)}(0)}{(2k)!}x^{2k}=\sum_{k\geqslant 0}\frac{\zeta(2k+2)}{\pi^{2k+2}}(4k+2)x^{2k},$$

这里

$$f^{(2k)}(0)=2\sum_{n\geqslant 1}\frac{(2k+1)!}{(n\pi)^{2k+2}}=2(2k+1)!\frac{\zeta(2k+2)}{\pi^{2k+2}}.$$

而 $f^{(2k+1)}=0$, 这是因为函数 $f(x)$ 本身是偶函数.

这里 $f^{(2k)}(0)$ 的表达式是根据 (6.4.15) 和 (6.4.27) 而得到的, 即

$$\frac{\pi^2}{\sin^2(\pi x)}=\sum_{n\in\mathbb{Z}}\frac{1}{(x+n)^2}=\frac{1}{x^2}+\sum_{n\geqslant 1}\left[\frac{1}{(x+n)^2}+\frac{1}{(x-n)^2}\right].$$

把 x 换成 $\frac{x}{\pi}$ 就得到

$$\frac{1}{\sin^2 x}-\frac{1}{x^2}=\sum_{n\geqslant 1}\left[\frac{1}{(x+n\pi)^2}+\frac{1}{(x-n\pi)^2}\right].$$

对上述求 $2k$ 阶导数并交换求和与求导次序 (这个交换过程的证明之后将会给出) 就得到 $f^{(2k)}(0)$ 的表达式, 或直接把最后一个级数展开就得到所需要的 Taylor 级数:

$$f^{(2k)}(0)=\sum_{n\geqslant 1}\frac{2(2k+1)}{(n\pi)^{2k+2}}=\frac{\zeta(2k+2)}{\pi^{2k+2}}(4k+2).\quad\square$$

♠

例 4.22

(1) 回顾 **Bernoulli 数** b_n 或 B_n 的定义

$$\frac{x}{e^x-1}=\sum_{n\geqslant 0}\frac{b_n}{n!}x^n=1-\frac{1}{2}x+\sum_{n\geqslant 1}\frac{(-1)^{n-1}B_n}{(2n)!}x^{2n}, \tag{4.7.32}$$

这里 $b_0=1,\ b_1=-\dfrac{1}{2},\ b_{2n+1}=0\ (n\geqslant 1),\ b_n=-\dfrac{1}{n+1}\displaystyle\sum_{0\leqslant i\leqslant n-1}\binom{n+1}{i}b_i.$

(2) 类似地可以定义 **Euler 数** e_n:

$$\frac{1}{\cosh x}=\frac{2e^x}{e^{2x}+1}=\sum_{n\geqslant 0}\frac{e_n}{n!}x^n=1+\sum_{n\geqslant 1}\frac{E_n}{(2n)!}x^{2n}, \tag{4.7.33}$$

其中

$$e_{2n+1}=0\ (n\geqslant 1),\quad e_{2n}=-\sum_{0\leqslant i\leqslant n-1}\binom{2n}{2i}e_{2i}.$$

Euler 数的一个显式表达式[a]是

$$e_{2n}=\sqrt{-1}\sum_{1\leqslant k\leqslant 2n+1}\sum_{0\leqslant \ell\leqslant k}\binom{k}{\ell}\frac{(-1)^\ell(k-2\ell)^{2n+1}}{k(2\sqrt{-1})^k},$$

而它绝对值的渐近估计是

$$|e_{2n}|>8\sqrt{\frac{n}{\pi}}\left(\frac{4n}{\pi e}\right)^{2n}.$$

[a] Tang, Ross. *An explicit formula for the Euler zigzag numbers (Up/down numbers) from power series*, preprint, 2012.

♠

4.8 微分学的应用

这节主要是利用微分中值定理和 Taylor 公式来研究函数的性质, 比如单调性、凹凸性、极值性、近似计算等.

4.8.1 单调函数和一阶导数

首先回忆下函数单调的定义. 假设函数 $f(x)$ 定义在区间 I 上, 称其 **(严格) 单调递增**如果 $f(x)\leqslant(<)f(y)$ 对任意 $x<y,\ x,y\in I$ 都成立. 同样称其 **(严格) 单调递减**如果 $f(x)\geqslant(>)f(y)$ 对任意 $x<y,\ x,y\in I$ 都成立. 为了简单, 有时候也把 (严格) 单调递增称为 **(严格) 递增**, 把 (严格) 单调递减称为 **(严格) 递减**.

定理 4.21 (单调函数和一阶导数)

假设 $f \in \mathscr{C}([a,b]) \cap \mathscr{D}((a,b))$, 则在 (a,b) 内有

(1) $f' > 0 \Rightarrow f$ 严格递增 $\Rightarrow f' \geqslant 0$.

(2) $f' \geqslant 0 \Rightarrow f$ 递增 $\Rightarrow f' \geqslant 0$.

(3) $f' \equiv 0 \Rightarrow f$ 为常数 $\Rightarrow f' \equiv 0$.

(4) $f' \leqslant 0 \Rightarrow f$ 递减 $\Rightarrow f' \leqslant 0$.

(5) $f' < 0 \Rightarrow f$ 严格递减 $\Rightarrow f \leqslant 0$.

♡

证: (1) 对任意 $x_1 < x_2$, 存在 $\xi \in (x_1, x_2) \subset (a,b)$ 使得

$$\frac{f(x_2)-f(x_1)}{x_2-x_1} = \frac{f'(\xi)}{1} > 0 \Longrightarrow f \text{ 严格递增}.$$

假设函数 f 严格递增. 对任意 $x, x_0 \in (a,b)$ 只要 $x \neq x_0$ 就有

$$\frac{f(x)-f(x_0)}{x-x_0} > 0.$$

即得到 $f'(x_0) \geqslant 0$.

(2) 此时 $f(x_2) - f(x_1) \geqslant 0$. 余下证明和 (1) 一样.

同理可证 (3), (4) 和 (5). □

注 4.15

(1) 函数 f 严格递增 $\nRightarrow f' > 0$. 比如函数 $f(x) = x^3$ 严格递增, 但是 $f'(0) = 0$.

(2) 假设 $f \in \mathscr{C}([0,+\infty)) \cap \mathscr{D}((0,+\infty))$, $f(0) = 0$, $f(x) \geqslant 0$, 且 $f(x) \geqslant f'(x)$ $(x > 0)$, 则在 $[0,+\infty)$ 上 $f \equiv 0$.

证: 定义函数 $F(x) := e^{-x} f(x)$. 则得到

$$F'(x) = [f'(x) - f(x)]e^{-x} \leqslant 0,$$

从而 $F(x) \leqslant F(0) = 0$. 因此 $F \equiv 0$ 即 $f \equiv 0$. □

(3) 如果 $f \in \mathscr{D}([1,+\infty))$, $f'(x) \geqslant 0$, 且 $f(1) = 1$, 那么

$$F(x) := \frac{f(x)}{1+f(x)} \text{ 递增}, \quad G(x) := \frac{f(x)}{[1+f(x)]^2} \text{ 递减}.$$

证: 计算可得

$$F' = \frac{f'}{(1+f)^2} \geqslant 0, \quad G' = \frac{f'(1-f^2)}{(1+f)^4} \leqslant 0,$$

这是因为 $f(x) \geqslant f(1) = 1$. □

(4) 考虑函数 $\frac{\sin x}{x}$ 我们得到

$$\frac{2}{\pi}x \leqslant \sin x \leqslant x, \quad 如果\ 0 \leqslant x \leqslant \frac{\pi}{2}.$$

证: 因为 $\lim\limits_{x\to 0+}\frac{\sin x}{x}=1$, 把函数 $f(x):=\frac{\sin x}{x}$ 从区间 $\left(0,\frac{\pi}{2}\right]$ 连续延拓到 $\left[0,\frac{\pi}{2}\right]$. 求导得到

$$f'(x)=\frac{x\cos x-\sin x}{x^2}=\frac{\cos x(x-\tan x)}{x^2}\leqslant 0, \quad 如果\ 0\leqslant x\leqslant\frac{\pi}{2}.$$

因此 $f(0)\geqslant f(x)\geqslant f\left(\frac{\pi}{2}\right)$, 即得到 $1\geqslant\frac{\sin x}{x}\geqslant\frac{2}{\pi}$. □

(5) 考虑函数 $\cos x-1+\frac{1}{2}x^2$ 我们得到

$$\cos x>1-\frac{1}{2}x^2, \quad 如果\ x>0.$$

证: 对函数 $f(x)=\cos x-1+\frac{1}{2}x^2$ 求导得到

$$f'(x)=-\sin x+x>0, \quad 如果\ x>0.$$

所以 $f(x)>f(0)=0$. □

(6) 考虑函数 $\sin x-x+\frac{1}{6}x^3$ 我们得到

$$\sin x>x-\frac{1}{6}x^3, \quad 如果\ x>0.$$

证: 对函数 $f(x)=\sin x-x+\frac{1}{6}x^3$ 求导并利用 (5) 得到

$$f'(x)=\cos x-1+\frac{1}{2}x^2>0, \quad 如果\ x>0.$$

所以 $f(x)>f(0)=0$. □

(7) 考虑函数 $\cos x-1+\frac{1}{2}x^2-\frac{1}{4}x^4$ 我们得到

$$\cos x<1-\frac{1}{2}x^2+\frac{1}{4}x^4, \quad 如果\ x>0.$$

证: 对函数 $f(x)=\cos x-1+\frac{1}{2}x^2-\frac{1}{4}x^4$ 求导得到

$$f'(x)=-\sin x+x-x^3, \quad 如果\ x>0.$$

根据 (6) 得到

$$f'(x) < x - x^3 - \left(x - \frac{1}{6}x^3\right) = -\frac{5}{6}x^3 < 0, \quad 如果\ x > 0,$$

从而推出 $f(x) < f(0) = 0$. □

(8) 考虑函数 $\tan x - x - \frac{1}{3}x^3$ 我们得到

$$\tan x > x + \frac{1}{3}x^3, \quad 如果\ 0 < x < \frac{\pi}{2}.$$

证: 对函数 $f(x) = \tan x - x - \frac{1}{3}x^3$ 求导得到

$$f'(x) = \frac{1}{\cos^2 x} - 1 - x^2 = \frac{1 - (1 + x^2)\cos^2 x}{\cos^2 x}, \quad 如果\ 0 < x < \frac{\pi}{2}.$$

下面我们利用 (7) 来证明 $1-(1+x^2)\cos^2 x>0$ 对任何 $x\in\left(0, \frac{\pi}{2}\right)$ 都成立. 若记

$$g(x) := 1 - (1 + x^2)\cos^2 x, \quad 如果\ 0 < x < \frac{\pi}{2},$$

则得到

$$g(x) > 1 - (1 + x^2)\left(1 - \frac{1}{2}x^2 + \frac{1}{4}x^4\right)^2 = \frac{x^4}{4}\left(1 + 2x^2 + \frac{3}{4}x^4 - \frac{1}{4}x^6\right) > 0$$

对任意 $0 < x < \frac{\pi}{2}$ 都成立, 所以 $f(x) > f(0) = 0$. □

(9)[a] 假设 $0 \leqslant \epsilon \leqslant \frac{1}{256000n^{10}}$, $n \in \mathbb{N}_*$, $m = 25600n^{10}$. 证明如下不等式

$$10mn^3(1 + \epsilon)^{m-1} \leqslant \frac{m^2}{16}, \quad (1 - \epsilon)^{m-2} \geqslant \frac{3}{4}.$$

证: 请诸位自证. □

[a] Shi, Wan-Xiong. *Deforming the metric on complete Riemannian manifolds*, J. Differential Geom., **30**(1989), no. 1, 223–301.

♣

4.8.2 凸函数和一阶、二阶导数

在第 **3.1.5 小节**已经引入了凸函数的概念, 在此我们重新给出定义.

定义 4.9 (凸函数和凹函数)

假设函数 f 定义在闭区间 $[a, b]$ 上. 称函数 f 在 $[a, b]$ 上是**凸的 (convex)** 如果不等式

$$f(\lambda_1 x_1 + \lambda_2 x_2) \leqslant \lambda_1 f(x_1) + \lambda_2 f(x_2) \tag{4.8.1}$$

对任意 $x_1, x_2 \in [a,b]$ 和任意 $0 \leqslant \lambda_1, \lambda_2 \leqslant 1$ 满足 $\lambda_1 + \lambda_2 = 1$ 都成立. 如果不等式 (4.8.1) 是严格不等式 (对 $x_1 \neq x_2$), 则称函数 f 在 $[a,b]$ 上是**严格凸的 (strictly convex)**. 若函数 $-f$ 是凸的 (或严格凸的) 则称函数 f 是**凹的 (concave)** (或**严格凹的 (strictly concave)**). ♣

首先我们来简单介绍下凸函数的一些历史, 主要参考了凸函数专家 Edwin Ford Beckenbach 的论文[5]. 上面关于凸函数的定义 (4.8.1) 来自 Johan Ludwig William Valdemar Jensen 在 1905 年的论文[6], 他是首位系统地研究凸函数的数学家. 当然, 在 1905 年之前, 已经有不少数学家认识到凸函数存在的一些条件以及对应的一些结论.

- 1889 年, Hölder 证明[7]了 (4.8.6) 对一类凸函数 $f(x)$ 成立 (即需要加上额外条件 $f''(x)$ 是连续的).
- 1893 年, Stolz 证明了[8]**注 4.16** 中的 (6).
- 1893 年, Hadamard 证明[9]了积分不等式 (5.4.20). 这个不等式最初是 Hermite 在 1881 年 11 月 22 日写信给杂志《Mathesis》提出的 (1883 年在该杂志上正式发表), 信中给出了 (5.4.20). 因此 (5.4.20) 应该叫 Hermite-Hadamard 不等式更加合适[10].

注 4.16

(1) 下面命题等价: 其中 $x_1 < x < x_2$,

函数 f 在 $[a,b]$ 上是凸的

$$\Updownarrow \clubsuit$$

$$f(x) \leqslant f(x_1) + \frac{f(x_2) - f(x_1)}{x_2 - x_1}(x - x_1) = f(x_2) - \frac{f(x_2) - f(x_1)}{x_2 - x_1}(x_2 - x)$$

$$\Updownarrow \spadesuit$$

[5] Beckenbach, E. F. *Convex functions*, Bull. Amer. Math. Soc., **54**(1948), 439–460.

[6] Jensen, J. L. W. V. *On konvexe funktioner og uligheder mellem middlvaerdier*, Nyt Tidsskr. Math., **16**(1905), 49–69.

[7] Hölder, O. *Über einen Mittelwertsatz*, Nachr. Ges. Wiss. Göttingen, 1889, 38–47.

[8] Stolz, O. *Grundzüge der Differential- und Integralrechnung*, vol. **I**, Leipzig, Teubner, 1893.

[9] Hadamard, J. *Étude sur les proprié té s des fonctions entiè res et en particulier d'une fonction considé ré e par Riemann*, J. Math. Pures Appl., **58**(1893), 171–215.

[10] Mitrinović, D. S.; Lacković, I. B. *Hermite and convexity*, Aequ. Math., **28**(1985), 229–232.

$$\frac{f(x)-f(x_1)}{x-x_1}\leqslant\frac{f(x_2)-f(x_1)}{x_2-x_1}\leqslant\frac{f(x_2)-f(x)}{x_2-x}.$$

证: ♠ 中 $\Downarrow$. 根据假设得到

$$f(x)(x_2-x_1)\leqslant[f(x_2)-f(x_1)](x-x_1)+(x_2-x_1)f(x_1)$$

从而

$$x_2[f(x)-f(x_1)]\leqslant[f(x_2)-f(x_1)](x-x_1)+x_1[f(x)-f(x_1)].$$

即

$$\frac{f(x)-f(x_1)}{x-a}\leqslant\frac{f(b)-f(a)}{b-a}.$$

用另一个等式可推出第二个不等式.

♠ 中 $\Uparrow$. 显然成立.

♣. 任意 $x_1\leqslant x\leqslant x_2$ 都可以写成 $x=tx_1+(1-t)x_2$, 这里 $0\leqslant t\leqslant 1$. 从而得到

$$\begin{aligned}f(tx_1+(1-t)x_2)&\leqslant\frac{f(x_2)-f(x_1)}{x_2-x_1}(tx_1(1-t)x_2-x_1)+f(x_1)\\&=(1-t)[f(x_2)-f(x_1)]+f(x_1)\\&=tf(x_1)+(1-t)f(x_2).\quad\square\end{aligned}$$

(2) 如果函数 f 在闭区间 $[a,b]$ 上是凸的, 那么对任意 $[c,d]\subset[a,b]$ $(a<c<d<b)$, 函数 f 在 $[c,d]$ 上是 Lipschitz 的. 特别地, 函数 f 在开区间 (a,b) 内是连续的.

证: 对任意 $c\leqslant x<y\leqslant d$ 有

$$\frac{f(c)-f(a)}{c-a}\leqslant\frac{f(x)-f(a)}{x-a}\leqslant\frac{f(y)-f(x)}{y-x}\leqslant\frac{f(d)-f(y)}{d-y}\leqslant\frac{f(b)-f(d)}{b-d}.$$

故

$$|f(y)-f(x)|\leqslant M|y-x|,\quad M:=\max\left\{\left|\frac{f(c)-f(a)}{c-a}\right|,\left|\frac{f(b)-f(d)}{b-d}\right|\right\}.\quad\square$$

(3) 函数 f 在 $[a,b]$ 上是凸的 $\not\Rightarrow f\in\mathscr{C}([a,b])$. 比如函数

$$f(x)=\begin{cases}1, & 0<x<1,\\2, & x=0,\\2, & x=1.\end{cases}$$

(4) 假设函数 f 定义在 $[a,b]$ 上, 则

$$f\text{ 是凸的}\iff f\left(\frac{x_1+x_2}{2}\right)\leqslant\frac{f(x_1)+f(x_2)}{2},\quad\text{任意 }x_1,x_2\in[a,b].\tag{4.8.2}$$

证: $\Rightarrow$: 取 $\lambda_1=\lambda_2=\dfrac{1}{2}$.

$\Leftarrow$: 令

$$L(x):=f(a)+\frac{f(b)-f(a)}{b-a}(x-a).$$

先证在闭区间 $[a,b]$ 上有不等式 $f\leqslant L$ 成立. 定义函数

$$g(x):=f(x)-L(x),$$

则 $g\in\mathscr{C}([a,b])$. 从而根据闭区间上连续函数的最值性得到 $M_g:=\max\limits_{[a,b]}g$ 存在且 $M_g=g(x_0)$ 对某个 $x_0\in[a,b]$ 成立.

如果 $x_0=a$ 或 b 则 $M_g=0$. 如果 $x_0\in(a,b)$, 则 $x_0\in\left(a,\dfrac{a+b}{2}\right]$ 或 $\left[\dfrac{a+b}{2},b\right)$, 不妨假设 $a<x_0\leqslant\dfrac{a+b}{2}$. 定义

$$x_0^*:=2x_0-a\in(a,b].$$

故得到

$$M=g(x_0)=g\left(\frac{a+x_0^*}{2}\right)\leqslant\frac{g(a)+g(x_0^*)}{2}\leqslant\frac{M}{2},$$

所以 $M=0$. □

(5) 如果函数 f 在 $[a,b]$ 上是凸的且 $\max\limits_{[a,b]}f=f(\xi)$ 对某个 $\xi\in(a,b)$ 成立, 那么 $f\equiv f(\xi)$.

证: 因为 $\xi\in(a,b)$, 故存在 $\lambda\in(0,1)$ 使得 $\xi=\lambda x+(1-\lambda)y$ 成立. 根据凸性得到

$$\begin{aligned}f(\xi)=f(\lambda x+(1-\lambda)y)&\leqslant\lambda f(x)+(1-\lambda)f(y)\\&\leqslant\lambda M_f+(1-\lambda)M_f=M_f=f(\xi).\end{aligned}$$

由于 $\lambda\in(0,1)$ 必有 $f(x)=f(y)=f(\xi)$ 即 $f\equiv f(\xi)$. □

(6) (**Stolz, 1893**)[a] 如果函数 f 在 $[a,b]$ 上是凸的且 $x\in(a,b)$, 那么单侧导数 $f'_-(x)$ 和 $f'_+(x)$ 都存在且 $f'_-(x)\leqslant f'_+(x)$.

证: 对任意 $x_1,x_2\in(a,b)$ 只要满足 $x_1<x<x_2$ 就推出

$$\frac{f(x)-f(x_1)}{x-x_1} \leqslant \frac{f(x_2)-f(x)}{x_2-x}.$$

令

$$g(y) := \frac{f(x)-f(y)}{x-y} = \frac{f(y)-f(x)}{y-x}, \quad y < x.$$

对任何 $a < y_1 < y_2 < x$ 得到

$$g(y_1) = \frac{f(x)-f(y_1)}{x-y_1} \leqslant \frac{f(x)-f(y_2)}{x-y_2} = g(y_2).$$

即函数 g 关于 y 单调递增, 从而左导数 $f'_-(x)$ 存在. 类似的函数

$$h(y) := \frac{f(y)-f(x)}{y-x}, \quad x < y$$

关于 y 单调递减, 从而右导数 $f'_+(x)$ 存在. 不等式 $f'_-(x) \leqslant f'_+(x)$ 显然成立.

□

(7) 函数是凸的 $\not\Rightarrow$ 函数是可导的. 比如函数 $f(x) = |x|$.
(8) 假设函数 f 在 (a,b) 内是凸的. 可以证明集合

$$\{x \in (a,b) : f \text{ 在 } x \text{ 处不可导}\}$$

是可数的.
一般地, 我们有著名的 **Rademacher 定理**[b]: 如果函数 $f(x)$ 在 (a,b) 上是 Lipschitz 的, 则 $f(x)$ 在 (a,b) 内是几乎处处可导的. 证明我们会在之后给出. 高维版本如下: 如果 $U \subset \mathbb{R}^n$ 中的开集且 $\boldsymbol{f}: U \to \mathbb{R}^m$ 是 Lipschitz 的, 那么 $\boldsymbol{f}$ 是 U 内几乎处处可微的, 即 $\boldsymbol{f}$ 在 U 内的不可微的点构成一个 Lebesgue 零测集.

[a]Stolz, O. *Grundzüge der Differential- und Integralrechnung*, vol. **I**, Leipzig, Teubner, 1893.

[b]Rademacher, Hans. *Über partielle und totale Differenzierbarkeit von Funktionen mehrerer Variabeln und über die Transformation der Doppelintegrale*, Math. Ann., **79**(1919), no. 4, 340–359.

♣

定理 4.22 (凸函数和一阶导数)

假设函数 $f \in \mathscr{C}([a,b]) \cap \mathscr{D}((a,b))$, 则

$$f \text{ 在 } [a,b] \text{ 上是凸的} \iff f' \text{ 在 } (a,b) \text{ 上递增}. \tag{4.8.3}$$

♡

证: $\Rightarrow$: 对任意 $a < x_1 < x_2 < b$ 和任意 $0 < \lambda < 1$, 令 $x = \lambda x_1 + (1-\lambda)x_2$. 则得到

$$f(x)-f(x_1)\leqslant \lambda f(x_1)+(1-\lambda)f(x_2)-f(x_1)=(1-\lambda)[f(x_2)-f(x_1)].$$

同样可得

$$f(x)-f(x_2)\leqslant -\lambda[f(x_2)-f(x_1)].$$

即

$$\frac{f(x)-f(x_1)}{x-x_1}\leqslant \frac{f(x_2)-f(x_1)}{x_2-x_1}\leqslant \frac{f(x_2)-f(x)}{x_2-x}.$$

两边求极限得到

$$f'(x_1)\leqslant \frac{f(x_2)-f(x_1)}{x_2-x_1}\leqslant f'(x_2). \tag{4.8.4}$$

$\Leftarrow$: 存在 $\eta_1\in(x_1,x)$ 和 $\eta_2\in(x,x_2)$ 满足

$$f(x_1)-f(x)=f'(\eta_1)(x_1-x),\quad f(x_2)-f(x)=f'(\eta_2)(x_2-x).$$

所以

$$\begin{aligned} f(x)-[\lambda f(x_1)+(1-\lambda)f(x_2)] &= \lambda f'(\eta_1)(x-x_1)+(1-\lambda)f'(\eta_2)(x-x_2)\\ &\leqslant \lambda f'(\eta_1)(1-\lambda)(x_2-x_1)+(1-\lambda)f'(\eta_2)\lambda(x_1-x_2)\\ &= \lambda(1-\lambda)(x_2-x_1)\,[f'(\eta_1)-f'(\eta_2)]\leqslant 0. \quad \square \end{aligned}$$

注 4.17

(1) 如果 $f\in\mathscr{C}([a,b])\cap\mathscr{D}((a,b))$ 且 f' 在 (a,b) 内严格递增, 那么 f 在 $[a,b]$ 上严格凸. 但是反之则不成立. 比如考察函数

$$f(x)=\begin{cases} x, & 0<x<1,\\ -1, & x=0,\\ 2, & x=1. \end{cases}$$

这个函数在两个端点处不连续.

(2) 假设 $f\in\mathscr{C}([a,b])\cap\mathscr{D}((a,b))$, 则

$$f \text{ 在 } [a,b] \text{ 上是凸的} \iff \begin{pmatrix} \forall\, a<x_1,x_2<b \text{ 有不等式成立}\\ f(x_2)\geqslant f(x_1)+f'(x_1)(x_2-x_1) \end{pmatrix}. \tag{4.8.5}$$

证: $\Rightarrow$: 对任意 $x<x_1<y$ 根据不等式 (4.8.4) 得到

$$f'(x)\leqslant \frac{f(x_1)-f(x)}{x_1-x}\leqslant f'(x_1)\leqslant \frac{f(y)-f(x_1)}{y-x_1}\leqslant f'(y).$$

$\Leftarrow$: 对任意 $x_1 < x < x_2$ 有不等式

$$\frac{f(x)-f(x_1)}{x-x_1} \leqslant f'(x) \leqslant \frac{f(x_2)-f(x)}{x_2-x_1}.$$

利用下面的初等不等式

$$\frac{m}{k} \leqslant \frac{k+n}{k+\ell} \leqslant \frac{n}{\ell}, \qquad \text{任意 } k,\ell>0 \text{ 和 } \frac{m}{k} \leqslant \frac{n}{\ell},$$

得到

$$\frac{f(x)-f(x_1)}{x-x_1} \leqslant \frac{f(x_2)-f(x_1)}{x_2-x_1} \leqslant \frac{f(x_2)-f(x)}{x_2-x}.$$

根据**注 4.16** (1) 知道 f 是凸的. □

♣

定理 4.23 (凸函数和二阶导数)

假设函数 $f \in \mathscr{C}([a,b]) \cap \mathscr{D}^2((a,b))$, 则

(1) 函数 f 在 $[a,b]$ 上是凸的, 当且仅当在 (a,b) 内 $f'' \geqslant 0$

(2) 如果在 (a,b) 内 $f''>0$, 那么函数 f 在 $[a,b]$ 上是严格凸的.

♡

证: 结合上述几个定理得证. □

利用凸函数的性质可以证明如下重要的不等式及其推论.

注 4.18

(1) **Jensen 不等式**[a]**:** 假设函数 $f(x)$ 在 $[a,b]$ 上是凸的, 则对任意 $x_1,\cdots,x_n \in [a,b]$ 和任意 $\lambda_1,\cdots,\lambda_n \in [0,1]$ 只要满足 $\sum\limits_{1\leqslant i\leqslant n} \lambda_i = 1$ 就有

$$f\left(\sum_{1\leqslant i\leqslant n} \lambda_i x_i\right) \leqslant \sum_{1\leqslant i\leqslant n} \lambda_i f(x_i). \tag{4.8.6}$$

实际上, $n=2$ 时就是凸函数的定义. 假设不等式 (4.8.6) 对 n 成立. 则对任意 $\lambda_1,\cdots,\lambda_{n+1} \in [0,1]$ 且满足 $\sum\limits_{1\leqslant i\leqslant n+1} \lambda_i = 1$, 我们有

$$\begin{aligned} f\left(\sum_{1\leqslant i\leqslant n+1} \lambda_i x^i\right) &= f\left(\sum_{1\leqslant i\leqslant n} \lambda_i x_i + \lambda_{n+1}x_{n+1}\right) \\ &= f\left(\mu \sum_{1\leqslant i\leqslant n} \frac{\lambda_i}{\mu} x_i + \lambda_{n+1}x_{n+1}\right) \quad \left(\mu := \sum_{1\leqslant i\leqslant n} \lambda_i = 1-\lambda_{n+1}\right) \end{aligned}$$

$$\leqslant \mu f\left(\sum_{1\leqslant i\leqslant n}\frac{\lambda_i}{\mu}x_i\right)+\lambda_{n+1}f(x_{n+1})$$
$$\leqslant \mu\sum_{1\leqslant i\leqslant n}\frac{\lambda_i}{\mu}f(x_i)+\lambda_{n+1}f(x_{n+1})$$
$$=\left(\sum_{1\leqslant i\leqslant n}\lambda_i\right)f(x_i)+\lambda_{n+1}f(x_{n+1})$$
$$=\sum_{1\leqslant i\leqslant n+1}\lambda_i f(x_i).\quad \square$$

1889 年, Hölder 证明[b]了 (4.8.6) 对一类凸函数 $f(x)$ 成立 (即需要加上额外条件 $f''(x)$ 是连续的).

(2) 由于函数 $-\ln x$ 在 $(0,+\infty)$ 内是凸的, 从而得到**算术几何平均不等式**以及 (1.5.76): 对任意 $x_1,\cdots,x_n>0$, 有

$$\frac{n}{\dfrac{1}{x_1}+\cdots+\dfrac{1}{x_n}}\leqslant\sqrt[n]{x_1\cdots x_n}\leqslant\frac{x_1+\cdots+x_n}{n},$$

其中等号取到当且仅当 $x_1=\cdots=x_n$.

证: 由于函数 $f(x)=-\ln x$ 在区间 $(0,+\infty)$ 上是凸的, 所以得到

$$-\ln\frac{x_1^{-1}+\cdots+x_n^{-1}}{n}\leqslant\frac{1}{n}\left(-\ln\frac{1}{x_1}-\cdots-\ln\frac{1}{x_n}\right),$$

即上述不等式中的前一部分. 对后一部分, 考虑函数 $g(x)=\ln x$. □

(3) **Young 不等式**[c]**:** 假设实数 $a,b\geqslant 0$, 实数 $p,q>0$ 且满足 $\dfrac{1}{p}+\dfrac{1}{q}=1$, 则

$$ab\leqslant\frac{a^p}{p}+\frac{b^q}{q}.\tag{4.8.7}$$

证: 固定 b 并考虑函数

$$f(a)=\frac{a^p}{p}+\frac{b^q}{q}-ab,\quad a\geqslant 0.$$

求导得到

$$f'(a)=a^{p-1}-b\begin{cases}<0, & 0<a<b^{1/(p-1)},\\ >0, & a\geqslant b^{1/(p-1)}.\end{cases}$$

因为 $f(b^{1/(p-1)})=0$, 所以 $f(a)\geqslant f(b^{1/(p-1)})=0$. □

(4) **Hölder 不等式:** 假设 $a_i,b_i>0$ $(1\leqslant i\leqslant n)$, 实数 $p,q>0$ 且满足

$\dfrac{1}{p}+\dfrac{1}{q}=1$, 则

$$\sum_{1\leqslant i\leqslant n} a_ib_i \leqslant \left(\sum_{1\leqslant i\leqslant n} a_i^p\right)^{1/p}\left(\sum_{1\leqslant i\leqslant n} b_i^q\right)^{1/q}. \tag{4.8.8}$$

$p=2$ 时称为 **Cauchy 不等式**.

证: 设

$$a_i' := \frac{a_i}{\left(\sum_{1\leqslant j\leqslant n} a_j^p\right)^{1/p}}, \quad b_i' := \frac{b_i}{\left(\sum_{1\leqslant j\leqslant n} b_j^q\right)^{1/q}}.$$

故只要证明 $\sum_{1\leqslant i\leqslant n} a_i'b_i' \leqslant 1$. 根据 (3) 得到

$$\sum_{1\leqslant i\leqslant n} a_i'b_i' \leqslant \sum_{1\leqslant i\leqslant n}\left(\frac{(a_i')^p}{p}+\frac{(b_i)^q}{q}\right)=\frac{1}{p}+\frac{1}{q}=1. \quad \square$$

不等式 (4.8.8) 是 Hölder 在 1889 年得到的[d], 其实 Rogers 在 1888 年就已经得到[e].

(5) **Minkowski 不等式**[f]: 假设实数 $a_i, b_i > 0\ (1\leqslant i\leqslant n)$, 实数 $p>1$, 则

$$\left(\sum_{1\leqslant i\leqslant n}(a_i+b_i)^p\right)^{1/p} \leqslant \left(\sum_{1\leqslant i\leqslant n} a_i^p\right)^{1/p}+\left(\sum_{1\leqslant i\leqslant n} b_i^p\right)^{1/p}. \tag{4.8.9}$$

证: 参考 (1.5.79). □

---

[a] Jensen, J. L. W. V. *Sur les fonctions convexes et les iné galité s entre les valeurs moyennes*, Acta Math., **30**(1906), no. 1, 175–193.

[b] Hölder, O. *Über einen Mittelwertsatz*, Nachr. Ges. Wiss. Göttingen, 1889, 38–47.

[c] Young, William Henry. *On classes of summable functions and their Fourier series*, Proceedings of the Royal Society A, **87**(1912), no. 594, 225–229.

[d] Hölder, Otto. *Ueber einen Mittelwertsatz*, Nachrichten von der Königl. Gesellschaft der Wissenschaften und der Georg-Augusts-Universität zu Göttingen, 2(1889), 38–47.

[e] Rogers, Leonard James. *An extension of a certain theorem in inequalities*, Messenger of Mathematics, New Series, **XVII**(1888), no. 10, 145–150.

[f] Minkowski, H. *Geometrie der Zahlen*, Leipzig-Berlin, 1910.

♣

定义 4.10 (拐点)

假设函数 $f(x)$ 定义在开区间 I 内. 称 $x_0\in I$ 是函数 f **的拐点 (point of inflection)** 如果存在 $\delta>0$ 使得 $(x_0-\delta, x_0+\delta)\subset I$, 而且函数 f 在

$(x_0-\delta, x_0)$ 内是凸的但在 $(x_0, x_0+\delta)$ 内是凹的, 或者在 $(x_0-\delta, x_0)$ 内是凹的但在 $(x_0, x_0+\delta)$ 内是凸的. ♣

注意到在上述定义中我们不要求函数 f 在 x_0 可导. 拐点, 根据定义, 是凹凸性发生改变的转折点, 从而拐点和驻点没有本质上的联系. 另一方面拐点是局部概念, 而且一个函数可能存在多个拐点. 函数凹凸性确实在某点 x_0 处改变, 但该点却不在函数定义域, 根据**定义 4.10** 这个 x_0 就不是拐点. 比如 $x_0=0$ 不是 $f(x)=\dfrac{1}{x}$ 在 $\mathbb{R}\setminus\{0\}$ 内的拐点.

例 4.23

(1) $f(x)=x^3$. 显然 $x=0$ 是拐点且 $f'(0)=0$.

(2) $f(x)=x^{1/3}$. 显然 $x=0$ 是拐点但 f 在 $x=0$ 处导数不存在.

(3) 对函数 $f(x)=\dfrac{1}{1+x^2}$ 计算得到

$$f'(x)=-\frac{2x}{(1+x^2)^2}, \quad f''(x)=\frac{2(3x^2-1)}{(1+x^2)^3}.$$

因此得到驻点 $x=0$ 和两个拐点 $x=\pm\dfrac{1}{\sqrt{3}}$.

(4) 对函数 $f(x)=\dfrac{2x}{1+x^2}$ 计算得到

$$f'(x)=\frac{2(1-x^2)}{(1+x^2)^2}, \quad f''(x)=\frac{4x(x^2-3)}{(1+x^2)^3}.$$

因此得到两个驻点 $x=\pm1$ 和两个拐点 $x=\pm\sqrt{3}$. ♠

定理 4.24 (拐点和一阶、二阶导数)

假设给定函数 $f\in\mathscr{C}((x_0-\delta, x_0+\delta))$, 则

(1) 假设函数 $f\in\mathscr{D}((x_0-\delta, x_0))\cap\mathscr{D}((x_0, x_0+\delta))$. 如果 f' 在 $(x_0-\delta, x_0)$ 内递增但在 $(x_0, x_0+\delta)$ 内递减, 或 f' 在 $(x_0-\delta, x_0)$ 内递减但在 $(x_0, x_0+\delta)$ 内递增, 则 x_0 是拐点.

(2) 假设函数 $f\in\mathscr{D}^2((x_0-\delta, x_0))\cap\mathscr{D}^2((x_0, x_0+\delta))$. 如果在 $(x_0-\delta, x_0)$ 内 $f''\geqslant0$ 但在 $(x_0, x_0+\delta)$ 内 $f''\leqslant0$, 或在 $(x_0-\delta, x_0)$ 内 $f''\leqslant0$ 但在 $(x_0, x_0+\delta)$ 内 $f''\geqslant0$, 则 x_0 是拐点.

(3) 假设函数 $f\in\mathscr{D}^2((x_0-\delta, x_0+\delta))$. 如果 x_0 是拐点, 则 $f''(x_0)=0$. ♡

证: (1) 和 (2) 显然成立. 对 (3), 不妨假设函数 f 在 $(x_0-\delta, x_0)$ 内是凸的而在 $(x_0, x_0+\delta)$ 内是凹的. 则 f' 在 $(x_0-\delta, x_0)$ 内单调递增而在 $(x_0, x_0+\delta)$ 内单调递减. 从而 x_0 是函数 f 的极值点, 故根据**定理 4.6** 得到 $f''(x_0)$. □

注 4.19

(1) x_0 是拐点 $\nRightarrow f''(x_0)=0$. 比如 $f(x)=x^{1/3}$.

(2) $f''(x_0)=0 \nRightarrow x_0$ 是拐点. 比如 $f(x)=x^4$. ♣

4.8.3 极值和一阶、二阶导数

我们可以把**定理 4.6** 重新改写成如下关于极值点的必要条件.

定理 4.25 (必要条件)

假设函数 f 定义在开区间 $(x_0-\delta, x_0+\delta)$ 内, x_0 是极值点. 则函数 f 要么在 x_0 处不可导, 要么 $f'(x_0)=0$. ♡

例 4.24

(1) 显然 "函数 f 要么在 x_0 处不可导, 要么 $f'(x_0)=0$" $\nRightarrow$ "x_0 是极值点". 比如考察函数 $f(x)=x^3$ 和函数

$$f(x)=\begin{cases} x, & x\geqslant 0,\\ 2x, & x<0. \end{cases}$$

前者虽然在 $x_0=0$ 处导数为零但是 $x_0=0$ 不是极值点, 而后者在 $x_0=0$ 处不可导同时 $x_0=0$ 也不是极值点.

(2) 函数

$$f(x):=\begin{cases} x^2\sin\dfrac{1}{x}, & x\neq 0,\\ 0, & x=0, \end{cases}$$

在 $x=0$ 处有导数 $f'(0)=0$. 但是导数

$$f'(x)=2x\sin\frac{1}{x}-\cos\frac{1}{x}$$

在 $x=0$ 处附近无穷多次地变号, 所以在 $x=0$ 处无极值. ♠

定理 4.26 (极值和一阶、二阶导数)

(1) 假设函数 $f\in\mathscr{C}((x_0-\delta, x_0+\delta))\cap\mathscr{D}(\mathring{U}(x_0,\delta))$.

(1.1) 如果在 $\mathring{U}(x_0,\delta)$ 内 $f'(x)(x-x_0)\leqslant 0$, 那么 x_0 是极大值点.

(1.2) 如果在 $\mathring{U}(x_0,\delta)$ 内 $f'(x)(x-x_0)\geqslant 0$, 那么 x_0 是极小值点.

(1.3) 如果在 $\mathring{U}(x_0,\delta)$ 内 $f'(x)>0$ (或 <0), 那么 x_0 不是极值点.

(2) 假设函数 f 在 x_0 处二阶可导且 $f'(x_0)=0$.

(2.1) 如果 $f''(x_0)<0$, 那么 x_0 是极大值点.

(2.2) 如果 $f''(x_0)>0$, 那么 x_0 是极小值点.

(2.3) 如果 $f''(x_0)=0$, 那么无法判断. ♡

证: 根据 Taylor 公式得到

$$f(x)=f(x_0)+\frac{f''(x_0)}{2!}(x-x_0)^2+o((x-x_0)^2)$$

即

$$\frac{f(x)-f(x_0)}{(x-x_0)^2}=\frac{1}{2}f''(x_0)+o(1),\quad x\to x_0.$$

如果 $f''(x_0)<0$ 则存在 $\delta>0$ 满足

$$\frac{f(x)-f(x_0)}{(x-x_0)^2}<0,\quad \forall\, x\in(x_0-\delta,x_0+\delta).$$

所以 $f(x)<f(x_0)$ 对任何 $x\in(x_0-\delta,x_0+\delta)$ 都成立, 故 x_0 是极大值点. 同理可证当 $f''(x_0)>0$ 时, x_0 是极小值点. 但当 $f''(x_0)=0$, 无法判断 x_0 是否是极值点. □

推论 4.2

假设函数 f 在 x_0 处 n 阶可导, $f^{(k)}(x_0)=0\ (1\leqslant k\leqslant n-1)$, 但 $f^{(n)}(x_0)\neq 0$.

(1) 如果 n 是偶数, 那么 x_0 是极值点. 进一步如果 $f^{(n)}(x_0)>0$ (或 $f^{(n)}(x_0)<0$), 则 x_0 是极大值点 (或极小值点).

(2) 如果 n 是奇数, 那么 x_0 不是极值点. ♡

证: 根据 Taylor 公式得到

$$f(x)-f(x_0)=\frac{f^{(n)}(x_0)}{n!}(x-x_0)^n+o((x-x_0)^n)$$

即

$$\frac{f(x)-f(x_0)}{(x-x_0)^n}=\frac{1}{n!}f^{(n)}(x_0)+o(1),\quad 当\ x\to x_0.$$

此时结论显而易见. □

注 4.20

(1) 已知函数 $f \in \mathscr{C}([a,b])$ 求解

$$M_f = \max_{[a,b]} f = f(\xi), \quad m_f = \min_{[a,b]} f = f(\eta).$$

如果 $\xi, \eta \in (a,b)$, 那么 ξ, η 都是内点从而 (如果进一步假设 f 在 ξ, η 处可导的话) $f'(\xi) = f'(\eta) = 0$; 否则 ξ, η 都是 $[a,b]$ 的端点. 因此

$$M_f/m_f := \max/\min\{f(\text{端点}), f(\text{驻点}), f(\text{不可导点})\}.$$

这就给出函数在闭区间上求最值的方法.

(2) 求函数 $f(x) = x - 2\sin x$ 在 $0 \leqslant x \leqslant 2\pi$ 上的最值.

解: 根据 $f'(x) = 1 - 2\cos x$ 计算得到驻点为 $\frac{\pi}{3}, \frac{5\pi}{3}$. 结合端点处的值得到

$$M_f = f\left(\frac{5\pi}{3}\right) = \frac{5\pi}{3} + \sqrt{3}, \quad m_f = f\left(\frac{\pi}{3}\right) = \frac{\pi}{3} - \sqrt{3}. \quad \square$$

(3) 假设函数 $f \in \mathscr{C}(I)$, 这里 $I = (a,b]$, $[a,b)$, (a,b) 或 $[a,b]$, 或者甚至是 $(a,+\infty)$, $(-\infty,b]$, $(-\infty,+\infty)$. 则 M_f 或 m_f 可能不存在. 比如定义在 $[0,1)$ 上的函数 $f(x) = x$.

(4) 求函数 $f(x) = xe^{-x^2}$ 在 $(-\infty,+\infty)$ 内的最值.

解: 根据 $f'(x) = (1-2x^2)e^{-x^2}$ 计算得到驻点为 $\frac{\sqrt{2}}{2}, -\frac{\sqrt{2}}{2}$. 函数 f 在 $\left(-\frac{\sqrt{2}}{2}, \frac{\sqrt{2}}{2}\right)$ 内单调递增而在 $\left(-\infty, -\frac{\sqrt{2}}{2}\right) \cup \left(\frac{\sqrt{2}}{2}, +\infty\right)$ 内单调递减. 结合端点处的值得到

$$\sup_{\mathbb{R}} f = \max_{\mathbb{R}} f = f\left(\frac{\sqrt{2}}{2}\right) = \frac{1}{\sqrt{2e}}, \quad \inf_{\mathbb{R}} f = \min_{\mathbb{R}} f = f\left(-\frac{\sqrt{2}}{2}\right) = \frac{-1}{\sqrt{2e}}. \quad \square$$

(5) 若函数 $f \in \mathscr{C}(I)$ 且 $x_0 \in \mathring{I}$ 是 I 内唯一的极值点, 则 x_0 是 I 的最值点.

证: 不妨假设 x_0 是函数 f 的唯一极大值点. 对任意 $x \in I$ 且 $x \neq x_0$, 考虑闭区间 $[x, x_0]$ 和 $[x_0, x]$. 为了方便不妨进一步假设 $x < x_0$, 从而只要考虑闭区间 $[x, x_0]$ 即可. 根据闭区间上连续函数的最值性得到存在 $\xi \in [x, x_0]$ 满足 $f(\xi) = \max_{[x,x_0]} f$. 如果 $\xi \neq x_0$, 则得到另一个极大值, 这就和已知假设矛盾从而 $\xi = x_0$. 根据 x 的任意性知道对任意 $x \in \mathring{I}$ 有 $f(x) \leqslant f(x_0)$ 成立. 根据函数的连续性可知 $f(x) \leqslant f(x_0)$ 对任意 $x \in I$ 都成立. $\square$

(6)[a] 证明如下不等式

$$0 < \frac{\alpha}{1-\alpha}\ln^2\alpha < 1, \quad 0 < \alpha < 1.$$

证: 显然函数 $F(\alpha) := \dfrac{\alpha}{1-\alpha}\ln^2\alpha$ 可延拓到闭区间 $[0,1]$ 上来. 直接计算得到

$$F'(\alpha) = \frac{\ln\alpha}{(1-\alpha)^2}[\ln\alpha + 2(1-\alpha)].$$

若令 $G(\alpha) := \ln\alpha + 2(1-\alpha)$ 则得到

$$G'(\alpha) = \frac{1}{\alpha} - 2 = \frac{1-2\alpha}{\alpha}.$$

函数 $G(\alpha)$ 在 $\left(0, \dfrac{1}{2}\right)$ 内严格递增而在 $\left(\dfrac{1}{2}, 1\right)$ 内严格递减; 注意到

$$G(1) = 0, \quad G\left(\frac{1}{2}\right) = 1 - \ln 2 > 0, \quad \lim_{\alpha\to 0+} G(\alpha) = -\infty.$$

因此存在 $\alpha_* \in \left(0, \dfrac{1}{2}\right)$ 满足 $G(\alpha_*) = 0$ 使得函数 $G(\alpha)$ 在 $(0, \alpha_*)$ 内 < 0 而在 $(\alpha_*, 1)$ 内 > 0. 故导数 $F'(\alpha)$ 在 $(0, \alpha_*)$ 内 > 0 而在 $(\alpha_*, 1)$ 内 < 0. 所以

$$F(\alpha) \leqslant F(\alpha_*) = \frac{\alpha_*}{1-\alpha_*}[2(1-\alpha_*)]^2 = 4\alpha_*(1-\alpha_*) < 1, \quad 0 < \alpha_* < \frac{1}{2}. \quad \square$$

[a]此例题来源于对下列论文 (第 13 页) 的理解: He, Weiyong; Li, Bo. *The harmonic heat flow of almost complex structures*, arXiv: 1907.12210v1, preprint, 2019.

♣

4.8.4 函数图像的渐近线

给定函数 $y = f(x)$, $\alpha < x < \beta$, 其中 $f \in \mathscr{C}((\alpha, \beta))$. 考察其图像

$$S = \{(x, f(x)) : \alpha < x < \beta\}.$$

称直线 $L : y = ax + b$ 是曲线 S 的**渐近线 (asymptote)** 如果

$$\lim_{(x,f(x))\to\infty} [f(x) - (ax+b)] = 0. \tag{4.8.10}$$

这里 "$(x, f(x)) \to \infty$" 表

$$\lim_{x\to\alpha+}\left[x^2 + |f(x)|^2\right] = +\infty \quad 或 \quad \lim_{x\to\beta-}\left[x^2 + |f(x)|^2\right] = +\infty.$$

(1) α 有限: $\lim\limits_{x\to\alpha+}\left[x^2 + |f(x)|^2\right] = +\infty$ 推出 $\lim\limits_{x\to\alpha+} f(x) = \infty$. 此时直线 $L : x = \alpha$ 称为**垂直渐近线 (vertical asymptote)**.

(2) β 有限: $\lim\limits_{x\to\beta-}\left[x^2+|f(x)|^2\right]=+\infty$ 推出 $\lim\limits_{x\to\beta-}f(x)=\infty$. 此时直线 $L:x=\beta$ 也称为**垂直渐近线**.

(3) $\alpha=-\infty,\beta=+\infty$: 此时得到

$$a=\lim_{x\to\pm\infty}\frac{f(x)}{x}\quad b=\lim_{x\to\pm\infty}[f(x)-ax]. \tag{4.8.11}$$

当 $a=0$ 时, 称直线 $L:y=b$ 为**水平渐近线 (horizontal asymptote)**; 当 $a\neq0$ 时, 称直线 $L:y=ax+b$ 为**一般渐近线**或**斜渐近线 (oblique asymptote)**.

综上所述, 最多有两条水平渐近线或斜渐近线, 但是可以有许多条垂直渐近线.

例 4.25

(1) 求函数 $f(x)=\dfrac{x^3}{(x+3)(x-1)}$ 的渐近线.

解: 显然垂直渐近线为 $x=-3$ 或 $x=1$. 根据

$$a=\lim_{x\to\infty}\frac{f(x)}{x}=1,\quad b=\lim_{x\to\infty}[f(x)-x]=\lim_{x\to\infty}\frac{-2x^2+3x}{(x+3)(x-1)}=-2$$

得到斜渐近线为 $y=x-2$. □

(2) 求正切函数 $f(x)=\tan x$ 的渐近线.

解: 此时仅有垂直渐近线, 且有无穷多条 $x=n\pi+\dfrac{\pi}{2},n\in\mathbb{Z}$. □

♠

4.8.5 函数画图

利用函数的单调性、凹凸性、极值点、拐点及渐近线等, 我们可以较好地来画出给定函数的图像. 基本步骤如下:

(1) 观察函数本身的几何性质 (奇偶性、对称性、周期性), 求定义域、值域及不连续点, 从而将定义域分成若干个小区间 (可能是开区间、闭区间, 甚至半开半闭区间);

(2) 寻找特殊点, 比如与坐标轴的交点、对称点、不连续点、不可导点等;

(3) 求驻点确定单调区间、极值点, 求拐点确定凹凸区间;

(4) 求渐近线, 包括水平渐近线、垂直渐近线和斜渐近线;

(5) 列表作图.

例 4.26

作函数 $f(x)=\dfrac{x^2}{1+x}$ 的图形.

解: 定义域为 $(-\infty,-1)\cup(-1,+\infty)$, 两个特殊点 $x=0$ 和 $x=-1$. 求导数

$$f'=\frac{x(x+2)}{(1+x)^2},\quad f''=\frac{2}{(1+x)^3},$$

从而得到驻点 $x=0,-2$, 不可导点 $x=-1$. 因为

$$\lim_{x\to\infty}\frac{f(x)}{x}=1,\quad \lim_{x\to\infty}\left[\frac{x^2}{1+x}-x\right]=-1,$$

所以得到渐近线为 $x=-1$ 和 $y=x-1$. 最后列表

x	$(-\infty,-2)$	-2	$(-2,-1)$	-1	$(-1,0)$	0	$(0,+\infty)$
$f'(x)$	$+$	0	$-$	$\nexists$	$-$	0	$+$
$f''(x)$	$-$	$-$	$-$	$\nexists$	$+$	$+$	$+$
$f(x)$	$\nearrow$	极大	$\searrow$	$\nexists$	$\searrow$	极小	$\nearrow$

♠

4.8.6 近似计算

Taylor 公式 (4.7.2)、(4.7.4)、(4.7.8) 及之后将要证明的 (5.4.28), 给出了函数值的近似计算方法. 比如利用 (4.7.4) 对函数 $f\in\mathscr{C}^{n+1}([x_0,x_0+\delta])$ 我们得到

$$f(x)=f(x_0)+\sum_{1\leqslant k\leqslant n}\frac{f^{(k)}(x_0)}{k!}(x-x_0)^k+r_n(x),\quad 当\ x\in(x_0,x_0+\delta),$$

这里的误差 $r_n(x)$ 可以被很好地控制

$$|r_n(x)|\leqslant\frac{M}{(n+1)!}|x-x_0|^{n+1}\leqslant\frac{M\delta^{n+1}}{(n+1)!},\quad M:=\max_{[x_0,x_0+\delta]}\left|f^{(n+1)}\right|. \tag{4.8.12}$$

只要 δ 足够小, 我们得到更加精确的估计. 特别地,

$$\sqrt{1+x}\approx1+\frac{1}{2}x+\sum_{2\leqslant k\leqslant n}\frac{(-1)^{k-1}(2k-3)!!}{(2k)!!}x^k,\quad 当\ x\sim0. \tag{4.8.13}$$

从 Plato 的著作中可发现 Pythagoras 学派用 $\frac{49}{25}$ 代替 2 从而得到无理数 $\sqrt{2}$ 的近似值:

$$\sqrt{2}\approx\frac{7}{5}=1.4. \tag{4.8.14}$$

Theodorus 用 $\frac{49}{16}$ 代替 3 从而得到无理数 $\sqrt{3}$ 的近似值:

$$\sqrt{3}\approx\frac{7}{4}=1.75. \tag{4.8.15}$$

Archimedes 在《Measurement of a circle》著作中得出了 $\sqrt{3}$ 的很好的近似值:

$$1.732026 \approx \frac{265}{153} < \sqrt{3} < \frac{1351}{780} \approx 1.732051, \tag{4.8.16}$$

但却没有说明是如何得到的. Heron 提出了求平方根的近似值:

$$\sqrt{A} = \sqrt{a^2 \pm b} \approx a \pm \frac{b}{2a}, \tag{4.8.17}$$

其中 a^2 是最接近 A 的有理数 a 的平方. Ptolemy 给出了 $\sqrt{3}$ 相当近似的值:

$$\sqrt{3} \approx \frac{103}{60} + \frac{55}{60^2} + \frac{23}{60^3} \approx 1.7320509. \tag{4.8.18}$$

例 4.27

用 (4.8.13) 来验证 (4.8.17) 并改进 $\sqrt{2}$ 及 $\sqrt{3}$ 的近似值.

解: (1) 因为

$$\sqrt{A} = (a^2 \pm b)^{1/2} = a\left(1 \pm \frac{b}{a^2}\right)^{1/2} \approx a\left(1 \pm \frac{1}{2}\cdot\frac{b}{a^2}\right) = a \pm \frac{b}{2a}.$$

(2) 因为

$$\sqrt{2} = \left(\frac{49}{25} + \frac{1}{25}\right)^{1/2} = \frac{7}{5}\left(1 + \frac{1}{49}\right)^{1/2},$$

所以根据 (4.8.13) 得到

$$\sqrt{2} \approx \frac{7}{5}\left(1 + \frac{1}{2}\cdot\frac{1}{49} - \frac{1}{2\cdot 4}\cdot\frac{1}{49^2} + \frac{1\cdot 3}{2\cdot 4\cdot 6}\cdot\frac{1}{49^3}\right) \approx 1.41421357.$$

(3) 根据 (4.8.13) 得到

$$\begin{aligned}\sqrt{3} &= \left(\frac{49}{16} - \frac{1}{16}\right)^{1/2} = \frac{9}{4}\left(1 - \frac{1}{49}\right)^{1/2}\\ &\approx \frac{7}{4}\left(1 - \frac{1}{2}\cdot\frac{1}{49} - \frac{1}{2\cdot 4}\cdot\frac{1}{49^2} - \frac{1\cdot 3}{2\cdot 4\cdot 6}\cdot\frac{1}{49^3}\right) \approx 1.73205082.\end{aligned}$$

♠

4.8.7 Newton 方法

在中学我们知道方程 $x^2 - 3x + 2 = 0$ 有两个根, $x = 1$ 和 $x = 2$. 那对一般函数 $f(x)$ 如何求解方程 $f(x) = 0$ 的根呢? 本小节介绍著名的 **Newton 法**或 **Newton-Raphson 法**.

Newton 在《De analysi per aequationes numero terminorum infinitas》(写于 1669 年但出版于 1711 年) 和《Methodus fluxionum et serierum infinitarum》(写

于 1671 年但出版于 1736 年) 中, 给出求方程 $f(x)=0$ 根的近似方法, 这个方法发表在 Wallis 的著作《A treatise of algebra both historical and practical》(1685 年) 中. Raphson 在其专著《Analysis aequationum universalis》(1690) 中改进了 Newton 的方法.

在本节里, 我们假设 $f\in\mathscr{C}([a,b])\cap\mathscr{D}^2((a,b))$, $f(a)f(b)<0$, f' 和 f'' 在 (a,b) 内不变号, 且 f' 和 f'' 在 (a,b) 内有正下界.

在这个假设下, 根据连续函数的介值定理和微分中值定理, 我们知道方程 $f(x)=0$ 在 (a,b) 内仅有一个根 ξ, $f(a)<0<f(b)$, 且 f 为严格递增凸函数.

过点 $(b,f(b))$ 作切线交 x 轴于点

$$x_1=b-\frac{f(b)}{f'(b)}.$$

根据函数的凸性, x_1 比 b 更靠近 ξ. 过点 $(x_1,f(x_1))$ 作切线交 x 轴于点

$$x_2=x_1-\frac{f(x_1)}{f'(x_1)}.$$

同理 x_2 比 x_1 更靠近 ξ. 从而我们可以递推定义数列 $\{x_n\}_{n\geqslant1}$ 如下:

$$x_n:=x_{n-1}-\frac{f(x_{n-1})}{f'(x_{n-1})},\quad n\geqslant2. \tag{4.8.19}$$

因为 $\{x_n\}_{n\geqslant1}$ 单递减却满足 $\xi<x_n<b$, 所以极限

$$\lim_{n\to\infty}x_n=x_\infty$$

存在且满足 $\xi\leqslant\xi_\infty<b$. 在 (4.8.19) 中令 $n\to\infty$ 得到

$$x_\infty=x_\infty-\frac{f(x_\infty)}{f'(x_\infty)}\quad\Longrightarrow\quad x_\infty=\xi.$$

利用 Taylor 公式存在 $c_n\in(\xi,x_n)$ 满足

$$0=f(\xi)=f(x_n)+f'(x_n)(\xi-x_n)+\frac{1}{2}f''(c_n)(\xi-x_n)^2$$

从而得到

$$x_{n+1}-\xi=\frac{f''(c_n)}{2f'(x_n)}(x_n-\xi)^2.$$

若令

$$M:=\sup_{x\in(a,b)}|f''(x)|,\quad m:=\inf_{x\in(a,b)}|f'(x)|,$$

我们得到

$$|x_{n+1}-\xi| \leqslant \frac{M}{2m}|x_n-\xi|^2, \quad \forall\, n \geqslant 1.$$

递推得到

$$|x_n-\xi| \leqslant \left(\frac{M}{2m}\right)^{2^{n-1}-1}|x_1-\xi|^{2^{n-1}}, \quad \forall\, n \geqslant 1.$$

例 4.28

利用 Newton 法计算 $\sqrt{2}$.

解: 考虑函数 $f(x)=x^2-2$, $x\in(1,2)$. 因为 $f'(x)=2x$ 和 $f''(x)=2$, 所以

$$M := \sup_{x\in(1,2)}|f''(x)|=2, \quad m := \inf_{x\in(1,2)}|f'(x)|=2.$$

此时 (4.8.19) 变成

$$x_n = x_{n-1}-\frac{x_{n-1}^2-2}{2x_{n-1}} \quad \Longrightarrow \quad x_n=\frac{x_{n-1}}{2}+\frac{1}{x_{n-1}}.$$

根据 (4.8.14) 取 $\sqrt{2}\approx 1.4$, 误差估计为

$$|x_n-\sqrt{2}| \leqslant \frac{|x_1-\sqrt{2}|^{2^{n-1}}}{2^{2^{n-1}-1}} = \frac{(0.1)^{2^{n-1}}}{2^{2^{n-1}-1}}, \quad \forall\, n \geqslant 1.$$

根据我们的定义

$$x_1 = 2-\frac{f(2)}{f'(2)} = 2-\frac{2}{4}=\frac{3}{2}=1.5$$

从而得到

$$x_2=\frac{1.5}{2}+\frac{1}{1.5}=\frac{8+9}{3\times 4}=\frac{17}{12}, \quad x_3=\frac{17}{24}+\frac{12}{17}=\frac{288+289}{17\times 24}=\frac{577}{408}.$$

x_n	误差
$x_1=1.5$	0.1
$x_2=1.41666667$	0.00333333
$x_3=1.41421569$	0.00000667

♠

但是 Newton 法不总是收敛的, 比如考虑函数

$$f(x)=\begin{cases}-\sqrt{r-x}, & x<r,\\ \sqrt{x-r}, & x\geqslant r.\end{cases}$$

计算可得

$$f'(x)=\begin{cases}\dfrac{1}{2}(r-)^{-1/2}, & x<r,\\ \dfrac{1}{2}(x-r)^{-1/2}, & x>r,\end{cases}$$

$$f''(x)=\begin{cases}\dfrac{1}{4}(r-x)^{-3/2}, & x<r,\\ -\dfrac{1}{4}(x-r)^{-3/2}, & x>r.\end{cases}$$

如果我们取 $x_0=r+h$, $h>0$, 则得到

$$x_1=x_0-\frac{f(x_0)}{f'(x_0)}=(r+h)-\frac{h^{1/2}}{\dfrac{1}{2}h^{-1/2}}=(r+h)-2h=r-h$$

和

$$x_2=x_1-\frac{f(x_1)}{f'(x_1)}=(r-h)-\frac{-h^{1/2}}{\dfrac{1}{2}h^{-1/2}}=(r-h)+2h=r+h.$$

这样下去得到 $x_0=x_2=x_4=\cdots$ 和 $x_1=x_3=x_5=\cdots$. 从而数列 $\{x_n\}_{n\geqslant 1}$ 不收敛.

另一个要注意的是, 就算 Newton 法收敛, 也有可能收敛到另一个根.

4.9 习题

1. **注 4.15** (9).

2. 假设函数 $f(x)$ 可导.

(a) 如果 f 是偶函数, 那么 f' 是奇函数.

(b) 如果 f 是奇函数, 那么 f' 是偶函数.

(c) 如果 f 是周期函数, 那么 f' 是周期函数.

3. 求 $f(x)=x^2\mathrm{sgn}(x)$ 的导函数.

4. 求 $f(x)=\begin{cases}x+1, & x\geqslant 0,\\ 1, & x<0\end{cases}$ 的导函数.

5. 考虑函数

$$f(x)=\begin{cases}\dfrac{1-\cos x}{\sqrt{x}}, & x>0,\\ x^2g(x), & x\leqslant 0.\end{cases}$$

这里 g 是 $\mathbb{R}$ 上的有界函数. 讨论 f 在 $x=0$ 处的可导性.

6. 求下面函数的导数:

$$y = x^n + nx, \quad y = (x^2+1)(x^2-1)(1-x^3), \quad y = \frac{x+\ln x}{x-\ln x},$$
$$y = (x^2 - \sin^2 x)^3, \quad y = \left(\frac{1-x^2}{2+x}\right)^3, \quad y = \frac{1+\ln x}{1-\ln x},$$
$$y = \ln\left(1+\sqrt{1+x^2}\right), \quad y = x^{x^x}, \quad y = \sin(\sin(\sin x)),$$
$$y = \sqrt[3]{\frac{(x+1)^2(x+2)^3}{(x+3)^4(x+4)^5}}, \quad y = \begin{vmatrix} x-1 & 1 & 2 \\ -3 & x & 3 \\ -2 & -3 & x+1 \end{vmatrix}.$$

7. 讨论下面函数的连续性和可导性:

$$f_1(x) = xD(x), \quad f_2(x) = x^2 D(x), \quad f_3(x) = x^2(x-1)^2 D(x),$$

这里 $D(x)$ 是 Dirichlet 函数.

8. 求隐函数 $y = y(x)$ 的导数:

$$xy^2 - \ln(xy) = 1.$$

9. 求由参数方程确定的函数 $y = y(x)$ 的导数:

斜抛物线 $x = \cos^4 t$, $y = \sin^4 t$, 在 $t = \dfrac{\pi}{4}$ 所对应的点处.

10. 求下列函数的高阶导数:

$f(x) = \dfrac{1}{4+\sqrt{x}}$, 求 $f''(x)$; $f(x) = 2^{\sin^2 \frac{1}{x}}$, 求 $f''(x)$;

$f(x) = \ln\sqrt{x+\sqrt{1+x^2}}$, 求 $f''(x)$; $f(x) = x^5 e^x$, 求 $f^{(10)}(x)$;

$f(x) = \dfrac{1}{x(1-x)}$, 求 $f^{(n)}(x)$; $f(x) = \dfrac{x^2+x+1}{x^2-5x+6}$, 求 $f^{(n)}(x)$;

$f(x) = \dfrac{\ln x}{x}$, 求 $f^{(n)}(x)$;

$f(x) = \sin(x^3)$, 求 $f^{(3)}(x)$; $f(x) = e^{ax}\cos(bx)$, 求 $f^{(n)}(x)$, 这里 a, b 是常数.

11. 求隐函数 $y = y(x)$ 的高阶导数:

$$x^2 + xy + y^2 = 1, \quad 求\ y',\ y'';$$
$$e^{x^2+y} - x^2 y = 0, \quad 求\ y',\ y'';$$
$$2y\sin x + x\ln y = 0, \quad 求\ y',\ y''.$$

12. 求由参数方程确定的函数 $y = y(x)$ 的高阶导数:

$$x = e^t \cos t,\ y = e^t \sin t;$$

$$x = t(1 - \sin t),\ y = t \cos t;$$

$$x = \sqrt{1+t},\ y = \sqrt{1-t}.$$

13. 假设 $f'(0)$ 存在且 $f(0) = 0$. 求极限

$$\lim_{x \to 0} \frac{1}{x} \sum_{1 \leqslant i \leqslant n} f\left(\frac{x}{i}\right).$$

14. 假设 $f'(0)$ 存在. 求极限

$$\lim_{n \to \infty} n \left(\sum_{1 \leqslant i \leqslant k} f\left(\frac{i}{n}\right) - kf(0) \right) (k \geqslant 2 \text{ 是自然数}),$$

$$\lim_{n \to \infty} \left(\sum_{1 \leqslant i \leqslant n} f\left(\frac{i}{n^2}\right) - nf(0) \right).$$

15. 求函数 $f(x) = \sin \dfrac{1}{x}$ $(x \in (0,1))$ 的极值与最值、极值点与最值点.

16. 求 Riemann 函数的所有极值点.

17. 考虑方程 $x^n + px + q = 0$, 这里 n 为正整数, p, q 为实数. 证明当 n 为偶数时至多有两个不同的实根, 而当 n 为奇数时至多有三个实根.

18. 假设函数 $f(x)$ 在区间 I 上可导, a 为实数. 证明 $f(x)$ 的任意两个零点 (如果存在的话) 之间必有函数 $kf(x) + f'(x)$ 的零点.

19. 证明不等式:

$$x - \frac{x^2}{2} < \ln(1+x) < x - \frac{x^2}{2(1+x)}, \quad x > 0;$$

$$\frac{x}{1+x} < \ln(1+x) < x, \quad x > 0;$$

$$\frac{x}{1 + \dfrac{x}{2}} < \ln(1+x) < \frac{x}{2} + \frac{x}{2(1+x)}, \quad x > 0;$$

$$\tan(\sin x) \geqslant x, \quad 0 \leqslant x \leqslant \frac{\pi}{3};$$

$$ny^{n-1}(x-y) < x^n - y^n < nx^{n-1}(x-y), \quad n > 1,\ x > y > 0;$$

$$\frac{1}{\ln 2} - 1 < \frac{1}{\ln(1+x)} - \frac{1}{x} < \frac{1}{2}, \quad 0 < x < 1.$$

20. 求曲线的凹凸区间和拐点:

$$y=2x^3-3x^2-36x+25,\quad y=\ln(x^2+1),\quad y=x+\frac{1}{x},\quad u=\frac{1}{1+x^2}.$$

21. 求极限:

$$\lim_{x\to 0}\frac{e^x-1}{\arcsin x};\quad \lim_{x\to 0+}\frac{\ln\cot x}{\ln x};\quad \lim_{x\to 0}\frac{(1+x)^{1/x}-e}{x};\quad \lim_{x\to+\infty}(\pi-2\arctan x)\ln x;$$

$$\lim_{x\to 0}\left(\frac{\ln(1+x)^{1+x}}{x^2}-\frac{1}{x}\right);\quad \lim_{x\to 0}\left(\frac{\tan x}{x}\right)^{1/x^2};\quad \lim_{x\to+\infty}\left[x-x^2\ln\left(1+\frac{1}{x}\right)\right];$$

$$\lim_{x\to 0}\frac{1}{x}\left(\frac{1}{x}-\cot x\right);\quad \lim_{n\to\infty}n\left[e-\left(1+\frac{1}{n}\right)^n\right];\quad \lim_{x\to 0}\frac{\cos x-e^{-x^2/2}}{x^4};$$

$$\lim_{n\to\infty}n^2\left(\arctan\frac{a}{n}-\arctan\frac{a}{n+1}\right),\quad a\neq 0\ \text{是常数};$$

$$\lim_{x\to+\infty}\ln\left(1+\frac{1}{x}\right)x;\quad \lim_{x\to 1}\frac{x-1}{\ln x};\quad \lim_{x\to 0}\left(\frac{1}{x}-\frac{1}{e^x-1}\right);\quad \lim_{x\to 1}x^{\frac{1}{1-x}};$$

$$\lim_{x\to+\infty}\left(\frac{\pi}{2}-\arctan x\right)^{\frac{1}{\ln x}};\quad \lim_{x\to 0}\left(\frac{1}{x^2}-\frac{1}{\sin^2 x}\right);\quad \lim_{x\to 0}\left(\frac{\tan x}{x}\right)^{\frac{1}{x^2}};$$

22. 求下面函数在给定点的分别带 Peano 型和 Lagrange 型余项的 Taylor 公式(展开到指定的 n 次):

$$f(x)=\cos x,\quad x_0=1,\quad \text{对任意正整数}\ n;$$

$$f(x)=\ln\cos x,\quad x_0=0,\ n=4.$$

23. 求下面函数带 Peano 型余项的指定次数的 Maclaurin 公式:

$$f(x)=\frac{1}{\sqrt{1+x^2}}\ (\text{任意次});\quad f(x)=\frac{x^2+2x+4}{(1+x)(2+x^2)}\ (\text{任意次});$$

$$f(x)=\frac{1}{(1+x^2)^2}\ (\text{任意次});\quad f(x)=\sec x\ (\text{六次});\quad f(x)=\arcsin x\ (\text{七次});$$

$$f(x)=e^{\sin x}\ (\text{四次});\quad f(x)=\begin{cases}\dfrac{x}{e^x-1}, & x\neq 0,\\ 1, & x=0\end{cases}\ (\text{四次});$$

$$f(x)=\sqrt{1-2x+x^2}-\sqrt[3]{1-3x+x^2}\ (\text{三次}).$$

24. 求下面函数的极值:

$$y=x^5-5x^4+5x^3+1;\quad y=(x-1)^2(x+1)^3;\quad y=\frac{2x}{1+x^2};$$

$$y=\arctan x-\frac{1}{2}\ln(1+x^2);\quad y=|x(x^2-1)|;\quad y=\frac{x(x^2+1)}{x^4-x^2+1};$$

$$y=2\tan x-\tan^2 x,\ x\in\left[0,\frac{\pi}{2}\right);\quad y=\arctan\frac{1-x}{1+x},\ 0\leqslant x\leqslant 1.$$

25. 求下面函数的渐近线 (如果存在的话):

$$y=\frac{1+x}{1+x^2};\quad y=(1+x^2)e^{1/x}.$$

26. 作出下面函数的图像:

$$y=\frac{x^2}{2(1+x)^2};\quad y=3x^5-5x^3;\quad y=e^{-x^2};\quad y=x-\ln(1+x);\quad y=x^2e^{-x}.$$

27. 假设 $f(x)=a_0+a_1x+\cdots+a_nx^n$ 是实系数多项式, 且根都为实根. 对任意 $k=1,2,\cdots,n-1$, 证明 $f^{(k)}(x)$ 的根都是实数.

28. 证明 n 次 Legendre 多项式

$$L_n(x)=\frac{1}{2^nn!}\frac{d^n}{dx^n}(x^2-1)^n$$

在 $(-1,1)$ 上恰好有 n 个不同根.

29. 证明: (1) 假设 f 在 $(a,+\infty)$ 上可导. 如果 $\lim\limits_{x\to+\infty}f(x)$ 和 $\lim\limits_{x\to+\infty}f'(x)$ 都存在, 那么

$$\lim_{x\to+\infty}f'(x)=0.$$

(2) 假设 f 在 $(a,+\infty)$ 上 n 阶可导. 如果 $\lim\limits_{x\to+\infty}f(x)$ 和 $\lim\limits_{x\to+\infty}f^{(n)}(x)$ 都存在, 那么

$$\lim_{x\to+\infty}f^{(k)}(x)=0,\quad k=1,2,\cdots,n.$$

30. 假设 $[a,b]$ 上的实函数 f 满足

$$|f(x)-f(y)|\leqslant M|x-y|^\alpha,\quad x,y\in[a,b],$$

这里 $\alpha>1$ 和 $M>0$ 都是常数. 证明 f 在 $[a,b]$ 上恒为常数.

31. 假设函数 $f(x)\in\mathscr{C}([a,b])\cap\mathscr{D}^2((a,b))$. 证明存在 $\xi\in(a,b)$ 满足

$$f(b)+f(a)-2f\left(\frac{a+b}{2}\right)=\left(\frac{b-a}{2}\right)^2f''(\xi).$$

32. 说明不能用 L'Hospital 法则求下面极限:

$$\lim_{x\to0}\frac{x^2\sin\dfrac{1}{x}}{\sin x};\quad \lim_{x\to+\infty}\frac{x+\sin x}{x-\sin x};\quad \lim_{x\to1}\frac{\sin\left(\dfrac{\pi}{2}x\right)+e^{2x}}{x}.$$

33. 假设函数 $f(x)$ 满足 $f(0)=0$ 且 $f'(0)$ 存在. 证明 $\lim\limits_{x\to0+}x^{f(x)}=1$.

34. 根据 Lagrange 微分中值定理得到

$$\ln(1+x)=\frac{x}{1+\theta(x)x},\quad x\in[0,1],$$

这里 $\theta(x)\in(0,1)$. 证明 $\lim\limits_{x\to0+}\theta(x)=\dfrac{1}{2}$.

35. 证明

$$\left(\frac{ax+b}{cx+d}\right)^{(n)}=(-1)^{n+1}\frac{n!c^{n-1}(ad-bc)}{(cx+d)^{n+1}}.$$

36. 假设 $f_n(x)=x^n\ln x$, $n\in\mathbb{N}$. 求极限

$$\lim_{n\to\infty}\frac{1}{n!}f_n^{(n)}\left(\frac{1}{n}\right).$$

37. 证明: (1) 不存在 $\mathbb{R}$ 上的可导函数 f 满足 $f^2(x)=-x^3+x^2+1$; (2) 不存在 $\mathbb{R}$ 上的可导函数 f 满足 $f^2(x)=-x^2-3x+3$.

38. 假设 $f(x)=\arctan x$. 证明

$$f^{(n)}(x)=(n-1)!\cos^n[f(x)]\cdot\sin\left[n\left(f(x)+\frac{\pi}{2}\right)\right].$$

39. 假设函数 $f(x)$ 在 $(a,+\infty)$ 上的导函数有界. 证明

$$\lim_{x\to+\infty}\frac{f(x)}{x\ln x}=0.$$

40. 求最大的实数 α 和最小的实数 β, 满足如下的不等式:

$$\left(1+\frac{1}{n}\right)^{n+\alpha}\leqslant e\leqslant\left(1+\frac{1}{n}\right)^{n+\beta},\quad n\in\mathbb{N}.$$

41. 假设 $f\in\mathscr{D}^2((-1,1))$, $f(0)=f'(0)=0$, 且 $|f''(x)|\leqslant|f(x)|+|f'(x)|$. 证明存在 $\delta>0$ 满足对任意 $x\in(-\delta,\delta)$ 都有 $f(x)=0$.

42. 求极限

$$\lim_{n\to\infty}\cos\frac{a}{n\sqrt{n}}\times\cos\frac{2a}{n\sqrt{n}}\times\cdots\times\cos\frac{na}{n\sqrt{n}}.$$

43. 假设 $f\in\mathscr{D}^2([a,b])$ 且满足

$$[f(x)]^2+[f''(x)]^2=r^2,\quad r>0.$$

证明

$$|f'(x)| \leqslant \left(\frac{2}{b-a} + \frac{b-a}{2}\right) r, \quad x \in [a,b].$$

4.10 参考文献

1. Amann, Herbert; Escher, Joachim. *Analysis I*, Translated from the 1988 German original by Gary Brookfield, Birkhäuser Verlag, Basel, 2005. xiv+426 pp. ISBN: 3-7643-7153-6
2. Amann, Herbert; Escher, Joachim. *Analysis II*, Translated from the 1999 German original by Silvio Levy and Matthew Cargo, Birkhäuser Verlag, Basel, 2008. xii+400 pp. ISBN: 978-3-7643-7472-3; 3-7643-7472-3
3. Amann, Herbert; Escher, Joachim. *Analysis III*, Translated from the 2001 German original by Silvio Levy and Matthew Cargo, Birkhäuser Verlag, Basel, 2009. xii+468 pp. ISBN: 978-3-7643-7479-2; 3-7643-7479-2
4. Zorich, Vladimir A. *Mathematical Analysis I*, Translated from the 2002 fourth Russian edition by Roger Cooke, Universitext, Springer-Verlag, Berlin, 2004. xviii+574 pp. ISBN: 3-540-40386-8
5. Zorich, Vladimir A. *Mathematical Analysis II*, Translated from the 2002 fourth Russian edition by Roger Cooke, Universitext, Springer-Verlag, Berlin, 2004. xvi+681 pp. ISBN: 3-540-40633-6
6. 常庚哲, 史济怀 编: **数学分析教程** (上、下册), 高等教育出版社, 2003.
7. 陈天权 编著: **数学分析讲义** (第一、二、三册), 北京大学出版社, 2009.
8. 邓建平 编: **微积分 I, II**, 科学出版社, 2019.
9. Duhham, William 著 (李伯民, 汪军, 张怀勇 译): **微积分的历程**: 从牛顿到勒贝格, 人民邮电出版社, 2013.
10. 吉米多维奇 著 (李荣涑, 李植 译): **数学分析习题集** (根据 2010 年俄文版翻译), 俄罗斯数学教材选译, 高等教育出版社, 2012.
11. Kline, Morris 著 (张理京, 张炎热, 江泽涵等 译): **古今数学思想** (第一、二、三册), 上海科学技术出版社, 2014.
12. 李傅山, 王培合 编著: **数学分析习题课讲义** (1、2、3), 北京大学出版社, 2018.
13. 林源渠, 方企勤 编: **数学分析解题指南**, 北京大学出版社, 2003.
14. 梅加强 编著: **数学分析**, 高等教育出版社, 2015.
15. 裴礼文 编著: **数学分析中的典型问题与方法** (第二版), 高等教育出版社, 2015.
16. 汪林 著: **数学分析中的问题和反例**, 现代数学基础 **56**, 高等教育出版社, 2015.

17. Weir, D. Maurice; Hass, R. Joel; Giordano, R. Frank. *Thomas' calculus*, Eleventh Edition (影印版, 上、下册), 高等教育出版社, 2016.

18. 徐森林, 薛春华 编著: **数学分析**, 清华出版社, 2005.

19. 杨小远, 孙玉泉, 薛玉梅, 杨卓琴 编著: **工科数学分析教程** (上、下册), 科学出版社, 2011.

20. 张福保, 薛金美, 潮小李 主编: **数学分析讲义**, 科学出版社, 2019.

21. 张筑生 编著: **数学分析新讲** (第一、二、三册), 北京大学出版社, 1990.

22. 周民强 编著: **数学分析习题演练** (第一、二、三册), 科学出版社, 2018.

23. 朱尧辰 编著: **数学分析例选: 通过范例学技巧**, 哈尔滨工业大学出版社, 2013.

基本分析讲义
(第一卷)
单变量理论 (上册)

JIBEN FENXI JIANGYI

策划编辑 李 鹏
责任编辑 和 静
封面设计 赵 阳
版式设计 曹鑫怡
责任校对 张 薇
责任印制 刘弘远

图书在版编目 (CIP) 数据

基本分析讲义．第一卷，单变量理论．上册 / 李逸著．-- 北京 ：高等教育出版社，2025. 7．--（现代数学基础）．-- ISBN 978-7-04-064324-4

Ⅰ．O174

中国国家版本馆 CIP 数据核字第 2025GM5147 号

出版发行	高等教育出版社	反盗版举报电话
社　　址	北京市西城区德外大街 4 号	(010) 58581999　58582371
邮政编码	100120	反盗版举报邮箱
印　　刷	北京宏伟双华印刷有限公司	dd@hep.com.cn
开　　本	787mm×1092mm　1/16	通信地址
印　　张	30.25	北京市西城区德外大街 4 号
字　　数	550 千字	高等教育出版社知识产权与
购书热线	010-58581118	法律事务部
咨询电话	400-810-0598	邮政编码
网　　址	http://www.hep.edu.cn	100120
	http://www.hep.com.cn	
网上订购	http://www.hepmall.com.cn	本书如有缺页、倒页、脱页等
	http://www.hepmall.com	质量问题，请到所购图书销售
	http://www.hepmall.cn	部门联系调换
版　　次	2025 年 7 月第 1 版	
印　　次	2025 年 7 月第 1 次印刷	版权所有　侵权必究
定　　价	79.00 元	物 料 号　64324-00